Areum Math new series

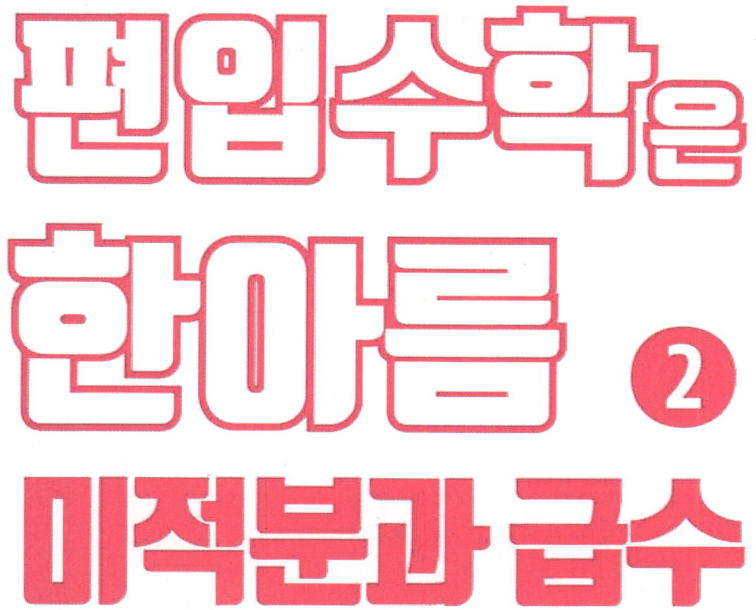

편입수학은 한아름 ②
미적분과 급수

편입수학은
한아름 ② 미적분과 급수

초판 1쇄 2024년 02월 28일

지은이 한아름
펴낸이 류종렬

펴낸곳 미다스북스
본부장 임종익
책임편집 이다경
책임진행 김가영, 윤가희, 이예나, 안채원, 김요섭, 임인영, 권유정

등록 2001년 3월 21일 제2001-000040호
주소 서울시 마포구 양화로 133 서교타워 711호
전화 02) 322-7802~3
팩스 02) 6007-1845
블로그 http://blog.naver.com/midasbooks
전자주소 midasbooks@hanmail.net
페이스북 https://www.facebook.com/midasbooks425
인스타그램 https://www.instagram.com/midasbooks

ISBN 979-11-6910-530-9 13410

값 38,000원

미다스북스는 다음 세대에게 필요한 지혜와 교양을 생각합니다

한아름 선생님은…

법대를 졸업하고 수학선생님을 하겠다는 목표로 수학과에 편입하였습니다.
우연한 기회에 편입수학 강의를 시작하게 되었고 인생의 터닝포인트가 되었습니다.

편입은 결코 쉬운 길이 아닙니다. 수험생은 먼저 용기를 내야 합니다. 그리고 묵묵히 공부하며 합격이라는 결과를 얻기까지
외로운 자신과의 싸움을 해야 합니다. 저 또한 그 편입 과정의 어려움을 알기에 용기 있게 도전하는 학생들에게 조금이나마
힘이 되어주고 싶습니다. 그 길을 가는 데 제가 도움이 될 수 있다면 저 또한 고마움과 보람을 느낄 것입니다.

무엇보다도, 이 책은 그와 같은 마음을 바탕으로 그동안의 연구들을 정리하여 담은 것입니다. 자신의 인생을 개척하고자 결정한
여러분들께 틀림없이 도움이 될 수 있을 것이라고 생각합니다.

그 동안의 강의 생활에서 매 순간 최선을 다했고 두려움을 피하지 않았으며 기회가 왔을 때 물러서지 않고 도전했습니다. 앞으로
도 초심을 잃지 않고 1타라는 무거운 책임감 아래 더 열심히 노력하겠습니다. 믿고 함께 한다면 합격이라는 목표뿐만 아니라
인생의 새로운 목표들도 이룰 수 있을 것입니다.

여러분의 도전을 응원합니다!!

▶ 유튜브 "편입수학은 한아름"
▶ 카카오톡 ID areummath
▶ 네이버 "편입수학은 한아름"
▶ 현장강의 _ 브라운 편입학원

유튜브 〈편입수학은 한아름〉　　　브라운 편입학원

Areum Math 수강생 후기

저는 2018년 1월 말부터 미적분강의를 시작으로 1년 동안 커리큘럼을 따라갔습니다. 정말 이해하기 쉽게 강의해주셔서, 수업을 듣고 질문을 올렸던 적은 정말 손에 꼽습니다. 지방 국립대를 다니면서 편입준비를 했었기에 시간이 정말 빠듯했지만, 아름쌤 수업을 통해 용기도 많이 얻고 힐링도 할 수 있었습니다. 1년 동안 다사다난하게 지내면서 아름쌤 덕에 잘 헤쳐나갔던 것 같습니다. 정말 감사했고 다음에 꼭 뵈러 가겠습니다.

— 원○재 (한양대학교 미래자동차공학과)

저는 집안 형편이 그리 좋지 않아, 인강으로 편입을 준비하기로 결심을 했습니다. 아름쌤의 특징은 수업 중에 다른 이야기를 잘 하지 않는다는 것입니다. 오직 수업에만 집중을 하시는 스타일입니다. 그래서 아름쌤의 수업은 취향저격이었습니다. 그리고 가끔 소소한 시험팁을 알려주셔서 책에 다 적어놨었는데, 나중에 전략을 세울 때 많은 도움이 되었습니다. 저의 수학의 시작과 끝은 한아름이었습니다.

— 정○윤 (한양대학교 화학공학과)

저는 초반에 한아름쌤 수업이 아닌 다른 분 수업을 그냥 소문 따라 들었습니다. 그러다 나중에 아름쌤 수업으로 옮기게 되었는데 진작 옮길 걸 너무 아쉬웠습니다. 일단 기본 개념설명을 너무 탄탄하고 쉽게 가르쳐주십니다. 아름쌤 수학의 장점은 첫째, 언제나 쌤이 계신다는 것입니다. 수업이 없는 날도, 개인 일정도 미루고 나와주셨습니다. 정말 감동의 도가니였습니다. 둘째, 개념설명이 명료합니다. 인강 촬영 중에도 한 사람 한 사람 이해를 도와주십니다. 또한 알기 쉽게 공식풀이를 해주세요. 셋째, 선생님께서 너무 좋은 사람입니다. 편입생들을 이해해주시고 보듬어주시고, 제자들을 아껴주시는 게 느껴집니다. 마지막으로 한아름 선생님과 인연이 되어 제가 이런 합격수기 쓸 수 있는 위치까지 올 수 있도록 해주셔서 다시 한 번 감사합니다. 저의 수학은 온전히 아름쌤 덕분이라고 생각합니다. 사랑해요♡

— 송○빈 (건국대학교 건축학과)

지금은 수학을 흥미롭고 재밌는 과목이라 생각하지만 처음에는 많이 힘들었습니다. 수학은 꼭 이해를 해야 하는 과목이라는 걸 뒤늦게 깨달았습니다. 수업시간에 한아름 선생님께서 미분하는 과정을 보여주셨는데 수학자처럼 멋있어 보여서 자습할 때 몇 번 따라해보았습니다. 저에게는 이 유도과정이 공식 암기를 하는 데 있어서 정말 많이 도움이 되었습니다. 수업을 들으면서도 그랬고 편입시험이 끝나고 나서도 한아름 선생님 수업 듣기를 잘했다고 생각합니다. 항상 질문할 수 있도록 거리낌 없이 대해주시고 반드시 합격하는 방향을 가지고 계시기 때문에 이 방향 그대로 따라서 열심히 공부만 하면 됩니다.

— 신○윤 (성균관대학교 기계공학과)

3월부터 한아름 교수님의 미적분 강의를 시작으로 편입수학을 시작했습니다. 미적분은 다변수미적분과 공수, 복소수를 완성시키는 데 필수인 만큼 제일 중요한 파트라고 생각합니다. 편입수학의 공략은 교수님의 흐름을 타고 끝까지 믿고 달리는 것입니다. 저의 편입은 한아름 교수님의 가르침에 의해 완성되었다고 말해도 과언이 아닙니다. 반복적인 공식 암기 및 개념 이해! 편입수학을 질적으로 접근해 개념서에 충실하고 마지막 3개월의 스퍼트로 승부를 지을 수 있었습니다.

— 서〇범 (성균관대학교 고분자시스템 공학과)

고등학교 시절부터 미용을 하였던 제가 수학에 대한 지식이 무엇이 있었을까요? 없었습니다. 그렇기에 한아름 교수님이 말씀해주신 방법만 따라 그대로 공부하였습니다. 정말 어려운 내용을 정말 쉽게 설명해주십니다. 수학은 이해가 중요한데 수학 초보도 이해가 될 수 있게 설명해주십니다. 그리고 무엇보다 학생 한 명 한 명 진정으로 신경써주시며 거리낌 없이 질문을 받아주십니다. 한아름 교수님은 진정한 학생의 마음을 이해해주시는 교수님입니다.

— 장〇휘 (한양대학교 기계공학부)

4년간 수학을 쳐다도 본 적이 없어서 힘들까 했지만, 한아름 교수님은 어려운 파트인 공수2나 선형변환 등도 워낙 설명을 쉽게 해주시는 것은 물론 기초로 필요한 고등수학까지 곁들여 해주셔서 무리 없이 따라갈 수 있었습니다. 최고의 장점은 어려움이 있을시 항상 의지할 수 있게 분위기를 유도해주시는 것, 학생들을 제자로서 정말 잘 챙겨주시는 것입니다. 현강하시면서도 열심히 공부하는 인강 학생들 이름도 불러주셔서 마치 현장에 있다는 착각까지 듭니다. 일단 들어보시면 느낄 테지만 집중해서 듣고 노력만 하면 순풍에 돛단 듯 원하는 대학에 합격할 수 있으리라 믿어 의심치 않습니다.

— 김〇수 (한양대학교 융합전자공학과)

제가 교수님을 만난 것은 신의 한 수였습니다. 한아름 교수님의 교수법은 저에게 충격적인 신선함을 주었습니다. 학생들이 해결되지 않은 부분을 미리 인지하시고, 먼저 다가가서 질문을 해주십니다. 수업이 끝나면 먼저 선생님이 "이 부분이 어렵지 않았니? 어렵지만 가장 중요한 것이 뭔지 보고, 그래도 모르면 와서 질문해라. 꼭!" 말씀하십니다.

— 정〇혁 (경희대학교 원자력공학과)

한아름 교수님에게 감사 인사드립니다. 성균관대학교에 입학하여 성대 ID로 처음 쓰는 메일입니다. 저는 기초수학부터 미적분 및 공업수학을 다시 공부해야 했습니다. 여러 인터넷 강의 및 후기를 검토 후, 수학 원리에 대해서 자세히 설명해주시는 교수님 강의의 도움을 받기로 결정했고 결국 좋은 결과를 받았습니다. 도움을 주셔서 감사합니다.

— 용〇진 (성균관대학교 대학원)

미적분과 급수를 시작하는 학생들에게

두려움을 자신감으로 바꿔주는 강의!!

편입수학을 시작하는 여러분들의 심정은 걱정 반, 기대 반일 것이라고 생각합니다. 아직 시작하지 않은 학생들은 편입수학을 막연히 어렵다고 느끼겠지만, 일단 시작해 본 학생들은 "할 만하다!"라는 말이 절로 나올 겁니다. 수학이라는 과목에 대한 막연한 두려움도 있을 테지만 이 교재를 통해 공부를 시작한다면 그 두려움은 자신감으로 바뀔 것입니다. 특히 무엇부터 공부해야할지를 모르는 학생, 수학에 자신이 없는 학생, 군대 제대 후 편입을 준비하는 학생, 문과 또는 예체능 계열의 편입준비생 모두에게 이 강의는 큰 도움이 될 것입니다. 지금의 여러분은 학창시절 때보다 생각하는 폭과 깊이가 넓어지고 깊어졌기 때문에 수학을 이해하고 적용하는 속도가 과거와는 분명히 다릅니다. 이제부터 제대로 수학 공부를 시작한다면 "그때는 이 쉬운 것을 왜 몰랐지?"라는 생각을 저절로 하게 될 것입니다. 따라서 이 강의는 그러한 여러분들의 자신감과 성취감을 향상시킬 수 있도록 구성되어 있습니다. "시작이 반"이라는 말처럼 저와 함께 시작한다면 두려움은 자신감으로 바뀔 수 있을 것이라고 확신합니다!!

편입시험에 최적화된 수업

"편입수학을 독학하는 것이 가능한가요?"라는 질문에는 "가능하지만 준비기간이 굉장히 길 것입니다."라고 답변을 합니다. 제 수업은 단기간에 편입수학의 모든 부분을 마스터하기 위한 수업입니다. 즉, 편입시험에 최적화되어 있다는 것입니다. 또한 개념을 설명하고 기출문제에 적용함으로써 실전감각을 향상시키고 학습 방향을 잡을 수 있습니다. 이 교재는 집필할 때, 수업을 듣는 학생들의 입장에서 가장 쉽고 체계적으로 받아들일 수 있도록 구성하였습니다. 교재와 강의의 기승전결을 느껴보세요.

편입수학의 Warming-up 기초수학

여러분이 수학 공부를 했을 때를 생각해보세요. 왜 항상 집합을 가장 먼저 배웠을까요? 그 이유를 곰곰이 생각해본다면 여러분의 공부 방향이 잡힐 것입니다. 저는 "함수를 배우기 위해서"라고 생각합니다. 함수의 정의는 "공집합이 아닌 두 집합에 대하여 x의 각 원소에 y의 원소가 하나씩 대응하는 관계를 'x에서 y로의 함수'라고 한다."라고 명시되어 있습니다. 따라서 가장 기본이 되는 집합을 먼저 배우는 것이 학습 순서가 된 것입니다. 이처럼 배우는 목적을 알게 되면 사소한 것들도 의미 있게 바라볼 수 있는 눈이 생깁니다. 기초수학에서 배우게 되는 모든 과정은 미적분을 공부하기 위한 기본 내용입니다. 초·중·고등학교에서 12년 동안 배운 수학 내용을 편입에 맞춰서 정리했습니다. 간혹 고등학교 때 봤던 '수학의 정석'이나 '개념원리'를 공부하는 학생이 있는데, 사실 볼 필요는 없습니다. 편입수학을 공부하기 위해서 다항식의 연산, 방정식, 부등식, 다양한 함수들까지 꼭 필요한 부분들이 잘 정리되어 있습니다. 기본적인 이론을 이해하고 적용시켜서 계산력을 키우는 데 집중해주세요!! 모든 수학시험의 기본은 계산력입니다.

편입수학의 첫 단추 - 미적분학

우리가 배우게 될 미적분학은 편입수학의 첫 단추이고 가장 기본이 되는 과목입니다. 편입시험에서 미적분의 출제비율은 40~60%로 매우 높습니다. 기본 공식에 대입해서 답을 유도하는 기본문제도 있지만 변별력이 높은 문제들은 개념을 바탕으로 응용된 문제들입니다. 따라서 먼저 미적분법을 연습하고 훈련해서 단순계산에 강해지고 개념을 탄탄히 하면서 유형을 정리하면 충분히 따라 올 수 있는 내용들입니다. 고등학교 때 미적분을 배워본 학생들은 조금 더 심화된 대학 미적분학 내용들에 관심을 갖고 수업에 임하면 될 것이고, 미적분을 처음 배우는 학생들은 차근차근 수업을 잘 듣고 복습을 잘 한다면 전혀 어려울 것이 없을 겁니다. 단, 여러분이 이 교재를 완벽하게 마스터하기 위해서는 '수업', '복습', '질문'의 세 가지 원칙을 반드시 지켜주어야 합니다!

미적분 학습법

첫째, 목차를 파악하자.

합격의 지름길 중 하나는 문제의 유형을 파악하는 것입니다. 이 교재는 각 단원명을 문제의 유형별로 정리해두었습니다. 목차를 보면서 유형별로 학습을 하고 본인이 부족한 부분을 잘 파악할 수 있길 바랍니다. 그렇게 한다면 미적분의 큰 그림을 그릴 수 있을 것입니다.

둘째, 그래프를 이해하자.

미분의 기하학적 의미는 접선의 기울기를 구하는 것이고, 그것을 통해서 그래프를 그렸습니다. 적분의 기하학적 의미를 간단하게 정리하자면 축과 그래프가 둘러싸인 면적을 구하는 것입니다. 또한 새로운 형태의 그래프를 배우게 됩니다. 어떤 새로운 문제를 접하더라도 그래프를 간략하게 그려보면 조금 더 쉽게 문제 의도를 파악할 수 있기 때문에 그래프 자제를 부담스러워 하거나 피하지 말고 그래프를 이해해야 합니다. 언젠가는 반드시 극복하고 완성해야 하는 내용입니다.

셋째, 소리 내면서 공부하자.

예를 들어 설명하자면 여러분이 외국인과 대화를 할 때 이미 알고 있는 단어들은 잘 들릴 테지만, 모르는 단어는 잘 들리지 않습니다. 마찬가지로 수업시간에도 생소한 용어를 선생님이 말하면 귀에 잘 들어오지 않고 집중력은 떨어질 수밖에 없습니다. 이것을 해결하기 위해서는 평상시 공부할 때 생소한 용어들을 소리 내서 읽는 연습을 해야 합니다. 그렇게 되면 자연스럽게 익숙해지고 수업의 집중력도 높아질 것입니다.

넷째, 철저한 누적 복습!

수학뿐만 아니라 다른 과목들도 공부를 하다 보면 분명 잘 이해하고 복습도 했지만, 며칠만 지나도 기억이 가물가물해집니다. 게다가 편입수학은 처음 배우는 내용도 많고 양이 많기 때문에 쉬운 내용이더라도 자주 보지 않는다면 잊혀지는 것은 당연한 일입니다. 그렇다면 단기간에 시간을 효율적으로 활용할 공부 방법은 누적 복습입니다. 한 주에 배운 내용을 다음 주에도 보고 그 다음 주에도 또 보고를 반복하는 방법입니다. 그래서 다독을 통해서 방대한 학습량을 습득해갈 수 있습니다.

이 방법을 스스로 정립하기까지는 시행착오가 따라옵니다. 그러한 과정에서 여러분의 패턴과 학습법이 정해지기 때문에 시행착오를 두려워하지 마세요. 처음 완독이 어렵지만 1회전을 하고나면 2회전, 3회전 복습하는 것은 훨씬 수월해집니다. 따라서 복습 분량을 정해서 복습을 꼭 해야 합니다.

"태산이 높다 하되 하늘 아래 뫼이로다."

산이 아무리 높다 하더라도 오르고 또 오르면 못 오를리 없지만 산이 높다고만 여기고 오르기를 포기하는 사람은 결코 산 정상에 오르는 경험을 할 수 없습니다. 여러분들이 편입을 해야겠다고 결심했다면 그 목표만을 위해서 긍정적인 마인드로 집중해야 합니다. 따라서 여러분의 인생 제2막을 열기 위해서 더 이상 피하지 말고 앞으로 나가세요. 그렇게 한다면 분명 여러분의 날개를 펼쳐 더 높이 비상(飛上)할 수 있을 것입니다.

Areum Math는 그 길에서 항상 여러분을 응원하고 함께 하겠습니다!!!

한아름 드림

Areum Math 3 원칙

여러분이 이 교재를 완벽하게 마스터하기 위해서 세 가지 원칙을 지켜주세요.
수업!! 복습!! 질문!! 너무 식상하고 당연한 얘기 같지만, 가장 중요한 원칙입니다.

1 수업

수업시간에 학습내용을 최대한 이해를 해야 합니다. 필기를 하다가 수업내용을 놓쳐서는 안 됩니다. 때문에 필기가 필요하다면 연습장을 이용해서 빠르게 하시고, 수업 후 책에 옮겨 적으면서 복습하는 것을 권해드립니다.

2 복습

에빙하우스의 '망각의 법칙'을 들어본 적이 있나요? 수업 후 몇 시간만 지나도 수업내용이 금방 잊혀집니다. 그래서 수업 후 당일 복습을 원칙으로 하고, 공부할 시간과 공부할 분량을 정해서 매일매일 복습하는 것이 효율적입니다.
목차의 ☑☑☑☑☑은 전체 커리큘럼을 마치는 동안 최소한 기본서의 5회 이상 반복학습을 위한 표시입니다. 해당 목차를 복습할 때마다 체크를 하면 복습을 시각화하고, 성취감도 올릴 수 있습니다. 체크를 하기 위해서라도 복습을 꾸준하게 해보세요. 이것이 누적 복습을 하는 방법입니다.

3 질문

공부를 하다 보면 자신이 무엇을 알고 무엇을 모르는지도 잘 모릅니다. 그러나 선생님에게 질문을 하면서 어떤 내용을 모르고 있고 어떤 부분이 부족한가를 스스로 인지할 수 있을 것입니다. 또한 막연하게 알고 있던 것을 정확하게 정리할 수도 있습니다. 그래서 질문은 실력이 향상되는 지름길이라는 것을 스스로 느낄 것입니다.

이 원칙을 생활화하면 여러분은 반드시 목표달성에 성공할 것입니다.
힘든 시기가 있을 지라도 극복하고 나면 결코 힘든 시기가 아니었음을 깨닫게 됩니다.

끝까지 여러분과 함께 목표 달성을 위해서 Fighting!!

커리큘럼

Areum Math 커리큘럼

	기본 · 심화				
개념	편입수학 베이직	미적분과 급수	다변수 미적분	선형대수	공학수학
당일복습	D.I 1	D.I 2	D.I 3	D.I 4	D.I 5
누적복습	N.J 1	N.J 2	N.J 3	N.J 4	N.J 5

	실전	파이널
연도별 기출	2015 / 2016 / ⋯ / 2023 / 2024 / ⋯	시크릿 모의고사 대학별 직전특강
대학별 기출	가천대, 가톨릭대, 광운대, 건국대, 경기대, 경희대, 국민대, 단국대, 동국대, 명지대, 서강대, 서울시립대, 서울과학기술대, 성균관대, 세종대, 숙명여대, 숭실대, 아주대, 이화여대, 인하대, 중앙대, 한국공학대, 한국항공대, 한성대, 한양대, 홍익대	

❖ 올인원 교재는 기본서 복습용으로 활용해야 합니다.
❖ 편입수학 익힘책, 1200제 문제집은 자습용 교재로 활용해주세요.

대학별 출제과목

편입수학 베이직	미적분과 급수	다변수 미적분				
편입수학 베이직	미적분과 급수	다변수 미적분				건국대, 숙명여대, 아주대
편입수학 베이직	미적분과 급수	다변수 미적분	선형대수			경기대, 동국대, 명지대, 세종대, 중앙대, 이화여대
편입수학 베이직	미적분과 급수	다변수 미적분	선형대수	공학수학		가천대, 가톨릭대, 국민대, 광운대, 경희대, 단국대, 서울과학기술대, 서강대, 성균관대, 숭실대, 인하대, 한국공학대, 한양대, 한성대
편입수학 베이직	미적분과 급수	다변수 미적분	선형대수	공학수학	복소함수	시립대, 홍익대, 항공대

Areum Math

_____년 _____월 _____일,

나 _____은(는) 한아름 교수님을 믿고

열심히 노력하여 꿈을 이루겠습니다.

다짐 1, _____

다짐 2, _____

다짐 3, _____

나만이 내 인생을 바꿀 수 있다.

아무도 날 대신해 해줄 수 없다.

- 캐롤 버넷(Carol Burnett)

차 례

9 주 완성 학습 스케줄표

Timeline		강의 내용	교재	수강일	복습 체크			이해도
Chapter 1	1 Day	수열의 극한 (1)	18~21					
		수열의 극한 (2)	22~24					
		함수의 극한과 연속 (1)	26~30					
		함수의 극한과 연속 (2)	31~35					
		중간값 정리	36~37					
	2 Day	미분의 정의와 공식 (1)	44~49					
		미분의 정의와 공식 (2)	50~51					
		라이프니츠 공식	52~53					
		적분의 정의와 성질 (1)	54~55					
		적분의 정의와 성질 (2)	56~58					
Chapter 2	3 Day	합성함수 미분법(1)	60~61					
		합성함수 미분법(2)	62~63					
		음함수 미분법(1)	64~65					
		음함수 미분법(2)	66~67					
	4 Day	역함수 미분법	68~70					
		매개함수 미분법	72~73					
		극곡선의 미분법	74~75					
		거듭제곱함수의 미분법	76~77					
		정적분의 도함수	78~80					
	5 Day	치환적분(1)	82~83					
		치환적분(2)	84~86					
		삼각치환 적분(1)	88~90					
		삼각치환 적분(2)	91					
	6 Day	유리함수 적분(1)	92~94					
		유리함수 적분(2)	95~97					
		유리함수 적분(3)	98~99					
		무리함수 적분	100~101					
		부분적분(1)	102~104					

Timeline		강의 내용	교재	수강일	복습 체크		이해도
Chapter 2	7 Day	부분적분(2)	105~106				
		부분적분(3)	107~109				
		역함수 적분	110~111				
		삼각함수 적분(1)	112~113				
	8 Day	삼각함수 적분(2)	114~116				
		삼각함수 적분(3)	117~120				
		미분의 기하학적 의미	126~128				
		뉴턴의 근삿값	130~131				
		곡선의 사잇각	132~133				
Chapter 3	9 Day	미적분의 평균값정리	134~136				
		테일러 급수	138~139				
		매클로린급수 공식 (1)	140				
		매클로린급수 공식 (2)	140				
	10 Day	매클로린급수 활용(1)	142~145				
		매클로린급수 활용(2)	146~149				
		매클로린급수 활용(2)	150~153				
		극한_로피탈정리(1)	154~158				
		극한_로피탈정리(2)	159~161				
	11 Day	극한_로피탈정리(3)	162~164				
		극한_로피탈정리(4)	165~167				
		상대적비율	168~171				
		함수의 극대극소(1)	172~176				
	12 Day	함수의 극대극소(2)	177~180				
		함수의 극대극소(3)	181~183				
		실근의 개수	184~185				
		함수의 최대 최소(1)	186~189				
		함수의 최대 최소(2)	190~193				

Timeline		강의 내용	교재	수강일	복습 체크		이해도
Chapter 4	13 Day	이상적분(1)	198~200				
		이상적분(2)	201~203				
		이상적분(3)	204~209				
		이상적분(4)_감마함수	210~211				
	14 Day	무한급수의 정적분(1)	212~215				
		무한급수의 정적분(2)	216~217				
		면적(1)	218~223				
		면적(2)	224~227				
		면적(3)	228~232				
	15 Day	길이(1)	234~238				
		길이(2)	239~241				
		속도와 거리	242~245				
		입체의 부피	246~247				
Chapter 5	16 Day	회전체부피(1) 원판법칙	2408~252				
		회전체부피(2) 원판법칙 응용	254~255				
		회전체부피(3) 원통쉘법	256~263				
		회전체의 표면적	264~267				
		파푸스 정리	268~269				
	17 Day	무한급수의 판정법(1)	278~283				
		무한급수의 판정법(2)	284~290				
		무한급수의 판정법(3)	292~297				
		무한급수의 판정법(4)	298~307				
	18 Day	무한급수의 수렴반경(1)	308~311				
		무한급수의 수렴반경(2)	312~315				
		무한급수의 합(1)	316~320				
		무한급수의 합(2)	321~323				

극한과 연속

01 극한과 연속

1 수열의 극한

1 수열의 수렴과 발산

(1) 수열의 뜻

　　3, 6, 9, … 와 같이 일정한 규칙에 따라 차례로 나열된 수의 열. 나열된 각각의 수를 그 수열의 항이라 한다.

　　미적분학에서 다루는 수열은 주로 "무한수열"을 뜻하며 자연수 전체 집합에서 정의된 함수 $a : N {\rightarrow} R$이다.

(2) 수열의 일반항

　　수열을 $a_1, a_2, a_3, \cdots, a_n, \cdots$ 으로 나타낼 때 각각의 수를 항이라 하고, 처음부터 차례대로 a_1을 첫째항(제1항),

　　a_2을 둘째항(제2항), $\cdots$, a_n을 n째항(제n항)이라 하며, 특히 n번째항 a_n을 일반항이라 한다. 또는 $\{a_n\}$으로 나타낸다.

(3) 수열의 극한

　　$\lim\limits_{n \to \infty} a_n = \alpha$ (상수) 일 때, 수열 $\{a_n\}$은 α에 수렴한다고 하고, α를 수열 $\{a_n\}$의 극한값이라 한다.

　　$\lim\limits_{n \to \infty} a_n = \alpha$ 로 수렴하면 $\lim\limits_{n \to \infty} a_{n+1} = \alpha$ 로 수렴한다.

(4) 수열의 발산

　　수열 $\{a_n\}$이 일정한 값으로 수렴하지 않을 때, 수열 $\{a_n\}$은 발산한다고 한다.

　　① 양(또는 음)의 무한대로 발산 : $\lim\limits_{n \to \infty} a_n = \pm \infty$ 　　② 진동 : $\lim\limits_{n \to \infty} a_n$ 이 존재하지 않는다.

　　③ $\lim\limits_{n \to \infty} \dfrac{1}{n} = \dfrac{1}{\infty} = 0^+$으로 수렴한다. 　　④ $\lim\limits_{n \to \infty} \left(-\dfrac{1}{n} \right) = -\dfrac{1}{\infty} = 0^-$으로 수렴한다.

2 수렴하는 수열의 기본성질

　　수렴하는 수열 $\{a_n\}$, $\{b_n\}$ 에 대하여 $\lim\limits_{n \to \infty} a_n = \alpha$, $\lim\limits_{n \to \infty} b_n = \beta$ 일 때,

(1) $\lim\limits_{n \to \infty} \{a_n + b_n\} = \lim\limits_{n \to \infty} a_n + \lim\limits_{n \to \infty} b_n = \alpha + \beta$ 　　(2) $\lim\limits_{n \to \infty} \{k a_n\} = k \lim\limits_{n \to \infty} a_n = k\alpha$

(3) $\lim\limits_{n \to \infty} \{a_n b_n\} = \lim\limits_{n \to \infty} a_n \cdot \lim\limits_{n \to \infty} b_n = \alpha\beta$ 　　(4) $\lim\limits_{n \to \infty} \dfrac{a_n}{b_n} = \dfrac{\lim\limits_{n \to \infty} a_n}{\lim\limits_{n \to \infty} b_n} = \dfrac{\alpha}{\beta} \, (\beta \neq 0)$

3 수열의 극한값 계산

(1) $\dfrac{\infty}{\infty}$ 꼴의 극한 : 분모의 최고차항으로 분모, 분자를 각각 나눈다.

　　① (분자의 차수) = (분모의 차수) 일 때 극한 값은 분모, 분자의 최고차 항의 계수의 비이다.

　　② (분자의 차수) 〈 (분모의 차수) 일 때 극한 값은 0이다.

　　③ (분자의 차수) 〉 (분모의 차수) 일 때 극한 값은 ∞ 또는 $-\infty$ 이다.

(2) $\infty - \infty$ 꼴의 극한

　　① $\sqrt{}$ 가 있을 때는 분모 또는 분자를 유리화한다.

　　② $\sqrt{}$ 가 없는 다항식은 최고차항으로 묶어서 $\infty \times$ (상수)꼴로 만들어 변형한다.

1. 수렴하는 두 수열 $\{a_n\}$, $\{b_n\}$ 에 대하여 $\lim\limits_{n\to\infty}(a_n+b_n)=4$, $\lim\limits_{n\to\infty}a_nb_n=3$ 일 때, $\lim\limits_{n\to\infty}\left(a_n^2+b_n^2\right)$ 의 값을 구하시오.

2. 다음 극한값을 구하시오.

(1) $\lim\limits_{n\to\infty}\dfrac{3n-2}{n}$

(2) $\lim\limits_{n\to\infty}\dfrac{n^4+3n^2+5}{4n^4+3n^3+2n}$

(3) $\lim\limits_{n\to\infty}\dfrac{n^2}{n^3+3}$

(4) $\lim\limits_{n\to\infty}\dfrac{n^2}{n+3}$

(5) $\lim\limits_{n\to\infty}\left(\sqrt{n+3}-\sqrt{n}\right)$

(6) $\lim\limits_{n\to\infty}\left(\sqrt{4n^2+3n}-2n\right)$

(7) $\lim\limits_{n\to\infty}\left(n^3-6n\right)$

(8) $\lim\limits_{n\to\infty}\{\ln(2n+1)-\ln(3n+2)\}$

(9) $\lim\limits_{n\to\infty}\dfrac{1+2+3+\cdots+n}{n^2}$

(10) $\lim\limits_{n\to\infty}\dfrac{1^2+2^2+3^2+\cdots+n^2}{n^3}$

(11) $\lim\limits_{n\to\infty}\left(1-\dfrac{1}{2^2}\right)\left(1-\dfrac{1}{3^2}\right)\cdots\left(1-\dfrac{1}{n^2}\right)$

(12) $\lim\limits_{n\to\infty}\left\{\left(1-\dfrac{1}{2}\right)\left(1-\dfrac{1}{3}\right)\cdots\left(1-\dfrac{1}{n}\right)\right\}^2(1+2+3+\cdots+n)$

─── *Areum Math Tip* ───

❖ $\displaystyle\sum_{k=1}^{n}k=1+2+3+\cdots+n=\dfrac{n(n+1)}{2}$

❖ $\displaystyle\sum_{k=1}^{n}k^2=1^2+2^2+3^2+\cdots+n^2=\dfrac{n(n+1)(2n+1)}{6}$

❖ $\displaystyle\sum_{k=1}^{n}k^3=1^3+2^3+3^3+\cdots+n^3=\left\{\dfrac{n(n+1)}{2}\right\}^2$

4 수열의 유계

(1) 유계

유계는 한자의 뜻만 생각하면 경계가 존재한다는 의미이고 수열 $\{a_n\}$에 대하여 $m \leq a_n \leq M$ 또는 $|a_n| \leq M$과 같이 양 끝의 경계가 존재하여 어느 하나라도 무한대가 아닌 경우를 말한다.

(2) 위로 유계 (상계)

상계(upper bound)는 위의 경계라는 뜻이고 상계 중의 최솟값을 상한(supremum)이라고 한다.

따라서 수열 $\{a_n\}$이 '위로 유계'하다는 것은 모든 n에 대하여 $\{a_n\} \leq M$를 만족하는 M이 존재하는 것이다.

(3) 아래로 유계 (하계)

하계(lower bound)는 아래의 경계라는 뜻이고 하계 중의 최댓값을 하한(infimum)이라고 한다.

따라서 수열 $\{a_n\}$이 '아래로 유계'하다는 것은 모든 n에 대하여 $\{a_n\} \geq m$를 만족하는 m이 존재하는 것이다.

5 단조수열

(1) 단조증가수열 (monotone increasing sequence)

수열 $\{a_n\}$에서 $a_1 \leq a_2 \leq a_3 \leq \cdots \leq a_n \leq a_{n+1} \leq \cdots$을 만족하는 $\{a_n\}$을 단조증가수열이라 한다.

따라서 단조증가수열이 위로 유계하면 수열은 수렴하고 극한값은 최소상계이다.

$a_{n+1} - a_n > 0$이면 a_n은 단조증가수열임을 확인할 수 있다.

(2) 단조감소수열 (monotone decreasing sequence)

수열 $\{a_n\}$에서 $a_1 \geq a_2 \geq a_3 \geq \cdots \geq a_n \geq a_{n+1} \cdots$을 만족하는 $\{a_n\}$을 단조감소수열이라 한다.

따라서 단조감소수열이 아래로 유계하면 수열은 수렴하고 극한값은 최대하계이다.

$a_{n+1} - a_n < 0$이면 a_n은 단조감소수열임을 확인할 수 있다.

필수예제 1

수열 $\sqrt{2}$, $\sqrt{3+2\sqrt{2}}$, $\sqrt{3+2\sqrt{3+2\sqrt{2}}}$, $\cdots$ 의 제 n 항을 a_n 이라 할 때, $\lim_{n \to \infty} a_n$ 의 값은?

풀이 $a_1 = \sqrt{2}$, $a_2 = \sqrt{3+2a_1} = \sqrt{3+2\sqrt{2}} < 3$, $a_3 = \sqrt{3+2a_2} < 3$, $\cdots$, $a_n < 3$이므로 a_n은 위로 유계하다.

$(a_{n+1})^2 - (a_n)^2 = 3+2a_n - (a_n)^2 = (3-a_n)(a_n+1) > 0$이므로 $a_{n+1} > a_n$을 만족하는 단조증가수열이다.

따라서 $a_n > 0$인 위로 유계인 수열이 단조증가수열이므로 수열은 수렴한다.

$\Rightarrow$ 수열 $\{a_n\}$ 이 수렴하므로 $\lim_{n \to \infty} a_n = \lim_{n \to \infty} a_{n+1} = \alpha$ (단, $\alpha > 0$)이 성립한다.

$a_{n+1} = \sqrt{3+2a_n}$ 의 양변에 극한을 취하면 $\lim_{n \to \infty} a_{n+1} = \lim_{n \to \infty} \sqrt{3+2a_n}$ 에서 $\alpha = \sqrt{3+2\alpha}$ 이다. 양변 제곱에 통해서

$\alpha^2 = 3+2\alpha$ 를 정리하여 $\alpha^2 - 2\alpha - 3 = 0$ 을 인수분해하면 $(\alpha-3)(\alpha+1) = 0$ 이고 극한값 $\alpha = 3$ 이다. ($\because \alpha > 0$)

TIP 실제 시험에서는 유계하고, 단조수열임을 보이는 데 시간이 많이 소요되므로 극한값이 존재한다는 전제로 문제를 풀이해야 하는 경우가 많습니다.

3. 다음 수열의 극한값을 구하시오.

$$\sqrt{3}, \quad \sqrt{3\sqrt{3}}, \quad \sqrt{3\sqrt{3\sqrt{3}}}, \quad \cdots$$

4. $a_1 = 4,\ 3a_{n+1} = a_n + 6\ (n = 1, 2, 3, \cdots)$ 으로 정의된 수열 $\{a_n\}$ 이라 할 때, $\lim\limits_{n \to \infty} a_n$ 의 값은?

5. 다음과 같이 정의된 수열 x_n 의 극한값 $\lim\limits_{n \to \infty} x_n$ 을 구하시오

$$x_{n+1} = 2 + (x_n^2 - 8)^{\frac{1}{3}},\ n = 1, 2, 3, \cdots,\ x_1 = \frac{2\pi}{3}$$

6. 수열 $\{a_n\}$ 과 $\{b_n\}$ 은 다음을 만족한다. 수열 $\{b_n\}$ 의 극한값을 구하시오

$$a_0 = 1,\ \ a_1 = 1,\ \ a_{n+2} = 2a_{n+1} + a_n\ ,\qquad b_n = \frac{a_{n+1}}{a_n}\qquad (n = 0, 1, 2, \cdots)$$

7. 두 수열 $\{a_n\}$, $\{b_n\}$ 에 대해 다음 관계가 성립하고 $a_1 = b_1 = 1$ 일 때, $\lim\limits_{n \to \infty} \dfrac{a_n}{b_n}$ 의 값은?

$$a_n = 2a_{n-1} + 5b_{n-1}, \qquad\qquad b_n = a_{n-1} + 2b_{n-1}$$

6 등비수열의 수렴과 발산

(1) 등비수열

이웃하는 두 항 사이의 비가 일정한 수열을 등비수열이라고 한다. 일정한 비를 공비라고 한다.

첫째항이 r이고, 공비가 r인 등비수열의 일반항은 $a_n = r^n$이다.

첫째항이 a이고, 공비가 r인 등비수열의 일반항은 $a_n = ar^{n-1}$이다.

(2) 등비수열의 수렴과 발산

① $r > 1$일 때, $\lim\limits_{n \to \infty} r^n = \infty$; 양의 무한대로 발산한다.

② $r = 1$일 때, $\lim\limits_{n \to \infty} r^n = 1$

③ $|r| < 1$일 때, $\lim\limits_{n \to \infty} r^n = 0$

④ $r = -1$일 때, $\lim\limits_{n \to \infty} r^n$은 진동하므로 발산한다.

⑤ $r < -1$일 때, $\lim\limits_{n \to \infty} r^n = \pm\infty$; 진동하면서 무한대로 발산한다.

$\Rightarrow$ $|r| > 1$이면 $\lim\limits_{n \to \infty} r^n$ 은 발산한다.

$\Rightarrow$ 등비수열의 극한을 구할 때, 네 가지 경우 $|r| < 1, |r| > 1, r = 1, r = -1$로 나눈다.

7 등비수열의 합

등비수열 $\{ar^{n-1}\}$의 부분합을 S_n 이라고 하자.

(1) $r = 1$ 일 때, $S_n = a + a + a + \cdots + a = na$ 이고 무한등비수열의 합은 발산한다.

(2) $r \neq 1$ 일 때,

$S_n = a + ar + ar^2 + \cdots + ar^{n-1}$ $\cdots$ ㉠ 이고, 양변에 공비 r을 곱하면

$rS_n = ar + ar^2 + \cdots + ar^{n-1} + ar^n$ $\cdots$ ㉡ 이다.

㉠-㉡을 하면 $S_n - rS_n = a - ar^n$ $\Rightarrow$ $S_n = \dfrac{a(1-r^n)}{1-r}$

여기서 $|r| < 1$일 때, $\lim\limits_{n \to \infty} r^n = 0$이므로 $S = \lim\limits_{n \to \infty} S_n = \lim\limits_{n \to \infty} \dfrac{a(1-r^n)}{1-r} = \dfrac{a}{1-r}$ 로 수렴한다.

따라서 무한등비수열의 합은 $\sum\limits_{n=1}^{\infty} ar^{n-1} = a + ar + ar^2 + \cdots + ar^n + \cdots = \dfrac{a}{1-r}$ 이다.

즉, 공비의 크기가 $|r| < 1$일 때, $\sum\limits_{n=1}^{\infty} ar^{n-1}$ 또는 $\sum\limits_{n=1}^{\infty} r^n$은 수렴한다.

필수예제 2

함수 $f(x) = \lim\limits_{n \to \infty} \dfrac{x^{2n+4} + 4x}{x^{2n} + 1}$ 일 때, $f(2) + f\left(\dfrac{1}{4}\right)$ 의 값을 구하시오.

풀이 $|x| < 1$이면 $\lim\limits_{n \to \infty} x^n = 0$이고, $|x| > 1$이면 $\lim\limits_{n \to \infty} x^n = \infty$, $\lim\limits_{n \to \infty} \dfrac{1}{x^n} = 0$을 이용하자.

$|x| < 1$일 때, $f(x) = 4x$이고, $f\left(\dfrac{1}{4}\right) = 1$이다.

$|x| > 1$일 때, $f(x) = \lim\limits_{n \to \infty} \dfrac{x^4 + \dfrac{4x}{x^{2n}}}{1 + \dfrac{1}{x^{2n}}} = x^4$이고, $f(2) = 16$이다. 따라서 $f(2) + f\left(\dfrac{1}{4}\right) = 17$이다.

8. 다음 극한값을 구하시오.

(1) $\lim\limits_{n \to \infty} \dfrac{8^{n+1} + 3^{2n-2}}{3^{2n} - 8^n}$

(2) $\lim\limits_{n \to \infty} \dfrac{3^{n+2} + 2^{n+1}}{\sqrt{9^n + 2^n}}$

(3) $\lim\limits_{n \to \infty} \dfrac{\sqrt{5^n} + 1}{2^n}$

(4) $\lim\limits_{n \to \infty} \dfrac{5^n + 5^{-n}}{5^n - 5^{-n}}$

(5) $\lim\limits_{n \to \infty} \left(5^n - 3^n\right)$

(6) $\lim\limits_{n \to \infty} \left(2^n - 3^n\right)$

9. 이차방정식 $x^2 + 2x - 1 = 0$의 두 근을 α, β라 할 때, $\displaystyle\lim_{n\to\infty}\frac{\alpha^{n+1} + \beta^{n+1}}{\alpha^n + \beta^n}$ 의 값을 구하시오.

10. $x \neq -1$인 실수 x에서 정의된 함수가 $f(x) = \displaystyle\lim_{n\to\infty}\frac{x^{n+1} - x^2 + 2}{x^n + 1}$ 일 때, $f\left(\dfrac{1}{2}\right) + f(5)$ 의 값을 구하시오.

11. 함수 $f(x) = \displaystyle\lim_{n\to\infty}\frac{x^2(1 - x^n)}{1 + x^n}$ 일 때, $f(1) + f\left(\dfrac{1}{2}\right) + f(4)$ 의 값을 구하시오.

12. 함수 $f(x) = \displaystyle\lim_{n\to\infty}\frac{2x^{2n-1} + 4}{x^{2n} + 1}$ 의 그래프와 직선 $y = 2x + 4$의 교점의 개수를 구하시오.
   (단, n은 자연수이다.)

MEMO

2   함수의 극한과 연속

☐ 함수의 극한

함수 $f(x)$에서 $x \neq a$이고 x가 한없이 a에 가까워질 때 $f(x)$가 일정한 값 α에 한없이 가까워지면, "x가 한없이 a에 가까워질 때, 함수 $f(x)$는 α에 수렴한다."고 하고, α를 $f(x)$의 극한값 또는 극한이라고 한다. 이것을 기호로 다음과 같이 나타낸다.

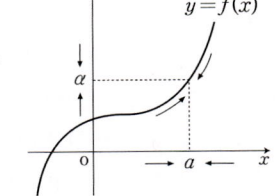

$$\lim_{x \to a} f(x) = \alpha \text{ 또는 "} x \to a \text{일 때, } f(x) \to \alpha\text{"}$$

(1) 좌극한 : x가 왼쪽에서 a에 접근할 때 $f(x)$의 극한값 $\displaystyle\lim_{x \to a^-} f(x) = \alpha$

(2) 우극한 : x가 오른쪽에서 a에 접근할 때 $f(x)$의 극한값 $\displaystyle\lim_{x \to a^+} f(x) = \alpha$

(3) 좌극한과 우극한이 모두 존재하고, 그 값이 일치할 때에만 극한값이 존재한다. $\Rightarrow \displaystyle\lim_{x \to a} f(x) = \alpha$

❖ $x \to a$는 $x = a$의 좌우에서 x축을 따라 a에 한없이 가까워짐을 뜻한다. 이 때, $x \neq a$에 유의한다.

☐ 함수의 발산

함수 $f(x)$에서 $x \to a$일 때, $f(x)$의 값이 한없이 커지거나 한없이 작아지거나 진동할 때 $f(x)$는 발산한다고 한다.

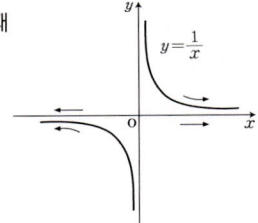

$$\lim_{x \to 0^+} \frac{1}{x} = \infty, \quad \lim_{x \to 0^-} \frac{1}{x} = -\infty, \quad \lim_{x \to 0} \sin\frac{1}{x} = \text{(진동)}$$

☐ 극한의 성질

두 함수 $f(x)$, $g(x)$가 $x = a$에서 극한값 $\displaystyle\lim_{x \to a} f(x) = \alpha$, $\displaystyle\lim_{x \to a} g(x) = \beta$를 가질 때,

(1) $\displaystyle\lim_{x \to a} \{f(x) \pm g(x)\} = \lim_{x \to a} f(x) \pm \lim_{x \to a} g(x) = \alpha \pm \beta$

(2) $\displaystyle\lim_{x \to a} f(x) g(x) = \lim_{x \to a} f(x) \cdot \lim_{x \to a} g(x) = \alpha \cdot \beta$

(3) $\displaystyle\lim_{x \to a} C f(x) = C \lim_{x \to a} f(x) = C\alpha$ (C는 상수)

(4) $\displaystyle\lim_{x \to a} \frac{f(x)}{g(x)} = \frac{\displaystyle\lim_{x \to a} f(x)}{\displaystyle\lim_{x \to a} g(x)} = \frac{\alpha}{\beta}, \ (\beta \neq 0)$

(5) $\displaystyle\lim_{x \to a} \{f(x)\}^n = \left\{\lim_{x \to a} f(x)\right\}^n = \alpha^n$ (n은 양의 정수)

(6) $\displaystyle\lim_{x \to a} \sqrt[n]{f(x)} = \sqrt[n]{\lim_{x \to a} f(x)} = \sqrt[n]{\alpha}$ (n은 양의 정수)

(7) $\displaystyle\lim_{x \to a} \ln\left(\frac{f(x)}{g(x)}\right) = \ln\left(\lim_{x \to a} \frac{f(x)}{g(x)}\right) = \ln\left(\frac{\alpha}{\beta}\right), \ (\beta \neq 0)$

필수예제 3

함수 $f(x)$ 가 $\lim\limits_{x \to 0^+} f(x) = 1$, $\lim\limits_{x \to 0^-} f(x) = -1$ 을 만족할 때 $\lim\limits_{x \to 0^+} f(x^2 - x) - \lim\limits_{x \to 0^-} f(|x|)$ 의 값은?

풀이 그래프를 그려서 생각하면 더 쉽게 이해할 수 있다.

$u = x^2 - x$ 이라 하면 $x \to 0^+$ 일 때 $u \to 0^-$ 이고, $v = |x|$ 이라 하면 $x \to 0^-$ 일 때 $v \to 0^+$ 이므로

$$\lim_{x \to 0^+} f(x^2 - x) - \lim_{x \to 0^-} f(|x|) = \lim_{u \to 0^-} f(u) - \lim_{v \to 0^+} f(v) = -1 - 1 = -2$$

13. 함수의 그래프가 아래 그림과 같을 때, 다음의 극한값은?

(1) $\lim\limits_{x \to 0} f(x)$

(2) $\lim\limits_{x \to 2} f(x)$

(3) $\lim\limits_{x \to 1} g(x)$

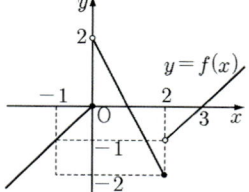
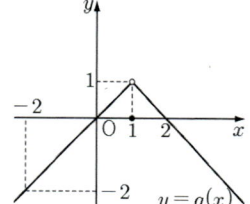

14. 부호함수 $sgn(x) = \begin{cases} -1\ (x < 0) \\ 0\ (x = 0) \\ 1\ (x > 0) \end{cases}$ 에 대하여 다음 중 극한값이 존재하지 않는 것은?

① $\lim\limits_{x \to 0^+} sgn(x)$ ② $\lim\limits_{x \to 0^-} sgn(x)$ ③ $\lim\limits_{x \to 0} sgn(x)$ ④ $\lim\limits_{x \to 0} |sgn(x)|$

15. $\lim\limits_{x \to 0^+} f(x) = 3$, $\lim\limits_{x \to 0^-} f(x) = 1$ 일 때, $\lim\limits_{x \to 0^-} \{ f(x^3 + x^2) - f(-x^3) \}$ 의 값은?

4 함수의 연속

(1) 함수 $f(x)$가 다음 세 가지 조건을 만족할 때, $x = a$에서 $f(x)$는 연속이라고 한다.

　① $x = a$에서 함숫값이 존재한다. $\Leftrightarrow f(a) = \alpha$

　② $x = a$에서의 극한값이 존재한다. $\Leftrightarrow \lim\limits_{x \to a} f(x) = \beta$

　③ 함숫값과 극한값이 같다. $\Leftrightarrow f(a) = \lim\limits_{x \to a} f(x) \quad \Leftrightarrow \quad \alpha = \beta$

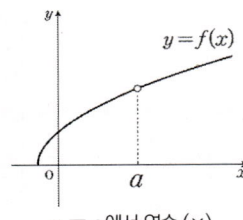 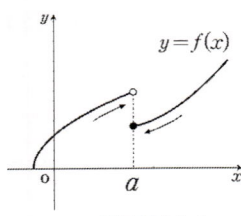 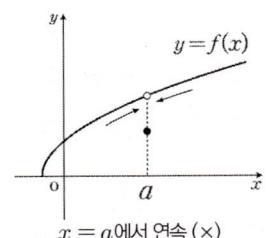

$x = a$에서 연속 (×)	$x = a$에서 연속 (×)	$x = a$에서 연속 (×)
$\because x = a$에서 함숫값이 존재하지 않기 때문이다.	$\because x = a$에서 극한값이 존재하지 않기 때문이다.	$\because x = a$에서 극한값과 함숫값이 같지 않기 때문이다.

5 연속함수의 성질

(1) 다음 두 함수 $f(x)$, $g(x)$가 $x = a$에서 연속이면, 다음 함수들도 $x = a$에서 연속이다.

　① $f(x) \pm g(x)$ 　　　　② $cf(x)$ (단, c는 상수)

　③ $f(x)g(x)$ 　　　　④ $\dfrac{f(x)}{g(x)}$ (단, $g(a) \neq 0$)

(2) 다항식, 유리함수, 무리함수, 삼각함수, 역삼각함수, 지수함수, 로그함수 등은 정의역 내의 모든 점에서 연속이다.

(3) 연속함수의 합성함수도 연속이다.

6 함수의 극한값 구하기

(1) 다항함수 또는 연속함수 $f(x)$의 경우 극한값과 함숫값이 같다. $\lim\limits_{x \to a} f(x) = f(a)$

(2) 좌극한과 우극한을 나눠야 하는 경우

　① 절댓값이 있는 경우

　② 가우스 기호가 있는 경우

　③ 유리함수의 특이점이 존재하고, 특이점에서 극한을 구하는 경우

(3) 부정형의 극한값은 로피탈(L'Hospital) 정리를 이용

　$\dfrac{0}{0}, \ \dfrac{\infty}{\infty}, \ \infty - \infty, \ 0 \times \infty$꼴을 부정형이라고 한다. 이 형태는 식을 변형해서 구한다.

　여기서 0은 숫자 0이 아니라 0에 가까이 가는 것을 말한다.

(4) $\infty + \infty = \infty$, $\infty \times \infty = \infty$

필수예제 4

함수 $f(x) = \begin{cases} \dfrac{\sqrt{1+x} - \sqrt{1-x}}{x} & (x \neq 0) \\ a & (x = 0) \end{cases}$ 가 $x = 0$ 에서 연속이기 위한 상수 a 의 값은?

풀이 $x = 0$에서 연속이기 위해서 $x = 0$에서 극한값 $\lim\limits_{x \to 0} f(x)$ 을 함숫값 $f(0)$ 으로 결정하자.

(i) $x = 0$에서 함숫값이 존재한다. $f(0) = a$

(ii) $\lim\limits_{x \to 0} f(x) = \lim\limits_{x \to 0} \dfrac{\sqrt{1+x} - \sqrt{1-x}}{x} = \lim\limits_{x \to 0} \dfrac{2x}{x(\sqrt{1+x} + \sqrt{1-x})} = \lim\limits_{x \to 0} \dfrac{2}{\sqrt{1+x} + \sqrt{1-x}} = 1$

따라서 연속이기 위해서는 $f(0) = \lim\limits_{x \to 0} f(x)$ 만족해야 하므로 $a = 1$이어야 한다.

16. $f(x) = \begin{cases} \dfrac{x^2 + x - 6}{x+3} & (x \neq -3) \\ c & (x = -3) \end{cases}$ 에 대해 $x = -3$ 에서 연속이 되도록 c 의 값을 구하여라.

17. 다음 함수 $f(x) = \begin{cases} 1 - x\sin\dfrac{1}{e^{4x}} & x \neq 0 \\ a & x = 0 \end{cases}$ 가 $x = 0$에서 연속이라고 한다. a의 값은?

18. 함수 $f(x) = \begin{cases} \dfrac{x^2 - x - 12}{x^2 - 10x + 24}, & x \neq 4 \\ -\dfrac{7}{2}, & x = 4 \end{cases}$ 의 불연속점을 모두 찾으면?

7 조각적 연속함수의 $x = a$에서 연속

각 구간에서 연속인 함수 $f(x) = \begin{cases} g(x) \ (x \geq a) \\ h(x) \ (x < a) \end{cases}$ 가 모든 x에 대하여 연속일 조건

① $x = a$에서 함숫값이 존재한다. $\Leftrightarrow f(a) = g(a)$

② $x = a$에서의 극한값이 존재한다. $\Leftrightarrow \lim\limits_{x \to a} f(x) = \begin{cases} \lim\limits_{x \to a^+} f(x) = g(a) \\ \lim\limits_{x \to a^-} f(x) = h(a) \end{cases} \Leftrightarrow g(a) = h(a)$

③ 함숫값과 극한값이 같다. $\Leftrightarrow f(a) = \lim\limits_{x \to a} f(x) \Leftrightarrow g(a) = h(a)$

⇒ 두 연속함수 $y = g(x)$, $y = h(x)$는 $x = a$에서 교점이 존재하는 조건과 동일하다.

필수 예제 5

다음 함수 $f(x) = \begin{cases} x^2 - a \ , \ x < 4 \\ ax + 21 \ , \ x \geq 4 \end{cases}$ 가 $(-\infty, \infty)$에서 연속이 되기 위한 상수 a의 값은?

풀이 $g(x) = x^2 - a$, $h(x) = ax + 21$이라고 할 때, 두 함수는 각각 모든 실수에서 연속이고 미분가능한 함수이다.

따라서 함수 f가 $(-\infty, \infty)$에서 연속이 되기 위해서는 $x = 4$에서 연속이어야 한다. 즉, $g(4) = h(4)$가 성립해야 한다.

$g(4) = 16 - a$, $h(4) = 4a + 21 \Rightarrow 16 - a = 4a + 21 \Leftrightarrow -5 = 5a \Leftrightarrow a = -1$

19. 다음 함수 $f(x) = \begin{cases} \dfrac{x-2}{\sqrt{x^2+5}-3} & (x < 2) \\ ax + 2 & (x \geq 2) \end{cases}$ 가 $x = 2$에서 연속일 때, 상수 a의 값은?

20. 다음과 같이 정의된 함수 $h(x) = \begin{cases} \tan\left(\dfrac{\pi x}{2}\right), & \left(x < -\dfrac{1}{3} \ \text{or} \ x > \dfrac{2}{3}\right) \\ ax + b, & \left(-\dfrac{1}{3} \leq x \leq \dfrac{2}{3}\right) \end{cases}$ 가 실수 전체에서 연속일 때,

a의 값은?

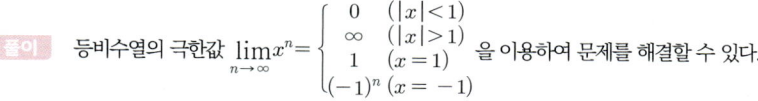

필수 예제 6

함수 $f(x) = \lim\limits_{n \to \infty} \dfrac{x^2(1-x^n)}{1+x^n}$ 의 그래프에서 불연속점이 되는 x값들의 합은? (단, n은 양의 정수이다.)

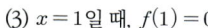

풀이 등비수열의 극한값 $\lim\limits_{n \to \infty} x^n = \begin{cases} 0 & (|x| < 1) \\ \infty & (|x| > 1) \\ 1 & (x = 1) \\ (-1)^n & (x = -1) \end{cases}$ 을 이용하여 문제를 해결할 수 있다.

(1) $|x| < 1$일 때, $\lim\limits_{n \to \infty} x^n = 0$이므로, $f(x) = \lim\limits_{n \to \infty} \dfrac{x^2(1-x^n)}{1+x^n} = x^2$

(2) $|x| > 1$일 때, $f(x) = \lim\limits_{n \to \infty} \dfrac{x^2(1-x^n)}{1+x^n} = \lim\limits_{n \to \infty} \dfrac{x^2\left(\dfrac{1}{x^n}-1\right)}{\dfrac{1}{x^n}+1} = -x^2$

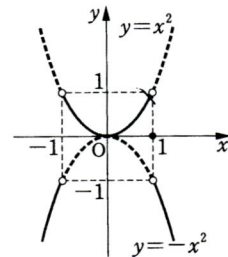

(3) $x = 1$일 때, $f(1) = 0$

(4) $x = -1$일 때, $f(-1)$은 존재하지 않는다.

따라서 그래프는 위와 같고 $x = \pm 1$에서 불연속이다. 즉 x값들의 합은 0이다.

21. $x \neq -1$인 실수 x에서 정의된 함수 $f(x) = \lim\limits_{n \to \infty} \dfrac{x^{n+1} - x^2 + a}{x^n + 1}$ 가 $x = 1$에서 연속일 때, 상수 a의 값은?

22. 함수 $f(x) = \begin{cases} 2-x, & (x < -1) \\ x, & (-1 \le x < 1) \\ 0, & (x = 1) \\ (x-1)^2 + 1, & (1 < x < 2) \\ e^{-x+2} + 1, & (x > 2) \end{cases}$ 이라 하자. $\lim\limits_{x \to a} f(x)$ 가 존재하지 않는 a의 개수를 A,

함수 $f(x)$가 $x = b$에서 불연속인 점 b의 개수를 B라 할 때, $A + B$의 값은?

다음의 극한값을 구하여라. (단, $[x]$는 x보다 크지 않은 최대정수를 나타낸다.)

(1) $\displaystyle\lim_{x\to 1}\frac{x-1}{|x-1|}$

(2) $\displaystyle\lim_{x\to 3}2^{\frac{1}{x-3}}$

(3) $\displaystyle\lim_{x\to 3}\left(\left[\frac{x}{2}\right]-\frac{[x]}{2}\right)$

풀이 좌극한과 우극한을 나눠야 하는 경우는 절댓값, 유리함수의 특이점에서 극한, 가우스함수이다.

(1) $\displaystyle\lim_{x\to 1-}\frac{x-1}{-(x-1)}=-1$, $\displaystyle\lim_{x\to 1+}\frac{x-1}{+(x-1)}=1$이므로 $x=1$에서 극한값이 존재하지 않는다.

(2) $\displaystyle\lim_{x\to 3-}2^{\frac{1}{x-3}}=2^{-\infty}=0$, $\displaystyle\lim_{x\to 3+}2^{\frac{1}{x-3}}=2^{\infty}=\infty$이므로 $x=3$에서 극한값이 존재하지 않는다.

(3) $\displaystyle\lim_{x\to 3-}\left(\left[\frac{x}{2}\right]-\frac{[x]}{2}\right)=1-1=0$, $\displaystyle\lim_{x\to 3+}\left(\left[\frac{x}{2}\right]-\frac{[x]}{2}\right)=1-1.5=-0.5$이므로 $x=3$에서 극한값이 존재하지 않는다.

23. 다음의 극한값을 구하여라. (단, $[x]$는 x보다 크지 않은 최대정수를 나타낸다.)

(1) $\displaystyle\lim_{x\to 0}\tan^{-1}\left(\frac{1}{x}\right)$

(2) $\displaystyle\lim_{x\to\infty}\frac{[2x]-3}{x}$

(3) $\displaystyle\lim_{x\to 0}[x^2]$

(4) $\displaystyle\lim_{x\to\infty}\left(\left[\frac{x}{2}\right]-\frac{[x]}{2}\right)$

24. $\displaystyle\lim_{x\to n}\frac{[x]^2+x}{2[x]}$ 의 값이 존재할 때 정수 n의 값을 구하여라. (단, $[x]$는 x보다 크지 않은 최대정수를 나타낸다.)

25. 함수 $f(x)=\dfrac{1}{1+e^{1/x}}$ 에 대하여 (1) $\displaystyle\lim_{x\to 0^-}f(x)$ (2) $\displaystyle\lim_{x\to 0^+}f(x)$ (3) $\displaystyle\lim_{x\to 0}f(x)$ 를 구하시오

필수 예제 8

다음 보기의 함수 중 연속인 것을 모두 고른 것은? (단, $[x]$는 x를 넘지 않는 최대의 정수이다.)

━━━━━━ 〈보기〉 ━━━━━━

(가) $y = [x] - [x-1]$ **(나)** $y = \sin x - [\sin x]$ **(다)** $y = x - [x]$

풀이 (가) 정수 n에 대하여 $[x] = n$이면 $n \le x < n + \alpha (0 \le \alpha < 1)$이고,

$n-1 \le x-1 < n-1+\alpha$, $[x-1] = n-1$이다. $y = [x] - [x-1] = n - (n-1) = 1$이므로 $y = 1$과 같다.

따라서 $y = [x] - [x-1]$은 연속함수이다.

(나) $0 \le x < \dfrac{\pi}{2}$, $\dfrac{\pi}{2} < x \le \pi$ 에서 $[\sin x] = 0$이고, $y = \sin x - [\sin x] = \sin x$ 와 같다.

$x = \dfrac{\pi}{2}$일 때, $[\sin x] = 1$이고, $y = \sin x - [\sin x] = 1 - 1 = 0$이다.

$\pi < x < 2\pi$일 때, $[\sin x] = -1$이고, $y = \sin x - [\sin x] = \sin x + 1$과 같다.

따라서 $x = n\pi$, $\dfrac{(4n+1)\pi}{2}$ (단, n은 정수)에서 불연속이다.

(다) $-1 \le x < 0$일 때, $[x] = -1$이고, $y = x - [x] \Rightarrow y = x + 1$ $0 \le x < 1$일 때, $[x] = 0$이고,

$y = x - [x] \Rightarrow y = x$이고 $1 \le x < 2$일 때, $[x] = 1$이고, $y = x - [x] \Rightarrow y = x - 1$이다.

따라서 $x = n$(단, n은 정수)에서 불연속이다.

26. $f(x) = [3x]$, $g(x) = \left[\dfrac{x}{3}\right]$에 대하여 개구간 $(-1, 1)$에서 $f(x)$의 불연속점의 개수를 A, $g(x)$의 불연속점의 개수를 B라고 할 때, $A - B$의 값? (단, $[x]$는 x를 넘지 않는 최대의 정수이다.)

27. 열린구간 $(-\pi, \pi)$에서 $f(x) = [\cos x]$의 불연속인 점의 개수는? (단, 기호 $[\ ]$는 최대정수함수)

28. 함수 $f(x) = [\sqrt{10 - x^2}]$의 불연속인 점의 개수는? (단, $[x]$는 x보다 크지 않은 최대의 정수이다.)

8 스퀴즈 (Squeeze) 정리

x가 a의 근방에서 $f(x) \le g(x) \le h(x)$이고, $\lim_{x \to a} f(x) = \lim_{x \to a} h(x) = L$이면 $\lim_{x \to a} g(x) = L$이다.

필수예제 9

함수 $f(x) = x\sin\dfrac{1}{x}$ 이 모든 실수에서 연속이 되도록 $f(0)$의 값을 정하시오.

풀이 $f(0) = \lim_{x \to 0} f(x)$이면 $x = 0$에서 연속임을 이용하여 $f(0)$의 값을 결정하자.

$x \to \infty$일 때 $-1 \le \sin x \le 1$이고, $-\dfrac{1}{x} \le \dfrac{\sin x}{x} \le \dfrac{1}{x}$이다. $\lim_{x \to \infty} -\dfrac{1}{x} \le \lim_{x \to \infty} \dfrac{\sin x}{x} \le \lim_{x \to \infty} \dfrac{1}{x}$일 때,

$\lim_{x \to \infty} -\dfrac{1}{x} = \lim_{x \to \infty} \dfrac{1}{x} = 0$이므로 스퀴즈 정리에 의해서 $\lim_{x \to \infty} \dfrac{\sin x}{x} = 0$이다. 이를 활용하여 다음 식을 정리하면

$$\lim_{x \to 0} x\sin\left(\frac{1}{x}\right) = \lim_{x \to 0} \frac{\sin\left(\dfrac{1}{x}\right)}{\dfrac{1}{x}} = \lim_{t \to \pm\infty} \frac{\sin t}{t} = 0$$ 이다.

풀이 $-1 \le \sin\left(\dfrac{1}{x}\right) \le 1$이고, $\lim_{x \to 0} -|x| \le \lim_{x \to 0} |x| \sin\left(\dfrac{1}{x}\right) \le \lim_{x \to 0} |x|$ 이면 스퀴즈 정리에 의해 $\lim_{x \to 0} |x| \sin\left(\dfrac{1}{x}\right) = 0$이다.

$\lim_{x \to 0^+} x\sin\dfrac{1}{x} = 0$이고, $\lim_{x \to 0^-} -x\sin\dfrac{1}{x} = 0$ 이므로 $\lim_{x \to 0} x\sin\left(\dfrac{1}{x}\right) = 0$이다.

따라서 $0 \times 진동 = 0$이라는 결론을 도출할 수 있다.

---

29. 다음의 극한값을 구하여라.

(1) $\lim_{x \to 0} \sin\dfrac{1}{x}$
(2) $\lim_{x \to 0} x^2 \sin\dfrac{1}{x}$

30. 극한 $\lim\limits_{x \to 0}(x^4 + 2x^2)\cos\dfrac{1}{x}$ 의 값은?

31. 함수 $f(x) = \begin{cases} \dfrac{\sin x}{x} & (x \neq 0) \\ a & (x = 0) \end{cases}$ 가 모든 실수에서 연속이기 위한 a의 값을 구하시오

32. 다음 중 $x = 0$ 에서 연속이 아닌 함수는?

① $f(x) = \begin{cases} xe^{\frac{1}{x}} & (x \neq 0) \\ 0 & (x = 0) \end{cases}$

② $g(x) = \begin{cases} \dfrac{1 - \cos x}{x} & (x \neq 0) \\ 0 & (x = 0) \end{cases}$

③ $h(x) = \begin{cases} x\sin\dfrac{1}{x} & (x \neq 0) \\ 0 & (x = 0) \end{cases}$

④ $k(x) = \begin{cases} 0 & (x : 유리수) \\ x & (x : 무리수) \end{cases}$

3 | 중간값 정리

(1) 중간값 정리

$f(x)$가 폐구간 $[a,\ b]$에서 연속이고, $f(a)<k<f(b)$라 하자. (단, $f(a)\neq f(b)$)

이 때, $f(c)=k$를 만족하는 c는 구간 $(a,\ b)$에 적어도 하나 존재한다.

즉, $c\in(a,b)$이다.

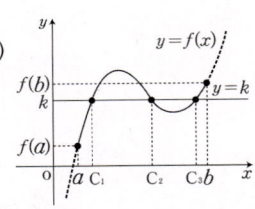

(2) 실근의 존재성

$f(x)$가 폐구간 $[a,\ b]$에서 연속이고, $f(a)f(b)<0$이면

$f(c)=0$을 만족하는 c는 구간 $(a,\ b)$에 적어도 하나 존재한다.

즉, $c\in(a,b)$이다.

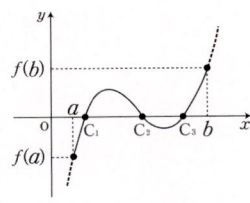

MEMO

필수 예제 10

방정식 $x^5 - x^2 - 1 = 0$의 해가 들어 있는 구간을 고르시오.

① $\left[0, \dfrac{1}{2}\right)$ ② $\left[\dfrac{1}{2}, 1\right)$ ③ $\left[1, \dfrac{3}{2}\right)$ ④ $\left[\dfrac{3}{2}, 2\right)$ ⑤ $\left[2, \dfrac{5}{2}\right)$

풀이 $f(x) = x^5 - x^2 - 1$이라 하면 중간값 정리의 따름 정리에 의해

① $f(0) = -1 < 0$, $f\left(\dfrac{1}{2}\right) = -\dfrac{39}{32} < 0 \Rightarrow f(0)f\left(\dfrac{1}{2}\right) > 0$이므로 해가 존재함을 확인할 수 없다.

② $f\left(\dfrac{1}{2}\right) = -\dfrac{39}{32} < 0$, $f(1) = -1 < 0 \Rightarrow f\left(\dfrac{1}{2}\right)f(1) > 0$이므로 해가 존재함을 확인할 수 없다.

③ $f(1) = -1 < 0$, $f\left(\dfrac{3}{2}\right) = \dfrac{139}{32} > 0 \Rightarrow f(1)f\left(\dfrac{3}{2}\right) < 0$이므로 중간값 정리에 의해서 구간 $\left[1, \dfrac{3}{2}\right)$에서 적어도 하나의 해를 갖는다.

④ $f\left(\dfrac{3}{2}\right) = \dfrac{139}{32} > 0$, $f(2) = 27 > 0 \Rightarrow f\left(\dfrac{3}{2}\right)f(2) > 0$이므로 해가 존재함을 확인할 수 없다.

⑤ $f(2) = 27 > 0$, $f\left(\dfrac{5}{2}\right) = \dfrac{2893}{32} > 0 \Rightarrow f(2)f\left(\dfrac{5}{2}\right) > 0$이므로 해가 존재함을 확인할 수 없다.

따라서 $f(1)f\left(\dfrac{3}{2}\right) < 0$을 만족하는 $\left[1, \dfrac{3}{2}\right)$에서 해가 존재한다.

33. 모든 실수 집합에서 정의된 함수 $f(x) = \cos x + x^2$ 에 대해 $f(c) = 5$가 성립하는 실수 c가 존재하는 구간은?

① $[-2, \ 0]$ ② $[-1, \ 3)$ ③ $(5, \ 8]$ ④ $(3, 5)$

34. 다음 구간에서 해가 존재하지 않는 것을 구하시오

① $x^4 + x - 3 = 0$ $\qquad (1, 2)$
② $\sin x = x^2 - x$ $\qquad (1, 2)$
③ $\sqrt[3]{x} = 1 + x$ $\qquad (0, 1)$
④ $e^x = 3 - 2x$ $\qquad (0, 1)$

선배들의 이야기 ++

편입 스펙
국민대학교 (전자공학과) / 학점: 3.49/4.5 / 토익 790

합격 대학
한양대 (융합전자공학부) / 성균관대 (전자전기공학부) / 건국대 (전기전자공학부)

처음이자 마지막 도전
저는 N수 후에 대학교 1학년 입학 후, 입시 결과에 대한 아쉬움이 많이 있었습니다. 공부를 하던 중, 우연히 강남의 한 독서실의 사람들이 모두 '편입수학은 한아름' 교재를 가지고 공부를 하는 것을 보았고, '편입'이라는 제도를 처음 알게 되었습니다. 하루의 시험으로 결과가 결정되는 수능이라는 입시전형과 달리, 편입은 대부분의 대학들이 수학과 영어 과목만이 시험 범위인 점과 학교마다 시험을 나눠서 치른다는 점등이 저에게 최적화 되었다고 생각하여 진짜 '처음이자 마지막으로' 편입에 도전하게 되었습니다.

수학의 바탕은 이해입니다
아름쌤 수업의 장점은 노베이스부터 중/상위권까지 모두가 납득이 되는 설명을 해주시는 점인데요, 저는 수학을 단순히 암기하는 것보다는 이해가 밑바탕이 되어야 받아들일 수 있는 사람이었습니다. '극곡선' 파트에서 겉으로 보면 굉장히 어려워 보이는 그래프를 아름쌤께서는 원리에 따라 그려짐을 보여주시고 여러 예시를 들어 설명해주셨기 때문에 개념이 납득이 되었습니다. 처음으로 '수학이란 이해를 바탕으로 한 과목이구나.'라는 점을 깨닫게 되었고 재미도 느꼈습니다.

또한, 개념 간의 유기적인 스토리텔링이 되는 강의인데요, 특히 다변수에서 선/면적분 파트에서 선/면적분을 연관지어 가지치기 형식으로 마지막에 정리해주시듯 개념을 총정리해주시는 점이 좋았습니다.

특히, 아름쌤 강의에서는 '선형대수'가 가장 좋았는데요! 예를 들면, "가은아, 기저가 뭐야?" "일차독립인 벡터들의 집합이요." "그럼 기저의 핵심은?" "누구의 기저인가 입니다." 이런식으로 개념이 머릿속에 콕 박힐 수 있도록 수업 중간중간에 개념을 던져주십니다. 그리고 기출 문제를 풀어주시면서도 그와 관련된 다른 개념에 관한 복습 point들을 수업 중간에 던져주시는 점이 까먹었던 개념을 상기시키는 데에 도움이 되었습니다.

아름쌤 수업을 들어야하는 가장 큰 이유는 '학생과의 소통과 피드백이 잘 되는 교수님'이라는 점인데요. 한번은 기출 수업 때, 성적이 바로바로 나왔으면 좋겠다라고 교수님께 건의사항을 말씀드린 적이 있었는데 교수님께서 "그럼 내가 성적 처리 바로 직접 해줄게." 하고 흔쾌히 저희의 의견을 바로 반영해주셨던 점이 너무 감사했었습니다. 또한, 중간에 상담이 필요한 부분이나 원서 접수 시즌에 어떤 학교를 지원해야 할지 일대일로 학생들을 직접 상담을 해주시고, "너 거기 갈 수 있어."라고 말씀해주신 점이 너무 힘이 되었습니다. 그 어떤 선생님들보다도 아름쌤은 학생 이름을 모두 기억하시고, 현실적이지만 따뜻한 상담을 해주신다고 자부할 수 있습니다.

언제라도 편입공부를 놓아서는 안 됩니다

저는 학교 병행 일반편입을 준비하면서 원하는 결과를 얻을 수 있었습니다. 학교 병행을 하는 것은 다른 학생들에 비해 시간적으로 부족한 점이 사실이지만, 자투리시간을 효과적으로 이용한다면 결코 뒤처지지 않습니다. 그래서 제가 실제로 겪은 시행착오와 어떻게 해야 할지에 대해 간략하게 설명해드리겠습니다. 편입을 시작하기 전에 모든 편입준비생은 재학중인 대학교의 수료요건 또는 졸업요건을 꼭 확인해야 합니다. 학교에 문의해서 꼭 확인을 해야 하고, 제가 다니던 학교의 경우 68학점을 이수하여야 했기 때문에, 2학년 때 저는 총 34학점을 들어야 했습니다.

또한, 지원하고자 하는 학교들의 이수학점도 확인해야 하는데, 몇몇 학과를 제외하고는 아마도 68학점 또는 70학점 이상이면 충분했던 것으로 기억하니 꼭 확인하셔야 합니다. 저는 2학기 때는 편입시험과 가까운 시즌이기 때문에 1학기에 가능한 많은 학점을 수강하시는 것을 추천드립니다. 또한, 병행하시는 분들이 주의해야 할 점은 학교 중간 기말고사 기간에도 절대 편입공부를 놓아서는 안 된다는 점입니다. 이 시기에는 강의 진도를 빼기보다는 이제까지 했던 파트의 누적복습이라도 하시는 것을 추천드립니다.

모든 편입준비생은 '여름 방학'이 가장 중요합니다. 특히 병행하시는 분들은 순수하게 공부만을 하실 수 있는 유일한 시기입니다. 밀린 강의가 있다면 짧게 기간을 잡고 마무리하시는 것을 추천드리고요, 지난 과목에 대한 누적복습은 필수입니다. 방학 때 저는 공부를 가장 많이 했고, 실력이 가장 많이 늘었다고 생각하는데, 그 핵심은 규칙적인 루틴입니다. 저의 경우 7시에 일어나는 기상 스터디를 신청하였고, '학원 자습실에 8시~8시 30분 내로 도착하자!' 가 저만의 루틴이었습니다. 실제로 방학 내내 그 루틴을 지켰기 때문에 일정 시간 이상의 공부시간을 확보할 수 있었고, 학기 중에도 그 습관이 몸에 익혀진 것 같습니다. 2-2학기에는 학교 가는 일수를 2일 또는 3일로 최소화하고, 교양 과목을 최대로 하는 것이 가장 좋습니다.

또한, 학교 공부를 소홀히 하다가 F학점을 받아 이수학점을 채우지 못하는 경우도 발생할 수 있기 때문에 그 점도 꼭 주의하셔야 합니다! 실제로 1학기 때 저는 편입과 학교 공부의 밸런스 붕괴로 인해 전공과목에서 F학점을 받고 교수님에게 상담을 했던 경험도 있었습니다. 마지막으로 원서 접수 시즌에는 챙겨야 할 서류들도 많고, 학교별로 접수시기도 다르기 때문에 온전히 공부에만 집중하기 어렵습니다. 그렇지만 그 때에도 해야할 공부는 계속 해야, 감을 유지할 수 있습니다. 이때, 자소서를 내야 하는 학교도 일부 있는데, 자소서는 추석 연휴 때 날 잡고 쓰시는 것을 추천드리고, 평소에는 '키워드' 정도만 메모장에 적어두시면 도움이 됩니다.

편입만큼은 '하면 된다'가 통합니다!

강의 수강과 복습 방법은 간단히만 말씀드리겠습니다. 저는 저만의 개념노트를 통한 복습이 가장 도움이 되었는데요. 수업이 있는 날 당일 복습을 할 때, 나만의 언어로 정리하여 개념노트를 작성하는 방법을 이용했습니다. 교수님께서 수업 시간에 강조하신 문제 또는 이해가 잘 안되었던 문제를 쓰고, 밑에 여러가지 풀이를 적어보는 형식으로 작성하였습니다. 중요한 부분은 수학은 문제와 개념을 함께 적어야, 실질적으로 문제를 푸는 능력을 갖출 수 있다는 점입니다. 또한, 여름 방학 이후에는 기본서와 병행하여 올인원과 1200제 교재를 푸는 것을 추천합니다.

이과생들의 고민 중 하나인 영어에 관해서는 목표하는 대학교와 주어진 시간에 따라 선택과 집중을 해야한다는 점이 포인트인 것 같습니다. 목표하는 대학이 서성한이고, 수학을 월등하게 잘하는 것이 아니라면 영어는 필수입니다. 그러나 학교를 병행하고, 시작시기가 늦다면 선택적으로 수학만 하는 방향을 선택할 수도 있습니다. 저는 목표하는 대학이 서성한이였고, 영어에 자신이 있다고 생각했기 때문에, 영수 비율을 20 대 80으로 꾸준하게 가져가는 방식을 택하였고, 성균관대, 한양대에 모두 합격할 수 있었습니다. 영어를 준비하지 않는 학생들도 분명히 영어를 보는 학교에 지원을 할 것이기 때문에, 편입 영어 단어만큼은 꼭 이동 중에라도 암기해주셨으면 좋겠습니다. 저는 퀴즐렛 어플을 이용하여 이동 중에 암기하였고, 후반부에는 헷갈리는 단어들을 단어장에 적고, 체크 표시하고 최종적으로 컴싸로 지우는 방식을 이용했습니다. 시간적 여유가 되신다면, 영어까지 챙겨가서 꼭 상위권 학교까지 노려보셨으면 좋겠습니다!

저는 입시생활을 오래한 만큼, 어느 누구보다도 지금 이 시기가 얼마나 힘든지 잘 압니다. 항상 결과가 나오는 시즌에는 문득 '열심히 한다고 되는건 아니구나' 라는 생각을 했었는데, '편입'이라는 제도만큼은 '하면 된다' 라는 것을 느꼈습니다. 이번이 마지막이라고 생각하시고, 후회없이 공부하셨으면 좋겠습니다. 아름매쓰 파이팅!

– 이○현 (한양대학교 융합전자공학부)

MEMO

미적분법

02 미적분법

1 미분이란

미분은 변화를 다루는 모든 학문 (사회학, 경제, 통계, 금융, 공학) 거의 전 분야에서 사용되고 있다. 기업 혹은 공장에서 최적화와 효율의 극대화 등 다양한 실생활에서 사용된다. 수학적 계산을 위해서 간단하게 설명하면 미분은 순간변화율이다. 그래프에서는 접선의 기울기라고 표현한다.

1 미분계수

함수 $y = f(x)$ 위의 두 점 $(a, f(a))$, $(b, f(b))$ 을 잇는 직선의 기울기를 평균변화율이라고 한다.
평균변화율의 극한을 순간변화율 또는 미분계수라고 한다.

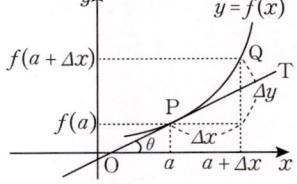

(1) 평균변화율 : $\dfrac{\triangle y}{\triangle x} = \dfrac{f(b) - f(a)}{b - a} = \dfrac{f(a + \triangle x) - f(a)}{\triangle x}$

(2) 순간변화율 : $\lim\limits_{\triangle x \to 0} \dfrac{\triangle y}{\triangle x} = \lim\limits_{\triangle x \to 0} \dfrac{f(a + \triangle x) - f(a)}{\triangle x} = \lim\limits_{h \to 0} \dfrac{f(a + h) - f(a)}{h} = f'(a)$

(3) 미분계수의 기하학적 의미는 $x = a$ 에서 접선의 기울기이다. $\Leftrightarrow f'(a) = \tan\theta$ 이다.

2 도함수

함수 $y = f(x)$ 를 미분하여 얻은 함수인 $f'(x)$ 를 도함수라고 한다. $f(x)$ 의 미분계수를 유도하기 위한 함수라는 의미에서 도함수라고 부른다. 따라서 $x = a$ 에서 미분계수를 구하기 위해서는 도함수 $f'(x)$ 를 구하고 그 식에 $x = a$ 를 대입하면 된다.

(1) 1계 도함수의 정의 : $f'(x) = \lim\limits_{h \to 0} \dfrac{f(x + h) - f(x)}{h}$

 ↳표기 : $f'(x) = y' = \dfrac{dy}{dx} = \dfrac{df}{dx} = \dfrac{d}{dx} f(x) = Df(x)$

(2) 2계 도함수의 정의 : $f''(x) = (f'(x))' = \lim\limits_{h \to 0} \dfrac{f'(x + h) - f'(x)}{h}$

 ↳표기 : $f''(x) = y'' = \dfrac{d}{dx}\left(\dfrac{dy}{dx}\right) = \dfrac{d^2 y}{dx^2} = \dfrac{d^2}{dx^2} f(x) = D^2 f(x)$

(3) n계 도함수 : $y^{(n)} = \dfrac{d^n y}{dx^n} = f^{(n)}(x) = \lim\limits_{h \to 0} \dfrac{f^{(n-1)}(x + h) - f^{(n-1)}(x)}{h}$

 ↳ n계 도함수를 나타내기 위해서는 규칙성을 찾아라!!

3 그림으로 이해하는 미분

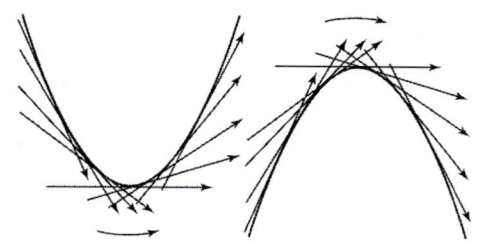

4 미분가능성

$x=a$에서 연속인 함수 $f(x)$의 미분계수 $f'(a)$가 존재하면, 함수 $f(x)$는 $x=a$에서 미분가능하다고 말한다.

여기서 미분계수가 존재한다는 것은 좌미분계수와 우미분계수가 같다는 것이다.

① $x=a$에서 연속함수이다. $\Leftrightarrow \lim\limits_{x \to a} f(x) = f(a)$

② $x=a$에서 좌미분계수 $\lim\limits_{h \to 0^-} \dfrac{f(a+h)-f(a)}{h}$, 우미분계수 $\lim\limits_{h \to 0^+} \dfrac{f(a+h)-f(a)}{h}$ 가 존재한다.

③ 좌미분계수와 우미분계수가 같다.

$$\Leftrightarrow f'(a) = \lim\limits_{h \to 0^-} \dfrac{f(a+h)-f(a)}{h} = \lim\limits_{h \to 0^+} \dfrac{f(a+h)-f(a)}{h}$$

①~③을 만족한다면 $f(x)$는 $x=a$에서 미분가능하다고 한다.

(1) 함수 $f(x)$가 개구간 (a, b) 안의 모든 점에서 미분가능하면 함수는 개구간 (a, b)에서 미분가능하다고 한다.

(2) $f'(x)$의 정의역 : $\{x \,|\, f'(x)$가 존재한다.$\}$이고, 이것은 $f(x)$의 정의역보다 크지 않다.

(3) 구간 $(a, \ b)$에서 미분가능하면, 연속이다. 그러나 구간 $[a, b]$에서 연속이라고 해서 미분가능한 것은 아니다.

ex) $y = |x|$

(4) $x=a$에서 미분불가능의 경우

① 좌우미분계수가 다른 경우 (그래프에 첨점(뾰족점) 또는 꼬임점이 있는 경우)

② 불연속점인 경우 (그래프가 끊겨 있는 경우)

③ 수직접선을 갖는 경우, 즉 $\lim\limits_{x \to a} f'(x) = \pm \infty$ (접선이 가파르게 된다는 뜻)

미분은 불가능하지만, 접선의 방정식은 존재할 수 있다.

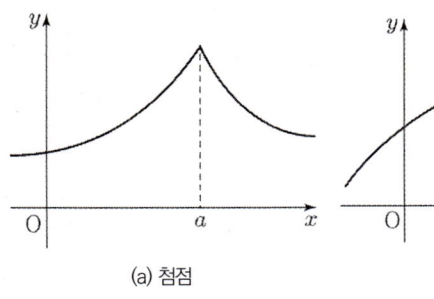

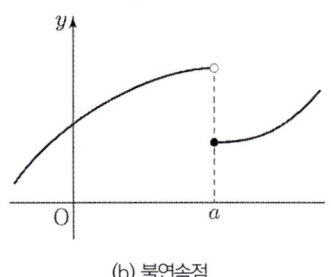

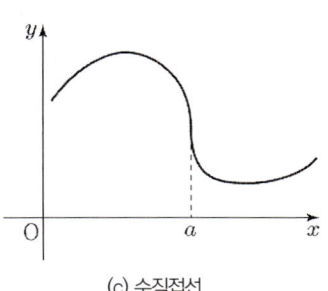

| (a) 첨점 | (b) 불연속점 | (c) 수직접선 |

5 미분의 선형성

(1) $\dfrac{d}{dx}\{f(x) \pm g(x)\} = f'(x) \pm g'(x)$ 　　　　 (2) $\dfrac{d}{dx}\{Cf(x)\} = C f'(x)$

6 기본적인 미분공식

(1) 함수의 구조에 따른 미분법

① $\dfrac{d}{dx}\{f(x)\,g(x)\} = f'(x)\,g(x) + f(x)\,g'(x)$

② $\dfrac{d}{dx}\{f(x)\,g(x)h(x)\} = f'(x)\,g(x)\,h(x) + f(x)\,g'(x)\,h(x) + f(x)\,g(x)h'(x)$

③ $\dfrac{d}{dx}\left\{\dfrac{f(x)}{g(x)}\right\} = \dfrac{f'(x)\,g(x) - f(x)\,g'(x)}{\{g(x)\}^2}$

(2) 기본공식

① $\dfrac{d}{dx}(C) = 0$ 　　　　 ② $\dfrac{d}{dx}x^n = nx^{n-1} \ (n \in R)$

(3) 삼각함수의 도함수

① $\dfrac{d}{dx}(\sin x) = \cos x$ 　　　　 ② $\dfrac{d}{dx}(\csc x) = -\csc x \cot x$

③ $\dfrac{d}{dx}(\cos x) = -\sin x$ 　　　　 ④ $\dfrac{d}{dx}(\sec x) = \sec x \tan x$

⑤ $\dfrac{d}{dx}(\tan x) = \sec^2 x$ 　　　　 ⑥ $\dfrac{d}{dx}(\cot x) = -\csc^2 x$

(4) 쌍곡선함수의 도함수

① $\dfrac{d}{dx}(\sinh x) = \cosh x$ 　　　　 ② $\dfrac{d}{dx}(\operatorname{csch} x) = -\operatorname{csch} x \coth x$

③ $\dfrac{d}{dx}(\cosh x) = \sinh x$ 　　　　 ④ $\dfrac{d}{dx}(\operatorname{sech} x) = -\operatorname{sech} x \tanh x$

⑤ $\dfrac{d}{dx}(\tanh x) = \operatorname{sech}^2 x$ 　　　　 ⑥ $\dfrac{d}{dx}(\coth x) = -\operatorname{csch}^2 x$

(5) 지수함수 & 로그함수의 도함수 ($e \approx 2.718$)

① $\dfrac{d}{dx}(a^x) = a^x \ln a$ 　　　　 ② $\dfrac{d}{dx}(e^x) = e^x$

③ $\dfrac{d}{dx}(\log_a x) = \dfrac{1}{x \ln a}$ 　　　　 ④ $\dfrac{d}{dx}(\ln x) = \dfrac{1}{x}$

(6) 역삼각함수의 도함수

① $\dfrac{d}{dx}(\sin^{-1}x)=\dfrac{1}{\sqrt{1-x^2}}$ ② $\dfrac{d}{dx}(\csc^{-1}x)=\dfrac{-1}{|x|\sqrt{x^2-1}}$

③ $\dfrac{d}{dx}(\cos^{-1}x)=\dfrac{-1}{\sqrt{1-x^2}}$ ④ $\dfrac{d}{dx}(\sec^{-1}x)=\dfrac{1}{|x|\sqrt{x^2-1}}$

⑤ $\dfrac{d}{dx}(\tan^{-1}x)=\dfrac{1}{1+x^2}$ ⑥ $\dfrac{d}{dx}(\cot^{-1}x)=\dfrac{-1}{1+x^2}$

(7) 역쌍곡선함수의 도함수

① $\dfrac{d}{dx}(\sinh^{-1}x)=\dfrac{1}{\sqrt{x^2+1}}$ ② $\dfrac{d}{dx}(\operatorname{csch}^{-1}x)=\dfrac{-1}{|x|\sqrt{x^2+1}}$

③ $\dfrac{d}{dx}(\cosh^{-1}x)=\dfrac{1}{\sqrt{x^2-1}}$ ④ $\dfrac{d}{dx}(\operatorname{sech}^{-1}x)=\dfrac{-1}{|x|\sqrt{1-x^2}}$

⑤ $\dfrac{d}{dx}(\tanh^{-1}x)=\dfrac{1}{1-x^2}$ ⑥ $\dfrac{d}{dx}(\coth^{-1}x)=\dfrac{1}{1-x^2}$

필수예제 11

함수 $f(x)=\dfrac{x\cos x}{1+e^x}$ 에 대하여 $x=0$에서 미분계수를 구하여라.

풀이 분수함수 미분법을 적용하면 도함수를 구하자.

$f'(x)=\dfrac{(\cos x-x\sin x)(1+e^x)-x\cos x\, e^x}{(1+e^x)^2}$ 이고 $x=0$을 대입하면 미분계수 $f'(0)=\dfrac{1}{2}$ 이다.

---

35. 다음 함수의 1계 도함수와 2계 도함수를 구하시오.

(1) $y=x^6$ (2) $y=\sqrt{x}$ (3) $y=\dfrac{1}{x}$

36. $f(x)=\dfrac{x^3}{g(x)}$ 이고, $f(2)=4$, $f'(2)=3$, $g(2)=2$일 때, $g'(2)$의 값은?

곡선 $y = \cosh x$ 위에서 접선의 기울기가 2인 점의 좌표는?

① $(\sqrt{2},\ \ln(1+\sqrt{2}))$ 　　② $(\ln(1+\sqrt{2}),\ \sqrt{2})$

③ $(1+\sqrt{2},\ \ln(1+\sqrt{2}))$ 　　④ $(\ln(2+\sqrt{5}),\ \sqrt{5})$

풀이 $y' = \sinh x = 2$을 만족하는 x값을 구해보자. 그리고 이때의 y값을 구해보자.

$\sinh x = 2 \Leftrightarrow x = \sinh^{-1}2 = \ln\left(2+\sqrt{2^2+1}\right) \Leftrightarrow x = \ln(2+\sqrt{5})$

M1) $\sinh x = 2$이므로 $y = \cosh x = \sqrt{1+\sinh^2 x} = \sqrt{5}$ 이다.

M2) $y = \cosh\left(\ln(2+\sqrt{5})\right) \Leftrightarrow \cosh^{-1}y = \ln\left(y+\sqrt{y^2-1}\right) = \ln(2+\sqrt{5})$이므로 $y = \sqrt{5}$ 이다.

따라서 $(x,\ y) = \left(\ln(2+\sqrt{5}),\ \sqrt{5}\right)$이다.

37. 함수 $f(0) = 1$을 만족시키는 미분가능한 함수 $f(x)$에 대하여 $g(x) = \dfrac{1}{1-xf(x)}$ 일 때, $g'(0)$의 값은?

38. 다음 $\dfrac{d}{dx}\left(\dfrac{1-\sec x}{\tan x}\right)\Big]_{x=\frac{\pi}{4}}$ 의 값을 구하시오.

39. 곡선 $y = x^4 - 6x^2 + 4$ 위의 점 $(0, 4)$에서 접선의 기울기를 구하시오.

40. $f(x) = x + \dfrac{1}{x}\ (x \neq 0)$ 위의 점 $\left(2,\ \dfrac{5}{2}\right)$에서 접선의 기울기를 구하시오.

41. 다음 주어진 식의 도함수 또는 미분계수를 구하시오.

(1) $y = \dfrac{x}{2 - \tan x}$

(2) $g(x) = x^3 \cos x$

(3) $h(u) = u \csc u - \cot u$

(4) $y = \dfrac{\sin x}{x^2}$

(5) $f(\theta) = \dfrac{\sec \theta}{1 + \sec \theta}$

(6) $y = \sec x \tan x$

42. 다음을 구하여라.

(1) $f(x) = (x^2 + x + 1)(x^2 - x + 1)$ 일 때, $f'(1)$은?

(2) $f(x) = \dfrac{1}{x^2 + x + 1}$ 일 때, $f'(1)$은?

(3) $f(x) = \dfrac{2x - 3}{x^2 - 1}$ 일 때, $f'(2)$은?

(4) $f(x) = \dfrac{\sin x}{2 + \cos x}$ 일 때, $f'\left(\dfrac{\pi}{2}\right)$은?

(5) $y = 8x^2 + 7e^x \tan x$ 일 때, $f'(0)$은?

(6) $y = (x - 1)(x + 2)(x^2 + 5)$ 일 때, $f'(1)$은?

함수 $f(x) = \begin{cases} x^2 \sin \dfrac{1}{x}, & x \neq 0 \\ 0, & x = 0 \end{cases}$ 에 대하여 다음 중 참인 것은?

ㄱ. $f(x)$는 모든 실수에서 연속이다.   ㄴ. $f(x)$는 모든 실수에서 미분가능하다.

ㄷ. $f(x)$의 도함수 $f'(x)$는 $x = 1$에서 연속이다.   ㄹ. $f(x)$의 도함수 $f'(x)$는 $x = 0$에서 연속이다.

풀이 $x = 0$에서 특이점을 갖는 함수의 미분계수는 미분계수의 정의를 통해서 구한다.

ㄱ. $\begin{cases} f(0) = 0 \\ \lim\limits_{x \to 0} x^2 \sin \dfrac{1}{x} = 0 \times (진동) = 0 \end{cases}$; $x = 0$에서 연속이므로 모든 실수에서 연속이다. (참)

ㄴ. $\lim\limits_{h \to 0} \dfrac{f(0+h) - f(0)}{h} = \lim\limits_{h \to 0} \dfrac{h^2 \sin \dfrac{1}{h}}{h} = \lim\limits_{h \to 0} h \sin \dfrac{1}{h} = 0 \times (진동) = 0$이므로 $x = 0$에서 미분가능하다. (참)

ㄷ. $f'(x) = \begin{cases} 2x \sin \dfrac{1}{x} - \cos \dfrac{1}{x}, & x \neq 0 \\ 0, & x = 0 \end{cases}$ 이므로 $\begin{cases} f'(1) = 2\sin 1 - \cos 1 \\ \lim\limits_{x \to 1} f'(x) = 2\sin 1 - \cos 1 \end{cases}$ 이다. 따라서 $x = 1$에서 연속이다. (참)

ㄹ. $f'(x)$에서 $\begin{cases} f'(0) = 0 \\ \lim\limits_{x \to 0} f'(x) = 0 \times (진동) - (진동) = -(진동) \end{cases}$ 이므로 $x = 0$에서 불연속이다. (거짓)

43. 다음 함수가 $x = 0$에서 미분가능한지를 확인하여라.

(1) $f(x) = |x|$ (2) $f(x) = |x|^2$

44. 다음 주어진 함수의 $x = 0$에서 연속성과 미분가능성을 조사하시오.

(1) $f(x) = \begin{cases} x \sin \dfrac{1}{x} & (x \neq 0) \\ 0 & (x = 0) \end{cases}$ (2) $f(x) = \begin{cases} x^{\frac{5}{3}} \sin \dfrac{1}{x} & (x \neq 0) \\ 0 & (x = 0) \end{cases}$

45. $f(x) = \begin{cases} x \tan^{-1} \dfrac{1}{x} & (x \neq 0) \\ 0 & (x = 0) \end{cases}$ 일 때, $f'(0)$의 값을 구하시오.

필수예제 14

함수 $f(x)$에 대하여 $f(x+y)=f(x)+f(y)+xy$가 성립하고, $f'(0)=5$일 때, $f'(3)$을 구하시오.

풀이 (i) 주어진 조건을 이용해서 미분계수 $f'(3)$을 구하기 위해서 정의를 이용하자.

$$f'(3)=\lim_{h\to 0}\frac{f(3+h)-f(3)}{h}=\lim_{h\to 0}\frac{f(3)+f(h)+3h-f(3)}{h}=\lim_{h\to 0}\frac{f(h)}{h}+3$$

(ii) $\lim_{h\to 0}\frac{f(h)}{h}$ 값을 찾기 위해서 조건식 $f'(0)=5$를 이용하자.

$$f'(0)=\lim_{h\to 0}\frac{f(0+h)-f(0)}{h}=\lim_{h\to 0}\frac{f(0)+f(h)-f(0)}{h}=\lim_{h\to 0}\frac{f(h)}{h}=5$$

따라서 $f'(3)=\lim_{h\to 0}\frac{f(h)}{h}+3=8$이다.

풀이 주어진 식을 y에 대하여 미분하면 $f'(x+y)=f'(y)+x$이고, $y=0$을 대입하면 $f'(x)=5+x$이고, $f'(3)=8$이다.

46. 함수 $f(x)$가 임의의 실수 x, y에 대하여 $f(x+y)=f(x)+f(y)+5xy$를 만족하고 $f'(0)=1$이라고 할 때 $f'(1)$의 값을 구하여라.

47. 미분가능한 함수 $f(x)$가 임의의 실수 x, y에 대하여

$f(x+y)=f(x)+f(y)+xy(x+y)$ 를 만족하고 $\lim_{h\to 0}\frac{f(h)}{h}=1$ 일 때, $f(3)$ 의 값을 구하여라.

48. 실수 전체 집합에서 정의된 함수 f 가 다음 두 조건을 만족한다고 할 때, $f(5)$ 를 구하면?

(i) $f(x+y)=f(x)+f(y)+4xy$ $(x, y\in\mathbb{R})$ (ii) $\lim_{h\to 0}\frac{f(h)}{h}=2$

7 라이프니츠(Leibniz) 정리

함수 f, g가 n계 도함수를 가질 때, fg의 n계 도함수는 다음과 같다.

$$(fg)^{(n)} = f^{(n)}g + {}_nC_1 f^{(n-1)}g^{(1)} + \cdots + {}_nC_r f^{(n-r)}g^{(r)} + \cdots + fg^{(n)} = \sum_{r=0}^{n} {}_nC_r f^{(n-r)}g^{(r)}$$

(1) $(fg)^{(2)} = f''\,g + 2f'\,g' + fg''$

(2) $(fg)^{(3)} = f'''g + 3f''\,g' + 3f'\,g'' + fg'''$

필수예제 15

임의의 자연수 n에 대하여 두 함수 $f(x)$와 $g(x)$는 n번 미분가능하다. 두 함수의 곱 fg의 4계 도함수가 다음과 같을 때, $\sum_{r=0}^{4} a_r$의 값은?

$$(f \cdot g)^{(4)}(x) = \sum_{r=0}^{4} a_r\, f^{(4-r)}g^{(r)}(x)$$

풀이 $(f \cdot g)^{(4)} = {}_4C_0\, f^{(4)}g^{(0)} + {}_4C_1\, f^{(3)}g^{(1)} + {}_4C_2 f^{(2)}g^{(2)} + 4C_3\, f^{(1)}g^{(3)} + {}_4C_4\, f^{(0)}g^{(4)}$ 이므로

$$\sum_{r=0}^{4} a_r = a_0 + a_1 + a_2 + a_3 + a_4 = {}_4C_0 + {}_4C_1 + {}_4C_2 + {}_4C_3 + {}_4C_4 = 1 + 4 + 6 + 4 + 1 = 16$$

---

49. 7번 미분가능한 임의의 두 함수 $f, g : R \to R$에 대하여

$(fg)^{(7)} = f^{(7)}g + a_1 f^{(6)}g' + a_2 f^{(5)}g^{(2)} + \cdots + a_6 f'g^{(6)} + fg^{(7)}$ 으로 나타낼 때,

상수 $a_1, a_2, \ldots, a_6$의 평균은?

50. 함수 $f(x) = x^2 e^x$에 대하여 $f^{(5)}(1)$의 값은?

Areum Math Tip

1. 순열 (Permutation)

(1) 순열의 정의 : 서로 다른 n개에서 r개를 택하여 일렬로 나열하는 것을 n개에서 r개를 택하는 순열이라 하고, 이 순열의 수를 기호로 $_nP_r$와 같이 나타낸다.

(2) 순열의 계산 : 서로 다른 n개에서 r개를 택하는 순열의 수는 $_nP_r = n(n-1)(n-2)\cdots(n-r+1)$ (단, $0 < r \leq n$)이고 특히 $r = n$인 경우 $_nP_n = n!$이 된다.

2. 조합 (Combination)

(1) 조합의 정의

서로 다른 n개에서 순서를 생각하지 않고 r개를 택하는 것을 n개에서 r개를 택하는 조합이라 하고,

이 조합의 수를 기호로 $_nC_r$와 같이 나타낸다. 또는 $\binom{n}{r}$로 표시한다.

(2) 조합의 계산

서로 다른 n개에서 r개를 택하는 조합의 수는 $_nC_r = \dfrac{n(n-1)\cdots(n-r+1)}{r!} = \dfrac{n!}{r!(n-r)!}$ (단, $0 \leq r \leq n$)

(3) 조합의 성질

조합 $_nC_r$에 대해서 식 $_nC_r = {_nC_{n-r}}$이 성립한다.

pf) $_nC_r = \dfrac{n!}{r!(n-r)!}$ 이므로 $_nC_{n-r} = \dfrac{n!}{(n-r)!(n-(n-r))!} = \dfrac{n!}{(n-r)!r!}$ 이므로 $_nC_r = {_nC_{n-r}}$이 성립한다.

3. 이항정리

$(x+y)^n = (x+y)(x+y)(x+y)\cdots(x+y)$를 전개했을 때 $x^r y^{n-r}$의 계수는 r개의 x와 $(n-r)$개의 y를 배열하는 경우의 수와 같다. 이는 같은 것이 있는 순열 $\dfrac{n!}{r!(n-r)!}$로 해석할 수 있고, x기준 n개 중에서 순서를 생각하지 않고 x를 r개 선택한 경우의 수로 해석할 수도 있다. 물론 y기준 n개에서 순서를 생각하지 않고 $n-r$개를 선택한 경우의 수와 같기도 하다.

(1) $(x+y)^n = \displaystyle\sum_{r=0}^{n} {_nC_r} x^r y^{n-r} = \sum_{r=0}^{n} \binom{n}{r} x^r y^{n-r}$

(2) $(1+x)^n = \displaystyle\sum_{r=0}^{n} {_nC_r} x^r = \sum_{r=0}^{n} \binom{n}{r} x^r = {_nC_0} + {_nC_1}x + {_nC_2}x^2 + \cdots + {_nC_n}x^n$의 계수의 합은 $x = 1$를 대입한

결과와 같기 때문에 2^n이다.

(3) $(1+x)^n$에 ① $x = 1$을 대입하면 $2^n = \displaystyle\sum_{r=0}^{n} {_nC_r} = \sum_{r=0}^{n} \binom{n}{r} = {_nC_0} + {_nC_1} + {_nC_2} + \cdots + {_nC_n}$이고

② $x = -1$을 대입하면 $0 = \displaystyle\sum_{r=0}^{n} {_nC_r}(-1)^r = \sum_{r=0}^{n} \binom{n}{r}(-1)^r = {_nC_0} - {_nC_1} + {_nC_2} - \cdots + (-1)^n {_nC_n}$이다.

①+② $= 2^n = 2\left\{\binom{n}{0} + \binom{n}{2} + \binom{n}{4} + \cdots + \binom{n}{n}\right\}$이므로 $\binom{n}{0} + \binom{n}{2} + \binom{n}{4} + \cdots + \binom{n}{n} = 2^{n-1}$이다.

①−② $= 2^n = 2\left\{\binom{n}{1} + \binom{n}{3} + \binom{n}{5} + \cdots + \binom{n}{n-1}\right\}$이므로 $\binom{n}{1} + \binom{n}{3} + \binom{n}{5} + \cdots + \binom{n}{n-1} = 2^{n-1}$이다.

적분은 미분의 역연산이다. $f(x)$의 도함수를 $f'(x)$라고 할 때, $f'(x)$를 통해서 $f(x)$를 구하는 과정을 말한다.

그것을 수학적 기호 $\int f'(x)\,dx = f(x) + C$ 로 나타낼 수 있다.

여기서 $f'(x)$를 피적분함수(적분을 당하는 함수), C는 적분상수라고 한다.

1 부정적분 vs 정적분

(1) 부정적분

적분하고자 하는 x의 범위가 정해져 있지 않은 함수의 적분을 부정적분이라고 한다.

이것은 일반적인 적분공식을 표현하는 방식이다. $\int f'(x)\,dx = f(x) + C$

ex) $f'(x) = x^2$의 부정적분은 $f(x) = \dfrac{1}{3}x^3 + C$ 이다.

(2) 정적분

구간 $[a, b]$에서 함수 $f'(x)$에 대한 적분을 정적분이라고 한다.

즉, 구간이 정해져 있는 적분을 말하고 $\int_a^b f'(x)\,dx$ 와 같이 나타낸다.

(3) 미적분학의 기본정리

함수 $f'(x)$가 구간 $[a, b]$에서 연속이고, $f(x)$가 $f'(x)$의 한 부정적분일 때,

$$\int_a^b f'(x)\,dx = f(x)\Big|_a^b = f(b) - f(a)$$

2 적분가능성

함수 f가 구간 $[a, b]$에서 연속이거나 유한개의 불연속점을 가지면 f는 구간 $[a, b]$에서 적분가능하다.

여기서, 유한개의 불연속점이 존재한다는 것은 적분 영역이 존재한다는 것을 뜻하고, 연속함수가 아니어도

정적분 $\int_a^b f(x)\,dx$가 존재한다. 또한 연속인 함수는 적분가능하므로 미분가능한 함수는 당연히 적분가능하다.

3 그림으로 이해하는 적분

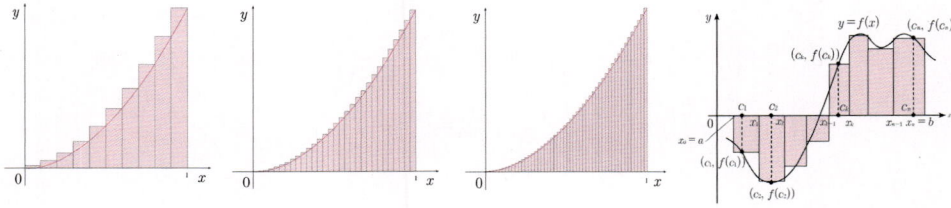

4 정적분의 기하학적 의미

구간 $[a,b]$ 에서 $f(x) \geq 0$ 이면

$\int_a^b f(x)dx$ 는 직선 $x=a$, $x=b$, x 축과

곡선 $y=f(x)$ 에 의해 둘러싸인 면적과 같다.

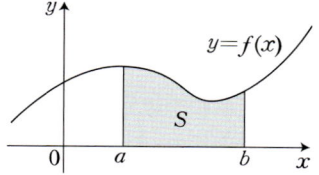

5 정적분의 성질

(1) $\int_a^b c\ dx = c(b-a)$

(2) $\int_a^b f(x)\ dx = -\int_b^a f(x)\ dx$

(3) $\int_a^a f(x)\ dx = 0$

(4) $\int_a^b cf(x)\ dx = c\int_a^b f(x)\ dx$

(5) $\int_a^b \{f(x) \pm g(x)\}\,dx = \int_a^b f(x)dx \pm \int_a^b g(x)dx$

(6) $\int_a^b f(x)\ dx = \int_a^c f(x)\ dx + \int_c^b f(x)\ dx$

   $\Rightarrow$ a,b,c 의 대소에 관계없이 성립한다.

(7) $f(x)$ 가 기함수이면 $\int_{-a}^a f(x)\ dx = 0$

(8) $f(x)$ 가 우함수이면 $\int_{-a}^a f(x)\ dx = 2\int_0^a f(x)\ dx$

(9) $f(x) \geq 0$ 이면 $\int_a^b f(x)\ dx \geq 0$

(10) $f(x) \leq g(x)$ 이면 $\int_a^b f(x)\ dx \leq \int_a^b g(x)\ dx$

(11) $\left| \int_a^b f(x)\ dx \right| \leq \int_a^b |f(x)|\ dx$

(12) $m \leq f(x) \leq M$ 이면 $m(b-a) \leq \int_a^b f(x)\ dx \leq M(b-a)$

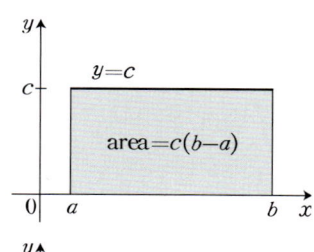

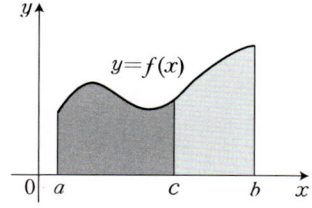

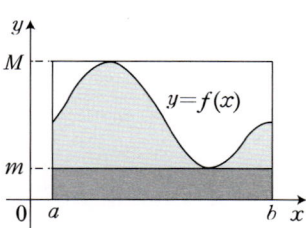

6 적분의 기본공식

(1) $\displaystyle\int a\,dx = a\,x + c$

(2) $\displaystyle\int x^n\,dx = \frac{1}{n+1}x^{n+1} + c \ (n \neq -1)$

(3) $\displaystyle\int \frac{1}{x}\,dx = \ln|x| + c$

(4) $\displaystyle\int \frac{1}{x^2}\,dx = \frac{-1}{x} + c$

(5) $\displaystyle\int e^x\,dx = e^x + c$

(6) $\displaystyle\int a^x\,dx = \frac{1}{\ln a}a^x + c$

(7) $\displaystyle\int \sin x\,dx = -\cos x + c$

(8) $\displaystyle\int \cos x\,dx = \sin x + c$

(9) $\displaystyle\int \sec^2 x\,dx = \tan x + c$

(10) $\displaystyle\int \csc^2 x\,dx = -\cot x + c$

(11) $\displaystyle\int \sec x \tan x\,dx = \sec x + c$

(12) $\displaystyle\int \csc x \cot x\,dx = -\csc x + c$

(13) $\displaystyle\int \sinh x\,dx = \cosh x + c$

(14) $\displaystyle\int \cosh x\,dx = \sinh x + c$

(15) $\displaystyle\int \text{sech}^2 x\,dx = \tanh x + c$

(16) $\displaystyle\int \text{csch}^2 x\,dx = -\coth x + c$

(17) $\displaystyle\int \text{sech}\,x \tanh x\,dx = -\text{sech}\,x + c$

(18) $\displaystyle\int \text{csch}\,x \coth x\,dx = -\text{csch}\,x + c$

Areum Math Tip

꼭 알아둬야 하는 항등식!!

(1) $\cos^2 x + \sin^2 x = 1,\ 1 + \tan^2 x = \sec^2 x,\ 1 + \cot^2 x = \csc^2 x$

(2) $\sin 2x = 2\sin x \cos x,\ \cos 2x = \cos^2 x - \sin^2 x$

(3) $\sin^2 x = \dfrac{1 - \cos 2x}{2},\ \cos^2 x = \dfrac{1 + \cos 2x}{2}$

(4) $\sin ax \cos bx = \dfrac{1}{2}\{\sin(a+b)x + \sin(a-b)x\}$

$\cos ax \cos bx = \dfrac{1}{2}\{\cos(a+b)x + \cos(a-b)x\}$

$\sin ax \sin bx = \dfrac{-1}{2}\{\cos(a+b)x - \cos(a-b)x\}$

(5) $\cosh^2 x - \sinh^2 x = 1$

필수 예제 16

다음 부정적분 또는 정적분을 계산하시오.

(1) $\displaystyle\int_0^\pi \sin^2\left(\frac{x}{2}\right)dx$

(2) $\displaystyle\int_{\frac{\pi}{6}}^{\frac{\pi}{2}} \left(\sin^2\left(\frac{x}{2}\right)-\cos^2\left(\frac{x}{2}\right)\right)dx$

(3) $\displaystyle\int_{\frac{\pi}{2}}^{\pi} \sqrt{1-\cos 2x}\,dx$

풀이

(1) $\displaystyle\int_0^\pi \sin^2\left(\frac{x}{2}\right)dx = \int_0^\pi \frac{1-\cos x}{2}dx = \left[\frac{1}{2}(x-\sin x)\right]_0^\pi = \frac{\pi}{2}$

(2) $\displaystyle\int_{\frac{\pi}{6}}^{\frac{\pi}{2}} \left(\sin^2\left(\frac{x}{2}\right)-\cos^2\left(\frac{x}{2}\right)\right)dx = -\int_{\frac{\pi}{6}}^{\frac{\pi}{2}} \cos x\,dx = -\left[\sin x\right]_{\frac{\pi}{6}}^{\frac{\pi}{2}} = -\left(1-\frac{1}{2}\right) = -\frac{1}{2}$

(3) $\displaystyle\int_{\frac{\pi}{2}}^{\pi} \sqrt{1-\cos 2x}\,dx = \int_{\frac{\pi}{2}}^{\pi} \sqrt{2\times\frac{1-\cos 2x}{2}}\,dx = \sqrt{2}\int_{\frac{\pi}{2}}^{\pi} \sin x\,dx \left(\because \frac{1-\cos 2x}{2}=\sin^2 x\right)$

$\qquad = \sqrt{2}\left[-\cos x\right]_{\frac{\pi}{2}}^{\pi} = \sqrt{2}\left[\cos x\right]_{\pi}^{\frac{\pi}{2}} = \sqrt{2}$

51. 다음 부정적분 또는 정적분을 계산하시오.

(1) $\displaystyle\int \sqrt{x}\,dx$

(2) $\displaystyle\int x\sqrt{x}\,dx$

(3) $\displaystyle\int -\frac{1}{x^2}\,dx$

(4) $\displaystyle\int_0^{\frac{\pi}{3}} (2x-\sec x\tan x)\,dx$

(5) $\displaystyle\int_{-\frac{\pi}{2}}^{\frac{\pi}{2}} \sin x\,dx$

(6) $\displaystyle\int_0^\pi \sin x\,dx$

(7) $\displaystyle\int_{-\frac{\pi}{2}}^{\frac{\pi}{2}} \cos x\,dx$

(8) $\displaystyle\int_0^\pi \cos x\,dx$

(9) $\displaystyle\int_0^{\frac{\pi}{4}} \frac{1}{1-\sin^2 x}\,dx$

(10) $\displaystyle\int \tan^2 x\,dx - \int \frac{1+\cos^2 x}{\cos^2 x}\,dx$

(11) $\displaystyle\int \tanh^2 x - 1\,dx$

(12) $\displaystyle\int \sinh^2\frac{x}{2}\,dx$

다음 정적분 값을 구하시오. (단, $[x]$ 는 x를 넘지 않는 최대정수이다.)

(1) $\int_1^3 |x^2 - 2x|\, dx$ 　　　　　　　　　　(2) $\int_1^2 [x^2]\, dx$

풀이 절댓값과 가우스의 핵심은 구간을 나눌 수 있어야 한다.

(1) (준식) $= \int_1^2 (-x^2 + 2x)\, dx + \int_2^3 (x^2 - 2x)\, dx = \left[-\frac{1}{3}x^3 + x^2 \right]_1^2 + \left[\frac{1}{3}x^3 - x^2 \right]_2^3$

$\quad = -\frac{7}{3} + 3 + \frac{19}{3} - 5 = \frac{12}{3} - 2 = 2$

(2) (준식) $= \int_1^{\sqrt{2}} 1\, dx + \int_{\sqrt{2}}^{\sqrt{3}} 2\, dx + \int_{\sqrt{3}}^2 3\, dx \ = \sqrt{2} - 1 + 2(\sqrt{3} - \sqrt{2}) + 3(2 - \sqrt{3}) = 5 - \sqrt{2} - \sqrt{3}$

---

52. 다음 정적분 값을 구하시오. (단, $[x]$ 는 x를 넘지 않는 최대정수이다.)

(1) $\int_0^{2\pi} |\sin x|\, dx$ 　　　　　　　　　　(2) $\int_{-2}^1 3\,|x|\, dx$

(3) $\int_{-1}^3 (2x - [x])\, dx$ 　　　　　　　　　(4) $\int_0^1 [4x]\, dx$

53. 정적분 $\int_{-2}^2 \lim_{n \to \infty} \frac{(1+x^2)(2x+x^n)}{1+x^n}\, dx$ 의 값을 구하시오.

1 합성함수 미분법 (연쇄법칙 Chain Rule)

$f(x)$와 $g(x)$가 미분가능한 함수이고 $F(x) = f(g(x))$로 정의된 합성함수라면
$F(x)$는 미분가능하고 다음과 같이 나타낼 수 있다.

(1) 프라임 기호 : $F'(x) = f'(g(x)) \cdot g'(x)$

(2) 라이프니츠 기호 : $y = f(u)$, $u = g(x)$가 모두 미분가능할 때, $\dfrac{dy}{dx} = \dfrac{dy}{du} \cdot \dfrac{du}{dx} = \dfrac{df(u)}{du} \cdot \dfrac{dg(x)}{dx}$

(3) 합성함수의 공식 $y = f(x)$의 함수가 $g(x) = \bigstar$ 이라는 함수와 합성이 되면
$(f \circ g)(x) = f(g(x)) = f(\bigstar)$이고, 합성함수 미분을 하면 $\{f(\bigstar)\}' = f'(\bigstar) \cdot \bigstar'$이다.

원함수	도함수	원함수	도함수
$y = \bigstar^n$	$y' = n\bigstar^{n-1} \cdot \bigstar'$	$y = a^{\bigstar}$	$y' = a^{\bigstar} \ln a \cdot \bigstar'$
$y = \dfrac{1}{\bigstar}$	$y' = \dfrac{-1}{\bigstar^2} \cdot \bigstar'$	$y = e^{\bigstar}$	$y' = e^{\bigstar} \cdot \bigstar'$
$y = \sqrt{\bigstar}$	$y' = \dfrac{1}{2\sqrt{\bigstar}} \cdot \bigstar'$	$y = \ln \bigstar$	$y' = \dfrac{1}{\bigstar} \cdot \bigstar'$
$y = \sin \bigstar$	$y' = \cos \bigstar \cdot \bigstar'$	$y = \sin^{-1} \bigstar$	$y' = \dfrac{1}{\sqrt{1-\bigstar^2}} \cdot \bigstar'$
$y = \cos \bigstar$	$y' = -\sin \bigstar \cdot \bigstar'$	$y = \cos^{-1} \bigstar$	$y' = \dfrac{-1}{\sqrt{1-\bigstar^2}} \cdot \bigstar'$
$y = \tan \bigstar$	$y' = \sec^2 \bigstar \cdot \bigstar'$	$y = \tan^{-1} \bigstar$	$y' = \dfrac{1}{1+\bigstar^2} \cdot \bigstar'$
$y = \sinh \bigstar$	$y' = \cosh \bigstar \cdot \bigstar'$	$y = \sinh^{-1} \bigstar$	$y' = \dfrac{1}{\sqrt{\bigstar^2+1}} \cdot \bigstar'$
$y = \cosh \bigstar$	$y' = \sinh \bigstar \cdot \bigstar'$	$y = \cosh^{-1} \bigstar$	$y' = \dfrac{1}{\sqrt{\bigstar^2-1}} \cdot \bigstar'$
$y = \tanh \bigstar$	$y' = \operatorname{sech}^2 \bigstar \cdot \bigstar'$	$y = \tanh^{-1} \bigstar$	$y' = \dfrac{1}{1-\bigstar^2} \cdot \bigstar'$

필수 예제 18

다음 식 $f(x) = \ln\left(\dfrac{x+1}{\sqrt{x-2}}\right)$ 의 $f'(3)$, $f''(3)$ 을 구하여라.

풀이 로그 문제는 항상 성질을 이용하여 풀 수 있어야 한다.

분수형태의 진수를 로그의 차로 정리하면 $f(x) = \ln\dfrac{x+1}{\sqrt{x-2}} = \ln(x+1) - \dfrac{1}{2}\ln(x-2)$ 이고, x에 대한 합성함수 미분을 하자.

$$f'(x) = \frac{1}{x+1} - \frac{1}{2(x-2)} \Rightarrow f'(3) = -\frac{1}{4}, \quad f''(x) = \frac{-1}{(x+1)^2} + \frac{1}{2(x-2)^2} \Rightarrow f''(3) = \frac{7}{16}$$

54. 주어진 함수의 도함수를 구하시오

(1) $y = \sin(x^2)$

(2) $y = \sin^2 x$

(3) $y = \cos^3 2x$

(4) $y = (x^3 - 1)^{100}$

(5) $y = \sqrt{\sinh 3x}$

(6) $f(x) = 3^{\ln x^2}$

(7) $f(x) = \ln(\sec x + \tan x)$

(8) $f(x) = \ln(\csc x + \cot x)$

55. 미분가능한 두 함수 f, g가 다음 조건을 만족시킨다. $(f \circ g)'(1)$의 값은?

(가) $f(1) = 2$, $f'(1) = 3$, $f'(2) = -4$ (나) $g(1) = 2$, $g'(1) = -3$, $g'(2) = 5$

필수예제 19

함수 f가 $\dfrac{d}{dx}\left[f(e^{2x})\right]=\cos^2 x$를 만족할 때, $f'(1)$은?

풀이 $\dfrac{d}{dx}\left[f(e^{2x})\right]=f'(e^{2x})\cdot 2e^{2x}=\cos^2 x$이므로 $f'(e^{2x})=\dfrac{\cos^2 x}{2e^{2x}}$이다. $x=0$을 대입하면 $f'(1)=\dfrac{1}{2}$이다.

56. 미분가능한 함수 f에 대하여 $\dfrac{d}{dx}\left\{f(2x^2)\right\}=x^3$이 성립할 때, $f'(1)$을 구하면?

57. 주어진 역쌍곡선함수의 도함수를 구하시오

    (1) $y=\sinh^{-1}x=\ln\left(x+\sqrt{x^2+1}\right)$

    (2) $y=\cosh^{-1}x=\ln\left(x+\sqrt{x^2-1}\right)$

    (3) $y=\tanh^{-1}x=\dfrac{1}{2}\ln\left(\dfrac{1+x}{1-x}\right)$

    (4) $y=\operatorname{csch}^{-1}x=\sinh^{-1}\dfrac{1}{x}=\ln\left(\dfrac{1}{x}+\sqrt{\dfrac{1}{x^2}+1}\right)$

    (5) $y=\operatorname{sech}^{-1}x=\cosh^{-1}\dfrac{1}{x}=\ln\left(\dfrac{1}{x}+\sqrt{\dfrac{1}{x^2}-1}\right)$

    (6) $y=\coth^{-1}x=\tanh^{-1}\dfrac{1}{x}=\dfrac{1}{2}\ln\left(\dfrac{x+1}{x-1}\right)$

58. $y=\sinh^{-1}(\tan x)$일 때, $\dfrac{dy}{dx}$는? (단, $|x|<\dfrac{\pi}{2}$)

59. $y=\tanh^{-1}(\cos x)$일 때, $\dfrac{dy}{dx}$는? (단, $0<x<\pi$)

02 | 미적분법

MEMO

2 음함수 미분법

(1) 음함수는 y를 x의 함수로 구체적으로 풀기 쉽지 않을 때, x와 y의 관계로 나타내는 함수의 형태를 말한다.

　　즉, $f(x,\ y) = 0$의 형태를 음함수 꼴로 정의한다.

　　ex) $x^2 + y^2 = 25$ (원의 방정식),　$x^3 + y^3 = 6xy$ (데카르트의 엽선)

(2) 음함수 미분공식

　　음함수 $f(x,\ y) = 0$는 $y = g(x)$꼴로 합성된 형태의 합성함수라고 할 수 있다.

　　따라서 합성함수 미분법을 통해서 양변을 x에 관하여 미분하고, 나온 방정식을 y'에 대하여 정리한다.

　　ex) $\dfrac{d}{dx}(y^n) = n\,y^{n-1}\dfrac{dy}{dx}$,　$\dfrac{d}{dx}(x^n) = n\,x^{n-1}$ 둘의 차이점을 인지하자.

(3) 편미분을 이용한 음함수의 도함수를 구할 수 있다.

　　① $\dfrac{\partial f}{\partial x} = f_x$: $f(x,\ y)$를 x에 관하여 미분한다. y는 상수 취급한다.

　　② $\dfrac{\partial f}{\partial y} = f_y$: $f(x,\ y)$를 y에 관하여 미분한다. x는 상수 취급한다.

　　③ $f(x,\ y) = 0$ 꼴에서 $\dfrac{dy}{dx} = -\dfrac{f_x}{f_y}$

필수예제 20

(1) 원의 방정식 $x^2+y^2=25$ 위의 점 $(3, 4)$에서 접선의 방정식을 구하시오.

(2) 데카르트 엽선 $x^3+y^3=6xy$ 위의 점 $(3, 3)$에서 접선의 방정식을 구하시오.

(3) 데카르트 엽선 $x^3+y^3=6xy$ 위의 점 중에서 수평접선을 갖는 x좌표를 구하시오.

풀이 (1) 양변을 x로 미분하면 $2x+2yy'=0 \iff \dfrac{dy}{dx}=y'=-\dfrac{x}{y}\Big|_{x=3, y=4}=-\dfrac{3}{4}$ 이므로

접선의 방정식은 $y=-\dfrac{3}{4}(x-3)+4 \iff y=-\dfrac{3}{4}x+\dfrac{25}{4}$ 이다.

(2) 양변을 x로 미분하면 $3x^2+3y^2y'=6y+6xy' \iff (y^2-2x)y'=2y-x^2$

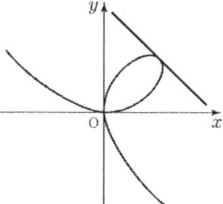

$\Rightarrow y'=\dfrac{2y-x^2}{y^2-2x}\Big|_{x=3, y=3}=-1$ 이므로

접선의 방정식은 $y=-(x-3)+3 \iff y=-x+6$ 이다.

(3) 수평접선은 $\dfrac{dy}{dx}=\dfrac{2y-x^2}{y^2-2x}=0$을 만족해야 하므로 분자 $2y-x^2=0$을 만족하는 점이므로 $y=\dfrac{x^2}{2}$ 를 곡선의 식에 대입하면

$x^3+\dfrac{x^6}{8}=3x^3 \iff x^3(x^3-16)=0$이르 만족하는 $x^3=0$ 또는 $x^3=16$이므로 $x=0$ 또는 $x=2\sqrt[3]{2}$ 이다.

즉, $x=0$ 또는 $x=2\sqrt[3]{2}$ 에서 수평접선을 갖는다.

❖ 타원 $\dfrac{x^2}{a^2}+\dfrac{y^2}{b^2}=1$ 위의 점 (x_0, y_0)에서 접선의 방정식은 $\dfrac{x_0 x}{a^2}+\dfrac{y_0 y}{b^2}=1$이다.

❖ 쌍곡선 $\dfrac{x^2}{a^2}-\dfrac{y^2}{b^2}=1$ 위의 점 (x_0, y_0)에서 접선의 방정식은 $\dfrac{x_0 x}{a^2}-\dfrac{y_0 y}{b^2}=1$이다.

60. 함수 $\sin(x+y)=y^2\cos x$일 때, y' 을 구하시오.

61. 곡선 $2(x^2+y^2)^2=25(x^2-y^2)$ 위의 점 $(3, 1)$에서의 접선의 기울기는?

62. 곡선 $e^x\ln y=xy$ 위의 점 $(0, 1)$에서의 접선의 방정식을 구하시오.

함수 $xy + e^y = e$에 대하여 $x = 0$에서 y''의 값을 구하시오.

풀이 음함수 $xy + e^y = e$는 $x = 0$일 때, $y = 1$을 만족한다.

$$\frac{dy}{dx} = -\frac{f_x}{f_y} = -\frac{y}{x + e^y}\bigg|_{x=0, y=1} = -\frac{1}{e} \text{이고} \quad \frac{d^2y}{dx^2} = -\frac{\frac{dy}{dx}(x + e^y) - y\left(1 + e^y \frac{dy}{dx}\right)}{(x + e^y)^2}\bigg|_{x=0, y=1, \frac{dy}{dx}=-\frac{1}{e}} = \frac{1}{e^2} \text{이다.}$$

63. 원의 방정식 $x^2 + y^2 = 25$ 위의 점 $(3, 4)$에서 $\dfrac{d^2y}{dx^2}$을 구하시오.

64. 데카르트 엽선 $x^3 + y^3 = 6xy$ 위의 점 $(3, 3)$에서 $\dfrac{d^2y}{dx^2}$ 구하시오.

65. 곡선 $y^2 + 2x = \ln y$ 위의 점 $\left(-\dfrac{1}{2}, 1\right)$에서의 $\dfrac{d^2y}{dx^2}$ 구하시오.

66. 함수 $x^2 + xy + y^3 = 1$일 때 $x = 1$에서 y''의 값을 구하시오.

67. 다음 식에 대하여 $\dfrac{d^2y}{dx^2}$을 구하시오.

(1) $x^3 + y^3 = 1$ (2) $x^4 + y^4 = a^4$ (3) $\sqrt{x} + \sqrt{y} = 2$

필수예제 22

함수 $f(x) = \sin^{-1}(\cos x)$에 대하여 $f'\left(\dfrac{\pi}{4}\right)$의 값은?

풀이 $(\sin^{-1}x)' = \dfrac{1}{\sqrt{1-x^2}}$ 이고, 합성함수 미분에 의해서 $(\sin^{-1}\bigstar)' = \dfrac{\bigstar'}{\sqrt{1-\bigstar^2}}$ 이다.

$f'(x) = \dfrac{-\sin x}{\sqrt{1-(\cos x)^2}} = \dfrac{-\sin x}{\sqrt{\sin^2 x}} = \dfrac{-\sin x}{|\sin x|}$ 이고, $f'\left(\dfrac{\pi}{4}\right) = \dfrac{-\frac{\sqrt{2}}{2}}{\frac{\sqrt{2}}{2}} = -1$ 이다.

68. 주어진 역삼각함수의 도함수를 구하시오

(1) $y = \sin^{-1}x \iff x = \sin y$ (2) $y = \cos^{-1}x \iff x = \cos y$

(3) $y = \tan^{-1}x \iff x = \tan y$ (4) $y = \csc^{-1}x \iff x = \csc y$

(5) $y = \sec^{-1}x \iff x = \sec y$ (6) $y = \cot^{-1}x \iff x = \cot y$

69. 함수 $f(x) = \dfrac{1}{x}\tan^{-1}\dfrac{1}{x}$ 의 미분계수 $f'(-1)$의 값은?

70. 함수 $f(x) = (x+a)\tan^{-1}(x^2)$ 이 $f(1) = f'(1)$을 만족할 때, 상수 a의 값을 구하시오

③ 역함수 미분공식

해법1) 역함수를 직접 구한 후 합성함수 미분을 한다.

$y = f(x)$ 의 역함수 $x = f(y)$ 이다. 양변을 미분하면 $1 = f'(y)\dfrac{dy}{dx}$ $\Leftrightarrow$ $\dfrac{dy}{dx} = \dfrac{1}{f'(y)}$ 이다.

해법 2) 함수 f 의 역함수를 g 라고 하면, $g(f(x)) = x$ 의 양변에 합성함수 미분법을 적용한다.

① $g'(f(x)) \cdot f'(x) = 1 \Rightarrow g'(f(x)) = \dfrac{1}{f'(x)}$

② $g'(f(x)) = \dfrac{1}{f'(x)}$ 의 양변에 합성함수 미분법을 적용하여 2계 도함수를 구한다.

$g''(f(x))f'(x) = \dfrac{-f''(x)}{\{f'(x)\}^2}$ $\Rightarrow$ $g''(f(x)) = \dfrac{-f''(x)}{\{f'(x)\}^3}$

필수예제 23

함수 $g(x)$ 는 $f(x)$ 의 역함수이다. 다음을 구하시오

(1) $f(x) = 2x + \cos x$ 일 때, $g'(1)$, $g''(1)$ 의 값은?

(2) $f(x) = 2x + \ln x$ 일 때, $g'(2)$, $g''(2)$ 의 값은?

풀이 (1) $f(x) = 2x + \cos x$ 일 때, $f'(x) = 2 - \sin x$, $f''(x) = -\cos x$ 이고, $f(0) = 1$, $f'(0) = 2$, $f''(0) = -1$ 이다.

$g'(1) = g'(f(0)) = \dfrac{1}{f'(0)} = \dfrac{1}{2}$, $g''(1) = g''(f(0)) = -\dfrac{f''(0)}{\{f'(0)\}^3} = -\dfrac{(-1)}{8} = \dfrac{1}{8}$

(2) $f(x) = 2x + \ln x$ 일 때, $f'(x) = 2 + \dfrac{1}{x}$, $f''(x) = -\dfrac{1}{x^2}$ 이고, $f(1) = 2$, $f'(1) = 3$, $f''(1) = -1$ 이다.

$g'(2) = g'(f(1)) = \dfrac{1}{f'(1)} = \dfrac{1}{3}$, $g''(2) = g''(f(1)) = -\dfrac{f''(1)}{\{f'(1)\}^3} = -\dfrac{(-1)}{27} = \dfrac{1}{27}$

---

71. 함수 $f(x) = x^5 + 2x + 1$ 에 대하여 f^{-1} 의 그래프 위의 점 $(1, 0)$ 에서의 접선의 기울기는?

72. $f(x) = \ln x + \tan^{-1} x$ 일 때, $(f^{-1})'\left(\dfrac{\pi}{4}\right)$ 의 값을 구하시오

73. 함수 f와 역함수 f^{-1}가 미분가능한 함수이고, $f(0)=1$, $f(1)=0$, $f'(0)=2$, $f'(1)=3$일 때, $(f^{-1})'(0)+(f^{-1})'(1)$를 구하여라. (단, $(f^{-1})'(c)$는 점 c에서 역함수 f^{-1}의 미분계수이다.)

74. 함수 f는 미분가능하고 역함수 f^{-1}를 갖는다. $G(x)=\dfrac{1}{f^{-1}(x)}$이고, $f(3)=2$, $f'(3)=\dfrac{1}{9}$일 때, $G'(2)$의 값은?

75. 함수 $f(x)=\dfrac{\pi}{3}x+\arcsin x$에 대하여 $(f^{-1})'\left(\dfrac{\pi}{3}\right)=\dfrac{a}{\pi+b\sqrt{3}}$일 때, $a+b$의 값을 구하시오.

76. 함수 $f(x)=x\sqrt{3+x^2}$에 대하여 역함수 f^{-1}의 미분계수 $(f^{-1})'(-2)$의 값은?

77. $f(x)=3x+2\cos x$일 때, $(f^{-1})''(2)=\dfrac{a}{b}$일 때, ab의 값을 구하시오. (단, a,b는 서로소이다.)

함수 $H(x) = \frac{1}{2}(e^x - e^{-x})$의 역함수를 $H^{-1}(x)$이라 할 때, $(H^{-1})'(2)$의 값은?

풀이 $H(x) = \frac{1}{2}(e^x - e^{-x}) = \sinh x$ 이고, 역함수는 $H^{-1} = \sinh^{-1}x = \ln\left(x + \sqrt{x^2 + 1}\right)$ 이다.

$(H^{-1})' = (\sinh^{-1}x)' = \dfrac{1}{\sqrt{x^2 + 1}}$ $\Rightarrow$ $(H^{-1})'(2) = \dfrac{1}{\sqrt{5}}$

78. $f(x) = \dfrac{1}{\sin^{-1}x}$ $(0 < x \leq 1)$일 때, $\dfrac{d}{dx}f^{-1}(x)$를 구하면? (단, $f^{-1}(x)$는 $f(x)$의 역함수이다.)

79. 구간 $\left[0, \dfrac{\pi}{2}\right)$에서 정의된 함수 $f(x) = \sqrt{\tan x}$ 의 역함수를 g라고 할 때, $g'(3)$은?

80. 모든 실수에서 미분가능한 함수 $f(x) = \dfrac{e^{2x} - 1}{e^{2x} + 1}$ 의 역함수를 g라고 하자. $g'\left(\dfrac{1}{2}\right)$의 값은?

81. 함수 $f(x) = \sinh x \cosh x$의 역함수를 $g(x)$라고 할 때, $g'\left(\dfrac{15}{16}\right) = \dfrac{a}{b}$ 일 때, $a + b$의 값을 구하시오.
(단, a, b는 서로소이다.)

MEMO

02 | 미적분법

4 매개함수 미분법

매개함수 $\begin{cases} x = f(t) \\ y = g(t) \end{cases}$ 는 xy평면에 그래프이므로 접선의 기울기 $\dfrac{dy}{dx}$ 를 구할 수 있다.

x와 y는 각각 t로 구성된 함수이므로 합성함수 미분법(연쇄법칙)에 의해서 미분한다.

여기서 $\begin{cases} x' = \dfrac{dx}{dt} = f'(t) \\ y' = \dfrac{dy}{dt} = g'(t) \end{cases}$ 로 나타낼 때, 1계 도함수와 2계 도함수 공식은 다음과 같다.

(1) $\dfrac{dy}{dx} = \dfrac{\dfrac{dy}{dt}}{\dfrac{dx}{dt}} = \dfrac{y'(t)}{x'(t)} = \dfrac{g'(t)}{f'(t)}$

(2) $\dfrac{d}{dx}\left(\dfrac{dy}{dx}\right) = \dfrac{d}{dt}\left(\dfrac{dy}{dx}\right) \cdot \dfrac{dt}{dx} = \dfrac{d}{dt}\left(\dfrac{dy}{dx}\right) \cdot \dfrac{1}{\dfrac{dx}{dt}} = \dfrac{x'y'' - x''y'}{(x')^3}$

필수 예제 25

사이클로이드 곡선 $\begin{cases} x = a(\theta - \sin\theta) \\ y = a(1 - \cos\theta) \end{cases}$ 에 대하여 $\theta = \dfrac{\pi}{3}$ 에서의 $\dfrac{dy}{dx}$, $\dfrac{d^2y}{dx^2}$ 를 구하시오.

풀이 $\begin{cases} x = a(\theta - \sin\theta) \\ y = a(1 - \cos\theta) \end{cases} \Rightarrow \begin{cases} \dfrac{dx}{d\theta} = x' = a(1 - \cos\theta) \\ \dfrac{dy}{d\theta} = y' = a(\sin\theta) \end{cases} \Rightarrow \begin{cases} \dfrac{d^2x}{d\theta^2} = x'' = a(\sin\theta) \\ \dfrac{d^2y}{d\theta^2} = y'' = a(\cos\theta) \end{cases}$ 이고, $\theta = \dfrac{\pi}{3}$ 을 대입하면

$\begin{cases} x'\left(\dfrac{\pi}{3}\right) = \dfrac{1}{2}a \\ y'\left(\dfrac{\pi}{3}\right) = \dfrac{\sqrt{3}}{2}a \end{cases}$ $\begin{cases} x''\left(\dfrac{\pi}{3}\right) = \dfrac{\sqrt{3}}{2}a \\ y''\left(\dfrac{\pi}{3}\right) = \dfrac{1}{2}a \end{cases}$ 이다. 매개함수 미분공식에 대입하면

$\dfrac{dy}{dx} = \dfrac{y'}{x'} = \dfrac{\dfrac{\sqrt{3}}{2}a}{\dfrac{1}{2}a} = \sqrt{3}$, $\dfrac{dy^2}{dx^2} = \dfrac{x'y'' - x''y'}{(x')^3} = \dfrac{\dfrac{a}{2}\dfrac{a}{2} - \dfrac{\sqrt{3}a}{2}\dfrac{\sqrt{3}a}{2}}{\left(\dfrac{a}{2}\right)^3} = \dfrac{-\dfrac{1}{2}}{\dfrac{a}{8}} = -\dfrac{4}{a}$ 이다.

82. 곡선 $C : x = \sin 2t$, $y = 2\cos t$ 위의 점 $\left(\dfrac{\sqrt{3}}{2}, \sqrt{3} \right)$ 에서 $\dfrac{dy}{dx}$, $\dfrac{d^2 y}{dx^2}$ 를 구하시오.

83. 매개방정식으로 나타낸 곡선 $x = \cos^3 t$, $y = \sin^3 t$ 의 $t = \dfrac{\pi}{3}$ 에서 접선의 기울기를 구하시오

84. 매개변수 방정식 $x = t^3 - t^2$, $y = t^2 - 1$ 로 주어지는 곡선의 원점에서의 기울기 $\dfrac{dy}{dx}$ 는?

85. 매개곡선 $x = t^3$, $y = 6 - t - 2t^2$ 위의 점 (a, b) 에서의 접선의 기울기가 1이 되도록 하는 두 정수 a, b의 합 $a + b$의 값은?

86. 매개변수곡선 $x = t^2$, $y = t^3 - 3t + 1$ 위의 점 A 에서 두 개의 접선을 갖는다고 하자. 이때 점 A 에서 두 접선의 기울기를 구하시오

5 극곡선 $r = f(\theta)$ 의 접선의 기울기

극곡선 $r = f(\theta)$ 은 직교함수 또는 매개함수로 나타낼 수도 있다.

극곡선의 $\dfrac{dy}{dx}$ 는 다음과 같이 매개화하여 매개변수 미분을 한다.

$$r = f(\theta) \Leftrightarrow \begin{cases} x = r\cos\theta \\ y = r\sin\theta \end{cases}$$

$$\tan\alpha = \frac{dy}{dx} = \frac{r'\sin\theta + r\cos\theta}{r'\cos\theta - r\sin\theta} \quad \text{(여기서 } r' = f'(\theta) \text{이다.)}$$

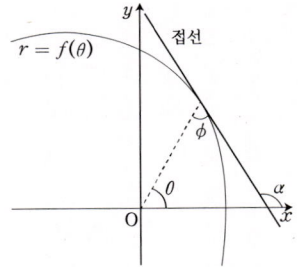

필수 예제 26

심장형 곡선 $r = -1 + \cos\theta$ 의 점 $\theta = \dfrac{\pi}{2}$ 에서의 접선의 방정식을 구하시오.

풀이 극곡선의 접선의 기울기는 매개함수 미분법을 이용한다.

$\begin{cases} x = r\cos\theta \\ y = r\sin\theta \end{cases}$ 로 매개화할 때, $\theta = \dfrac{\pi}{2}$ 일 때, $(x, y) = (0, -1)$ 이다.

$r = -1 + \cos\theta \big|_{\theta = \frac{\pi}{2}} = -1$, $\quad r' = -\sin\theta \big|_{\theta = \frac{\pi}{2}} = -1$ 이므로 공식에 대입하면

$\dfrac{dy}{dx} = \dfrac{r'\sin\theta + r\cos\theta}{r'\cos\theta - r\sin\theta} \bigg|_{\theta = \frac{\pi}{2}} = \dfrac{r'}{-r} = -1$ 이고, $\theta = \dfrac{\pi}{2}$ 일 때, 접선의 방정식은 $y = -x - 1$ 이다.

---

87. 극방정식 $r = 1 + \sin\theta$ 위의 점 $\left(1 + \dfrac{1}{\sqrt{2}}, \dfrac{\pi}{4}\right)$ 에서의 접선의 기울기를 구하시오.

88. 극방정식 $r = 1 + \sin\theta$ 위의 점 $\left(\dfrac{3}{2}, \dfrac{\pi}{6}\right)$ 에서의 접선의 방정식을 구하시오.

89. 극좌표 방정식 $r = 1 + \sqrt{3} \sin\theta$ 로 주어진 곡선 위의 $\theta = \dfrac{\pi}{3}$ 인 점에서 이 곡선에 그은 접선의 기울기는?

90. 극곡선 $r = \cos 2\theta$ 에 대하여 $\theta = \dfrac{\pi}{4}$ 에서의 접선의 기울기 값은?

91. 극곡선 $r = \sin 3\theta$ 에 대하여 $\theta = \dfrac{\pi}{6}$ 에서의 접선의 기울기 값은?

92. $\theta = \dfrac{\pi}{4}$ 에서 극방정식으로 주어진 곡선 $r = \sin 4\theta$ 의 접선의 기울기는?

93. 곡선 $2(x^2 + y^2)^2 = 25(x^2 - y^2)$ 의 수평접선을 갖는 점의 좌표를 구하시오.

94. 극곡선 $r = 1 + \sin\theta$ 이 있다. $\theta = \dfrac{\pi}{3}$, $\theta = \dfrac{2}{3}\pi$ 에서 이 곡선의 접선을 각각 l_1, l_2 라 하자. x 축과 l_1, l_2 로 둘러싸인 다각형의 면적은?

6 $f(x)^{g(x)}$ 의 미분법

밑수도 미지수, 지수도 미지수가 있는 함수를 미분은 지수함수로 변환한 후 합성함수 미분을 한다.

step 1) $y = f(x)^{g(x)} = e^{\ln f(x)^{g(x)}} = e^{g(x)\ln f(x)}$ ($\bigstar = e^{\ln \bigstar}$ 성질 이용)

step 2) 변환한 식의 합성합수 미분 : $y' = e^{g(x)\ln f(x)} \cdot \left(g'(x)\ln f(x) + g(x)\dfrac{f'(x)}{f(x)}\right)$

7 로그 미분법

복잡한 함수의 도함수 계산은 로그를 취함으로써 간단히 할 수 있다.

↳ 분수꼴 함수, 복잡한 곱의 형태, 밑수도 미지수 & 지수도 미지수가 있는 지수함수

step 1) 방정식 $y = f(x)$의 양변에 로그를 취한다. $\Rightarrow \ln y = \ln f(x)$

step 2) 양변을 x에 관하여 미분한다. $\Rightarrow \dfrac{1}{y}\dfrac{dy}{dx} = \dfrac{f'(x)}{f(x)}$

step 3) y'에 대하여 정리한다. $\Rightarrow \dfrac{dy}{dx} = y \cdot \dfrac{f'(x)}{f(x)}$

필수예제 27

$x = \pi$에서 주어진 함수의 미분계수를 구하시오

(1) $y = x^x$ (2) $y = (1+x)^{\sin x}$

풀이 지수함수로 변환 후 합성함수 미분공식을 이용한다.

(1) $y = x^x \Leftrightarrow y = e^{\ln x^x} = e^{x\ln x}$ 이므로 $y' = e^{x\ln x}(\ln x + 1) = x^x(1+\ln x) \Rightarrow y'(\pi) = \pi^\pi(1+\ln\pi)$

(2) $y = (1+x)^{\sin x} \Leftrightarrow y = e^{\ln(1+x)^{\sin x}} = e^{\sin x \ln(1+x)}$ 이므로

$y' = e^{\sin x\ln(1+x)}\left\{\cos x\ln(1+x) + \dfrac{\sin x}{1+x}\right\} = (1+x)^{\sin x}\left\{\cos x\ln(1+x) + \dfrac{\sin x}{1+x}\right\}$

$\Rightarrow y'(\pi) = -\ln(1+\pi)$

풀이 양변에 ln을 씌우고 합성함수 미분공식을 이용한다.

(1) $\ln y = x\ln x \Rightarrow \dfrac{y'}{y} = \ln x + 1 \Rightarrow y'(\pi) = y(\pi)(\ln\pi + 1) = \pi^\pi(\ln\pi + 1)$

(2) $\ln y = \sin x \cdot \ln(1+x)$이고, 양변을 미분하면 $\dfrac{y'}{y} = \cos x\ln(1+x) + \sin x\dfrac{1}{1+x}$ 이다.

$x = \pi$를 대입하면 $y'(\pi) = y(\pi)\left\{\cos\pi \ln(1+\pi) + \sin\pi \times \dfrac{1}{1+\pi}\right\} = -\ln(1+\pi)$ (여기서 $y(\pi) = 1$이다.)

필수예제 28

$g(x)=\sqrt{\dfrac{(x-1)(x-2)}{(x-3)(x-4)}}$ 일 때, 미분계수 $g'(5)$ 의 값은?

풀이 양변에 $\ln$을 씌우면 곱으로 연결된 인수를 덧셈으로 나타낼 수 있다.

$\ln g(x)=\dfrac{1}{2}\left[\ln(x-1)+\ln(x-2)-\ln(x-3)-\ln(x-4)\right]$ 이고 양변을 x에 대해서 미분하면

$\dfrac{g'(x)}{g(x)}=\dfrac{1}{2}\left[\dfrac{1}{x-1}+\dfrac{1}{x-2}-\dfrac{1}{x-3}-\dfrac{1}{x-4}\right]$ $\Leftrightarrow$ $g'(x)=\dfrac{g(x)}{2}\left[\dfrac{1}{x-1}+\dfrac{1}{x-2}-\dfrac{1}{x-3}-\dfrac{1}{x-4}\right]$

$\Leftrightarrow$ $g'(5)=\dfrac{g(5)}{2}\left[\dfrac{1}{4}+\dfrac{1}{3}-\dfrac{1}{2}-1\right]$

$\Leftrightarrow$ $g'(5)=\dfrac{\sqrt{6}}{2}\times\left(-\dfrac{11}{12}\right)=-\dfrac{11\sqrt{6}}{24}$

95. 함수 $f(x)=(\ln x)^{3x}$ 일 때, $\dfrac{1}{3}f'(e)$ 의 값은?

96. 함수 $y=x^{\sin\frac{\pi x}{2e}}$ 에 대하여 $x=e$ 일 때 y' 의 값은?

97. 다음 주어진 함수의 $f''(1)$ 의 값을 구하시오.

(1) $f(x)=x^x$ (2) $f(x)=(x^x)^x$ (3) $f(x)=x^{\ln x}$

98. $y=\dfrac{x^2\sqrt{2x+1}}{(3x+2)^5}$ $(x>0)$ 일 때, $\left.\dfrac{dy}{dx}\right|_{x=1}$ 를 구하면?

8 정적분의 미분

(1) 미분과 적분 사이의 관계

함수 f 가 구간 $[a, b]$ 에서 연속일 때, $x \in (a, b)$ 에 대하여 $F(x) = \int_a^x f(t)dt$ 이면,

$F(x)$ 는 미분가능하고 $F'(x) = f(x)$ 이다. 즉 $\dfrac{d}{dx}\int_a^x f(t)dt = f(x)$ 이다.

(2) $\dfrac{d}{dx}\int_a^x f(t)\,dt = f(x)$

(3) $\dfrac{d}{dx}\int_x^{x+a} f(t)\,dt = f(x+a) - f(x)$

(4) $\dfrac{d}{dx}\int_{f(x)}^{g(x)} h(t)\,dt = h(g(x))\,g'(x) - h(f(x))\,f'(x)$

(5) $\dfrac{d}{dx}\int_a^x (x-t)f(t)\,dt = \int_a^x f(t)\,dt$

Areum Math Tip

(1) $f(t)$ 의 부정적분을 $F(t)$ 라고 하면 $\dfrac{d}{dx}\{F(x) - F(a)\} = F'(x) = f(x)$

(2) $f(t)$ 의 부정적분을 $F(t)$ 라고 하면 $\dfrac{d}{dx}\{F(x+a) - F(x)\} = F'(x+a) - F'(x) = f(x+a) - f(x)$

(3) $H'(t) = h(t)$ 라 하자.

$\Rightarrow \displaystyle\int h(t)\,dt = H(t) + c$ 이다. (c는 적분상수)

$\Rightarrow \displaystyle\int_{f(x)}^{g(x)} h(t)\,dt = \big[H(t)\big]_{f(x)}^{g(x)} = H(g(x)) - H(f(x))$: x로 구성된 식

$\Rightarrow \dfrac{d}{dx}\left(\displaystyle\int_{f(x)}^{g(x)} h(t)\,dt\right) = H'(g(x))\,g'(x) - H'(f(x))\,f'(x) = h(g(x))\,g'(x) - h(f(x))\,f'(x)$

(4) $\dfrac{d}{dx}\displaystyle\int_a^x (x-t)f(t)\,dt = \dfrac{d}{dx}\int_a^x x f(t)\,dt - \dfrac{d}{dx}\int_a^x t f(t)\,dt$

$\qquad\qquad\qquad\qquad = \dfrac{d}{dx}\left\{x\displaystyle\int_a^x f(t)\,dt\right\} - \dfrac{d}{dx}\int_a^x t f(t)\,dt$

$\qquad\qquad\qquad\qquad = \displaystyle\int_a^x f(t)\,dt + x f(x) - x f(x)$

$\qquad\qquad\qquad\qquad = \displaystyle\int_a^x f(t)\,dt$

필수예제 29

함수 $f(x) = \displaystyle\int_{-\sin^{-1}\sqrt{x}}^{\sin^{-1}\sqrt{x}} \sin\sqrt{|t|}\, dt \,(0 \le x < 1)$ 에 대하여 $f'\left(\dfrac{1}{2}\right)$의 값은?

[풀이]

$f'(x) = \sin\sqrt{\left|\sin^{-1}\sqrt{x}\right|} \times \dfrac{1}{\sqrt{1-x}}\dfrac{1}{2\sqrt{x}} - \sin\sqrt{\left|-\sin^{-1}\sqrt{x}\right|}\dfrac{-1}{\sqrt{1-x}}\dfrac{1}{2\sqrt{x}}$

$\quad = 2 \times \sin\sqrt{\left|\sin^{-1}\sqrt{x}\right|} \times \dfrac{1}{\sqrt{1-x}}\dfrac{1}{2\sqrt{x}}$

$f'\left(\dfrac{1}{2}\right) = 2 \times \sin\sqrt{\dfrac{\pi}{4}} \times \dfrac{1}{\sqrt{\dfrac{1}{2}}}\dfrac{1}{2\sqrt{\dfrac{1}{2}}} = 2\sin\dfrac{\sqrt{\pi}}{2}$

99. 주어진 함수의 도함수를 구하시오

(1) $f(x) = \displaystyle\int_{2}^{x^2} \ln(2t)\,dt$

(2) $y = \displaystyle\int_{x^2}^{\frac{\pi}{2}} \dfrac{\sin t}{t}\,dt$

(3) $y = \displaystyle\int_{1}^{x^5} \sqrt{1+t^3}\,dt$

100. $F(x) = \displaystyle\int_{1}^{x} f(t)\,dt$, $f(t) = \displaystyle\int_{1}^{t^2} \dfrac{\sqrt{1+u^2}}{u}\,du$ 일 때, $\dfrac{d^2 F(2)}{dx^2}$ 는?

101. $f(x) = \displaystyle\int_{2}^{x} \sqrt{1+t^3}\,dt$ 일 때, $(f^{-1})'(0)$ 은?

함수 $f(x) = \displaystyle\int_0^x (x+t)\cos t\,dt$ 에서 $f'\left(\dfrac{\pi}{2}\right)$ 의 값은?

풀이 적분하고자 하는 변수가 피적분함수 안에 포함되어 있는 경우는 먼저 식을 정리한 후에 미분해야 한다.

$$f(x) = \int_0^x (x\cos t + t\cos t)\,dt = x\int_0^x \cos t\,dt + \int_0^x t\cos t\,dt$$

$$f'(x) = \int_0^x \cos t\,dt + x\cos x + x\cos x = \int_0^x \cos t\,dt + 2x\cos x \quad \Rightarrow \quad f'\left(\frac{\pi}{2}\right) = \int_0^{\frac{\pi}{2}} \cos t\,dt + \pi\cos\frac{\pi}{2} = 1$$

102. $H(x) = \dfrac{1}{x}\displaystyle\int_3^x \{2t - 3H'(t)\}\,dt$ 일 때, $H'(3)$ 은?

103. 곡선 $y = \displaystyle\int_1^{x^2} x e^{t^2}\,dt$ 위의 점 $(1,0)$ 에서의 접선의 식은?

104. $f(x) = \displaystyle\int_1^{x^2} e^{x+t^2}\,dt$ 일 때, $f'(1)$ 의 값은?

105. $\displaystyle\int_y^{x^2+x} 1 + \sin^{-1} t\,dt = C$ 가 xy 평면 위의 곡선을 나타낸다. 그 위의 점 $(0,1)$ 에서의 접선의 기울기 m 과 C 를 구하시오.

MEMO

1 치환적분

치환적분은 복잡한 형태의 적분을 치환에 의해 단순한 형태로 변형시켜 적분하는 방법으로,

기본적으로 합성함수 미분의 역연산이다. 치환적분은 속미분한 결과가 곱해져 있을 때 사용할 수 있다.

ex) $\displaystyle\int 2x\sqrt{1+x^2}\,dx$ 는 적분공식을 사용하여 계산할 수 없기 때문에 치환적분을 이용한다.

(1) 합성함수 미분의 역연산

$F'(x) = f(x)$ 라고 할 때, $\dfrac{d}{dx}\{F(g(x))\} = F'(g(x)) \cdot g'(x) = f(g(x)) \cdot g'(x)$ 이다.

그렇다면 $\displaystyle\int f(g(x))\,g'(x)\,dx = F(g(x))$ 가 될 것이다. 그 과정을 설명해보자.

$g(x) = u$ 로 치환하고 양변을 미분하고 식을 정리하자.

$$\frac{dg(x)}{dx} = \frac{du}{dx} = \frac{du}{du}\frac{du}{dx} \quad \Leftrightarrow \quad g'(x) = 1\frac{du}{dx} \quad \Leftrightarrow \quad g'(x)dx = du$$

$$\boxed{\int f(g(x))\,g'(x)\,dx = \int f(u)\,du = F(u) + C}$$

(2) 정적분의 구간 변경

$\displaystyle\int_a^b f(g(x))\,g'(x)\,dx$ 의 경우 $g(x) = t$ 로 치환할 경우 적분구간을 반드시 변경해야 한다.

$a \le x \le b$ 일 때, $g(x) = t \begin{cases} g(a) \\ g(b) \end{cases}$ 의 범위를 갖고 식을 정리하면 다음과 같다.

$$\boxed{\int_a^b f(g(x))\,g'(x)\,dx = \int_{g(a)}^{g(b)} f(u)\,du}$$

(3) 덩어리적분!!

① $\displaystyle\int \bigstar^n \cdot \bigstar'\,dx = \frac{1}{n+1}\bigstar^{n+1} + C$ ② $\displaystyle\int e^{\bigstar} \cdot \bigstar'\,dx = e^{\bigstar} + C$

③ $\displaystyle\int \sin^n x \cos x\,dx = \frac{1}{n+1}\sin^{n+1}x + C$ ④ $\displaystyle\int \cos^n x \sin x\,dx = \frac{-1}{n+1}\cos^{n+1}x + C$

⑤ $\displaystyle\int \cos\bigstar \cdot \bigstar'\,dx = \sin\bigstar + C$ ⑥ $\displaystyle\int \sin\bigstar \cdot \bigstar'\,dx = -\cos\bigstar + C$

⑦ $\displaystyle\int \frac{\bigstar'}{\bigstar}\,dx = \ln|\bigstar| + C$ ⑧ $\displaystyle\int \frac{\bigstar'}{\bigstar^2}\,dx = \frac{-1}{\bigstar} + C$

필수 예제 31

다음 부정적분 또는 정적분을 계산하시오.

(1) $\int_1^2 x(x^2-1)^3\,dx$

(2) $\int_2^e \frac{1}{x(\ln x)^2}\,dx$

(3) $\int_0^1 2xe^{-2x^2}\,dx$

(4) $\int \tan x\,dx$

풀이 (1) $x^2-1=t$로 치환하면 $1 \le x \le 2$의 구간은 $0 \le t \le 3$으로 바뀌고, $2xdx=dt \iff xdx=\frac{1}{2}dt$로 치환된다.

$$\int_1^2 x(x^2-1)^3\,dx = \frac{1}{2}\int_0^3 t^3\,dt = \frac{1}{2}\cdot\frac{1}{4}\left[t^4\right]_0^3 = \frac{81}{8}$$

(2) $\ln x = t$로 치환하면 $2 \le x \le e$의 구간은 $\ln 2 \le t \le 1$로 바뀌고, $\frac{1}{x}dx=dt$로 치환된다.

$$\int_2^e \frac{1}{x(\ln x)^2}\,dx = \int_{\ln 2}^1 \frac{1}{t^2}\,dt = \left[-\frac{1}{t}\right]_{\ln 2}^1 = -\left(1-\frac{1}{\ln 2}\right) = \frac{1}{\ln 2}-1$$

(3) $-2x^2=t$로 치환하면 $-4xdx=dt \iff xdx=-\frac{1}{4}dt$으로 치환된다.

$$\int_0^1 2xe^{-2x^2}\,dx = -\frac{1}{2}\int_0^{-2} e^t\,dt = \frac{1}{2}\int_{-2}^0 e^t\,dt = \frac{1}{2}\left[e^t\right]_{-2}^0 = \frac{1-e^{-2}}{2}$$

(4) $\cos x = t$로 치환하면 $-\sin x\,dx=dt$로 치환된다.

$$\int \tan x\,dx = \int \frac{\sin x}{\cos x}\,dx = \int \frac{-1}{t}\,dt = -\ln|t|+C = -\ln|\cos x|+C = \ln|\sec x|+C$$

106. 다음 부정적분 또는 정적분을 계산하시오

(1) $\int_0^1 x^3\cos(x^4+2)\,dx$

(2) $\int \cos x \sin^2 x\,dx$

(3) $\int \frac{\cos x}{\sin^2 x}\,dx$

(4) $\int_1^2 \frac{e^{-1/x}}{x^2}\,dx$

(5) $\int_0^1 xe^{1-x^2}\,dx$

(6) $\int_1^2 \frac{2x+1}{x^2+x}\,dx$

두 함수 $f(x) = \int_0^x \cos^{-1}t\,dt$, $g(x) = \int_0^x \sin^{-1}t\,dt$ $(-1 \le x \le 1)$ 일 때, $f\left(\dfrac{1}{4}\right) + g\left(-\dfrac{1}{4}\right)$ 의 값은?

(단, 모든 $t \in [-1, 1]$ 에 대하여 $-\dfrac{\pi}{2} \le \sin^{-1}t \le \dfrac{\pi}{2}$, $0 \le \cos^{-1}t \le \pi$)

풀이 $\quad g\left(-\dfrac{1}{4}\right) = \int_0^{-\frac{1}{4}} \sin^{-1}t\,dt = -\int_0^{\frac{1}{4}} \sin^{-1}(-u)\,du = \int_0^{\frac{1}{4}} \sin^{-1}u\,du$

$\Rightarrow\ -t = u$로 치환해서 구간을 변경하고, 기함수 성질을 이용하여 식을 정리한다.

$f\left(\dfrac{1}{4}\right) + g\left(-\dfrac{1}{4}\right) = \int_0^{\frac{1}{4}} \cos^{-1}t\,dt + \int_0^{-\frac{1}{4}} \sin^{-1}t\,dt$

$= \int_0^{\frac{1}{4}} \cos^{-1}t\,dt + \int_0^{\frac{1}{4}} \sin^{-1}u\,du$

$= \int_0^{\frac{1}{4}} \cos^{-1}t + \sin^{-1}t\,dt$; 정적분의 결과는 숫자이므로 변수를 통일한다.

$= \int_0^{\frac{1}{4}} \dfrac{\pi}{2}\,dt = \dfrac{\pi}{8}$

107. 정적분 $\int_1^4 \dfrac{e^{\sqrt{x}}}{\sqrt{x}}\,dx$ 의 값을 구하시오.

108. 정적분 $\int_{-2}^1 \dfrac{2x}{\sqrt{x+3}}\,dx$ 의 값은?

109. 정적분 $\int_7^{62} \dfrac{dx}{\sqrt{1+\sqrt{2+x}}}$ 의 값은?

필수 예제 33

정적분 $\int_0^1 \sin(\tan^{-1}x)\,dx$ 의 값을 구하시오.

풀이 $\tan^{-1}x = t$ 라 치환하면 $\tan t = x$ 이고 $\sec^2 t\,dt = dx$ 이다.

$$\int_0^1 \sin(\tan^{-1}x)\,dx = \int_0^{\frac{\pi}{4}} \sin t \cdot \sec^2 t\,dt = \int_0^{\frac{\pi}{4}} \frac{\sin t}{\cos t} \cdot \sec t\,dt$$

$$= \int_0^{\frac{\pi}{4}} \tan t \sec t\,dt = [\sec t]_0^{\frac{\pi}{4}} = \sqrt{2}-1$$

풀이 $\tan^{-1}x = t$ 라고 하면 $\tan t = x$ 이고, $\sin(\tan^{-1}x) = \sin t = \dfrac{x}{\sqrt{1+x^2}}$ 이다.

따라서 $\int_0^1 \sin(\tan^{-1}x)\,dx = \int_0^1 \dfrac{x}{\sqrt{1+x^2}}\,dx = \sqrt{1+x^2}\Big|_0^1 = \sqrt{2}-1$ 이다.

110. 정적분 $\int_0^1 \sin(2\arccos x)\,dx$ 의 값은?

111. 양수 a 에 대하여 $\int_0^a \dfrac{x}{\sqrt{1+x^2}}\,dx = 1$ 을 만족시키는 a의 값은?

112. $g(x) = \dfrac{1-x}{1+x}$ 일 때, $\int_0^1 \dfrac{g(x)g'(x)}{\sqrt{1+[g(x)]^2}}\,dx$ 의 값은?

함수 $f(x) = \int_0^{x^2} \sin(xt)\,dt$ 의 미분 $f'(1)$ 의 값은?

풀이 $f(x) = \int_0^{x^2} \sin(xt)dt = -\dfrac{1}{x}\left[\cos(xt)\right]_0^{x^2} = -\dfrac{1}{x}\{\cos(x^3)-1\} = \dfrac{1}{x}\{1-\cos(x^3)\}$ 이므로

$f'(x) = -\dfrac{1}{x^2}\{1-\cos(x^3)\} + \dfrac{1}{x}\{3x^2\sin(x^3)\}$ 이다.

$\therefore f'(1) = -1\{1-\cos 1\} + 1\{3\sin 1\} = \cos 1 + 3\sin 1 - 1$ 이다.

풀이 $xt = u$로 치환하면 $dt = \dfrac{1}{x}du$ 이고 구간도 변경된다.

$f(x) = \int_0^{x^2} \sin(xt)dt = \dfrac{1}{x}\int_0^{x^3} \sin(u)du$

$f'(x) = -\dfrac{1}{x^2}\int_0^{x^3} \sin u\,du + \dfrac{1}{x}\sin(x^3)\cdot 3x^2$

$f'(1) = -\int_0^1 \sin u\,du + 3\sin 1 = \cos u\big|_0^1 + 3\sin 1 = \cos 1 + 3\sin 1 - 1$

113. 함수 $f(x) = \int_x^{x^3} \sin(\sqrt{xt})\,dt$ 의 미분 $f'(1)$ 의 값은?

114. $-\dfrac{\pi}{2} < x < \dfrac{\pi}{2}$ 에서 $f'(x)$ 가 연속이고 $f(x) = \tan x - x + \dfrac{\pi}{4} - \int_0^x f'(u)\tan^2 u\,du$ 를 만족한다. $f(x)$를 구하여라.

MEMO

2 삼각치환

$\int x\sqrt{a^2\pm x^2}\,dx$, $\int \dfrac{x}{\sqrt{a^2\pm x^2}}\,dx$, $\int \dfrac{x}{a^2\pm x^2}\,dx$ 형태의 적분은 무리식을 치환하거나 분모를 치환하여 적분

하였다. 그러나 $\int \sqrt{a^2\pm x^2}\,dx$, $\int \dfrac{1}{\sqrt{a^2\pm x^2}}\,dx$ 또는 $\int \dfrac{1}{a^2\pm x^2}\,dx$ 형태는 적분이 쉽지 않다. 삼각치환은

삼각함수를 사용하여 적분변수를 바꾸는 방법으로 피적분함수에 x^2+a^2, x^2-a^2, a^2-x^2이 포함된 경우에 사용한다.

그래서 다음과 같이 $\cos^2\theta+\sin^2\theta=1$, $1+\tan^2\theta=\sec^2\theta$을 이용하여 적분한다.

(1) $x=a\sin\theta$ 로 치환

$\sqrt{a^2-x^2}$의 경우 $x=a\sin\theta$로 치환하면 (단, $-\dfrac{\pi}{2}\le\theta\le\dfrac{\pi}{2}$, $a>0$)

$$\Rightarrow \sqrt{a^2-x^2}=\sqrt{a^2-a^2\sin^2\theta}=\sqrt{a^2(1-\sin^2\theta)}=a|\cos\theta|=a\cos\theta \Rightarrow \begin{cases}\sqrt{a^2-x^2}=a\cos\theta\\ dx=a\cos\theta\,d\theta\end{cases}$$

(2) $x=a\tan\theta$ 로 치환

$\sqrt{x^2+a^2}$의 경우 $x=a\tan\theta$로 치환하면 (단, $-\dfrac{\pi}{2}<\theta<\dfrac{\pi}{2}$, $a>0$)

$$\Rightarrow \sqrt{x^2+a^2}=\sqrt{a^2\tan^2\theta+a^2}=\sqrt{a^2(\tan^2\theta+1)}=a|\sec\theta|=a\sec\theta \Rightarrow \begin{cases}\sqrt{x^2+a^2}=a\sec\theta\\ dx=a\sec^2\theta\,d\theta\end{cases}$$

(3) $x=a\sec\theta$ 로 치환

$\sqrt{x^2-a^2}$의 경우 $x=a\sec\theta$로 치환하면 (단, $0\le\theta<\dfrac{\pi}{2}$ 또는 $\pi\le\theta<\dfrac{3\pi}{2}$, $a>0$)

$$\Rightarrow \sqrt{x^2-a^2}=\sqrt{a^2\sec^2\theta-a^2}=\sqrt{a^2(\sec^2\theta-1)}=a|\tan\theta|=a\tan\theta \Rightarrow \begin{cases}\sqrt{x^2-a^2}=a\tan\theta\\ dx=a\sec\theta\tan\theta\,d\theta\end{cases}$$

Areum Math Tip

삼각치환적분을 피하기 위한 적분공식

(1) $\displaystyle\int \dfrac{1}{\sqrt{a^2-x^2}}\,dx=\sin^{-1}\left(\dfrac{x}{a}\right)+C$　　　　(2) $\displaystyle\int \dfrac{1}{a^2+x^2}\,dx=\dfrac{1}{a}\tan^{-1}\left(\dfrac{x}{a}\right)+C$

(3) $\displaystyle\int \dfrac{1}{\sqrt{x^2+a^2}}\,dx=\ln\left|x+\sqrt{x^2+a^2}\right|-\ln a+C$　　(4) $\displaystyle\int \dfrac{1}{\sqrt{x^2-a^2}}\,dx=\ln\left|x+\sqrt{x^2-a^2}\right|-\ln a+C$

필수 예제 35

다음 적분을 계산하시오. ($a > 0$)

(1) $\displaystyle\int \frac{1}{\sqrt{a^2-x^2}}\,dx$

(2) $\displaystyle\int_{\frac{1}{2}}^{\frac{\sqrt{3}}{2}} \frac{x^2}{\sqrt{1-x^2}}\,dx$

풀이

(1) $x = a\sin\theta \left(-\dfrac{\pi}{2} \le \theta \le \dfrac{\pi}{2}\right)$라고 치환을 하면 $dx = a\cos\theta\,d\theta$, $\sin\theta = \dfrac{x}{a}$, $\theta = \sin^{-1}\left(\dfrac{x}{a}\right)$이다.

$$\int \frac{1}{\sqrt{a^2-x^2}}\,dx = \int \frac{1}{\sqrt{a^2\cos^2\theta}}\,a\cos\theta\,d\theta$$

$$= \int 1\,d\theta = \theta + C = \sin^{-1}\left(\frac{x}{a}\right) + C$$

(2) $\begin{matrix} \frac{\sqrt{3}}{2} \\ \frac{1}{2} \end{matrix} > x = \sin\theta < \begin{matrix} \frac{\pi}{3} \\ \frac{\pi}{6} \end{matrix}$, $dx = \cos\theta\,d\theta$ 로 치환하면 구간도 같이 변경된다.

$$\int_{\frac{1}{2}}^{\frac{\sqrt{3}}{2}} \frac{x^2}{\sqrt{1-x^2}}\,dx = \int_{\frac{\pi}{6}}^{\frac{\pi}{3}} \frac{\sin^2\theta\cos\theta}{\cos\theta}\,d\theta = \int_{\frac{\pi}{6}}^{\frac{\pi}{3}} \frac{1-\cos2\theta}{2}\,d\theta = \frac{1}{2}\left[\theta - \frac{1}{2}\sin2\theta\right]_{\frac{\pi}{6}}^{\frac{\pi}{3}}$$

$$= \frac{1}{2}\left(\frac{\pi}{3} - \frac{\pi}{6}\right) - \frac{1}{4}\left(\sin\frac{2}{3}\pi - \sin\frac{\pi}{3}\right) = \frac{1}{2}\frac{\pi}{6} - \frac{1}{4}\left(\frac{\sqrt{3}}{2} - \frac{\sqrt{3}}{2}\right) = \frac{\pi}{12}$$

---

115. 다음 적분을 계산하시오. ($a > 0$)

(1) $\displaystyle\int_0^1 \frac{1}{\sqrt{1-x^2}}\,dx$

(2) $\displaystyle\int_1^{\sqrt{2}} \frac{1}{x^2\sqrt{4-x^2}}\,dx$

(3) $\displaystyle\int_{\frac{1}{2}}^{\frac{1}{\sqrt{2}}} \frac{x}{\sqrt{1-4x^4}}\,dx$

(4) $\displaystyle\int_0^{\frac{1}{\sqrt{2}}} x\sqrt{1-x^4}\,dx$

다음 적분을 계산하시오.

(1) $\displaystyle\int \frac{1}{\sqrt{x^2-a^2}}\,dx$

(2) $\displaystyle\int \frac{1}{\sqrt{x^2-2x}}\,dx$

풀이

(1) $x = a\sec\theta\left(0 \le \theta < \dfrac{\pi}{2} \text{ or } \pi \le \theta < \dfrac{3\pi}{2}\right)$로 치환하면 $dx = a\sec\theta\tan\theta\,d\theta$, $\sec\theta = \dfrac{x}{a}$, $\tan\theta = \dfrac{\sqrt{x^2-a^2}}{a}$ 이다.

$$\int \frac{1}{\sqrt{x^2-a^2}}\,dx = \int \frac{a\sec\theta\tan\theta}{a\tan\theta}\,d\theta = \int \sec\theta\,d\theta$$

$$= \ln|\sec\theta+\tan\theta| = \ln\left(\frac{x}{a}+\frac{\sqrt{x^2-a^2}}{a}\right)+C$$

$$= \ln\left(\frac{x}{a}+\sqrt{\left(\frac{x}{a}\right)^2-1}\right)+C = \cosh^{-1}\left(\frac{x}{a}\right)+C$$

$$= \ln\left|x+\sqrt{x^2-a^2}\right|-\ln a + C = \ln\left|x+\sqrt{x^2-a^2}\right|+C_1$$

(2) $\displaystyle\int \frac{1}{\sqrt{x^2-2x}}\,dx = \int \frac{1}{\sqrt{x^2-2x+1-1}}\,dx$

$$= \int \frac{1}{\sqrt{(x-1)^2-1}}\,dx \quad (x-1=\sec\theta, \ dx=\sec\theta\tan\theta\,d\theta\text{로 치환하면})$$

$$= \int \frac{\sec\theta\tan\theta}{\tan\theta}\,d\theta = \ln|\sec\theta+\tan\theta|+C$$

$$= \ln\left|x-1+\sqrt{x^2-2x}\right|+C$$

TIP

(1) $\dfrac{d(\ln|\sec\theta+\tan\theta|)}{d\theta} = \dfrac{\sec\theta\tan\theta+\sec^2\theta}{\sec\theta+\tan\theta} = \dfrac{\sec\theta(\tan\theta+\sec\theta)}{\tan\theta+\sec\theta} = \sec\theta$

(2) $\displaystyle\int \sec\theta\,d\theta = \ln|\sec\theta+\tan\theta| + C$

116. 다음 적분을 계산하시오.

(1) $\displaystyle\int \frac{1}{\sqrt{x^2-1}}\,dx$

(2) $\displaystyle\int_2^3 x\sqrt{x^2-4}\,dx$

(3) $\displaystyle\int \frac{1}{x^2\sqrt{x^2-a^2}}\,dx$

(4) $\displaystyle\int_{\frac{1}{2}}^1 \frac{1}{x^2\sqrt{4x^2-1}}\,dx$

필수예제 37

다음 적분을 계산하시오.

(1) $\displaystyle\int \frac{1}{\sqrt{x^2+a^2}}\,dx$

(2) $\displaystyle\int \frac{1}{a^2+x^2}\,dx$

풀이 (1) $x=a\tan\theta\left(-\dfrac{\pi}{2}<\theta<\dfrac{\pi}{2}\right)$, $dx=a\sec^2\theta\,d\theta$로 치환하면 $\tan\theta=\dfrac{x}{a}$, $\sec\theta=\dfrac{\sqrt{x^2+a^2}}{a}$ 이다.

$$\int \frac{1}{\sqrt{x^2+a^2}}\,dx = \int \frac{a\sec^2\theta}{a\sec\theta}\,d\theta = \int \sec\theta\,d\theta = \ln|\sec\theta+\tan\theta|$$

$$= \ln\left|\frac{x}{a}+\frac{\sqrt{x^2+a^2}}{a}\right| = \ln\left|x+\sqrt{x^2+a^2}\right| - \ln a + C$$

$$= \ln\left|x+\sqrt{x^2+a^2}\right| + C_1$$

(2) $x=a\tan\theta$로 치환하면 $dx=a\sec^2\theta\,d\theta$, $\tan\theta=\dfrac{x}{a}$, $\theta=\tan^{-1}\left(\dfrac{x}{a}\right)$ 이다.

$$\int \frac{1}{a^2+x^2}\,dx = \int \frac{a\sec^2\theta}{a^2+a^2\tan^2\theta}\,d\theta = \int \frac{a\sec^2\theta}{a^2\sec^2\theta}\,d\theta$$

$$= \int \frac{1}{a}\,d\theta = \frac{1}{a}\theta + C$$

$$= \frac{1}{a}\tan^{-1}\left(\frac{x}{a}\right) + C$$

117. 다음 적분을 계산하시오.

(1) $\displaystyle\int \frac{1}{\sqrt{x^2+1}}\,dx$

(2) $\displaystyle\int_2^3 \frac{1}{\sqrt{x^2-4x+5}}\,dx$

(3) $\displaystyle\int_0^1 \frac{1}{\sqrt{x^2+2x+5}}\,dx$

(4) $\displaystyle\int_{-3}^1 \frac{1}{x^2+6x+25}\,dx$

3 유리함수 적분법

(1) 정의 : $P(x)$, $Q(x)$가 다항식일 때, 유리함수란 $f(x) = \dfrac{P(x)}{Q(x)}$와 같은 분수함수를 말한다.

① P의 차수가 Q의 차수보다 낮을 경우 진분수 꼴의 유리함수라고 한다.

② P의 차수가 Q의 차수보다 클 경우

$P(x) = S(x)\,Q(x) + R(x)$가 되는 몫 $S(x)$과 나머지 $R(x)$로 나타낼 수 있다.

$$f(x) = \frac{P(x)}{Q(x)} = S(x) + \frac{R(x)}{Q(x)}$$

(2) 유리함수 적분법

step 1) 진분수 형태로 만든다.

step 2) 분모가 인수분해 되면 부분분수로 만들어 적분한다.

step 3) 분모의 인수분해가 안 되면 ① 로그적분(치환적분)이 되는지 확인한다.

                       ② 완전제곱의 형태로 만들어 삼각치환을 한다.

(3) 덩어리적분 : 유리식 형태의 적분을 치환적분을 사용하지 않고 빠르게 적분하는 방법이다.

① $\displaystyle\int \frac{\bigstar'}{\bigstar}\,dx = \ln|\bigstar| + C$

② $\displaystyle\int \frac{\bigstar'}{\bigstar^2}\,dx = -\frac{1}{\bigstar} + C$

③ $\displaystyle\int \frac{1}{x^2 + a^2}\,dx = \frac{1}{a}\tan^{-1}\!\left(\frac{x}{a}\right) + C$

④ $\displaystyle\int \frac{\bigstar'}{\bigstar^2 + a^2}\,dx = \frac{1}{a}\tan^{-1}\!\left(\frac{\bigstar}{a}\right) + C$

필수예제 38

정적분 $\int_2^3 \dfrac{x^3+x}{x-1}dx$ 을 계산하시오.

풀이 피적분함수가 진분수가 아니라면 직접 나눠서 몫과 나머지를 이용하여 식을 정리하자.

x^3+x 를 $x-1$ 로 직접 나누면 $\dfrac{x^3+x}{x-1}=x^2+x+2+\dfrac{2}{x-1}$ 로 나타낼 수 있다.

$$\int_2^3 \frac{x^3+x}{x-1}dx = \int_2^3 x^2+x+2+\frac{2}{x-1}dx$$
$$= \left[\frac{1}{3}x^3+\frac{1}{2}x^2+2x+2\ln|x-1|\right]_2^3$$
$$= \frac{1}{3}(27-8)+\frac{1}{2}(9-4)+2(3-2)+2(\ln2-\ln1)$$
$$= \frac{65}{6}+2\ln2$$

$$\begin{array}{r}x^2+x+2\\x-1\overline{\smash{\big)}\,x^3\quad+x}\\-\underline{x^3-x^2}\\x^2+x\\-\underline{x^2-x}\\2x\\-\underline{2x-2}\\2\end{array}$$

118. 다음 정적분을 계산하시오.

(1) $\displaystyle\int \frac{x^2}{x+4}dx$

(2) $\displaystyle\int \frac{x^3+4}{x^2+4}dx$

(3) $\displaystyle\int_{\frac{1}{2}}^{\frac{5}{2}} \frac{5}{2x+3}dx$

(4) $\displaystyle\int_0^1 \frac{1}{(2x+3)^2}dx$

(5) $\displaystyle\int_0^1 \frac{x}{(2x+3)^2}dx$

(6) $\displaystyle\int_0^3 \frac{2x}{(x+5)^2}dx$

정적분 $\displaystyle\int_2^3 \frac{x+5}{x^2+x-2}\,dx$ 을 계산하시오

풀이 $\dfrac{x+5}{x^2+x-2}$ 은 진분수이고, 분모가 인수분해 되므로 부분분수로 만들 수 있다.

$$\frac{x+5}{x^2+x-2} = \frac{x+5}{(x+2)(x-1)} = \frac{a}{x+2} + \frac{b}{x-1}$$

여기서 항등식의 원리를 이용하여 a, b를 구하자.

a를 구하기 위해서 양변에 $x+2$를 곱하고, $x=-2$를 대입하면 $a=-1$이다.

b를 구하기 위해서 양변에 $x-1$을 곱하고, $x=1$을 대입하면 $b=2$이다.

$$\int_2^3 \frac{x+5}{x^2+x-2}\,dx = \int_2^3 \frac{x+5}{(x+2)(x-1)}\,dx = \int_2^3 \frac{-1}{x+2} + \frac{2}{x-1}\,dx$$

$$= -\big[\ln|x+2|\big]_2^3 + 2\big[\ln|x-1|\big]_2^3 = -(\ln5-\ln4) + 2(\ln2-\ln1)$$

$$= -\ln5 + 2\ln2 + 2\ln2 = 4\ln2 - \ln5 = \ln\frac{16}{5}$$

119. 다음 부정적분 또는 정적분을 계산하시오.

(1) $\displaystyle\int_3^4 \frac{1}{x^2-4}\,dx$

(2) $\displaystyle\int_1^2 \frac{1}{x^2+x}\,dx$

(3) $\displaystyle\int_1^4 \frac{x-1}{2x^2+x}\,dx$

(4) $\displaystyle\int_0^1 \frac{x+7}{x^2+4x+3}\,dx$

(5) $\displaystyle\int_0^1 \frac{2}{2x^2+3x+1}\,dx$

(6) $\displaystyle\int_1^2 \frac{4x^2-7x-12}{x(x+2)(x-3)}\,dx$

필수예제 40

정적분 $\displaystyle\int_0^1 \frac{x^2+5x+2}{(x+1)(x^2+1)}dx$ 를 계산하시오.

풀이

$\dfrac{x^2+5x+2}{(x+1)(x^2+1)}$ 은 진분수이고, 분모가 인수분해 되므로 부분분수로 만들자.

$$\frac{x^2+5x+2}{(x+1)(x^2+1)} = \frac{a}{x+1} + \frac{bx+c}{x^2+1}$$

(i) 여기서 항등식의 원리를 이용하여 a를 구하자.

a를 구하기 위해서 양변에 $x+1$를 곱하고, $x=-1$를 대입하면 $a=-1$이다.

(ii) $a=-1$을 대입하고 b, c는 통분을 통해서 구할 수 있다.

$$x^2+5x+2 = -(x^2+1)+(bx+c)(x+1)$$

$b-1 = x^2$의 계수 $\Leftrightarrow b-1=1 \Rightarrow b=2$

$c-1 = $ 상수항 $\Leftrightarrow c-1=2 \Rightarrow c=3$

$$\begin{aligned}
\int_0^1 \frac{x^2+5x+2}{(x+1)(x^2+1)}dx &= \int_0^1 \frac{-1}{x+1} + \frac{2x+3}{x^2+1}dx \\
&= \int_0^1 \frac{-1}{x+1} + \frac{2x}{x^2+1} + \frac{3}{x^2+1}dx \\
&= \left[-\ln(x+1) + \ln(x^2+1) + 3\tan^{-1}x \right]_0^1 \\
&= \left[\ln\left| \frac{x^2+1}{x+1} \right| \right]_0^1 + 3\left[\tan^{-1}x \right]_0^1 = \frac{3\pi}{4}
\end{aligned}$$

120. 다음 부정적분 또는 정적분을 계산하시오

(1) $\displaystyle\int_0^1 \frac{1}{(x+1)(x^2+1)}dx$

(2) $\displaystyle\int_1^2 \frac{x+1}{2x^3+x}dx$

(3) $\displaystyle\int \frac{10}{(x-1)(x^2+9)}dx$

(4) $\displaystyle\int \frac{x^2-x+6}{x^3+3x}dx$

정적분 $\int_0^1 \dfrac{x^2+3x}{(x+1)^2(x+2)}dx$ 를 계산하시오.

풀이 피적분함수가 진분수이고, 분모가 인수분해 되므로 부분분수로 만들 수 있다.

$$\frac{x^2+3x}{(x+1)^2(x+2)}=\frac{a}{x+2}+\frac{bx+c}{(x+1)^2}$$ 만들 수 있지만, 적분할 때 불편함이 있다.

적분을 더 편하고 빠르게 하기 위해서 식을 조작하자.

$$\frac{x^2+3x}{(x+1)^2(x+2)}=\frac{a}{x+2}+\frac{bx+c}{(x+1)^2}=\frac{a}{x+2}+\frac{b(x+1-1)+c}{(x+1)^2}$$

$$=\frac{a}{x+2}+\frac{b(x+1)}{(x+1)^2}+\frac{-b+c}{(x+1)^2}=\frac{a}{x+2}+\frac{b}{x+1}+\frac{c'}{(x+1)^2}$$

(i) 여기서 a, c를 구하는 것은 항등식의 원리로 구할 수 있다.

a를 구하기 위해서 양변에 $x+2$를 곱하고, $x=-2$를 대입하면 $a=-2$이다.

c'를 구하기 위해서 양변에 $(x+1)^2$를 곱하고, $x=-1$를 대입하면 $c'=-2$이다.

(ii) b는 통분을 통해서 구하자.

$a(x+1)^2+b(x+2)(x+1)+c(x+2)=x^2+3x$를 만족하는 b를 구하자.

$a+b=x^2$의 계수이고, $a=-2$이므로 $b=3$이다.

$$\int_0^1 \frac{x^2+3x}{(x+1)^2(x+2)}dx=\int_0^1 \frac{-2}{x+2}+\frac{3}{x+1}+\frac{-2}{(x+1)^2}\,dx$$

$$=-2\big[\ln(x+2)\big]_0^1+3\big[\ln(x+1)\big]_0^1+\left[\frac{2}{x+1}\right]_0^1$$

$$=-2(\ln3-\ln2)+3\ln2+1-2=-2\ln3+5\ln2-1$$

121. 다음을 계산하시오.

(1) $\displaystyle\int_2^3 \frac{4x}{x^3-x^2-x+1}dx$

(2) $\displaystyle\int \frac{x^2+1}{(x-3)(x-2)^2}dx$

(3) $\displaystyle\int \frac{4x}{x^3+x^2+x+1}dx$

(4) $\displaystyle\int_3^4 \frac{2x^2+4}{x^3-2x^2}dx$

필수예제 42

정적분 $\displaystyle\int_0^1 \frac{x+3}{x^2+4x+5}\,dx$ 를 계산하시오.

풀이 피적분 함수가 진분수이지만 분모가 인수분해가 되지 않으므로 식의 조작을 통해서 적분을 할 수 있도록 하자.

1) 분모를 미분한 식이 분자에 있을 수 있을까?

2) 분모를 완전제곱식으로 만들어서 삼각치환 적분을 이용할 수 있을까?

여기서 이용할 적분공식은 $\displaystyle\int \frac{1}{x^2+a^2}\,dx = \frac{1}{a}\tan^{-1}\frac{x}{a}$ 이다.

피적분 함수를 다음과 같이 정리할 수 있다.

$$\frac{x+3}{x^2+4x+5} = \frac{1}{2}\cdot\frac{2x+4}{x^2+4x+5} + \frac{1}{(x+2)^2+1}$$

선형성의 성질을 이용하여 적분을 하자.

$$\int_0^1 \frac{x+3}{x^2+4x+5}\,dx = \frac{1}{2}\int_0^1 \frac{2x+4}{x^2+4x+5}\,dx + \int_0^1 \frac{1}{(x+2)^2+1}\,dx$$

$$= \frac{1}{2}\left[\ln(x^2+4x+5)\right]_0^1 + \left[\tan^{-1}(x+2)\right]_0^1$$

$$= \frac{1}{2}(\ln 10 - \ln 5) + \tan^{-1}3 - \tan^{-1}2$$

$$= \frac{1}{2}\ln 2 + \tan^{-1}\left(\frac{1}{7}\right)$$

TIP $\tan^{-1}3 - \tan^{-1}2 = \alpha - \beta$ 라고 하면

$\tan^{-1}3 = \alpha$, $\tan^{-1}2 = \beta$, $\tan\alpha = 3$, $\tan\beta = 2$이다.

$\tan(\alpha-\beta) = \dfrac{3-2}{1+3\cdot 2} = \dfrac{1}{7} \Rightarrow \alpha-\beta = \tan^{-1}\left(\dfrac{1}{7}\right)$

---

122. 다음 정적분을 계산하시오.

(1) $\displaystyle\int_{-2}^1 \frac{1}{x^2+4x+13}\,dx$

(2) $\displaystyle\int_0^2 \frac{x+2}{x^2+2x+4}\,dx$

(3) $\displaystyle\int \frac{x+4}{x^2+2x+5}\,dx$

(4) $\displaystyle\int \frac{1}{x^3-1}\,dx$

다음을 계산하시오.

(1) $\displaystyle\int_0^1 \frac{2}{e^x+2}\,dx$

(2) $\displaystyle\int_9^{64} \frac{\sqrt{1+\sqrt{x}}}{x}\,dx$

풀이 (1) 분모에 e^x 이 포함되어 있는 경우, $e^x=t$ 로 치환하여 유리함수 적분을 한다.

$\displaystyle {}_0^1 > e^x = t < {}_1^e,\ x=\ln t,\ dx=\frac{1}{t}dt$ 로 치환하면

$$\int_0^1 \frac{2}{e^x+2}\,dx = \int_1^e \frac{2}{t(t+2)}\,dt = \int_1^e \frac{1}{t}+\frac{-1}{t+2}\,dt$$

$$= \big[\ln|t|-\ln|t+2|\,\big]_1^e = \ln e - (\ln(e+2)-\ln 3)$$

$$= \ln e - \ln(e+2) + \ln 3 = \ln\left(\frac{3e}{e+2}\right)$$

(2) $\sqrt{1+\sqrt{x}}=t$ 로 치환하면 $9\le x \le 64$ 인 구간이 $2\le t \le 3$ 이 되고

$1+\sqrt{x}=t^2 \Rightarrow \sqrt{x}=t^2-1 \Rightarrow x=(t^2-1)^2 \Rightarrow dx=2(t^2-1)\cdot 2t$ 이 성립한다.

$$\int_9^{64} \frac{\sqrt{1+\sqrt{x}}}{x}\,dx = \int_2^3 \frac{t}{(t^2-1)^2}\cdot 4t(t^2-1)\,dt$$

$$= 4\int_2^3 \frac{t^2}{t^2-1}\,dt = 4\int_2^3 1+\frac{1}{(t-1)(t+1)}\,dt$$

$$= 4\int_2^3 1+\frac{\frac{1}{2}}{t-1}-\frac{\frac{1}{2}}{t+1}\,dt$$

$$= 4\left[t+\frac{1}{2}\ln\left(\frac{t-1}{t+1}\right)\right]_2^3 = 4\left[1+\frac{1}{2}\ln\frac{3}{2}\right]$$

---

123. 다음 부정적분 또는 정적분을 계산하시오.

(1) $\displaystyle\int \frac{e^{3x}}{1+e^{2x}}\,dx$

(2) $\displaystyle\int \frac{e^{2x}}{e^{2x}+3e^x+2}\,dx$

(3) $\displaystyle\int \frac{\sqrt{x+1}}{x}\,dx$

(4) $\displaystyle\int \frac{1}{x^2+x\sqrt{x}}\,dx$

필수예제 44

함수 $f(x) = x^3 + 2x^2 + ax + 1$ 에 대하여 부정적분 $\int \dfrac{f(x)}{x^3(x+1)^2}\, dx$ 가 유리함수일 때, a의 값은?

(단, a 는 상수이다.)

풀이

$$\int \frac{f(x)}{x^3(x+1)^2}\,dx = \int \frac{x^3+2x^2+ax+1}{x^3(x+1)^2}\,dx = \int \frac{A}{x} + \frac{B}{x^2} + \frac{C}{x^3} + \frac{D}{x+1} + \frac{E}{(x+1)^2}\,dx$$

$$= \int \frac{A}{x} + \frac{B}{x^2} + \frac{1}{x^3} + \frac{D}{x+1} + \frac{a-2}{(x+1)^2}\,dx$$ 이고 $A=0$, $D=0$ 이어야 $\int \dfrac{f(x)}{x^3(x+1)^2}\,dx$ 가 유리함수가 된다.

따라서 $\int \dfrac{f(x)}{x^3(x+1)^2}\,dx = \int \dfrac{B}{x^2} + \dfrac{1}{x^3} + \dfrac{a-2}{(x+1)^2}\,dx = \int \dfrac{Bx(x+1)^2 + (x+1)^2 + (a-2)x^3}{x^3(x+1)^2}\,dx$

$f(x) = x^3 + 2x^2 + ax + 1 = Bx(x+1)^2 + (x+1)^2 + (a-2)x^3$이 성립하고 항등식의 원리로

$x=1$대입하면 $B = \dfrac{1}{2}$이고, 계수 비교에 의해서 $a = \dfrac{5}{2}$ 이다.

124. $f(x)$는 $f(0) = 1$인 2차함수이고 $\int \dfrac{f(x)}{x^2(x+1)^3}\,dx$는 유리함수이다. $f'(0)$의 값을 구하여라.

125. 적분값 $\displaystyle\int_1^e \dfrac{(\ln x)^2}{x(1+(\ln x)^3)}\,dx$ 을 계산하시오.

126. 정적분 $\displaystyle\int_0^1 \dfrac{x^2-2x}{(x+1)^3}\,dx$ 의 값은?

127. 정적분 $\displaystyle\int_0^{\frac{1}{2}} \dfrac{x^3+x}{(x^2-1)^3}\,dx$ 를 구하면?

4 무리함수 적분

(1) 근호 안이 일차식일 때, 근호 전체를 치환한다.

 ① $\int \sqrt[n]{ax+b}\, dx$ 일 때, $\sqrt[n]{ax+b}=t$로 치환

 ② $\int \left(\sqrt[n]{ax+b}, \sqrt[m]{ax+b} \right) dx$ 일 때, $\sqrt[k]{ax+b}=t$ 로 치환 (k: m, n의 최소공배수)

(2) 근호 안이 이차식일 때

 단순 치환적분이 아니라면 이차식을 완전제곱식($(x-a)^2-A^2=X^2-A^2$)의 형태로 만들어서
 삼각치환적분법을 이용한다.

필수예제 45

다음 적분을 계산하시오

(1) $\displaystyle\int_0^3 \frac{3x-1}{\sqrt{x+1}}\, dx$

(2) $\displaystyle\int_1^{64} \frac{1}{\sqrt{x}+\sqrt[3]{x}}\, dx$

풀이 (1) $\sqrt{x+1}=t {\,}_0^3 {\,}_1^2$, $x+1=t^2$, $x=t^2-1$, $dx=2t\,dt$로 치환하자.

$$\int_0^3 \frac{3x-1}{\sqrt{x+1}}\, dx = \int_1^2 \frac{3t^2-4}{t}\times 2t\,dt = 2\int_1^2 (3t^2-4)dt = 2\left[t^3-4t\right]_1^2 = 2(7-4)=6$$

(2) $x^{\frac{1}{6}}=\sqrt[6]{x}=t$, $x^{\frac{1}{2}}=\sqrt{x}=t^3$, $x^{\frac{1}{3}}=\sqrt[3]{x}=t^2$, $x=t^6 {\,}_1^{64} {\,}_1^2$, $dx=6t^5 dt$로 치환하자.

$$\int_1^{64} \frac{1}{\sqrt{x}+\sqrt[3]{x}}\, dx = \int_1^2 \frac{6t^5}{t^3+t^2}\, dt = 6\int_1^2 \frac{t^3}{t+1}\, dt = 6\int_1^2 \frac{t^3+1-1}{t+1}\, dt = 6\int_1^2 \frac{(t+1)(t^2-t+1)-1}{t+1}\, dt$$

$$= 6\int_1^2 \left\{(t^2-t+1)-\frac{1}{t+1}\right\}dt = 6\left[\frac{1}{3}t^3-\frac{1}{2}t^2+t-\ln|t+1|\right]_1^2$$

$$= 2(8-1)-3(4-1)+6-6(\ln3-\ln2) = 14-9+6-6\ln\frac{3}{2} = 11-6\ln\frac{3}{2}$$

---

128. 다음 적분을 계산하시오

(1) $\displaystyle\int_0^4 \sqrt{2x+1}\, dx$

(2) $\displaystyle\int_0^1 \frac{x}{\sqrt[3]{x^2+1}}\, dx$

(3) $\displaystyle\int_4^9 \frac{1}{\sqrt{x}-1}\, dx$

(4) $\displaystyle\int_0^{16} \frac{\sqrt{x}}{1+\sqrt[4]{x^3}}\, dx$

(5) $\displaystyle\int_0^{\sqrt{5}} \frac{x^3}{\sqrt{4+x^2}}\, dx$

(6) $\displaystyle\int_{-2}^0 x\sqrt[3]{(x+1)^2}\, dx$

필수예제 46

정적분 $\int_0^1 \sqrt{\dfrac{1-x}{1+x}}\,dx$ 의 값을 구하시오.

풀이 $\sqrt{1+x}=t$ 로 치환하면, $x=t^2-1$ 이고, $\sqrt{1-x}=\sqrt{2-t^2}$ 이고, $dx=2t\,dt$ 이다.

$$\int_0^1 \sqrt{\frac{1-x}{1+x}}\,dx = \int_1^{\sqrt{2}} \frac{\sqrt{2-t^2}}{t}\cdot 2t\,dt$$

$$= \int_1^{\sqrt{2}} 2\sqrt{2-t^2}\,dt \quad ; \quad t=\sqrt{2}\sin\theta \text{라고 치환하자.}$$

$$= 2\int_{\frac{\pi}{4}}^{\frac{\pi}{2}} \sqrt{2}\cos\theta\,\sqrt{2}\cos\theta\,d\theta = 4\int_{\frac{\pi}{4}}^{\frac{\pi}{2}} \cos^2\theta\,d\theta$$

$$= 2\int_{\frac{\pi}{4}}^{\frac{\pi}{2}} 1+\cos 2\theta\,d\theta = \left[2\theta+\sin 2\theta\right]_{\frac{\pi}{4}}^{\frac{\pi}{2}} = \frac{\pi}{2}-1$$

풀이 $\int_0^1 \sqrt{\dfrac{1-x}{1+x}}\,dx = \int_0^1 \dfrac{1-x}{\sqrt{1-x^2}}\,dx = \int_0^1 \left(\dfrac{1}{\sqrt{1-x^2}} - \dfrac{x}{\sqrt{1-x^2}}\right)dx = \sin^{-1}x + \sqrt{1-x^2}\,\Big]_0^1 = \dfrac{\pi}{2}-1$

---

129. 적분 $\int_0^1 \dfrac{\sqrt{\cosh x+1}}{\sqrt[3]{\cosh x-1}}\,dx$ 를 구하면?

① $2\sqrt{\cosh 1-1}$ ② $3\sqrt[3]{\cosh 1-1}$ ③ $4\sqrt[4]{\cosh 1-1}$ ④ $6\sqrt[6]{\cosh 1-1}$

130. 특이적분 $\int_0^{\frac{3}{2}} \dfrac{x^2}{\sqrt{9-4x^2}}\,dx$ 의 값은?

131. 정적분 $\int_{\frac{1}{2}}^1 \sqrt{\dfrac{1}{x}-1}\,dx$ 를 계산하시오.

5 부분적분

부분적분은 피적분함수가 둘 이상의 함수의 곱의 형태로 주어졌을 때 이용하는 적분법이다.

즉, $\int f(x)\,g(x)\,dx$ 의 꼴일 때, 치환적분이 아닌 경우에 적용한다. 이 적분법은 곱미분의 역연산을 구하는 과정을 이용하여 공식을 정리하였다.

(1) 곱미분에 대응되는 적분

만약 f와 g가 미분가능한 함수이면, $\dfrac{d}{dx}[f(x)\,g(x)] = f'(x)\,g(x) + f(x)\,g'(x)$ 이다.

이 식을 부정적분으로 나타내면 $\int f'(x)\,g(x) + f(x)\,g'(x)\,dx = f(x)\,g(x)$

또는 $\int f'(x)\,g(x)\,dx + \int f(x)\,g'(x)\,dx = f(x)\,g(x)$ 이다. 이 식을 다시 쓰면

$$\int f'(x)\,g(x)\,dx = f(x)\,g(x) - \int f(x)\,g'(x)\,dx$$

(2) 부분적분을 사용하는 경우

적분하기 쉬운 함수를 $u' = f'(x)$, 미분하기 쉬운 함수를 $v = g(x)$로 놓으면 쉽게 계산할 수 있다.

$$\overset{\displaystyle u'}{\underset{\displaystyle e^{ax} \quad \begin{matrix}\sin bx\\ \cos bx\end{matrix} \quad x^n \qquad \ln x \qquad \begin{matrix}\text{역삼각함수}\\ \text{역쌍곡선함수}\end{matrix}}{\xleftrightarrow{\hspace{9cm}}}}\overset{\displaystyle v}{}$$

① $\int x^n \ln x\,dx$ 의 경우 $u' = x^n$, $v = \ln x$

$$\int x^p \ln x\,dx = \frac{1}{p+1}\,x^{p+1}\ln|x| - \frac{1}{(p+1)^2}\,x^{p+1} \ (\text{단, } p \neq -1)$$

$$\int \ln x\,dx = x\ln|x| - x, \quad \int x\ln x\,dx = \frac{1}{2}\,x^2\ln|x| - \frac{1}{4}x^2$$

$$\int x^2 \ln x\,dx = \frac{1}{3}\,x^3\ln|x| - \frac{1}{9}x^3, \quad \int x^3 \ln x\,dx = \frac{1}{4}\,x^4\ln|x| - \frac{1}{16}x^4$$

② $\int x^n (\sin^{-1}x, \cos^{-1}x, \tan^{-1}x, \cdots)\,dx$ 의 경우 $u' = x^n$, $v =$ 역삼각함수, 역쌍곡선함수

③ $\int x^n (\sin bx, \cos bx)\,dx$ 의 경우 $u' =$ 삼각함수, $v = x^n$

④ $\int x^n e^{ax}\,dx$ 의 경우 $u' = e^{ax}$, $v = x^n$

⑤ $\int e^{ax}(\sin bx, \cos bx)\,dx$ 의 경우 $u' = e^{ax}$, $v =$ 삼각함수

⑥ $\int x\,\bigstar^n\!\cdot\bigstar'\,dx$ 의 경우 $u' = \bigstar^n\!\cdot\bigstar'$, $v = x$

필수예제 47

부정적분 $\int x^n \ln x \, dx$ 를 계산하시오

풀이 (i) $n = -1$이면 치환적분 또는 덩어리적분법을 통해서 적분한다.

$$\int \frac{\ln x}{x} \, dx = \frac{1}{2}(\ln x)^2 + C \text{ 로 적분가능하다.}$$

(ii) $n \neq -1$이면 x^n은 적분하고, $\ln x$는 미분을 하는 부분적분을 한다.

$$\int x^n \ln x \, dx = \frac{1}{n+1} x^{n+1} \ln x - \frac{1}{n+1} \int x^{n+1} \cdot \frac{1}{x} \, dx$$

$$= \frac{1}{n+1} x^{n+1} \ln x - \left(\frac{1}{n+1}\right)^2 x^{n+1} + C$$

132. 다음 부정적분 또는 정적분을 계산하시오

(1) $\int \ln x \, dx$

(2) $\int x \ln x \, dx$

(3) $\int x^2 \ln x \, dx$

(4) $\int \frac{\ln x}{x^2} \, dx$

(5) $\int_1^4 \sqrt{x} \ln x \, dx$

(6) $\int_1^4 \frac{\ln x}{\sqrt{x}} \, dx$

(7) $\int \frac{(\ln x)^2}{x} \, dx$

(8) $\int_1^e (\ln x)^2 \, dx$

다음 정적분 $\int_0^1 \sin^{-1} x\, dx$ 를 계산하시오.

풀이 피적분함수 $\sin^{-1} x = 1 \times \sin^{-1} x$ 에서 1은 적분을 하고, $\sin^{-1} x$는 미분을 하자.

$$\int_0^1 \sin^{-1} x\, dx = x \sin^{-1} x - \int_0^1 \frac{x}{\sqrt{1-x^2}}\, dx \rightarrow \text{치환적분(덩어리적분)}$$

$$= x \sin^{-1} x - 2\left(-\frac{1}{2}\right)(1-x^2)^{\frac{1}{2}} = \left[x \sin^{-1} x\right]_0^1 + \left[(1-x^2)^{\frac{1}{2}}\right]_0^1 = \sin^{-1} 1 + (0-1) = \frac{\pi}{2} - 1$$

133. 다음 정적분을 계산하시오.

(1) $\int_{-\frac{\sqrt{3}}{2}}^{\frac{\sqrt{3}}{2}} \cos^{-1} x\, dx$

(2) $\int_0^1 4 \tan^{-1} x\, dx$

(3) $\int_0^1 2x \tan^{-1} x\, dx$

(4) $\int_0^{1/2} \tan^{-1}(2x)\, dx$

(5) $\int_0^1 \sinh^{-1} x\, dx$

(6) $\int_0^1 x \sinh^{-1} x\, dx$

필수예제 49

다음 정적분 $\displaystyle\int_0^{\frac{\pi}{2}} x\cos x\,dx$ 을 계산하시오.

풀이 두 가지 풀이법으로 풀어보자.

M1) 기본의 부분적분을 하는 것과 동일하다.

$$\int_0^{\frac{\pi}{2}} x\cos x\,dx = x\sin x - \int \sin x\,dx = \left[x\sin x + \cos x\right]_0^{\frac{\pi}{2}} = \frac{\pi}{2} - 1$$

M2) 미분할 함수와 적분할 함수로 각자 역할을 나눠서 적분을 하자.

$$\int_0^{\frac{\pi}{2}} x\cos x\,dx = \left[x\sin x + \cos x\right]_0^{\frac{\pi}{2}} = \frac{\pi}{2} - 1$$

미분	적분
x	$\cos x$
1	$\sin x$
0	$-\cos x$

---

134. 다음 정적분을 계산하시오.

(1) $\displaystyle\int_0^{\pi} (x+1)\sin 3x\,dx$

(2) $\displaystyle\int_0^{\frac{\pi}{2}} 4x^2\sin 2x\,dx$

(3) $\displaystyle\int_0^1 xe^{2x}\,dx$

(4) $\displaystyle\int_0^1 (2x-1)e^x\,dx$

(5) $\displaystyle\int_0^1 x^2 e^{2x}\,dx$

(6) $\displaystyle\int_0^1 x\cosh x\,dx$

다음 부정적분을 계산하시오.

(1) $\displaystyle\int e^{ax}\sin bx\,dx$

(2) $\displaystyle\int e^{ax}\cos bx\,dx$

풀이 부분적분을 이용할 때, 지수함수는 미분을 하고 삼각함수는 적분을 하자.

(1) $\displaystyle I=\int e^{ax}\sin bx\,dx \;=\; -\frac{1}{b}e^{ax}\cos bx+\frac{a}{b}\int e^{ax}\cos bx\,dx \quad \begin{pmatrix} u'=\sin bx & v=e^{ax} \\ u=-\dfrac{1}{b}\cos bx & v'=ae^{ax} \end{pmatrix}$

$\displaystyle \qquad = -\frac{1}{b}e^{ax}\cos bx+\frac{a}{b}\left(\frac{1}{b}e^{ax}\sin bx-\frac{a}{b}\int e^{ax}\sin bx\,dx\right)$

$\displaystyle \qquad = -\frac{1}{b}e^{ax}\cos bx+\frac{a}{b^2}e^{ax}\sin bx-\frac{a^2}{b^2}I$

$\displaystyle I\left(1+\frac{a^2}{b^2}\right)=I\left(\frac{a^2+b^2}{b^2}\right)=\frac{e^{ax}}{b^2}(-b\cos bx+a\sin bx)$

$\displaystyle \therefore\quad I=\int e^{ax}\sin bx\,dx=\frac{e^{ax}(a\sin bx-b\cos bx)}{a^2+b^2}$

(2) $\displaystyle W=\int e^{ax}\cos bx\,dx=\frac{1}{b}e^{ax}\sin bx-\frac{a}{b}\int e^{ax}\sin bx\,dx \quad \begin{pmatrix} u'=\cos bx & v=e^{ax} \\ u=\dfrac{1}{b}\sin bx & v'=ae^{ax} \end{pmatrix}$

$\displaystyle \qquad = \frac{1}{b}e^{ax}\sin bx-\frac{a}{b}\left(-\frac{1}{b}e^{ax}\cos bx+\frac{a}{b}\int e^{ax}\cos bx\,dx\right)$

$\displaystyle \qquad = \frac{1}{b}e^{ax}\sin bx+\frac{a}{b^2}e^{ax}\cos bx-\frac{a^2}{b^2}W$

$\displaystyle W\left(1+\frac{a^2}{b^2}\right)=W\left(\frac{a^2+b^2}{b^2}\right)=\frac{e^{ax}}{b^2}(b\sin bx+a\cos bx)$

$\displaystyle \therefore\quad W=\int e^{ax}\cos bx\,dx=\frac{e^{ax}(a\cos bx+b\sin bx)}{a^2+b^2}$

135. 다음 부정적분 또는 정적분을 계산하시오.

(1) $\displaystyle\int_0^{\frac{\pi}{2}} e^{2x}\sin x\,dx$

(2) $\displaystyle\int_0^{\frac{\pi}{2}} e^{x}\cos x\,dx$

(3) $\displaystyle\int_0^{1} e^{2x}\sinh 3x\,dx$

(4) $\displaystyle\int_0^{1} e^{x}\cosh 2x\,dx$

필수예제 51

구간 $[0, 3]$에서 $f(x)$, $f'(x)$가 연속이고, $f(3) = -2$, $\int_0^3 \{f(x)\}^2 dx = 5$일 때, $\int_0^3 x\,f(x)\,f'(x)\,dx$의 값을 구하여라.

풀이 부분적분을 이용하여 구하자.

$$\int_0^3 x\,f(x)\,f'(x)\,dx = \frac{1}{2}\left[x\{f(x)\}^2\right]_0^3 - \frac{1}{2}\int_0^3 \{f(x)\}^2\,dx \quad \begin{pmatrix} u' = f(x)f'(x) & v = x \\ u = \dfrac{1}{2}\{f(x)\}^2 & v' = 1 \end{pmatrix}$$

$$= \frac{1}{2}\left[3\{f(3)\}^2\right] - \frac{5}{2} = 6 - \frac{5}{2} = \frac{7}{2}$$

136. 다음 부정적분 또는 정적분을 계산하시오.

(1) $\displaystyle\int_0^{\frac{\pi}{2}} x\sin x\cos^2 x\,dx$

(2) $\displaystyle\int_0^{\frac{\pi}{2}} x\cos^2 2x\,dx$

(3) $\displaystyle\int x\tan^2 x\,dx$

(4) $\displaystyle\int_{\sqrt{\frac{\pi}{2}}}^{\sqrt{\pi}} x^3\cos(x^2)\,dx$

137. 구간 $[a, b]$에서 세 번 미분가능한 함수 f에 대하여 f'''가 구간 $[a, b]$에서 연속이라고 하자.

$f(a) = f'(a) = f''(a) = 2$, $f(b) = f'(b) = f''(b) = 3$라 할 때, $\displaystyle\int_a^b f(x)f'''(x)\,dx$의 값을 구하여라.

부정적분 $I = \int (\sin^{-1} x)^2 dx$ 에 대하여 $I = x(\sin^{-1} x)^2 - 2J(x) + C$ 일 때, $J(x)$는?

(단, C는 적분상수)

풀이 $\sin^{-1} x = t$로 치환하면 $\sin t = x$, $dx = \cos t\, dt$ 이다.

$I = \int (\sin^{-1} x)^2 dx = \int t^2 \cos t\, dt$; 부분적분에 의해서 식을 정리하자.

$= t^2 \sin t + 2t \cos t - 2\sin t + C$

$= (\sin^{-1} x)^2 x + 2\sqrt{1-x^2}\, \sin^{-1} x - 2x + C$

$= (\sin^{-1} x)^2 x - 2(x - \sqrt{1-x^2}\, \sin^{-1} x) + C$ 이므로

$J(x) = x - \sqrt{1-x^2}\, \sin^{-1} x$ 이고 $J\left(\dfrac{1}{2}\right) = \dfrac{1}{2} - \dfrac{\sqrt{3}}{12}\pi$ 이다.

138. 정적분 $\displaystyle\int_0^1 \pi (\arccos x)^2 dx$를 구하면?

139. 정적분 $\displaystyle\int_1^2 x \arcsin\left(\dfrac{1}{x}\right) dx$를 구하면?

140. 부정적분 $\displaystyle\int \left(2x \sin\dfrac{1}{x^2} - \dfrac{2}{x}\cos\dfrac{1}{x^2}\right) dx = f(x) + C$일 때, $f(2)$ 값은?

141. 정적분 $\int_0^1 x^5 e^{x^2} dx$ 의 값은?

① $\frac{1}{2}e - 1$ ② $\frac{1}{2}e$ ③ $e - 1$ ④ e

142. $\int_0^1 x^5 e^{-x^3} dx$ 의 값은?

① $\frac{1}{3}\left(1 - \frac{2}{e}\right)$ ② $-\frac{1}{3e}$ ③ $\frac{1}{3e}$ ④ $\frac{1}{3}\left(1 + \frac{2}{e}\right)$

143. 적분 $\int_0^4 e^{\sqrt{x}} dx$ 의 값은?

① $2(e^2 + 1)$ ② $e^2 + 1$ ③ e^2 ④ $e^2 - 1$

144. 적분 $\int_0^{\sqrt{\pi}} 2x^3 \sin(x^2) dx$ 의 값은?

① $\frac{\pi}{4}$ ② $\frac{\pi}{3}$ ③ $\frac{\pi}{2}$ ④ π

145. 적분 $\int_0^{\pi} x|\cos x| dx$ 의 값은?

① $\frac{\pi}{2} - 1$ ② $\frac{\pi}{2}$ ③ π ④ $\pi - 2$

$\boxed{6}$ 역함수 적분

(1) 그래프를 이용한 역함수 적분

역함수를 가지는 함수 $f(x)$가 $f(a)=c$, $f(b)=d$를 만족할 때,
다음 식이 성립한다.

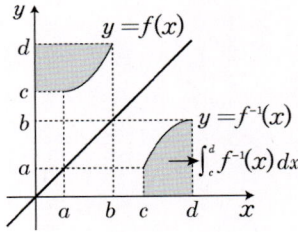

$$\int_a^b f(x)\,dx + \int_{f(a)}^{f(b)} f^{-1}(x)\,dx = bf(b) - af(a)$$

함수의 그래프는 여러 가지 형태가 존재할 수 있으므로
역함수의 정적분은 그래프를 이용하여 원래 함수의 적분으로 해석하여 풀이할 수 있다.

(2) 치환적분을 이용한 역함수 적분

함수 $f(x)$가 $f(a)=c$, $f(b)=d$를 만족할 때, 적분 $\displaystyle\int_{f(a)}^{f(b)} f^{-1}(x)\,dx$는 $f^{-1}(x)=t$로 치환한다.

$f^{-1}(x)=t \Leftrightarrow f(t)=x$이고, $f'(t)\,dt = dx$이고, x의 범위가 $f(a) \le x = f(t) \le f(b)$이므로
만족하는 t의 범위는 $a \le t \le b$이다.

$$\int_{f(a)}^{f(b)} f^{-1}(x)\,dx = \int_a^b t\,f'(t)\,dt = t\,f(t)\big|_a^b - \int_a^b f(t)\,dt \quad (\because 부분적분)$$

따라서 $\displaystyle\int_a^b f(x)\,dx + \int_{f(a)}^{f(b)} f^{-1}(x)\,dx = bf(b) - af(a)$ 이 성립한다.

필수 예제 53

함수 $f(x) = 2x + \cos x$에 대하여 역함수 $f^{-1}(x)$의 정적분 $\displaystyle\int_1^{2\pi-1} f^{-1}(x)\,dx$의 값은?

풀이 역함수 적분의 공식을 이용하자.

$f(0)=1$, $f(\pi)=2\pi-1$이다.

$$\int_0^\pi f(x)\,dx + \int_1^{2\pi-1} f^{-1}(x)\,dx = \int_0^\pi f(x)\,dx + \int_{f(0)}^{f(\pi)} f^{-1}(x)\,dx = \pi f(\pi)$$

$$\int_{f(0)}^{f(\pi)} f^{-1}(x)\,dx = 2\pi^2 - \pi - \int_0^\pi (2x + \cos x)\,dx$$

$$= 2\pi^2 - \pi - [x^2 + \sin x]_0^\pi = \pi^2 - \pi$$

146. 다음 정적분 $\int_0^1 \sin^{-1} x \, dx$ 를 계산하시오

147. 함수 $f(x) = x^3 + 2x + 1$ 의 역함수를 $g(x)$ 라 할 때, $\int_0^1 f(x) dx + \int_1^4 g(x) dx$ 의 값을 구하시오

148. 함수 $f(x) = x^3 + x + 2$ 의 역함수를 $g(x)$ 라 할 때, $\int_0^{12} g(x) \, dx$ 의 값을 구하시오.

149. $f(x) = 1 + x + x^3$ 일 때 $\int_1^3 \{f^{-1}(x)\}^2 dx = \dfrac{b}{a}$ 일 때, $a + b$의 값을 구하시오

(단, a, b는 서로소이다.)

150. 실수 x에 대하여 함수 $f(x) = x + x^2 + x^3$ 이다. 이때 적분 $\int_0^3 \dfrac{1}{f'(f^{-1}(x))(1 + (f^{-1}(x))^2)} \, dx$ 의 값을 구하시오

151. 함수 $f(x) = x + e^x$ 에 대하여 정적분 $\int_1^{1+e} f^{-1}(x) \{x - f^{-1}(x)\} dx$ 의 값을 구하시오

7 삼각함수 적분

(1) $\int \sin^n x\, dx$, $\int \cos^n x\, dx$의 형태

　① n이 짝수일 때, 반각공식 $\begin{cases} \sin^2 x = \dfrac{1-\cos 2x}{2} \\ \cos^2 x = \dfrac{1+\cos 2x}{2} \end{cases}$ 활용

　② n이 홀수일 때, $\cos^2 x + \sin^2 x = 1$ 활용

　③ 짝수와 홀수의 구분 없이 부분적분으로 구할 수 있다.

(2) $\int \sin^m x \cos^n x\, dx$의 형태

　① m, n이 모두 짝수일 때, 반각공식 $\begin{cases} \sin^2 x = \dfrac{1-\cos 2x}{2} \\ \cos^2 x = \dfrac{1+\cos 2x}{2} \end{cases}$ 활용

　② m, n이 모두 짝수가 아닐 때, $\cos^2 x + \sin^2 x = 1$ 활용

(3) $\int \tan^n x\, dx$ 의 형태는 $1 + \tan^2 x = \sec^2 x$ 를 활용하여 적분한다.

필수예제 54

다음 적분을 구하시오

(1) $\displaystyle\int \tan^4 x\, dx$　　　　　　　　　(2) $\displaystyle\int \sec^3 x\, dx$

풀이 (1) $1 + \tan^2 x = \sec^2 x$를 활용하여 피적분함수를 정리하자.

$$\int \tan^4 x\, dx = \int (\sec^2 x - 1)\tan^2 x\, dx = \int \sec^2 x \tan^2 x - \tan^2 x\, dx$$

$$= \int \sec^2 x \tan^2 x - \sec^2 x + 1\, dx = \frac{1}{3}\tan^3 x - \tan x + x + C$$

(2) 적분가능한 함수 $\sec^2 x$와 미분가능한 함수 $\sec x$에 대하여 부분적분을 이용하면

$$I = \int \sec^3 x\, dx = \int \sec^2 x \sec x\, dx$$

$$= \sec x \tan x - \int \sec x \tan^2 x\, dx = \sec x \tan x - \int \sec x \left(\sec^2 x - 1\right) dx \quad (\because \tan^2 x = \sec^2 x - 1)$$

$$= \sec x \tan x - \int \sec^3 x\, dx + \int \sec x\, dx$$

$$I = \sec x \tan x - I + \int \sec x\, dx \ \Rightarrow\ 2I = \sec x \tan x + \int \sec x\, dx$$

$$\therefore \int \sec^3 x\, dx = \frac{1}{2}\{\sec x \tan x + \ln|\sec x + \tan x|\} + C$$

152. 다음 부정적분 또는 정적분을 계산하시오.

(1) $\displaystyle\int_0^{\frac{\pi}{2}} \sin^3 x \, dx$

(2) $\displaystyle\int \sin^2 x \cos^2 x \, dx$

(3) $\displaystyle\int \sin^3 x \cos^6 x \, dx$

(4) $\displaystyle\int \sin^4 x \cos^5 x \, dx$

(5) $\displaystyle\int \cos x \cos 3x \, dx$

(6) $\displaystyle\int \sin 5x \cos 9x \, dx$

153. 다음을 구하시오.

(1) $\displaystyle\int \tan x \, dx$

(2) $\displaystyle\int \sec x \, dx$

(3) $\displaystyle\int \sec^2 x \, dx$

(4) $\displaystyle\int \tan^2 x \, dx$

(5) $\displaystyle\int \tan^3 x \, dx$

(6) $\displaystyle\int \tan x \sec^4 x \, dx$

(7) $\displaystyle\int \csc x \, dx$

(8) $\displaystyle\int \csc^2 x \, dx$

(9) $\displaystyle\int \cot^3 x \, dx$

(10) $\displaystyle\int \csc^3 x \, dx$

(4) 왈리스(Wallis) 공식

① $\displaystyle\int_0^{\frac{\pi}{2}} \sin^n x\,dx = \int_0^{\frac{\pi}{2}} \cos^n x\,dx = \begin{cases} n : \text{짝수일 때} \Rightarrow \dfrac{n-1}{n}\,\dfrac{n-3}{n-2}\cdots\dfrac{1}{2}\,\dfrac{\pi}{2} \\[4mm] n : \text{홀수일 때} \Rightarrow \dfrac{n-1}{n}\,\dfrac{n-3}{n-2}\cdots\dfrac{2}{3}\cdot 1 \end{cases}$

② 적분 구간의 $\dfrac{\pi}{2}\cdot k$까지 확장될 경우

(i) n이 짝수일 때

$$\int_0^{\frac{\pi}{2}\cdot k} \sin^n x\,dx = k\int_0^{\frac{\pi}{2}} \sin^n x\,dx \quad (k \in \text{정수})$$

$$\int_0^{\frac{\pi}{2}\cdot k} \cos^n x\,dx = k\int_0^{\frac{\pi}{2}} \cos^n x\,dx \quad (k \in \text{정수})$$

(ii) n이 홀수일 때 그래프 개형을 그려서 상쇄되는 영역을 확인한다.

Areum Math Tip

$y = \sin^n x$의 그래프

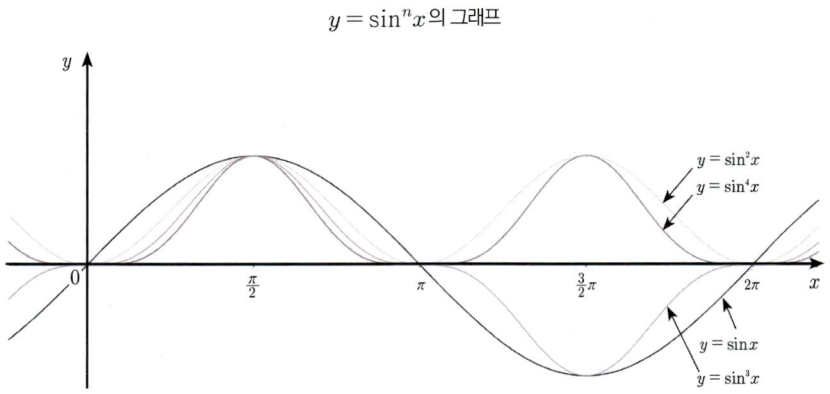

$y = \cos^n x$의 그래프

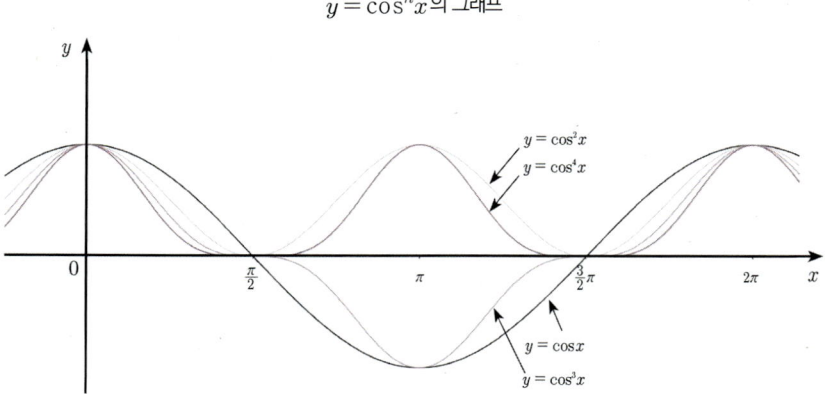

필수
예제 55

다음 정적분 $\int_0^{\frac{\pi}{2}} \sin^n x\, dx = \int_0^{\frac{\pi}{2}} \cos^n x\, dx$ 가 성립함을 보이고, 정적분 값을 구하시오.

풀이 (i) $x = \frac{\pi}{2} - t$로 치환하면 변환공식에 의해서 $\sin x = \sin\left(\frac{\pi}{2}-t\right) = \cos t$ 이 된다. $dx = -dt$ 가 되고 적분 구간도 변경해서 적분해보자.

$$\int_0^{\frac{\pi}{2}} \sin^n x\, dx = -\int_{\frac{\pi}{2}}^0 \sin^n\left(\frac{\pi}{2}-t\right) dt = -\int_{\frac{\pi}{2}}^0 \cos^n t\, dt = \int_0^{\frac{\pi}{2}} \cos^n t\, dt$$

따라서 $\int_0^{\frac{\pi}{2}} \sin^n x\, dx = \int_0^{\frac{\pi}{2}} \cos^n x\, dx$ 이 성립한다.

(ii) $\int_0^{\frac{\pi}{2}} \sin^n x\, dx = \int_0^{\frac{\pi}{2}} \sin x \sin^{n-1} x\, dx$에서 $u' = \sin x$, $v = \sin^{n-1} x$로 두고 부분적분을 하면

$$= (n-1)\int_0^{\frac{\pi}{2}} \sin^{n-2} x(1-\sin^2 x)dx$$

$$= (n-1)\int_0^{\frac{\pi}{2}} \sin^{n-2} x\, dx - (n-1)\int_0^{\frac{\pi}{2}} \sin^n x\, dx$$

우변의 $-(n-1)\int_0^{\frac{\pi}{2}} \sin^n x\, dx$을 좌변으로 이항하면 $n\int_0^{\frac{\pi}{2}} \sin^n x\, dx = (n-1)\int_0^{\frac{\pi}{2}} \sin^{n-2} x\, dx$ 이므로

$$\int_0^{\frac{\pi}{2}} \sin^n x\, dx = \frac{n-1}{n}\int_0^{\frac{\pi}{2}} \sin^{n-2} x\, dx = \frac{n-1}{n}\frac{n-3}{n-2}\int_0^{\frac{\pi}{2}} \sin^{n-4} x\, dx = \frac{n-1}{n}\frac{n-3}{n-2}\frac{n-5}{n-4}\int_0^{\frac{\pi}{2}} \sin^{n-6} x\, dx$$

이처럼 규칙을 갖는다. 따라서 다음과 같은 공식이 성립한다. 이것을 왈리스(Wallis) 공식이라고 한다.

$$\int_0^{\frac{\pi}{2}} \sin^n x\, dx = \int_0^{\frac{\pi}{2}} \cos^n x\, dx = \begin{cases} n : \text{짝수일 때} \Rightarrow \frac{n-1}{n}\frac{n-3}{n-2}\cdots\frac{1}{2}\frac{\pi}{2} \\ n : \text{홀수일 때} \Rightarrow \frac{n-1}{n}\frac{n-3}{n-2}\cdots\frac{2}{3}\cdot 1 \end{cases}$$

154. 다음 중 옳지 않은 것은?

① $\int_0^{\frac{\pi}{2}} \sin^2 x\, dx = \frac{\pi}{4}$

② $\int_0^\pi \cos^6 x\, dx = \frac{5\pi}{16}$

③ $\int_0^\pi \cos^5 x\, dx = \frac{16}{15}$

④ $\int_{-\frac{\pi}{2}}^\pi \sin^5 x\, dx = \frac{8}{15}$

필수예제 56

$$\frac{\int_0^{\frac{\pi}{2}} (\cos x)^{2024} dx}{\int_0^{\frac{\pi}{2}} (\cos x)^{2022} dx} = \frac{b}{a} \text{ 라고 할 때, } a-b \text{의 값을 구하시오.}$$

풀이 왈리스(Wallis) 공식을 이용하면

$$\frac{\int_0^{\frac{\pi}{2}} (\cos x)^{2024} dx}{\int_0^{\frac{\pi}{2}} (\cos x)^{2022} dx} = \frac{\dfrac{2023}{2024} \times \dfrac{2021}{2022} \times \cdots \times \dfrac{1}{2} \times \dfrac{\pi}{2}}{\dfrac{2021}{2022} \times \cdots \times \dfrac{1}{2} \times \dfrac{\pi}{2}} = \frac{2023}{2024} = \frac{b}{a} \text{ 이므로 } a-b=1 \text{이다.}$$

155. 정적분 $\displaystyle\int_0^{\frac{\pi}{2}} \cos^3 x \sin^3 x \, dx$ 의 값을 구하시오.

156. 다음 적분을 계산하시오.

(1) $\displaystyle\int_0^{\pi} \sin^3 x + \cos^5 x \, dx$

(2) $\displaystyle\int_0^{2\pi} \cos 2x \cdot \cos^2 x \, dx$

(3) $\displaystyle\int_0^{\frac{\pi}{2}} \sin^2 x \cos^2 x \, dx$

(4) $\displaystyle\int_0^{\frac{\pi}{2}} \cos 2x \sin^6 x \, dx$

필수 예제 57

정적분 $\int_0^{\frac{\pi}{2}} \dfrac{\sin x}{\sin x + \cos x} dx$ 의 값은?

풀이 $x = \dfrac{\pi}{2} - t$ 로 치환하면 변환공식에 의해서 $\sin x = \sin\left(\dfrac{\pi}{2} - t\right) = \cos t$, $\cos x = \cos\left(\dfrac{\pi}{2} - t\right) = \sin t$ 가 된다.

$dx = -dt$ 가 되고 적분 구간도 변경해서 적분해보자.

(i) $I = \int_0^{\frac{\pi}{2}} \dfrac{\sin x}{\sin x + \cos x} dx = -\int_{\frac{\pi}{2}}^{0} \dfrac{\cos t}{\cos t + \sin t} dt = \int_0^{\frac{\pi}{2}} \dfrac{\cos t}{\cos t + \sin t} dt$

여기서 정적분의 결과는 숫자이므로 다음 정적분의 값은 모두 같다.

$$\int_0^{\frac{\pi}{2}} \dfrac{\cos t}{\cos t + \sin t} dt = \int_0^{\frac{\pi}{2}} \dfrac{\cos U}{\cos U + \sin U} dU = \int_0^{\frac{\pi}{2}} \dfrac{\cos X}{\cos X + \sin X} dX$$

(ii) 처음 식과 치환된 식을 더하자.

$2I = \int_0^{\frac{\pi}{2}} \dfrac{\sin x}{\sin x + \cos x} dx + \int_0^{\frac{\pi}{2}} \dfrac{\cos x}{\cos x + \sin x} dx$ 는 선형성의 성질을 이용하여

$= \int_0^{\frac{\pi}{2}} \dfrac{\sin x + \cos x}{\sin x + \cos x} dx = \int_0^{\frac{\pi}{2}} 1 dx = \dfrac{\pi}{2}$ 이다.

따라서 $I = \int_0^{\frac{\pi}{2}} \dfrac{\sin x}{\sin x + \cos x} dx = \dfrac{\pi}{4}$ 이다.

157. 정적분 $\int_0^{\frac{\pi}{2}} \dfrac{\sqrt{\cos x}}{\sqrt{\sin x} + \sqrt{\cos x}} dx$ 의 값을 구하시오.

158. 적분 $\int_0^{\frac{\pi}{2}} \dfrac{\sqrt{\tan^3 x}}{\sqrt{\tan^3 x} + \sqrt{\cot^3 x}} dx$ 의 값은?

159. 정적분 $\int_0^{1004} \dfrac{\sqrt{1004 - x}}{\sqrt{x} + \sqrt{1004 - x}} dx$ 의 값은?

(5) 분모에 삼각함수가 포함된 형태

① $\displaystyle\int \frac{c}{a+b\cos x}\,dx$, $\displaystyle\int \frac{c}{a+b\sin x}\,dx$, $\displaystyle\int \frac{1}{a\sin x + b\cos x}\,dx$ $-\pi < x < \pi$일 때,

$\tan\dfrac{x}{2} = t$로 치환하여 $\sin x = \dfrac{2t}{1+t^2}$, $\cos x = \dfrac{1-t^2}{1+t^2}$, $dx = \dfrac{2}{1+t^2}\,dt$를 대입하여

유리함수 적분을 이용한다.

② $\displaystyle\int \frac{c}{a+b\cos 2x}\,dx$, $\displaystyle\int \frac{c}{a+b\sin 2x}\,dx$, $\displaystyle\int \frac{1}{a+b\tan x}\,dx$ $-\dfrac{\pi}{2} < x < \dfrac{\pi}{2}$일 때,

$\tan x = t$로 치환하여 $\sin 2x = \dfrac{2t}{1+t^2}$, $\cos 2x = \dfrac{1-t^2}{1+t^2}$, $dx = \dfrac{1}{1+t^2}\,dt$를 대입하여

유리함수 적분을 이용한다.

Areum Math Tip

치환 과정을 알고 있으면 암기가 쉬워져요!

$\tan\dfrac{x}{2} = t$로 치환하면,

(1) $\sin x = \sin\left(\dfrac{x}{2}+\dfrac{x}{2}\right) = 2\sin\dfrac{x}{2}\cos\dfrac{x}{2} = 2\,\dfrac{t}{\sqrt{1+t^2}}\,\dfrac{1}{\sqrt{1+t^2}} = \dfrac{2t}{1+t^2}$

(2) $\cos x = \cos\left(\dfrac{x}{2}+\dfrac{x}{2}\right) = \cos^2\left(\dfrac{x}{2}\right) - \sin^2\left(\dfrac{x}{2}\right) = \dfrac{1}{1+t^2} - \dfrac{t^2}{1+t^2} = \dfrac{1-t^2}{1+t^2}$

(3) $\tan\left(\dfrac{x}{2}\right) = t \Leftrightarrow \tan^{-1}t = \dfrac{x}{2} \Leftrightarrow 2\tan^{-1}t = x$ 을 양변 미분 $dx = \dfrac{2}{1+t^2}\,dt$

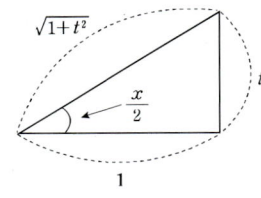

$\tan x = t$로 치환하면,

(1) $\sin 2x = 2\sin x\cos x = 2\,\dfrac{t}{\sqrt{1+t^2}}\,\dfrac{1}{\sqrt{1+t^2}} = \dfrac{2t}{1+t^2}$

(2) $\cos 2x = \cos^2 x - \sin^2 x = \dfrac{1}{1+t^2} - \dfrac{t^2}{1+t^2} = \dfrac{1-t^2}{1+t^2}$

(3) $\tan x = t \Leftrightarrow \tan^{-1}t = x$를 양변 미분 $dx = \dfrac{1}{1+t^2}\,dt$

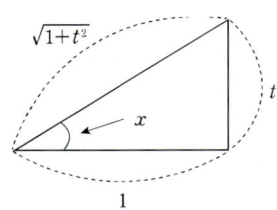

필수예제 58

정적분 $\int_0^{\frac{\pi}{2}} \dfrac{5}{4\sin x + 3\cos x}\,dx$ 의 값은?

[풀이] $\tan\dfrac{x}{2}=t$ 라 하면, $\dfrac{\frac{\pi}{2}}{0} > \tan\dfrac{x}{2}=t <\dfrac{1}{0}$ 으로 적분구간을 변경하고, $\sin x = \dfrac{2t}{1+t^2}$, $\cos x = \dfrac{1-t^2}{1+t^2}$, $dx = \dfrac{2}{1+t^2}\,dt$ 를 대입하면,

$$\int_0^{\frac{\pi}{2}} \frac{5}{4\sin x + 3\cos x}\,dx = \int_0^1 \frac{5}{4\left(\dfrac{2t}{1+t^2}\right)+3\left(\dfrac{1-t^2}{1+t^2}\right)}\frac{2}{1+t^2}\,dt$$

$$= \int_0^1 \frac{10}{8t+3-3t^2}\,dt = \int_0^1 \frac{-10}{3t^2-8t-3}\,dt$$

$$= \int_0^1 \frac{-10}{(3t+1)(t-3)}\,dt = \int_0^1 \frac{-1}{t-3}+\frac{3}{3t+1}\,dt$$

$$= -\big[\ln|t-3|\big]_0^1 + \big[\ln|3t+1|\big]_0^1$$

$$= -(\ln 2 - \ln 3) + \ln 4 - \ln 1$$

$$= \ln 3 - \ln 2 + 2\ln 2 = \ln 3 + \ln 2 = \ln 6$$

160. 정적분 $\int_0^{\frac{\pi}{2}} \dfrac{1}{5-4\cos x}\,dx$ 를 구하면?

161. 정적분 $\int_0^{\frac{\pi}{4}} \dfrac{2e^{\tan x}}{1+\cos 2x}\,dx$ 의 값을 계산하시오

162. 다음 부정적분 또는 정적분을 계산하시오.

(1) $\displaystyle\int \frac{1}{1+\cos x}\,dx$

(2) $\displaystyle\int_0^{\frac{\pi}{4}} \frac{2}{1+\tan x}\,dx$

(3) $\displaystyle\int \frac{1}{1-\cos x}\,dx$

(4) $\displaystyle\int \frac{1}{3\sin x - 4\cos x}\,dx$

(5) $\displaystyle\int_{\frac{\pi}{3}}^{\frac{\pi}{2}} \frac{1}{1+\sin x - \cos x}\,dx$

(6) $\displaystyle\int_0^{\frac{\pi}{2}} \frac{\sin 2x}{2+\cos x}\,dx$

163. $\displaystyle\int_0^{\frac{\pi}{6}} \frac{\sin x \cos x}{\sin^4 x + \cos^4 x}\,dx = \alpha$ 라 할 때, $\sin(2\alpha)$ 의 값을 구하시오.

적분에 대한 정리

미분의 경우는 무슨 미분을 해야 할지가 명확하게 보이는 반면에 적분은 그렇지 않기 때문에 상대적으로 어렵게 느낄 수 있다. 지금까지 개별적인 적분법을 통해서 배웠던 것을 통합적으로 생각할 수 있어야 한다. 효율적인 적분을 위해서 다음을 생각해보자.

1. 기본적인 적분공식 암기
2. 가능한 피적분함수를 간단히 하자.
3. 기본적으로 적분은 치환적분과 부분적분 두 종류밖에 없다!!
4. 명확한 치환대상을 찾는다.
5. 함수의 유형에 따른 적분법을 분류한다. (ex. 삼각함수, 유리함수, 무리함수, 곱의 구조)
6. 여러 가지 적분법을 적용할 수 있다.

MEMO

선배들의 이야기 ++

편입스펙
수원대학교 (건설환경공학과) / 학점 3.18/4.5 / 토익 560점 / 수학올인러

합격 대학
중앙대 (건설환경플랜트공학과) / 경희대 (사회기반시스템공학과) / 세종대 (건설환경공학과)
과기대 (건설시스템공학과) / 인하대 (사회인프라공학과)

자신감과 떳떳함을 목표로 올인!
20살이 되어 대학교를 들어가게 되어 기쁜 마음도 있었지만, 늘 마음 한구석에 학벌에 대한 아쉬움을 지니고 있었고, 주변 친구들의 학벌들을 볼 때마다 자신없는 저의 모습을 보며 결심했습니다. 2학년을 올라가는 방학쯤에 편입을 결심하게 되었고, 전적 대학교 에브리타임에 성균관대학교 합격증을 올리신 선배님과의 쪽지를 통하여 한아름 선생님을 알게 되었습니다. 이 시기에 영어도 해야 할지 고민을 많이 했었습니다. 저는 선배님의 말씀을 토대로 2학년 병행이기 때문에 수학에 올인 하기로 마음을 먹고, 바로 3월부터 현강을 듣게 되었습니다. 그대로 아름쌤 풀커리를 타면서 이렇게 좋은 결과를 얻게 된 것 같습니다. 저의 목적은 오로지 자신감 넘치는 저의 모습과 떳떳하게 대학교를 말할 수 있는 제 자신을 얻는 것이었습니다.

기본 없이 앞서 나가려 하지 마세요!
일단 무조건 기본서 회독이 제일 중요하다고 생각합니다. 아마 과목이 점차 쌓여갈수록 부담감이 높아질 확률이 높습니다. 그 시기가 제일 중요합니다. 한 과목을 수강하면서 다른 과목도 같이 가져갈 수 있어야 하는 것 같습니다. 저는 학교를 다니면서 수학에 올인을 했기 때문에 당일 복습을 무조건 했습니다. 그리고 기본서 이외의 다른 교재들의 활용도 중요하다고 생각합니다. 기본적으로 1회독을 완료했으면, 2회독부터는 익힘책을 같이 푸는 게 도움이 됐다고 생각합니다. 그리고 1200제는 방학 끝나고부터 해도 충분하다고 생각합니다. 물론 저는 병행이라서 늦었다고 생각할 수도 있지만, 저는 기본이 없는 상황에서, 너무 진도만 앞서 나가려고 하면 안 된다고 생각합니다.

10분의 상담이 저를 다잡게 했습니다
저는 3~4월에 미적분을 끝내고 5~6월 다변수를 수강했을 때부터 부담감을 갖고 있었습니다. 아무래도 학교 병행이다 보니 중간고사랑 겹치는 기간이 힘들었습니다. 개인적으로 저는 제 자신에게 채찍질을 하는 스타일인데, 신체적으로도 정신적으로도 너무 힘들었습니다. 그럴 때마다 극복할 수 있었던 이유는 아름쌤과의 상담입니다. 현강의 장점은 바로바로 해결할 수 있다는 것입니다. 한 번씩 마인드를 다잡는 데 있어 선생님과의 10분 정도의 상담이 늘어지는 저를 다잡게 하는 계기가 되었습니다.

개념부터 차근차근 귀기울여 보세요

한아름 선생님은 편입을 직접 겪어보신 선배님이시고, 더욱 저의 학생들의 마음을 잘 아신다고 생각합니다. 정말 학생들의 입장에 잘 공감해주십니다. 수업의 특징을 말할 것도 없습니다. 노베이스라고 해도 개념까지 천천히 차근차근 자세히 설명해 주시기 때문에 커리큘럼을 잘 따라간다면 수학에 있어서는 걱정 안 하셔도 될 것 같습니다. 가장 중요한 건 당일복습입니다. 수업 중간중간 아름쌤이 하시는 말씀을 귀기울여 들으면서 내용을 축적시켜 나가다 보면 어느새 그 분야에 자신감이 생기게 되는 것 같습니다.

하루하루 나만의 방법으로 달려가다 보면, 합격이 기다리고 있을 것입니다

편입을 하다 보면 중간에 지치는 기간은 누구나 오게 됩니다. 그 기간을 어떻게 거쳐가느냐가 관건인데, 절대 포기하지 마세요. 계기가 약한 사람들은 중간에 포기하게 되지만, 내가 시간과 정성을 들여 편입을 시작한 이상 저는 절대 포기하지 않을 각오로 임했습니다. 결국 나 자신의 선택이니까요. 버팀목이 될 수 있는 것들 중 하나는 질문이 생기면 바로바로 해결하는 것이라고 생각합니다. 미루다 보면 끝도 없기 때문에 최대한 미루지 않고, 그 자리에서 해결하는 것이 중요합니다. 두 번째로 추천드리는 것은 스터디라고 생각합니다. 그러나 초반부터 스터디를 하면 의존하게 되는 경향이 있을 수 있기에, 여름방학 이후 진행하시는 걸 추천드립니다. 저는 처음에 공부하는 방법조차 몰라 많이 헤맸습니다. 그래서 저는 학원에 나가서 뒤쪽에 앉아서 다른 친구들이 어떻게 공부하는지 지켜보며 많은 방법들을 시도한 끝에 저만의 방법을 완성했었습니다.

세 번째로 중요한 것은 자기만의 공부법을 찾아내는 것입니다. 아직 시간은 많습니다. 여러 시도를 해보며 도전해 보시길 바랍니다. 남들이 진도가 뒤쳐져 있다고 해서 불안해하지 마세요. 저는 남들 의식을 많이 하는 편이었는데 그래 봤자 시간낭비라는 생각이 들었고 오로지 저에게만 집중하고, 저한테 부족한 부분을 채워 나가는게 가장 좋은 방법이라고 생각했습니다. 저는 힘들 때마다 '나도 힘들지만, 모두가 힘들겠지. 너무 힘들어 하지 말자.'라는 생각으로 버텼습니다. 어차피 결과는 그 시험 당일에 내가 얼마나 발휘하느냐로 결정되기 때문에 너무 걱정하지 않으셔도 될 것 같습니다. 하루하루 내가 정한 목표를 달성하며 달려가다가 보면, 결국 그 끝엔 '합격'이라는 큰 꿈이 나를 기다리고 있을 것입니다.

- 정○린 (중앙대학교 건설환경플랜트공학과)

CHAPTER 03

미분 응용

03 미분 응용

1   미분의 기하학적 의미 & 응용

1 접선 & 법선의 방정식

(1) 미분가능한 함수 $y = f(x)$ 위의 한 점 $(a, f(a))$ 에서 접선의 방정식은 $y = f'(a)(x-a) + f(a)$ 이다.

    접선이 x축의 양의 방향과 이루는 각을 θ라 하면 접선의 기울기 $f'(a)$ 는 $\tan\theta$와 같은 값을 갖는다.

    즉, $f'(a) = \tan\theta$ 이다.

(2) 수직한 두 직선의 기울기의 곱은 -1이다.

    미분가능한 함수 $y = f(x)$ 위의 한 점 $(a, f(a))$ 에서 접선의 기울기가 $f'(a)$ 이고 이와 수직한 직선을 법선이라고 한다.

    법선의 기울기는 $-\dfrac{1}{f'(a)}$ 이다. 따라서 법선의 방정식은 $y = -\dfrac{1}{f'(a)}(x-a) + f(a)$ 이다.

2 두 곡선이 교점

두 곡선 $y = f(x)$, $y = g(x)$ 가 만나는 점을 교점이라고 한다. 예를 들어 $x = a$에서 두 곡선이 만난다면

$(a, f(a))$ 와 $(a, g(a))$ 는 동일한 점이 되기 때문에 $f(a) = g(a)$ 가 성립한다.

즉, 두 그래프의 교점의 x좌표를 구하는 것은 $f(x) = g(x)$ 를 만족하는 방정식의 해를 구하는 것과 같다.

3 두 곡선이 접한다

두 곡선 $y = f(x)$, $y = g(x)$ 가 점 $(a,\ b)$ 에서 접한다는 것은 한 점에서

공통접선을 갖는다고 한다. 또는 두 곡선이 스친다고 생각할 수 있다.

즉, (a, b) 에서 함숫값이 같고, 접선의 기울기(미분계수)가 같다는 것이다.

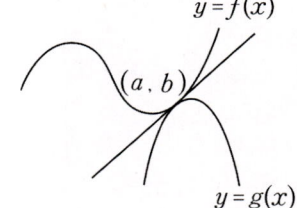

(1) 함숫값이 같다. 즉 $f(a) = g(a) = b$

(2) 접선의 기울기가 같다. 즉, $f'(a) = g'(a)$

4 조각적 연속함수의 미분가능성

모든 실수에서 연속이고 미분가능한 함수 $g(x), h(x)$에 대하여 조각적 연속함수 $f(x) = \begin{cases} g(x) & (x < a) \\ h(x) & (x \geq a) \end{cases}$ 가

모든 실수에서 연속이고 미분가능하기 위한 조건은 $x = a$에서 연속이고 미분가능하면 된다.

(1) 연속의 조건은 $\lim\limits_{x \to a} f(x) = f(a)$ 이므로 $g(a) = h(a)$ 이다.

(2) 미분계수가 존재한다는 것은 좌미분계수와 우미분계수가 같아야 한다.

    즉, $\lim\limits_{h \to 0^-} \dfrac{f(a+h) - f(a)}{h} = \lim\limits_{h \to 0^+} \dfrac{f(a+h) - f(a)}{h} \Leftrightarrow g'(a) = h'(a)$

$\Rightarrow$ 조각적 연속함수가 $x = a$에서 미분가능하기 위한 조건은 두 함수 $g(x), h(x)$가 $x = a$에서 접하는 조건과 같다.

필수예제 59

다음 보기 중 $0 \le x \le \dfrac{\pi}{2}$ 에서 항상 성립하는 절대부등식을 고르면?

〈보기〉

(a) $\dfrac{2}{\pi}x \le sinx \le \dfrac{\sqrt{2}}{2}\left(x - \dfrac{\pi}{4} + 1\right)$ (b) $1 - \dfrac{2}{\pi}x \le cosx \le \dfrac{\pi}{2} - x$ (c) $x \cos x \le sinx$

풀이 (a) $f(x) = \sin x$ 에 대하여 $x = \dfrac{\pi}{4}$ 에서 접선의 방정식은 $y = \dfrac{\sqrt{2}}{2}\left(x - \dfrac{\pi}{4}\right) + \dfrac{\sqrt{2}}{2}$ 이다.

$0 \le x \le \dfrac{\pi}{2}$ 에서 $y = \sin x$ 그래프는 위로 볼록하므로 접선이 그래프 위에 존재한다. 두 점 $(0,0)$과 $\left(\dfrac{\pi}{2}, 1\right)$을 지나는

직선의 방정식은 $y = \dfrac{2}{\pi}x$이다. 따라서 $0 \le x \le \dfrac{\pi}{2}$ 에서 $\dfrac{2}{\pi}x \le sinx \le \dfrac{\sqrt{2}}{2}\left(x - \dfrac{\pi}{4} + 1\right)$ 은 항상 성립한다.

(b) $f(x) = \cos x$ 에 대하여 $x = \dfrac{\pi}{2}$ 에서 접선의 방정식은 $y = -\left(x - \dfrac{\pi}{2}\right) = \dfrac{\pi}{2} - x$이다.

$0 \le x \le \dfrac{\pi}{2}$ 에서 $y = \cos x$ 그래프는 위로 볼록하므로 접선이 그래프 위에 존재한다. 두 점 $(0,1)$과 $\left(\dfrac{\pi}{2}, 0\right)$을 지나는

직선의 방정식은 $y = 1 - \dfrac{2}{\pi}x$이다. 따라서 $0 \le x \le \dfrac{\pi}{2}$ 에서 $1 - \dfrac{2}{\pi}x \le cosx \le \dfrac{\pi}{2} - x$는 항상 성립한다.

(c) $f(x) = \tan x$ 에 대하여 $x = 0$에서 접선의 방정식은 $y = x$이다.

$0 \le x \le \dfrac{\pi}{2}$ 에서 $y = \tan x$ 그래프는 아래로 볼록하므로 접선이 그래프 아래에 존재한다.

$0 \le x \le \dfrac{\pi}{2}$ 에서 $x \le tanx$이 성립한다. 양변을 $\cos x \ge 0$로 나누면 $x \cos x \le sinx$임을 확인할 수 있다.

---

164. 곡선 C가 식 $x^2 - y^2 = 2x + xy + y + 2$로 정의될 때, C 위의 점 $P(2, -1)$에서의 접선이 직선 $y = -2x$와 만나는 점의 y좌표는?

165. 원점을 지나며 곡선 $y = e^{2x}$에 접하는 직선의 방정식을 구하여라.

다음 함수 중에서 $x=0$에서 미분가능하지 않은 것은?

① $f(x) = |x|\sin x$　　　② $f(x) = |x|\cos x$　　　③ $f(x) = x|x|$　　　④ $f(x) = |x|^3$

풀이 ① $f(x) = |x|\sin x = \begin{cases} x\sin x & (x \geq 0) \\ -x\sin x & (x < 0) \end{cases}$ 일 때, $\begin{cases} g(x) = x\sin x \\ h(x) = -x\sin x \end{cases}$ 라고 하자.

$\begin{cases} g'(x) = \sin x + x\cos x \\ h'(x) = -\sin x - x\cos x \end{cases}$ 이고, $g(0) = h(0)$, $g'(0) = h'(0)$이 성립하므로 $x=0$에서 $f(x)$는 미분가능하다.

② $f(x) = |x|\cos x = \begin{cases} x\cos x & (x \geq 0) \\ -x\cos x & (x < 0) \end{cases}$ 일 때, $\begin{cases} g(x) = x\cos x \\ h(x) = -x\cos x \end{cases}$ 라고 하자.

$\begin{cases} g'(x) = \cos x - x\sin x \\ h'(x) = -\cos x + x\sin x \end{cases}$ 이고, $g(0) = h(0)$, $g'(0) \neq h'(0)$이므로 $x=0$에서 $f(x)$는 미분불가능하다.

③ $f(x) = x|x| = \begin{cases} x^2 & (x \geq 0) \\ -x^2 & (x < 0) \end{cases}$ 일 때, $\begin{cases} g(x) = x^2 \\ h(x) = -x^2 \end{cases}$ 라고 하자. $\begin{cases} g'(x) = 2x \\ h'(x) = -2x \end{cases}$ 이고,

$g(0) = h(0)$, $g'(0) = h'(0)$이 성립하므로 $x=0$에서 $f(x)$는 미분가능하다.

④ $f(x) = |x|^3 = \begin{cases} x^3 & (x \geq 0) \\ -x^3 & (x < 0) \end{cases}$ 일 때, $\begin{cases} g(x) = x^3 \\ h(x) = -x^3 \end{cases}$ 라고 하자.

$\begin{cases} g'(x) = 3x^2 \\ h'(x) = -3x^2 \end{cases}$ 이고, $g(0) = h(0)$, $g'(0) = h'(0)$이 성립하므로 $x=0$에서 $f(x)$는 미분가능하다.

따라서 ②은 $x=0$에서 미분불가능한 함수이다.

166. 두 그래프 $f(x) = \ln x$, $g(x) = \dfrac{1}{e}x + b$가 한 점에서 접할 때, b의 값을 구하시오.

167. 2차항의 계수가 1인 이차함수 $f(x)$와 1차항의 계수가 1인 일차함수 $g(x)$에 대하여

$h(x) = \begin{cases} f(x), & x \leq 0 \\ g(x), & x > 0 \end{cases}$ 이라 정의하자. 함수 $h(x)$가 $x=0$에서 미분가능할 때, $f(-3) - g(1)$의 값을

구하시오.

168. 함수 $f(x) = \begin{cases} ax^2 + 1 & (x \leq 1) \\ \ln bx & (x > 1) \end{cases}$ 가 $x=1$에서 미분가능하도록 상수 a, b를 정할 때,

$a + \ln b$의 값은?

MEMO

03 | 미분 응용

그림과 같이 미분가능한 함수 $y = f(x)$에 대하여 $f(x) = 0$의 근 r을 찾기 위한 방법으로 뉴턴의 방법을 적용하고자 한다.

(i) $P_1\left(x_1, f(x_1)\right)$에서 접선의 방정식 $L_1(x) = f'\left(x_1\right)\left(x - x_1\right) + f(x_1)$의

x절편이 x_2일 때, $x_2 = x_1 - \dfrac{f(x_1)}{f'\left(x_1\right)}$ 이다.

(ii) $P_2\left(x_2, f(x_2)\right)$에서 접선의 방정식 $L_2(x) = f'\left(x_2\right)\left(x - x_2\right) + f(x_2)$의

x절편이 x_3일 때, $x_3 = x_2 - \dfrac{f(x_2)}{f'\left(x_2\right)}$ 이다.

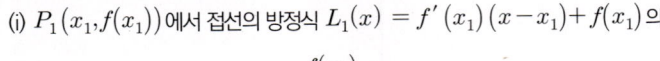
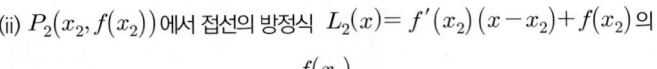
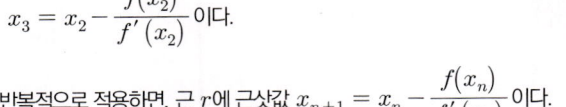

(iii) 이와 같은 방법을 반복적으로 적용하면, 근 r에 근삿값 $x_{n+1} = x_n - \dfrac{f\left(x_n\right)}{f'\left(x_n\right)}$ 이다.

필수 예제 61

$f(x) = x - \sin x$일 때, $x_1 = \dfrac{\pi}{2}$를 이용하여 뉴턴 방법으로 $f(x) = 0$의 두 번째 근삿값 x_2를 구하면?

풀이 x_1에서의 접선의 방정식을 구해보자. $y' = 1 - \cos x$이고 $x_1 = \dfrac{\pi}{2}$에서 접선의 기울기는 1이다.

따라서 $(x_1, f(x_1)) = \left(\dfrac{\pi}{2}, \dfrac{\pi}{2} - 1\right)$에서 접선의 방정식은 $y - \left(\dfrac{\pi}{2} - 1\right) = \left(x - \dfrac{\pi}{2}\right) \Leftrightarrow y = x - 1$이다.

$y = x - 1$에서 x절편이 바로 x_2가 되는 것이고, $y = 0$을 대입하면 $x_2 = 1$이다.

169. 방정식 $x = 2\cos x$은 구간 $[0, \pi]$에서 유일 해를 가진다. 근사해를 찾는 고정점반복법 중 뉴턴 방법은?

① $x_{n+1} = 2\cos x_n$

② $x_{n+1} = \dfrac{1}{2}(x_n + 2\cos x_n)$

③ $x_{n+1} = x_n + \dfrac{\cos x_n}{\sin x_n}$

④ $x_{n+1} = x_n - \dfrac{x_n - 2\cos x_n}{1 - 2\sin x_n}$

⑤ $x_{n+1} = x_n + \dfrac{2\cos x_n - x_n}{2\sin x_n + 1}$

170. 뉴턴의 방법을 이용하여 $\sqrt[4]{2}$ 의 근삿값을 구하고자 한다. 초기 근삿값을 $x_1 = 1$로 할 때, 두 번째 근삿값 x_2는?

171. 뉴턴의 방법을 이용하여 $\sqrt[3]{3}$ 의 근삿값을 구할 때, $x_1 = 1$이면 $x_3 = \dfrac{a}{b}$ 라고 할 때, $a - b$의 값을 구하시오. (단, a, b는 서로소이다.)

1 두 곡선의 사잇각(θ)

두 곡선 $y=f(x)$, $y=g(x)$의 교점 (a,b)에서 이루는 각을 교각이라고 한다.

교각의 크기는 교점에서 두 접선의 기울기가 이루는 사잇각(θ)과 같다.

즉, $f'(a)=\tan\alpha=m$, $g'(a)=\tan\beta=m'$이라 하면

$$|\tan\theta|=|\tan(\alpha-\beta)|=\left|\frac{m-m'}{1+mm'}\right|$$ 이 성립한다.

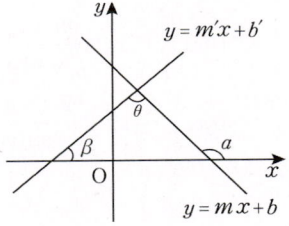

2 극곡선의 사잇각

(1) 동경벡터와 접선의 사잇각

　삼각형의 한 외각(α)은 이웃하지 않는 두 내각(θ, ϕ)의 합과 같다. $\Rightarrow \tan(\alpha)=\tan(\theta+\phi)$

　(여기서 동경벡터와 접선의 사잇각을 ϕ라고 하자.)

(i) $\tan(\alpha)=\dfrac{dy}{dx}=\dfrac{r'\sin\theta+r\cos\theta}{r'\cos\theta-r\sin\theta}$ 　　　 $\boxed{\text{양변을 } r'\cos\theta \text{로 나누자.}}$

$$=\frac{\tan\theta+\dfrac{r}{r'}}{1-\tan\theta\cdot\dfrac{r}{r'}}$$

(ii) $\tan(\theta+\phi)=\dfrac{\tan\theta+\tan\phi}{1-\tan\theta\cdot\tan\phi}$

(iii) $\tan(\alpha)=\tan(\theta+\phi)$이므로 $\tan(\phi)=\dfrac{r}{r'}$이다.

(2) 극곡선의 사잇각

① 동경벡터와 r_1의 접선의 사잇각 ϕ_1일 때, $\tan(\phi_1)=\dfrac{r_1}{r_1{}'}$

② 동경벡터와 r_2의 접선의 사잇각 ϕ_2일 때, $\tan(\phi_2)=\dfrac{r_2}{r_2{}'}$

③ r_1과 r_2의 사잇각(예각) ϕ 는 r_1과 r_2의 접선의 사잇각이다.

$$\tan\phi=\left|\tan(\phi_1-\phi_2)\right|=\left|\tan(\phi_2-\phi_1)\right|$$
$$=\left|\frac{\tan\phi_1-\tan\phi_2}{1+\tan\phi_1\tan\phi_2}\right|$$

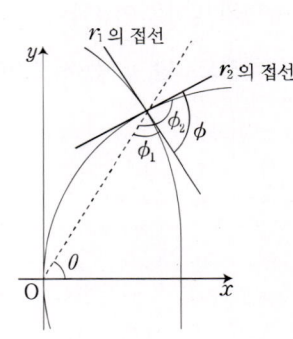

필수예제 62

두 극곡선 $r = 3\cos\theta$ 와 $r = 1 + \cos\theta$ 의 교각을 구하여라.

풀이 (i) 두 극곡선 $r_1 = 3\cos\theta$, $r_2 = 1 + \cos\theta$의 교점을 구하자.

$$r_1 = r_2 \quad \Rightarrow \quad 3\cos\theta = 1 + \cos\theta \quad \Rightarrow \quad \theta = \frac{\pi}{3}, \frac{5\pi}{3}$$

두 곡선은 x축에 대칭인 그래프이므로 $\theta = \dfrac{\pi}{3}$에서의 교각과 $\theta = \dfrac{5\pi}{3}$에서의 교각은 같다.

(ii) 동경벡터 $\theta = \dfrac{\pi}{3}$와 극곡선 $r_1 = 3\cos\theta$의 사잇각을 α라고 하자.

$$\tan\alpha = \frac{r_1}{r_1{}'} = \left. \frac{3\cos\theta}{-3\sin\theta} \right|_{\theta = \frac{\pi}{3}} = -\frac{1}{\sqrt{3}} = -\frac{\sqrt{3}}{3}$$

(iii) 동경벡터 $\theta = \dfrac{\pi}{3}$와 극곡선 $r_2 = 1 + \cos\theta$의 사잇각을 β라고 하자.

$$\tan\beta = \frac{r}{r'} = \left. \frac{1 + \cos\theta}{-\sin\theta} \right|_{\theta = \frac{\pi}{3}} = -\frac{3}{\sqrt{3}} = -\sqrt{3}$$

(iv) 두 곡선의 교각을 ψ라고 할 때,

$$|\tan\psi| = |\tan(\alpha - \beta)| = \left| \frac{\tan\alpha - \tan\beta}{1 + \tan\alpha \tan\beta} \right| = \left| \frac{-\frac{\sqrt{3}}{3} + \sqrt{3}}{1 + 1} \right| = \frac{1}{\sqrt{3}}$$

$\psi = \dfrac{\pi}{6}$ 또는 $\dfrac{5\pi}{6}$ 이다.

172. 포물선 $f(x) = x^2$과 포물선 $g(x) = x^2 - x + 1$의 교각을 θ(예각)라고 할 때, $\tan\theta$의 값은?

173. 곡선 $r = 3\cos\theta$ 와 $\theta = \dfrac{\pi}{6}$ 의 동경벡터가 이루는 각도는?

① $\dfrac{\pi}{6}$　　　　② $\dfrac{\pi}{2}$　　　　③ $\dfrac{2\pi}{3}$　　　　④ $\dfrac{3\pi}{4}$

4   미적분의 평균값 정리

1 롤의 정리 (Rolle's Theorem)

함수 f가 구간 $[a,\ b]$에서 연속이고, 구간 $(a,\ b)$에서 미분가능하고,
$f(a) = f(b)$을 만족하면 $f'(c) = 0$를 c가 구간 $(a,\ b)$에 적어도 하나 존재한다.

즉, 구간 $(a,\ b)$안에 x축과 평행인 접선이 적어도 하나 존재한다는 것이다.

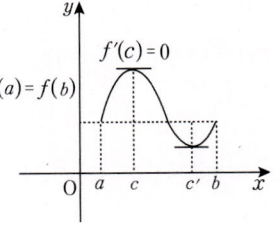

2 평균값 정리 (The Mean Vale Theorem)

함수 f가 구간 $[a,\ b]$에서 연속이고, 구간 $(a,\ b)$에서 미분가능할 때,
$\dfrac{f(b)-f(a)}{b-a} = f'(c)$ 를 만족하는 c가 구간 $(a,\ b)$에 적어도 하나 존재한다.

즉, 두 점 $(a,\ f(a))$, $(b,\ f(b))$를 연결한 선분과 평행인 접선을 갖는
점 c가 구간 $(a,\ b)$에 적어도 하나 존재한다는 것이다.

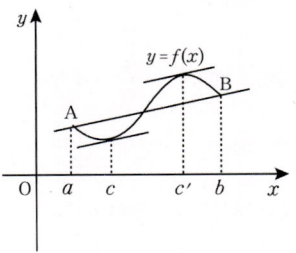

3 평균값 정리의 따름 정리

두 함수 $f(x)$, $g(x)$가 폐구간 $[a,\ b]$에서 연속이고 개구간 $(a,\ b)$에서 미분가능할 때,

(1) 구간 $(a,\ b)$ 안의 모든 x에 대하여 $f'(x) = 0$이면 함수 $f(x)$는 상수함수이다.

(2) 구간 $(a,\ b)$ 안의 모든 x에 대하여 $f'(x) = g'(x)$라면, $f'(x) - g'(x) = 0$이고,
　　$f(x) - g(x)$는 구간 $(a,\ b)$에서 상수함수이다. 즉, c가 상수일 때, $f(x) = g(x) + c$이다.

4 정적분의 평균값 정리 (The Mean Value Theorem for Integrals)

구간 $[a, b]$에서 $f(x)$가 연속이고, $a \neq b$이면,

$\displaystyle \int_a^b f(x)\,dx = (b-a)f(c)$ 를 만족하는 c가 구간 (a, b)에

적어도 하나 존재한다. 여기서 $f(c)$를 평균값이라 한다.

즉, 평균값은 $f(c) = \dfrac{1}{b-a} \displaystyle\int_a^b f(x)\,dx$ 이다.

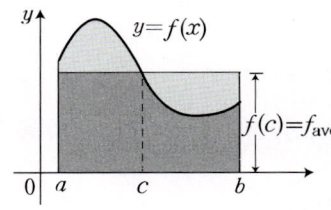

필수 예제 63

구간 $(1, 4)$에서 미분가능인 함수 f 가 $f(1) = 2$이고,

모든 x 에 대하여 $2 \le f'(x) \le 3$ 의 조건을 만족한다고 할 때, $f(4)$의 값의 범위는?

풀이 $y = f(x)$는 $(1, 4)$에서 미분가능하므로 평균값 정리에 의해 $\dfrac{f(4) - f(1)}{4 - 1} = f'(x)$ $(1 < x < 4)$이고, $\dfrac{f(4) - 2}{3} = f'(x)$이다.

주어진 조건에 의해 $2 \le \dfrac{f(4) - 2}{3} \le 3$이고 $6 \le f(4) - 2 \le 9$이므로 $8 \le f(4) \le 11$이다.

174. 다음을 풀이하시오

(1) $f(0) = -3$이고 모든 x값에 대해 $f'(x) \le 5$라고 가정하자. $f(2)$의 최댓값은?

(2) $f(1) = 5$이고 모든 실수 x 에 대하여 $f'(x) \ge 2$ 를 만족하는 미분가능한 함수 $f(x)$ 에 대하여 $f(3)$ 의 최솟값은?

175. 다음 부등식이 성립함을 보이시오

(1) $|\cos x - \cos y| \le |x - y|$ 　　　　　　　(2) $\dfrac{x}{x+1} < \ln(x+1) < x$ 　　(단, $x > 0$)

176. 함수 $f(x)$가 모든 실수 x, y에 대하여 $|f(x) - f(y)| \le |x - y|^2$을 만족할 때, $f(2014) - f(\pi)$의 값은?

177. 함수 $y = f(x)$ 가 매개방정식 $\begin{cases} x = 2\cos t \\ y = 3\sin t \end{cases}$ $\left(0 < t < \dfrac{\pi}{2}\right)$로 주어질 때, 두 점 $(1, f(1))$과 $(\sqrt{3}, f(\sqrt{3}))$을 지나는 직선의 기울기와 $y = f(x)$의 점 $(a, f(a))$에서 접선의 기울기가 같게 되는 a의 값은?

구간 $\left[0, \frac{3\pi}{2}\right]$ 에서 함수 $f(x) = \sin 2x$ 가 다음 정리를 만족시키는 모든 c의 합은?

구간 $[a, b]$에서 연속 함수 $f(x)$에 대해 $\int_a^b f(x)\,dx = (b-a)f(c)$를 만족하는 점 c가 구간 (a, b)에 적어도 하나 존재한다.

풀이 주어진 조건은 정적분의 평균값 정리를 말하고 있다. 따라서 이를 만족하는 점 c를 찾자.

$f(x) = \sin 2x$이고, $f(c) = \sin 2c$ 이다.

$$f(c) = \frac{1}{\frac{3}{2}\pi - 0}\int_0^{\frac{3}{2}\pi} \sin 2x\,dx = \frac{2}{3\pi}\left[-\frac{1}{2}\cos 2x\right]_0^{\frac{3}{2}\pi}$$

$$= -\frac{1}{3\pi}(\cos 3\pi - 1) = \frac{2}{3\pi} = \sin 2c$$

따라서 $\sin 2c = \frac{2}{3\pi}$ 만족하는 $c \in \left(0, \frac{3\pi}{2}\right)$라고 할 때, $c = \left\{\alpha, \frac{\pi}{2} - \alpha, \pi + \alpha, \frac{3\pi}{2} - \alpha\right\}$이므로 이 값들의 합은 3π이다.

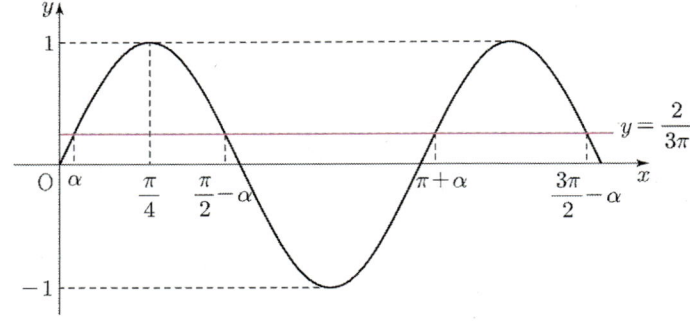

178. 함수 $f(x) = \sin x$의 구간 $0 \le x \le \pi$에서의 평균값은?

179. 실수 a, b가 $0 \le a < b \le 1$일 때, $\dfrac{1}{b-a}\displaystyle\int_a^b \dfrac{1}{1+x^3}\,dx$의 값이 될 수 있는 것은?

① $\dfrac{1}{3}$ ② $\dfrac{2}{3}$ ③ $\dfrac{4}{3}$ ④ $\dfrac{8}{3}$

MEMO

03 | 미분 응용

테일러(Taylor) 급수 & 매클로린(Maclaurin) 급수

① 테일러 (Taylor) 급수

함수 $f(x)$ 가 $x = a$ 에서 미분가능할 때, 함수를 멱급수로 표현한 것을 말한다. $f(x)$ 를 x 에 대한 다항식으로 표현한 것이다.

$$f(x) = f(a) + f'(a)(x-a) + \frac{f''(a)}{2!}(x-a)^2 + \frac{f'''(a)}{3!}(x-a)^3 + \cdots + \frac{f^{(n)}(a)}{n!}(x-a)^n + \cdots$$

$$= \sum_{n=0}^{\infty} \frac{f^{(n)}(a)}{n!}(x-a)^n = \sum_{n=0}^{\infty} C_n(x-a)^n$$

⇒ 테일러 급수를 통해 함수의 동치 및 근삿값을 만들어 낼 수 있다.

② 매클로린 (Maclaurin) 급수

미분가능한 함수 $f(x)$ 의 $x = 0$ 에서 테일러 급수를 매클로린(Maclaurin) 급수라고 한다.

$$f(x) = f(0) + f'(0)x + \frac{f''(0)}{2!}x^2 + \frac{f'''(0)}{3!}x^3 + \cdots + \frac{f^{(n)}(0)}{n!}x^n + \cdots = \sum_{n=0}^{\infty} \frac{f^{(n)}(0)}{n!}x^n = \sum_{n=0}^{\infty} C_n x^n$$

Areum Math Tip

테일러 급수 증명

$f(x) = c_0 + c_1(x-a) + c_2(x-a)^2 + c_3(x-a)^3 + \cdots + c_n(x-a)^n + \cdots$ 라고 할 때

(i) $f(a) = c_0$

(ii) $f'(x) = c_1 + 2c_2(x-a) + 3c_3(x-a)^2 + \cdots + nc_n(x-a)^{n-1} + \cdots \Rightarrow f'(a) = c_1$

(iii) $f''(x) = 2!c_2 + 3 \cdot 2 c_3(x-a) + \cdots + n(n-1)c_n(x-a)^{n-2} + \cdots \Rightarrow f''(a) = 2!c_2$

(iv) $f'''(x) = 3!c_3 + \cdots + n(n-1)(n-2)c_n(x-a)^{n-3} + \cdots \Rightarrow f'''(a) = 3!c_3$

이와 같은 과정을 반복하면

$\Rightarrow c_0 = f(a), \ c_1 = f'(a), \ c_2 = \frac{1}{2!}f''(a), \ c_3 = \frac{1}{3!}f'''(a), \cdots, c_n = \frac{1}{n!}f^{(n)}(a)$ 이므로

$f(x) = c_0 + c_1(x-a) + c_2(x-a)^2 + c_3(x-a)^3 + \cdots + c_n(x-a)^n + \cdots$ 에 구한 값을 대입하면

$$f(x) = f(a) + f'(a)(x-a) + \frac{f''(a)}{2!}(x-a)^2 + \frac{f'''(a)}{3!}(x-a)^3 + \cdots + \frac{f^{(n)}(a)}{n!}(x-a)^n + \cdots$$

$$= \sum_{n=0}^{\infty} \frac{f^{(n)}(a)}{n!}(x-a)^n$$

필수 예제 65

함수 $f(x) = x^{10} + 1$에 대한 항등식 $f(x) = 2 + \sum_{n=1}^{10} C_n (x-1)^n$이 성립할 때, C_5를 구하면?

풀이 $f(1) = 2$이므로 $f(x) = x^{10} + 1 = 2 + \sum_{n=1}^{10} C_n (x-1)^n = f(1) + \sum_{n=1}^{10} C_n (x-1)^n$

$x = 1$에서 10차 다항식 $f(x)$의 테일러 전개는

$f(x) = \sum_{n=0}^{\infty} \frac{f^{(n)}(1)}{n!} (x-1)^n = f(1) + \sum_{n=1}^{\infty} \frac{f^{(n)}(1)}{n!} (x-1)^n = f(1) + \sum_{n=1}^{10} \frac{f^{(n)}(1)}{n!} (x-1)^n$ 와 같다.

$C_n = \frac{f^{(n)}(1)}{n!}$ 이므로 $C_5 = \frac{f^{(5)}(1)}{5!} = \frac{10 \cdot 9 \cdot 8 \cdot 7 \cdot 6}{5!} = \frac{10!}{5! \cdot 5!} = 252$

180. $f(x) = (x+1)(x-2)^2$을 $(x-3)$의 거듭제곱으로 나타내시오.

181. $f(x) = \dfrac{1}{x-1}$ 에 대하여 $x = 5$에서의 테일러 급수를 구하시오.

182. $|x| < 1$에서 함수 $f(x) = \dfrac{1}{1+x^2}$ 을 멱급수(거듭제곱 급수)로 나타낸 것은?

① $\sum_{n=0}^{\infty} (n+1)x^n$ ② $\sum_{n=0}^{\infty} (-1)^n x^n$

③ $\sum_{n=0}^{\infty} x^{2n}$ ④ $\sum_{n=0}^{\infty} (-1)^n x^{2n}$

③ 주요함수의 매클로린 급수

(1) $\dfrac{1}{1-x} = 1 + x + x^2 + x^3 + x^4 + \cdots = \displaystyle\sum_{n=0}^{\infty} x^n$ $(|x| < 1)$

(2) $\dfrac{1}{1+x} = 1 - x + x^2 - x^3 + x^4 - \cdots = \displaystyle\sum_{n=0}^{\infty} (-1)^n x^n$ $(|x| < 1)$

(3) $\dfrac{1}{(1-x)^2} = 1 + 2x + 3x^2 + 4x^3 + \cdots = \displaystyle\sum_{n=1}^{\infty} n x^{n-1}$ $(|x| < 1)$

(4) $\dfrac{2}{(1-x)^3} = 2 + 3 \cdot 2x + 4 \cdot 3x^2 + \cdots = \displaystyle\sum_{n=2}^{\infty} n(n-1) x^{n-2}$ $(|x| < 1)$

(5) $\dfrac{x}{(1-x)^2} = x + 2x^2 + 3x^3 + 4x^4 + \cdots = \displaystyle\sum_{n=1}^{\infty} n x^n$ $(|x| < 1)$

(6) $\dfrac{1+x}{(1-x)^3} = 1 + 2^2 x + 3^2 x^2 + 4^2 x^3 + \cdots = \displaystyle\sum_{n=1}^{\infty} n^2 x^{n-1}$ $(|x| < 1)$

(7) $\dfrac{x+x^2}{(1-x)^3} = x + 2^2 x^2 + 3^2 x^3 + 4^2 x^4 + \cdots = \displaystyle\sum_{n=1}^{\infty} n^2 x^n$ $(|x| < 1)$

(8) $\ln(1+x) = x - \dfrac{1}{2} x^2 + \dfrac{1}{3} x^3 - \cdots = \displaystyle\sum_{n=1}^{\infty} (-1)^{n-1} \dfrac{x^n}{n}$ $(|x| < 1)$

(9) $-\ln(1-x) = x + \dfrac{1}{2} x^2 + \dfrac{1}{3} x^3 + \dfrac{1}{4} x^4 + \cdots = \displaystyle\sum_{n=1}^{\infty} \dfrac{x^n}{n}$ $(|x| < 1)$

(10) $\tan^{-1} x = x - \dfrac{1}{3} x^3 + \dfrac{1}{5} x^5 - \cdots = \displaystyle\sum_{n=0}^{\infty} \dfrac{(-1)^n x^{2n+1}}{2n+1}$ $(|x| \le 1)$

(11) $\tanh^{-1} x = x + \dfrac{1}{3} x^3 + \dfrac{1}{5} x^5 + \cdots = \displaystyle\sum_{n=0}^{\infty} \dfrac{x^{2n+1}}{2n+1}$ $(|x| < 1)$

(12) $\sin x = x - \dfrac{1}{3!} x^3 + \dfrac{1}{5!} x^5 - \dfrac{1}{7!} x^7 + \cdots = \displaystyle\sum_{n=0}^{\infty} \dfrac{(-1)^n x^{2n+1}}{(2n+1)!}$ $(|x| < \infty)$

(13) $\cos x = 1 - \dfrac{1}{2!} x^2 + \dfrac{1}{4!} x^4 - \dfrac{1}{6!} x^6 + \cdots = \displaystyle\sum_{n=0}^{\infty} \dfrac{(-1)^n x^{2n}}{(2n)!}$ $(|x| < \infty)$

(14) $\tan x = x + \dfrac{1}{3} x^3 + \dfrac{2}{15} x^5 + \cdots$ $\left(|x| < \dfrac{\pi}{2}\right)$

(15) $e^x = 1 + x + \dfrac{1}{2!} x^2 + \dfrac{1}{3!} x^3 + \cdots = \displaystyle\sum_{n=0}^{\infty} \dfrac{x^n}{n!}$ $(|x| < \infty)$

(16) $\sinh x = x + \dfrac{1}{3!} x^3 + \dfrac{1}{5!} x^5 + \dfrac{1}{7!} x^7 + \cdots = \displaystyle\sum_{n=0}^{\infty} \dfrac{x^{2n+1}}{(2n+1)!}$ $(|x| < \infty)$

(17) $\cosh x = 1 + \dfrac{1}{2!} x^2 + \dfrac{1}{4!} x^4 + \cdots = \displaystyle\sum_{n=0}^{\infty} \dfrac{x^{2n}}{(2n)!}$ $(|x| < \infty)$

(18) $(1+x)^p = 1 + px + \dfrac{p(p-1)}{2!} x^2 + \dfrac{p(p-1)(p-2)}{3!} x^3 + \cdots$ $(|x| < 1)$

(19) $\sin^{-1} x = \displaystyle\int \dfrac{1}{\sqrt{1-x^2}} dx = x + \dfrac{1}{2} \cdot \dfrac{1}{3} x^3 + \dfrac{1 \cdot 3}{2 \cdot 4} \cdot \dfrac{1}{5} x^5 + \cdots$ $(|x| \le 1)$

(20) $\sinh^{-1} x = \displaystyle\int \dfrac{1}{\sqrt{x^2+1}} dx = x - \dfrac{1}{2} \cdot \dfrac{1}{3} x^3 + \dfrac{1 \cdot 3}{2 \cdot 4} \cdot \dfrac{1}{5} x^5 - \cdots$ $(|x| \le 1)$

MEMO

03 | 미분 응용

함수 $f(x) = \dfrac{e^{2x^2}}{x+2}$를 멱급수 $f(x) = \displaystyle\sum_{n=0}^{\infty} C_n x^n$으로 나타낼 때, x^5의 계수 C_5와 $f^{(5)}(0)$을 구하시오.

풀이

$$f(x) = \frac{e^{2x^2}}{x+2} = \frac{e^{2x^2}}{2}\left(\frac{1}{1+\dfrac{x}{2}}\right) = \frac{1}{2}\left(1+2x^2+\frac{(2x^2)^2}{2!}+\frac{(2x^2)^3}{3!}+\cdots\right)\left(1-\left(\frac{x}{2}\right)+\left(\frac{x}{2}\right)^2-\left(\frac{x}{2}\right)^3+\left(\frac{x}{2}\right)^4-\cdots\right)$$

$f(x) = \dfrac{1}{2}\left(\cdots + \left(-\dfrac{1}{32}-\dfrac{1}{4}-1\right)x^5+\cdots\right)$이므로 x^5의 계수는 $\dfrac{1}{2}\left(\dfrac{-1-8-32}{32}\right) = -\dfrac{41}{64}$이고,

$f^{(5)}(0) = 5!\,C_5 = 5!\left(-\dfrac{41}{64}\right) = -\dfrac{15\cdot 41}{8} = -\dfrac{615}{8}$이다.

183. $|x| < 1$인 모든 실수 x에 대하여 $e^{x-\ln(1-x)} = a_0 + a_1 x + a_2 x^2 + \cdots$ 이 성립할 때,
$a_0 + a_1 + a_2$의 값은?

184. 함수 $f(x) = (\cosh x - 1)\sinh x$를 매클로린(Maclaurin) 급수 $f(x) = \displaystyle\sum_{k=0}^{\infty} a_k x^k$로 전개하였을 때,

$\dfrac{a_4 + a_5}{a_3}$의 값은?

185. 함수 $f(x) = \cos\left(\dfrac{1}{6}x^3\right)$에 대하여 $f^{(6)}(0)$을 구하라.

186. $f(x) = x\cos x\sin x$ 일 때, $f^{(8)}(0)$의 값은?

187. $f(x) = x\sqrt{1+x^2}$ 일 때, $f^{(5)}(0)$의 값은?

188. 함수 $f(x) = x^2\sqrt{1+x^3}$ 에 대하여 $F^{(11)}(0)$의 값은?

189. $f(x) = 2x^2\sqrt{3+x^2}$ 일 때, $f^{(6)}(0)$의 값은?

190. 함수 $f(x) = (1 + x^5)^{30}$ 에 대하여 $\dfrac{f^{(10)}(0)}{10!}$ 의 값은?

191. 다음 함수 $f(x) = x^3(x^2 + x + 1)^6$ 를 멱급수 $f(x) = \displaystyle\sum_{n=0}^{\infty} C_n x^n$ 으로 나타낼 때, C_5 을 구하시오

192. 다음 함수 $f(x) = \sqrt{1 + \cos 2x}$ 를 멱급수 $f(x) = \displaystyle\sum_{n=0}^{\infty} C_n x^n$ 으로 나타낼 때, $C_5 + C_6$ 을 구하시오

193. 함수 $f(x) = \sec x = \dfrac{1}{\cos x}$ 의 $x = 0$ 근방에서의 테일러 급수를 $\displaystyle\sum_{n=0}^{\infty} a_n x^n$ 과 같이 나타낼 때,
$a_0 + a_1 + a_2 + a_3 + a_4$ 의 값은?

필수예제 67

$f(x) = (\tan^{-1}x)^2$의 매클로린 급수가 $\displaystyle\sum_{n=0}^{\infty} a_n x^n$에 대하여 $\displaystyle\sum_{n=0}^{7} a_n = \frac{b}{a}$일 때 $a+b$의 값을 구하시오

(단, a, b는 서로소이다.)

풀이 $f(x) = (\tan^{-1}x)^2 = \displaystyle\sum_{n=0}^{\infty} a_n x^n$는 우함수이므로 짝수차 다항식으로 $a_{2n+1} = 0$이다. (여기서 $n \in$ 정수)

$$(\tan^{-1}x)^2 = \left(x - \frac{1}{3}x^3 + \frac{1}{5}x^5 - \frac{1}{7}x^7 + \cdots\right)\left(x - \frac{1}{3}x^3 + \frac{1}{5}x^5 - \frac{1}{7}x^7 + \cdots\right) = x^2 - \frac{2}{3}x^4 + \left(\frac{2}{5} + \frac{1}{9}\right)x^6 + \cdots$$

$$= x^2 - \frac{2}{3}x^4 + \frac{23}{45}x^6 + \cdots \text{이므로} \sum_{n=0}^{7} a_n = 1 - \frac{2}{3} + \frac{23}{45} = \frac{38}{45} \Rightarrow a+b = 83 \text{ 이다.}$$

[다른풀이]

$$f'(x) = \frac{2\tan^{-1}x}{1+x^2} = 2\left(x - \frac{1}{3}x^3 + \frac{1}{5}x^5 - \frac{1}{7}x^7 + \cdots\right)\left(1 - x^2 + x^4 - x^6 + \cdots\right) = 2\left(x - \frac{4}{3}x^3 + \frac{23}{15}x^5 - \cdots\right) \text{일 때}$$

$$f(x) = C + x^2 - \frac{2}{3}x^4 + \frac{23}{45}x^6 - kx^8 + \cdots \text{이고, } f(0) = 0 = C \text{이므로} \sum_{n=0}^{7} a_n = 1 - \frac{2}{3} + \frac{23}{45} = \frac{38}{45} \Rightarrow a+b = 83 \text{ 이다.}$$

194. 함수 $f(x) = \cos(\arcsin(x^2)) = \displaystyle\sum_{n=0}^{\infty} a_n x^n$에 대하여 $\dfrac{f^{(10)}(0)}{10!} + \dfrac{f^{(12)}(0)}{12!}$ 을 구하면?

195. $|x| < 1$인 두 함수 $f(x) = \dfrac{1}{(1-x)^2} = \displaystyle\sum_{n=0}^{\infty} a_n x^n$, $g(x) = \dfrac{x}{(1-x)^3} = \displaystyle\sum_{n=1}^{\infty} b_n x^n$에 대하여 $a_5 + b_7$의 값을 구하시오

196. $|x| < 2$인 함수 $f(x) = \dfrac{2}{(2-x)^2}$ 의 매클로린 급수가 $\displaystyle\sum_{n=0}^{\infty} a_n x^n$ 이고 $xf'(x)$의 매클로린 급수가 $\displaystyle\sum_{n=1}^{\infty} b_n x^n$일 때, $a_3 + b_5 = \dfrac{n}{m}$ 일 때 $m+n$의 값을 구하시오 (단, m, n은 서로소이다.)

함수 $f(x) = \dfrac{2}{1+2x-x^2}$ 에 대한 $f^{(6)}(1)$의 값을 구하라.

풀이 $f(x) = \displaystyle\sum_{n=0}^{\infty} \dfrac{f^{(n)}(1)}{n!}(x-1)^n = \sum_{n=0}^{\infty} C_n (x-1)^n$ 일 때 $f^{(6)}(1) = 6!\, C_6$ 이다.

$$f(x) = \dfrac{2}{1+2x-x^2} = \dfrac{2}{2-(x^2-2x+1)} = \dfrac{1}{1-\dfrac{(x-1)^2}{2}} = \sum_{n=0}^{\infty} \dfrac{(x-1)^{2n}}{2^n}$$

$C_6 = \dfrac{1}{8}$ 이므로 $f^{(6)}(1) = 6!\, C_6 = \dfrac{6!}{8} = 90$ 이다.

197. $f(x) = (x^2-2x+2)^{10}$ 일 때, $f^{(16)}(1)$ 의 값은?

198. $f(x) = (x^2-4x+6)^{10}$ 일 때 $f^{(16)}(2)$ 의 값은?

199. 테일러 급수 $e^x = \sum\limits_{n=0}^{\infty} a_n(x-1)^n = \sum\limits_{n=0}^{\infty} b_n(x-2)^n$ 에서 $\dfrac{b_n}{a_n}$ 의 값은?

200. $(x-\pi)^3 \sin x = \sum\limits_{n=0}^{\infty} a_n(x-\pi)^n$ 일 때 a_6는?

201. $0 < x < 2$에서 $\dfrac{x}{x-2} = \sum\limits_{n=0}^{\infty} a_n(x-1)^n$ 일 때 a_7의 값은?

202. 함수 $f(x) = \ln x$ 의 $x=3$에서의 테일러 급수는 $\sum\limits_{n=0}^{\infty} a_n(x-3)^n$ 으로 주어질 때, $\left|\dfrac{a_2}{a_3}\right|$ 의 값은?

함수 $f(x) = \begin{cases} \dfrac{\sin x}{x} & (x \neq 0) \\ 1 & (x = 0) \end{cases}$ 에 대하여 $f'(0)$, $f''(0)$의 값을 구하시오.

풀이 $x = 0$에서 특이점을 갖는 함수의 미분계수를 구하는 문제이다. 두 가지 풀이법을 소개하고자 한다.

첫 번째는 미분계수의 정의로 풀이하는 방법이고, 두 번째는 없앨 수 있는 특이점으로 매클로린 급수를 이용하는 것이다.

M1) 미분계수의 정의에 의해 $\displaystyle\lim_{h \to 0}\frac{f(0+h) - f(0)}{h} = \lim_{h \to 0}\frac{\frac{\sin h}{h} - 1}{h} = \lim_{h \to 0}\frac{\sin h - h}{h^2} = \lim_{h \to 0}\frac{\cos h - 1}{2h} = \lim_{h \to 0}\frac{-\sin h}{2} = 0$

이므로 미분계수가 존재한다. $f'(0) = 0$이다. $f'(x) = \begin{cases} \dfrac{x\cos x - \sin x}{x^2} & (x \neq 0) \\ 0 & (x = 0) \end{cases}$ 이 도함수를 나타낼 수 있다.

$\displaystyle\lim_{h \to 0}\frac{f'(0+h) - f'(0)}{h} = \lim_{h \to 0}\frac{\frac{h\cosh - \sinh}{h^2} - 0}{h} = \lim_{h \to 0}\frac{h\cosh - \sin h}{h^3}$

$= \displaystyle\lim_{h \to 0}\frac{h - \frac{1}{2!}h^3 + \cdots - \left(h - \frac{1}{3!}h^3 + \cdots\right)}{h^3} = -\frac{1}{3}$ 이므로 $f''(0) = -\frac{1}{3}$ 이다.

M2) $x = 0$에서 $f(x)$는 연속함수이다. $\sin x = x - \frac{1}{3!}x^3 + \frac{1}{5!}x^5 - \frac{1}{7!}x^7 + \cdots$의 매클로린 급수를 갖는다.

그렇다면 $\frac{\sin x}{x}$의 매클로린 급수를 이용하면 $\frac{\sin x}{x} = 1 - \frac{1}{3!}x^2 + \frac{1}{5!}x^4 - \frac{1}{7!}x^6 + \cdots$이 되는 것이다.

따라서 C_n은 x^n의 계수라고 할 때, $f'(0) = 1!\,C_1 = 0$이고 $f''(0) = 2!\,C_2 = -\frac{2!}{3!} = -\frac{1}{3}$이다.

203. 함수 H를 다음과 같이 정의할 때, 2차 미분계수 $H''(0)$의 값은?

$$H(x) = \begin{cases} \dfrac{1-\cos x}{x^2} & , \ x \neq 0 \\ \dfrac{1}{2} & , \ x = 0 \end{cases}$$

204. 함수 $f(x) = \begin{cases} \dfrac{4(e^{-x}-1+x)}{x^2} & (x \neq 0) \\ 1 & (x = 0) \end{cases}$ 에 대하여 $f'''(0)$ 의 값은?

205. 다음 함수 $f(x) = \begin{cases} \dfrac{e^{3x}-1}{\sin 2x} & (x \neq 0) \\ k & (x = 0) \end{cases}$ 가 구간 $\left(-\dfrac{\pi}{2}, \dfrac{\pi}{2}\right)$ 에서 연속이고 미분가능할 수 있도록

$f(0) + f'(0) + f''(0)$ 의 값을 구하시오.

206. 함수 $B(x) = \begin{cases} \dfrac{x}{e^x-1} & (x \neq 0) \\ 1 & (x = 0) \end{cases}$ 의 미분계수 $B'(0)$ 의 값은?

4 근삿값 & 오차

(1) 함수의 근사다항식

함수 $f(x)$의 $x = a$에서의 테일러 급수 $\sum_{n=0}^{\infty} \dfrac{f^{(n)}(a)}{n!}(x-a)^n$에 대하여 이 급수의 n항까지의 부분합은

$$T_n(x) = \sum_{k=0}^{n} \frac{f^{(k)}(a)}{k!}(x-a)^k \text{이다.}$$

$n \to \infty$일 때, $T_n(x) \to f(x)$이므로 $T_n(x)$를 $f(x)$의 근사식으로 사용할 수 있다.

즉, $f(x) \approx T_n(x)$이다.

① 일차 근사다항식 : $f(x) \approx C_0 + C_1(x-a)$

② 이차 근사다항식 : $f(x) \approx C_0 + C_1(x-a) + C_2(x-a)^2$

③ 삼차 근사다항식 : $f(x) \approx C_0 + C_1(x-a) + C_2(x-a)^2 + C_3(x-a)^3$

(2) 선형근사식

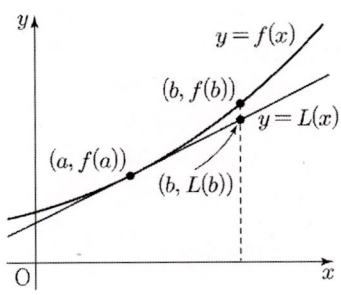

① $(a, f(a))$에서 접선의 방정식은 테일러 급수의 일차 근사다항식과 같고
이를 선형근사식이라 한다.

$$\boldsymbol{L(x) = f'(a)(x-a) + f(a)}$$

② $f(b)$의 근삿값 : $\boldsymbol{f(b) \approx L(b) = f'(a)(b-a) + f(a)}$

(3) 오차

① $f(x)$의 멱급수를 n항까지의 부분합(근삿값) $T_n(x)$와 나머지(오차) $R_n(x)$로 나타낼 수 있다.

즉, $f(x) = T_n(x) + R_n(x)$이다.

② 나머지의 절댓값은 오차의 크기와 같고 $|R_n(x)| = |f(x) - T_n(x)|$이다.

③ 교대급수의 각항이 차례로 감소하도록 x의 값을 취하면, 근삿값의 오차는 생략된 부분의 첫 번째 항의 절댓값보다 작다.

즉, 그 항의 절댓값이 최대오차가 된다.

(4) 매클로린 급수를 이용한 근삿값

테일러 급수 또는 매클로린 급수를 이용해서 함숫값 또는 적분값을 구할 경우 참값에 가까운 근삿값을
구할 수 있다.

ex) $\displaystyle\int \frac{\sin x}{x}\,dx = \int \frac{1}{x}\left(x - \frac{x^3}{3!} + \frac{x^5}{5!} - \frac{x^7}{7!} + \cdots \right)dx = \int \left(1 - \frac{x^2}{3!} + \frac{x^4}{5!} - \frac{x^6}{7!} + \cdots \right)dx$

$\qquad\qquad = x - \dfrac{x^3}{3 \times 3!} + \dfrac{x^4}{5 \times 5!} - \dfrac{x^7}{7 \times 7!} + \cdots + C \text{ (단, } C\text{는 적분상수)}$

근삿값 문제가 출제된다면 첫 번째 생각해야 하는 내용이 매클로린 급수의 활용이다.

우리가 배운 매클로린 급수의 목적을 함수의 근삿값을 구하기 위함이라 생각해도 과언이 아니다.

필수예제 70

함수 $f(x) = \dfrac{\sin x}{2 + e^x}$ 의 $x = 0$에서 4차 테일러 다항식을 $p(x)$라 할 때, $p(1)$의 값은?

풀이

$$f(x) = \frac{\sin x}{2 + e^x} = \frac{x - \dfrac{1}{3!}x^3 + \dfrac{1}{5!}x^5 - \cdots}{2 + \left(1 + x + \dfrac{1}{2!}x^2 + \dfrac{1}{3!}x^3 + \dfrac{1}{4!}x^4 + \cdots\right)}$$

$$= \frac{x - \dfrac{1}{3!}x^3 + \dfrac{1}{5!}x^5 - \cdots}{3 + x + \dfrac{1}{2!}x^2 + \dfrac{1}{3!}x^3 + \dfrac{1}{4!}x^4 + \cdots} = \frac{1}{3}x - \frac{1}{9}x^2 - \frac{2}{27}x^3 + \frac{2}{81}x^4 + \cdots \text{이므로}$$

$$p(x) = \frac{1}{3}x - \frac{1}{9}x^2 - \frac{2}{27}x^3 + \frac{2}{81}x^4 \text{ 이고}$$

$$p(1) = \frac{1}{3} - \frac{1}{9} - \frac{2}{27} + \frac{2}{81} = \frac{27 - 9 - 6 + 2}{81} = \frac{14}{81} \text{ 이다.}$$

207. 함수 $f(x) = \sin^2 x$의 $x = 0$에서의 6차 테일러 다항식을 $T_6(x)$라고 할 때, 계수의 합이 $\dfrac{b}{a}$일 때, $a + b$의 값을 구하시오. (단, a, b는 서로소이다.)

208. 함수 $f(x) = \dfrac{\tan^{-1} x}{1 - x + x^2}$ 의 3차의 Maclaurin 다항식 T_3는?

209. 함수 $f(x) = \sqrt{1 - \dfrac{x^3}{2}}$ 의 $x = 0$ 에서 6 차 테일러 다항식을 $P_6(x)$ 라 할 때 계수의 합을 구하시오.

함수 $f(x) = \sqrt{x+3}$ 에 대한 $x = 1$에서의 일차근사함수와 이차근사함수를 이용하여 $f(1.2) = \sqrt{4.2}$ 의 근삿값을 구하면?

풀이 근사함수를 구하기 위해서 미분계수를 구하자.

$$f(x) = \sqrt{x+3} \qquad\qquad \Rightarrow \qquad f(1) = 2,$$

$$f'(x) = \frac{1}{2\sqrt{x+3}} = \frac{1}{2}(x+3)^{-\frac{1}{2}} \qquad \Rightarrow \qquad f'(1) = \frac{1}{4}$$

$$f''(x) = -\frac{1}{4}(x+3)^{-\frac{3}{2}} \qquad\qquad \Rightarrow \qquad f''(1) = -\frac{1}{32}$$

(i) 일차근사함수는 $f(x) \approx f(1) + f'(1)(x-1) = 2 + \frac{1}{4}(x-1)$이고,

이를 이용하여 $f(1.2) = \sqrt{4.2}$ 의 근삿값은 $f(1.2) \approx 2 + \frac{1}{4}(1.2-1) = 2 + \frac{1}{20} = 2.05$이다.

(ii) 이차근사함수는 $f(x) \approx f(1) + f'(1)(x-1) + \frac{f''(1)}{2!}(x-1)^2 = 2 + \frac{1}{4}(x-1) - \frac{1}{64}(x-1)^2$이고,

이를 이용하여 $f(1.2) = \sqrt{4.2}$ 의 근삿값은 $f(1.2) \approx 2 + \frac{1}{4}(1.2-1) - \frac{1}{64}(1.2-1)^2 = 2 + \frac{1}{20} - \frac{1}{1600} = \frac{3279}{1600}$ 이다.

210. 함수 $f(x) = \sqrt{x}$ 에 대한 $x = 4$에서의 일차근사함수와 이차근사함수를 이용하여 $f(4.2) = \sqrt{4.2}$ 의 근삿값을 구하면?

211. 선형근사식을 이용하여 $\sqrt[3]{26.7}$ 의 근삿값을 구하여라.

212. $f(x) = \cos x + \sin x$의 선형근사식을 이용하여 $\cos 1 + \sin 1$의 값을 구하여라.

213. $f(x) = \tan^{-1} x$의 선형근사식을 이용하여 $\tan^{-1}\left(\frac{3}{4}\right)$의 근삿값을 구하여라.

필수예제 72

다음과 같은 근사에서 오차를 0.0005 보다 작도록 하는 최소의 정수 N은 무엇인가?

$$\sum_{k=0}^{\infty} \frac{(-1)^k}{(2k+1)!} \approx \sum_{k=0}^{N} \frac{(-1)^k}{(2k+1)!}$$

풀이 $\sin 1 = \sum_{k=0}^{\infty} \frac{(-1)^k}{(2k+1)!}$ 은 참값이고, $\sum_{k=0}^{N} \frac{(-1)^k}{(2k+1)!}$ 은 근삿값이다.

다시 말해, $\frac{1}{1!} - \frac{1}{3!} + \frac{1}{5!} - \frac{1}{7!} + \cdots$ 은 참값이고, $\frac{1}{1!} - \frac{1}{3!} + \frac{1}{5!} - \frac{1}{7!} + \cdots$ 에서 어떤 항까지 잘랐을 때,

|참값 − 근사값|=(오차)가 $0.0005 = \frac{5}{10000} = \frac{1}{2000}$ 보다 작아야 한다.

$N = 0$이면 $\sin 1 \approx 1$이고 오차는 $\left| -\frac{1}{3!} + \frac{1}{5!} - \frac{1}{7!} + \cdots \right| < \frac{1}{3!} = \frac{1}{6}$ 이므로 오차는 $\frac{1}{2000}$ 보다 크다.

$N = 1$이면 $\sin 1 \approx 1 - \frac{1}{3!}$ 이고 오차는 $\left| \frac{1}{5!} - \frac{1}{7!} + \cdots \right| < \frac{1}{5!} = \frac{1}{120}$ 이므로 오차는 $\frac{1}{2000}$ 보다 크다.

$N = 2$이면 $\sin 1 \approx 1 - \frac{1}{3!} + \frac{1}{5!}$ 이고 오차는 $\left| -\frac{1}{7!} + \frac{1}{9!} - \cdots \right| < \frac{1}{7!} = \frac{1}{5040}$ 이므로 오차는 $\frac{1}{2000}$ 보다 작다.

$N = 3$이면 $\sin 1 \approx 1 - \frac{1}{3!} + \frac{1}{5!} - \frac{1}{7!}$ 이고 오차는 $\left| \frac{1}{9!} - \frac{1}{11!} \cdots \right| < \frac{1}{9!}$ 이므로 오차는 $\frac{1}{2000}$ 보다 작다.

이와 같은 방법으로 계속해서 확인하면 $N \geq 2$이면 오차는 $\frac{1}{2000}$ 보다 작다. 따라서 최소 정수 $N = 2$이다.

214. $\cos 1$의 근삿값을 $\frac{13}{24}$ 라고 할 때, 오차는 얼마를 넘지 않는가?

① $\frac{1}{2!}$ ② $\frac{1}{4!}$ ③ $\frac{1}{6!}$ ④ $\frac{1}{8!}$

215. $\int_0^{0.1} \frac{1}{\sqrt{1+x^3}} dx$ 의 값에 가장 가까운 것은?

① $\frac{1}{1000}$ ② $\frac{1}{100}$ ③ $\frac{1}{10}$ ④ 1

216. 정적분 $\int_0^1 \cos(\sqrt{x}) dx$ 를 소수 둘째 자리까지 구한 값은?

① 0.74 ② 0.75 ③ 0.76 ④ 0.77

극한 _ 로피탈 정리 (L'Hopital's theorem)

1 극한의 부정형

$\dfrac{0}{0}, \dfrac{\infty}{\infty}, \infty - \infty, \infty \times 0$꼴은 극한값을 정할 수 없다는 뜻으로 부정형이라고 한다. 부정형의 극한값은 부정이 아닌 꼴로

식을 변형 계산한다. 여기서 $\dfrac{0}{0}, \dfrac{\infty}{\infty}$ 의 형태는 로피탈의 정리를 활용할 것이며 $\infty - \infty, \infty \times 0$의 형태는 식 변형을 통해

$\dfrac{0}{0}, \dfrac{\infty}{\infty}$ 으로 변경하고 로피탈의 정리를 활용할 것이다.

2 로피탈 정리 (L'Hopital's theorem)

두 함수 $f(x), g(x)$가 $x = a$의 근방에서 미분가능하고, $g'(x) \neq 0$이라고 가정하자.

$\lim\limits_{x \to a} f(x) = 0, \lim\limits_{x \to a} g(x) = 0$ 혹은 $\lim\limits_{x \to a} f(x) = \pm \infty, \lim\limits_{x \to a} g(x) = \pm \infty$ 라고 가정하자.

다시 말해서, $\lim\limits_{x \to a} \dfrac{f(x)}{g(x)}$ 이 $\dfrac{0}{0}$ 또는 $\dfrac{\infty}{\infty}$ 인 부정형이다. 이때 만일 $\lim\limits_{x \to a} \dfrac{f'(x)}{g'(x)}$ 가 존재하면,

$\lim\limits_{x \to a} \dfrac{f(x)}{g(x)} = \lim\limits_{x \to a} \dfrac{f'(x)}{g'(x)}$ 이 성립한다. 이를 로피탈 정리 (L'Hopital's theorem)라고 한다.

(1) $\dfrac{0}{0}$ 꼴, $\dfrac{\infty}{\infty}$ 꼴 : 로피탈 정리로 극한을 구한다.

(2) $\mathbf{0 \cdot \infty}$ 곱의 부정형

$\lim\limits_{x \to a} f(x) = 0, \lim\limits_{x \to a} g(x) = \infty$ 라면 다음과 같이 식 변형 후 로피탈 정리를 적용한다.

$\lim\limits_{x \to a} f(x) g(x) = \lim\limits_{x \to a} \dfrac{f(x)}{1/g(x)} (\dfrac{0}{0}$ 꼴$)$ 또는 $\lim\limits_{x \to a} f(x) g(x) = \lim\limits_{x \to a} \dfrac{g(x)}{1/f(x)} (\dfrac{\infty}{\infty}$ 꼴$)$

(3) $\mathbf{\infty - \infty}$ 차 부정형

$\lim\limits_{x \to a} f(x) = \infty, \lim\limits_{x \to a} g(x) = \infty$ 라면 $\lim\limits_{x \to a} [f(x) - g(x)]$를 $\infty - \infty$ 부정형이라 부른다. 공통분모, 유리화

또는 공통인수로 인수분해를 통해서 주어진 식을 $\dfrac{0}{0}, \dfrac{\infty}{\infty}$ 인 부정형으로 변화시킴으로써 로피탈 정리를 사용할 수 있다.

(4) $[f(x)]^{g(x)}$ 거듭제곱 부정형

거듭제곱과 관련된 $0^0, \infty^0, 1^\infty$의 부정형은 $\star = e^{\ln \star}$ 의 형태로 나타내면

$\mathbf{0 \cdot \infty}$인 부정형으로 극한을 구할 수 있다. $\lim\limits_{x \to a} [f(x)]^{g(x)} = \lim\limits_{x \to a} e^{g(x) \ln [f(x)]} = e^{\lim\limits_{x \to a} g(x) \ln [f(x)]}$

필수예제 73

함수 $f(x) = x - \sin x$ 의 역함수를 $g(x)$ 라고 할 때, 극한 $\lim\limits_{x \to 0} \dfrac{\{g(x)\}^3}{3x}$ 의 값은?

풀이 $\lim\limits_{x \to 0} \dfrac{\{g(x)\}^3}{3x} = \lim\limits_{x \to 0} \dfrac{\{f^{-1}(x)\}^3}{3x}$ 에서 $f^{-1}(x) = t$ 로 치환하면 $x \to 0$이 되기 위한 $t \to 0$이므로

(준식) $= \lim\limits_{t \to 0} \dfrac{t^3}{3f(t)} = \lim\limits_{t \to 0} \dfrac{t^3}{3(t - \sin t)} = \lim\limits_{t \to 0} \dfrac{3t^2}{3(1 - \cos t)} = \lim\limits_{t \to 0} \dfrac{2t}{\sin t} = 2$이다.

217. 다음 주어진 식의 극한을 구하라.

(1) $\lim\limits_{x \to 0} \dfrac{\sin x}{x}$

(2) $\lim\limits_{x \to 0} \dfrac{3^x - 1}{x}$

(3) $\lim\limits_{x \to 0} \dfrac{2x + \ln(1-x)}{e^x - \cos x}$

(4) $\lim\limits_{x \to 0} \dfrac{(1 - e^x)\sqrt{5 - e^x}}{(1+x)\ln(1+x)}$

218. $f'(a) = 4$인 함수 $f(x)$에 대하여 극한값 $\lim\limits_{h \to 0} \dfrac{f(a+3h) - f(a)}{h}$ 을 구하여라. (단, a는 상수이다.)

219. $f(x) = \tan^{-1}(x^2)$일 때, $\lim\limits_{h \to 0} \dfrac{f(1+2h) - f(1)}{h}$ 의 값은?

220. $f'(1) = 2$인 다항함수 $f(x)$에 대하여 극한값 $\lim\limits_{x \to 1} \dfrac{f(x) - f(1)}{x^3 - 1}$ 을 구하여라.

221. 함수 $f(x) = x e^{x^2} + e$ 의 역함수를 $g(x)$라 할 때, $\lim\limits_{x \to 0} \dfrac{g(x) + 1}{x}$ 의 값은?

다음 주어진 식의 극한값을 구하시오.

(1) $\lim\limits_{x \to \infty} \dfrac{x}{x^2 + 3x + 1}$　　　　(2) $\lim\limits_{x \to \infty} \dfrac{4x^2 + x}{x^2 + 3x + 1}$　　　　(3) $\lim\limits_{x \to \infty} \dfrac{-2x^3 + x}{x^2 + 3x + 1}$

풀이 $\dfrac{\infty}{\infty}$ 꼴의 부정형의 극한이다. 로피탈 정리를 이용해서 풀 수도 있고, $\lim\limits_{n \to \infty} a_n = \infty$ 라면 $\lim\limits_{n \to \infty} \dfrac{1}{a_n} = 0$ 으로 수렴하는 것을 이용할 수도 있다.

(1) $\lim\limits_{x \to \infty} \dfrac{x}{x^2 + 3x + 1} = \lim\limits_{x \to \infty} \dfrac{\dfrac{1}{x}}{1 + \dfrac{3}{x} + \dfrac{1}{x^2}} = \dfrac{0}{1} = 0$

(2) $\lim\limits_{x \to \infty} \dfrac{4x^2 + x}{x^2 + 3x + 1} = \lim\limits_{x \to \infty} \dfrac{4 + \dfrac{1}{x}}{1 + \dfrac{3}{x} + \dfrac{1}{x^2}} = 4$

(3) $\lim\limits_{x \to \infty} \dfrac{-2x^3 + x}{x^2 + 3x + 1} = \lim\limits_{x \to \infty} \dfrac{-2x + \dfrac{1}{x}}{1 + \dfrac{3}{x} + \dfrac{1}{x^2}} = \lim\limits_{x \to \infty} -2x = -\infty$

222. 다음 주어진 식의 극한을 구하라.

(1) $\lim\limits_{x \to \infty} \dfrac{-2x^2 + x}{x^2 + 3x + 1}$　　　　(2) $\lim\limits_{x \to \infty} \dfrac{2^x + 3^x}{2^x - 4^x}$

(3) $\lim\limits_{x \to \infty} \dfrac{x^2 + 1}{e^x}$　　　　(4) $\lim\limits_{n \to \infty} \dfrac{(\ln n)^2}{n}$

223. 다음 극한값 $\lim\limits_{x \to 0} \dfrac{ax^3 + bx^2 + cx + d}{x + x^2 + x^3} = 3$ 을 만족하고, $\lim\limits_{x \to \infty} \dfrac{ex^3 + fx^2 + gx + h}{x^2 + x + 1} = 2$ 를 만족하는 조건을 찾으시오.

필수예제 75

다음 극한값을 구하시오.

(1) $\displaystyle\lim_{x\to 0}\dfrac{\sin(x^3)-x^3+\dfrac{1}{6}x^9}{x^{15}}$

(2) $\displaystyle\lim_{x\to 0}\dfrac{\sin 4x\left(e^x-\sin x-1-\dfrac{1}{2}x^2-\dfrac{1}{3}x^3\right)}{x^5}$

풀이 $x\to 0$에 대한 극한값을 구할 때, 매클로린 급수를 이용하면 다항식의 가장 낮은 차수의 계수가 답이 된다. 예제로 문제유형을 암기!!

(1) $\displaystyle\lim_{x\to 0}\dfrac{\sin(x^3)-x^3+\dfrac{1}{6}x^9}{x^{15}}=\lim_{x\to 0}\dfrac{\left\{\left(x^3-\dfrac{1}{3!}x^9+\dfrac{1}{5!}x^{15}-\cdots\right)-x^3+\dfrac{1}{6}x^9\right\}}{x^{15}}=\lim_{x\to 0}\dfrac{\dfrac{1}{5!}x^{15}-\dfrac{1}{7!}x^{21}+\cdots}{x^{15}}=\dfrac{1}{5!}=\dfrac{1}{120}$

(2) 두 함수의 곱의 형태에서 각각의 극한값이 존재하면 각각의 극한값을 구해서 곱할 수 있다.

$\displaystyle\lim_{x\to 0}\dfrac{\sin 4x\left(e^x-\sin x-1-\dfrac{1}{2}x^2-\dfrac{1}{3}x^3\right)}{x^5}=\lim_{x\to 0}\dfrac{\sin 4x}{x}\cdot\lim_{x\to 0}\dfrac{\left\{e^x-\sin x-1-\dfrac{1}{2}x^2-\dfrac{1}{3}x^3\right\}}{x^4}$

여기서 두 함수의 곱의 구조로 각각의 극한값을 구하자.

(i) $\displaystyle\lim_{x\to 0}\dfrac{\sin 4x}{x}=4$이고,

(ii) $\displaystyle\lim_{x\to 0}\dfrac{\left\{e^x-\sin x-1-\dfrac{1}{2}x^2-\dfrac{1}{3}x^3\right\}}{x^4}=\lim_{x\to 0}\dfrac{\left(1+x+\dfrac{x^2}{2!}+\dfrac{x^3}{3!}+\dfrac{x^4}{4!}+\cdots\right)-\left(x-\dfrac{x^3}{3!}+\dfrac{x^5}{5!}-\right)-1-\dfrac{1}{2}x^2-\dfrac{1}{3}x^3}{x^4}$

$=\dfrac{1}{4!}$

따라서 (i)과 (ii)에 의해서 극한값은 $4\cdot\dfrac{1}{4!}=\dfrac{1}{6}$이다.

224. 다음 극한을 구하시오

(1) $\displaystyle\lim_{x\to 0}\dfrac{e^{2x}-1}{\tan x}$

(2) $\displaystyle\lim_{x\to 0}\dfrac{4x}{\tan^{-1}(4x)}+\lim_{x\to 0}\dfrac{\tan(x)-x}{2x^3}$

(3) $\displaystyle\lim_{x\to 0}\dfrac{\sin x-x}{x^2}$

(4) $\displaystyle\lim_{x\to 0}\dfrac{e^x-\cos x-x}{x^2}$

225. 극한 $\lim\limits_{x \to 0} \dfrac{(1-\cos x)^2}{3x^4}$ 의 값은?

226. 극한 $\lim\limits_{x \to 0} \dfrac{6x^2 \sin x^3 - 6x^5 + x^{11}}{x^{17}}$ 의 값은?

227. 극한 $\lim\limits_{x \to 0} \dfrac{4x^2 - \sin^2(2x)}{x^4}$ 의 값은?

228. 극한 $\lim\limits_{x \to 0} \dfrac{\sqrt{2+\tan x} - \sqrt{2+\sin x}}{x^3}$ 의 값은?

229. 극한 $\lim\limits_{h \to 0} \dfrac{\sin x \,(\cos h - 1) + (\cos x)(\sin h)}{h}$ 의 값은?

필수 예제 76

다음 극한값이 $\lim_{x \to 0^+} x^p \ln x = 0$을 만족하기 위한 p의 조건을 구하시오.

풀이 $0 \cdot \infty$형태의 대표적인 꼴의 문제이다.

(i) $p = 0$이면 $\lim_{x \to 0^+} x^p \ln x = \lim_{x \to 0^+} \ln x = -\infty$로 발산한다.

(ii) $p < 0$이면 $\lim_{x \to 0^+} x^p \ln x = 0^{음수} \cdot (-\infty) = \dfrac{1}{0^{양수}} \cdot (-\infty) = \infty \cdot (-\infty) = -\infty$이므로 발산한다.

(iii) $p > 0$이면 $\lim_{x \to 0^+} x^p \ln x = 0^{양수} \cdot (-\infty)$는 부정형이다. 분수형태로 만들어서 로피탈 정리를 이용하자.

$$\lim_{x \to 0^+} x^p \ln x = \lim_{x \to 0^+} \frac{\ln x}{\frac{1}{x^p}} = \lim_{x \to 0^+} \frac{\frac{1}{x}}{\frac{-p}{x^{p+1}}} = \lim_{x \to 0^+} \frac{1}{\frac{-p}{x^p}} = \lim_{x \to 0^+} \frac{x^p}{-p} = 0$$

따라서 $p > 0$이면 $\lim_{x \to 0^+} x^p \ln x = 0$이다.

230. 다음 극한값을 구하시오

(1) $\displaystyle\lim_{x \to 0^+} x \ln x$

(2) $\displaystyle\lim_{x \to 0^+} x^2 \ln x$

(3) $\displaystyle\lim_{x \to \infty} x\left(\frac{\pi}{2} - \tan^{-1} x\right)$

(4) $\displaystyle\lim_{x \to \infty} x \sin \frac{1}{x}$

(5) $\displaystyle\lim_{x \to 0} \frac{e^{-\frac{1}{x}}}{x}$

(6) $\displaystyle\lim_{x \to 0} \frac{\frac{1}{x}}{e^{\frac{1}{x^2}}}$

다음 극한값을 구하시오. (단, $[x]$는 x를 넘지 않는 최대 정수임.)

(1) $\displaystyle\lim_{x \to 0}\left(\frac{1}{\ln(x+1)} - \frac{1}{x} \right)$

(2) $\displaystyle\lim_{x \to \infty}\left(\sqrt{[x^2+x]} - x \right)$

풀이 $\infty - \infty$꼴의 극한은 통분 또는 유리화를 한 후에 로피탈 정리로 극한을 구할 수 있다.

(1) $\displaystyle\lim_{x \to 0}\left(\frac{1}{\ln(x+1)} - \frac{1}{x} \right) = \lim_{x \to 0}\frac{x - \ln(x+1)}{x\ln(x+1)}$ ($\frac{0}{0}$꼴) ($\because$로피탈 정리)

$$= \lim_{x \to 0}\frac{1 - \dfrac{1}{x+1}}{\ln(x+1) + \dfrac{x}{x+1}} = \lim_{x \to 0}\frac{x}{(x+1)\ln(x+1)+x} = \lim_{x \to 0}\frac{1}{\ln(x+1)+2} = \frac{1}{2}$$

(2) $\displaystyle\lim_{x \to \infty}\left(\sqrt{[x^2+x]} - x \right) = \lim_{x \to \infty}\frac{\left(\sqrt{[x^2+x]} - x \right)\left(\sqrt{[x^2+x]} + x \right)}{\sqrt{[x^2+x]} + x} = \lim_{x \to \infty}\frac{[x^2+x] - x^2}{\sqrt{[x^2+x]} + x}$

$= \displaystyle\lim_{x \to \infty}\frac{x^2 + x - \alpha - x^2}{\sqrt{x^2 + x - \alpha} + x}$; $[x^2+x] = n$이라고 할 때, $x^2 + x = n + \alpha (0 \le \alpha < 1)$이므로

$$n = x^2 + x - \alpha \text{이다.}$$

$= \displaystyle\lim_{x \to \infty}\frac{1 - \dfrac{\alpha}{x}}{\sqrt{1 + \dfrac{1}{x} - \dfrac{\alpha}{x^2}} + 1}$; 분모와 분자에 각각 $\dfrac{1}{x}$를 곱한 것이다. $\displaystyle\lim_{x \to \infty}\frac{1}{x} = 0$이므로

$= \dfrac{1}{2}$; 결국 최고차 항의 계수가 극한값이다.

---

231. 다음 주어진 식의 극한을 구하라.

(1) $\displaystyle\lim_{x \to \frac{\pi}{2}}(\sec x - \tan x)$

(2) $\displaystyle\lim_{x \to \infty}\left(\sqrt{3x^2 + 2} - \sqrt{3x^2 + x} \right)$

(3) $\displaystyle\lim_{x \to -\infty}\left(\sqrt{1 + 4x + x^2} + x \right)$

(4) $\displaystyle\lim_{n \to \infty}\frac{1}{\sqrt{3n + \sqrt{2n}} - \sqrt{3n}}$

필수예제 78

다음 극한 $\lim\limits_{x\to\infty}\left[x-x^2\ln\left(\dfrac{1+x}{x}\right)\right]$ 의 값을 구하시오

풀이 $\infty-\infty$꼴의 극한은 치환과 통분 한 후에 로피탈 정리로 극한을 구할 수 있다.

$$\lim_{x\to\infty}\left[x-x^2\ln\left(1+\frac{1}{x}\right)\right]=\lim_{x\to\infty}\left[\frac{1}{\frac{1}{x}}-\frac{\ln\left(1+\frac{1}{x}\right)}{\frac{1}{x^2}}\right]=\lim_{t\to0}\left[\frac{1}{t}-\frac{\ln(1+t)}{t^2}\right]$$

$$=\lim_{t\to0}\left[\frac{t-\ln(1+t)}{t^2}\right]=\lim_{t\to0}\left[\frac{t-\left(t-\frac{1}{2}t^2+\cdots\right)}{t^2}\right]=\frac{1}{2}$$

232. 극한 $\lim\limits_{x\to1}\left(\dfrac{x}{x-1}+(1-x)\tan\dfrac{\pi x}{2}-\dfrac{1}{\ln x}\right)$ 의 값은?

233. 극한 $\lim\limits_{x\to\infty}(xe^{1/x}-x)$ 의 값은?

234. 극한 $\lim\limits_{x\to1}\dfrac{1-\sin\dfrac{\pi}{2}x}{(x-1)^2}$ 의 값은?

235. 극한 $\lim\limits_{x\to0}2x\cot3x+\lim\limits_{x\to5}\dfrac{4\sin(x-5)}{3x^2-18x+15}$ 의 값은?

3 무리수 e의 정의

(1) $\displaystyle\lim_{x\to\infty}\left(1+\frac{1}{x}\right)^{x}=e\,(=2.7182\cdots)$

(2) $\displaystyle\lim_{x\to 0}(1+x)^{\frac{1}{x}}=e$ (3) $\displaystyle\lim_{x\to\infty}\left(1+\frac{a}{x}\right)^{x}=e^{a}$

(4) $\displaystyle\lim_{x\to 0}(1+ax)^{\frac{1}{x}}=e^{a}$ (5) $\displaystyle\lim_{x\to\infty}\left(1+\frac{a}{x+b}\right)^{x}=e^{a}$

$\Box\to\infty$ 일때, $\left(1+\dfrac{1}{\Box}\right)^{\Box}\to e$ (역수관계)

$\Box\to 0$ 일때, $\left(1+\Box\right)^{\frac{1}{\Box}}\to e$ (역수관계)

필수예제 79

다음 주어진 식의 극한을 구하라.

(1) $\displaystyle\lim_{x\to\infty}\left(1+\frac{a}{x}\right)^{x}$

(2) $\displaystyle\lim_{x\to 0}(1+ax)^{\frac{1}{x}}$

풀이 밑수도 미지수, 지수도 미지수형태의 함수는 무조건 $\bigstar=e^{\ln\bigstar}$ 꼴로 만들어놓고 생각한다.

(1) $\displaystyle\lim_{x\to\infty}x\ln\left(1+\frac{a}{x}\right)$은 $\infty\cdot 0$꼴의 부정형이므로 분수형태로 만들어서 로피탈 정리를 이용하자.

$$\lim_{x\to\infty}x\ln\left(1+\frac{a}{x}\right)=\lim_{x\to\infty}\frac{\ln\left(1+\frac{a}{x}\right)}{\frac{1}{x}}=\lim_{t\to 0}\frac{\ln(1+at)}{t}=\lim_{t\to 0}\frac{a}{1+at}=a\ \left(\because\ \frac{1}{x}=t\text{로 치환하면 }\lim_{x\to\infty}\frac{1}{x}=t\to 0\right)$$

$$\lim_{x\to\infty}\left(1+\frac{a}{x}\right)^{x}=\lim_{x\to\infty}e^{x\ln\left(1+\frac{a}{x}\right)}=e^{a}$$

(2) $\displaystyle\lim_{x\to 0}\frac{\ln(1+ax)}{x}$은 $\frac{0}{0}$꼴의 부정형이므로 로피탈 정리를 이용해서 정리하자.

$$\lim_{x\to 0}\frac{\ln(1+ax)}{x}=\lim_{x\to 0}\frac{a}{1+ax}=a\text{이므로 }\lim_{x\to 0}(1+ax)^{\frac{1}{x}}=\lim_{x\to 0}e^{\frac{1}{x}\ln(1+ax)}=e^{a}\text{이다.}$$

TIP (1)과 (2)의 관계성을 생각해보자.

$$\lim_{x\to\infty}\frac{1}{x}=t\to 0\text{이므로 }\frac{1}{x}=t\text{로 치환하면 }\lim_{x\to\infty}\left(1+\frac{a}{x}\right)^{x}=\lim_{t\to 0}(1+at)^{\frac{1}{t}}=e^{a}\text{이 성립한다.}$$

236. 다음 주어진 식의 극한을 구하라.

(1) $\lim\limits_{x \to \infty} \left(1 + \dfrac{a}{x+b}\right)^x$

(2) $\lim\limits_{n \to \infty} \dfrac{n^{n+1}}{(n+1)^{n+1}}$

(3) $\lim\limits_{n \to \infty} \left(1 - \dfrac{3}{2n-5}\right)^n$

(4) $\lim\limits_{x \to 0} (1 + \sin 4x)^{\cot x}$

(5) $\lim\limits_{x \to 0} (1 - x)^{\frac{1}{\tan^{-1} x}}$

(6) $\lim\limits_{x \to 0} (e^x + \sin 2x)^{\frac{1}{x}}$

(7) $\lim\limits_{x \to 0} (1 + \sin(2x))^{\frac{1}{x}}$

(8) $\lim\limits_{x \to 0} (e^x + 2x)^{\frac{3}{x}}$

(9) $\lim\limits_{x \to 0} (\cosh x)^{\frac{1}{x}}$

(10) $\lim\limits_{x \to 0^+} (1 + \sin 3x)^{5\cot x}$

237. $\lim\limits_{x \to \infty} \left(\dfrac{x+a}{x-a}\right)^x = 9$를 만족하는 a의 값을 구하시오.

238. 다음 $f(x) = \begin{cases} (1 + \sin 2x)^{\frac{1}{x}} & , \ x \neq 0 \\ k & , \ x = 0 \end{cases}$ 가 연속함수가 되도록 k의 값을 정하여라.

다음 주어진 식의 극한을 구하라.

(1) $\lim\limits_{x \to 0} x^x$

(2) $\lim\limits_{x \to \infty} x^{\frac{1}{x}}$

풀이 밑수도 미지수, 지수도 미지수형태의 함수는 무조건 $\bigstar = e^{\ln \bigstar}$ 꼴로 만들어놓고 생각한다.

(1) $\lim\limits_{x \to 0} x^x = \lim\limits_{x \to 0} e^{x \ln x} = e^0 = 1 \quad \left(\because \lim\limits_{x \to 0} x \ln x = 0 \right)$

(2) $\lim\limits_{x \to \infty} x^{\frac{1}{x}} = \lim\limits_{x \to \infty} e^{\frac{1}{x} \ln x} = e^0 = 1 \quad \left(\because \lim\limits_{x \to \infty} \frac{\ln x}{x} = \lim\limits_{x \to \infty} \frac{1}{x} = 0 \right)$

239. 극한값 $\lim\limits_{n \to \infty} \left(1 - \sin\left(\dfrac{2}{\sqrt{n}} \right) \right)^n$ 을 구하시오.

240. 극한 $\lim\limits_{n \to \infty} \left(1 - \sin\left(\dfrac{1}{3n} \right) \right)^{2n}$ 을 구하시오.

241. 극한값 $\lim\limits_{x \to \infty} x^{\frac{\ln 5}{1 + 2\ln x}}$ 을 구하시오.

242. 극한 $\lim\limits_{x \to 0^+} (x + \sin x + \cos x - 1)^{\frac{2}{\ln x}}$ 의 값을 구하시오.

필수예제 81

다음의 극한값 $\lim\limits_{n\to\infty} n^2 \int_0^{1/n} \tan^{-1}x\,dx$ 을 구하시오.

풀이 극한의 부정형은 결국 $\dfrac{0}{0}$ 꼴 또는 $\dfrac{\infty}{\infty}$ 형태로 바꿔서 로피탈 정리를 이용해서 풀이하는 것이 기본형태이다.

$$\lim_{n\to\infty} n^2 \int_0^{\frac{1}{n}} \tan^{-1}x\,dx = \lim_{n\to\infty} \frac{\int_0^{\frac{1}{n}} \tan^{-1}x\,dx}{\frac{1}{n^2}}$$; 준식을 분수형태로 만들 수 있다.

$$= \lim_{t\to 0} \frac{\int_0^t \tan^{-1}x\,dx}{t^2}$$; $\dfrac{1}{n}=t$ 로 치환해서 식을 간결하게 하고 $\dfrac{0}{0}$ 꼴의 로피탈 정리를 하자.

$$= \lim_{t\to 0} \frac{\tan^{-1}t}{2t} = \lim_{t\to 0}\left(\frac{1}{2}\cdot\frac{1}{1+t^2}\right) = \frac{1}{2}$$

243. 다음을 계산하시오

(1) $\displaystyle\lim_{x\to 1} \frac{\int_1^{x^2}\left(\sin\frac{\pi}{2}t+e^t\right)dt}{x^3-1}$

(2) $\displaystyle\lim_{x\to 0}\frac{1}{x}\int_0^x (1+\sin 2t)^{\frac{1}{t}}dt$

244. 다음 극한값 $\displaystyle\lim_{x\to 0}\frac{1}{x^2}\int_{-x^2}^{x^2}\frac{\sin t}{t}dt$ 을 구하시오

245. 함수 $f(x)=\displaystyle\int_0^x e^{2t}(x^3-t^3)dt$ 에 대하여 $\displaystyle\lim_{x\to 0}\frac{f'(x)}{x^3}$ 의 값은?

극한 $\displaystyle\lim_{x \to 2} \frac{a\sqrt{x^2+5}-b}{x-2} = \frac{2}{3}$ 를 만족하는 a, b는?

TIP 미분가능한 두 함수 $f(x), g(x)$에 대하여

(1) $\displaystyle\lim_{x \to a} \frac{f(x)}{g(x)} = \alpha$이고, $\displaystyle\lim_{x \to a} g(x) = 0$이면, $\displaystyle\lim_{x \to a} f(x) = 0$이다.

(2) $\displaystyle\lim_{x \to a} \frac{f(x)}{g(x)} = \alpha$이고, $\displaystyle\lim_{x \to a} f(x) = 0$이면, $\displaystyle\lim_{x \to a} g(x) = 0$이다.

풀이 $\displaystyle\lim_{x \to 2} \frac{a\sqrt{x^2+5}-b}{x-2}$ 의 분모가 0인데 극한값이 존재하는 이유는 $\frac{0}{0}$ 꼴에서 로피탈 정리를 이용한 것이므로

$\displaystyle\lim_{x \to 2} a\sqrt{x^2+5}-b = 3a-b = 0$이고, $b = 3a$이다.

$\displaystyle\lim_{x \to 2} \frac{a\sqrt{x^2+5}-b}{x-2} \left(\frac{0}{0} \text{꼴}\right) = \lim_{x \to 2} \frac{2ax}{2\sqrt{x^2+5}} = \frac{2a}{3} = \frac{2}{3}$ 이므로 $a = 1, b = 3$이다.

246. 다음 두 조건 $\displaystyle\lim_{x \to 0} \frac{f(x)}{x} = -2$, $\displaystyle\lim_{x \to \infty} \frac{f(x)-3x^3}{x^2} = 1$을 동시에 만족하는 x의 다항식 $f(x)$의 계수들의 합을 구하시오.

247. 다음 극한 $\displaystyle\lim_{x \to \frac{\pi}{2}} \frac{\cos(ax)}{\left(x - \dfrac{\pi}{2}\right)} = b$를 만족하는 실수 $a\,(2 \le a \le 4)$, b에 대하여 $a+b$의 값을 구하시오.

248. $\displaystyle\lim_{x \to 0} \frac{\sin(\tan^{-1}(\sqrt{a+bx})) - \dfrac{\sqrt{2}}{2}}{x} = \frac{\sqrt{2}}{4}$ 일 때 $a+b$의 값을 구하시오.

249. $\displaystyle\lim_{x \to 0} \frac{\sqrt{a+\tan x} - \sqrt{a+\sin x}}{x^3} = \frac{1}{8}$ 이 되도록 하는 양수 a의 값을 구하시오.

필수예제 83

극곡선 $r = 1 + \sin\theta$ 가 수평접선 또는 수직접선을 갖는 점을 구하여라.

풀이 극곡선의 접선의 기울기 $\dfrac{dy}{dx}$ 는 매개함수 미분법을 이용한다.

$r = 1 + \sin\theta$ 를 $\begin{cases} x = r\cos\theta \\ y = r\sin\theta \end{cases}$ 를 사용하여 매개변수 미분을 한다.

$$\frac{dy}{dx} = \frac{(r\sin\theta)'}{(r\cos\theta)'} = \frac{r'\sin\theta + r\cos\theta}{r'\cos\theta - r\sin\theta} = \frac{\cos\theta\sin\theta + (1+\sin\theta)\cos\theta}{\cos\theta\cos\theta - (1+\sin\theta)\sin\theta} = \frac{\sin2\theta + \cos\theta}{\cos2\theta - \sin\theta}$$

(i) 접선이 수평하다는 것은 $\dfrac{dy}{dx} = \dfrac{y'}{x'} = 0$ 이다. 즉, $y' = 0$ 이고, $x' \neq 0$ 을 만족하는 θ 를 구하자.

$y' = \cos\theta(2\sin\theta + 1) = 0 \Rightarrow \theta = \dfrac{\pi}{2}, \dfrac{3\pi}{2}, \dfrac{7\pi}{6}, \dfrac{11\pi}{6}$ 이고, $x' \neq 0$ 을 만족해야 하므로 수평접선을 갖는

극좌표는 $\left(2, \dfrac{\pi}{2}\right), \left(\dfrac{1}{2}, \dfrac{7\pi}{6}\right), \left(\dfrac{1}{2}, \dfrac{11\pi}{6}\right)$ 이다.

(ii) 수직접선을 갖는다는 것은 $\dfrac{dy}{dx} = \dfrac{y'}{x'} = \infty$ 이다. 즉, $x' = 0$ 이고, $y' \neq 0$ 을 만족하는 θ 를 구하자.

$x' = \cos^2\theta - \sin^2\theta - \sin\theta = -(2\sin^2\theta + \sin\theta - 1) = 0 \Rightarrow (2\sin\theta - 1)(\sin\theta + 1) = 0 \Rightarrow \sin\theta = \dfrac{1}{2} \;\text{or}\; \sin\theta = -1$

$\Rightarrow \theta = \dfrac{\pi}{6}, \dfrac{5\pi}{6}, \dfrac{3\pi}{2}$ 이고, $y' \neq 0$ 을 만족해야 하므로 수직접선을 갖는 극좌표는 $\left(\dfrac{3}{2}, \dfrac{\pi}{6}\right), \left(\dfrac{3}{2}, \dfrac{5\pi}{6}\right)$ 이다.

(iii) $\theta = \dfrac{3\pi}{2}$ 에서는 $x' = 0$, $y' = 0$ 이므로 극한을 통해서 $\dfrac{dy}{dx}$ 를 구한다.

$\displaystyle\lim_{\theta \to \frac{3\pi}{2}} \frac{\sin2\theta + \cos\theta}{\cos2\theta - \sin\theta} = \lim_{\theta \to \frac{3\pi}{2}} \frac{2\cos2\theta - \sin\theta}{-2\sin2\theta - \cos\theta} = \infty$ 따라서 $\left(0, \dfrac{3\pi}{2}\right)$ 에서 수직접선을 갖는다.

수평접선을 갖는 극좌표는 $\left(2, \dfrac{\pi}{2}\right), \left(\dfrac{1}{2}, \dfrac{7\pi}{6}\right), \left(\dfrac{1}{2}, \dfrac{11\pi}{6}\right)$ 이고,

수직접선을 갖는 극좌표는 $\left(\dfrac{3}{2}, \dfrac{\pi}{6}\right), \left(\dfrac{3}{2}, \dfrac{5\pi}{6}\right), \left(0, \dfrac{3\pi}{2}\right)$ 이다.

---

250. 그림과 같이 중심이 O 이고 반지름이 1인 원 위의 두 점 A, B가 이루는 중심각의 크기를 θ 로 나타낸다. 두 점 A, B를 잇는 현의 길이를 $\overline{AB}$, 호의 길이를 $A \sim B$ 로 나타낼 때, 다음 극한값 $\displaystyle\lim_{\theta \to 0} \frac{(A \sim B)^2}{\overline{AB}}$ 은?

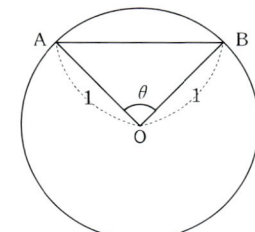

풍선에 공기를 불어넣는다면 풍선의 부피와 반지름, 겉넓이는 모두 증가하고, 증가율은 서로 관련되어 있다.

분만 아니라 물탱크에 물을 붓는다면 물의 양, 높이, 물의 표면의 면적 등 서로의 관련성을 이용해서 부피의 증가율,

반지름의 증가율, 높이의 변화율을 구하는 것을 상대적 비율 문제라고 한다.

이 문제를 해결하기 위하여 관계식을 구하고, 양변을 시간에 대한 미분을 통해서 식을 정리하면 된다.

❖ 변화율 문제 해결 전략

(1) 문제를 주의 깊게 읽어라.

(2) 가능하면 그림을 그려라.

(3) 시간의 함수에 관련된 모든 양에 대응하는 기호를 사용하여라.

(4) 주어진 정보와 요구되는 비율을 도함수로 나타내어라.

(5) 문제에서 제시된 여러 가지 양에 관한 방정식을 써라. 필요하다면 대입에 의해서 변수 하나를 소거한 방식을 사용하라.

(6) 방정식의 양변을 t에 관해 미분하기 위하여 연쇄법칙(합성함수미분법)을 이용하여라.

(7) 주어진 정보를 결과에 대입하여 구하고자 하는 비율을 구한다.

필수예제 84

그림과 같이 원뿔에 $2\,\mathrm{m^3/min}$ 유량으로 물이 유입된다.

물의 높이 $h = 3\,\mathrm{m}$일 때의 시간에 따른 높이의 변화율$(\mathrm{m/min})$은?

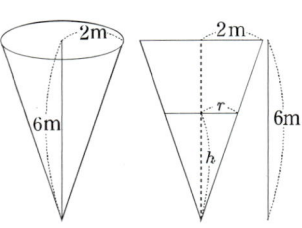

풀이 구하고자 하는 것은 $h = 3$일 때, 원뿔에 담긴 물의 높이의 변화율 $\dfrac{dh}{dt}$ 이다.

원뿔의 부피 $V = \dfrac{1}{3}r^2\pi h$를 이용할 것이고, 변수가 2개이므로 관계식을 통해서 변수를 1개로 줄이면 $V = \dfrac{1}{27}\pi h^3$이다.

($\because$ 주어진 그림과 같이 $r : h = 2 : 6$의 비례관계가 성립하므로 $r = \dfrac{1}{3}h$)

시간 t에 대해서 미분하면 $\dfrac{dV}{dt} = \dfrac{1}{9}\pi h^2 \dfrac{dh}{dt}$ 이고 $\dfrac{dV}{dt} = 2$, $h = 3$을 대입하면 $\dfrac{dh}{dt} = \dfrac{2}{\pi}$ 이다.

필수예제 85

수직인 벽에 $13\,m$ 길이의 사다리가 세워져 있다. 사다리의 밑바닥은 벽으로 $2\,m/s$ 의 비율로 멀어진다. 사다리 밑바닥이 벽으로부터 $5\,m$ 일 때, 사다리의 꼭대기가 벽으로부터 미끄러져 내리는 속력은?

풀이 벽과 밑바닥을 좌표평면의 1사분면으로 정하고 사다리의 밑바닥 쪽을 x, 사다리의 벽 쪽을 y라 하자.

사다리의 길이가 13이므로 피타고라스 정리에 의해 $x^2 + y^2 = 13^2$ 의 관계식이 만들어진다. $\cdots\bigcirc$

$x = 5$일 때, $y = 12$이고 이 때, 시간에 대한 x의 변화율 $\dfrac{dx}{dt} = 2$이다.

$\bigcirc$을 시간 t에 대해 미분하면 $2x\dfrac{dx}{dt} + 2y\dfrac{dy}{dt} = 0$이며 $x = 5$, $\dfrac{dx}{dt} = 2$, $y = 12$를 대입해서 정리하면 $\dfrac{dy}{dt} = -\dfrac{5}{6}$이다.

즉, 사다리가 미끄러져 내려오므로 y값이 줄어들고 있음을 나타내고 있다.

사다리의 꼭대기가 벽으로부터 미끄러져 내리는 속력을 물었으므로 $\dfrac{dy}{dt}$에 절댓값을 씌우면 $\dfrac{5}{6}$가 된다.

251. 어떤 정육면체의 겉넓이가 매초 $24\,cm^2$의 비율로 일정하게 증가한다면 이 정육면체의 한 모서리의 길이가 $1\,cm$가 되는 순간의 부피의 변화율은 얼마인가?

252. 정육면체의 부피가 $10\,cm^3/sec$의 비율로 증가하고 있다. 한 변의 길이가 $30\,cm$일 때 겉넓이의 증가율은?

253. 공기 펌프로 매초 $9\,\text{m}^3$의 공기를 구형을 유지하며 커지는 기구에 주입하고 있다. 이 기구의 반지름이 $3\,\text{m}$일 때, 반지름이 증가하는 순간 속도는?

254. 반지름이 $10\,\text{cm}$인 구에 내접하면서 높이가 매초 $1\,\text{cm}$씩 줄어드는 직원뿔이 있다. 최초 $12\,\text{cm}$였던 이 직원뿔의 높이가 $9\,\text{cm}$가 될 때, 직원뿔의 부피의 순간변화율은 몇 $\text{cm}^3/\sec$인가?

255. 삼각형의 높이는 $1\,cm/\min$로 증가하고 넓이는 $2\,cm^2/\min$로 증가한다. 높이가 $10\,cm$이고 넓이가 $100\,cm^2$일 때, 삼각형의 밑변의 변화율은 얼마인가?

256. 한 사람이 곧은 직선의 형태의 길을 따라서 $4\,m/s$의 속도로 걷고 있다. 그 길에서 $20\,m$ 떨어진 지점에서 서치라이트가 그 사람을 따라 회전하며 비추고 있다. 그 사람이 서치라이트에 가장 가까운 길 위의 한 점으로부터 $15\,m$ 떨어진 지점을 지날 때, 서치라이트의 회전속도는?

① $\dfrac{8}{25}\,\text{rad}/s$ ② $\dfrac{16}{125}\,\text{rad}/s$ ③ $\dfrac{8}{225}\,\text{rad}/s$ ④ $\dfrac{32}{325}\,\text{rad}/s$

257. 자동차 A는 $90\,km/h$의 속도로 서쪽으로 달리고, 자동차 B는 $100km/h$의 속도로 북쪽으로 달리고 있다. 그리고 두 자동차는 두 길의 교차점을 향하여 달리고 있다. 교차지점에서 A는 $600m$, B는 $800m$의 거리에 있게 될 때 두 자동차들이 서로에게 접근해 가는 비율은 얼마인가?

258. 두 대의 자동차가 동일한 지점에서 출발한다. 한 대는 $30\,km/h$의 속도로 남쪽으로, 다른 한 대는 $72\,km/h$의 속도로 서쪽으로 달리고 있다. 2시간 후, 두 대의 자동차 사이의 거리는 얼마의 비율로 증가하는가?

8 | 함수의 극대 & 극소

1 증가함수 & 감소함수

(1) 정의

구간 I에 속하는 x_1, x_2가

① $x_1 < x_2$이고, $f(x_1) < f(x_2)$일 때, $f(x)$는 구간 I에서 (순)증가함수라고 한다.

② $x_1 < x_2$이고, $f(x_1) \leq f(x_2)$일 때, $f(x)$는 구간 I에서 (단조)증가함수라고 한다.

③ $x_1 < x_2$이고, $f(x_1) > f(x_2)$일 때, $f(x)$는 구간 I에서 (순)감소함수라고 한다.

④ $x_1 < x_2$이고, $f(x_1) \geq f(x_2)$일 때, $f(x)$는 구간 I에서 (단조)감소함수라고 한다.

(2) 증가함수 & 감소함수의 조건

함수 $y = f(x)$에 대하여 어떤 구간 I에서 연속이고 미분가능할 때

① 구간 I에서 증가함수가 되기 위한 조건은 $f'(x) \geq 0$이다.

② 구간 I에서 감소함수가 되기 위한 조건은 $f'(x) \leq 0$이다.

⇒ $f'(x)$는 $f(x)$의 증가상태 또는 감소상태인지를 확인할 수 있다.

2 아래로 볼록 & 위로 볼록

(1) 아래로 볼록(위로 오목)

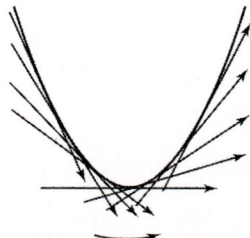

① $f(x)$의 그래프가 구간 I상에서 함수의 모든 접선 위에 존재한다면 I상에서 $f(x)$는 아래로 볼록이라고 부른다.

② 구간 I에서 $f''(x) > 0$일 때, $f(x)$는 아래로 볼록하다.

③ $f\left(\dfrac{x+y}{2}\right) \leq \dfrac{f(x)+f(y)}{2}$ 만족하면 아래로 볼록하다.

(2) 위로 볼록(아래로 오목)

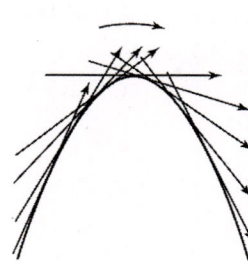

① $f(x)$의 그래프가 구간 I상에서 함수의 모든 접선 아래에 존재한다면 I상에서 $f(x)$는 위로 볼록이라고 부른다.

② 구간 I에서 $f''(x) < 0$일 때, $f(x)$는 위로 볼록하다.

③ $f\left(\dfrac{x+y}{2}\right) \geq \dfrac{f(x)+f(y)}{2}$ 을 만족하면 위로 볼록하다.

⇒ $f''(x)$는 $f(x)$의 그래프 개형이 볼록 or 오목임을 확인할 수 있다.

필수예제 86

함수 $f(x) = -x^3 - kx^2 + kx - 4$가 '$x_1 < x_2$인 임의의 실수 x_1, x_2에 대하여 항상 $f(x_1) > f(x_2)$'를 만족하도록 하는 실수 k의 값의 범위는?

풀이 $f(x)$에서 $f'(x) = -3x^2 - 2kx + k$이고 위의 조건 '$x_1 < x_2$인 임의의 실수 x_1, x_2에 대하여 항상 $f(x_1) > f(x_2)$'은 순감소함수를 의미한다. 즉, 감소함수가 되기 위한 조건은 모든 x에 대하여 $f'(x) \leq 0$인 것이므로

$D/4 = k^2 - (-3)(k) \leq 0 \quad \Rightarrow \quad -3 \leq k \leq 0$

자주하는 질문!!

'$x_1 < x_2$인 임의의 실수 x_1, x_2에 대하여 항상 $f(x_1) > f(x_2)$' 순감소함수이므로 $f'(x) < 0$이 아니냐는 질문을 많이 합니다. 그러나 순감소함수는 $f'(x) \leq 0$입니다.

예를 들어 $y = -x^3$의 그래프를 생각해봅시다. 이 함수는 순감소함수이지만 $x = 0$에서 미분계수는 0입니다.

즉, $y' = -3x^2 \leq 0$이 되는 것이죠!!

259. 함수 $f(x) = 3x^6 + 4x^3 - x$에 대한 역함수가 존재하지 않는 구간은?

① $(-3, -2)$　　　② $(-2, -1)$　　　③ $(-1, 1)$　　　④ $(1, 2)$

260. 매개곡선 $x = 3 + 2t^2$, $y = t^2 + t^3$이 위로 오목한 t의 범위는?

261. 함수 $y = f(x)$가 $f(0) = 0$이고 연속함수 g에 대한 미분방정식 $y' = g(x)$의 해라고 한다. 다음 명제 중 옳은 것을 모두 고르면?

> ㄱ. $\lim_{x \to \infty} g(x) = 1$이면 $\lim_{x \to \infty} \{f(x) - x\} = 0$이다.
>
> ㄴ. $x \geq 0$에서 g가 감소함수이면 f도 $x \geq 0$에서 아래로 볼록이다.
>
> ㄷ. 모든 x에 대하여 $g'(x) < 0$이면 함수 f의 그래프는 위로 볼록하다.

3 **임계점**

(1) 함수 $f(x)$에서 $f'(a)=0$ 이거나 $f'(a)$가 존재하지 않는 $f(x)$의 정의역에 속하는 상수 a를
임계수(critical number)라고 하고, $(a,f(a))$를 임계점이라고 한다.

(2) 만일 $f(x)$가 $x=a$에서 극댓값이나 극솟값을 가지면 $x=a$는 임계수이다.

(3) 함수 $f(x)$가 점 $x=a$에서 미분가능하고 극값을 가지면, $f'(a)=0$이다.

4 **극댓점 & 극솟점**

(1) 극댓점 : $x=a$ 부근에서 $f(a)$가 최댓값을 갖는다면 $(a,f(a))$를 극댓점이라고 한다.
또는 접선의 기울기가 양수에서 음수로 변하는 임계점을 말한다.

(2) 극솟점 : $x=b$ 부근에서 $f(b)$가 최솟값을 갖는다면 $(b,f(b))$를 극솟점이라고 한다.
또는 접선의 기울기가 음수에서 양수로 변하는 임계점을 말한다.

5 **변곡점**

곡선의 그래프가 아래로 볼록에서 위로 볼록으로, 또는 위로 볼록에서 아래로 볼록으로 변한다면 그 점을 변곡점이라고 한다.
곡선 $y=f(x)$가 연속이고 미분가능한 함수라고 할 때, $\alpha \in (a,b)$에 대하여 $f''(\alpha)=0$이고,
$x=\alpha$의 좌우에서 $f''(x)$의 부호가 바뀌면 점 $(\alpha,f(\alpha))$를 변곡점이라 한다.

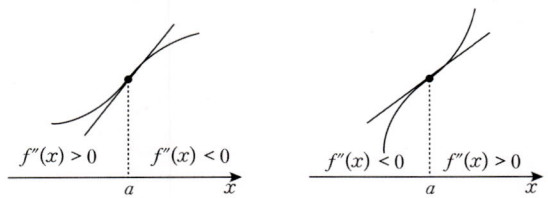

6 **극대와 극소 판정법**

(1) 1계 도함수 판정법

함수 $f(x)$의 임계점에서 $f'(x)$의 부호의 변화로 극대와 극소를 판정한다.

① $x=a$에서 $f'(x)$의 값이 $(+) \to (-)$이면, $(a,f(a))$는 극댓점이라 한다.

② $x=b$에서 $f'(x)$의 값이 $(-) \to (+)$이면, $(b,f(b))$는 극솟점이라 한다.

x		a		b	
$f'(x)$	$+$		$-$		$+$

(2) 2계 도함수 판정법

구간 I에서 $f(x)$가 연속인 도함수 $f'(x), f''(x)$가 존재하면, $(a,b \in I)$

① $f'(a)=0$이고 $f''(a)<0$이면 $f(x)$는 $x=a$에서 극댓값을 갖는다.

② $f'(b)=0$이고 $f''(b)>0$이면 $f(x)$는 $x=b$에서 극솟값을 갖는다.

7 점근선

곡선 위의 동점이 원점에서 한없이 멀어짐에 따라 어떤 직선에 한없이 가까워질 때, 이 직선을 곡선의 점근선이라 한다.

(1) 수평 점근선 : $\lim\limits_{x \to \pm \infty} f(x) = b$이면 $y = b$는 수평 점근선이다.

(2) 수직 점근선 : $\lim\limits_{x \to a} f(x) = \pm \infty$이면 $x = a$는 수직 점근선이다.

(3) 사점근선 : $\lim\limits_{x \to \pm \infty} f(x) = ax + b$이면 $y = ax + b$는 사점근선이다.

8 그래프 개형 그리는 방법

지금까지 그래프를 그릴 때 필요한 특정한 내용에 대해 공부했다.

구체적으로 정의역, 치역, 대칭성, 극한, 점근선, 증가 또는 감소하는 구간, 극대와 극소, 오목과 변곡점 등이다.

이들을 이용하여 그래프의 개형을 그려보고자 한다.

    Step 1) 정의역 내에서 극댓점과 극솟점을 구한다.

    Step 2) 정의역 내에서 극한값을 구하고 점근선을 확인한다.

    Step 3) x절편, y절편, 극댓점, 극솟점 등을 찍고 그래프를 간단히 그린다.

❖ 주의사항

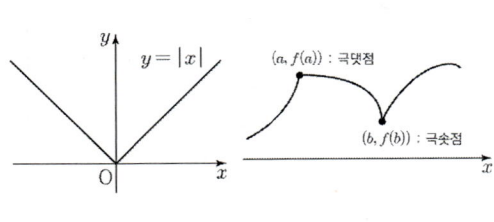

$f'(c)$가 존재하지 않지만 극값은 있을 수 있다.

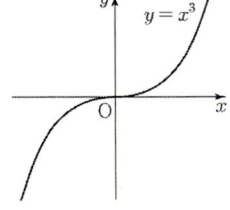

$f'(0) = 0$이지만,
극대·극소 아님

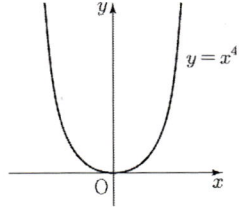

$f''(0) = 0$이지만,
변곡점 아님

다항함수의 그래프

(1) 일차함수 $f(x) = ax + b$ $(a \neq 0)$

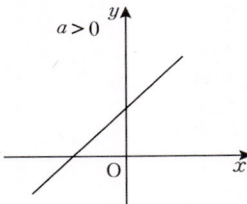

(2) 이차함수 $f(x) = ax^2 + bx + c$ $(a \neq 0)$

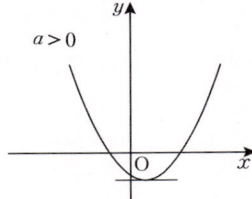

(3) 삼차함수 $f(x) = ax^3 + bx^2 + cx + d$ $(a \neq 0)$

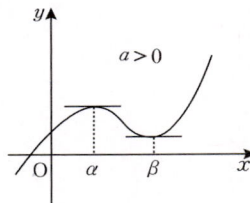

(4) 사차함수 $f(x) = ax^4 + bx^3 + cx^2 + dx + e$ $(a \neq 0)$

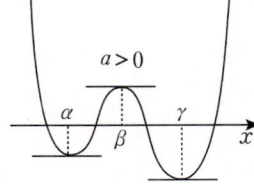

$a < 0$인 경우의 그래프는
x축에 관하여 대칭이동한 모양이다.

(5) 오차함수 $f(x) = ax^5 + bx^4 + cx^3 + dx^2 + ex + f$ $(a \neq 0)$

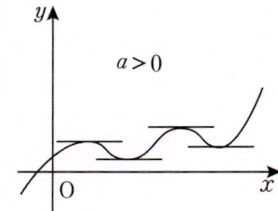 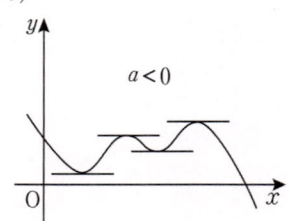

필수예제 87

함수 $f(x) = (3x+1)(x-1)^3$일 때, 극댓값과 극솟값은?

풀이 다항함수는 모든 실수에서 연속이고 미분가능한 함수이므로 임계점은 $f'(x) = 0$을 만족한다.

극대/극솟값을 구하기 위해서 $f'(x) = 0$을 만족하는 임계점을 구하자.

$f'(x) = 3(x-1)^2(4x) = 0 \Rightarrow$ 임계점은 $x = 0, 1$일 때이다.

x		0		1	
$f'(x)$	−	0	+	0	+

따라서 기울기의 증감을 확인하면, $x = 0$에서 극소이며, 그때의 극솟값은 -1이다.

또한, $x = 1$에서는 임계점이지만, 극대/극소도 아니다.

따라서 극솟값은 -1로 존재하고, 극댓값은 존재하지 않는다.

262. 함수 $f(x) = ax^2 - bx + \ln x$가 $x = 1$에서 극솟값 -3을 가질 때 $a + b$의 값은?

263. 함수 $y = xe^{-x}$는 $x = a$에서 극값 b를 갖는다고 할 때, ab는 얼마인가?

264. 두 상수 a, b에 대하여 함수 $f(x) = -2x^3 + ax^2 - 12x + b$가 $x = 2$에서 극댓값 6을 가질 때, ab의 값은?

265. 함수 $f(x) = -2x^3 - 3x^2 + 2$의 두 극값의 합은?

266. 삼차함수 $f(x)$의 도함수 $f'(x)$의 그래프가 아래 그림과 같이 $f'(-1) = f'(1) = 0$이다.
함수 $f(x)$의 극솟값이 -4이고 극댓값이 0일 때, $f(2)$의 값은?

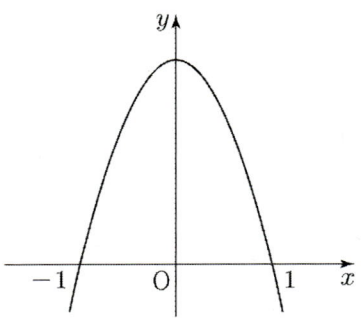

267. 실수 $-\dfrac{\pi}{2} < x < \dfrac{\pi}{2}$에서 정의된 함수 $f(x) = (\sin^2 x)e^{-x}$가 $x = \alpha$에서 극댓값을 갖는다.
$\cos\alpha$, $\sin\alpha$의 값을 구하시오.

268. 함수 $f(x)$의 2계 도함수가 $f''(x) = x^3 - 3x + 2$ 일 때, 변곡점은 몇 개인가?

269. 함수 $f(x) = (x^2 - x)e^{-x}$ 에서 변곡점을 갖는 x좌표의 합은?

270. 점 $(1, 4)$이 곡선 $y = x^3 + ax^2 + bx + 1$의 변곡점일 때, b의 값은? (단, a, b는 상수)

다음 주어진 함수의 그래프 개형을 그려보시오.

(1) $f(x) = x^3 - 3x + 2$

(2) $y = x^4 - 4x^3$

풀이 다항함수의 정의역은 모든 실수이고, 연속이고 미분가능한 함수이므로 임계점은 $f'(x) = 0$일 때이다.

(1) $f(x) = x^3 - 3x + 2 = (x-1)^2(x+2)$이므로 이 함수의 x절편은 $-2, 1$이다.

$f'(x) = 3x^2 - 3 = 3(x-1)(x+1) = 0$, $f''(x) = 6x = 0$ 이므로 $x = 1$에서 극솟값 $f(1) = 0$을 갖고,

$x = -1$에서 극댓값 $f(-1) = 4$를 갖고, 변곡점은 $(0, 2)$이다. $\lim_{x \to \infty} f(x) = \infty$, $\lim_{x \to -\infty} f(x) = -\infty$

(2) $f(x) = x^4 - 4x^3 = x^3(x-4)$이므로 이 함수의 x절편은 $0, 4$이다.

$f'(x) = 4x^3 - 12x^2 = 4x^2(x-3) = 0$이므로 $x = 0$과 $x = 3$에서 임계점을 갖는다.

$f''(x) = 12x^2 - 24x = 12x(x-2)$, $f''(0) = 0$, $f''(3) > 0$이므로 $x = 0$과 $x = 2$에서 변곡점을 갖고,

$x = 3$에서 극솟점을 갖는다. $\lim_{x \to \infty} f(x) = \infty$, $\lim_{x \to -\infty} f(x) = \infty$

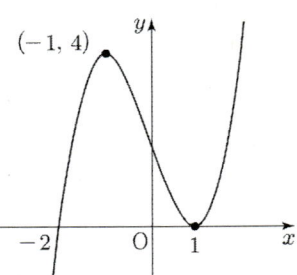
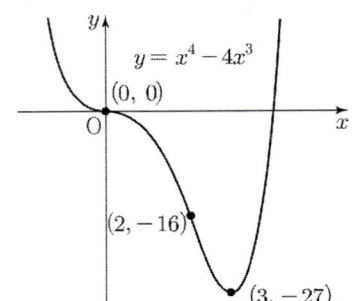

---

271. 다음 주어진 함수의 그래프 개형을 그려보시오.

(1) $f(x) = (3x+1)(x-1)^3$

(2) $y = 3x^4 - 16x^3 + 18x^2$

(3) $f(x) = x^{\frac{2}{3}}$

(4) $f(x) = \frac{1}{3} x^{\frac{2}{3}} (5 - 2x)$

(5) $y = x^{\frac{2}{3}} (6 - x)^{\frac{1}{3}}$

필수 예제 89

다음 주어진 함수의 그래프 개형을 그려보시오.

(1) $y = xe^{-x}$

(2) $f(x) = x + \dfrac{1}{x}$

풀이 (1) 지수함수의 정의역은 모든 실수이고, 연속이고 미분가능한 함수이므로 임계점은 $f'(x) = 0$일 때이다.

$y' = e^{-x} - xe^{-x} = (1-x)e^{-x} = 0$을 만족하는 $x = 1$이다. $(e^{-x} \neq 0)$

$y'' = -e^{-x} - (1-x)e^{-x} = e^{-x}(x-2) = 0$을 만족하는 $x = 2$이다.

$y''(1) < 0$이므로 $x = 1$에서 극댓값 $f(1) = e^{-1}$를 갖고, $x = 2$에서 변곡점을 갖는다.

$x < 2$일 때 위로 볼록하고, $x > 2$일 때 아래로 볼록하다.

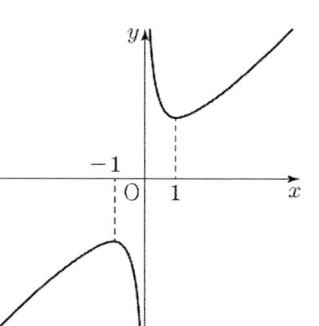

$\lim\limits_{x \to \infty} xe^{-x} = \lim\limits_{x \to \infty} \dfrac{x}{e^x} = 0$이고, $\lim\limits_{x \to -\infty} xe^{-x} = -\infty$

(2) 주어진 함수의 정의역은 $x \neq 0$인 모든 실수에서 연속이고 미분가능한 유리함수이다.

$f'(x) = 1 - \dfrac{1}{x^2} = \dfrac{(x-1)(x+1)}{x^2}$ 이고, 임계점은 $x = -1$, $x = 1$이다.

$x = -1$에서 극대가 존재하고 극댓값은 $f(-1) = -2$이다.

x		-1		0		1	
$f'(x)$	+	0	−	/	−	0	+

$f''(x) = \dfrac{2}{x^3}$이고, $x < 0$일 때는 위로 볼록하고, $x > 0$일 때는 아래로 볼록하다.

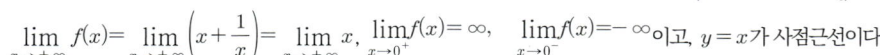

$\lim\limits_{x \to \pm\infty} f(x) = \lim\limits_{x \to \pm\infty}\left(x + \dfrac{1}{x}\right) = \lim\limits_{x \to \pm\infty} x$, $\lim\limits_{x \to 0^+} f(x) = \infty$, $\lim\limits_{x \to 0^-} f(x) = -\infty$이고, $y = x$가 사점근선이다.

272. 다음 주어진 함수의 그래프 개형을 그려보시오

(1) $y = x^2 \ln x$

(2) $f(x) = 2x^2 - 5x + \ln x$

(3) $f(x) = x^2 e^{-x}$

필수예제 90

실수 t에 대하여, 함수 $f(x)=|x^4-2x^3+t|$의 미분가능하지 않은 점의 개수를 $g(t)$라고 할 때,

함수 $g(t)$를 구하시오.

풀이 (i) $f(x)=x^4-2x^3$의 그래프를 그려보자. 정의역은 실수 전체의 집합이고, 원점을 지나는 함수이다.

$$f(x)=x^4-2x^3=x^3(x-2), \quad f'(x)=4x^3-6x^2=2x^2(2x-3), \quad f''(x)=12x^2-12x=12x(x-1)$$

$x=0,2$에서 근을 갖고, $x=\dfrac{3}{2}$에서 극소를 갖고, 극솟점 $\left(\dfrac{3}{2}, -\dfrac{27}{16}\right)$이다.

$x=0,1$에서 변곡점을 갖고, $x<0,\ x>1$일 때, 아래로 볼록하고, $0<x<1$일 때, 위로 볼록하다.

(ii) $t=\dfrac{27}{16}$일 때, $f(x)=\left|x^4-2x^3+\dfrac{27}{16}\right|$의 그래프는 모든 점에서 미분가능하다. ($f(x)\ge 0$이므로)

즉, $t\ge\dfrac{27}{16}$일 때 미분불가능한 점은 없다.

(iii) $t=0$일 때, $f(x)=\left|x^4-2x^3\right|$의 그래프에서 $x=2$일 때, 미분불가능하다.

즉, $t=0$일 때 미분불가능한 점은 1개이다.

(iv) $t=-1$일 때, $f(x)=\left|x^4-2x^3-1\right|$의 그래프에서 미분불가능한 점은 2개이다.

즉, $t<0$일 때 미분불가능한 점은 2개가 존재한다.

(v) $t=1$일 때, $f(x)=\left|x^4-2x^3+1\right|$의 그래프에서 미분불가능한 점은 2개이다.

즉, $0<t<\dfrac{27}{16}$일 때 미분불가능한 점은 2개가 존재한다.

(i)

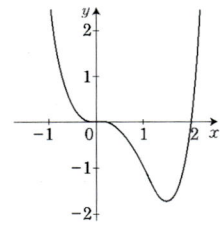

$f(x)=x^4-2x^3$

(ii)

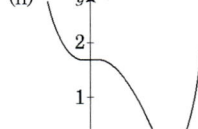

$f(x)=\left|x^4-2x^3+\dfrac{27}{16}\right|$

(iii)

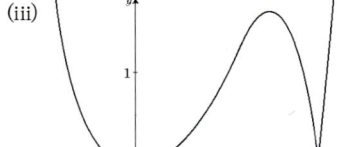

$f(x)=\left|x^4-2x^3\right|$

(iv)

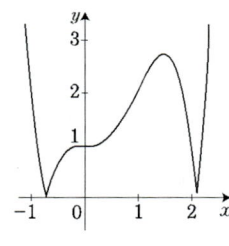

$f(x)=\left|x^4-2x^3-1\right|$

(v)

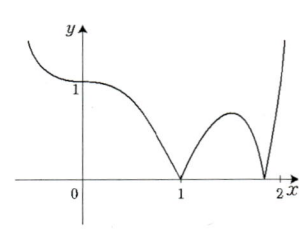

$f(x)=\left|x^4-2x^3+1\right|$

$$\therefore\ g(t)=\begin{cases} 2\ (t<0) \\ 1\ (t=0) \\ 2\ \left(0<t<\dfrac{27}{16}\right) \\ 0\ \left(t\ge\dfrac{27}{16}\right) \end{cases}$$

273. 실수 t에 대하여 함수 $f(x) = |x^2 + tx|$의 미분가능하지 않은 점의 개수를 $g(t)$라고 할 때 $g(-1) + g(0) + \lim_{t \to 0+} g(t)$의 값은?

274. 다음 중 곡선 $xy = 1$의 접선이 지날 수 없는 점을 고르면?

① $(1,\ 3)$　　　　② $(-2,\ 2)$　　　　③ $(1,\ -1)$　　　　④ $\left(-1,\ -\dfrac{1}{2}\right)$

275. 두 함수 $f(x) = e^x$와 $g(x) = [x + 0.5]$에 대한 다음 명제 중 옳지 않은 것은?

① f는 연속함수이다.

② $f + g$는 불연속함수이다.

③ $\displaystyle\int_{-2}^{2} f(x)g(x)\,dx = 0$ 이다.

④ 집합 $\{x \mid f(x) = g(x)\}$는 공집합이다.

⑤ 모든 실수 x에 대하여 $\{g(x)\}^2 \geq g(x)$ 이다.

9 실근의 개수

(1) $f(x)=0$의 실근이란, 함수 $f(x)$의 그래프와 x축(직선 $y=0$)의 교점의 x좌표이다.

즉, 방정식 $f(x)=0$의 실근의 개수는 함수 $y=f(x)$의 그래프와 x축(직선 $y=0$)과의 교점의 개수와 같다.

따라서 $y=f(x)$ 그래프의 개형을 간단히 그려서 x축과의 교점의 개수를 구하면 된다.

(2) $f(x)=g(x)$ 또는 $f(x)-g(x)=0$의 실근이란, 함수 $f(x), g(x)$의 교점의 x좌표이다.

이것은 $h(x)=f(x)-g(x)$와 x축과 교점의 x좌표를 구하는 것과 같다.

❖ 실근의 개수를 구하는 문제는 그래프 개형을 그려서 확인해야 하므로 극대·극소 문제라고 인식하자.

필수예제 91

방정식 $x^4+4x^3-8x^2+n=0$이 서로 다른 네 실근을 갖게 하는 정수 n의 개수를 구하시오.

풀이 $x^4+4x^3-8x^2+n=0 \Leftrightarrow x^4+4x^3-8x^2=-n$이 된다. 이 방정식의 의미는 $f(x)=x^4+4x^3-8x^2$, $g(x)=-n$라고 할 때, 두 그래프 $f(x)$와 $g(x)$의 교점의 x좌표를 구하는 식과 같다.

따라서 문제는 두 그래프의 교점이 4개가 되는 $-n$의 구간을 찾자.

(i) $f(x)$의 그래프 개형을 그려서 확인하자.

$f(x)=x^4+4x^3-8x^2=x^2(x^2+4x-8)$, $f'(x)=4x^3+12x^2-16x=4x(x+4)(x-1)=0$을 만족하는 값은 $x=-4,\ 0,\ 1$이고 $x=-4$, $x=1$에서 극소, $x=0$에서 극대를 갖는다. 이때 그 값은 $f(-4)=-128$, $f(0)=0$, $f(1)=-3$이 된다. 따라서 $f(x)$의 그래프 개형을 그릴 수 있다.

(ii) $g(x)=-n$의 그래프를 $f(x)$와 같이 그려보면 4개의 실근을 갖는 구간은 $-3<-n<0$이 된다.

$-n=-1,\ -2$이므로 $n=1,\ 2$가 되어 만족하는 정수는 2개가 된다.

---

276. 방정식 $x^3-3cx-54=0$이 서로 다른 세 실근을 갖게 되는 정수 c의 값 중 최솟값은?

① -5 ② 0 ③ 5 ④ 10 ⑤ 15

277. 방정식 $10\sin x=x$의 실근의 개수를 구하시오.

278. 곡선 $y = \sinh x$ 와 직선 $y = x$ 의 교점은 모두 몇 개인가?

279. 방정식 $x^2 \ln x = -1$ 의 실근의 개수를 구하시오.

280. 방정식 $e^x = x + k$ 가 서로 다른 두 실근을 갖도록 하는 k 값의 범위는?

281. x 에 대한 방정식 $|x^2 - 5| = a$ 의 서로 다른 네 실근이 등차수열을 이룰 때, 모든 근의 곱은?

282. x 에 대한 방정식 $-\dfrac{1}{2}\cos(2x) + \cos x - \alpha = 0$ 이 구간 $[-\pi, \pi]$ 에서 서로 다른 4 개의 실근을 가지도록 하는 α 값의 범위를 구하시오.

① $\left(0, \dfrac{1}{2}\right)$ ② $\left(0, \dfrac{3}{4}\right)$ ③ $(0, 1)$ ④ $\left(\dfrac{1}{2}, 1\right)$ ⑤ $\left(\dfrac{1}{2}, \dfrac{3}{4}\right)$

10   함수의 최대 & 최소

1   함수의 최댓값 & 최솟값

함수 $f(x)$ 가 폐구간 $[a,b]$ 에서 연속일 때,

(1) 구간 (a,b) 상에 $f(x)$ 의 임계점에서 함숫값을 구한다.

(2) 구간 $[a,b]$ 의 양 끝점에서 함숫값 $f(a), f(b)$ 를 구한다.

(3) 위의 1, 2단계로부터 가장 큰 값이 최댓값이고, 가장 작은 값이 최솟값이다.

❖ 폐구간에서 연속인 함수는 그 구간에서 반드시 최댓값과 최솟값을 갖는다.

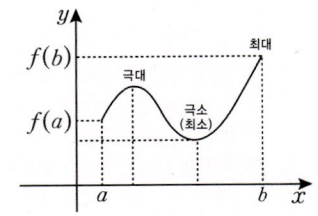

2   최적화 문제풀이 단계

(1) 문제 이해하기 : 첫 단계는 문제를 분명히 이해할 때까지 조심스럽게 읽는 것이다.

     스스로에게 질문하여서 모르는 것이 무엇인가? 주어진 조건이 무엇인가?

(2) 그림 그리기 : 대부분의 문제에서 그림을 그리는 것이 유용하며 그림에서 주어진 것, 요구하는 것을 확인하여라.

(3) 기호 도입하기 : 최대화 또는 최소화할 양을 기호 또는 함수로 나타내고 수학적으로 접근한다.

3   산술·기하평균

(1) $a > 0$, $b > 0$일 때, $\dfrac{a+b}{2} \geq \sqrt{ab}$ (단, 등호는 $a = b$일 때 성립)

(2) $a > 0$, $b > 0$, $c > 0$에 대하여 $\dfrac{a+b+c}{3} \geq \sqrt[3]{abc}$ (단, 등호는 $a = b = c$일 때 성립)

필수예제 92

함수 $f(x) = \dfrac{x+2}{x^2+5}$ (단, $0 \le x \le k$)의 최댓값이 $\dfrac{1}{2}$, 최솟값이 $\dfrac{2}{5}$ 가 되도록 하는 양수 k의 최솟값을 a, 최댓값을 b라 할 때, ab의 값은?

풀이 $f'(x) = \dfrac{x^2+5-(x+2)2x}{(x^2+5)^2} = \dfrac{-x^2-4x+5}{(x^2+5)^2} = \dfrac{-(x+5)(x-1)}{(x^2+5)^2}$ 이므로 $x=1$에서 임계점을 가지며 $f(0) = \dfrac{2}{5}$,

$f(1) = \dfrac{3}{6} = \dfrac{1}{2}$, $f(k) = \dfrac{k+2}{k^2+5}$ 이므로 최댓값이 $\dfrac{1}{2}$, 최솟값이 $\dfrac{2}{5}$ 가 되기 위해서는 $\dfrac{2}{5} \le \dfrac{k+2}{k^2+5} \le \dfrac{1}{2}$ 이 성립해야 한다.

(i) $\dfrac{2}{5} \le \dfrac{k+2}{k^2+5}$ $\Leftrightarrow$ $5k+10 \ge 2k^2+10$ $\Leftrightarrow$ $2k^2-5k \le 0$ $\Leftrightarrow 0 \le k \le \dfrac{5}{2}$

(ii) $\dfrac{k+2}{k^2+5} \le \dfrac{1}{2}$ $\Leftrightarrow$ $2k+4 \le k^2+5$ $\Leftrightarrow$ $0 \le (k-1)^2$ 이므로 모든 k에 대하여 성립한다.

(iii) $0 \le x \le k$에서 $x=1$에서 최댓값 $\dfrac{1}{2}$ 이므로 $k \ge 1$이다.

(i), (ii), (iii)에 의하여 k의 최솟값은 1, 최댓값은 $\dfrac{5}{2}$ 이다. $\therefore ab = \dfrac{5}{2}$

283. 함수 $f(x) = x^2 e^{-x}$ 의 구간 $[-1, 3]$에서 최솟값과 최댓값의 합은?

284. 구간 $[2, 4]$에서 함수 $y = \sqrt[3]{x^2}$ 의 최댓값과 최솟값을 구하시오

285. 구간 $[0, 4]$에서 $f(x) = \dfrac{4x}{x^2+1}$ 의 최댓값은?

$1 \le x \le 4$에서 정의된 함수 $f(x) = 2\left(x + \dfrac{4}{x}\right)^3 - 15\left(x + \dfrac{4}{x}\right)^2 + 36\left(x + \dfrac{4}{x}\right) - 50$ 의 최댓값과

최솟값의 차는?

풀이 $t = x + \dfrac{4}{x}$ 라 치환하자. $t' = 1 - \dfrac{4}{x^2} = \dfrac{x^2 - 4}{x^2}$ 이므로 x의 범위가 $1 \le x \le 4$에서 감소하다가 $x = 2$에서 증가로 바뀐다.

따라서 t의 범위(치역의 범위)는 $4 \le t \le 5$가 된다. 따라서

$f(x) = h(t) = 2t^3 - 15t^2 + 36t - 50$ $(4 \le t \le 5)$ 이다.

$h'(t) = 6t^2 - 30t + 36 = 6(t^2 - 5t + 6) = 6(t-2)(t-3)$이 되고 $4 \le t \le 5$에서 $h(t)$는 증가만 한다.

$h(4)$, $h(5)$는 각각이 최솟값, 최댓값이 된다.

$\therefore$ 최댓값 $-$ 최솟값 $= 23$

286. 닫힌 구간 $[-3, 3]$에서 정의된 함수 $f(x) = x^2 e^{-x^2}$의 최댓값은?

287. 함수 $f(x) = \ln(x^2 + x + 1)$의 구간 $[-1, 1]$에서 최댓값을 a, 최솟값을 b라 할 때, $a - b$의 값은?

288. $1 \le x \le 3$에서 정의된 함수 $f(x) = 2\left(x - \dfrac{3}{x}\right)^3 - 15\left(x - \dfrac{3}{x}\right)^2 + 36\left(x - \dfrac{3}{x}\right) - 50$ 의 최댓값과 최솟값의 차는?

289. 함수 $f(x) = \dfrac{x^2 - xe^x}{e^{2x}}$ 가 $x = a$에서 최솟값을 가질 때, $\displaystyle\int_0^a f(x)e^x\,dx$ 의 값은?

290. 곡선 $C : 5x^2 - 4xy + 8y^2 = 36$의 최댓값을 M, 최솟값을 m 이라고 할 때 Mm의 값을 구하시오.

291. 지름이 $2\,km$ 인 원 모양의 호수가 있다. 호수의 지름의 한쪽 끝 지점 A에서 출발하여 다른 쪽 끝 지점 B까지 가려고 한다. A에서 C까지는 속력이 $10\,km/h$인 배를 타고 직선으로 간 후, 다시 C에서 B까지 호수 가장자리를 일정한 속력으로 자전거를 타고 간다고 하자. A에서 C를 거쳐 B까지 가는 데 걸리는 시간이 최대가 되는 것은 $\theta = \dfrac{\pi}{6}$ 일 때라고 하면 자전거의 속력은?

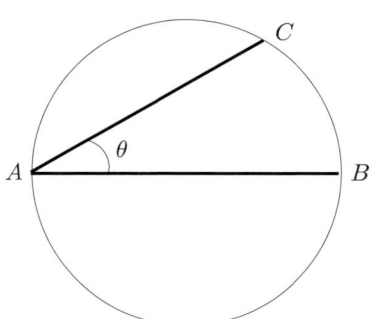

타원 $\dfrac{x^2}{a^2}+\dfrac{y^2}{b^2}=1$에 내접하는 직사각형의 최대면적을 구하시오. (단, $a>0$, $b>0$)

풀이 타원에 내접하는 "직사각형의 면적"의 최댓값을 구하는 문제이다. 1, 2, 3, 4분면에 걸쳐서 생기는 직사각형의 넓이를 1사분면의 넓이만 구해서 4배 하자. 즉, $S=4xy$ $(x>0,\ y>0)$가 구하고자 하는 식이다. 산술기하평균을 이용해서 풀이해보자.

양수 x,y,a,b에 대하여 $\dfrac{x^2}{a^2}+\dfrac{y^2}{b^2}\geq 2\sqrt{\dfrac{x^2}{a^2}\cdot\dfrac{y^2}{b^2}}\ \Leftrightarrow\ 1\geq 2\left|\dfrac{xy}{ab}\right|=\dfrac{2xy}{ab}\ \Leftrightarrow\ ab\geq 2xy$

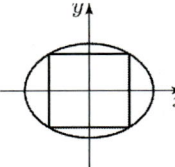

$\Leftrightarrow 2ab\geq 4xy$ 이므로 $S=4xy$ $(x>0,\ y>0)$의 최댓값은 $2ab$이다.

즉, 산술기하평균의 등호성립조건을 만족할 때 S의 최댓값을 갖는다.

[다른 풀이]

S의 미지수가 2개이므로 관계식을 통하여 미지수의 개수를 한 개로 줄여서 극대가 최댓값을 갖는 문제 유형이다. 관계식을 정리하면

$\dfrac{x^2}{a^2}+\dfrac{y^2}{b^2}=1\Leftrightarrow y^2=b^2\left(1-\dfrac{x^2}{a^2}\right)\ \ \Rightarrow\ \ y=\dfrac{b}{a}\sqrt{a^2-x^2}\ (-a\leq x\leq a, y\geq 0)$이고, 식 S에 대입하자.

$S=4x\times\dfrac{b}{a}\sqrt{a^2-x^2}=\dfrac{4b}{a}x\sqrt{a^2-x^2}\Rightarrow S'=\dfrac{4b}{a}\left(\sqrt{a^2-x^2}+x\dfrac{-2x}{2\sqrt{a^2-x^2}}\right)=\dfrac{4b}{a}\left(\dfrac{a^2-2x^2}{\sqrt{a^2-x^2}}\right)=0$을 만족하는

$x=\dfrac{a}{\sqrt{2}}$ 이고, 대응하는 $y=\dfrac{b}{\sqrt{2}}$ 이다. $x=\dfrac{a}{\sqrt{2}}$ 에서 S는 극대이자 최댓값을 갖는다. 따라서 $S=2ab$이다.

292. 곡선 $y=\sqrt{4-x^2}$ 과 x축으로 둘러싸인 부분에 내접하고 한 변이 x축에 놓여 있는 직사각형 넓이의 최댓값을 구하면?

293. 곡선 $4x^2+y^2=8$에서 정의된 함수 $f(x,y)=xy$의 최댓값과 최솟값의 곱은?

294. 곡선 $\dfrac{x^2}{4}+y^2=1$ 위에서 함수 $f(x,y)=x^3y$의 최댓값을 구하면?

필수예제 95

밑면의 반지름이 $r\,\text{cm}$, 높이가 $h\,\text{cm}$인 직원뿔에 내접하는 최대직원기둥의 체적은?

풀이 "원기둥의 부피"의 최댓값을 묻는 문제이므로 원기둥의 부피에 대한 식을 세우고 미분하여 극댓값을 구해주면 된다.

원기둥의 반지름을 x, 높이를 y라 하면 $V = x^2 y\pi$이다. 이 때 x과 y에 관한 식은 비례관계에 의해 $x : (h-y) = r : h$이므로

$y = \dfrac{rh - xh}{r} = h - \dfrac{hx}{r}$ 라 할 수 있다. 여기서 r과 h는 변수가 아니라 상수이다.

따라서 $V = \pi x^2 \left(h - \dfrac{hx}{r} \right) = \pi h \left(x^2 - \dfrac{x^3}{r} \right)$이고 $V' = \pi h \left(2x - \dfrac{3x^2}{r} \right) = \pi h x \left(2 - \dfrac{3x}{r} \right)$이고

$x = \dfrac{2r}{3}$ (이 때 $y = \dfrac{1}{3}h$) 일 때, V는 최대가 된다. $\therefore V = \pi h \left(\dfrac{4r^2}{9} - \dfrac{8r^3}{27r} \right) = \dfrac{4}{27} \pi r^2 h$

295. x축 위에 두 꼭짓점을, 그리고 포물선 $y = 12 - x^2$ 위에 두 꼭짓점을 갖는 직사각형의 넓이의 최댓값은? (단, $y > 0$)

296. 직각을 낀 두 변의 길이가 $3\,\text{cm}, 4\,\text{cm}$인 직각삼각형에 내접하는 가장 큰 직사각형의 면적은?

297. 반지름의 길이가 $\sqrt{3}$ 인 구에 내접하는 원기둥의 최대 부피는?

298. 부피가 $54\pi\,\text{cm}^3$인 원기둥 모양의 통조림 캔을 만들 때, 재료가 가장 적게 들도록 하는 밑면의 반지름 r과 높이 h에 대하여 $\dfrac{r}{h}$ 의 값은? (단, 재료의 두께는 고르다고 가정한다.)

점 P는 곡선 $x^2 - xy + y^2 = 1$ 위의 점이고 점 Q는 직선 $y = 2x - 4$ 위의 점이다. 두 점 P와 Q사이의 거리의 최솟값은?

[풀이] 기울기가 2인 직선과 주어진 곡선과의 거리가 최소 또는 최대가 되는 점은 곡선의 미분계수가 2가 되는 점이다.

곡선 $f : x^2 - xy + y^2 - 1 = 0$를 음함수 미분법에 의해서 미분계수가 2인 점을 구하자.

$$\frac{dy}{dx} = -\frac{f_x}{f_y} = -\frac{2x-y}{-x+2y} = 2 \Leftrightarrow 2x - y = 2x - 4y \Rightarrow y = 0 \text{이다.}$$

이를 f에 대입하면 $x^2 = 1$이고 점 P는 $(-1, 0)$, $(1, 0)$이다. 따라서 PQ의 거리는 직선과 점과의 거리 공식을 이용하자.

직선 $2x - y - 4 = 0$과 $(-1, 0)$ 사이의 거리 $d_1 = \frac{|-2-4|}{\sqrt{4+1}} = \frac{6}{\sqrt{5}} = \frac{6\sqrt{5}}{5}$ 이고,

직선 $2x - y - 4 = 0$과 $(1, 0)$ 사이의 거리 $d_2 = \frac{|2-4|}{\sqrt{4+1}} = \frac{2}{\sqrt{5}} = \frac{2\sqrt{5}}{5}$ 이다. 따라서 최솟값은 $\frac{2\sqrt{5}}{5}$ 이다.

299. 점 $(5, -1)$에서 곡선 $y = x^2$ 위의 점까지의 거리 중 최단거리는?

300. 점 P는 포물선 $y = x^2 + 2$ 위의 점이고, 점 Q는 직선 $y = 2x - 1$ 위의 점이다. 두 점 P, Q사이의 거리의 최솟값은?

301. 포물선 $y = 3x^2 - 6x + 15$와 직선 $y = ax + b$가 두 점 A, B에서 만난다. 점 P가 포물선 상의 AB 위에 위치할 때, $\triangle PAB$의 넓이가 최대가 되는 P의 x좌표는?

302. $f(x) = \ln x$, $g(x) = e^x$일 때 두 곡선 간 거리의 최솟값은?

303. 영역 $D = \{(x, y) | (x-1)^2 + (y-1)^2 \leq 1\}$ 위에서 정의된 함수 $f(x, y) = \dfrac{1}{\sqrt{x^2 + y^2}}$ 의 최댓값과 최솟값의 합은?

선배들의 이야기 ++

편입스펙
한국교통대 (토목공학과) / 학점 4.19/4.5 / 토익 675 / 편입재수

합격 대학
한양대 (건설환경공학과) / 성균관대 (건설환경공학과) / 시립대 (토목공학과/일반/예비8)

개념, 그리고 n회독이 정말 중요합니다

수학은 정말 범위가 넓어요. 그래서 개념을 까먹지 않게 계속 반복하는 게 진짜 정말 엄청 중요해요!! 아름쌤 커리큘럼에는 복습할 수 있는 강의들이 많이 있어요. 이를 이용하면서 스스로 복습하면 정말 많은 도움이 될 것이에요. 제발 인강러들이 진도 빼는 데에만 급급해서 복습을 미루는 사태가 나지 않았으면 좋겠어요.

저는 정말 1년 동안 개념강의-복습을 11월 말까지 하였고 12월부터는 기출만 계속 돌렸어요. 이렇게 해도 원하는 대학에 붙을 만큼 아름쌤의 개념 책이 너무 좋고, n회독이 너무 중요하다는 걸 알아줬으면 좋겠어요. n회독 방법은 다양하겠지만 저는 목차 순서대로 개념이 떠오를 수 있게 하였고 대표문제들도 같이 정리하는 방법을 택했어요. 그러다 보니 문제를 보면 '이건 어느부분 개념이다' 라는 걸 바로바로 인지할 수 있게 n회독을 하였어요. 이러한 방법으로 추후에 처음 보는 문제를 접하였을 때 헤매지 않고 무조건 이 개념으로 푸는 거라고 생각할 수 있어서 시간을 절약할 수 있었어요.

영어를 넘어 수학에 자신감 있는 것이 포인트

영어는 연말까지 틈틈이 단어만 외웠어요. 정병권 T의 V101, V201, V301만 모바일로 반복해서 외우기만 했어요. 12월 중순부터 성대 한양대만 영어기출 풀고 인강으로 팁 같은 것 듣고 해서 막판 감만 만들어 갔어요. 솔직히 말하면 제 방법이 맞는지 틀린지는 모르겠어요. 다만 조금 아쉬웠던 건 영어를 할 거라면 꾸준히 독해도 하는 게 더 낫다고 생각해요.

저는 그냥 운 좋게 한양대 영어가 기존과는 다르게 좀 쉽게 나와서 운이 따라줬던 것 같아요. 기출 풀 때는 정말 어려웠거든요. 그리고 저는 전년도에 이미 경험을 해봐서 수학에 자신 있게 시험에 임하는 게 정신적으로도 도움이 많이 된다 생각해서 그러기 위해 선택적으로 영어의 비중을 줄이고 수학에 투자했어요.

스스로 선택한 만큼 결과를 위해 책임을 다해봅시다!

공부하면서 안 힘든 사람은 없을 거예요. 중간마다 포기하고 싶은 순간이 있을 텐데 꾹 참고 버텨내다 보면 좋은 기회가 분명 찾아올 것이라고 장담해요. 자연계 편입은 끝까지 완주하는 사람이면 뭐든 할 수 있을 거예요. 우리 다 성인이잖아요! 스스로 선택한 만큼 자신이 처음 꿈꿔온 결과를 위해 책임을 다합시다!! 아름매스 파이팅!!

p.s. 한아름 선생님, 그동안 정말 감사했습니다. 한 번도 직접 뵌 적은 없지만 인강도 늘 현강처럼 대해주셔서 내적친밀감이 엄청나네요!

깔끔한 커리큘럼과 이해하기 쉬운 수업 덕분에 해낸 것 같습니다. 온라인클래스도 서로 응원하는 분위기여서 너무 힘이 났습니다. 정말 좋은 프로그램이에요!

- 양○원 (성균관대학교 건설환경공학과)

03 | 미분 응용

적분 응용

04 적분 응용

1 이상적분

앞에서 정적분 $\int_a^b f(x)\,dx$ 는 유한구간 $[a, b]$ 에서 유한의 함숫값을 갖는 함수 $f(x)$ 에 대한 적분만을 다루었다.

이상적분이라는 것은 적분구간이 무한대까지인 경우 또는 함숫값이 무한대가 되는 경우에 대한 적분을 말하는 것이다. 이상적분을 두 가지의 형태로 구별해서 정리해보자.

1 무한구간에서 적분

무한구간에서의 적분은 다음과 같이 유한구간에서 정적분의 극한으로 정의한다.

(1) $\displaystyle \int_a^\infty f(x)\,dx = \lim_{t\to\infty}\int_a^t f(x)\,dx$

(2) $\displaystyle \int_{-\infty}^b f(x)\,dx = \lim_{t\to-\infty}\int_t^b f(x)\,dx$

(3) $\displaystyle \int_{-\infty}^\infty f(x)\,dx = \int_{-\infty}^a f(x)\,dx + \int_a^\infty f(x)\,dx = \lim_{t\to-\infty}\int_t^{a^-} f(x)\,dx + \lim_{s\to\infty}\int_{a^+}^s f(x)\,dx$

극한값이 존재하면 이상적분은 수렴(converge)한다고 하고, 존재하지 않으면 발산(diverge)한다고 한다.

2 불연속함수의 적분

적분 구간의 양 끝 또는 내부에서 불연속점을 갖는 함수, 즉 특이점이 존재하는 함수에 대한 정적분을 다음과 같이 정의한다.

(1) 함수 f 가 구간 $[a, b)$ 에서 연속이고, $x = b$ 에서 특이점이 존재할 때, $\displaystyle \int_a^b f(x)\,dx = \lim_{t\to b^-}\int_a^t f(x)\,dx$

(2) 함수 f 가 구간 $(a, b]$ 에서 연속이고, $x = a$ 에서 특이점이 존재할 때, $\displaystyle \int_a^b f(x)\,dx = \lim_{t\to a^+}\int_t^b f(x)\,dx$

(3) 함수 f 가 $c\,(a < c < b)$ 에서 특이점이 존재할 때,

$$\int_a^b f(x)\,dx = \int_a^{c^-} f(x)\,dx + \int_{c^+}^b f(x)\,dx = \lim_{t\to c^-}\int_a^t f(x)\,dx + \lim_{s\to c^+}\int_s^b f(x)\,dx$$

극한값이 존재하면 이상적분은 수렴(converge)한다고 하고, 존재하지 않으면 발산(diverge)한다고 한다.

필수예제 97

다음 이상적분의 값을 구하시오

(1) $\displaystyle\int_0^\infty \frac{1}{e^x+1}dx$

(2) $\displaystyle\int_0^\infty \frac{20x}{(x^2+1)(3x+1)}dx$

풀이 (1) $e^x=t$로 치환하면 $x=\ln t$이고, $dx=\dfrac{1}{t}dt$이다.

$$\int_0^\infty \frac{1}{e^x+1}dx = \int_1^\infty \frac{1}{t+1}\cdot\frac{1}{t}dt = \int_1^\infty \frac{-1}{t+1}+\frac{1}{t}dt$$

$$= \lim_{s\to\infty}\int_1^s\left(\frac{1}{t}-\frac{1}{t+1}\right)dt = \lim_{s\to\infty}\left[\ln(t)-\ln(t+1)\right]_1^s$$

$$= \lim_{s\to\infty}\left[\ln\frac{t}{t+1}\right]_1^s = \lim_{s\to\infty}\left(\ln\frac{s}{s+1}-\ln\frac{1}{2}\right)$$

$$= \ln 1 - \ln\frac{1}{2} = \ln 2$$

(2) 유리함수 형태의 적분이므로 분모가 인수분해 되면 부분분수로 만들어서 적분한다.

$$\int_0^\infty \frac{20x}{(x^2+1)(3x+1)}dx = \int_0^\infty\left(\frac{-6}{3x+1}+\frac{2x+6}{x^2+1}\right)dx$$

$$= \lim_{t\to\infty}\int_0^t\left(\frac{-6}{3x+1}+\frac{2x}{x^2+1}+\frac{6}{x^2+1}\right)dx$$

$$= \lim_{t\to\infty}\left[-2\ln|3x+1|+\ln(x^2+1)+6\tan^{-1}x\right]_0^t$$

$$= \lim_{t\to\infty}\left\{\ln\frac{t^2+1}{(3t+1)^2}+6\tan^{-1}t\right\} = \ln\frac{1}{9}+3\pi = -2\ln 3 + 3\pi$$

304. 다음 이상적분의 값을 구하시오.

(1) $\displaystyle\int_0^\infty e^{-3x}dx$

(2) $\displaystyle\int_0^\infty xe^{-x^2}dx$

(3) $\displaystyle\int_{-\infty}^\infty \frac{dx}{x^2+4x+6}$

(4) $\displaystyle\int_0^\infty \frac{1}{\left(x^2+1\right)^2}dx$

(5) $\displaystyle\int_{-\frac{2}{3}}^\infty \frac{dx}{4x^2-4x+10}$

(6) $\displaystyle\int_{e^4}^\infty \frac{dx}{x\ln x\left(\ln\ln x\right)^3}$

다음 이상적분의 값을 구하시오

(1) $\int_0^5 \dfrac{1}{\sqrt{|x-1|}}\,dx$

(2) $\int_{-1}^1 \dfrac{1}{x^2}\,dx$

풀이 (1) 절댓값의 핵심은 구간을 나눌 수 있어야 한다.

$|x-1| = \begin{cases} 1-x & (x-1<0) \\ x-1 & (x-1 \geq 0) \end{cases}$ 이므로 피적분함수의 구간을 분할하고 절댓값을 정리해서 적분할 수 있다.

$$\int_0^5 \frac{1}{\sqrt{|x-1|}}\,dx = \lim_{s \to 1^-}\int_0^s \frac{1}{\sqrt{1-x}}\,dx + \lim_{t \to 1^+}\int_t^5 \frac{1}{\sqrt{x-1}}\,dx$$

$$= \lim_{s \to 1^-}\left[-2\sqrt{1-x}\,\right]_0^s + \lim_{t \to 1^+}\left[2\sqrt{x-1}\,\right]_t^5$$

$$= \lim_{s \to 1^-}(-2\sqrt{1-s}+2) + \lim_{t \to 1^+}(4-2\sqrt{t-1}) = 2+4 = 6$$

(2) $x=0$에서 특이점이 존재하는 함수이므로 구간을 분할해서 적분해야 한다.

$$\int_{-1}^1 \frac{1}{x^2}\,dx = \lim_{a \to 0^-}\int_{-1}^a \frac{1}{x^2}\,dx + \lim_{b \to 0^+}\int_b^1 \frac{1}{x^2}\,dx = \lim_{a \to 0^-}\left[-\frac{1}{x}\right]_{-1}^a + \lim_{b \to 0^+}\left[-\frac{1}{x}\right]_b^1$$

$$= \lim_{a \to 0^-}\left[-\frac{1}{a}-1\right] + \lim_{b \to 0^+}\left[-1+\frac{1}{b}\right] = \infty + \infty - 2 \text{ 이므로 따라서 적분값은 존재하지 않는다.}$$

305. 다음 이상적분의 값을 구하시오.

(1) $\int_0^1 x\ln x\,dx$

(2) $\int_0^1 x^2\ln x\,dx$

(3) $\int_0^1 (\ln x)^2\,dx$

(4) $\int_0^3 \dfrac{dx}{(x-1)^{\frac{2}{3}}}$

306. 이상적분 $\int_0^2 \left(2x\sin\dfrac{1}{x^2} - \dfrac{2}{x}\cos\dfrac{1}{x^2}\right)dx$ 의 값은?

필수예제 99

다음 이상적분이 수렴하기 위한 p의 조건을 구하시오.

(1) $\displaystyle\int_1^\infty \frac{1}{x^p}\,dx$

(2) $\displaystyle\int_e^\infty \frac{1}{x(\ln x)^p}\,dx$

(3) $\displaystyle\int_{e^e}^\infty \frac{1}{x\ln x(\ln(\ln x))^p}\,dx$

(4) $\displaystyle\int_e^\infty \frac{\ln x}{x^p}\,dx$

풀이 위 4개의 이상적분은 $p>1$일 때 수렴한다. 피적분 함수의 형태를 암기하자.

(1) $p=1$이면 $\displaystyle\lim_{t\to\infty}\int_1^t \frac{1}{x}\,dx = \lim_{t\to\infty}\{\ln|t| - \ln 1\} = \infty$

$p\neq 1$이면 $\displaystyle\int_1^\infty \frac{1}{x^p}\,dx = \lim_{t\to\infty}\int_1^t x^{-p}\,dx = \frac{1}{1-p}\lim_{t\to\infty}\left[x^{1-p}\right]_1^t = \frac{\lim\limits_{t\to\infty}t^{1-p} - 1}{1-p}$

(i) $1-p>0$이면 $\displaystyle\lim_{t\to\infty}t^{1-p} = \infty$이다.

(ii) $1-p<0$이면 $\displaystyle\lim_{t\to\infty}t^{1-p} = \lim_{t\to\infty}\frac{1}{t^{p-1}} = 0$이다.

(i), (ii)에 의해서 $p>1$이면 $\displaystyle\int_1^\infty \frac{1}{x^p}\,dx = \frac{-1}{1-p} = \frac{1}{p-1}$로 수렴한다.

(2) $\ln x = t <_1^\infty$ 로 치환하면 $\frac{1}{x}\,dx = dt$이다. 이렇게 치환을 하면 (1)과 동일한 형태가 된다.

$\displaystyle\int_e^\infty \frac{1}{x(\ln x)^p}\,dx = \int_1^\infty \frac{1}{t^p}\,dt \ \Rightarrow \ $ (1)에 의해서 $p>1$일 때 수렴한다.

(3) $\ln(\ln x) = t <_1^\infty$ 로 치환하면 $\frac{1}{x\ln x}\,dx = dt$이다. 이렇게 치환을 하면 (1)과 동일한 형태가 된다.

$\displaystyle\int_{e^3}^\infty \frac{1}{x\ln x(\ln(\ln x))^p}\,dx = \int_1^\infty \frac{1}{t^p}\,dt \ \Rightarrow \ $ (1)에 의해서 $p>1$일 때 수렴한다.

(4) $p=1$ 이면 $\displaystyle\lim_{t\to\infty}\int_e^t \frac{\ln x}{x}\,dx = \frac{1}{2}\lim_{t\to\infty}\left[(\ln x)^2\right]_e^t = \frac{1}{2}\lim_{t\to\infty}\left[(\ln t)^2 - 1\right] = \infty$

$p\neq 1$이면 $\displaystyle\lim_{t\to\infty}\int_e^t x^{-p}\ln x\,dx = \lim_{t\to\infty}\left\{\frac{1}{1-p}\left[x^{1-p}\ln x\right]_e^t - \frac{1}{(1-p)^2}\left[x^{1-p}\right]_e^t\right\}$ ($\because$부분적분 공식을 적용)

$\displaystyle = \lim_{t\to\infty}\left\{\frac{1}{1-p}\left[t^{1-p}\ln t - e^{1-p}\right] - \frac{1}{(1-p)^2}\left[t^{1-p} - e^{1-p}\right]\right\} = \lim_{t\to\infty}\left\{\frac{t^{1-p}\{(1-p)\ln t - 1\}}{(1-p)^2} - e^{1-p}\frac{(1-p)-1}{(1-p)^2}\right\}$

(i) $1-p>0$이면 $\displaystyle\lim_{t\to\infty}t^{1-p}\{(1-p)\ln t - 1\} = \infty$

(ii) $1-p<0$이면 $\displaystyle\lim_{t\to\infty}t^{1-p}\{(1-p)\ln t - 1\}$

$\displaystyle = \lim_{t\to\infty}\frac{(1-p)\ln t - 1}{t^{-1+p}}\left(\frac{\infty}{\infty}\right) = \lim_{t\to\infty}\frac{(1-p)t^{-1}}{(-1+p)t^{-2+p}} = \lim_{t\to\infty}\frac{(1-p)}{(-1+p)t^{-1+p}} = 0$

따라서 $1-p<0 \Leftrightarrow p>1$일 때, $\displaystyle\int_e^\infty \frac{\ln x}{x^p}\,dx$는 수렴한다.

다음 이상적분이 수렴하기 위한 p의 조건을 구하시오.

(1) $\displaystyle\int_0^1 \frac{1}{x^p}\,dx$

(2) $\displaystyle\int_1^e \frac{1}{x(\ln x)^p}\,dx$

(3) $\displaystyle\int_e^{e^e} \frac{1}{x\ln x(\ln(\ln x))^p}\,dx$

(4) $\displaystyle\int_0^1 \frac{\ln x}{x^p}\,dx$

풀이 위 4개의 이상적분은 $p<1$일 때 수렴한다. 피적분 함수의 형태를 암기하자.

(1) $p=1$이면 $\displaystyle\lim_{t\to 0}\int_t^1 \frac{1}{x}\,dx = \lim_{t\to 0}\{\ln 1 - \ln|t|\} = \infty$

$p\neq 1$이면 $\displaystyle\int_0^1 \frac{1}{x^p}\,dx = \lim_{t\to 0}\int_t^1 x^{-p}\,dx = \frac{1}{1-p}\lim_{t\to 0}[x^{1-p}]_t^1 = \frac{1-\lim_{t\to 0}t^{1-p}}{1-p}$

(i) $1-p>0$이면 $\displaystyle\lim_{t\to 0}t^{1-p}=0$이다.

(ii) $1-p<0$이면 $\displaystyle\lim_{t\to 0}t^{1-p} = \lim_{t\to 0}\frac{1}{t^{p-1}} = \infty$ 이다.

(i), (ii)에 의해서 $p<1$이면 $\displaystyle\int_0^1 \frac{1}{x^p}\,dx$는 수렴한다.

(2) $\ln x = t <_0^1$로 치환하면 $\dfrac{1}{x}\,dx = dt$이다. 이렇게 치환을 하면 (1)과 동일한 형태가 된다.

$\displaystyle\int_1^e \frac{1}{x(\ln x)^p}\,dx = \int_0^1 \frac{1}{t^p}\,dt \qquad \Rightarrow \qquad$ (1)에 의해서 $p<1$일 때 수렴한다.

(3) $\ln(\ln x) = t <_0^1$로 치환하면 $\dfrac{1}{x\ln x}\,dx = dt$이다. 이렇게 치환을 하면 (1)과 동일한 형태가 된다.

$\displaystyle\int_e^{e^e} \frac{1}{x\ln x(\ln(\ln x))^p}\,dx = \int_0^1 \frac{1}{t^p}\,dt \qquad \Rightarrow \qquad$ (1)에 의해서 $p<1$일 때 수렴한다.

(4) $p=1$ 이면 $\displaystyle\lim_{t\to 0^+}\int_t^1 \frac{\ln x}{x}\,dx = \frac{1}{2}\lim_{t\to 0^+}[(\ln x)^2]_t^1 = \frac{1}{2}\lim_{t\to 0^+}[\ln 1 - (\ln t)^2] = -\infty$

$p\neq 1$이면 $\displaystyle\lim_{t\to 0}\int_t^1 x^{-p}\ln x\,dx = \lim_{t\to 0}\left\{\frac{1}{1-p}[x^{1-p}\ln x]_t^1 - \frac{1}{(1-p)^2}[x^{1-p}]_t^1\right\}$ ($\because$ 부분적분 공식을 적용)

$\displaystyle= \lim_{t\to\infty}\left\{\frac{1}{1-p}[-t^{1-p}\ln t] - \frac{1}{(1-p)^2}[1-t^{1-p}]\right\} = \lim_{t\to 0^+}\left\{\frac{-1}{(1-p)^2}[t^{1-p}((1-p)\ln t - 1)] - \frac{1}{(1-p)^2}\right\}$

(i) $1-p>0$이면 $\displaystyle\lim_{t\to 0^+}t^{1-p}\{(1-p)\ln t - 1\} = \lim_{t\to 0^+}\frac{(1-p)\ln t - 1}{t^{-1+p}}\left(\frac{\infty}{\infty}\right) = \lim_{t\to 0^+}\frac{(1-p)t^{-1}}{(-1+p)t^{-2+p}} = \lim_{t\to 0^+}\frac{(1-p)t^{1-p}}{(-1+p)} = 0$

(ii) $1-p<0$ 이면 $\displaystyle\lim_{t\to 0^+}t^{1-p}\{(1-p)\ln t - 1\} = \infty$

따라서 $1-p>0 \Leftrightarrow p<1$일 때, $\displaystyle\int_0^1 \frac{\ln x}{x^p}\,dx$는 수렴한다.

필수 예제 101

다음 이상적분 $\int_0^\infty \left(\dfrac{x}{x^2+1} - \dfrac{C}{3x+1} \right) dx$ 가 수렴하는 C에 대하여 C와 그 적분값을 각각 구하시오.

풀이

$$\int_0^\infty \left(\dfrac{x}{x^2+1} - \dfrac{C}{3x+1} \right) dx = \lim_{t\to\infty} \int_0^t \left(\dfrac{x}{x^2+1} - \dfrac{C}{3x+1} \right) dx$$

$$= \lim_{t\to\infty} \left[\dfrac{1}{2}\ln(x^2+1) - \dfrac{C}{3}\ln|3x+1| \right]_0^t = \lim_{t\to\infty} \left[\ln \dfrac{\sqrt{x^2+1}}{|3x+1|^{\frac{C}{3}}} \right]_0^t$$

$$= \ln\left(\lim_{t\to\infty} \dfrac{\sqrt{t^2+1}}{|3t+1|^{\frac{C}{3}}} \right) - \ln 1 = \ln\dfrac{1}{3} \quad \left(\because \lim_{t\to\infty} \dfrac{\sqrt{t^2+1}}{(3t+1)^{\frac{C}{3}}} = \begin{cases} \dfrac{1}{3} & (C=3) \\ 0 & (C>3) \\ \infty & (C<3) \end{cases} \right)$$

이상적분이 수렴하려면 $\ln$ 안의 분수가 같은 차수여야 하므로 $\dfrac{C}{3}=1$이어야 한다. 따라서 $C=3$이고, 적분값은 $\ln\dfrac{1}{3}$이다.

307. 다음 이상적분 $\int_0^\infty \left(\dfrac{1}{\sqrt{x^2+4}} - \dfrac{C}{x+2} \right) dx$ 가 수렴하는 C에 대하여 C와 그 적분값을 각각 구하시오.

308. 다음 이상적분 $\int_0^1 x^p \ln x \, dx$ 가 수렴하기 위한 p의 조건을 구하시오.

309. 다음 이상적분의 수렴성을 판정하시오.

(1) $\displaystyle\int_2^\infty \dfrac{1}{\sqrt[3]{x-1}} dx$

(2) $\displaystyle\int_1^\infty \dfrac{1}{(2x+1)^3} dx$

(3) $\displaystyle\int_2^4 \dfrac{1}{\sqrt[3]{x-2}} dx$

(4) $\displaystyle\int_0^3 \dfrac{dx}{(x-1)^{\frac{2}{3}}}$

(5) $\displaystyle\int_0^3 \dfrac{dx}{(x-1)^2}$

(6) $\displaystyle\int_0^2 x^2 \ln x \, dx$

3 이상적분의 비교판정법

이상적분의 정확한 값을 구하는 것이 불가능할 때 수렴성을 묻고자 한다면 비교판정을 통해서 확인할 수 있다.

(1) 구간 $a \leq x < \infty$ 에서 연속함수인 $f(x), g(x)$ 에 대하여 $0 \leq f(x) \leq g(x)$ 를 만족할 때,

$0 \leq \int_a^\infty f(x)dx \leq \int_a^\infty g(x)dx$ 가 성립한다. 따라서

① $\int_a^\infty g(x)\, dx$ 가 수렴하면 $\int_a^\infty f(x)\, dx$ 도 수렴한다.

② $\int_a^\infty f(x)\, dx$ 가 발산하면 $\int_a^\infty g(x)\, dx$ 도 발산한다.

(2) m차 다항식 $p(x) = x^m + \cdots$, n차 다항식 $q(x) = x^n + \cdots$ 에 대하여 $\int_a^\infty \frac{p(x)}{q(x)}\, dx$ 이 무한구간에

대한 이상적분일 때 (즉, 적분구간에서 특이점이 존재하지 않는다.) 다음과 같이 비교판정을 할 수 있다.

$$\int_a^\infty \frac{p(x)}{q(x)}\, dx = \int_a^\infty \frac{x^m + \cdots}{x^n + \cdots}\, dx < \int_a^\infty \frac{x^m + \cdots}{x^n}\, dx < \int_a^\infty \frac{k\,x^m}{x^n}\, dx = k\int_a^\infty \frac{1}{x^{n-m}}\, dx$$

$n - m > 1 \Leftrightarrow n > m + 1$ 이면 $\int_a^\infty \frac{1}{x^{n-m}}\, dx$ 이 수렴하므로

$$\int_a^\infty \frac{p(x)}{q(x)}\, dx = \int_a^\infty \frac{x^m + \cdots}{x^n + \cdots}\, dx$$ 이 수렴하기 위한 조건은 $n > m + 1$ 이 성립하면 된다.

(3) 특이점이 존재하는 경우 특이점에서 테일러 급수를 이용해서 비교판정할 수 있다.

(4) 적분 구간에 이상적분이 되는 요인이 두 가지가 존재한다면 적분 구간을 나눠서 생각해야 한다.

ex) $\int_0^\infty \frac{1}{\sqrt{x}\,(1+x)}dx = \int_0^1 \frac{1}{\sqrt{x}\,(1+x)}\, dx + \int_1^\infty \frac{1}{\sqrt{x}\,(1+x)}\, dx$

(5) 적분이 가능한 함수라면 적분을 통해서 수렴성을 판정할 수 있다.

필수예제 102

다음 이상적분 중 수렴하는 것을 고르시오.

(1) $\displaystyle\int_1^\infty \frac{1}{x+x^2}\,dx$

(2) $\displaystyle\int_2^\infty \frac{x^2}{\sqrt{x^5-1}}\,dx$

(3) $\displaystyle\int_1^\infty \frac{\cos^4 x}{x^3+1}\,dx$

(4) $\displaystyle\int_1^\infty \frac{e+\sin x}{\pi\sqrt{x}}\,dx$

(5) $\displaystyle\int_1^\infty \frac{1}{x+e^{2x}}\,dx$

(6) $\displaystyle\int_1^\infty \frac{1-e^{-x}}{x}\,dx$

풀이

(1) $\displaystyle\int_1^\infty \frac{1}{x+x^2}\,dx < \int_1^\infty \frac{1}{x^2}\,dx$이 성립하고,

$\displaystyle\int_1^\infty \frac{1}{x^2}\,dx$가 수렴하므로 비교판정에 의해서 $\displaystyle\int_1^\infty \frac{1}{x+x^2}\,dx$도 수렴한다.

(2) $\displaystyle\int_2^\infty \frac{x^2}{\sqrt{x^5-1}}\,dx > \int_2^\infty \frac{x^2}{\sqrt{x^5}}\,dx = \int_2^\infty \frac{1}{\sqrt{x}}\,dx$가 성립하고,

$\displaystyle\int_2^\infty \frac{1}{\sqrt{x}}\,dx$가 발산하므로 비교판정법에 의하여 $\displaystyle\int_2^\infty \frac{x^2}{\sqrt{x^5-1}}\,dx$도 발산한다.

(3) $[1,\infty]$에서 $\dfrac{\cos^4 x}{x^3+1} \le \dfrac{1}{x^3+1} < \dfrac{1}{x^3}$ $\Rightarrow$ $\displaystyle\int_1^\infty \frac{\cos^4 x}{x^3+1}\,dx < \int_1^\infty \frac{1}{x^3}\,dx$가 성립하고,

$\displaystyle\int_1^\infty \frac{1}{x^3}\,dx$가 수렴하므로 비교판정법에 의하여 $\displaystyle\int_1^\infty \frac{\cos^4 x}{x^3+1}\,dx$도 수렴한다.

(4) $-1 \le \sin x \le 1 \Leftrightarrow e-1 \le e+\sin x \le e+1$ 이므로 $\displaystyle\int_1^\infty \frac{e-1}{\pi\sqrt{x}}\,dx \le \int_1^\infty \frac{e+\sin x}{\pi\sqrt{x}}\,dx$ 이고

$\displaystyle\int_1^\infty \frac{e-1}{\pi\sqrt{x}}\,dx = \frac{e-1}{\pi}\int_1^\infty \frac{1}{\sqrt{x}}\,dx$는 발산하므로 비교판정법에 의하여 $\displaystyle\int_1^\infty \frac{e+\sin x}{\pi\sqrt{x}}\,dx$도 발산한다.

(5) $\displaystyle\int_1^\infty \frac{1}{x+e^{2x}}\,dx < \int_1^\infty \frac{1}{x}\,dx$: 발산 (판정불가)

$\displaystyle\int_1^\infty \frac{1}{x+e^{2x}}\,dx < \int_1^\infty \frac{1}{e^{2x}}\,dx$ 이고 $\displaystyle\int_1^\infty \frac{1}{e^{2x}}\,dx = \lim_{t\to\infty}\left[-\frac{1}{2}e^{-2x}\right]_1^t = \frac{1}{2}e^{-2}$

: 수렴이므로 비교판정법에 의하여 주어진 이상적분 $\displaystyle\int_1^\infty \frac{1}{x+e^{2x}}\,dx$도 수렴한다.

(6) $1 \le x < \infty$일 때, $-\infty < -x \le -1$ $\Rightarrow$ $0 < e^{-x} \le e^{-1} = \dfrac{1}{e}$ $\Rightarrow$ $-\dfrac{1}{e} \le -e^{-x} < 0$

$\Rightarrow 0 < 1-e^{-1} \le 1-e^{-x} < 1$ $\Rightarrow \dfrac{1-e^{-1}}{x} \le \dfrac{1-e^{-x}}{x} < \dfrac{1}{x}$

$\Rightarrow 0 < \displaystyle\int_1^\infty \frac{1-e^{-1}}{x}\,dx \le \int_1^\infty \frac{1-e^{-x}}{x}\,dx < \int_1^\infty \frac{1}{x}\,dx$

$\displaystyle\int_1^\infty \frac{1-e^{-1}}{x}\,dx$가 발산이므로 $\displaystyle\int_1^\infty \frac{1-e^{-x}}{x}$도 발산한다.

필수 예제 103

다음 이상적분 중 수렴하는 것을 고르시오.

(1) $\displaystyle\int_0^1 \frac{e^{-x}}{x^2}\,dx$ 　　(2) $\displaystyle\int_0^{\frac{\pi}{2}} \frac{\sin x}{x}\,dx$ 　　(3) $\displaystyle\int_0^{\frac{\pi}{2}} \frac{1}{x\sin x}\,dx$ 　　(4) $\displaystyle\int_0^1 \frac{\sin x}{x^{3/2}}\,dx$

(5) $\displaystyle\int_0^1 \frac{\cos x}{x}\,dx$ 　　(6) $\displaystyle\int_0^1 \frac{1-\cos x}{x^2}\,dx$ 　　(7) $\displaystyle\int_0^3 \frac{1}{x^2+4x-5}\,dx$ 　　(8) $\displaystyle\int_0^1 \frac{1}{x\sqrt{x}+\sqrt{x}}\,dx$

풀이

(1) 구간 $[0, 1]$에서 $\displaystyle\int_0^1 \frac{e^{-1}}{x^2}\,dx \leq \int_0^1 \frac{e^{-x}}{x^2}\,dx \leq \int_0^1 \frac{1}{x^2}\,dx$가 성립하고 $\displaystyle\int_0^1 \frac{e^{-1}}{x^2}\,dx$는 발산하므로

비교판정법에 의하여 $\displaystyle\int_0^1 \frac{e^{-x}}{x^2}\,dx$도 발산한다.

(2) 구간 $\left[0, \dfrac{\pi}{2}\right]$에서 $0 < \sin x \leq x$이므로 $\displaystyle\int_0^{\frac{\pi}{2}} \frac{\sin x}{x}\,dx \leq \int_0^{\frac{\pi}{2}} \frac{x}{x}\,dx = \frac{\pi}{2}$ 가 수렴하고

비교판정법에 의해서 주어진 이상적분 $\displaystyle\int_0^{\frac{\pi}{2}} \frac{\sin x}{x}\,dx$는 수렴한다.

(3) 구간 $\left[0, \dfrac{\pi}{2}\right]$에서 $\sin x \leq x$이므로 $\displaystyle\int_0^{\frac{\pi}{2}} \frac{1}{x\sin x}\,dx \geq \int_0^{\frac{\pi}{2}} \frac{1}{x^2}\,dx$ 가 성립하고, $\displaystyle\int_0^{\frac{\pi}{2}} \frac{1}{x^2}\,dx$ 이 발산하므로

비교판정법에 의해 주어진 이상적분 $\displaystyle\int_0^{\frac{\pi}{2}} \frac{1}{x\sin x}\,dx$도 발산한다.

(4) $\displaystyle\int_0^1 \frac{\sin x}{x\sqrt{x}}\,dx < \int_0^1 \frac{x}{x\sqrt{x}}\,dx = \int_0^1 \frac{1}{\sqrt{x}}\,dx$가 수렴하므로 비교판정법에 의해 $\displaystyle\int_0^1 \frac{\sin x}{x\sqrt{x}}\,dx$도 수렴한다.

(5) $[0, 1]$에서 $\cos 1 < \cos x < 1$이므로 $\displaystyle\int_0^1 \frac{\cos 1}{x}\,dx < \int_0^1 \frac{\cos x}{x}\,dx$이 성립하고 $\displaystyle\int_0^1 \frac{\cos 1}{x}\,dx$ 가 발산하므로

비교판정법에 의해서 $\displaystyle\int_0^1 \frac{\cos x}{x}\,dx$도 발산한다.

(6) $[0, 1]$에서 $1-\cos x < 1-\left(1-\dfrac{1}{2!}x^2\right) = \dfrac{1}{2}x^2$이므로

$\displaystyle\int_0^1 \frac{1-\cos x}{x^2}\,dx < \int_0^1 \frac{\frac{1}{2}x^2}{x^2}\,dx = \frac{1}{2}$ 로 우변이 수렴하므로 비교판정법에 의해서 $\displaystyle\int_0^1 \frac{1-\cos x}{x^2}\,dx$도 수렴한다.

(7) $\displaystyle\int_0^3 \frac{1}{x^2+4x-5}\,dx = \int_0^3 \frac{1}{(x-1)(x+5)}\,dx = \frac{1}{6}\int_0^3 \frac{1}{x-1}\,dx - \frac{1}{6}\int_0^3 \frac{1}{x+5}\,dx$이고

정적분 $\displaystyle\int_0^3 \frac{1}{x+5}\,dx$는 유한의 값을 가지므로 수렴하고, $\displaystyle\int_0^3 \frac{1}{x-1}\,dx$는 발산한다. 따라서 주어진 이상적분은 발산한다.

(8) $\displaystyle\int_0^1 \frac{1}{x\sqrt{x}+\sqrt{x}}\,dx = \int_0^1 \frac{1}{\sqrt{x}\,(x+1)}\,dx$이고 구간 $[0,1]$에서 $g(x) = \dfrac{1}{x+1}$ 는 유한의 함숫값을 갖고

즉, $\dfrac{1}{2} \leq g(x) \leq 1$이고, $\dfrac{1}{2}\displaystyle\int_0^1 \frac{1}{\sqrt{x}}\,dx < \int_0^1 \frac{1}{\sqrt{x}\,(x+1)}\,dx < \int_0^1 \frac{1}{\sqrt{x}}\,dx$이므로 비교판정에 의해서 수렴한다.

필수예제 104

다음 이상적분 $\int_0^\infty \dfrac{1}{\sqrt{x}\,(1+x)}\,dx$ 의 수렴판정을 하시오.

풀이 $\int_0^\infty \dfrac{1}{\sqrt{x}\,(1+x)}\,dx$ 이 이상적분이 되는 이유는 2가지가 있다.

첫 번째는 무한구간에 의한 이상적분이고, 두 번째는 피적분함수의 특이점이 적분구간에 포함되어 있기 때문이다.

즉, 특이점에 불연속인 함수이다. 이 경우 구간을 나누어서 판단해야 한다.

$$\int_0^\infty \frac{1}{\sqrt{x}\,(1+x)}\,dx = \int_0^1 \frac{1}{\sqrt{x}\,(1+x)}\,dx + \int_1^\infty \frac{1}{\sqrt{x}\,(1+x)}\,dx$$

(i) $\int_1^\infty \dfrac{1}{\sqrt{x}\,(1+x)}\,dx = \int_1^\infty \dfrac{1}{x\sqrt{x}+\sqrt{x}}\,dx < \int_1^\infty \dfrac{1}{x\sqrt{x}}\,dx$ 가 성립하고,

$\int_1^\infty \dfrac{1}{x\sqrt{x}}\,dx$ 가 수렴하므로 비교판정에 의해서 $\int_1^\infty \dfrac{1}{\sqrt{x}\,(1+x)}\,dx$ 도 수렴한다.

(ii) 구간 $[0,1]$에서 $g(x) = \dfrac{1}{x+1}$ 는 유한의 함수값을 갖고 $\left(\dfrac{1}{2} \le g(x) \le 1\right)$

$\dfrac{1}{2}\int_0^1 \dfrac{1}{\sqrt{x}}\,dx < \int_0^1 \dfrac{1}{\sqrt{x}\,(x+1)}\,dx < \int_0^1 \dfrac{1}{\sqrt{x}}\,dx$ 가 성립하고, $\int_0^1 \dfrac{1}{\sqrt{x}}\,dx$ 가 수렴하므로

비교판정에 의해서 $\int_0^1 \dfrac{1}{\sqrt{x}\,(1+x)}\,dx$ 는 수렴한다.

따라서 (i)과 (ii)에 의해서 $\int_0^\infty \dfrac{1}{\sqrt{x}\,(1+x)}\,dx$ 는 수렴한다.

310. 다음 이상적분의 수렴판정을 하시오

(1) $\int_2^\infty \dfrac{1}{x\sqrt{x^2-4}}\,dx$

(2) $\int_1^\infty \dfrac{1}{\sqrt{x^4-x}}\,dx$

(3) $\int_1^\infty \dfrac{x+1}{\sqrt{x^4-x}}\,dx$

311. 다음 이상적분의 수렴성을 판단하시오.

(1) $\displaystyle\int_{-\infty}^{\infty} \frac{x^2}{9+x^6}\, dx$

(2) $\displaystyle\int_{0}^{\infty} \frac{e^x}{e^{2x}+3}\, dx$

(3) $\displaystyle\int_{e}^{\infty} \frac{1}{x(\ln x)^3}\, dx$

(4) $\displaystyle\int_{0}^{\infty} \frac{x\tan^{-1}x}{(1+x^2)^2}\, dx$

(5) $\displaystyle\int_{0}^{1} \frac{3}{x^5}\, dx$

(6) $\displaystyle\int_{2}^{3} \frac{1}{\sqrt{3-x}}\, dx$

(7) $\displaystyle\int_{-2}^{14} \frac{dx}{\sqrt[4]{x+2}}$

(8) $\displaystyle\int_{6}^{8} \frac{4}{(x-6)^3}\, dx$

(9) $\displaystyle\int_{-2}^{3} \frac{1}{x^4}\, dx$

(10) $\displaystyle\int_{0}^{1} \frac{dx}{\sqrt{1-x^2}}$

(11) $\displaystyle\int_{0}^{9} \frac{1}{\sqrt[3]{x-1}}\, dx$

(12) $\displaystyle\int_{0}^{5} \frac{w}{w-2}\, dw$

(13) $\displaystyle\int_0^3 \frac{dx}{x^2 - 6x + 5}$

(14) $\displaystyle\int_{\frac{\pi}{2}}^{\pi} \csc x \, dx$

(15) $\displaystyle\int_{-1}^0 \frac{e^{\frac{1}{x}}}{x^3} \, dx$

(16) $\displaystyle\int_0^1 \frac{e^{\frac{1}{x}}}{x^3} \, dx$

(17) $\displaystyle\int_0^2 z^2 \ln z \, dz$

(18) $\displaystyle\int_0^1 \frac{\ln x}{\sqrt{x}} \, dx$

(19) $\displaystyle\int_0^{\infty} \frac{x}{x^3 + 1} \, dx$

(20) $\displaystyle\int_1^{\infty} \frac{2 + e^{-x}}{x} \, dx$

(21) $\displaystyle\int_1^{\infty} \frac{x + 1}{\sqrt{x^4 - x}} \, dx$

(22) $\displaystyle\int_0^{\infty} \frac{\tan^{-1} x}{2 + e^x} \, dx$

(23) $\displaystyle\int_0^1 \frac{\sec^2 x}{x \sqrt{x}} \, dx$

(24) $\displaystyle\int_0^{\pi} \frac{\sin^2 x}{\sqrt{x}} \, dx$

4 감마함수

(1) 감마함수의 정의 : $\boldsymbol{\Gamma(n+1)=\displaystyle\int_0^\infty x^n e^{-x}dx}$ $(n>-1)$

(2) 감마함수의 성질　① $\Gamma(n+1)=n\Gamma(n)$ (단, $n\neq0$)

　　　　　　　　　② n이 자연수라면, $\Gamma(n+1)=n!$

　　　　　　　　　③ $\Gamma\left(\dfrac{1}{2}\right)=\sqrt{\pi}$

　　　　　　　　　④ $\Gamma\left(\dfrac{3}{2}\right)=\dfrac{1}{2}\Gamma\left(\dfrac{1}{2}\right)=\dfrac{\sqrt{\pi}}{2}$

　　　　　　　　　⑤ $\displaystyle\int_0^1 (-\ln x)^n dx = n!$

(3) 다음 이상적분은 이중적분을 사용하여 수렴함을 증명할 수 있다.

　　이 단원에서는 자주 출제되는 내용이므로 암기하고 적용하는 데 활용하자.

　　① $\displaystyle\int_0^\infty e^{-x^2}dx = \dfrac{\sqrt{\pi}}{2}$

　　② $\displaystyle\int_0^\infty e^{-kx^2}dx = \dfrac{1}{\sqrt{k}}\cdot\dfrac{\sqrt{\pi}}{2}$

　　③ $\displaystyle\int_0^\infty x^2 e^{-x^2}dx = \dfrac{1}{2}\int_0^\infty e^{-x^2}dx = \dfrac{\sqrt{\pi}}{4}$

Areum Math Tip

부분적분에 의해서 감마함수를 적분하자!!

$n\in\{0,1,2,3,\cdots\}$일 때,

$$\Gamma(n+1)=\int_0^\infty x^n e^{-x}dx = \lim_{t\to\infty}\int_0^t x^n e^{-x}dx$$
$$=\lim_{t\to\infty}\left\{-[x^n e^{-x}]_0^t + n\int_0^t x^{n-1}e^{-x}dx\right\}$$
$$=\lim_{t\to\infty}\left\{-\frac{t^n}{e^t}+n\int_0^t x^{n-1}e^{-x}dx\right\}$$
$$=n\Gamma(n)$$

$$\Gamma(1)=\int_0^\infty e^{-x}dx = 1$$

$$\Gamma(n+1)=n\Gamma(n)=n(n-1)\Gamma(n-1)=n(n-1)(n-2)\Gamma(n-2)=n(n-1)(n-2)\cdots 1\Gamma(1)=n!$$

필수 예제 105

다음 특이적분 $\int_0^1 (-\ln x)^n \, dx$ 의 값은? ($n \in$ 자연수)

풀이 $-\ln x = t \Big\langle {}_\infty^0$ 로 치환하면 $x = e^{-t}$ 이고, $dx = -e^{-t} dt$ 가 된다.

$$\int_0^1 (-\ln x)^n \, dx = -\int_\infty^0 t^n e^{-t} \, dt = \int_0^\infty t^n e^{-t} \, dt = n!$$

312. 특이적분 $I_n = \int_0^\infty x^n e^{-x} \, dx$ 에 대한 다음 설명 중 옳지 않은 것은?

① 모든 자연수 n에 대하여 수렴한다.

② 모든 자연수 n에 대하여 $I_n = nI_{n-1}$이 성립한다.

③ $I_3 = 6$

④ 등식 $I_2 = \int_0^\infty x^5 e^{-x^2} \, dx$ 가 성립한다.

⑤ 등식 $I_3 = -\int_0^1 (\ln x)^3 \, dx$ 가 성립한다.

313. 다음 이상적분의 값을 구하시오.

(1) $\int_0^\infty x^3 e^{-x} \, dx$

(2) $\int_0^\infty x^3 e^{-2x} \, dx$

(3) $\int_0^\infty x^{-\frac{1}{2}} e^{-x} \, dx$

(4) $\int_{-\infty}^\infty x^2 e^{-x^2} \, dx$

(5) $\int_0^\infty e^{-4x^2} \, dx$

(6) $\int_{-\infty}^\infty x e^{-x^2} \, dx$

1 정적분의 정의

연속함수 $f(x)=x^2$의 그래프 아래에 놓여 있는 영역의 넓이 A는 직사각형들의 넓이의 합에 대한 극한이다.

구간 $[0, 1]$을 n등분하면 직사각형의 밑변은 $\dfrac{1}{n}$이고, 높이는 점 $\dfrac{1}{n}, \dfrac{2}{n}, \dfrac{3}{n}, \cdots, \dfrac{n}{n}$에서 함수 $f(x)=x^2$의 값들이다.

(1) 상합 : $f(x)=x^2$이 증가함수이므로 부분구간의 오른쪽 끝점을 잡으면 상합이 생긴다.

$$R_n = \frac{1}{n}\left(\frac{1}{n}\right)^2 + \frac{1}{n}\left(\frac{2}{n}\right)^2 + \frac{1}{n}\left(\frac{3}{n}\right)^2 + \cdots + \frac{1}{n}\left(\frac{n}{n}\right)^2 = \frac{1}{n}\sum_{k=1}^{n}\left(\frac{k}{n}\right)^2$$

$$= \frac{1}{n}\cdot\frac{1}{n^2}(1^2+2^2+3^2+\cdots+n^2) = \frac{1}{n^3}\cdot\frac{n(n+1)(2n+1)}{6}$$

$$\lim_{n\to\infty} R_n = \lim_{n\to\infty}\frac{1}{n}\sum_{k=1}^{n}\left(\frac{k}{n}\right)^2 = \lim_{n\to\infty}\frac{n(n+1)(2n+1)}{6n^3} = \frac{1}{3}$$

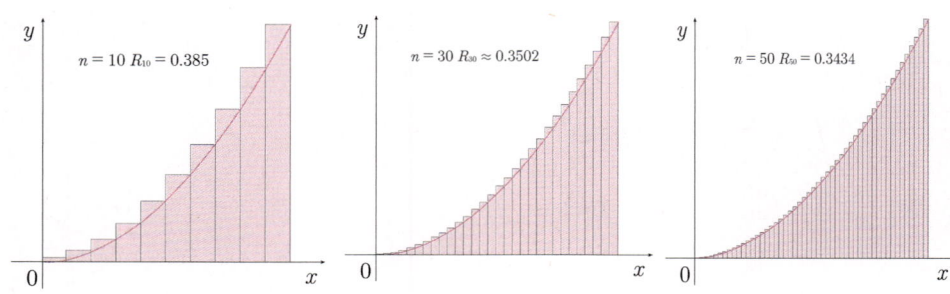

(2) 하합 : $f(x)=x^2$이 증가함수이므로 부분구간의 왼쪽 끝점을 잡으면 하합이 생긴다.

$$R_n = \frac{1}{n}\left(\frac{0}{n}\right)^2 + \frac{1}{n}\left(\frac{1}{n}\right)^2 + \frac{1}{n}\left(\frac{2}{n}\right)^2 + \frac{1}{n}\left(\frac{3}{n}\right)^2 + \cdots + \frac{1}{n}\left(\frac{n-1}{n}\right)^2 = \frac{1}{n}\sum_{k=0}^{n-1}\left(\frac{k}{n}\right)^2$$

$$= \frac{1}{n}\cdot\frac{1}{n^2}(1^2+2^2+3^2+\cdots+(n-1)^2) = \frac{1}{n^3}\cdot\left(\frac{n(n+1)(2n+1)}{6}-n^2\right)$$

$$\lim_{n\to\infty} R_n = \lim_{n\to\infty}\frac{1}{n}\sum_{k=0}^{n-1}\left(\frac{k}{n}\right)^2 = \lim_{n\to\infty}\frac{n(n+1)(2n+1)-6n^2}{6n^3} = \frac{1}{3}$$

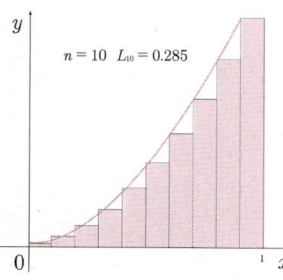
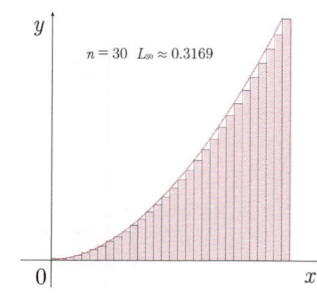
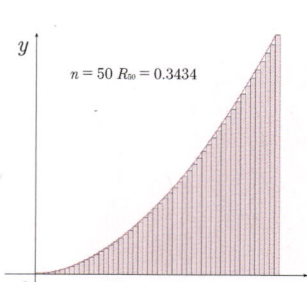

(3) 상합과 하합의 극한값이 같다.

함수 $f(x)$와 x축으로 둘러싸인 영역의 넓이를 A라고 하자.

하합 $\dfrac{1}{n}\displaystyle\sum_{k=0}^{n-1}\left(\dfrac{k}{n}\right)^2 < A <$ 상합 $\dfrac{1}{n}\displaystyle\sum_{k=1}^{n}\left(\dfrac{k}{n}\right)^2$ 이 성립하고, 극한을 취하면 스퀴즈 정리에 의해서

$\displaystyle\lim_{n\to\infty}\dfrac{1}{n}\sum_{k=0}^{n-1}\left(\dfrac{k}{n}\right)^2 \leq A \leq \lim_{n\to\infty}\dfrac{1}{n}\sum_{k=1}^{n}\left(\dfrac{k}{n}\right)^2$ 이다.

영역의 넓이 $A = \displaystyle\int_0^1 x^2\,dx = \lim_{n\to\infty}\dfrac{1}{n}\sum_{k=0}^{n-1}\left(\dfrac{k}{n}\right)^2 = \lim_{n\to\infty}\dfrac{1}{n}\sum_{k=1}^{n}\left(\dfrac{k}{n}\right)^2$ 이 성립한다.

(4) 무한급수 $\displaystyle\lim_{n\to\infty}\dfrac{1}{n}\sum_{k=1}^{n}\left(\dfrac{k}{n}\right)^2$ 를 정적분 $\displaystyle\int_0^1 x^2\,dx$ 로 나타낼 수 있다.

(5) 정적분의 정의는 $\displaystyle\lim_{n\to\infty}\sum_{k=1}^{n}\triangle x\, f(x^*)=\lim_{n\to\infty}\sum_{k=1}^{n}\dfrac{b-a}{n}f\left(a+\dfrac{(b-a)k}{n}\right)=\int_a^b f(x)\,dx$ 이다.

(6) 구간을 $[0,1]$로 고정하고 n등분을 할 경우 $\triangle x = \dfrac{1}{n} \approx dx$ 이고, $x^* = 0 + \dfrac{(1-0)k}{n} = \dfrac{k}{n} \approx x$ 이므로

무한급수를 정적분으로 구할 수 있다. $\Rightarrow \displaystyle\lim_{n\to\infty}\sum_{k=1}^{n}\dfrac{1}{n}f\left(\dfrac{k}{n}\right) = \int_0^1 f(x)\,dx$

(7) 구간을 $[0,1]$로 고정하고 an등분을 할 경우

$\triangle x = \dfrac{1}{an} \approx dx$ 이고, $x^* = 0 + \dfrac{(1-0)k}{an} = \dfrac{k}{an} \approx x$ 이므로 무한급수를 정적분으로 구할 수 있다.

$\Rightarrow \displaystyle\lim_{n\to\infty}\sum_{k=1}^{an}\dfrac{1}{an}f\left(\dfrac{k}{an}\right) = \int_0^1 f(x)\,dx$

04 | 적분 응용

필수예제 106

다음 극한값 $\displaystyle\lim_{n\to\infty} n\left(\dfrac{1}{n^2+1^2}+\dfrac{1}{n^2+2^2}+\cdots+\dfrac{1}{n^2+n^2}\right)$ 을 구하시오.

풀이 식의 조작을 통해서 무한급수를 정적분으로 만들 수 있다.

$$\lim_{n\to\infty} n\left(\frac{1}{n^2+1^2}+\frac{1}{n^2+2^2}+\cdots+\frac{1}{n^2+n^2}\right)=\lim_{n\to\infty}n\sum_{k=1}^{n}\frac{1}{n^2+k^2}\cdot\frac{\frac{1}{n^2}}{\frac{1}{n^2}}$$

$$=\lim_{n\to\infty}\sum_{k=1}^{n}\frac{\frac{1}{n}}{1+\left(\frac{k}{n}\right)^2}=\int_{0}^{1}\frac{1}{1+x^2}\,dx=\left[\tan^{-1}x\right]_{0}^{1}=\frac{\pi}{4}$$

314. 극한 $\displaystyle\lim_{n\to\infty}\dfrac{1+2\sqrt{2}+\cdots+n\sqrt{n}}{n^2\sqrt{n}}$ 의 값은?

315. 극한 $\displaystyle\lim_{n\to\infty}\sum_{i=1}^{n}\dfrac{i}{n^2}e^{-\frac{2i}{n}}$ 의 값은?

316. 극한 $\displaystyle\lim_{n\to\infty}\left(\dfrac{8}{n}+\dfrac{8n}{n^2+1}+\dfrac{8n}{n^2+4}+\dfrac{8n}{n^2+9}+\cdots+\dfrac{8n}{2n^2-2n+1}\right)$ 의 값은?

317. 극한 $\displaystyle\lim_{n\to\infty}\sum_{k=1}^{n}\dfrac{\pi}{4n}\tan^3\dfrac{k\pi}{4n}$ 의 값을 구하시오.

318. 다음 극한값을 구하시오

(1) $\lim\limits_{n\to\infty} \dfrac{1}{n}\left(\sqrt{3}+\sqrt{3+\dfrac{1}{n}}+\sqrt{3+\dfrac{2}{n}}+\cdots\sqrt{3+\dfrac{n-1}{n}}\right)$

(2) $\lim\limits_{n\to\infty}\sum\limits_{k=1}^{n}\left(2+\dfrac{k}{n}\right)^{2}\dfrac{1}{n}$

(3) $\lim\limits_{n\to\infty}\dfrac{1}{n}\left\{\ln\left(2+\dfrac{1}{n}\right)+\ln\left(2+\dfrac{2}{n}\right)+\cdots+\ln\left(2+\dfrac{n}{n}\right)\right\}$

(4) $\lim\limits_{n\to\infty}\sum\limits_{k=1}^{n}\ln\left(1+\dfrac{k}{n}\right)^{\frac{1}{n}}$

(5) $\lim\limits_{n\to\infty}\left(\dfrac{\pi^{2}}{n^{2}}\sin\left(\dfrac{\pi}{n}\right)+\dfrac{2\pi^{2}}{n^{2}}\sin\left(\dfrac{2\pi}{n}\right)+\ \cdots\ +\dfrac{n\pi^{2}}{n^{2}}\sin\left(\dfrac{n\pi}{n}\right)\right)$

319. $n\geq 1$일 때, $a_{n}=\sum\limits_{k=1}^{n}\sin\left(\dfrac{k\pi}{4n}\right),\ b_{n}=\sum\limits_{k=1}^{n}\cos\left(\dfrac{k\pi}{4n}\right)$로 정의된 수열 $\{a_{n}\},\ \{b_{n}\}$에 대하여

극한 $\lim\limits_{n\to\infty}\dfrac{a_{n}}{b_{n}}$의 값은?

320. 극한 $\lim\limits_{n\to\infty}\dfrac{(1^{2}+2^{2}+\ldots+n^{2})(1^{3}+2^{3}+\ldots+n^{3})}{(1+2+\ldots+n)(1^{4}+2^{4}+\ldots+n^{4})}$의 값은?

다음 극한값 $\displaystyle\lim_{n\to\infty}\sum_{k=1}^{n}\frac{1-2a}{n}\left\{2a+\frac{(1-2a)k}{n}\right\}^{2}$ 을 구하시오. (단, $0<a<\frac{1}{2}$)

풀이 $\displaystyle\lim_{n\to\infty}\sum_{k=1}^{n}\frac{1-2a}{n}\left\{2a+\frac{(1-2a)k}{n}\right\}^{2}$ 의 의미는 구간 $2a$부터 1까지 n등분한 직사각형의 합으로 밑변의 길이는 $\dfrac{1-2a}{n}=dx$가

되고, 구간에서 k번째의 항을 $x=2a+\dfrac{(1-2a)k}{n}$ 라고 할 때 높이는 x^{2}이 된다.

무한급수를 정적분으로 바꾸면 $\displaystyle\lim_{n\to\infty}\sum_{k=1}^{n}\frac{1-2a}{n}\left\{2a+\frac{(1-2a)k}{n}\right\}^{2}=\int_{2a}^{1}x^{2}\,dx=\frac{1}{3}(1-8a^{3})$이다.

321. 극한 $\displaystyle\lim_{n\to\infty}\frac{1}{n}\left(\cos\frac{2}{3n}+\cos\frac{4}{3n}+\cos\frac{6}{3n}+\cdots+\cos\frac{6n}{3n}\right)$ 의 값을 구하시오

322. 극한 $\displaystyle\lim_{n\to\infty}\sum_{k=n+1}^{2n}\frac{3\sqrt{k}}{n\sqrt{n}}$ 의 값은?

323. 다음 극한 $\displaystyle\lim_{n\to\infty}\frac{1}{n}\left\{\cos\left(\ln\left(1+\frac{1}{n}\right)\right)+\cos\left(\ln\left(1+\frac{2}{n}\right)\right)+\cdots+\cos\left(\ln\left(1+\frac{n}{n}\right)\right)\right\}$ 을 구하면?

324. 정의역 $x>1$에서 정의된 함수 $f(x)=\displaystyle\lim_{n\to\infty}\sum_{k=1}^{n}\frac{x-2}{n}\ln\left(2+\frac{x-2}{n}k\right)$ 의 역함수를 g라고 할 때, $g'(0)$의 값은?

필수예제 108

극한 $\displaystyle\lim_{n\to\infty}\frac{\sqrt[n]{(n+1)(n+2)\cdots(2n-1)(2n)}}{n}$ 의 값을 구하시오.

풀이

$$\lim_{n\to\infty}\frac{\sqrt[n]{(n+1)(n+2)\cdots(2n-1)(2n)}}{n}=\lim_{n\to\infty}\frac{\sqrt[n]{n^n\left(1+\frac{1}{n}\right)\left(1+\frac{2}{n}\right)\cdots\left(1+\frac{n}{n}\right)}}{n}$$

$$=\lim_{n\to\infty}\sqrt[n]{\left(1+\frac{1}{n}\right)\left(1+\frac{2}{n}\right)\cdots\left(1+\frac{n}{n}\right)}=\lim_{n\to\infty}e^{\frac{1}{n}\ln\left[\left(1+\frac{1}{n}\right)\left(1+\frac{2}{n}\right)\cdots\left(1+\frac{n-1}{n}\right)\left(1+\frac{n}{n}\right)\right]}$$

$$=\lim_{n\to\infty}e^{\frac{1}{n}\left\{\ln\left(1+\frac{1}{n}\right)+\ln\left(1+\frac{2}{n}\right)+\cdots+\ln\left(1+\frac{n-1}{n}\right)+\ln\left(1+\frac{n}{n}\right)\right\}}$$

$$=\lim_{n\to\infty}e^{\frac{1}{n}\sum\limits_{k=1}^{n}\ln\left(1+\frac{k}{n}\right)}=\lim_{n\to\infty}e^{\int_0^1\ln(1+x)\,dx}=e^{2\ln 2-1}=\frac{4}{e}$$

$$\left(\because\int_0^1\ln(1+x)\,dx=\left[(x+1)\ln(1+x)\right]_0^1-\int_0^1\frac{1+x}{1+x}\,dx=\left[(x+1)\ln(1+x)\right]_0^1-\left[x\right]_0^1=2\ln 2-1\right)$$

---

325. 극한 $\displaystyle\lim_{n\to\infty}\frac{\left\{(1+2^n)(2+2^n)(3+2^n)\cdots(2^n+2^n)\right\}^{\frac{1}{2^n}}}{2^n}$ 의 값은?

326. 극한 $\displaystyle\lim_{n\to\infty}\frac{1}{n^2}\prod_{k=1}^{n}(n^2+k^2)^{\frac{1}{n}}$ 의 값은?

327. 극한 $\displaystyle\lim_{n\to\infty}\left(\frac{n^2}{n^2+1^2}\right)^{\frac{1}{n^2+1^2}}\left(\frac{n^2}{n^2+2^2}\right)^{\frac{2}{n^2+2^2}}\cdots\left(\frac{n^2}{n^2+n^2}\right)^{\frac{n}{n^2+n^2}}$ 을 구하시오.

3   면적

1 곡선과 x 축 또는 y 축 사이의 면적

(1) 곡선과 x축 사이의 면적

함수 $f(x)$가 구간 $[a,b]$에서 연속일 때,

곡선 $y = f(x)$와 두 직선 $x = a, x = b$ 및 x축으로 둘러싸인 넓이는

$$A = \int_a^b |f(x)|\, dx \text{ (단, } a < b)$$

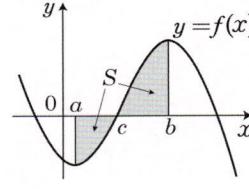

(2) 곡선과 y축 사이의 면적

함수 $g(y)$가 구간 $[c,d]$에서 연속일 때,

곡선 $x = g(y)$와 두 직선 $y = c, y = d$ 및 y축으로 둘러싸인 넓이는

$$A = \int_c^d |g(y)|\, dy \text{ (단, } c < d)$$

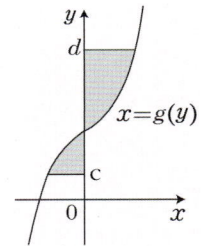

필수예제 109

곡선 $y = 3 - |x^2 - 1|$ 과 $y = 0$ 으로 둘러싸인 도형의 넓이는?

풀이 $y = 3 - |x^2 - 1| = \begin{cases} x^2 + 2 & (-1 < x < 1) \\ -x^2 + 4 & (x \le -1, \ x \ge 1) \end{cases}$ 이므로 y축 대칭인 우함수이다. 따라서 구하는 면적은

$S = 2\left\{ \int_0^1 (x^2 + 2)dx + \int_1^2 (4 - x^2)dx \right\} = 2\left\{ \left[\frac{1}{3}x^3 + 2x \right]_0^1 + \left[4x - \frac{1}{3}x^3 \right]_1^2 \right\} = 8$ 이다.

328. $f(x) = x^3 - x^2 - 2x$ 의 그래프와 x축으로 둘러싸인 영역의 넓이는?

329. $y = 2\ln x$ 와 x축, 직선 $x = 4$ 로 둘러싸인 영역의 넓이는?

330. y축과 포물선 $x = 2y - y^2$ 으로 둘러싸인 영역의 넓이를 구하시오.

331. y축, 직선 $y = 1$ 과 $y = \sqrt[4]{x}$ 으로 둘러싸인 영역의 넓이를 구하시오.

② 두 곡선 사이의 면적

(1) 두 곡선 $y = f(x), y = g(x)$와 두 직선 $x = a, x = b$로 둘러싸인 도형의 면적은

$$\lim_{n \to \infty} \sum_{k=1}^{n} \left[f(x^*) - g(x^*) \right] \triangle x = \int_{a}^{b} \left| f(x) - g(x) \right| dx \text{ 이다.}$$

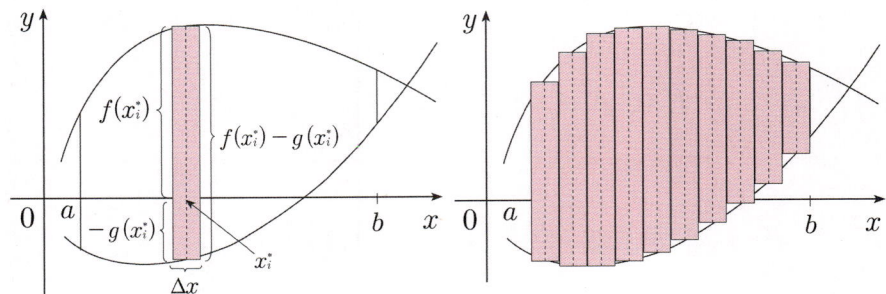

(2) 두 곡선 $y = f(x), y = g(x)$와 두 직선 $x = a, x = b$로 둘러싸인

도형의 면적은 $S_1 + S_2 + S_3$이므로 두 그래프의 교점을 구하고

구간별로 넓이를 구해서 더하면 된다.

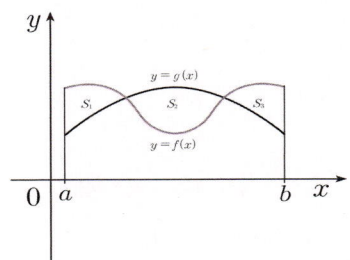

필수예제 110

곡선 $y = \tan x$와 $y = 2\sin x$와 직선 $x = -\dfrac{\pi}{3}$, $x = \dfrac{\pi}{3}$ 으로 둘러싸인 영역의 넓이를 구하시오

풀이 주어진 함수 $y = \tan x$와 $y = 2\sin x$는 기함수이고,

$-\dfrac{\pi}{3} < x < 0$에서 $2\sin x < \tan x$ 이고, $0 < x < \dfrac{\pi}{3}$ 에서 $\tan x < 2\sin x$ 이다.

두 그래프가 원점 대칭이므로 둘러싸인 영역의 면적은 같다.

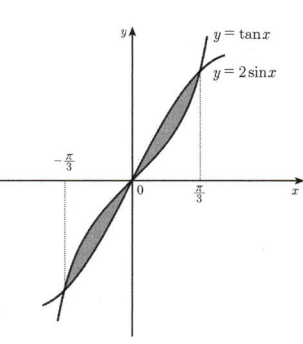

$$\int_{-\frac{\pi}{3}}^{\frac{\pi}{3}} |2\sin x - \tan x| \, dx = \int_{-\frac{\pi}{3}}^{0} (\tan x - 2\sin x) \, dx + \int_{0}^{\frac{\pi}{3}} (2\sin x - \tan x) \, dx$$

$$= 2\int_{0}^{\frac{\pi}{3}} (2\sin x - \tan x) \, dx = 2\left[-2\cos x + \ln|\cos x| \right]_{0}^{\frac{\pi}{3}}$$

$$= 2\left\{ -2\left(\frac{1}{2} - 1 \right) + \left(\ln\frac{1}{2} - \ln 1 \right) \right\} = 2 - 2\ln 2$$

332. 곡선 $y = \sin x$, $y = \cos x$ 와 직선 $x = 0$, $x = \dfrac{\pi}{2}$ 로 둘러싸인 영역의 넓이를 구하시오

333. $x \geq 0$ 에서 $f(x) = \dfrac{1}{2}(x^3 + x)$ 이다. f 와 f^{-1} 가 나타내는 두 곡선으로 둘러싸인 영역의 넓이는?

334. 함수 $f(x) = x^3 - 3x^2 + 3x$ 의 역함수를 $g(x)$ 라 할 때, 두 곡선 $y = f(x)$ 와 $y = g(x)$ 로 둘러싸인 영역의 넓이는?

335. 곡선 $y = x^2$ 과 직선 $y = 4$ 에 의해 둘러싸인 넓이를 직선 $y = b$ 로 이등분할 때 b 의 값은?

336. 두 직선 $y = -x$, $y = x + 6$ 과 곡선 $y = x^3$ 으로 둘러싸인 영역의 넓이는?

337. 좌표평면에서 곡선 $y^2 = x^2 - x^4$ 으로 둘러싸인 영역의 면적은?

(3) 어떤 영역은 x가 y의 함수로 표현되기도 한다.

함수 $x = f(y)$와 $x = g(y)$가 구간 $[c,d]$에서 연속일 때,

$g(y) \le f(y)$일 때 둘러싸인 넓이는 $A = \int_c^d f(y) - g(y)\, dy$이다.

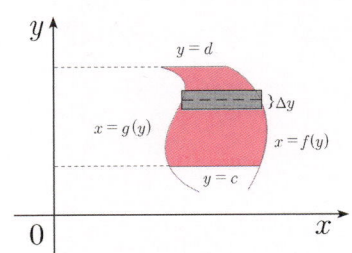

필수 예제 111

곡선 $x = y^2 - 2$, $x = e^y$과 직선 $y = -1$, $y = 1$로 둘러싸인 도형의 면적은?

풀이

M1) $A = \int_{-1}^{1} \{e^y - (y^2 - 2)\}dy = \left[e^y - \dfrac{1}{3}y^3 + 2y\right]_{-1}^{1} = e - \dfrac{1}{e} + \dfrac{10}{3}$

M2) 주어진 곡선을 $y = x$에 대칭하여도 영역의 면적은 그대로이다.

즉, $y = x^2 - 2$, $y = e^x$, $x = -1$, $x = 1$로 둘러싸인 영역의 면적을 구하는 것과도 같다.

$A = \int_{-1}^{1}\{e^x - (x^2 - 2)\}dx$ 로 풀이해도 된다.

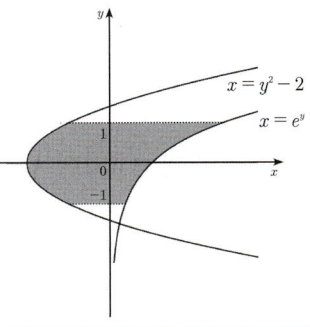

---

338. 두 곡선 $y = x - 2$, $y^2 = x$로 둘러싸인 영역의 넓이는?

339. 포물선 $y^2 = 2x$와 직선 $y = x - 12$로 둘러싸인 도형의 넓이는?

340. 곡선 $y = \ln x$, 직선 $y = x - \dfrac{1}{2}$, x축, 직선 $y = \dfrac{1}{2}$의 총 네 개의 경계로 둘러싸인 영역의 넓이는?

341. 다음 주어진 그래프로 둘러싸인 영역의 넓이를 구하시오

(1) $y = x - 1,\ y^2 = 2x + 6$

(2) $x = y^2 - 4y,\ x = 2y - y^2$

(3) $x = 1 - y^2,\ x = y^2 - 1$

(4) $y = \dfrac{1}{x},\ y = \dfrac{1}{x^2},\ x = 2$

(5) $y = x^2 - 2x,\ y = x + 4$

(6) $y = 12 - x^2,\ y = x^2 - 6$

(7) $y = e^x,\ y = x\,e^x,\ x = 0$

(8) $y = \cos x,\ y = 2 - \cos x,\ 0 \le x \le 2\pi$

(9) $y = \cos x,\ y = \sin 2x,\ x = 0,\ x = \dfrac{\pi}{2}$

(10) $y = \cos x,\ y = 1 - \cos x,\ x = 0,\ x = \pi$

4 매개변수 방정식에서의 면적

매개곡선으로 둘러싸인 면적은 정적분의 치환적분법을 이용하여 구한다.

즉, 곡선이 매개변수 함수 $x = f(t), y = g(t)$로 주어지고, 이 곡선이 $t_1 \leq t \leq t_2$에서 연속일 때,

곡선 $x = f(t), y = g(t)$와 x축으로 둘러싸인 도형의 면적은 $A = \displaystyle\int_{t_1}^{t_2} |\, g(t)\, |\, f'(t)\, dt$

사이클로이드 (Cycloid)	성망형 (Asteroid)	타원 (Ellipse)
$\begin{cases} x = a(t - \sin t) \\ y = a(1 - \cos t) \end{cases} (0 \leq t \leq 2\pi)$	$\begin{cases} x = a\cos^3 t \\ y = a\sin^3 t \end{cases} (0 \leq t \leq 2\pi)$	$\begin{cases} x = a\cos t \\ y = b\sin t \end{cases} (0 \leq t \leq 2\pi)$
x축과 둘러싸인 면적 : $3\pi a^2$	그래프 내부의 면적 : $\dfrac{3\pi a^2}{8}$	그래프 내부의 면적 : πab

$x = \cos^3 t$
$y = \sin^3 t$
$0 \leq t \leq 2\pi$

$a > b > 0$

필수예제 112

매개함수 $\begin{cases} x = a(\theta - \sin\theta) \\ y = a(1 - \cos\theta) \end{cases}$ 인 사이클로이드(Cycloid)$(0 \leq \theta \leq 2\pi)$와 x축으로 둘러싸인 영역의 넓이는?

풀이 x축은 직선 $y = 0$이므로 사이클로이드와 직선 $y = 0$의 교점은 $1 - \cos t = 0$을 만족하는 $t = 0, 2\pi$이다.

$0 \leq x \leq 2\pi a$에서 x축과 사이클로이드 곡선으로 둘러싸인 영역의 면적은 $\displaystyle\int_0^{2\pi a} |y|\, dx$이다.

$\begin{cases} x = a(\theta - \sin\theta) \\ y = a(1 - \cos\theta) \end{cases}$로 치환하면 x가 0부터 $2\pi a$일 때, θ의 범위는 0부터 2π까지이다.

그 범위에서 $0 \leq \theta \leq 2\pi$에서 $y = a(1 - \cos\theta) \geq 0$이고, $dx = a(1 - \cos\theta)$이므로 치환적분을 하자.

$$S = \int_0^{2\pi a} |y|\, dx = \int_0^{2\pi} a^2 (1 - \cos\theta)^2 \, d\theta$$

$$= a^2 \int_0^{2\pi} (1 - 2\cos\theta + \cos^2\theta)\, d\theta \quad (\because \text{반각공식})$$

$$= a^2 \left(2\pi - 0 + \frac{1}{2} \cdot \frac{\pi}{2} \cdot 4 \right) \quad (\because \text{적분의 기하학적 성질과 왈리스 공식})$$

$$= 3\pi a^2$$

필수예제 113

매개함수 $\begin{cases} x = a\cos^3\theta \\ y = a\sin^3\theta \end{cases}$ 인 성망형(Astroid)$(0 \le \theta \le 2\pi)$ 그래프로 둘러싸인 영역의 넓이는?

풀이 성망형은 x축, y축, 원점대칭이므로 1사분면상의 면적의 4배를 하면 된다.

$x = a\cos^3\theta$로 치환하고, x의 범위가 0부터 a일 때, θ의 범위는 $\dfrac{\pi}{2}$부터 0이다.

$$4\int_0^a |y|\,dx = 4\int_{\frac{\pi}{2}}^0 a\sin^3\theta \cdot (-3a\sin\theta\cos^2\theta)\,d\theta$$

$$= 12a^2\int_0^{\frac{\pi}{2}} \sin^4\theta\cos^2\theta\,d\theta = 12a^2\int_0^{\frac{\pi}{2}} \sin^4\theta(1-\sin^2\theta)\,d\theta$$

$$= 12a^2\int_0^{\frac{\pi}{2}} (\sin^4\theta - \sin^6\theta)\,d\theta = 12a^2\left(\frac{3}{4}\cdot\frac{1}{2}\cdot\frac{\pi}{2} - \frac{5}{6}\cdot\frac{3}{4}\cdot\frac{1}{2}\cdot\frac{\pi}{2}\right)$$

$$= 12a^2\cdot\frac{3}{4}\cdot\frac{1}{2}\cdot\frac{\pi}{2}\left(1-\frac{5}{6}\right) = \frac{3\pi a^2}{8}$$

342. 타원 $\dfrac{x^2}{a^2} + \dfrac{y^2}{b^2} = 1$의 면적을 구하여라.

343. 곡선 $x = 1 + e^t$, $y = t - t^2$와 x축으로 둘러싸인 부분의 넓이를 구하시오.

344. 곡선 $x = \cos t$, $y = e^t\left(0 \le t \le \dfrac{\pi}{2}\right)$와 곡선 $x = t$, $y = t^2$ $(0 \le t \le 1)$과 직선 $x = 0$ 으로 둘러싸인 영역의 넓이는?

곡선 $x^2 - y^2 = 1$ $(x > 0)$과 두 직선 $5y = 3x$와 $y = 0$으로 둘러싸인 영역의 넓이는?

풀이 　두 곡선의 교점은 $\begin{cases} x^2 - y^2 = 1 \\ 5y = 3x \end{cases}$ 의 연립방정식에 의해 $\left(\dfrac{5}{4}, \dfrac{3}{4} \right)$, $\left(-\dfrac{5}{4}, -\dfrac{3}{4} \right)$ 이다.

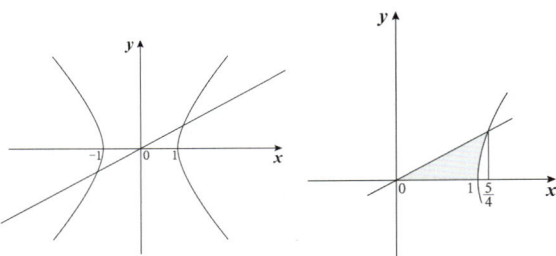

구해야할 면적 $A(t) = \dfrac{1}{2} t = \dfrac{1}{2} \ln(x+y)$이므로 $A(t) = \dfrac{1}{2} \ln 2$이다.

풀이 　이 때, $x > 0$ 인 두 곡선과 x축 사이의 면적 A 는

삼각형의 면적에서 곡선 $x^2 - y^2 = 1$ 과 x축으로 둘러싸인 부분의 면적의 차이다.

즉, $A = \dfrac{1}{2} \times \dfrac{3}{4} \times \dfrac{5}{4} - \displaystyle\int_1^{\frac{5}{4}} y\,dx$ 이다.

$$\int_1^{\frac{5}{4}} y\,dx = \int_1^{\frac{5}{4}} \sqrt{x^2 - 1}\, dx \quad (x = \sec\theta \text{로 치환, } \sec 0 = 1, \sec a = \frac{5}{4})$$

$$= \int_0^a \tan^2\theta \sec\theta\, d\theta = \int_0^a \sec^3\theta - \sec\theta\, d\theta$$

$$= \frac{1}{2} \{ \sec\theta \tan\theta + \ln(\sec\theta + \tan\theta) \} - \ln(\sec\theta + \tan\theta) \Big|_0^a$$

$$= \frac{1}{2} \{ \sec\theta \tan\theta \} - \frac{1}{2} \ln(\sec\theta + \tan\theta) \Big|_0^a = \frac{1}{2} \cdot \frac{5}{4} \cdot \frac{3}{4} - \frac{1}{2} \ln(2)$$

따라서 $A = \dfrac{1}{2} \times \dfrac{3}{4} \times \dfrac{5}{4} - \displaystyle\int_1^{\frac{5}{4}} y\,dx = \dfrac{1}{2} \ln 2$

Areum Math Tip

❖ 쌍곡선 $x^2 - y^2 = 1$와 직선 $y = mx$ $(|m| < 1)$, x축으로 둘러싸인 영역의 넓이 구하기

(i) 쌍곡선 $x^2 - y^2 = 1$의 매개화는 $\begin{cases} x = \cosh t \\ y = \sinh t \end{cases}$ 이다.

(ii) 쌍곡선 $x^2 - y^2 = 1$와 직선 $y = mx$ $(|m| < 1)$의 교점을 (a, b)라고 할 때,

$a = \cosh t$, $b = \sqrt{a^2 - 1} = \sinh t$ 이고,

$t = \cosh^{-1} a = \ln\left(a + \sqrt{a^2 - 1}\right) = \ln(a + b)$ 이다.

(iii) 쌍곡선 $x^2 - y^2 = 1$와 직선 $y = mx$ $(|m| < 1)$, x축으로 둘러싸인 영역을 구하는 식

$A(t) = \dfrac{1}{2} \cosh t \sinh t - \displaystyle\int_1^{\cosh t} \sqrt{x^2 - 1}\, dx$ 이다.

또한 $A'(t) = \dfrac{1}{2}$, $A(0) = 0$이므로 $A(t) = \dfrac{1}{2} t = \dfrac{1}{2} \ln(a + b)$ 임을 알 수 있다.

---

345. $t > 0$일 때, 함수 $A(t) = \dfrac{1}{2} \cosh t \sinh t - \displaystyle\int_1^{\cosh t} \sqrt{\theta^2 - 1}\, d\theta$ 의 도함수 $A'(t)$를 구하면?

① $A'(t) = \dfrac{1}{2} + \sinh^2 t$

② $A'(t) = \dfrac{1}{2} + \sinh^2 t - \sinh t$

③ $A'(t) = \dfrac{1}{2}$

④ $A'(t) = \dfrac{1}{2} + \sinh^2 t + \sinh t$

346. 곡선 $x^2 - y^2 = 1$ $(x > 0)$과 두 직선 $3y = 2x$와 $y = 0$으로 둘러싸인 영역의 넓이는?

① $\dfrac{1}{2} \ln 5$　　　② $\ln 5$　　　③ $\dfrac{1}{4} \ln 5$　　　④ $\dfrac{3}{4} \ln 5$

⑤ 극방정식에서의 면적

오른쪽 그림과 같이 극곡선으로 둘러싸인 면적을 무수히 많은 부분으로 나눴을 때, 각 부분은 반지름이 $f(\theta)$ 이고 중심각이 θ인 부채꼴로 근사될 수 있다.

부채꼴의 면적 : $\pi r^2 \cdot \dfrac{\theta}{2\pi} = \dfrac{r^2}{2}\theta$

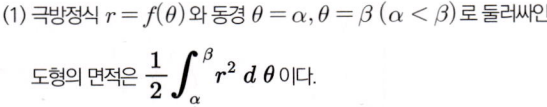

(1) 극방정식 $r = f(\theta)$와 동경 $\theta = \alpha, \theta = \beta\ (\alpha < \beta)$로 둘러싸인

　　도형의 면적은 $\dfrac{1}{2}\displaystyle\int_{\alpha}^{\beta} r^2\, d\theta$ 이다.

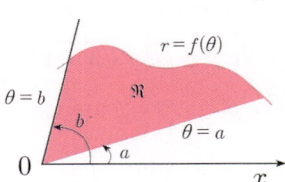

(2) 극방정식 $r_1 = f(\theta),\ r_2 = g(\theta)$와 동경 $\theta = \alpha, \theta = \beta\ (\alpha < \beta)$로

　　둘러싸인 도형의 면적은 다음과 같다.

$$\dfrac{1}{2}\int_{\alpha}^{\beta} {r_1}^2 - {r_2}^2\, d\theta = \dfrac{1}{2}\int_{\alpha}^{\beta} \{f^2(\theta) - g^2(\theta)\}\, d\theta$$

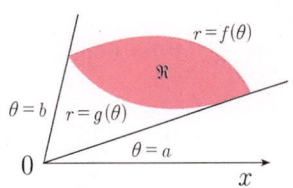

심장형	연주형
$r = a(1 \pm \cos\theta)$ 또는 $r = a(1 \pm \sin\theta)$	$r^2 = a^2\cos 2\theta$ 또는 $r^2 = a^2\sin 2\theta$

내부면적

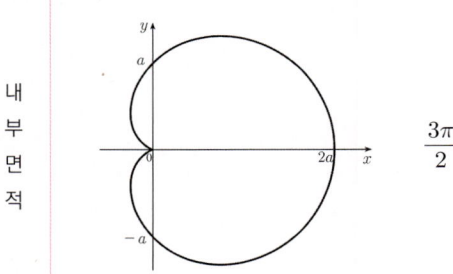 $\dfrac{3\pi}{2}a^2$

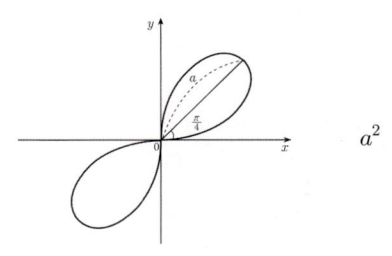 a^2

4엽 장미	3엽 장미
$r = a\cos 2\theta$ 또는 $r = a\sin 2\theta$	$r = a\cos 3\theta$ 또는 $r = a\sin 3\theta$

내부면적

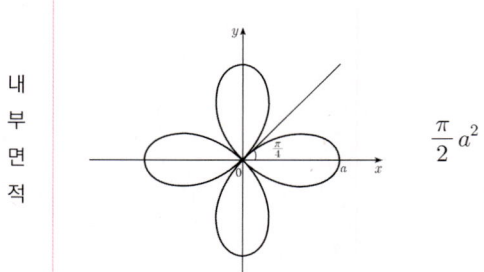 $\dfrac{\pi}{2}a^2$

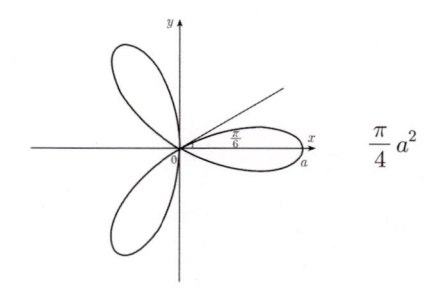 $\dfrac{\pi}{4}a^2$

필수예제 115

주어진 극곡선 내부의 면적을 구하면?

(1) $r = a(1 + \cos\theta)$

(2) $r^2 = a^2 \sin 2\theta$

풀이 (1) 심장형 $r = a(1 + \cos\theta)$의 면적은 $0 \leq \theta \leq \pi$에 해당하는 면적의 2배를 해서 구하자.

$$A = \frac{1}{2}\int_0^{2\pi} r^2\, d\theta = 2 \cdot \frac{1}{2}\int_0^{\pi} r^2\, d\theta = \int_0^{\pi} a^2(1 + \cos\theta)^2\, d\theta$$

$$= a^2 \int_0^{\pi} (1 + 2\cos\theta + \cos^2\theta)\, d\theta$$

$$= a^2\left(\pi - 0 + \frac{1}{2} \cdot \frac{\pi}{2} \cdot 2\right) = \frac{3\pi a^2}{2}$$

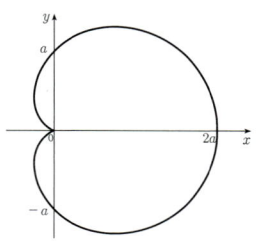

따라서 심장형 $r = a(1 \pm \cos\theta)$, $r = a(1 \pm \sin\theta)$ 내부의 면적은 $\dfrac{3\pi a^2}{2}$ 이다.

(2) 연주형 $r^2 = a^2 \sin 2\theta$의 면적은 $0 \leq \theta \leq \dfrac{\pi}{4}$에 해당하는 면적의 4배를 해서 구하자.

$$A = 4 \cdot \frac{1}{2}\int_0^{\frac{\pi}{4}} r^2\, d\theta = 2\int_0^{\frac{\pi}{4}} a^2 \sin 2\theta\, d\theta = 2a^2 \cdot \left[-\frac{1}{2}\cos 2\theta\right]_0^{\frac{\pi}{4}} = a^2$$

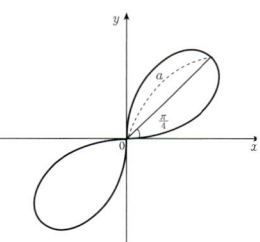

따라서 연주형 그래프 $r^2 = a^2 \sin 2\theta$, $r^2 = a^2 \cos 2\theta$의 내부면적은 a^2이다.

---

347. 주어진 극곡선 내부의 면적을 구하면?

(1) $r = a\cos 2\theta$

(2) $r = a\cos 3\theta$

(3) $r = 3 + 2\cos\theta$

(4) $r = 4 + 3\sin\theta$

극방정식 $r = 3\cos\theta$ 의 내부와 $r = 1 + \cos\theta$ 의 내부영역의 공통된 영역의 넓이는?

풀이 두 극곡선의 교점을 구하면 $3\cos\theta = 1 + \cos\theta \Rightarrow \cos\theta = \dfrac{1}{2} \Rightarrow \theta = \dfrac{\pi}{3}$ 또는 $\theta = \dfrac{5}{3}\pi$

두 곡선으로 공통된 내부영역은 다음과 같다.

$$2\left\{\frac{1}{2}\int_0^{\frac{\pi}{3}}(1+\cos\theta)^2\,d\theta + \frac{1}{2}\int_{\frac{\pi}{3}}^{\frac{\pi}{2}}(3\cos\theta)^2\,d\theta\right\}$$

$$= \int_0^{\frac{\pi}{3}}(1+\cos\theta)^2\,d\theta + 9\int_{\frac{\pi}{3}}^{\frac{\pi}{2}}\cos^2\theta\,d\theta$$

$$= \int_0^{\frac{\pi}{3}}\left(1+2\cos\theta+\frac{1+\cos2\theta}{2}\right)d\theta + 9\int_{\frac{\pi}{3}}^{\frac{\pi}{2}}\frac{1+\cos2\theta}{2}\,d\theta$$

$$= \left[\frac{3\theta}{2}+2\sin\theta+\frac{\sin2\theta}{4}\right]_0^{\frac{\pi}{3}} + 9\left[\frac{\theta}{2}+\frac{\sin2\theta}{4}\right]_{\frac{\pi}{3}}^{\frac{\pi}{2}} = \frac{\pi}{2}+\frac{9\sqrt{3}}{8}+9\left(\frac{\pi}{12}-\frac{\sqrt{3}}{8}\right) = \frac{5}{4}\pi$$

348. 곡선 $r = 2 - 2\cos\theta$ 의 내부와 $r = 2$ 의 외부에 속하는 영역의 넓이는?

349. 극곡선 $r = 1 - \sin\theta$ 의 내부와 원 $r = 1$ 의 내부의 공통부분의 넓이는?

350. 극곡선 $r = 1$ 의 외부와 극곡선 $r = 2\sin\theta$ 의 내부에 있는 공통부분의 넓이는?

351. 원 $r = 2$의 내부와 극곡선 $r = 3 - 2\sin\theta$의 외부에 놓인 영역의 넓이는?

04 | 적분 응용

352. 극곡선 $r = 3\cos\theta$의 내부와 $r = 1 + \cos\theta$의 외부로 둘러싸인 영역의 넓이는?

353. 극곡선 $r = 3\sin\theta$의 내부와 $r = 1 + \sin\theta$의 외부에 놓인 영역의 넓이를 구하면?

354. 극방정식으로 표현된 곡선 $r = 2\cos^2\theta - 1$ $(0 \leq \theta \leq 2\pi)$의 내부에 놓인 영역의 넓이는?

355. 극좌표에서 곡선 $r^2 = \cos 2\theta$의 외부이면서 곡선 $r = 2\cos\theta$의 내부인 영역의 면적을 구하시오

필수
예제 117

극곡선 $r = 1 + 2\cos\theta$는 외부곡선과 내부곡선으로 이루어진 심장형이다. 내부곡선으로 둘러싸인
부분의 면적은?

풀이 내부곡선으로 둘러싸인 영역은 구간 $\left[\dfrac{2}{3}\pi, \dfrac{4}{3}\pi\right]$이다.

$$S = \frac{1}{2}\int_{\frac{2}{3}\pi}^{\frac{4}{3}\pi}(1+2\cos\theta)^2\, d\theta = \frac{1}{2}\int_{\frac{2}{3}\pi}^{\frac{4}{3}\pi}1+4\cos\theta+2(1+\cos2\theta)\, d\theta = \frac{1}{2}\left[3\theta+4\sin\theta+\sin2\theta\right]_{\frac{2}{3}\pi}^{\frac{4}{3}\pi}$$

$$= \frac{1}{2}\left(2\pi+4\sin\frac{4}{3}\pi+\sin\frac{8}{3}\pi-4\sin\frac{2}{3}\pi-\sin\frac{4}{3}\pi\right) = \pi - \frac{3\sqrt{3}}{2}$$

356. 부등식 $3 - \sin3\theta \leq r \leq 2 + \sin3\theta$를 만족하는 영역은 넓이가 같은 세 개의 부분으로 나뉜다.
이 전체 영역의 넓이의 값은?

357. 곡선 $r = \sqrt{2}\sin\theta$의 내부와 곡선 $r^2 = \sin2\theta$의 내부로 공통인 영역의 넓이는?

358. 곡선 $r = \sqrt{2}\sin\theta$의 외부와 곡선 $r^2 = \sin2\theta$의 내부로 공통인 영역의 넓이는?

359. 좌표평면에서 두 극곡선 $r = \dfrac{1}{1+\cos\theta}$ 과 $\theta = \dfrac{\pi}{2}$ 로 둘러싸인 영역의 넓이는?

04 | 적분 응용

4 　곡선의 길이

곡선 C의 아주 작은 호의 일부를 확대하면 직선을 띠고 있고,
그 길이를 ds라고 할 때 이것은 직각삼각형의 빗변의 길이와 같다.

$$ds = \sqrt{(dx)^2 + (dy)^2}$$

곡선 C의 길이 공식은 함수에 따라 공식의 표현이 달라지기 때문에

일괄적으로 $\displaystyle\int_C ds$ 로 표현한다.

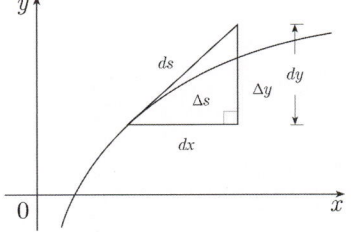

1 직교좌표에서 곡선의 길이

(1) $y = f(x)$의 구간 $[a, b]$에서 곡선 C의 길이 $\displaystyle\int_C ds = \int_a^b \sqrt{1 + (f'(x))^2}\, dx = \int_a^b \sqrt{1 + (y')^2}\, dx$

(2) $x = g(y)$의 구간 $[c, d]$에서 곡선 C의 길이 $\displaystyle\int_C ds = \int_c^d \sqrt{1 + (g'(y))^2}\, dy = \int_c^d \sqrt{1 + (x')^2}\, dy$

2 매개변수 방정식의 곡선의 길이

곡선 C가 $\begin{cases} x = f(t) \\ y = g(t) \end{cases}$ $(t_1 \le t \le t_2)$, $\dfrac{dx}{dt} = f'(t)$, $\dfrac{dy}{dt} = g'(t)$로 주어질 때,

곡선 C의 길이 $\displaystyle\int_C ds = \int_{t_1}^{t_2} \sqrt{\left(\dfrac{dx}{dt}\right)^2 + \left(\dfrac{dy}{dt}\right)^2}\, dt = \int_{t_1}^{t_2} \sqrt{(x')^2 + (y')^2}\, dt$

3 극방정식의 곡선의 길이

극방정식 $r = f(\theta)$를 매개방정식 $\begin{cases} x = r\cos\theta \\ y = r\sin\theta \end{cases}$ 로 바꿀 수 있다. 동경 $\theta = \alpha$, $\theta = \beta$ $(\alpha < \beta)$로 주어질 때,

매개방정식의 곡선의 길이를 이용하면 $\displaystyle\int_C ds = \int_\alpha^\beta \sqrt{(r)^2 + (r')^2}\, d\theta$

사이클로이드 (Cycloid)	성망형 (Asteroid)	심장형
$\begin{cases} x = a(t - \sin t) \\ y = a(1 - \cos t) \end{cases}$ $(0 \le t \le 2\pi)$	$\begin{cases} x = a\cos^3 t \\ y = a\sin^3 t \end{cases}$ $(0 \le t \le 2\pi)$	$r = a(1 \pm \cos\theta)$ $r = a(1 \pm \sin\theta)$
곡선의 길이 : $8a$	곡선의 길이 : $6a$	곡선의 길이 : $8a$

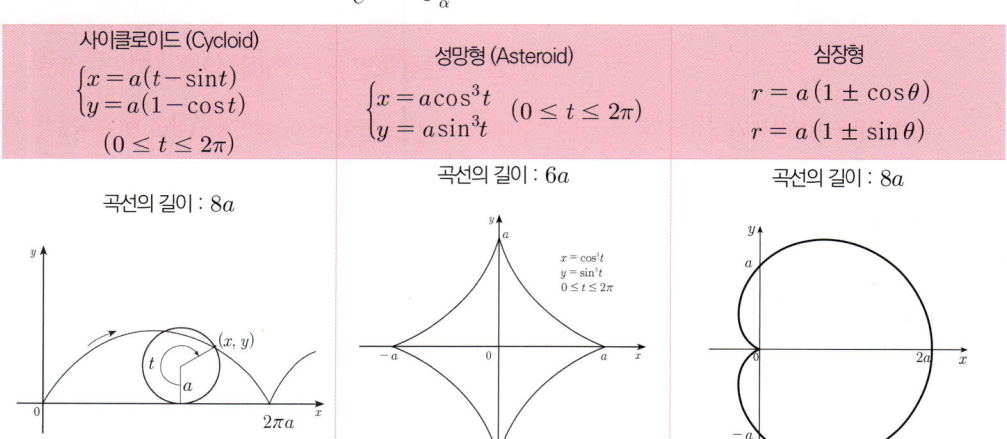

Areum Math Tip

$ds = \sqrt{(dx)^2 + (dy)^2}$ 식을 통해서 다른 식을 유도할 수 있다.

$$ds = \sqrt{(dx)^2 + (dy)^2} = \sqrt{1 + \left(\frac{dy}{dx}\right)^2}\, dx = \sqrt{1 + \left(\frac{dx}{dy}\right)^2}\, dy = \sqrt{\left(\frac{dx}{dt}\right)^2 + \left(\frac{dy}{dt}\right)^2}\, dt$$

정적분의 정의에 의해 곡선의 길이는 다음과 같음을 알 수 있다.

(1) $y = f(x)$의 구간 $[a, b]$에서 곡선의 길이

$$\int_C ds = \int_a^b \sqrt{1 + \left(\frac{dy}{dx}\right)^2}\, dx = \int_a^b \sqrt{1 + (y')^2}\, dx = \int_a^b \sqrt{1 + (f'(x))^2}\, dx$$

(2) $x = g(y)$의 구간 $[c, d]$에서 곡선의 길이

$$\int_C ds = \int_c^d \sqrt{1 + \left(\frac{dx}{dy}\right)^2}\, dy = \int_c^d \sqrt{1 + (x')^2}\, dy = \int_c^d \sqrt{1 + \{g'(y)\}^2}\, dy$$

(3) 매개변수 방정식 $x = f(t)$, $y = g(t)$, $t_1 \leq t \leq t_2$으로 주어질 때,

$$\int_C ds = \int_{t_1}^{t_2} \sqrt{\left(\frac{dx}{dt}\right)^2 + \left(\frac{dy}{dt}\right)^2}\, dt = \int_{t_1}^{t_2} \sqrt{(x')^2 + (y')^2}\, dt$$

(4) 극곡선 $r = f(\theta)\,(\alpha \leq \theta \leq \beta)$에 대하여 매개변수 방정식으로 바꾸면 $\begin{cases} x = r\cos\theta = f(\theta)\cos\theta \\ y = r\sin\theta = f(\theta)\sin\theta \end{cases}$ 이므로

매개변수 방정식의 곡선의 길이 공식에 대입해서 구한다.

$$\left(\frac{dx}{d\theta}\right)^2 + \left(\frac{dy}{d\theta}\right)^2 = \left(\frac{dr}{d\theta}\cos\theta - r\sin\theta\right)^2 + \left(\frac{dr}{d\theta}\sin\theta + r\cos\theta\right)^2$$

$$= \{(r')^2\cos^2\theta + r^2\sin^2\theta - 2rr'\sin\theta\cos\theta\} + \{(r')^2\sin^2\theta + r^2\cos^2\theta + 2rr'\sin\theta\cos\theta\}$$

$$= (r')^2 + r^2$$

$$\int_C ds = \int_\alpha^\beta \sqrt{\left(\frac{dx}{d\theta}\right)^2 + \left(\frac{dy}{d\theta}\right)^2}\, d\theta = \int_\alpha^\beta \sqrt{r^2 + \left(\frac{dr}{d\theta}\right)^2}\, d\theta = \int_\alpha^\beta \sqrt{r^2 + (r')^2}\, d\theta$$

필수 예제 118

곡선 $y = \dfrac{1}{4}x^2 - \dfrac{1}{2}\ln x$ $(1 \le x \le e)$ 의 길이는?

풀이

$y' = \dfrac{1}{2}x - \dfrac{1}{2} \cdot \dfrac{1}{x} = \dfrac{1}{2}\left(x - \dfrac{1}{x}\right)$ 이고,

$1 + (y')^2 = 1 + \dfrac{1}{4}\left(x^2 - 2 + \dfrac{1}{x^2}\right) = \dfrac{1}{4}\left(x^2 + 2 + \dfrac{1}{x^2}\right) = \dfrac{1}{4}\left(x + \dfrac{1}{x}\right)^2$

$\sqrt{1 + (y')^2} = \sqrt{\dfrac{1}{4}\left(x + \dfrac{1}{x}\right)^2} = \dfrac{1}{2}\left|x + \dfrac{1}{x}\right| = \dfrac{1}{2}\left(x + \dfrac{1}{x}\right) (\because x \in [1, e])$

이다. 따라서 구간 $[1, e]$에서의 그래프의 길이는 다음과 같다.

$L = \displaystyle\int_1^e \sqrt{1 + (y')^2}\, dx = \int_1^e \dfrac{1}{2}\left(x + \dfrac{1}{x}\right)dx = \dfrac{1}{2}\left[\dfrac{1}{2}x^2 + \ln x\right]_1^e = \dfrac{1}{4}(e^2 - 1) + \dfrac{1}{2} = \dfrac{e^2 + 1}{4}$

---

360. 곡선 $y = \dfrac{4\sqrt{2}}{3}x^{\frac{3}{2}} - 1$ 에서 $0 \le x \le 1$까지 곡선의 길이를 구하면?

361. $f(x) = \displaystyle\int_0^x \sqrt{t^2 + 2t}\, dt$ 일 때, 곡선 $y = f(x), 0 \le x \le 2$의 길이는?

362. 곡선 $x = \dfrac{1}{3}\sqrt{y}(y - 3)$ $(1 \le y \le 9)$의 길이는?

363. 구간 $-10 \le x \le 10$의 양 끝에 놓여 있는 두 장대 사이에 로프가 매여 있다. 로프의 모양이 현수선 $y = 5(e^{0.1x} + e^{-0.1x})$로 표현될 때, 로프의 길이는?

364. 곡선 $y = \ln(\sin(x)) \left(\dfrac{\pi}{6} \leq x \leq \dfrac{\pi}{2} \right)$ 의 길이를 구하면?

① $\ln(2 - \sqrt{3})$ ② $\ln(2 + \sqrt{3})$ ③ $\ln(\sqrt{2} - 1)$ ④ $\ln(\sqrt{2} + 1)$

365. 함수 $y = \cosh x \, (0 \leq x \leq 1)$ 의 그래프로 주어지는 곡선의 길이는?

① $\dfrac{1}{2}\left(e + \dfrac{1}{e}\right)$ ② $\dfrac{1}{2}\left(e - \dfrac{1}{e}\right)$ ③ $\dfrac{1}{4}\left(e^2 + \dfrac{1}{e^2}\right)$ ④ $\dfrac{1}{4}\left(e^2 - \dfrac{1}{e^2}\right)$

366. 함수 $f(x) = x^2 - \dfrac{1}{8}\ln x$ 의 그래프 위의 두 점 $(1, f(1))$과 $(e^4, f(e^4))$ 사이의 곡선의 길이는?

① $e^4 - \dfrac{1}{2}$ ② $e^4 + \dfrac{1}{2}$ ③ $e^8 - \dfrac{1}{2}$ ④ $e^8 + \dfrac{1}{2}$

367. 곡선 $y = \dfrac{1}{3}(2x - 1)^{\frac{3}{2}}$ 위의 두 점 $\left(\dfrac{1}{2}, 0\right)$과 $\left(1, \dfrac{1}{3}\right)$ 사이의 곡선의 길이는?

① $\dfrac{\sqrt{2} - 1}{3}$ ② $\dfrac{2\sqrt{2} - 1}{3}$ ③ $\sqrt{2} - \dfrac{1}{3}$ ④ $\dfrac{4\sqrt{2} - 1}{3}$

매개함수 $\begin{cases} x = a\cos^3 t \\ y = a\sin^3 t \end{cases}$ 은 성망형(Astroid)$(0 \le t \le 2\pi)$ 의 곡선이다. 이 곡선의 길이는?

풀이 매개방정식 $x = a\cos^3 t$, $y = a\sin^3 t$ 의 1사분면상의 곡선의 길이의 4배로 구한다.

$\dfrac{dx}{dt} = -3a\cos^2 t \sin t$, $\dfrac{dy}{dt} = 3a\sin^2 t \cos t$ 이고,

$$\sqrt{\left(\dfrac{dx}{dt}\right)^2 + \left(\dfrac{dy}{dt}\right)^2} = \sqrt{9a^2\cos^4 t \sin^2 t + 9a^2 \sin^4 t \cos^2 t}$$
$$= 3a\sqrt{\cos^2 t \sin^2 t \left(\cos^2 t + \sin^2 t\right)}$$
$$= 3a\,|\cos t \sin t\,|$$

$$\int_C ds = 4\int_0^{\frac{\pi}{2}} \sqrt{\left(\dfrac{dx}{dt}\right)^2 + \left(\dfrac{dy}{dt}\right)^2}\, dt = 4\int_0^{\frac{\pi}{2}} 3a\,|\sin t \cos t\,|\, dt$$
$$= 12a\int_0^{\frac{\pi}{2}} \sin t \cos t\, dt = 6a\left[\sin^2 t\right]_0^{\frac{\pi}{2}} = 6a$$

368. 매개함수 $\begin{cases} x = a(\theta - \sin\theta) \\ y = a(1 - \cos\theta) \end{cases}$ 인 사이클로이드(Cycloid)$(0 \le \theta \le 2\pi)$ 의 곡선의 길이는? $(a > 0)$

369. 매개곡선 $x = e^t \sin t$, $y = e^t \cos t$ 의 $0 \le t \le \pi$ 에서의 길이를 구하면?

370. 곡선 $x(t) = t\sin t$, $y(t) = t\cos t\,(0 \le t \le 1)$ 의 길이는?

371. 곡선 $x(t) = 1 + 3t^2$, $y(t) = 4 + 2t^3\,(0 \le t \le 1)$ 의 길이는?

372. 원 $x^2+(y-1)^2=1$을 x축을 따라 한 바퀴 굴릴 때, 원 위의 점 $P(0,0)$이 그리는 곡선을 C 라 하자. 곡선 C의 길이를 L, 곡선 C와 x축으로 둘러싸인 부분의 넓이를 A라 할 때, $\dfrac{L}{A}$ 의 값은?

① $\dfrac{8}{\pi}$ ② $\dfrac{4}{\pi}$ ③ $\dfrac{8}{3\pi}$ ④ $\dfrac{8}{5\pi}$

373. 곡선 $\vec{r}(t)=\cos^3 t\,\hat{i}+\sin^3 t\,\hat{j}$의 경로$(0\le t\le \dfrac{\pi}{2})$상의 전체 길이는?

(여기서 $\hat{i}$, $\hat{j}$는 각각 x, y축 방향의 단위벡터이다.)

① 1 ② $\dfrac{3}{2}$ ③ 2 ④ $\dfrac{5}{2}$

374. 평면 위의 곡선이 다음과 같이 매개변수로 표현되었을 때 이 곡선의 길이는?

$$x(t)=\int_t^\infty \frac{\cos x}{x}\,dx,\quad y(t)=\int_t^\infty \frac{\sin x}{x}\,dx \quad (1\le t\le 2)$$

① $\sqrt{2}$ ② $\sqrt{3}$ ③ $\ln 2$ ④ $\ln 3$

375. 다음 곡선 $x(t)=3+t^2,\ y(t)=\cosh(t^2)\ (0\le t\le 1)$의 길이는?

① 1 ② $\cosh 1$ ③ $\sinh 1$ ④ $\tanh 1$

376. 곡선 $r(t)=ti+\cosh t\,j\,(0\le t\le t_1)$의 길이는? (단, $\cosh t_1=3$이다.)

① $2\sqrt{2}$ ② $2\sqrt{3}$ ③ $\sqrt{11}$ ④ $\sqrt{13}$

극방정식 $r = a(1+\cos\theta)$ $(0 \leq \theta \leq 2\pi)$로 나타내어지는 곡선의 길이는?

풀이 곡선 $r = a(1+\cos\theta)$는 x축에 대하여 대칭이므로 0부터 π까지 곡선의 길이를 2배 해서 계산하자.

$r = a(1+\cos\theta)$, $r' = -a\sin\theta$ 이므로

$$\sqrt{r^2 + (r')^2} = \sqrt{a^2(1+\cos\theta)^2 + a^2(-\sin\theta)^2}$$

$$= a\sqrt{2+2\cos\theta} = a\sqrt{4\cos^2\frac{\theta}{2}} = 2a\left|\cos\frac{\theta}{2}\right| = 2a\cos\frac{\theta}{2} \ \left(\because 0 \leq \theta \leq \pi \text{에서 } \cos\frac{\theta}{2} \geq 0\right)$$

$$\int_C ds = 2\int_0^\pi \sqrt{r^2 + (r')^2}\,d\theta = 2\int_0^\pi 2a\cos\frac{\theta}{2}\,d\theta$$

$$= 4a \cdot 2\left[\sin\frac{\theta}{2}\right]_0^\pi = 8a(1-0) = 8a$$

TIP 삼각함수의 반각공식 $\sqrt{1+\cos x} = \sqrt{2\left(\dfrac{1+\cos x}{2}\right)} = \sqrt{2\left(\cos^2\dfrac{x}{2}\right)} = \sqrt{2}\left|\cos\dfrac{x}{2}\right|$

377. $-\dfrac{\pi}{4} \leq \theta \leq \dfrac{\pi}{4}$ 에서 곡선 $r = 2\sec\theta$의 호의 길이를 구하면?

378. 극곡선 $r = \dfrac{1}{e^\theta}$ $(\theta \geq 0)$의 길이를 구하면?

379. 극곡선 $r = 2\sin\theta + 2\cos\theta$의 길이를 구하면?

380. 곡선 $r = 3\cos\theta$의 내부에 있는 곡선 $r = 1+\cos\theta$의 길이는?

381. 극곡선 $r = e^{2\theta}$의 길이는? (단, $0 \le \theta \le \pi$)

① $\sqrt{5}(e^{2\pi} - 1)$
② $\dfrac{\sqrt{5}}{2}(e^{2\pi} - 1)$
③ $\sqrt{5}\,e^{2\pi}$
④ $\dfrac{\sqrt{5}}{2}e^{2\pi}$

382. 곡선 $r = e^{3\theta}$의 길이는? (단, $0 \le \theta \le \pi$)

① $\dfrac{2\sqrt{2}}{3}(e^{3\pi} - 1)$
② $3(e^{3\pi} - 1)$
③ $\dfrac{\sqrt{10}}{3}(e^{3\pi} - 1)$
④ $\dfrac{\sqrt{11}}{3}(e^{3\pi} - 1)$

383. 극곡선 $r = \sin\theta + 2\cos\theta\,(0 \le \theta \le \dfrac{\pi}{2})$의 길이는?

① $\dfrac{\sqrt{5}}{2}\pi$
② $\dfrac{\sqrt{6}}{2}\pi$
③ $\dfrac{\sqrt{7}}{2}\pi$
④ $\sqrt{2}\pi$

384. 구간 $0 \le \theta \le a$에서 극곡선 $r = \theta^2$의 길이가 $\dfrac{56}{3}$일 때, 양수 a의 값은?

① 4
② $3\sqrt{2}$
③ $2\sqrt{3}$
④ $2\sqrt{5}$

385. 곡선 $x^2 + y^2 = \sqrt{x^2 + y^2} + x$의 제 4분면(the first quadrant)에 해당되는 부분의 길이(arc length)를 구하라.

① $2\sqrt{2}$
② $2\sqrt{3}$
③ 4
④ $2(\sqrt{2} + 1)$

1 수직선 위에서 위치와 속도

수직선 위의 움직이는 점 P의 시각 t에서의 위치를 x로 나타내면 x는 t의 함수이므로 $x = f(t)$와 같이 나타낼 수 있다.
위치를 미분하면 속도, 속도를 미분하면 가속도이다. 속도의 크기를 속력이라고 한다.

(1) 속도는 $v(t) = \dfrac{dx}{dt} = f'(t)$ 이다.

(2) 가속도는 $a(t) = v'(t) = f''(t)$ 이다.

(3) 수직선 위의 움직이는 점 P의 시각 t에서의 속도가 $v(t)$이고 시각 t_0에서의 점 P의 위치를 x_0이라고 할 때,

   점 P의 위치 $x(t) = x_0 + \displaystyle\int_{x_0}^{t} v(t)\,dt$ 이다. (x_0은 출발점의 위치)

(4) 시각 $t = a$에서 $t = b$까지 점 P의 위치의 변화량은 $\displaystyle\int_{a}^{b} v(t)\,dt$ 이다.

(5) 시각 $t = a$에서 $t = b$까지 점 P의 이동 거리 $S = \displaystyle\int_{a}^{b} |v(t)|\,dt$ 이다.

Areum Math Tip

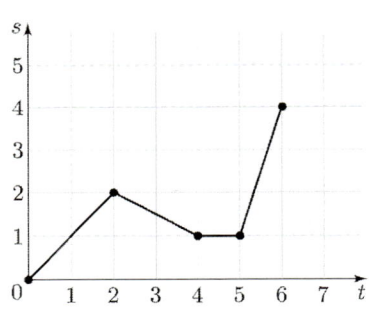

오른쪽 그래프는 어떤 입자의 위치를 그래프로 나타낸 것이다.
가로축 t는 시간, 세로축 s는 위치(미터)를 나타낸다.
그래프에 대한 분석을 해보자.

(i) 그래프의 해석 중 하나로 "이 입자가 수직으로만 이동한다고 가정할 때, 2초 동안 위로 2미터를 이동한 후, 다음 2초간 아래로 1미터 떨어진 후, 그 다음 1초간 공중 1미터 위에서 부양한 상태였다가, 그 다음 1초간 지상 4미터 위까지 솟아올랐다"라고 말할 수 있다.

(ii) 그래프의 해석 중 하나로 "이 입자가 수평으로만 이동한다고 가정할 때, 2초 동안 오른쪽으로 2미터를 이동한 후, 다음 2초간 왼쪽으로 1미터를 이동하였다가, 그 다음 1초간 그 상태에서 정지 후, 그 다음 1초간 오른쪽으로 3미터 이동하였다"라고 말할 수 있다.

필수예제 121

처음 속도 $6\,\text{m/sec}$로 도로 위에 공을 굴렸다. 이 공은 일정한 비율로 감속하여 $24\,\text{m}$ 굴러가서 정지했다. 공이 정지할 때까지의 시간을 구하시오.

풀이 공의 위치함수를 $r(t)$라 하자. 속도함수는 $v(t) = r'(t)$이고 감속시의 비례상수를 k라 하면 $v'(t) = k$

즉, $v(t) = kt + c_1$ 이다.

초기속도가 $6\,\text{m/sec}$이므로 $v(0) = 6$이다. 따라서 $v(t) = kt + 6$이고 공이 정지한다는 것은 속도가 0이 되므로 공이 굴러서

정지할 때까지 걸린 시간은 $v(t) = kt + 6 = 0$에서 $t = -\dfrac{6}{k}$ 이다.

처음 위치를 원점이라 생각하면 위치함수는 $r(t) = \dfrac{1}{2}kt^2 + 6t$ 이다. ($\because r(0) = 0$)

공이 움직인 거리는 $24\,m$이므로 $r\left(-\dfrac{6}{k}\right) = \dfrac{1}{2}k\left(-\dfrac{6}{k}\right)^2 + 6\left(-\dfrac{6}{k}\right) = 24 \Rightarrow -\dfrac{6}{k} = 8$이다.

따라서 공이 정지할 때까지 걸린 시간은 $t = -\dfrac{6}{k} = 8$이다.

386. 처음 속도 $8\,\text{m/sec}$로 도로 위에 공을 굴렸다. 이 공은 일정한 비율로 감속하여 $36\,\text{m}$ 굴러가서 정지했다. 공이 정지할 때까지의 시간을 구하시오.

387. 지면으로부터 $25m$의 위치에서 처음 속도 $20\,m/s$로 똑바로 위로 던진 돌의 t초 후의 높이를 s 라고 하면 $s = 25 + 20t - 5t^2$인 관계가 성립한다. 이 돌이 최고 높이에 도달할 때까지의 평균 속도 α와 이 돌이 땅에 떨어질 때의 속도 β에 대하여 $|\alpha\beta|$를 구하시오.

388. 정지 상태에서 출발한 자동차의 속력이 출발 t 초 후 $v(t) = te^t$ 일 때, 출발 시점으로부터 2 초까지의 평균 속력이 $\dfrac{e^a + b}{c}$ 일 때 abc의 값을 구하시오.

389. 어떤 물체의 시각 t일 때, 위치가 $f(t) = \sqrt{3}\cos t + \sin t$이다. 이 물체의 가속도가 최소에서 최대로 될 때까지 이동한 거리를 구하시오.

2 평면 위에서 위치와 속도

좌표평면 위의 움직이는 점 P의 시각 t에서의 위치를 (x,y)라고 하면 $\begin{cases} x = f(t) \\ y = g(t) \end{cases}$ 또는 $(x,y) = (f(t), g(t))$ 라고

나타낼 수 있다. 위치를 미분하면 속도, 속도를 미분하면 가속도이다. 속도의 크기를 속력이라고 한다.

(1) 속도는 $v = \left(\dfrac{dx}{dt}, \dfrac{dy}{dt} \right) = (f'(t), g'(t))$ 이다.

(2) 속력은 $\sqrt{(x')^2 + (y')^2} = \sqrt{(f'(t))^2 + (g'(t))^2}$ 이다.

(3) 가속도는 $a = \left(\dfrac{d^2x}{dt^2}, \dfrac{d^2y}{dt^2} \right) = (f''(t), g''(t))$ 이다.

(4) 가속도의 크기는 $\sqrt{(x'')^2 + (y'')^2} = \sqrt{(f''(t))^2 + (g''(t))^2}$ 이다.

(5) 시각 $t = a$에서 $t = b$까지 점 P의 이동 거리 $\displaystyle\int_a^b |v(t)|\,dt = \int_a^b \sqrt{(x')^2 + (y')^2}\,dt$ 이다.

❖ 평면 위에서 점 P의 위치 함수는 매개함수이고, 이동거리는 매개함수 곡선의 길이와 같다.

필수예제 122

좌표평면 위를 움직이는 점 P의 시각 $t(t \geq 0)$에서의 위치 (x, y)가 $x = 2\cos^3 t$, $y = 2\sin^3 t$이다. $t = 0$일 때부터 점 P의 속력이 최대일 때까지 이동거리를 구하시오. (단, $0 \leq t < \dfrac{\pi}{2}$)

풀이 위치 $s(t) = (x,y) = (2\cos^3 t, 2\sin^3 t)$를 미분한 속도는 $v(t) = (x', y') = (-6\cos^2 t \sin t, 6\sin^2 t \cos t)$이고 속력은

$|v(t)| = \sqrt{36\cos^2 t \sin^2 t} = |6\cos t \sin t| = |3\sin 2t|$ 이다. 속력이 최대가 되는 것은 $t = \dfrac{\pi}{4}$ 일 때이고

이 때까지 이동거리는 $\displaystyle\int_0^{\frac{\pi}{4}} |v(t)|\,dt = \int_0^{\frac{\pi}{4}} |3\sin 2t|\,dt = \dfrac{3}{2}$ 이다.

390. 좌표평면 위를 움직이는 점 P의 시각 $t(0 \leq t < \pi)$에서의 위치 (x,y)가
$x = \sin t + \sqrt{3}\cos t$, $y = 2\sin t \cos t + 1$이다. x가 최대일 때의 점 P의 속력을 α, y가 최소일 때의
점 P의 속력을 β라 할 때, $\alpha\beta$의 값을 구하시오.

391. 좌표 평면 위를 움직이는 점 P의 시각 $t(0 \leq t \leq \pi)$에서의 위치 $P(x, y)$가
$x = 4 - \sin(2t)$, $y = t - \cos(2t)$이다. 점 P의 속력이 최대일 때, t의 값을 구하시오.

392. 좌표평면 위를 움직이는 점 P의 시각 $t(t \geq 0)$에서의 위치 (x, y)가
$x = 2\sqrt{1+t}$, $y = t - \ln(t+1)$이다. 점 P의 속력의 최솟값을 구하시오.

393. 좌표평면 위를 움직이는 점 P의 시각 $t(t \geq 0)$에서의 위치 (x,y)가 $x = e^{-2t} + e^t$, $y = 3t$이다.
점 P의 속력이 최소일 때, 점 P의 가속도의 크기는 $a^b\sqrt{2}$일 때 ab의 값을 구하시오.

6 │ 입체의 부피

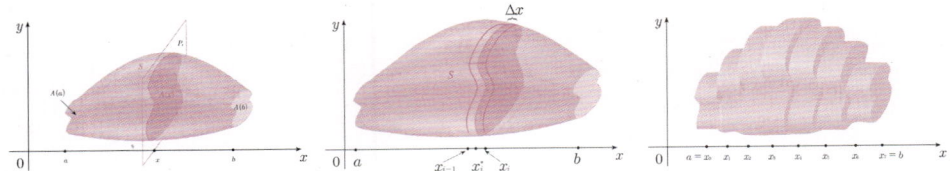

입체 S를 평면 P_x로 잘랐을 경우 폭 $\triangle x$로 잘라진 평판조각들의 부피의 합이 입체 S의 부피이다.

하나의 평판조각의 부피 $V = A(x) \times \triangle x$로 무수히 얇은 원판들의 합을 생각해서 적분으로 구할 수 있다.

(1) $x = a, x = b$ 사이에 놓인 입체 S의 x축에 수직인 절단면의 넓이를 $A(x)$라 할 때,

입체 S의 부피 $V = \displaystyle\int_a^b A(x)\, dx$

(2) $y = c, y = d$ 사이에 놓인 입체 S의 y축에 수직인 절단면의 넓이를 $A(y)$라 할 때,

입체 S의 부피 $V = \displaystyle\int_c^d A(y)\, dy$

필수 예제 123

밑면이 $y = \sin x\, (0 \le x \le \pi)$인 입체가 있다. 다음을 구하시오.

(1) 이 입체를 x축에 수직인 평면으로 자른 단면이 정사각형일 때, 이 입체의 체적?

(2) 이 입체를 x축에 수직인 평면으로 자른 단면이 정삼각형일 때, 이 입체의 체적?

풀이 (1) 정사각형의 한 변의 길이는 y이고, 정사각형 단면의 넓이는 $y^2 = \sin^2 x$이므로 단면적이 정사각형인 입체의 부피는

$$V = \int_0^\pi y^2\, dx = \int_0^\pi \sin^2 x\, dx = 2\int_0^{\frac{\pi}{2}} \sin^2 x\, dx = 2 \times \frac{\pi}{4} = \frac{\pi}{2} \text{이다.}$$

(2) 정삼각형의 한 변의 길이는 y이고, 정삼각형 단면의 넓이는 $\dfrac{\sqrt{3}}{4} y^2 = \dfrac{\sqrt{3}}{4} \sin^2 x$이므로 단면적이 정사각형인

입체의 부피 $V = \displaystyle\int_0^\pi \frac{\sqrt{3}}{4} y^2\, dx = \frac{\sqrt{3}}{4}\int_0^\pi \sin^2 x\, dx = 2 \cdot \frac{\sqrt{3}}{4} \int_0^{\frac{\pi}{2}} \sin^2 x\, dx = \frac{\sqrt{3}\,\pi}{8}$ 이다.

TIP 한 변의 길이가 a인 정삼각형의 높이 $h = a \times \sin\dfrac{\pi}{3} = \dfrac{\sqrt{3}}{2} a$

한 변의 길이가 a인 정삼각형의 넓이 $A = \dfrac{1}{2} ah = \dfrac{1}{2} a \cdot \dfrac{\sqrt{3}}{2} a = \dfrac{\sqrt{3}}{4} a^2$

394. 영역 $S = \{(x,y) | 0 \le y \le 2 - x^2\}$ 를 밑바닥으로 하는 입체가 있다. 다음을 구하시오.

    (1) 이 입체를 y축에 수직인 평면으로 자른 단면이 정사각형일 때, 이 입체의 체적?

    (2) 이 입체를 y축에 수직인 평면으로 자른 단면이 정삼각형일 때, 이 입체의 체적?

04 | 적분 응용

395. 영역 $\{(x,y) : 0 \le y \le \sin^2 x,\ 0 \le x \le \pi\}$ 를 밑바닥으로 하는 입체가 있다.
이 입체를 x축에 수직인 평면으로 자른 단면이 정사각형일 때, 이 입체의 부피는?

396. 1사분면에 있는 함수 $y = x^2$의 그래프와 직선 $y = 4,\ x = 0$으로 둘러싸인 영역을 입체의 밑면이라 하자.
x축에 수직으로 자른 도형의 단면이 정사각형일 때, 입체의 부피를 구하면?

397. 반지름이 r인 원을 밑면으로 갖는 입체의 밑면에 수직인 단면들이 반원으로 이루어져 있다.
이 입체의 부피는?

398. 다음 주어진 도형의 부피를 구하시오.

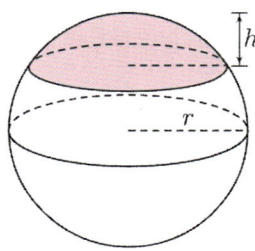

7 회전체의 부피

1 원판 법칙

(1) $y = f(x)$가 구간 $[a, b]$에서 연속일 때,
$f(x)$와 x축으로 둘러싸인 영역을 x축으로 회전시킨
입체의 부피

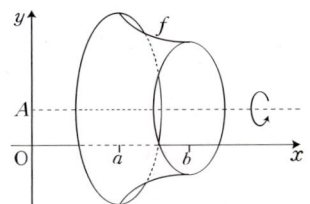

$$V_x = \pi \int_a^b |y|^2\, dx = \pi \int_a^b |f(x)|^2\, dx$$

TIP $|y| = |f(x)|$는 회전축인 직선 $y = 0\,(x$축$)$ 사이의 거리이고, 단면인 원의 반지름이다.

(2) $y = f(x)$가 구간 $[a, b]$에서 연속일 때,
$f(x)$와 직선 $y = A$로 둘러싸인 영역을 직선 $y = A$로
회전시킨 입체의 부피

$$V_{y=A} = \pi \int_a^b |y - A|^2\, dx = \pi \int_a^b |f(x) - A|^2\, dx$$

TIP $|y - A| = |f(x) - A|$는 회전축인 직선 $y = A$와 곡선 사이의 거리이고, 단면인 원의 반지름이다.

(3) $x = g(y)$가 구간 $[c, d]$에서 연속일 때,
$g(y)$와 y축으로 둘러싸인 영역을 y축으로 회전시킨
입체의 부피

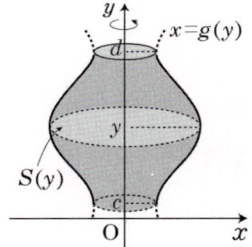

$$V_y = \pi \int_c^d |x|^2\, dy = \pi \int_c^d \{g(y)\}^2\, dy$$

TIP $x = g(y)$는 회전축(y축)과의 거리이고, 단면인 원의 반지름이다.

필수 예제 124

다음 회전체의 부피를 구하시오.

(1) $x=0$에서 $x=1$까지 곡선 $y=\sqrt{x}$ 와 x축으로 둘러싸인 영역을 x축으로 회전하여 생긴 입체의 부피를 구하시오.

(2) $y=x^3$, $y=8$, $x=0$으로 둘러싸인 영역을 y축으로 회전하여 생긴 입체의 부피를 구하시오.

풀이 원판법칙을 이용하여 회전체의 부피를 구하자.

(1) x축 회전체의 단면은 원이고 원의 반지름이 y이므로 부피는 $\pi y^2 \cdot \triangle x$의 합이다.

$$V = \pi \int_0^1 y^2 \, dx = \pi \int_0^1 x \, dx = \frac{\pi}{2}$$

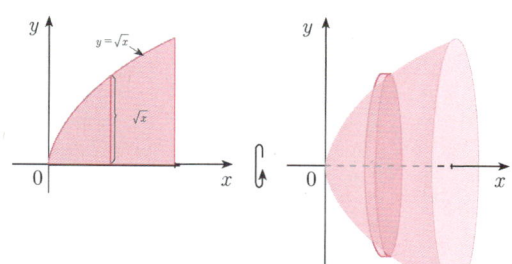

(2) y축 회전체의 단면은 원이고 원의 반지름이 x이므로 부피는 $\pi x^2 \cdot \triangle y$의 합이다.

$y = x^3 \iff x = y^{\frac{1}{3}}$ 이므로

$$V = \pi \int_0^8 x^2 \, dy = \pi \int_0^8 y^{\frac{2}{3}} \, dy = \pi \frac{3}{5} y^{\frac{5}{3}} \Big|_0^8 = \frac{96\pi}{5}$$

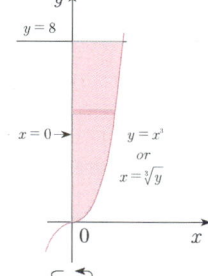
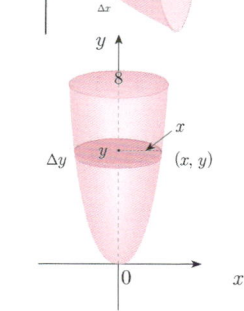

399. 곡선 $y=\dfrac{1}{x}$, $y=0$, $x=1$, $x=3$에 의해 둘러싸인 부분을 x축으로 회전시킬 때 나타나는 입체의 부피는?

400. 곡선 $y=\dfrac{1}{x}$, $y=-1$, $x=1$, $x=3$에 의해 둘러싸인 부분을 직선 $y=-1$을 축으로 회전시킬 때 나타나는 입체의 부피는?

401. 곡선 $y=\dfrac{1}{x}$, $y=2$, $x=1$, $x=3$에 의해 둘러싸인 부분을 직선 $y=2$를 축으로 회전시킬 때 나타나는 입체의 부피는?

2 **두 곡선으로 둘러싸인 영역을 직선 $y = A$ 로 회전했을 때의 회전체의 부피**

두 곡선으로 둘러싸인 영역을 직선 $y = A$ 를 중심으로 회전시킬 때 입체의 단면적은 $\pi\,(\text{외부반지름})^2 - \pi\,(\text{내부반지름})^2$ 이다.

회전체의 부피 $= \pi \displaystyle\int_a^b (\text{외부반지름})^2 - (\text{내부반지름})^2 dx$ 이다.

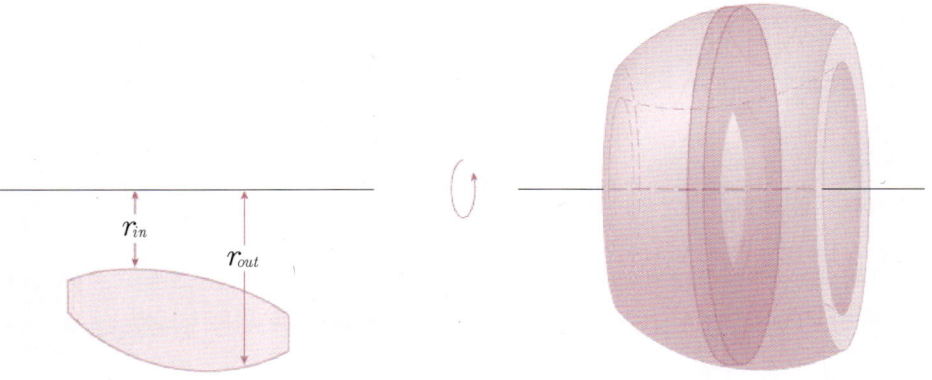

(1) 두 곡선 $y_1 = f(x),\, y_2 = g(x)$ 가 구간 $[a, b]$ 에서 $f(x) \ge g(x) \ge A$ 이고 연속일 때,

두 곡선으로 둘러싸인 영역을 직선 $y = A$ 로 회전시킨 입체의 부피

$$V_{y=A} = \pi \int_a^b \left| y_1 - A \right|^2 - \left| y_2 - A \right|^2 dx = \pi \int_a^b \left| f(x) - A \right|^2 - \left| g(x) - A \right|^2 dx$$

TIP $\left| y_1 - A \right|,\, \left| y_2 - A \right|$ 는 회전축인 직선 $y = A$ 와의 거리이고,

각각 외부입체의 단면 원의 반지름, 내부입체의 단면 원의 반지름을 나타내고 있다.

(2) 두 곡선 $y_1 = f(x),\, y_2 = g(x)$ 가 구간 $[a, b]$ 에서 $A \ge f(x) \ge g(x)$ 이고 연속일 때,

두 곡선으로 둘러싸인 영역을 $y = A$ 축으로 회전시킨 입체의 부피

$$V_{y=A} = \pi \int_a^b \left| A - y_2 \right|^2 - \left| A - y_1 \right|^2 dx = \pi \int_a^b \left| A - g(x) \right|^2 - \left| A - f(x) \right|^2 dx$$

필수 예제 125

두 곡선 $y = x^2$과 $x = y^2$으로 둘러싸인 영역을 직선 $y = -1$에 대하여 회전시켜서 생기는 입체의 부피는?

풀이 두 곡선을 직선 $y = -1$에 대하여 회전시킬 때 생기는 단면적을 $A(x)$라 하면

$$A(x) = \pi\{(\sqrt{x}+1)^2 - (x^2+1)^2\}$$
$$= \pi\{(x + 2\sqrt{x} + 1) - (x^4 + 2x^2 + 1)\}$$
$$= \pi\left(-x^4 - 2x^2 + x + 2x^{\frac{1}{2}}\right)$$

따라서 입체의 부피의 값은 다음과 같다.

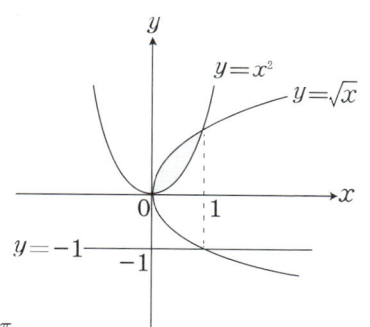

$$V_{y=-1} = \int_0^1 A(x)dx = \int_0^1 \pi\left(-x^4 - 2x^2 + x + 2x^{\frac{1}{2}}\right)dx$$

$$= \pi\left[-\frac{1}{5}x^5 - \frac{2}{3}x^3 + \frac{1}{2}x^2 + \frac{4}{3}x^{\frac{3}{2}}\right]_0^1 = \pi\left(-\frac{1}{5} - \frac{2}{3} + \frac{1}{2} + \frac{4}{3}\right) = \frac{29}{30}\pi$$

04 | 적분 응용

402. 곡선 $y = \dfrac{1}{x}$, $y = 0$, $x = 1$, $x = 3$에 의해 둘러싸인 부분 D에 대하여 다음을 구하시오.

(1) 주어진 영역 D를 $y = -1$을 축으로 회전시킬 때 나타나는 입체의 부피는?

(2) 주어진 영역 D를 $y = 2$을 축으로 회전시킬 때 나타나는 입체의 부피는?

403. 포물선 $y = -x^2 + x + 2$와 $y = -x + 2$로 둘러싸인 영역에 대하여 다음을 구하시오.

(1) 주어진 영역을 x축 둘레로 회전시킬 때 나타나는 입체의 체적은?

(2) 주어진 영역을 직선 $y = -1$ 둘레로 회전시킬 때 나타나는 입체의 체적은?

404. 구간 $[-\pi, \pi]$에서 두 함수 $f(x) = 3\sqrt{2}\cos x$와 $g(x) = 3$의 그래프로 둘러싸인 영역 D에 대하여 다음을 구하시오.

(1) 영역 D를 직선 $y = 3$을 중심으로 회전하여 얻은 입체의 부피를 구하면?

(2) 영역 D를 직선 $y = 0$을 중심으로 회전하여 얻은 입체의 부피를 구하면?

405. 곡선 $y = \sqrt{\sin(\ln x)}$, $1 \le x \le e^\pi$ 와 x축으로 둘러싸인 영역을 x축 둘레로 회전시켜 얻은 입체의 부피를 구하면?

406. 직선 $y = 2 - x$와 곡선 $y = \sqrt{x}$ 그리고 y축으로 둘러싸인 영역을 x축을 회전축으로 회전시켜 얻은 입체의 부피는?

407. $-\dfrac{\pi}{4} \le x \le \dfrac{\pi}{4}$ 에 대하여 두 곡선 $y = 2\cos x$ 와 $y = \sec x$ 로 둘러싸인 영역을 S 라고 하자. 영역 S 를 x 축을 중심으로 회전시켜 얻은 회전체의 부피를 구하시오.

408. 두 곡선 $y = e^{-2x}$, $y = e^{-2}x$ 와 y축으로 둘러싸인 영역을 x축으로 회전하여 얻은 입체의 부피는?

MEMO

04 | 적분 응용

밑면의 반지름이 $2\,\mathrm{m}$, 높이가 $4\,\mathrm{m}$인 원뿔이 거꾸로 된 모양의 물탱크가 있다.
물이 탱크 안으로 $2\pi\,(\mathrm{m^3/min})$의 속도로 채워진다면, 수심이 $3\,\mathrm{m}$ 되는 순간의 수위 상승비율은?
(단, 물탱크의 두께는 무시한다.)

풀이 주어진 물탱크는 원뿔이고 부피는 $V=\dfrac{1}{3}\pi r^2 h$ 이다. 시간에 대한 부피의 변화율은 $\dfrac{dV}{dt}=2\,(\mathrm{m^2/min})$ 이다.

비례 관계에 의해 $r=\dfrac{1}{2}h$ 이므로 $V=\dfrac{1}{12}\pi h^3$ 이다.

양변을 t 에 관하여 미분하면 $\dfrac{dV}{dt}=\dfrac{1}{12}\pi\cdot 3h^2\dfrac{dh}{dt}$ 이고, $h=3$, $\dfrac{dV}{dt}=2$ 를 대입하면 다음과 같다.

$2=\dfrac{9}{4}\pi\cdot\dfrac{dh}{dt}$ 이므로 시간에 따른 높이의 변화율(수위 상승비율)은 $\dfrac{dh}{dt}=\dfrac{8}{9\pi}$ 이다.

[다른풀이] 주어진 원뿔은 직선을 $y=2x\,(0\le x\le 2)$을 y축에 대하여 회전하여 얻은 회전체와 같다.

$V=\pi\displaystyle\int_0^h x^2\,dy=\pi\displaystyle\int_0^h \dfrac{y^2}{4}\,dy$와 같다. 양변을 t에 관하여 미분하면 $\dfrac{dV}{dt}=\pi\cdot\dfrac{h^2}{4}\cdot\dfrac{dh}{dt}$ 이고,

$h=3$일 때, $\dfrac{dV}{dt}=2\pi$를 대입하면 $2\pi=\dfrac{9\pi}{4}\cdot\dfrac{dh}{dt}\ \Rightarrow\ \dfrac{dh}{dt}=\dfrac{8}{9}$ 이다.

409. 그림과 같이 원뿔을 밑면에 평행하게 잘라 만든 종이컵의 밑면과 윗면의 반지름의 길이는 각각 $3\,\mathrm{cm}$, $4\,\mathrm{cm}$
이고 높이는 $8\,\mathrm{cm}$ 이다. 종이컵에 초당 $3\,(\mathrm{cm^3})$ 의 속도로 물을 채운다면, 물의 깊이가 $4\,\mathrm{cm}$ 일 때 수면의
상승 속도는? (단, 속도의 단위는 $\mathrm{cm/초}$ 이다.)

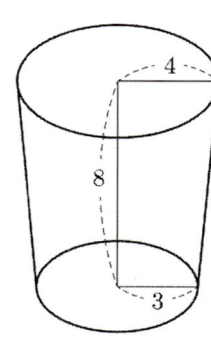

410. 밑면은 반지름이 $20\,cm$인 원이고 높이가 $50\,cm$인 직원뿔 모양의 수조가 있다. 물을 $16\pi\ cm^3/s$의 속도로 주입할 때, 밑면으로 부터 수면의 높이가 $10\,cm$인 순간 수면 높이의 증가 속도는? (단, 물은 밑면에서부터 차오른다.)

411. 함수 $y = x^2$의 그래프를 y축을 중심으로 한 바퀴 회전하여 얻은 곡면 모양의 그릇에 물을 일정한 속도 $2\,cm^3/sec$로 붓고 있다. 시각 t초일 때 물의 높이를 $h(t)$라 하자. 물의 높이가 $9\,cm$가 되는 순간 높이의 증가 속도 $\dfrac{dh}{dt}$의 값은?

412. 포물선 $y = x^2$을 y축을 중심으로 회전시킨 형태의 용기에 $3\pi\,cm^3/sec$로 매초 일정한 양의 물을 채울 때 수면의 상승 속도를 생각하자. 용기의 바닥 즉, 원점에서부터 수면의 높이가 y_0, $y_1 = 2y_0$일 때 수면의 상승 속도를 각각 v_0, v_1이라 하자. $\dfrac{v_1}{v_0}$을 구하시오. 단, $y_0 > 0$이다.

413. 반지름이 $10\,m$인 반구 모양의 수조에 $3m^3/sec$의 속도로 물을 채운다. 수위가 $4m$일 때 물이 차오르는 속도는 $v\,m/sec$이다. $v\pi = \dfrac{a}{b}$일 때, $a+b$ 값을 구하시오. (단, a, b는 서로소이다.)

3 원통쉘법 (method of cylindrical shell)

(1) $y = f(x)$ 가 구간 $[a, b]$ 에서 연속일 때, $f(x)$ 와 x축으로 둘러싸인 영역을 D라고 하자.

① 영역을 D를 직선 $x = 0$(y축)으로 회전시킬 때 생기는 입체의 부피

$$V_{y축} = 2\pi \int_a^b |x| |y| \, dx = 2\pi \int_a^b |x| |f(x)| \, dx$$

② 영역을 D를 직선 $x = K$ (y축과 평행한 직선)를 축으로 회전시킬 때 생기는 입체의 부피

$$V_{x = K} = 2\pi \int_a^b |x - K| |f(x)| \, dx = 2\pi \int_a^b |x - K| |y| \, dx$$

(2) 두 곡선 $y_1 = f(x)$, $y_2 = g(x)$ 가 구간 $[a, b]$ 에서 연속일 때, 두 곡선으로 둘러싸인 영역을 D라고 하자.

① 영역을 D를 y축(직선 $x = 0$)으로 회전시킬 때 생기는 입체의 부피

$$V_{y축} = 2\pi \int_a^b |x| |f(x) - g(x)| \, dx = 2\pi \int_a^b |x| |y_1 - y_2| \, dx$$

② 영역을 D를 직선 $x = K$를 축으로 회전시킬 때 생기는 입체의 부피

$$V_{x = K} = 2\pi \int_a^b |x - K| |f(x) - g(x)| \, dx = 2\pi \int_a^b |x - K| |y_1 - y_2| \, dx$$

TIP 구간 $[a, b]$에 포함되는 x와 회전축인 직선 $x = K$ (y축과 평행한 직선)와의 거리는

$$|x - K| = \begin{cases} x - K & (x \geq K) \\ K - x & (x < K) \end{cases} \text{이다.}$$

Areum Math Tip

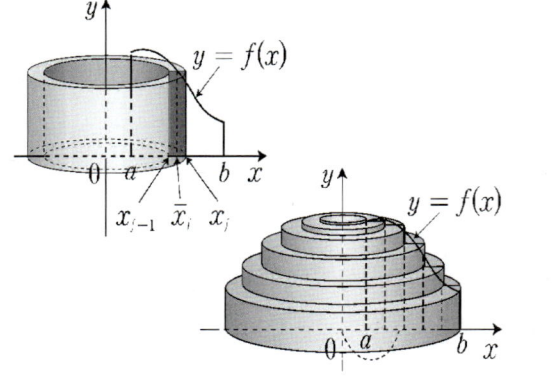

x : 회전축과의 거리

필수예제 127

곡선 $y = e^x$과 직선 $x = 1$ 및 x축, y축으로 둘러싸인 영역을 D라고 하자.

(1) 영역 D를 y축을 중심으로 회전시켜 생기는 입체의 부피는?
(2) 영역 D를 직선 $x = -1$을 축으로 회전시켜 생기는 입체의 부피는?
(3) 영역 D를 직선 $x = 3$을 축으로 회전시켜 생기는 입체의 부피는?

풀이 $x = 0$부터 $x = 1$까지 $y = e^x$와 $y = 0$으로 둘러싸인 영역을 D라고 하자.

(1) 영역 D를 y축($x = 0$인 직선)으로 회전시킬 때

$$V_y = 2\pi \int_0^1 xy\,dx = 2\pi \int_0^1 xe^x\,dx = 2\pi \left[(x-1)e^x\right]_0^1 = 2\pi\{0 - (-e^0)\} = 2\pi$$

(2) 영역 D를 $x = -1$인 직선으로 회전시킬 때

$$V_y = 2\pi \int_0^1 (x+1)y\,dx = 2\pi \int_0^1 (x+1)e^x\,dx = 2\pi\left[xe^x\right]_0^1 = 2e\pi$$

(3) 영역 D를 $x = 3$인 직선으로 회전시킬 때

$$V_y = 2\pi \int_0^1 (3-x)y\,dx = 2\pi \int_0^1 (3-x)e^x\,dx = 2\pi\left[(4-x)e^x\right]_0^1 = 2\pi(3e-4)$$

---

414. 타원 $\dfrac{x^2}{a^2} + \dfrac{y^2}{b^2} = 1$으로 둘러싸인 영역을 x축, y축으로 각각 회전시킬 때 만들어진 회전체의 부피를 구하시오. (단, $a > 0, b > 0$)

415. 곡선 $y = \dfrac{1}{x}$, $y = 0$, $x = 1$, $x = 3$에 의해 둘러싸인 부분 D에 대하여 다음을 구하시오.

(1) 주어진 영역 D를 y축으로 회전시킬 때 나타나는 입체의 부피
(2) 주어진 영역 D를 $x = -1$을 축으로 회전시킬 때 나타나는 입체의 부피
(3) 주어진 영역 D를 $x = 5$를 축으로 회전시킬 때 나타나는 입체의 부피

416. 포물선 $y = -x^2 + 4x - 3$과 직선 $y = 0$으로 둘러싸인 영역을 직선 $x = 4$를 축으로 회전하여 생긴 입체의 부피를 계산하면?

417. $y=0$과 $y=10x^2-5x^3$으로 둘러싸인 영역을 y축 중심으로 회전하여 생기는 입체의 부피는?

① 10π ② 12π ③ 14π ④ 16π

418. 좌표평면에서 $y=\dfrac{x+3}{x^3}$, $x=1$, $x=4$, $y=0$ 으로 둘러싸인 영역을 y 축을 중심으로 회전시킬 때 생기는 입체의 부피는?

① $\dfrac{69}{16}\pi$ ② $\dfrac{69}{8}\pi$ ③ $2\pi\left(\ln 4+\dfrac{9}{4}\right)$ ④ $2\pi\left(\ln 16+\dfrac{9}{2}\right)$

419. 곡선 $y=\sin(x^2)\,(0\le x\le\sqrt{\pi})$과 x축으로 둘러싸인 영역을 y축을 중심으로 회전시킬 때, 생기는 입체의 부피는?

① $\dfrac{\pi}{4}$ ② $\dfrac{\pi}{2}$ ③ π ④ 2π

420. 곡선 $y=\dfrac{3x}{1+x^3}$ 과 세 직선 $y=0$, $x=1$, $x=5$로 둘러싸인 부분을 y축을 중심으로 회전하여 얻은 입체의 부피는?

① $3\pi+\ln 21$ ② $\pi+3\ln 21$ ③ $2\pi+\ln 63$ ④ $2\pi\ln 63$

421. 좌표평면 위에 곡선 $y = \dfrac{1}{2\pi} x \sin(x^2)$ 과 두 개의 직선 $y = 0$, $x = 1$ 에 의해 둘러싸인 영역을 y축 둘레로 회전시켜 생기는 입체의 부피를 소수점 아래 둘째자리까지 정확하게 근사한 값은?

① $\dfrac{19}{270}$ ② $\dfrac{29}{270}$ ③ $\dfrac{49}{270}$ ④ $\dfrac{57}{270}$

422. xy 평면에서 $y = 2\sqrt{x}$, $y = 0$, $x = 2$ 로 둘러싸인 영역을 $x = -2$ 둘레로 회전시킬 때 생기는 입체의 부피는?

① $\dfrac{84}{5}\pi$ ② $\dfrac{84\sqrt{2}}{5}\pi$ ③ $\dfrac{256\sqrt{2}}{15}\pi$ ④ $\dfrac{254\sqrt{2}}{15}\pi$

423. 곡선 $x = \sqrt{1-y^2}$ 과 y 축으로 둘러싸인 영역을 직선 $x = -1$ 을 중심으로 회전시켜 얻은 입체의 부피는?

① $\pi^2 + \dfrac{2}{3}\pi$ ② $\pi^2 + \dfrac{4}{3}\pi$ ③ $2\pi^2 + \dfrac{2}{3}\pi$ ④ $2\pi^2 + \dfrac{4}{3}\pi$

424. 곡선 $x = y^2 - 4y + 5$ 와 직선 $x = 2$ 으로 둘러싸인 평면 영역을 x 축을 중심으로 돌려서 만든 회전입체의 부피는?

① $\dfrac{15}{4}\pi$ ② $\dfrac{16}{3}\pi$ ③ $\dfrac{20}{3}\pi$ ④ $\dfrac{27}{4}\pi$

포물선 $y = x - x^2$ 과 직선 $y = -x$ 으로 둘러싸인 영역에 대하여 다음을 구하시오.

(1) 주어진 영역을 직선 $x = 0$(y축)을 중심으로 회전시킬 때 생기는 회전체의 부피는?
(2) 주어진 영역을 직선 $x = -1$을 중심으로 회전시킬 때 생기는 회전체의 부피는?
(3) 주어진 영역을 직선 $x = 2$를 중심으로 회전시킬 때 생기는 회전체의 부피는?

풀이 $y_1 = x - x^2$, $y_2 = -x$ 라고 하자.

두 그래프의 교점은 $x - x^2 = -x \iff x^2 - 2x = 0 \iff x = 0,\ x = 2$이다.

구간 $[0, 2]$에서 $y_1 \geq y_2$이다. 따라서 높이는 $|y_1 - y_2| = 2x - x^2$이다.

(1) $V_{y축} = 2\pi \int_0^2 |x - 0| |y_1 - y_2|\, dx = 2\pi \int_0^2 x(2x - x^2)\, dx$

$$= 2\pi \int_0^2 2x^2 - x^3\, dx = 2\pi \left[\frac{2}{3}x^3 - \frac{1}{4}x^4\right]_0^2 = \frac{8\pi}{3}$$

(2) $V_{x=-1} = 2\pi \int_0^2 |x - (-1)| |y_1 - y_2|\, dx = 2\pi \int_0^2 (x+1)(2x - x^2)\, dx$

$$= 2\pi \int_0^2 2x + x^2 - x^3\, dx = 2\pi \left[x^2 + \frac{1}{3}x^3 - \frac{1}{4}x^4\right]_0^2 = \frac{16\pi}{3}$$

(3) $V_{x=2} = 2\pi \int_0^2 |2 - x| |y_1 - y_2|\, dx = 2\pi \int_0^2 2(2x - x^2) - x(2x - x^2)\, dx$

$$= 2\pi \int_0^2 4x - 2x^2 - 2x^2 + x^3\, dx = 2\pi \int_0^2 x^3 - 4x^2 + 4x\, dx = \frac{8\pi}{3}$$

---

425. 영역 $D = \{(x,y) \mid x^2 \cos(x^2) \leq y \leq \cos(x^2), 0 \leq x \leq 1\}$을 y축 둘레로 회전시킨 회전체의 부피는?

426. 곡선 $y = 4x - x^2$ 과 직선 $y = 3$으로 둘러싼 영역을 $x = 1$을 축으로 회전하여 생기는 입체의 부피는?

427. $y = 2\sin x$, $y = \sin x$, $0 \leq x \leq \pi$로 둘러싸인 영역 R을 $x = -1$을 회전축으로 회전하여 생긴 입체의 부피는?

428. 곡선 $y = x^2 - x^3$과 직선 $y = 0$으로 둘러싸인 영역을 직선 $x = -1$을 축으로 회전하여 생기는 입체의 부피는?

429. 두 곡선 $y = x^3$, $y = 3x - 2x^2$으로 둘러싸인 제 1사분면에 있는 영역을 y축을 중심으로 회전시킬 때, 생기는 입체의 부피는?

430. 곡선 $y = \dfrac{\sqrt{4 - x^2}}{x^3}$ $(1 \le x \le 2)$, $x = 1$, $x = 2$와 x-축으로 둘러싸인 영역을 y-축 주위로 회전하여 얻어진 입체의 부피를 구하라.

431. 곡선 $y = \sqrt{x}$ 와 $y = \dfrac{x}{2}$ 로 둘러싸인 영역을 직선 $x = -1$ 을 축으로 회전하여 얻어진 입체의 부피를 구하라.

432. 곡선 $x = (y - 1)^2$과 직선 $x = 9$로 둘러싸인 영역을 직선 $y = 5$를 축으로 하여 회전시켰을 때, 얻어지는 회전체의 부피는?

433. 양수 a에 대하여, 곡선 $y = \dfrac{x}{(x^2 + 1)(x^2 + 4)(x^2 + 9)}$, x-축, 그리고 직선 $x = a$로 둘러싸인 영역을 y축 둘레로 회전하여 얻어진 입체의 부피를 $V(a)$라할 때, $\lim\limits_{a \to \infty} V(a)$의 값을 구하면?

곡선 $y = x(x-3)$과 x축에 의해 둘러싸인 영역에 대하여 다음을 구하시오.

(1) 주어진 영역을 x축을 중심으로 회전시킬 때 생기는 입체의 부피
(2) 주어진 영역을 y축을 중심으로 회전시킬 때 생기는 입체의 부피

풀이 (1) 원판방법에 의해서 구간 $[0,3]$에서 주어진 영역을 x축으로 회전시킬 때 나타나는 입체 단면의
반지름은 $|y - 0| = -y$이다.

$$V_{x축} = \pi \int_0^3 (-y)^2 \, dx = \pi \int_0^3 y^2 \, dx = \pi \int_0^3 (x^2 - 3x)^2 \, dx$$

$$= \pi \int_0^3 x^4 - 6x^3 + 9x^2 \, dx = \pi \left[\frac{1}{5}x^5 - \frac{3}{2}x^4 + 3x^3 \right]_0^3$$

$$= \pi \cdot 3^4 \left(\frac{3}{5} - \frac{3}{2} + 1 \right) = \frac{81\pi}{10}$$

(2) 원주각법에 의해서 구간 $[0,3]$에서 주어진 영역을 y축으로 회전시킬 때 x와 회전축과의 거리는
$|x - 0| = x$이고, 높이는 $|0 - y| = -y$이다.

$$V_{y축} = 2\pi \int_0^3 x(0-y) \, dx = 2\pi \int_0^3 3x^2 - x^3 \, dx = 2\pi \left[x^3 - \frac{1}{4}x^4 \right]_0^3 = 2\pi \cdot 3^3 \left(1 - \frac{3}{4} \right) = \frac{27\pi}{2}$$

434. 곡선 $y = \cos x$와 직선 $y = \dfrac{2\sqrt{2}}{\pi} x$ 그리고 y축으로 둘러싸인 제 1사분면에 있는 영역 D에 대하여 다음
물음에 답하시오

(1) 영역 D를 x축으로 회전하여 얻은 회전체의 부피를 구하시오.

(2) 영역 D를 y축으로 회전하여 얻은 회전체의 부피를 구하시오.

435. 곡선 $y = \cos x$와 직선 $y = \dfrac{2\sqrt{2}}{\pi} x$ 그리고 x축으로 둘러싸인 제 1사분면에 있는 영역을 R이라 하자.
다음을 계산하시오

(1) R을 x축 주위로 회전하여 얻은 회전체의 부피를 구하시오.

(2) R을 y축 주위로 회전하여 얻은 회전체의 부피를 구하시오.

436. 곡선 $y = \sin^{-1} x \; (0 \leq x \leq 1)$, 직선 $x = 1$, 그리고 x축으로 둘러싸인 영역 D에 대하여 다음을 구하시오.

(1) 영역 D를 x축으로 회전하여 얻은 회전체의 부피를 구하시오.

(2) 영역 D를 y축으로 회전하여 얻은 회전체의 부피를 구하시오.

437. 곡선 $y = x^2 - x^3$ 과 x 축으로 둘러싸인 영역을 R 라 하자. 영역 R 를 x 축 둘레로 회전시켜 생기는 입체의 부피를 V_1, y 축 둘레로 회전시켜 생기는 입체의 부피를 V_2 라 할 때, $\dfrac{V_2}{V_1}$ 의 값은?

438. 어떤 사람이 반지름이 1m이고 높이가 1m인 원뿔 모양의 텐트에서 야영을 하고 있다.
추운 날씨 때문에 텐트 외피는 원뿔 모양을 그대로 유지하고 있는데 텐트 내피가 가라앉았다.
텐트 내피상의 각 점은 원뿔의 축까지의 거리가 r이고, 높이가 h일 때, $r = (1-h)^2$을 만족한다.
텐트 내피와 외피 사이 공간의 부피는?

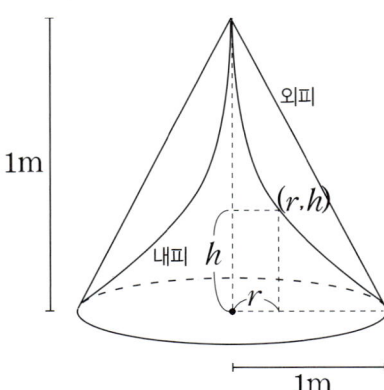

8

회전체의 표면적

1 x축 또는 y축에 대한 회전체의 표면적

$y = f(x), \quad a \le x \le b$로 주어질 때, x축에 대하여 회전하여 얻어진 회전체의 면적을 생각해보자.

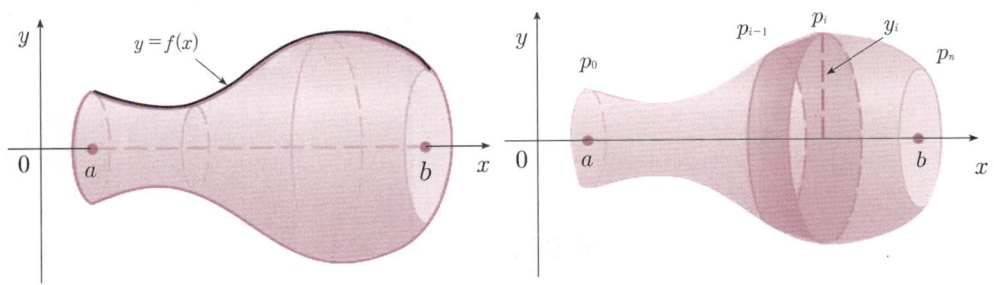

여기서 $\overline{P_{i-1}P_i}$ 을 아주 작은 곡선의 길이의 변화량 ds라고 할 수 있다.

회전체의 한 띠를 펼치면 밑변이 $2\pi |y|$ 이고, 높이가 ds인 직사각형과 비슷한 형태가 만들어진다.

그 직사각형의 면적의 합이 회전체의 표면적과 같고 그 공식은 $S_x = 2\pi \displaystyle\int_C |y|\, ds$ 이다.

같은 이유에서 y축으로 회전할 경우 밑변은 $2\pi |x|$ 이고 높이가 ds인 직사각형이 만들어진다.

그 회전체의 면적은 $S_y = 2\pi \displaystyle\int_C |x|\, ds$ 이다.

주어진 함수에 따라서 길이공식 $\displaystyle\int_C ds$를 적용해서 구할 수 있다.

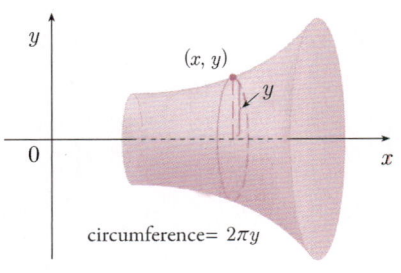
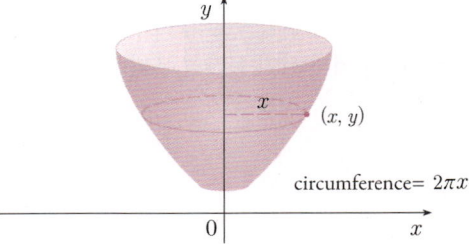

2 회전축이 달라진다면 어떻게 구할 수 있을까?

(1) $y = A$라는 직선에 대하여 회전한 회전체의 곡면적 공식은 $S_{y=A} = 2\pi \displaystyle\int_C |y - A|\, ds$ 이다.

(2) $x = A$라는 직선에 대하여 회전한 회전체의 곡면적 공식은 $S_{x=A} = 2\pi \displaystyle\int_C |x - A|\, ds$ 이다.

필수예제 130

곡선 $y = x^2$의 점 $(0, 0)$부터 점 $(\sqrt{6}, 6)$까지의 부분을 y축으로 회전시킨 회전체의 곡면적은?

풀이. (i) $y = x^2$을 $0 \le x \le \sqrt{6}$에서 y축으로 회전한 곡면의 면적은 다음과 같다.

$$S_y = 2\pi \int_0^{\sqrt{6}} x\sqrt{1+(y')^2}\,dx = 2\pi \int_0^{\sqrt{6}} x\sqrt{1+4x^2}\,dx$$

$$= 2\pi \left[\frac{1}{8} \cdot \frac{2}{3}(1+4x^2)^{\frac{3}{2}} \right]_0^{\sqrt{6}} = \frac{\pi}{6}(125-1) = \frac{62\pi}{3}$$

(ii) $y = x^2 \iff x = \sqrt{y}$ 를 $0 \le y \le 6$에서 y축으로 회전한 곡면의 면적은 다음과 같다.

$$S_y = 2\pi \int_0^6 x\sqrt{1+(x')^2}\,dy = 2\pi \int_0^6 \sqrt{y}\sqrt{1+\frac{1}{4y}}\,dy$$

$$= \pi \int_0^6 \sqrt{4y+1}\,dy = \pi \left[\frac{1}{4} \cdot \frac{2}{3}(4y+1)^{\frac{3}{2}} \right]_0^6 = \frac{\pi}{6}(125-1) = \frac{62\pi}{3}$$

(i)과 (ii)에서 확인한 것과 같이 길이함수 공식은 어떤 것을 적용해도 괜찮다.

439. $y = \sqrt{1+4x}\ (1 \le x \le 5)$를 x축을 중심으로 회전한 곡면의 표면적은?

440. 곡선 $y = \int_1^x \sqrt{\sqrt{t-1}}\,dt\ (1 \le x \le 16)$의 길이가 L, y축 주위로 회전시킨 곡면의 넓이가 S일 때, $\dfrac{S}{L}$의 값은?

441. $x = a\cos^3 t,\ y = a\sin^3 t\,(a > 0,\ 0 \le t \le \pi)$로 표현된 곡선을 x축으로 회전한 회전체의 표면적은?

평면에서 $\{(x,y)\,|\,x^2+y^2=2y\,,\,y\geq 1\}$로 주어진 도형을 x축에 대하여 한 바퀴 회전하여 얻은 곡면의 넓이는?

풀이 주어진 영역은 중심이 $(0,1)$이고 반지름인 1인 상반원 $y=1+\sqrt{1-x^2}$ $(-1\leq x\leq 1)$이다. (폐곡선이 아님을 주의하자.)

$$y'=\frac{-x}{\sqrt{1-x^2}}\quad\Rightarrow\quad 1+(y')^2=1+\frac{x^2}{1-x^2}=\frac{1}{1-x^2}\quad\Rightarrow\quad \sqrt{1+(y')^2}=\frac{1}{\sqrt{1-x^2}}$$

이므로 x축으로 회전한 회전체의 표면적은 다음과 같다.

$$S_x=2\pi\int_{-1}^{1}y\sqrt{1+(y')^2}\,dx=2\pi\int_{-1}^{1}\left(1+\sqrt{1-x^2}\right)\times\frac{1}{\sqrt{1-x^2}}\,dx$$

$$=4\pi\int_{0}^{1}\frac{1}{\sqrt{1-x^2}}+1\,dx=4\pi\left[\sin^{-1}x+x\right]_{0}^{1}=2\pi(\pi+2)$$

[다른 풀이]

주어진 곡선은 $r=2\sin\theta\left(\frac{\pi}{4}\leq\theta\leq\frac{3\pi}{4}\right)$일 때, $r^2+(r')^2=4\sin^2\theta+4\cos^2\theta=4$이므로 $\sqrt{r^2+(r')^2}=2$이다.

x축으로 회전한 회전체의 표면적은 다음과 같다.

$$S_x=2\pi\int_{C}y\,ds=2\pi\int_{\frac{\pi}{4}}^{\frac{3\pi}{4}}r\sin\theta\sqrt{r^2+(r')^2}\,d\theta=2\pi\int_{\frac{\pi}{4}}^{\frac{3\pi}{4}}2\sin\theta\sin\theta\times 2\,d\theta$$

$$=2\pi\cdot 4\int_{\frac{\pi}{4}}^{\frac{3\pi}{4}}\sin^2\theta\,d\theta=2\pi\cdot 4\int_{\frac{\pi}{4}}^{\frac{3\pi}{4}}\frac{1-\cos 2\theta}{2}\,d\theta=2\pi\cdot 2\left(\theta-\frac{1}{2}\sin 2\theta\right)_{\frac{\pi}{4}}^{\frac{3\pi}{4}}=2\pi(\pi+2)$$

442. 곡선 $y=\sqrt{9-x^2}$, $-2\leq x\leq 1$은 원 $x^2+y^2=9$ 위의 한 호이다. x축에 대하여 호를 회전시켜 얻은 곡면의 넓이는?

443. 곡선 $y=\sqrt{4-x^2}$과 직선 $x=-1$, $x=1$과 x축으로 둘러싸인 영역을 x축 둘레로 회전시켰을 때 생기는 곡면의 겉넓이는?

444. 곡선 $y=\sqrt{4-x^2}$ (단, $-1\leq x\leq 1$)을 직선 $y=-1$축 둘레로 회전시켰을 때 생기는 곡면의 넓이는?

445. 곡선 $y = \sqrt{1 + 2e^x}$ $(0 \leq x \leq 1)$을 x축을 중심으로 회전시켜 얻어지는 회전면의 넓이를 구하면?

446. 곡선 $x = 5\cos^3 t$, $y = 5\sin^3 t \left(0 \leq t \leq \dfrac{\pi}{2} \right)$을 x축을 중심으로 회전해서 생기는 회전곡면의 넓이는?

447. 좌표평면의 두 점 $(1, 3)$ 과 $(3, 1)$ 을 잇는 선분을 y축을 중심으로 한 바퀴 회전하여 얻은 곡면의 넓이는?

448. 곡선 $y = \cosh x$의 $-a \leq x \leq a$부분을 x축으로 회전한 곡면의 넓이는?

449. x축을 중심축으로 곡선 $x = \dfrac{1}{8}y^4 + \dfrac{1}{4y^2}$ $(1 \leq y \leq \sqrt{2})$ 를 회전시켜 얻어지는 곡면의 넓이는?

450. 곡선 $y = 2\sqrt{x}$ (단, $3 \leq x \leq 8$)을 x축 주위로 회전하여 얻어진 곡면의 넓이를 구하라.

9   파푸스(Pappus) 정리

파푸스 정리는 평면의 영역 S가 직선 l의 한 쪽면에 완전히 놓여 있다고 하자. S가 직선 l에 대하여 회전한 입체의 부피는

영역 S의 넓이와 S의 중심에 의해서 이동된 거리의 곱이다. 이 내용을 조금 쉽게 이해하기 위해서 예를 들어 생각해보자.

반지름이 r인 원을 어떤 직선에 대하여 회전할 경우 토러스(torus, 원환체, 도넛모양의 입체)가 만들어진다.

이 도형의 부피를 적분을 통해서 구해보자.

(1) 단면인 원의 면적은 πr^2이고, 원판의 두께를 $\triangle x$,
적분하고자 하는 범위는 원의 이동 거리 즉, 반지름이 R인
원의 둘레 $2\pi R$이다. 여기서 R은 회전축과의 거리 d라고 하자.

따라서 부피는 $\displaystyle\int_0^{2\pi R} \pi r^2 dx = \pi r^2 \cdot 2\pi R = \pi r^2 \cdot 2\pi \cdot d$

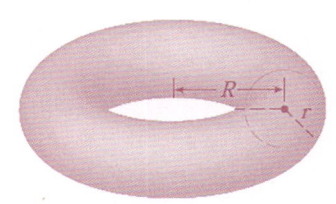

(2) 이 입체의 한쪽을 잘라서 펼치면 원기둥을 유추할 수 있고
입체의 겉넓이는 원기둥의 옆면 (전개도를 생각하면
직사각형의 면적)과 같다. 따라서 토러스의 겉넓이는
$2\pi r \times 2\pi R = 2\pi r \times 2\pi d$이다.

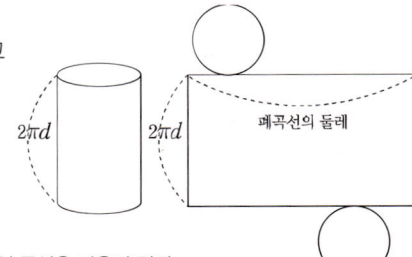

$2\pi d$ $2\pi d$ 폐곡선의 둘레

(3) 원뿐만 아니라 폐곡선을 회전시켜서 만든 입체의 부피와 겉넓이 공식은 다음과 같다.
여기서 d는 폐곡선의 중심과 회전축과의 거리이다.
- ① 회전체의 부피 = 폐곡선의 단면적 $\times 2\pi \times d$
- ② 회전체의 겉넓이 = 폐곡선의 둘레의 길이 $\times 2\pi \times d$

(4) 원, 타원, 정사각형, 정삼각형, 직사각형, 성망형 등
도형의 면적, 둘레의 길이, 도형의 중심을 쉽게 구할 수 있는 도형일 경우 유용하다.

필수예제 132

극좌표 곡선 $r = -4\cos\theta$를 직선 $r = \sec\theta$에 관하여 회전시켰을 때 생긴 회전체의 부피와 표면적은?

풀이   곡선 $r = -4\cos\theta \;\;\Leftrightarrow\;\; r^2 = -4r\cos\theta \;\;\Leftrightarrow\;\; x^2 + y^2 = -4x \;\;\Leftrightarrow\;\; (x+2)^2 + y^2 = 4$

즉, 중심이 $(-2, 0)$이고 반지름이 2인 원이다. 회전축은 $r = \sec\theta = \dfrac{1}{\cos\theta} \;\;\Leftrightarrow\;\; r\cos\theta = 1 \;\;\Leftrightarrow\;\; x = 1$이다.

회전축과 원의 중심과의 거리 $d = 3$이다. 원의 넓이는 4π, 둘레는 4π이므로 파푸스 정리에 의해서

(i) 회전체의 부피 $V = 4\pi \times 2\pi \times d = 24\pi^2$

(ii) 회전체의 표면적 $S = 4\pi \times 2\pi \times d = 24\pi^2$

필수예제 133

$|x|+|y| \leq 1$과 $|x-1|+|y| \leq 1$이 겹쳐진 부분을 직선 $2x+y+2=0$에 대해 회전하여 생기는 입체의 부피는?

풀이 $|x|+|y| \leq 1$은 중심이 원점이고 한 변의 길이가 $\sqrt{2}$ 인 정사각형을 $\dfrac{\pi}{4}$ 만큼 회전한 도형이다. 이 도형을 x축의 방향으로 1만큼 평행이동한 도형은 $|x-1|+|y| \leq 1$이다. 두 도형의 겹쳐진 부분의 중심은 $\left(\dfrac{1}{2}, 0\right)$이고, 면적은 $\dfrac{1}{2}$ 이다.

또한 무게중심에서 직선 $2x+y+2=0$ 까지의 거리는 $\dfrac{3}{\sqrt{5}}$ 이다. 따라서 겹쳐진 부분을 직선 $2x+y+2=0$ 에 대해 회전하여 생기는 입체의 부피는 파푸스 정리에 의해서 $\dfrac{1}{2} \cdot 2\pi \cdot \dfrac{3}{\sqrt{5}} = \dfrac{3\pi}{\sqrt{5}}$ 이다.

451. 매개변수 곡선 $x=\cos\theta+2$, $y=\sin\theta$를 y축에 대하여 회전시킨 회전체의 부피와 표면적을 구하면?

452. 곡선 $\begin{cases} x=2\cos\theta \\ y=\sin\theta \end{cases}$ 를 직선 $y=x+3$에 관하여 회전시켰을 때 회전체의 부피를 구하면?

453. 평면에서 꼭짓점이 $(3,1)$, $(5,1)$, $(4,4)$인 삼각형을 직선 $y=x+1$을 중심으로 한 바퀴 회전했을 때, 회전체의 부피는?

454. 매개변수 방정식 $x=\cos^3\theta$, $y=\sin^3\theta$로 표현된 곡선을 직선 $y=2$를 축으로 회전했을 때, 생긴 회전곡면의 부피와 겉넓이를 구하시오.

선배들의 이야기 ++

편입스펙

홍익대학교(세종캠퍼스) 화학공학과 / 학점 3.15 / 토익900

합격 대학

경희대학교 (화학공학과) / 건국대학교 (화학공학부) / 서울과학기술대학교 (화학생명공학과)

광운대학교 (화학공학과) / 단국대학교 (화학공학과) / 명지대학교 (화학공학과)

지금 내가 할 수 있는 최선이 무엇인가?

군대에서 나가서 무엇을 할까 고민 중에 코로나 때문에 비대면 수업이어서 학교도 안 가고 집에서 수업을 듣는 상황이 왔습니다. 이때 뭘해야지 득이 될까 생각하다가 그냥 학교 다니면서 알바하면서 돈 버는 것보다는 뭔가 조금 도전하고 싶은 생각이 들어서 주변에 편입에 성공한 친구들에게 물어보면서 시작하게 되었습니다. 저는 고3때까지는 공부를 하는 시늉만 하고 맨날 독서실에 놀러가서 친구들이랑 놀았습니다. 당연히 수능성적이 좋지 않아서 그냥 성적에 맞춰 대학을 가려고 했지만 주변 친구들과 부모님의 권유로 재수를 했습니다. 재수 때 엄청나게 해서 성적이 오르긴 했지만 수능을 잘 보지 못했습니다. 무척 상심이 커서 3수를 할까 편입을 할까라는 생각을 했습니다. 대학을 가보니 너무 재밌어서 3수 편입에 대해서는 생각도 안 하고 1학년을 마치고 군대를 갔습니다. 군대에서는 다양한 사람들을 만나서 굳이 대학을 졸업해야 되나 이런 생각도 많이 했습니다. 전역 후 내가 지금 딱히 하고 싶은 게 없는 상황에서 지금 할 수 있는 최선이 무엇인가를 생각했습니다. 그것 중 하나가 편입이었습니다.

영어는 쉬운 단어부터, 수학은 누적 반복!

1월부터 편입을 인강으로 시작했습니다. 1월부터 6월까지 인강으로 듣고 7월부터 수학 현강, 9월부터 영어 현강 이렇게 했습니다. 토익 점수를 만들어 놓고 편입영어를 시작했습니다. 편입영어는 일단 단어에서부터 너무나도 어렵습니다. 제가 언어를 못해서 영어 학습 방법은 잘 모르겠습니다. 그래도 조금이나마 도움이 된다면 처음 시작하시는 분들이라면 어려운 단어보다는 쉬운 단어부터 시작해서 글을 읽어 나갈 때 걸림돌이 되지 않게 만드는 것이 중요하다고 생각합니다.

수학은 저만의 방법이라고 치면 아름쌤의 방법을 그냥 그대로 실천했습니다. 쌤이 항상 말하시는 누적반복!! 이게 가장 중요하다고 생각합니다. 편입수학은 수능수학과 다르게 (개인적인 생각) 쉽습니다. 외울 공식이 많지만 시간이 무제한으로 주어진다면 수능수학에 비해 쉽다고 생각합니다. 짧은 시간 안에 누가 문제를 정확하게 푸는지의 싸움이라고 생각합니다. 아름쌤이 하시는 것을 자기합리화하지 않고 다 따라해보시면 저보다 더 좋은 대학에 합격하리라고 의심치 않습니다.

힘들 때는 할 수 있는 것에 최선을 다하기

힘들었을 때가 2번 정도 있었습니다. 첫 번째는 아팠던 때입니다. 저는 스터디 카페에서 공부를 했습니다. 매일 똑같은 루틴을 유지하려고 노력했습니다. 그 루틴에 적응이 되다 보니 조금 더 해야지, 조금 더 해야지 하고 욕심이 생겼습니다. 그러다가 여름쯤에 한 번 1주일간 엄청 아픈 적이 있습니다. 에어컨 바람만 쐬어도 식은땀이 나고 허리도 아프고 무릎도 아프고 온몸이 다 아팠습니다. 제일 서러웠던 것은 공부를 더 하고 싶은데 몸이 안 따라줬던 것입니다.

두 번째로는 건국대 시험을 봤을 때입니다. 제가 영수 통합인 시험을 준비 할때는 수학에 자신이 있었기에 수학을 먼저 풀고 영어를 나중에 푸는 전략을 선택했습니다. 그런데 건대는 수학 40분, 영어 20분을 철저히 지켜야 되는데 그것을 안 지키고, 수학에서 못 푼 문제가 너무 많아 영어를 푸는 도중에 넘어왔습니다. 영어 7문제를 못풀어서 그날은 진짜 다시 생각하기도 하기 싫네요. 수학을 잘한다는 자신감과 자존심 때문에 페이스를 잃어버렸다는 생각과 이러다가 다 떨어질 것 같은 불안감이 같이 몰려 오면서 굉장히 힘들었습니다. 그런데 이러한 상황을 모면할 수 있는 유일한 방법이 공부를 더 하는 것밖에 없다는 생각이 들어서 그때 그냥 남은 시험 준비를 더 열심히 준비했습니다.

긍정적인 에너지에서 긍정적인 결과가 나옵니다

고3 때 수학과 탐구를 대치동에서 다니면서 현강을 들었습니다. 유명한 인강쌤들의 현강을 들을 때 강의는 잘하지만 뭔가 다가가기가 어려운 느낌이 있었습니다. 제가 나이를 조금 더 먹어서 그런 것일수도 있지만 아름쌤은 뭔가 달랐습니다. 먼저 다가와 주셨고 말도 먼저 걸어주셔서 저도 다가갈 수 있었던 것 같습니다. 그때 후로 저는 조금이라도 문제를 풀다가 의문점이 생기고 다른 방법으로 풀 수 있을 것 같다는 생각이 들 때마다 쌤한테 질문을 했습니다. 그럴 때마다 쌤은 항상 한결같이 질문을 받아 주셨습니다.

아름쌤의 가장 큰 장점은 긍정 에너지라고 생각합니다. 파이널 때 경희대를 보고 나서 못봤다고 생각했을 때 쌤은 긍정적인 말을 해주셨습니다. 긍정적인 에너지를 받으면 긍정적인 생각을 하고 긍정적인 결과가 나온다고 생각합니다.

나만 막막한 것이 아니고, 나만 어려운 것도 아닙니다

저는 재수를 했고, 두 번째 수능 전날에도 잠을 못 자 당연히 좋지 못한 결과를 맞이했습니다. 그래서 도전에 대해서 상당히 두려움을 가지고 있었습니다. 그래서 저는 입시에 대해 도전하는 것을 상당히 두려워하고 꺼려했습니다. 여러분들이 입시에 다시 도전하다는것에 굉장히 대단하다고 생각합니다.

그리고 제 합격학교들을 봤겠지만 학교의 레벨이 낮다고 학교의 시험 난이도가 낮은 게 절대 아닙니다. 자기한테 잘 맞는 스타일의 학교가 있다고 생각합니다. 후반이 될수록 학교에 포커스를 맞춰서 공부를 하는 것을 추천드립니다. 그리고 모의고사 성적에 너무 많은 감정을 소비하지 않으셨으면 좋겠습니다. 모의고사는 모의고사일 뿐입니다. 12월부터 1월까지 시험을 3주 정도 쭉 보실 건데 그때가 가장 정신적으로 힘들다고 생각합니다. 시험을 보고 나와서 못봤다는 생각이 들면 지금까지 봐왔던 학교들에 자신도 없을 것이고 앞으로도 막막할 것입니다. 저는 그럴 때일수록 '나만 이렇게 생각하는게 아니다. 내가 이러면 다른 애들은

04 | 적분 응용

더할 것이다.'라는 생각을 가지고 공부를 더했습니다.

저는 개인적으로 편입은 어려운 문제를 맞춰서 합격하기보다는 쉬운 문제를 안 틀려야 합격한다고 생각합니다. 저도 그것을 뼈저리게 느꼈습니다. 저는 중앙대를 매우 가고 싶어했지만 제가 부족한 탓에 제 앞에서 문이 닫혔습니다. 중앙대 시험이 끝나고 친구랑 얘기하는데 왈리스로 풀리는 문제가 배열이 뒤에 있어서 공수2 문제로 생각해서 시간이 부족하다는 생각하에 넘긴 문제가 있었습니다. 아직도 생각이 나네요. 그것만 맞았으면 그것만 맞았으면. 이런 생각이 많이 듭니다. 그런데 생각을 해보면 제가 그 분야를 공부를 소홀히 했기 때문에 쉬운 방법이 안 보였다고 생각합니다.

아쉬움은 남지만 후회는 없었던 1년!

길면 길고 짧으면 짧다고 생각할 수 있는 1년이지만 한 가지 목표를 가지고 꾸준히 노력했기에 아쉬움이 남지만 후회는 하지 않는다고 자신있게 말할 수 있습니다. 힘들고 지칠 때 합격생들의 합격수기를 보고 나도 노트북앞에서 타자를 두들기면서 수기를 쓸 생각으로 버텼습니다. 그리고 동기부여 영상 같은것도 많이 봤던 것 같습니다. 거기서 감명 깊었던 문구가 '자신을 믿는 정도가 점수가 되어서 올 것'이었습니다.

이 글을 읽고 계신 여러분들, 진짜로 노력은 배신하지 않습니다. "안 될거야. 안 될 것 같아."라고 생각하지 마시고 "이렇게 공부하는데 될거야. 될 수밖에 없어."라고 생각하시며 공부하셨으면 좋겠습니다.

조금 더 발전하려고 도전하신 여러분들을 응원하며, 꼭 잘되셔서 합격수기를 쓰시는 아름매스 학생들이 됐으면 좋겠습니다!! 아름매스 파이팅!!

- 정○석 (경희대학교 화학공학과)

편입스펙

유한대학교 (전자공학과) / 토익 545

합격 대학

한양대 (생체공학과) / 서강대 (화공생명공학과) / 중앙대 (바이오메디컬) / 경희대 (생체의공학과)

건국대 (의생명공학과) / 국민대 (바이오의약전공) / 숭실대 (의생명시스템학부)

20대의 가치 있는 1년의 시간 투자

저는 전문대학 병행을 하면서 편입을 준비했습니다. 다시 말해 취직이 아닌 편입의 길을 선택했습니다. 취직이 아닌 이상 편입에 합격하지 못한다면 이도저도 아닌 상황에 놓일 수 있었습니다. 하지만 이러한 불안함을 또 하나의 동기로 생각하니 한결 마음이 편해졌고, 온전히 편입에만 집중할 수 있었습니다. 뿐만 아니라 편입 합격 후 미래에 대학에 다니고 있을 저를 생각하니 손에서 펜을 놓을 수 없었습니다. 실제로 상상하지도 못했던 학교에 편입을 성공하니 너무 행복했습니다. 학교 병행을 하면서 편입을 준비하시는 분들이 꼭 포기하지 않고 학교에 합격한다는 믿음을 가지시고 끝까지 준비하셨으면 좋겠습니다! 응원하겠습니다!

시간 활용의 중요성

저는 학교 병행을 하면서도 일반적인 수험생분들의 공부량에 맞춰야 한다고 생각했습니다. 그래서 저는 자투리 시간을 매우 활용했습니다. 학교 가는 길 혹은 학원을 가는 길에는 항상 단어를 외웠습니다. 또한 학교 수업 전후의 공강시간에는 부족한 부분을 채우기 위해 선생님의 인강을 들었습니다. 악조건인 환경 속에서도 매일 간절함을 가지고 공부한다면 다른 수험생 못지 않게 경쟁력을 가질 수 있다고 생각합니다.

문제가 요구하는 것이 무엇인지에 집중!

선생님께서 수업시간에 항상 강조하시는 것은 회독입니다. 선생님 말씀만 믿고 9월 기출풀이 전까지 기본서 및 올인원 교재 회독을 할 수 있을 때까지 했습니다. 저는 5회독까지 매번 개념정리와 공식을 유도하고 증명해보면서 공부했습니다. 이러한 과정이 후에 문제를 풀 때 문제가 요구하는 것이 무엇인지 파악하는 데 쉽게 접근할 수 있었습니다. 단순히 문제만 푸는 것이 아니라 문제가 요구하는 것이 무엇인지 깊게 공부하셨으면 좋겠습니다.

- 박○철 (한양대학교 생체공학과)

편입스펙

단국대학교 (식량생명공학과) / 학점 3.06 / 토익 925점

합격 대학

성균관대학교 (전자전기공학부) / 한양대학교 (융합전자공학부) / 중앙대학교 (전자전기공학부)

경희대학교 (전자공학과) /인하대학교 (전자공학과) / 홍익대학교 (컴퓨터공학부)

다소 늦은 나이, 하지만 인생의 터닝포인트를 만들다!

저는 우선 대학교 4학년에 올라와서 취업을 준비하다 이대로 사회에 나가기에는 제 자신이 스스로 부족한 점이 너무 많아 보였고, 20대를 살면서 무언가를 열심히 해본 경험이 한 번쯤 있으면 앞으로 인생을 살아가는 것에 있어서 큰 도움이 될 것이라고 생각해 다소 늦은 나이임에도 불구하고 제 인생의 터닝포인트를 한번 만들어보고 싶어서 편입을 선택했습니다.

학습법을 말씀드리기 앞서 각자가 자신에 맞는 공부방법이 있다고 생각하는 사람이기 때문에 제 학습법 또한 참고만 하시기 바랍니다.

목숨 걸고 들었던 수업이 좋은 결과를 냈습니다

저는 우선 부끄러운 말이지만 모든 기본서 회독 횟수를 2회 이상 가져가지 않았습니다. 저는 흥미가 느껴지지 않으면 공부에 집중하지 못하는 스타일이라 두꺼운 기본서를 처음부터 끝까지 회독한다는 게 너무 지루한 일처럼 느껴져, 문제를 풀다 모르는 게 나오거나 제가 틀린 문제를 발견했을 때 해당 부분만 그때그때 확인하는 식으로 공부했습니다.

제가 남들에 비해 회독 횟수가 많이 적음에도 불구하고 이런 결과를 낼 수 있었다고 생각한 가장 큰 이유는 과장해서 말한다고 느끼실 수도 있지만 저는 진짜 수업을 목숨 걸고 들었습니다. 저는 수업만 끝나면 진이 다 빠져서 당일 복습하는 게 너무 힘들었던 것 같습니다.

한아름쌤 수업은 제가 생각했을 때 완벽하다고 생각합니다. 정말 수업만 빼놓지 않고 집중해서 들으면 제가 결과로 증명했듯이 그 어떤 상위권 대학 문제도 빈틈없이 다 채울 수 있는 수업 퀄리티라고 생각합니다. 다시 한번 강조드리지만 수업을 정말 집중해서 들으시길 바랍니다. 아름쌤 수업 안에 올해 학생분들이 시험보시는 대학의 시험문제들이 다 들어 있습니다.

나 자신의 가능성과 아름쌤을 믿으세요!

편입하면서 주위에서 비동일계는 불리하다, 학점 낮으면 힘들다 등등 정말 많은 소문들이 돌아다닐 겁니다. 저는 고등학교 문과 출신이었고, 대학에서도 수학을 전혀 배워본 적이 없었습니다. 학점도 3을 못 넘긴 채로 원서를 썼고, 편입을 4월 중순에 시작했는데 학교 병행까지 했습니다. 이 정도면 어지간한 불리한 조건은 다 가지고 시작했다고 생각합니다. 그럼에도 불구하고 가능하다는 것을 보여주고 싶었고, 전부 틀렸다는 것을 보여주고 싶었습니다. 가능성이 존재한다는 것을 보여줬으니 저와 비슷한 상황에서 시작하시는 분들 또한 끝까지 희망 놓지 마시고 해보셨으면 좋겠습니다. 대한민국에 몇 안 되는 패자부활전이라고 생각합니다. 아름쌤 믿고 열심히 하셔서 부활하셨으면 좋겠습니다. 내년에 학교에서 뵐 수 있었으면 좋겠습니다. 응원하겠습니다.

- 김○준 (성균관대학교 전자전기공학부)

무한급수

1 무한급수의 정의

1 무한급수와 부분합

(1) 부분합

수열 $\{a_n\}$이 주어질 때 $S_1 = a_1$, $S_2 = a_1 + a_2$, $\cdots$, $S_n = a_1 + a_2 + \cdots + a_n = \sum_{k=1}^{n} a_k$

위와 같이 정의된 S_n을 부분합이라 하고, 수열 $\{S_n\}$을 부분합 수열이라 한다.

(2) 무한급수의 정의

수열 $\{a_n\}$이 주어질 때, 부분합의 극한을 무한급수(infinite series)라 한다.

$$\sum_{n=1}^{\infty} a_n = \lim_{k \to \infty} \sum_{n=1}^{k} a_n = \lim_{n \to \infty} S_n = a_1 + a_2 + a_3 + \cdots + a_n + \cdots$$

부분합의 극한 $\lim_{n \to \infty} S_n$이 L로 수렴하면 무한급수의 값은 $\sum_{n=1}^{\infty} a_n = L$이고 수렴한다고 한다.

부분합의 극한 $\lim_{n \to \infty} S_n$이 발산하면 $\sum_{n=1}^{\infty} a_n$도 발산한다.

2 무한급수의 성질

$\sum_{n=1}^{\infty} a_n$, $\sum_{n=1}^{\infty} b_n$이 수렴하는 급수이고, c는 상수일 때 다음이 성립한다.

(1) $\sum_{n=1}^{\infty} c a_n = c \sum_{n=1}^{\infty} a_n$ (2) $\sum_{n=1}^{\infty} (a_n \pm b_n) = \sum_{n=1}^{\infty} a_n \pm \sum_{n=1}^{\infty} b_n$

(3) $\sum_{n=1}^{\infty} a_n$이 수렴하면 $\lim_{n \to \infty} a_n = 0$이다. (역은 성립하지 않는다.)

(4) $\lim_{n \to \infty} a_n \neq 0$이면 $\sum_{n=1}^{\infty} a_n$은 발산한다. (발산판정법)

Areum Math Tip

$\sum_{n=1}^{\infty} a_n$이 수렴하면 $\lim_{n \to \infty} a_n = 0$이다.

[증명] 수열 S_n이 α로 수렴할 때 $\lim_{n \to \infty} S_n = \lim_{n \to \infty} S_{n-1} = \alpha \Rightarrow \lim_{n \to \infty} a_n = \lim_{n \to \infty} (S_n - S_{n-1}) = \lim_{n \to \infty} S_n - \lim_{n \to \infty} S_{n-1} = 0$

$\Rightarrow$ 따라서 $\sum_{n=1}^{\infty} a_n$이 수렴하면 $\lim_{n \to \infty} a_n = 0$이다.

MEMO

05 | 무한 급수

모든 자연수 n에 대하여 $a_n > 0$일 때,

$$\sum_{n=1}^{\infty} a_n = a_1 + a_2 + a_3 + \cdots + a_n + \cdots$$ 을 양항급수라고 하고,

$$\sum_{n=1}^{\infty} (-1)^{n+1} a_n = a_1 - a_2 + a_3 - \cdots + (-1)^{n+1} a_n + \cdots$$ 을 교대급수라고 한다.

이 단원에서는 양항급수, 교대급수의 수렴·발산 판정법에 대해서 설명하고자 한다.

1 발산판정법

(1) $\lim_{n \to \infty} a_n$이 존재하지 않거나 $\lim_{n \to \infty} a_n \neq 0$이면 $\sum_{n=1}^{\infty} a_n$은 발산한다.

(2) $\lim_{n \to \infty} a_n = 0$이면 다른 방법을 이용하여 수렴발산을 확인한다.

2 적분판정법 (The Integral Test)

f가 $[1, \infty)$에서 연속이고 양의 값을 갖는 감소함수라 하고 $a_n = f(n)$이라 하자.

양항급수 $\sum_{n=1}^{\infty} a_n$이 수렴할 필요충분조건은 $\int_1^{\infty} f(x)dx$가 수렴할 때이다.

(1) $\int_1^{\infty} f(x)\,dx$가 수렴하면, $\sum_{n=1}^{\infty} a_n$도 수렴한다.

(2) $\int_1^{\infty} f(x)\,dx$가 발산하면, $\sum_{n=1}^{\infty} a_n$도 발산한다.

3 p 급수판정법

(1) 이상적분 $\int_1^{\infty} \frac{1}{x^p}\,dx$, $\int_e^{\infty} \frac{1}{x(\ln x)^p}\,dx$, $\int_{e^e}^{\infty} \frac{1}{x \ln x (\ln(\ln x))^p}\,dx$, $\int_e^{\infty} \frac{\ln x}{x^p}\,dx$의

수렴하기 위한 조건은 $p > 1$이다.

(2) 적분판정은 이상적분의 수렴성으로 무한급수의 수렴성을 판정할 수 있다.

따라서 급수 $\sum \frac{1}{n^p}$, $\sum \frac{1}{n(\ln n)^p}$, $\sum \frac{1}{n \ln n (\ln(\ln n))^p}$, $\sum \frac{\ln n}{n^p}$도 $p > 1$이면 수렴한다.

$p \leq 1$이면 발산한다.

(3) p급수는 다른 급수의 수렴, 발산판정을 하는 데 비교기준이 되는 중요한 급수이다.

↳ 비교판정법, 극한비교판정법에서 비교대상으로 사용!!

Areum Math Tip

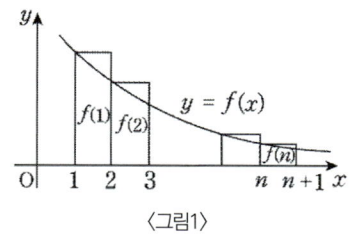

〈그림1〉

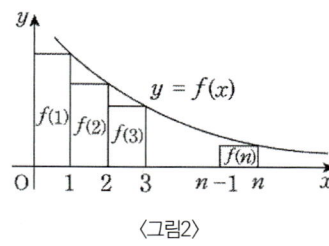

〈그림2〉

$a_n = f(n) > 0, \quad f(n+1) < f(n), \quad \lim_{n \to \infty} f(n) = 0$ 일 때, (즉 양수항이고 감소할 때)

① 〈그림1〉에서는 직사각형의 면적(상합)은 적분값보다 크다. $\displaystyle\int_1^n f(x)dx < f(1) + f(2) + \cdots + f(n-1)$ 이고

양변에 $f(n)$을 더하면 $\displaystyle\int_1^n f(x)dx + f(n) < f(1) + f(2) + \cdots + f(n-1) + f(n) = \sum_{k=1}^{n} a_k$ 이다.

② 〈그림2〉에서는 직사각형의 면적(하합)은 적분값보다 작다. $f(2) + \cdots + f(n) < \displaystyle\int_1^n f(x)dx$ 고

양변에 $f(1)$을 더하면 $\displaystyle\sum_{k=1}^{n} a_k = f(1) + f(2) + \cdots + f(n) < f(1) + \int_1^n f(x)dx$ 이다.

①과 ②의 식을 정리하면 $\displaystyle\int_1^n f(x)dx + f(n) < \sum_{k=1}^{n} a_k < f(1) + \int_1^n f(x)dx$ 이고

$n \to \infty$ 인 극한을 보내면 $\displaystyle\lim_{n \to \infty} f(n) = 0$ 이므로 $\displaystyle\int_1^\infty f(x)dx \leq \sum_{n=1}^{\infty} a_n \leq \int_1^\infty f(x)dx + f(1)$ 이 성립한다.

따라서 $\displaystyle\int_1^\infty f(x)dx$ 가 수렴하면 좌변, 우변이 수렴하므로 $\displaystyle\sum_{n=1}^{\infty} f(n)$ 도 수렴하고,

$\displaystyle\int_1^\infty f(x)dx$ 이 발산하면 좌변, 우변이 발산하므로 $\displaystyle\sum_{n=1}^{\infty} f(n)$ 도 발산한다.

다음 급수의 수렴, 발산을 판정하시오

(1) $\displaystyle\sum_{n=1}^{\infty} n^{\frac{1}{n}}$

(2) $\displaystyle\sum_{n=1}^{\infty} \left(1-\frac{1}{n}\right)^n$

(3) $\displaystyle\sum_{n=1}^{\infty} \frac{1}{n}$

(4) $\displaystyle\sum_{n=1}^{\infty} \frac{\ln n}{n^2}$

(5) $\displaystyle\sum_{n=1}^{\infty} n e^{-n}$

(6) $\displaystyle\sum_{n=1}^{\infty} \frac{2\sqrt{n}-5}{n^3}$

풀이

(1) $\displaystyle\lim_{n\to\infty} a_n = \lim_{n\to\infty} n^{\frac{1}{n}} = \lim_{n\to\infty} e^{\ln n^{\frac{1}{n}}} = \lim_{n\to\infty} e^{\frac{\ln n}{n}} = 1 \neq 0 \left(\because \lim_{n\to\infty}\frac{\ln n}{n} = \lim_{n\to\infty}\frac{1}{n} = 0 \text{ (로피탈 정리)}\right)$이므로

발산판정법에 의해 발산한다.

(2) $\displaystyle\lim_{n\to\infty} \left(1-\frac{1}{n}\right)^n = \frac{1}{e} \neq 0$이므로 발산판정법에 의해 주어진 급수는 발산한다.

(3) $\displaystyle\lim_{n\to\infty}\frac{1}{n} = 0$이므로 발산판정을 통해서 발산을 판정할 수 없다. 적분판정법을 통해서 발산이다.

(4) $\displaystyle\sum_{n=1}^{\infty}\frac{\ln n}{n^2}$ 은 적분판정법 또는 p급수판정법에 의해서 수렴한다.

(5) $\displaystyle\int_{1}^{\infty} x e^{-x}\,dx$ 은 직접 적분을 통해서 적분값이 존재하므로 적분판정에 의해서 $\displaystyle\sum_{n=1}^{\infty} n\cdot e^{-n}$ 수렴함을 보일 수 있다.

또는 $\displaystyle\int_{0}^{\infty} x e^{-x}\,dx = 1$로 수렴하고, 정적분 $\displaystyle\int_{0}^{1} x e^{-x}\,dx$도 유한의 값을 갖는다.

따라서 $\displaystyle\int_{1}^{\infty} x e^{-x}\,dx = \int_{0}^{\infty} x e^{-x}\,dx - \int_{0}^{1} x e^{-x}\,dx$도 수렴하므로 적분판정법에 의하여 $\displaystyle\sum_{n=1}^{\infty} n\cdot e^{-n}$도 수렴한다.

(6) 이상적분의 비교판정법에 의해서 $\displaystyle\int_{1}^{\infty}\frac{2\sqrt{x}-5}{x^3}\,dx$이 수렴하므로 적분판정법에 의해서 $\displaystyle\sum_{n=1}^{\infty}\frac{5-2\sqrt{n}}{n^3}$ 은 수렴한다.

455. 다음 급수의 수렴, 발산을 판정하시오.

(1) $\displaystyle\sum_{n=1}^{\infty} \frac{n^2}{2n^2+1}$

(2) $\displaystyle\sum_{n=1}^{\infty} \sqrt[n]{2}$

(3) $\displaystyle\sum_{n=2}^{\infty} \frac{1}{n(\ln n)^2}$

(4) $\displaystyle\sum_{n=2}^{\infty} \frac{1}{n\ln n}$

(5) $\displaystyle\sum_{n=1}^{\infty} n e^{-n^2}$

(6) $\displaystyle\sum_{n=1}^{\infty} \frac{1}{n^{\sqrt{2}}}$

필수 예제 135

다음 급수의 합이 2보다 크고 3보다 작은 것을 모두 고른 것은?

$$(a) \sum_{n=1}^{\infty} \frac{1}{n} \qquad (b) \sum_{n=1}^{\infty} \frac{1}{n^2} \qquad (c) \sum_{n=1}^{\infty} \frac{1}{n\sqrt{n}}$$

풀이 적분판정법에 의해서 유도된 관계식 $\int_1^{\infty} f(x)dx \leq \sum_{n=1}^{\infty} a_n \leq \int_1^{\infty} f(x)dx + f(1)$ 을 이용해서 구하자.

(a) $\sum_{n=1}^{\infty} \frac{1}{n}$ 은 p급수판정법에 의하여 발산한다.

(b) $\int_1^{\infty} \frac{1}{x^2}dx = 1 \leq \sum_{n=1}^{\infty} \frac{1}{n^2} \leq \int_1^{\infty} \frac{1}{x^2}dx + 1 = 2$ 이므로 급수의 합이 2보다 작다.

(c) $\int_1^{\infty} \frac{1}{x\sqrt{x}}dx = 2 \leq \sum_{n=1}^{\infty} \frac{1}{n\sqrt{n}} \leq \int_1^{\infty} \frac{1}{x\sqrt{x}}dx + 1 = 3$ 이므로 급수의 합이 2와 3사이에 존재한다.

따라서 답은 (c)이다.

05 | 무한 급수

456. 다음 급수의 수렴, 발산을 판정하시오.

(1) $\sum_{n=1}^{\infty} \frac{1}{n\sqrt{n}}$ 　　　　　　　(2) $\sum_{n=1}^{\infty} \frac{1}{n^2}$

(3) $\sum_{n=2}^{\infty} \frac{1}{n\ln n}$ 　　　　　　　(4) $\sum_{n=2}^{\infty} \frac{1}{n(\ln n)^2}$

(5) $\sum_{n=1}^{\infty} \frac{\ln n}{n}$ 　　　　　　　(6) $\sum_{n=1}^{\infty} \frac{\ln n}{n^2}$

457. 무한급수 $\sum_{n=1}^{\infty} n^{\tan\theta}$ 이 수렴하기 위한 θ 의 값으로 옳은 것은?

① $\frac{2\pi}{3}$ 　　　② $\frac{3\pi}{4}$ 　　　③ $\frac{5\pi}{6}$ 　　　④ π

458. 무한급수 $\sum_{n=1}^{\infty} b^{\ln n} (b>0)$ 가 수렴하도록 하는 b 의 값의 범위는?

① $0 < b < \frac{1}{e^2}$ 　　　② $0 < b < \frac{1}{e}$ 　　　③ $0 < b < e$ 　　　④ $0 < b < e^2$

4 비교판정법 (The Comparison Test)

(1) 모든 자연수 n에 대하여 $0 < a_n \leq b_n$ 이라면 즉, 양항급수에서

$\sum b_n$ 이 수렴하면 $\sum a_n$ 도 수렴한다. $\sum a_n$ 이 발산하면 $\sum b_n$ 도 발산한다.

(2) 비교판정할 때, 비교 기준으로 사용되는 급수는 주로 p급수를 이용한다.

(3) 함수의 파워 (n이 무한대로 커질 때, 함숫값이 커지는 정도)

$$\sin n, \cos n < \ln n < n^a(\text{다항식}) < a^n, e^n(\text{지수함수}) < n! < n^n$$

5 극한비교판정법 (The Limit Comparison Test)

두 양항급수 $\displaystyle\sum_{n=1}^{\infty} a_n$ 과 $\displaystyle\sum_{n=1}^{\infty} b_n$ 에 대하여

(1) $\displaystyle\lim_{n\to\infty}\frac{a_n}{b_n} = c > 0$이면, 두 급수는 동시에 수렴하거나 동시에 발산한다.

$\Rightarrow \sum b_n$ 이 수렴하면 $\sum a_n$ 도 수렴한다. $\qquad \sum b_n$ 이 발산하면 $\sum a_n$ 도 발산한다.

(2) $\displaystyle\lim_{n\to\infty}\frac{a_n}{b_n} = 0$이면 $a_n < b_n$이므로 $\Rightarrow \sum b_n$ 이 수렴하면 $\sum a_n$ 도 수렴한다.

(3) $\displaystyle\lim_{n\to\infty}\frac{a_n}{b_n} = \infty$ 이면 $a_n > b_n$이므로 $\Rightarrow \sum b_n$ 이 발산하면 $\sum a_n$ 도 발산한다.

Areum Math Tip

두 양항급수 $\displaystyle\sum_{n=1}^{\infty} a_n$ 과 $\displaystyle\sum_{n=1}^{\infty} b_n$ 이므로 $a_n > 0, b_n > 0$이고 양수 m, M이 존재하고 $m < c < M$이라 하자. $\displaystyle\lim_{n\to\infty}\frac{a_n}{b_n} = c$ 일 때,

충분히 큰 N에 대하여 $\dfrac{a_N}{b_N}$은 c에 가까워지므로 $m < \dfrac{a_N}{b_N} < M$이 성립한다.

또한 $m\,b_N < a_N < M b_N$이므로 $\sum m\,b_N < \sum a_N < \sum M b_N$ 도 성립한다.

$\sum b_n$ 이 수렴하면 $\sum M b_N$도 수렴한다. 그러므로 비교판정법에 의해서 $\sum a_n$ 도 수렴한다.

$\sum b_n$ 이 발산하면 $\sum m\,b_N$도 발산한다. 그러므로 비교판정법에 의해서 $\sum a_n$ 도 발산한다.

따라서 두 양항급수 $\displaystyle\sum_{n=1}^{\infty} a_n$, $\displaystyle\sum_{n=1}^{\infty} b_n$ 에 대하여 $\displaystyle\lim_{n\to\infty}\frac{a_n}{b_n} = c > 0$이면, 두 급수는 동시에 수렴하거나 발산한다.

Areum Math Tip

$a_n = \dfrac{1}{n^3 + an^2 + bn + c}$, $b_n = \dfrac{1}{n^3}$ 일 때, $\displaystyle\lim_{n \to \infty} \dfrac{a_n}{b_n} = \dfrac{n^3}{n^3 + an^2 + bn + c} = 1$이다.

$\displaystyle\sum_{n=1}^{\infty} b_n = \sum_{n=1}^{\infty} \dfrac{1}{n^3}$ 은 적분판정법 또는 p급수판정법에 의해서 수렴한다.

$\displaystyle\sum_{n=1}^{\infty} a_n = \sum_{n=1}^{\infty} \dfrac{1}{n^3 + an^2 + bn + c}$ 는 $\displaystyle\sum_{n=1}^{\infty} b_n$ 과 극한비교판정법에 의해서 수렴한다.

Areum Math Tip

$a_n = \dfrac{n^2}{n^3 + an^2 + bn + c}$, $b_n = \dfrac{n^2}{n^3}$ 일 때, $\displaystyle\lim_{n \to \infty} \dfrac{a_n}{b_n} = \dfrac{n^3}{n^3 + an^2 + bn + c} = 1$이다.

$\displaystyle\sum_{n=1}^{\infty} b_n = \sum_{n=1}^{\infty} \dfrac{n^2}{n^3} = \sum_{n=1}^{\infty} \dfrac{1}{n}$ 은 적분판정법 또는 p급수판정법에 의해서 발산렴한다.

$\displaystyle\sum_{n=1}^{\infty} a_n = \sum_{n=1}^{\infty} \dfrac{n^2}{n^3 + an^2 + bn + c}$ 는 $\displaystyle\sum_{n=1}^{\infty} b_n$ 과 극한비교판정법에 의해서 발산한다.

Areum Math Tip

① $n \to \infty$일 때, $\ln n < (\ln n)^2 < (\ln n)^3 < \cdots$이 성립하므로 $\dfrac{1}{\ln n} > \dfrac{1}{(\ln n)^2} > \dfrac{1}{(\ln n)^3} > \cdots$의 관계를 갖는다.

② $n \to \infty$일 때, $n < n^2 < n^3 < \cdots$이므로 $\dfrac{1}{n} > \dfrac{1}{n^2} > \dfrac{1}{n^3} > \cdots$의 관계를 갖는다.

③ $\displaystyle\lim_{n \to \infty} \dfrac{\ln n}{n} = \lim_{n \to \infty} \dfrac{1}{n} = 0$이므로 $\ln n < n$의 관계를 갖는다. $\Rightarrow$ $\dfrac{1}{\ln n} > \dfrac{1}{n}$

$\displaystyle\lim_{n \to \infty} \dfrac{(\ln n)^2}{n} = \lim_{n \to \infty} \dfrac{2\ln n}{n} = 0$이므로 $(\ln n)^2 < n$의 관계를 갖는다. $\Rightarrow$ $\dfrac{1}{(\ln n)^2} > \dfrac{1}{n}$

$\displaystyle\lim_{n \to \infty} \dfrac{(\ln n)^3}{n} = \lim_{n \to \infty} \dfrac{3(\ln n)^2}{n} = 0$이므로 $(\ln n)^3 < n$의 관계를 갖는다. $\Rightarrow$ $\dfrac{1}{(\ln n)^3} > \dfrac{1}{n}$

극한을 통해 다음과 같은 대소 관계를 확인할 수 있다.

$n \to \infty$일 때, $\ln n < (\ln n)^2 < (\ln n)^3 < \cdots < n < n^2 < n^3 < \cdots$

$\dfrac{1}{\ln n} > \dfrac{1}{(\ln n)^2} > \dfrac{1}{(\ln n)^3} > \cdots > \dfrac{1}{n} > \dfrac{1}{n^2} > \dfrac{1}{n^3} > \cdots$이므로

$\displaystyle\sum_{n=2}^{\infty} \dfrac{1}{n}$ 이 발산하므로 모든 실수 k에 대해 $\displaystyle\sum_{n=2}^{\infty} \dfrac{1}{(\ln n)^k}$ 도 발산한다.

459. 비교판정법으로 무한급수 $\displaystyle\sum_{n=1}^{\infty} a_n$의 수렴성을 판정하려 할 때, 다음 중 옳은 것은?

① 모든 n에 대해 $a_n \leq b_n$이고 $\displaystyle\sum_{n=1}^{\infty} b_n$이 수렴하면 $\displaystyle\sum_{n=1}^{\infty} a_n$은 수렴한다.

② 모든 n에 대해 $b_n \leq a_n$이고 $\displaystyle\sum_{n=1}^{\infty} b_n$이 수렴하면 $\displaystyle\sum_{n=1}^{\infty} a_n$은 수렴한다.

③ 모든 n에 대해 $0 \leq b_n \leq a_n$이고 $\displaystyle\sum_{n=1}^{\infty} b_n$이 발산하면 $\displaystyle\sum_{n=1}^{\infty} a_n$은 수렴한다.

④ 모든 n에 대해 $0 \leq a_n \leq b_n$이고 $\displaystyle\sum_{n=1}^{\infty} b_n$이 수렴하면 $\displaystyle\sum_{n=1}^{\infty} a_n$은 수렴한다.

460. 다음 급수의 수렴, 발산을 판정하시오.

(1) $\displaystyle\sum_{n=1}^{\infty} \frac{1}{n^2+n+1}$ (2) $\displaystyle\sum_{n=2}^{\infty} \frac{n}{2n^2+3n-1}$

(3) $\displaystyle\sum_{n=1}^{\infty} \frac{1}{n\ln(1+n)}$ (4) $\displaystyle\sum_{n=1}^{\infty} \frac{\cos^2 n}{n^2+1}$

(5) $\displaystyle\sum_{n=1}^{\infty} \frac{\tan^{-1} n}{n\sqrt{n}}$ (6) $\displaystyle\sum_{n=1}^{\infty} \frac{5}{2+3^n}$

461. 다음 무한급수 $\displaystyle\sum_{n=1}^{\infty} \left(\frac{c}{n} - \frac{1}{n+1} \right)$가 수렴하도록 하는 c의 값을 구하시오.

필수 예제 136

양항급수 $\displaystyle\sum_{n=1}^{\infty} \frac{1}{n^p}$ 일 때, 다음 급수들이 수렴하기 위한 조건을 구하시오. $(p > 0)$

(1) $\displaystyle\sum_{n=1}^{\infty} \sin\left(\frac{1}{n^p}\right)$ (2) $\displaystyle\sum_{n=1}^{\infty} \sin^{-1}\left(\frac{1}{n^p}\right)$ (3) $\displaystyle\sum_{n=1}^{\infty} \tan\left(\frac{1}{n^p}\right)$ (4) $\displaystyle\sum_{n=1}^{\infty} \tan^{-1}\left(\frac{1}{n^p}\right)$

(5) $\displaystyle\sum_{n=1}^{\infty} \ln\left(1+\frac{1}{n^p}\right)$ (6) $\displaystyle\sum_{n=1}^{\infty} -\ln\left(1-\frac{1}{n^p}\right)$ (7) $\displaystyle\sum_{n=1}^{\infty} \cos\left(\frac{1}{n^p}\right)$ (8) $\displaystyle\sum_{n=1}^{\infty} \frac{1}{e^{\frac{1}{n^p}}}$

풀이 수열 $\dfrac{1}{n^p} = t$ 로 치환하면 $n \to \infty$ 일 때, $t \to 0$ 이다.

(1) ~ (6)에서

$$\lim_{n\to\infty} \frac{\sin\left(\frac{1}{n^p}\right)}{\frac{1}{n^p}} = \lim_{t\to 0} \frac{\sin(t)}{t} = 1 > 0, \qquad \lim_{n\to\infty} \frac{\sin^{-1}\left(\frac{1}{n^p}\right)}{\frac{1}{n^p}} = \lim_{t\to 0} \frac{\sin^{-1}(t)}{t} = 1 > 0,$$

$$\lim_{n\to\infty} \frac{\tan\left(\frac{1}{n^p}\right)}{\frac{1}{n^p}} = \lim_{t\to 0} \frac{\tan(t)}{t} = 1 > 0 \qquad \lim_{n\to\infty} \frac{\tan^{-1}\left(\frac{1}{n^p}\right)}{\frac{1}{n^p}} = \lim_{t\to 0} \frac{\tan^{-1}(t)}{t} = 1 > 0,$$

$$\lim_{n\to\infty} \frac{\ln\left(1+\frac{1}{n^p}\right)}{\frac{1}{n^p}} = \lim_{t\to 0} \frac{\ln(1+t)}{t} = 1 > 0 \qquad \lim_{n\to\infty} \frac{-\ln\left(1-\frac{1}{n^p}\right)}{\frac{1}{n^p}} = \lim_{t\to 0} \frac{-\ln(1-t)}{t} = 1 > 0$$

이므로 극한 비교 판정법에 의해서

$p > 1$ 이면 $\displaystyle\sum_{n=1}^{\infty} \frac{1}{n^p}$ 도 수렴하므로 (1) ~ (6)도 수렴한다.

$p \leq 1$ 이면 $\displaystyle\sum_{n=1}^{\infty} \frac{1}{n^p}$ 가 발산하므로 (1) ~ (6)은 발산한다.

(7) $\displaystyle\lim_{n\to\infty} \cos\left(\frac{1}{n^p}\right) = \lim_{t\to 0} \cos t = 1 \neq 0$ 이므로 발산판정에 의해 $\displaystyle\sum_{n=1}^{\infty} \cos(a_n)$ 은 발산한다.

(8) $\displaystyle\lim_{n\to\infty} \frac{1}{e^{a_n}} = \lim_{t\to 0} \frac{1}{e^t} = 1 \neq 0$ 이므로 발산판정에 의해 $\displaystyle\sum_{n=1}^{\infty} \frac{1}{e^{a_n}}$ 은 발산한다.

TIP $\displaystyle\sum_{n=1}^{\infty} \sin\left(\frac{1}{n^p}\right)$, $\displaystyle\sum_{n=1}^{\infty} \sin^{-1}\left(\frac{1}{n^p}\right)$, $\displaystyle\sum_{n=1}^{\infty} \tan\left(\frac{1}{n^p}\right)$, $\displaystyle\sum_{n=1}^{\infty} \tan^{-1}\left(\frac{1}{n^p}\right)$, $\displaystyle\sum_{n=1}^{\infty} \ln\left(1+\frac{1}{n^p}\right)$, $\displaystyle\sum_{n=1}^{\infty} -\ln\left(1-\frac{1}{n^p}\right)$ 의 수렴조건은

$\displaystyle\sum_{n=1}^{\infty} \frac{1}{n^p}$ 의 수렴조건과 동일하므로 $p > 1$ 이다.

462. 다음 급수의 수렴, 발산을 판정하시오.

(1) $\displaystyle\sum_{n=1}^{\infty} \frac{1}{n}\sin\left(\frac{1}{n}\right)$

(2) $\displaystyle\sum_{n=1}^{\infty} \sin^3 \frac{1}{n}$

(3) $\displaystyle\sum_{n=1}^{\infty} \sqrt{n\arctan\left(\frac{1}{n^4}\right)}$

(4) $\displaystyle\sum_{n=2}^{\infty} \frac{\arctan\frac{1}{n}}{\ln n}$

(5) $\displaystyle\sum_{n=1}^{\infty} \tan\left(\frac{1}{n^3}\right)$

(6) $\displaystyle\sum_{n=1}^{\infty} \tan^2\left(\frac{4\pi}{n}\right)$

(7) $\displaystyle\sum_{n=1}^{\infty} \left(\frac{1}{n}-\sin\left(\frac{1}{n}\right)\right)$

(8) $\displaystyle\sum_{n=1}^{\infty} \left(1-\cos\left(\frac{1}{n}\right)\right)$

(9) $\displaystyle\sum_{n=1}^{\infty} \frac{1}{n}\cos\left(\frac{1}{n}\right)$

(10) $\displaystyle\sum_{n=1}^{\infty} \frac{1}{n^2}\cos\left(\frac{1}{n}\right)$

(11) $\displaystyle\sum_{n=1}^{\infty} \frac{e^{\frac{1}{n}}}{n}$

(12) $\displaystyle\sum_{n=1}^{\infty} \left(e^{\frac{1}{n}}-1\right)$

(13) $\displaystyle\sum_{n=1}^{\infty} \frac{\left(e^{\frac{1}{n}}-1\right)}{n}$

(14) $\displaystyle\sum_{n=1}^{\infty} \left(e^{\frac{1}{n^2}}-1\right)$

463. $\displaystyle\sum_{n=1}^{\infty} \frac{1}{\sqrt{n}} \sin\left(\frac{1}{n^k}\right)$ 이 수렴하기 위한 k의 범위는?

464. 무한급수 $\displaystyle\sum_{n=1}^{\infty} \sqrt{5n+n^2}\,\tan\left(\frac{1}{n^p}\right)$ 이 수렴하는 양의 실수 p 의 범위는?

465. 다음 무한급수의 수렴, 발산 판정을 하시오

(1) $\displaystyle\sum_{n=1}^{\infty} \frac{1}{n^{1+\frac{1}{n}}}$

(2) $\displaystyle\sum_{n=2}^{\infty} \frac{1}{\ln n}$

(2) $\displaystyle\sum_{n=2}^{\infty} \frac{1}{(\ln n)^2}$

(4) $\displaystyle\sum_{n=1}^{\infty} \frac{n^{\frac{1}{n}}}{(n+1)^2}$

양항급수 $\displaystyle\sum_{n=1}^{\infty} a_n$ 이 수렴할 때 다음 급수들의 수렴, 발산을 판정하시오.

(1) $\displaystyle\sum_{n=1}^{\infty} \sin(a_n)$

(2) $\displaystyle\sum_{n=1}^{\infty} \sin^{-1}(a_n)$

(3) $\displaystyle\sum_{n=1}^{\infty} \tan(a_n)$

(4) $\displaystyle\sum_{n=1}^{\infty} \ln(1+a_n)$

(5) $\displaystyle\sum_{n=1}^{\infty} \cos(a_n)$

(6) $\displaystyle\sum_{n=1}^{\infty} \dfrac{1}{e^{a_n}}$

풀이 양항급수 $\displaystyle\sum_{n=1}^{\infty} a_n$ 이 수렴하면 $\displaystyle\lim_{n\to\infty} a_n = 0$ 이고, $a_n = t$ 로 치환하면 $n\to\infty$ 일 때, $t\to 0$ 이다.

(1) $\displaystyle\lim_{n\to\infty}\frac{\sin(a_n)}{a_n} = \lim_{t\to 0}\frac{\sin(t)}{t} = 1 > 0$ 이므로 극한비교판정법에 의해 $\displaystyle\sum_{n=1}^{\infty} a_n$ 이 수렴하면 $\displaystyle\sum_{n=1}^{\infty}\sin(a_n)$ 도 수렴한다.

(2) $\displaystyle\lim_{n\to\infty}\frac{\sin^{-1}(a_n)}{a_n} = \lim_{t\to 0}\frac{\sin^{-1}(t)}{t} = 1 > 0$ 이므로 극한비교판정법에 의해 $\displaystyle\sum_{n=1}^{\infty} a_n$ 이 수렴하면 $\displaystyle\sum_{n=1}^{\infty}\sin^{-1}(a_n)$ 도 수렴한다.

(3) $\displaystyle\lim_{n\to\infty}\frac{\tan(a_n)}{a_n} = \lim_{t\to 0}\frac{\tan(t)}{t} = 1 > 0$ 이므로 극한비교판정법에 의해 $\displaystyle\sum_{n=1}^{\infty} a_n$ 이 수렴하면 $\displaystyle\sum_{n=1}^{\infty}\tan(a_n)$ 도 수렴한다.

(4) $\displaystyle\lim_{n\to\infty}\frac{\ln(1+a_n)}{a_n} = \lim_{t\to 0}\frac{\ln(1+t)}{t} = 1 > 0$ 이므로 극한비교판정법에 의해 $\displaystyle\sum_{n=1}^{\infty} a_n$ 이 수렴하면 $\displaystyle\sum_{n=1}^{\infty}\ln(1+a_n)$ 도 수렴한다.

(5) $\displaystyle\lim_{n\to\infty}\cos(a_n) = \cos 0 = 1 \neq 0$ 이므로 발산판정에 의해 $\displaystyle\sum_{n=1}^{\infty}\cos(a_n)$ 은 발산한다.

(6) $\displaystyle\lim_{n\to\infty}\frac{1}{e^{a_n}} = \frac{1}{e^0} = 1 \neq 0$ 이므로 발산판정에 의해 $\displaystyle\sum_{n=1}^{\infty}\dfrac{1}{e^{a_n}}$ 은 발산한다.

466. 다음 급수의 수렴, 발산을 판정하시오.

(1) $\displaystyle\sum_{n=1}^{\infty} \sinh\frac{1}{n}$

(2) $\displaystyle\sum_{n=1}^{\infty} \ln\left(1+\sinh\frac{1}{n}\right)$

(3) $\displaystyle\sum_{n=1}^{\infty} \dfrac{1}{2^n - 1}$

(4) $\displaystyle\sum_{n=1}^{\infty} \sin\left(\dfrac{1}{2^n - 1}\right)$

MEMO

05 | 무한 급수

6 교대급수판정법 (Alternating Series Test)

급수의 항이 양수와 음수가 번갈아 나타나는 급수를 교대급수라고 한다.

$a_n > 0$이고, $a_n \geq a_{n+1}$(감소수열)일 때,

(1) $\lim\limits_{n \to \infty} a_n = 0$이면 $\sum\limits_{n=1}^{\infty} (-1)^{n+1} a_n$은 수렴한다.

(2) $\lim\limits_{n \to \infty} a_n \neq 0$이면 $\sum\limits_{n=1}^{\infty} (-1)^{n+1} a_n$은 발산한다.

❖ 디리클레 판정법

(1) 실수 수열 $\{a_n\}$, $\{b_n\}$이 대하여 수열 $A_n = \sum\limits_{i=1}^{n} a_i$이 유계이고, $\lim\limits_{n \to \infty} b_n = 0$을 만족하는 수열 $\{b_n\}$이 감소수열이면

$\sum\limits_{n=1}^{\infty} a_n b_n$은 수렴한다.

(2) 디리클레 판정법의 따름정리로 교대급수 판정법이 있다.

필수예제 138

다음 급수의 수렴, 발산을 판정하시오

(1) $\sum\limits_{n=1}^{\infty} \dfrac{(-1)^{n+1}}{4n^2+1}$
(2) $\sum\limits_{n=1}^{\infty} \dfrac{\cos n\pi}{n^{\frac{3}{4}}}$
(3) $\sum\limits_{n=2}^{\infty} (-1)^n \sin\left(\dfrac{\pi}{n}\right)$
(4) $\sum\limits_{n=1}^{\infty} \dfrac{2n+(-1)^n}{n^3}$

풀이

(1) $b_n = \dfrac{1}{4n^2+1} > 0$, $\{b_n\}$이 감소수열이고, $\lim\limits_{n \to \infty} b_n = 0$이므로 교대급수판정법에 의해 $\sum\limits_{n=1}^{\infty} \dfrac{(-1)^{n+1}}{4n^2+1}$은 수렴한다.

(2) $\sum\limits_{n=1}^{\infty} \dfrac{\cos n\pi}{n^{\frac{3}{4}}} = \sum\limits_{n=1}^{\infty} \dfrac{(-1)^n}{n^{\frac{3}{4}}}$ $b_n = \dfrac{1}{n^{\frac{3}{4}}}$ 라 하면 $\{b_n\}$은 감소수열이고, $\lim\limits_{n \to \infty} b_n = \lim\limits_{n \to \infty} \dfrac{1}{n^{3/4}} = 0$이므로

교대급수판정법에 의해서 $\sum\limits_{n=1}^{\infty} \dfrac{\cos n\pi}{n^{\frac{3}{4}}}$ 는 수렴한다.

(3) $n \geq 2$에 대해 $b_n = \sin\left(\dfrac{\pi}{n}\right) > 0$이고, $\sin\left(\dfrac{\pi}{n}\right) \geq \sin\left(\dfrac{\pi}{n+1}\right)$, $\lim\limits_{n \to \infty} \sin\left(\dfrac{\pi}{n}\right) = \sin 0 = 0$이므로

교대급수판정법에 의해 $\sum\limits_{n=1}^{\infty} (-1)^n \sin\left(\dfrac{\pi}{n}\right)$는 수렴한다.

(4) $b.$ $\sum\limits_{n=1}^{\infty} \dfrac{2n+(-1)^n}{n^3} = \sum\limits_{n=1}^{\infty} \left(\dfrac{2}{n^2} + \dfrac{(-1)^n}{n^3}\right)$이고 $\sum\limits_{n=1}^{\infty} \dfrac{2}{n^2}$ 은 p급수판정법에 의하여 수렴하고 $\lim\limits_{n \to} \dfrac{1}{n^3} = 0$이므로

$\sum\limits_{n=1}^{\infty} \dfrac{(-1)^n}{n^3}$ 은 교대급수판정법에 의하여 수렴한다. 따라서 $\sum\limits_{n=1}^{\infty} \dfrac{2n+(-1)^n}{n^3}$ 은 수렴한다.

467. 다음 급수의 수렴, 발산을 판정하시오

(1) $\displaystyle\sum_{n=1}^{\infty} \frac{(-1)^{n-1}}{\sqrt{n}}$

(2) $\displaystyle\sum_{n=2}^{\infty} (-1)^n \frac{3n+1}{n-1}$

(3) $\displaystyle\sum_{n=2}^{\infty} (-1)^n \frac{n}{\ln n}$

(4) $\displaystyle\sum_{n=1}^{\infty} \frac{(-1)^n}{n!}$

468. 수열 $\left\{ a_n = (-1)^n \dfrac{1}{(\ln(n+1)^{1/3})} \right\}$ 에 대하여 아래에서 수렴하는 것은?

가. $\displaystyle\sum_{n=1}^{\infty} a_n$	나. $\displaystyle\sum_{n=1}^{\infty} a_n^2$	다. $\displaystyle\sum_{n=1}^{\infty} n a_n^3$	라. $\displaystyle\sum_{n=1}^{\infty} (-1)^n a_n^{2021}$

469. 수열 $\left\{ a_n = (-1)^n \dfrac{n^{-1/2}}{(\ln n)^{1/3}} : n = 2, 3, 4, \cdots \right\}$ 에 대하여 아래에서 수렴하는 것은?

가. $\displaystyle\sum_{n=2}^{\infty} a_n$	나. $\displaystyle\sum_{n=2}^{\infty} |a_n|$	다. $\displaystyle\sum_{n=2}^{\infty} a_n^2$	라. $\displaystyle\sum_{n=2}^{\infty} |a_n|^3$

7 **비율판정법 (The Ratio Test) 또는 비 판정법**

임의의 급수 $\sum a_n$에 대하여

(1) $\lim\limits_{n\to\infty} \left| \dfrac{a_{n+1}}{a_n} \right| = L < 1$이면 $\sum a_n$은 수렴한다.(절대수렴)

(2) $\lim\limits_{n\to\infty} \left| \dfrac{a_{n+1}}{a_n} \right| = L > 1$ 혹은 존재하지 않으면 $\sum a_n$은 발산한다.

(3) $\lim\limits_{n\to\infty} \left| \dfrac{a_{n+1}}{a_n} \right| = L = 1$이면 $\sum a_n$은 비율판정법으로 판정불가능이다.

(4) 수열 $\{a_n\}$과 수열 $\left\{ \dfrac{1}{a_n} \right\}$의 비율판정값은 역수 관계에 놓인다.

(5) 수열 $\{a_n\}$, $\{b_n\}$의 비율판정값이 각각 a, b로 존재한다면 수열 $\{a_n b_n\}$의 비율판정값은 ab이다.

(6) a^n, $n!$, n^n 꼴이 포함되어 있는 경우 또는 곱의 구조를 하고 있는 무한급수는

비율판정법을 통해 수렴 발산 판정을 할 수 있다.

Areum Math Tip

❖ 수열 $\{a_n\}$과 수열 $\left\{ \dfrac{1}{a_n} \right\}$의 비율판정값이 역수 관계에 놓임을 보이자.

수열 $A_n = \dfrac{1}{a_n}$이라고 하자. $\lim\limits_{n\to\infty} \left| \dfrac{a_{n+1}}{a_n} \right| = L$이라고 할 때

$$\lim_{n\to\infty} \left| \dfrac{A_{n+1}}{A_n} \right| = \lim_{n\to\infty} \left| \dfrac{\frac{1}{a_{n+1}}}{\frac{1}{a_n}} \right| = \lim_{n\to\infty} \left| \dfrac{a_n}{a_{n+1}} \right| = \lim_{n\to\infty} \left| \dfrac{1}{\frac{a_{n+1}}{a_n}} \right| = \dfrac{1}{L} \text{ 이다.}$$

❖ 수열 $\{a_n\}$, $\{b_n\}$의 비율 판정값이 각각 a, b로 존재한다면 수열 $\{a_n b_n\}$의 비율판정값은 ab임을 보이자.

수열 $A_n = a_n b_n$이라고 하자. $\lim\limits_{n\to\infty} \left| \dfrac{a_{n+1}}{a_n} \right| = a$, $\lim\limits_{n\to\infty} \left| \dfrac{b_{n+1}}{b_n} \right| = b$이라고 할 때

$$\lim_{n\to\infty} \left| \dfrac{A_{n+1}}{A_n} \right| = \lim_{n\to\infty} \left| \dfrac{a_{n+1} b_{n+1}}{a_n b_n} \right| = \lim_{n\to\infty} \left| \dfrac{a_{n+1}}{a_n} \right| \left| \dfrac{b_{n+1}}{b_n} \right| = \lim_{n\to\infty} \left| \dfrac{a_{n+1}}{a_n} \right| \cdot \lim_{n\to\infty} \left| \dfrac{b_{n+1}}{b_n} \right| = ab \text{ 가 성립한다.}$$

Areum Math Tip

$\displaystyle \int_2^\infty \dfrac{1}{x^p (\ln x)^a}\, dx = \int_{\ln 2}^\infty \dfrac{e^t}{e^{pt}\, t^a}\, dt = \int_{\ln 2}^\infty \dfrac{1}{e^{(p-1)t}\, t^a}\, dt$의 수렴성은 $\displaystyle \sum_{n=3}^\infty \dfrac{1}{n^a e^{(p-1)n}}$와 동일하다.

$a_n = \dfrac{1}{n^a e^{(p-1)n}}$ 이라고 할 때, 비율판정값 $\dfrac{1}{e^{(p-1)}} = e^{1-p} < 1 = e^0$일 때 수렴하므로

$p > 1$일 때 $\displaystyle \sum_{n=3}^\infty \dfrac{1}{n^a e^{(p-1)n}}$ 수렴하므로 $\displaystyle \int_2^\infty \dfrac{1}{x^p (\ln x)^a}\, dx$도 수렴한다.

필수예제 139

다음 수열의 비율판정값을 구하시오.

(1) $a_n = an^2 + bn + c$

(2) $b_n = \ln(an^2 + bn + c)$

(3) $c_n = e^{\sqrt{n}}$

(4) $a_n = r^n$

(5) $b_n = \dfrac{1}{n!}$

(6) $c_n = \dfrac{1}{n^n}$

(7) $A_n = \dfrac{\ln(n+1)}{n^2\, 4^n}$

(8) $B_n = \dfrac{6^n \cdot n^{30}}{n!}$

(9) $C_n = \dfrac{n!}{n^n}$

(10) $a_n = \dfrac{n^n}{(n!)^2}$

(11) $b_n = \dfrac{(n!)^2}{(2n)!}$

(12) $c_n = \dfrac{(3n)!}{e^{n^2}}$

풀이

(1) $\displaystyle\lim_{n\to\infty}\left|\dfrac{a_{n+1}}{a_n}\right| = \lim_{n\to\infty}\left|\dfrac{a(n+1)^2 + b(n+1) + c}{an^2 + bn + c}\right| = 1$

(2) $\displaystyle\lim_{n\to\infty}\left|\dfrac{b_{n+1}}{b_n}\right| = \lim_{n\to\infty}\left|\dfrac{\ln(a(n+1)^2 + b(n+1) + c)}{\ln(an^2 + bn + c)}\right| = \lim_{n\to\infty}\left|\dfrac{\frac{2a(n+1)+b}{a(n+1)^2 + b(n+1) + c}}{\frac{2an+b}{an^2+bn+c}}\right| = \lim_{n\to\infty}\left|\dfrac{2a^2 n^2 + \cdots}{2a^2 n^2 + \cdots}\right| = 1$

(3) $\displaystyle\lim_{n\to\infty}\left|\dfrac{c_{n+1}}{c_n}\right| = \lim_{n\to\infty}\dfrac{e^{\sqrt{n+1}}}{e^{\sqrt{n}}} \lim e^{\sqrt{n+1}-\sqrt{n}} = \lim e^{\frac{1}{\sqrt{n+1}+\sqrt{n}}} = 1$

(4) $\displaystyle\lim_{n\to\infty}\left|\dfrac{a_{n+1}}{a_n}\right| = \lim_{n\to\infty}\left|\dfrac{r^{n+1}}{r^n}\right| = |r|$

(5) $\displaystyle\lim_{n\to\infty}\left|\dfrac{b_{n+1}}{b_n}\right| = \lim_{n\to\infty}\left|\dfrac{1}{(n+1)!} \cdot \dfrac{n!}{1}\right| = \lim_{n\to\infty}\left|\dfrac{n!}{(n+1)!}\right| = \lim_{n\to\infty}\dfrac{1}{n+1} = 0$

(6) $\displaystyle\lim_{n\to\infty}\left|\dfrac{c_{n+1}}{c_n}\right| = \lim_{n\to\infty}\dfrac{1}{(n+1)^{n+1}} \cdot \dfrac{n^n}{1} = \lim_{n\to\infty}\dfrac{1}{n+1} \cdot \lim_{n\to\infty}\left(\dfrac{n}{n+1}\right)^n = 0 \cdot e^{-1} = 0$

(7) $\ln(n+1)$과 $\dfrac{1}{n^2}$ 의 비율판정값은 1이고, $\left(\dfrac{1}{4}\right)^n$ 의 비율판정값은 $\dfrac{1}{4}$ 이므로 $A_n = \dfrac{\ln(n+1)}{n^2\, 4^n} = \ln(n+1) \cdot \dfrac{1}{n^2} \cdot \left(\dfrac{1}{4}\right)^n$ 의

비율판정값은 $\dfrac{1}{4}$ 이다.

(8) 6^n 의 비율판정값은 6, n^{30} 의 비율판정값은 1, $\dfrac{1}{n!}$ 의 비율판정값은 0이므로 $B_n = \dfrac{6^n \cdot n^{30}}{n!} = 6^n \cdot n^{30} \cdot \dfrac{1}{n!}$ 의

비율판정값은 0이다.

(9) $\displaystyle\lim_{n\to\infty}\left|\dfrac{C_{n+1}}{C_n}\right| = \lim_{n\to\infty}\left|\dfrac{(n+1)!}{(n+1)^{n+1}} \cdot \dfrac{n^n}{n!}\right| = \lim_{n\to\infty}\dfrac{(n+1)\cdot n!}{(n+1)^n(n+1)} \cdot \dfrac{n^n}{n!} = \lim_{n\to\infty}\dfrac{n^n}{(n+1)^n} = \lim_{n\to\infty}\left(1 - \dfrac{1}{n+1}\right)^n = \dfrac{1}{e}$

(10) $a_n = \dfrac{n^n}{(n!)^2} = \dfrac{n^n}{n!} \cdot \dfrac{1}{n!}$ 인데 $\dfrac{n^n}{n!}$ 의 비율판정값은 e 이고, $\dfrac{1}{n!}$ 의 비율판정값은 0이므로 c_n 의 비율판정값은

$e \cdot 0 = 0$이다.

(11) $b_n = \dfrac{(n!)^2}{(2n)!}$ 이라 하면 $\displaystyle\lim_{n\to\infty}\left|\dfrac{b_{n+1}}{b_n}\right| = \lim_{n\to\infty}\dfrac{\{(n+1)!\}^2}{(2n+2)!} \cdot \dfrac{(2n)!}{(n!)^2} = \lim_{n\to\infty}\dfrac{(n+1)^2}{(2n+1)(2n+2)} = \dfrac{1}{4}$

(12) $\displaystyle\lim_{n\to\infty}\left|\dfrac{c_{n+1}}{c_n}\right| = \lim_{n\to\infty}\dfrac{(3n+3)!}{e^{n^2+2n+1}} \cdot \dfrac{e^{n^2}}{(3n)!} = \lim_{n\to\infty}\dfrac{(3n+3)(3n+2)(3n+1)}{e^{2n+1}} = 0$

470. 다음 급수의 수렴, 발산을 판정하시오

(1) $\displaystyle\sum_{n=1}^{\infty} n^2 e^{-n}$

(2) $\displaystyle\sum_{n=1}^{\infty} \frac{2^n}{n^5}$

(3) $\displaystyle\sum_{n=1}^{\infty} \frac{2^n}{n!}$

(4) $\displaystyle\sum_{n=1}^{\infty} \frac{n!}{n^n}$

(5) $\displaystyle\sum_{n=1}^{\infty} \frac{n^n}{n!}$

(6) $\displaystyle\sum_{n=1}^{\infty} \frac{n^n}{n!\,3^n}$

(7) $\displaystyle\sum_{n=1}^{\infty} \frac{(n!)^2}{(2n)!}$

(8) $\displaystyle\sum_{n=1}^{\infty} \frac{(2n)!}{(n!)^2}$

(9) $\displaystyle\sum_{n=1}^{\infty} \frac{(2n)!}{(n!)^3}$

(10) $\displaystyle\sum_{n=1}^{\infty} \frac{(n!)^3}{(3n)!}$

(11) $\displaystyle\sum_{n=1}^{\infty} \frac{n^n}{e^{n^2}}$

(12) $\displaystyle\sum_{n=1}^{\infty} \frac{(3n)!}{e^{n^2}}$

(13) $\displaystyle\sum_{n=1}^{\infty} \frac{1}{e^{\sqrt{n}}}$

(14) $\displaystyle\sum_{n=1}^{\infty} \frac{n}{e^{\sqrt{n}}}$

(15) $\displaystyle\sum_{n=2}^{\infty} \frac{n}{(\ln n)^2}$

(16) $\displaystyle\sum_{n=2}^{\infty} \frac{n}{(\ln n)^{\ln n}}$

(17) $\displaystyle\sum_{n=0}^{\infty} \frac{n!}{2 \cdot 5 \cdot 8 \cdots (3n+2)}$

(18) $\displaystyle\sum_{n=1}^{\infty} \frac{4 \cdot 7 \cdot 10 \cdot \ldots \cdot (3n+1)}{n^n}$

Areum Math Tip

$\displaystyle\sum_{n=1}^{\infty} A_n = \sum_{n=1}^{\infty} \frac{a_n}{b_n}$ 이 수렴하면 $\displaystyle\lim_{n\to\infty} A_n = \lim_{n\to\infty} \frac{a_n}{b_n} = 0$ 이다. 따라서 극한에 의해서 수열의 대소관계는 $a_n < b_n$ 의 관계가 성립한다.

$\displaystyle\sum_{n=1}^{\infty} \frac{n}{e^{\sqrt{n}}}$ 이 수렴하므로 $\displaystyle\lim_{n\to\infty} \frac{n}{e^{\sqrt{n}}} = 0$ 이고, $n < e^{\sqrt{n}}$ 이 성립한다.

$\displaystyle\sum_{n=1}^{\infty} \frac{n^2}{e^n}$ 이 수렴하므로 $\displaystyle\lim_{n\to\infty} \frac{n^2}{e^n} = 0$ 이고, $n^2 < e^n$ 이 성립한다.

$\displaystyle\sum_{n=1}^{\infty} \frac{e^{\sqrt{n}}}{e^n}$ 이 수렴하므로 $\displaystyle\lim_{n\to\infty} \frac{e^{\sqrt{n}}}{e^n} = 0$ 이고, $e^{\sqrt{n}} < e^n$ 이 성립한다.

$\displaystyle\sum_{n=1}^{\infty} \frac{e^n}{n!}$ 이 수렴하므로 $\displaystyle\lim_{n\to\infty} \frac{e^n}{n!} = 0$ 이고, $e^n < n!$ 이 성립한다.

$\displaystyle\sum_{n=1}^{\infty} \frac{n!}{n^n}$ 이 수렴하므로 $\displaystyle\lim_{n\to\infty} \frac{n!}{n^n} = 0$ 이고, $n! < n^n$ 이 성립한다.

$\displaystyle\sum_{n=1}^{\infty} \frac{n^n}{(n!)^2}$ 이 수렴하므로 $\displaystyle\lim_{n\to\infty} \frac{n^n}{(n!)^2} = 0$ 이고, $n^n < (n!)^2$ 이 성립한다.

$\displaystyle\sum_{n=1}^{\infty} \frac{n^n}{(n!)^2}$ 이 수렴하므로 $\displaystyle\lim_{n\to\infty} \frac{n^n}{(n!)^2} = 0$ 이고, $n^n < (n!)^2$ 이 성립한다.

$\displaystyle\sum_{n=1}^{\infty} \frac{(n!)^2}{(2n)!}$ 이 수렴하므로 $\displaystyle\lim_{n\to\infty} \frac{(n!)^2}{(2n)!} = 0$ 이고, $(n!)^2 < (2n)!$ 이 성립한다.

$\displaystyle\sum_{n=1}^{\infty} \frac{(2n)!}{(n!)^3}$ 이 수렴하므로 $\displaystyle\lim_{n\to\infty} \frac{(2n)!}{(n!)^3} = 0$ 이고, $(2n)! < (n!)^3$ 이 성립한다.

$\displaystyle\sum_{n=1}^{\infty} \frac{(n!)^3}{(3n)!}$ 이 수렴하므로 $\displaystyle\lim_{n\to\infty} \frac{(n!)^3}{(3n)!} = 0$ 이고, $(n!)^3 < (3n)!$ 이 성립한다.

$\displaystyle\sum_{n=1}^{\infty} \frac{(3n)!}{e^{n^2}}$ 이 수렴하므로 $\displaystyle\lim_{n\to\infty} \frac{(3n)!}{e^{n^2}} = 0$ 이고, $(3n)! < e^{n^2}$ 이 성립한다.

TIP $n\to\infty$ 일 때 함숫값이 커지는 정도를 비교하자. $(a > 1)$

$$\sin n, \cos n < \ln n < (\ln n)^2 < (\ln n)^3 < \cdots < n < n^a < a^{\sqrt{n}}, e^{\sqrt{n}} < a^n, e^n < n! < n^n$$

$$< (n!)^2 < (2n)! < (n!)^3 < (3n)! < \cdots < e^{n^2}$$

8 근 판정법 (The Root Test) 또는 n 승근 판정법

임의의 급수 $\sum a_n$이 $\sum a_n = \sum (b_n)^n$ 꼴에서 유용하게 쓸 수 있다.

$$\lim_{n \to \infty} \sqrt[n]{|a_n|} = \lim_{n \to \infty} |a_n|^{\frac{1}{n}} = \lim_{n \to \infty} |(b_n)^n|^{\frac{1}{n}} = \lim_{n \to \infty} |b_n| = L \text{이면}$$

(1) $L < 1$이면 $\sum a_n$는 수렴한다. (절대수렴)

(2) $L > 1$이거나 존재하지 않으면 $\sum a_n$는 발산한다.

(3) $L = 1$이면 $\sum a_n$는 판정불가능이다.

필수예제 140

다음 급수의 수렴, 발산을 판정하시오.

(1) $\displaystyle\sum_{n=1}^{\infty} \left(\frac{2n+3}{3n+2} \right)^n$
(2) $\displaystyle\sum_{n=1}^{\infty} \left(1 + \frac{1}{n} \right)^{n^2}$
(3) $\displaystyle\sum_{n=2}^{\infty} \frac{1}{(\ln n)^n}$

풀이

(1) $a_n = \left(\dfrac{2n+3}{3n+2} \right)^n$ 이라 하면 $\displaystyle\lim_{n \to \infty} (a_n)^{\frac{1}{n}} = \lim_{n \to \infty} \frac{2n+3}{3n+2} = \frac{2}{3} < 1$이므로 n승근 판정법에 의하여 수렴한다.

(2) $a_n = \left(1 + \dfrac{1}{n} \right)^{n^2}$ 이라 하면 $\displaystyle\lim_{n \to \infty} (a_n)^{\frac{1}{n}} = \lim_{n \to \infty} \left(1 + \frac{1}{n} \right)^n = e > 1$이므로 n승근 판정법에 의하여 발산한다.

(3) $a_n = \dfrac{1}{(\ln n)^n}$ 이라 하면 $\displaystyle\lim_{n \to \infty} (a_n)^{\frac{1}{n}} = \lim_{n \to \infty} \left(\frac{1}{(\ln n)^n} \right)^{\frac{1}{n}} = \lim_{n \to \infty} \frac{1}{\ln n} = 0 < 1$이므로 n승근 판정법에 의하여 수렴한다.

---

471. 다음 급수의 수렴, 발산을 판정하시오.

(1) $\displaystyle\sum_{n=1}^{\infty} \left(\frac{n^2+1}{2n^2+1} \right)^n$
(2) $\displaystyle\sum_{n=1}^{\infty} \left(\frac{-2n}{n+1} \right)^{5n}$

(3) $\displaystyle\sum_{n=1}^{\infty} \frac{(-2)^n}{n^n}$
(4) $\displaystyle\sum_{n=5}^{\infty} \left(1 - \frac{4}{n} \right)^{n^2}$

(5) $\displaystyle\sum_{n=1}^{\infty} 2^{-n} \left(1 - \frac{1}{n} \right)^{n^2}$
(6) $\displaystyle\sum_{n=1}^{\infty} \left(1 + \frac{1}{n} \right)^n$

MEMO

절대수렴 & 조건부수렴

(1) 절댓값 급수

임의의 급수 $\displaystyle\sum_{n=1}^{\infty} a_n$에 대하여 급수 $\displaystyle\sum_{n=1}^{\infty} |a_n|$를 절댓값 급수라고 한다.

(2) 절대수렴(absolutely convergent)

① 절댓값 급수 $\displaystyle\sum_{n=1}^{\infty} |a_n|$이 수렴하면 $\displaystyle\sum_{n=1}^{\infty} a_n$은 절대수렴한다고 한다.

② $\displaystyle\sum_{n=1}^{\infty} a_n$이 양항급수이면 $|a_n| = a_n$이므로 $\displaystyle\sum_{n=1}^{\infty} a_n$의 수렴은 절대수렴과 같다.

③ 급수 $\displaystyle\sum_{n=1}^{\infty} a_n$이 절대수렴하면 $\displaystyle\sum_{n=1}^{\infty} a_n$은 수렴한다.

(3) 조건부수렴(conditionally convergent)

$\displaystyle\sum_{n=1}^{\infty} |a_n|$은 발산하고 $\displaystyle\sum_{n=1}^{\infty} a_n$은 수렴하면, $\displaystyle\sum_{n=1}^{\infty} a_n$은 조건부수렴한다고 한다.

(4) 수열의 재배열

$\displaystyle\sum_{n=1}^{\infty} a_n$이 절대수렴하면 수열 $\{a_n\}$의 재배열 수열 $\{b_n\}$의 급수 $\displaystyle\sum_{n=1}^{\infty} b_n$도 수렴하고, $\displaystyle\sum_{n=1}^{\infty} a_n = \sum_{n=1}^{\infty} b_n$이다.

만약 $\displaystyle\sum_{n=1}^{\infty} a_n$이 조건부수렴하면 재배열 수열 $\{b_n\}$의 급수 $\displaystyle\sum_{n=1}^{\infty} b_n$은 $\displaystyle\sum_{n=1}^{\infty} a_n$과 달라질 수도 있다.

● ─── *Areum Math Tip* ───────●

❖ 조건부수렴의 재배열의 경우 수렴 값이 달라지는 예

$$1 - \frac{1}{2} + \frac{1}{3} - \frac{1}{4} + \frac{1}{5} - \frac{1}{6} + \cdots = \ln 2 \quad \cdots (a)$$

양변에 $\frac{1}{2}$을 곱하면 $\dfrac{1}{2} - \dfrac{1}{4} + \dfrac{1}{6} - \dfrac{1}{8} + \dfrac{1}{10} - \dfrac{1}{12} + \cdots = \dfrac{1}{2}\ln 2$이고,

중간항에 0을 삽입하면 $0 + \dfrac{1}{2} + 0 - \dfrac{1}{4} + 0 + \dfrac{1}{6} + 0 - \dfrac{1}{8} + \cdots = \dfrac{1}{2}\ln 2 \quad \cdots (b)$

$(a) + (b) = 1 + \dfrac{1}{3} - \dfrac{1}{2} + \dfrac{1}{5} + \dfrac{1}{7} - \dfrac{1}{4} + \cdots = \dfrac{3}{2}\ln 2 \quad \cdots (c)$: (a)의 항을 재배열한 수열이다.

즉, 조건부수렴하는 급수의 합과 재배열한 급수의 합과 다를 수 있다.

필수예제 141

다음 무한급수의 절대수렴과 조건부수렴을 판정하시오.

(가) $\sum_{n=2}^{\infty} (-1)^n \dfrac{\sqrt{\ln n}}{n\sqrt{n}}$ (나) $\sum_{n=2}^{\infty} \dfrac{(-1)^n}{n(\ln n)^3}$ (다) $\sum_{n=2}^{\infty} (-1)^n \dfrac{1}{(\ln n)^3}$ (라) $\sum_{n=2}^{\infty} \dfrac{(-1)^n}{\sqrt{n}\,\ln n}$

풀이

(가) $\sum_{n=2}^{\infty} \left| (-1)^n \dfrac{\sqrt{\ln n}}{n\sqrt{n}} \right| = \sum_{n=2}^{\infty} \dfrac{\sqrt{\ln n}}{n\sqrt{n}} < \sum_{n=2}^{\infty} \dfrac{\ln n}{n\sqrt{n}}$ 이며 $\sum_{n=2}^{\infty} \dfrac{\ln n}{n\sqrt{n}}$ 은 적분판정법에 의하여 수렴한다.

따라서 비교판정법에 의하여 $\sum_{n=2}^{\infty} \dfrac{\sqrt{\ln n}}{n\sqrt{n}}$ 도 수렴한다. 그러므로 $\sum_{n=2}^{\infty} (-1)^n \dfrac{\sqrt{\ln n}}{n\sqrt{n}}$ 은 절대수렴한다.

(나) $\sum_{n=2}^{\infty} \left| \dfrac{(-1)^n}{n(\ln n)^3} \right| = \sum_{n=2}^{\infty} \dfrac{1}{n(\ln n)^3}$ 은 적분판정법에 의하여 수렴한다. 따라서 $\sum_{n=2}^{\infty} \dfrac{(-1)^n}{n(\ln n)^3}$ 은 절대수렴한다.

(다) $\sum_{n=2}^{\infty} \left| (-1)^n \dfrac{1}{(\ln n)^3} \right| = \sum_{n=2}^{\infty} \dfrac{1}{(\ln n)^3}$ 이며 $\sum_{n=2}^{\infty} \dfrac{1}{(\ln n)^3}$ 은 $\sum_{n=2}^{\infty} \dfrac{1}{n}$ 과의 극한비교판정에 의해서 발산한다.

따라서 $\sum_{n=2}^{\infty} (-1)^n \dfrac{1}{(\ln n)^3}$ 은 절대수렴하지 않는다. $\lim_{n \to \infty} \dfrac{1}{(\ln n)^3} = 0$ 이므로 $\sum_{n=2}^{\infty} (-1)^n \dfrac{1}{(\ln n)^3}$ 은 조건부수렴이다.

(라) $\sum_{n=2}^{\infty} \left| \dfrac{(-1)^n}{\sqrt{n}\,\ln n} \right| = \sum_{n=2}^{\infty} \dfrac{1}{\sqrt{n}\,\ln n} > \sum_{n=2}^{\infty} \dfrac{1}{n\ln n}$ 은 p급수판정과 비교판정법에 의하여 발산한다.

따라서 $\sum_{n=2}^{\infty} \dfrac{(-1)^n}{\sqrt{n}\,\ln n}$ 은 절대수렴하지 않는다. $\lim_{n \to \infty} \dfrac{1}{\sqrt{n}\,\ln n} = 0$ 이므로 $\sum_{n=2}^{\infty} \dfrac{(-1)^n}{\sqrt{n}\,\ln n}$ 은 조건부수렴이다.

472. 다음 급수의 절대수렴과 조건부수렴, 발산을 판정하시오

(1) $\sum_{n=1}^{\infty} \dfrac{(-1)^{n+1}}{\sqrt[4]{n}}$

(2) $\sum_{n=1}^{\infty} (-1)^n \dfrac{n}{5+n}$

(3) $\sum_{n=1}^{\infty} \dfrac{(-1)^{n-1}}{n^2+1}$

(4) $\sum_{n=2}^{\infty} \dfrac{(-1)^n}{\ln n}$

(5) $\sum_{n=1}^{\infty} \dfrac{1}{(2n)!}$

(6) $\sum_{n=1}^{\infty} \dfrac{n(-3)^n}{4^{n-1}}$

(7) $\sum_{n=7}^{\infty} \dfrac{\cos(n\pi)}{(n+1)!} 2^{3n}$

(8) $\sum_{n=1}^{\infty} (-1)^n \tan^{-1} \left\{ \dfrac{\cos(\pi n)}{\sqrt[3]{n^4}} \right\}$

473. 다음 무한급수의 수렴, 발산을 판정하시오.

(1) $\displaystyle\sum_{n=1}^{\infty} \frac{2015 - \sin n}{n}$

(2) $\displaystyle\sum_{n=1}^{\infty} \frac{2 - \sin n}{n}$

(3) $\displaystyle\sum_{n=1}^{\infty} \frac{\sin n}{n}$

(4) $\displaystyle\sum_{n=1}^{\infty} \frac{(-1)^{n-1}}{\ln\left(\ln\left(\ln\left(n+2015\right)\right)\right)}$

(5) $\displaystyle\sum_{n=1}^{\infty} \frac{(-1)^n \cos n\pi}{\sqrt{n}}$

(6) $\displaystyle\sum_{n=1}^{\infty} e^{-1/n}$

(7) $\displaystyle\sum_{n=0}^{\infty} \frac{\sqrt{n}-1}{n^2+1}$

(8) $\displaystyle\sum_{n=1}^{\infty} (-1)^n \frac{(2n-1)^{4n}}{(3n+1)^{2n}}$

(9) $\displaystyle\sum_{n=2}^{\infty} \frac{1}{n(\ln n)^{3/2}}$

(10) $\displaystyle\sum_{n=2}^{\infty} (-1)^n \frac{(\ln n)^5}{\sqrt[3]{n}}$

(11) $\displaystyle\sum_{n=1}^{\infty} \frac{1}{n^2+1}$

(12) $\displaystyle\sum_{n=1}^{\infty} (-1)^n \frac{n-1}{2n+1}$

(13) $\displaystyle\sum_{n=2}^{\infty} \frac{\sin n}{(n+1)(\ln n)^2}$

(14) $\displaystyle\sum_{n=1}^{\infty} 2^{-n}\left(1+\frac{1}{n}\right)^{n^2}$

(15) $\displaystyle\sum_{n=2016}^{\infty} \frac{n-1}{n^2+n}$

(16) $\displaystyle\sum_{n=1}^{\infty} \frac{\cos^3 n}{1+n^2}$

(17) $\displaystyle\sum_{n=1}^{\infty} \tan\left(\frac{1}{n^2}\right)$

(18) $\displaystyle\sum_{n=1}^{\infty} \left(\frac{2-5n}{5+2n}\right)^n$

(19) $\displaystyle\sum_{n=1}^{\infty} n e^{-\sqrt{n}}$

(20) $\displaystyle\sum_{n=4}^{\infty} \frac{1}{n \ln n}$

(21) $\displaystyle\sum_{n=2}^{\infty} \frac{1}{n} \sin\left(\frac{1}{n}\right)$

(22) $\displaystyle\sum_{n=1}^{\infty} \sin\frac{1}{n}$

(23) $\displaystyle\sum_{n=4}^{\infty} \frac{2n}{n^2-3n}$

(24) $\displaystyle\sum_{n=1}^{\infty} \frac{1}{\sqrt{n}\, e^{\sqrt{n}}}$

(25) $\displaystyle\sum_{n=1}^{\infty} \frac{1}{n^{1+\frac{1}{n}}}$

(26) $\displaystyle\sum_{n=1}^{\infty} \frac{n!}{(n+1)^n}$

(27) $\displaystyle\sum_{n=3}^{\infty} \left(1-\frac{2}{n}\right)^{n^2}$

(28) $\displaystyle\sum_{n=1}^{\infty} \tan^{-1}\left(\frac{\pi}{n^2}\right)$

(29) $\displaystyle\sum_{n=1}^{\infty} \frac{1}{1+\sqrt{n}}$

(30) $\displaystyle\sum_{n=2}^{\infty} \frac{1}{(n+2)\ln n}$

(31) $\displaystyle\sum_{k=1}^{\infty} \frac{k^k}{k!}$

(32) $\displaystyle\sum_{k=1}^{\infty} \frac{(2k)!}{3^k (k!)^2}$

(33) $\displaystyle\sum_{k=1}^{\infty} \frac{k^k}{k!\, 2^k}$

(34) $\displaystyle\sum_{k=1}^{\infty} \frac{k^k}{k!\, 3^k}$

(35) $\displaystyle\sum_{n=1}^{\infty} \frac{n!}{1 \cdot 3 \cdot 5 \cdot \,\cdots\, \cdot (2n-1)}$

(36) $\displaystyle\sum_{n=1}^{\infty} \frac{3 \cdot 7 \cdot \,\cdots\, \cdot (4n-1)}{2 \cdot 5 \cdot \,\cdots\, \cdot (3n-1)}$

다음 이상적분의 수렴성을 판단하시오.

(1) $\displaystyle\int_{-\infty}^{\infty} \frac{x^2}{9+x^6}\,dx$

(2) $\displaystyle\int_{0}^{\infty} \frac{e^x}{e^{2x}+3}\,dx$

(3) $\displaystyle\int_{0}^{\infty} \frac{\tan^{-1}x}{2+e^x}\,dx$

(4) $\displaystyle\int_{1}^{\infty} \frac{\sin x}{x^2}\,dx$

(5) $\displaystyle\int_{0}^{1} \sin\frac{1}{x}\,dx$

(6) $\displaystyle\int_{-1}^{0} \frac{e^{\frac{1}{x}}}{x^3}\,dx$

풀이 (1) $\displaystyle\sum_{n=0}^{\infty} \frac{n^2}{9+n^6}$ 이 수렴하므로 $\displaystyle\int_{0}^{\infty} \frac{x^2}{9+x^6}\,dx$ 도 수렴하고, 우함수 성질에 의해서 $\displaystyle\int_{-\infty}^{\infty} \frac{x^2}{9+x^6}\,dx = 2\int_{0}^{\infty} \frac{x^2}{9+x^6}\,dx$ 도

수렴한다.

(2) 비교판정법에 의해서 $\displaystyle\sum_{n=0}^{\infty} \frac{e^n}{e^{2n}+3} < \sum_{n=0}^{\infty} \frac{e^n}{e^{2n}} = \sum_{n=0}^{\infty} \frac{1}{e^n}$ 이 수렴하므로 $\displaystyle\int_{0}^{\infty} \frac{e^x}{e^{2x}+3}\,dx$ 도 수렴한다.

(3) 비교판정법에 의해서 $\displaystyle\sum_{n=0}^{\infty} \frac{\tan^{-1}n}{2+e^n} < \sum_{n=0}^{\infty} \frac{\pi/2}{2+e^n} < \sum_{n=0}^{\infty} \frac{\pi/2}{e^n}$ 이 수렴하므로 $\displaystyle\int_{0}^{\infty} \frac{\tan^{-1}x}{2+e^x}\,dx$ 도 수렴한다.

(4) 무한급수의 비교판정에 의해서 $\displaystyle\sum_{n=1}^{\infty} \left| \frac{\sin n}{n^2} \right| < \sum_{n=1}^{\infty} \frac{1}{n^2}$ 이 성립하고, $\displaystyle\sum_{n=1}^{\infty} \left| \frac{\sin n}{n^2} \right|$ 이 절대수렴하므로

$\displaystyle\sum_{n=1}^{\infty} \frac{\sin n}{n^2}$ 도 수렴하고 $\displaystyle\int_{1}^{\infty} \frac{\sin x}{x^2}\,dx$ 도 수렴한다.

적분의 성질에 $\displaystyle\int_{a}^{b} f(x)\,dx \le \int_{a}^{b} |f(x)|\,dx$ 가 성립한다. 따라서 $\displaystyle\int_{1}^{\infty} f(x)\,dx \le \int_{1}^{\infty} |f(x)|\,dx$ 도 성립한다.

(5) $\dfrac{1}{x}=t$ 로 치환하면 t 의 구간은 ∞ 에서 1까지이고, $dx = -\dfrac{1}{t^2}\,dt$ 이다.

$\displaystyle\int_{0}^{1} \sin\frac{1}{x}\,dx = \int_{1}^{\infty} \frac{\sin t}{t^2}\,dt$ 인데 $\displaystyle\int_{1}^{\infty} \frac{\sin t}{t^2}\,dt$ 가 수렴하므로 $\displaystyle\int_{0}^{1} \sin\frac{1}{x}\,dx$ 도 수렴한다.

(6) $-\dfrac{1}{x}=t$ 로 치환하면 t 의 구간은 $(1,\infty)$ 이고, $dx = \dfrac{1}{t^2}\,dt$ 이다.

$\displaystyle\int_{-1}^{0} \frac{e^{\frac{1}{x}}}{x^3}\,dx = -\int_{1}^{\infty} \frac{t^3 e^{-t}}{t^2}\,dt = -\int_{1}^{\infty} \frac{t}{e^t}\,dt$ 로 식을 정리할 수 있다.

$\displaystyle\sum_{n=1}^{\infty} \frac{t}{e^t}$ 이 수렴하므로 $\displaystyle\int_{1}^{\infty} \frac{t}{e^t}\,dt$ 도 수렴하고, $\displaystyle\int_{-1}^{0} \frac{e^{\frac{1}{x}}}{x^3}\,dx = -\int_{1}^{\infty} \frac{t}{e^t}\,dt$ 도 수렴한다.

Areum Math Tip

❖ 무한구간에서 이상적분은 무한급수로 바꿔서 생각할 수 있다.

(1) $\displaystyle\sum_{n=0}^{\infty} \frac{1}{n^2+2n+5}$ 는 수렴이므로 $\displaystyle\int_0^{\infty} \frac{1}{x^2+2x+5}\,dx$ 도 수렴한다.

(2) $\displaystyle\sum_{n=0}^{\infty} \frac{n}{n^3+1}$ 는 수렴이므로 $\displaystyle\int_0^{\infty} \frac{x}{x^3+1}\,dx$ 도 수렴한다.

(3) $\displaystyle\sum_{n=1}^{\infty} \sin\left(\frac{1}{n}\right)$ 이 발산하므로 $\displaystyle\int_1^{\infty} \sin\frac{1}{x}\,dx$ 도 발산산다.

(4) $\displaystyle\sum_{n=1}^{\infty} \frac{1}{n}\sin\left(\frac{1}{n}\right)$ 이 수렴하므로 $\displaystyle\int_1^{\infty} \frac{1}{x}\sin\left(\frac{1}{x}\right)dx$ 도 수렴한다.

❖ 유한구간에서 이상적분은 치환을 통해 무한구간의 이상적분으로 바꿔 생각할 수 있다.

(1) $\displaystyle\int_0^1 \sin\frac{1}{x}\,dx = \int_1^{\infty} \frac{\sin t}{t^2}\,dt$: 수렴

(2) $\displaystyle\int_0^1 \frac{\sin\dfrac{1}{x}}{x}\,dx = \int_1^{\infty} \frac{\sin t}{t}\,dt$: 수렴

❖ $x=a$에서 특이점을 갖는 함수는 $x=a$에서 테일러 급수를 이용해 비교할 수 있다.

(1) $\displaystyle\int_0^1 \frac{\sin x}{x}\,dx$: 수렴

(2) $\displaystyle\int_0^1 \frac{\sin x}{x^2}\,dx$: 발산

474. 다음 이상적분의 수렴성을 판정하시오

(1) $\displaystyle\int_2^\infty \frac{1}{x^2-x}\,dx$

(2) $\displaystyle\int_0^\infty \frac{1}{2+x^4}\,dx$

(3) $\displaystyle\int_0^\infty \frac{x}{x^3+1}\,dx$

(4) $\displaystyle\int_0^\infty \frac{x}{\sqrt{x^2+x+4}}\,dx$

(5) $\displaystyle\int_0^\infty \frac{x\tan^{-1}x}{(1+x^2)^2}\,dx$

(6) $\displaystyle\int_1^\infty \frac{2+e^{-x}}{x}\,dx$

(7) $\displaystyle\int_0^\infty e^{-x^2}\,dx$

(8) $\displaystyle\int_{-\infty}^\infty x^4 e^{-x^2}\,dx$

(9) $\displaystyle\int_1^\infty \frac{(\ln x)^2}{x^2}\,dx$

(10) $\displaystyle\int_1^\infty \frac{\cos\left(e^{x^2}\right)}{x^2(2+\sin x)}\,dx$

(11) $\displaystyle\int_1^\infty \sin\frac{1}{x}\,dx$

(12) $\displaystyle\int_1^\infty \frac{\sin\left(\frac{1}{x}\right)}{x}\,dx$

(13) $\displaystyle\int_0^1 x\sin\left(\frac{1}{x}\right)\,dx$

(14) $\displaystyle\int_0^1 \frac{\sin x}{x^2}\,dx$

(15) $\displaystyle\int_0^1 \frac{\sin x}{x}\,dx$

(16) $\displaystyle\int_0^1 \frac{e^{\frac{1}{x}}}{x^3}\,dx$

[문제 475~476] 이상적분(improper integral)의 수렴성과 관련한 아래 내용을 상기해 보자.

甲. $\int_0^1 x^{-p}\,dx$ 수렴 $\Leftrightarrow p < 1$

乙. $\int_1^\infty x^{-p}\,dx$ 수렴 $\Leftrightarrow p > 1$

丙. 모든 x 에 대하여 $0 \le f_1(x) \le f_2(x)$ 이 성립하고 $\int_a^b f_2(x)\,dx$ 가 수렴하면,

$\int_a^b f_1(x)\,dx$ 는 수렴한다. ($a,\ b$ 는 각각 실수 또는 음/양의 무한대)

丁. $\int_1^\infty |f(x)|\,dx$ 수렴 $\Rightarrow \int_1^\infty f(x)\,dx$ 수렴

이로부터 $\int_1^\infty \dfrac{\sin x}{x}\,dx$ 의 수렴·발산 여부를 알 수 있다.

$$(*)\ \int_1^\infty \frac{\sin x}{x}\,dx = \lim_{b \to \infty} \int_1^b \frac{\sin x}{x}\,dx$$
$$= \lim_{b \to \infty}\left\{ -\frac{\cos b}{b} + \frac{\cos 1}{1} - \int_1^b \frac{\cos x}{x^2}\,dx \right\} = \frac{\cos 1}{1} - \int_1^\infty \frac{\cos x}{x^2}\,dx$$

〈이하 생략〉

475. 아래에서 옳은 것은 <u>모두</u> 몇 개인가?

가. 위 $(*)$ 과정에서 부분적분이 사용되었다.   나. $\int_1^\infty \dfrac{|\cos x|}{x^2}\,dx$ 는 乙, 丙에 의하여 수렴한다.

다. $\int_1^\infty \dfrac{\cos x}{x^2}\,dx$ 는 수렴한다.   라. $\int_1^\infty \dfrac{\sin x}{x}\,dx$ 는 수렴한다.

476. 아래 〈보기〉에서 수렴하는 이상적분은 <u>모두</u> 몇 개인가?

가. $\int_1^\infty \dfrac{\cos x}{x}\,dx$ 나. $\int_1^\infty \dfrac{\cos x}{\sqrt{x}}\,dx$ 다. $\int_\pi^\infty \sin(x^2)\,dx$ 라. $\int_0^\infty \dfrac{\sqrt{x}}{x + x^2}\,dx$

1 **멱급수 (power series)**

(1) $x - x_0$에 대한 멱급수 : $\displaystyle\sum_{n=0}^{\infty} a_n (x - x_0)^n = a_0 + a_1(x - x_0) + a_2(x - x_0)^2 + \cdots$

(2) x에 대한 멱급수 : $\displaystyle\sum_{n=0}^{\infty} a_n x^n = a_0 + a_1 x + a_2 x^2 + a_3 x^3 + \cdots$

2 **수렴반경 (수렴반지름)**

멱급수 $\displaystyle\sum_{n=0}^{\infty} a_n (x - x_0)^n$의 비율판정값이 1보다 작으면 절대수렴한다.

$A_n = a_n(x - x_0)^n$이라고 하자. 수열 $\{A_n\}$의 비율판정값을 구하면

$$\lim_{n \to \infty} \left| \frac{A_{n+1}}{A_n} \right| = \lim_{n \to \infty} \left| \frac{a_{n+1}(x - x_0)^{n+1}}{a_n(x - x_0)^n} \right| = \lim_{n \to \infty} \left| \frac{a_{n+1}}{a_n} \right| |x - x_0| < 1 일 때 절대수렴한다.$$

여기서 $|x - x_0| < R = \displaystyle\lim_{n \to \infty} \left| \dfrac{a_n}{a_{n+1}} \right|$ 인 모든 x에 대하여 수렴하고, R을 무한급수의 수렴반경

(또는 수렴반지름)이라 한다.

   ① $\displaystyle\lim_{n \to \infty} \left| \frac{a_{n+1}}{a_n} \right| = r$이면 수렴반경 $R = \dfrac{1}{r}$

   ② $\displaystyle\lim_{n \to \infty} \left| \frac{a_{n+1}}{a_n} \right| = 0$이면 수렴반경 $R = \infty$

   ③ $\displaystyle\lim_{n \to \infty} \left| \frac{a_{n+1}}{a_n} \right| = \infty$이면 수렴반경 $R = 0$

3 **수렴구간**

(1) $\displaystyle\sum_{n=0}^{\infty} a_n (x - x_0)^n$의 수렴반경 $R = 0$일 때, 수렴구간은 $x = x_0$이다.

(2) $\displaystyle\sum_{n=0}^{\infty} a_n (x - x_0)^n$의 수렴반경 $R = \infty$일 때, 수렴구간은 $x \in R$이다.

(3) $\displaystyle\sum_{n=0}^{\infty} a_n (x - x_0)^n$의 수렴반경 $R = a$일 때, $|x - x_0| < a$이므로, 다음의 범위를 가질 수 있다.

   $[x_0 - a, x_0 + a]$, $(x_0 - a, x_0 + a)$, $[x_0 - a, x_0 + a)$, $(x_0 - a, x_0 + a]$

필수 예제 143

다음 급수의 수렴반경과 수렴구간을 구하시오.

(1) $\displaystyle\sum_{n=0}^{\infty} \frac{(-2)^n}{\sqrt{n+1}} x^n$

(2) $\displaystyle\sum_{n=1}^{\infty} (-1)^n \frac{(x-2)^n}{2^n n}$

(3) $\displaystyle\sum_{n=0}^{\infty} (-1)^n \frac{n^{2015} x^n}{2^{2n} \ln(n+2)}$

(4) $\displaystyle\sum_{n=0}^{\infty} \frac{(-3x+2)^n}{2^n(n^2+1)}$

(5) $\displaystyle\sum_{n=1}^{\infty} \frac{x^{2n}}{3^n+4^n}$

(6) $\displaystyle\sum_{n=1}^{\infty} \frac{(n!)^2}{(2n)!} x^n$

풀이 앞절에서 배운 비율판정값의 복습이 필요하다.

(1) $A_n = \dfrac{(-2)^n}{\sqrt{n+1}} x^n$ 의 비율판정값은 $2|x| < 1$일 때 수렴하므로 x의 수렴반경 $R = \dfrac{1}{2}$ 이다.

$x = \dfrac{1}{2}$ 이면 $\displaystyle\sum_{n=0}^{\infty} \frac{(-1)^n}{\sqrt{n+1}}$ 는 수렴하고, $x = -\dfrac{1}{2}$ 이면 $\displaystyle\sum_{n=0}^{\infty} \frac{1}{\sqrt{n+1}}$ 는 발산하므로 수렴구간은 $-\dfrac{1}{2} < x \leq \dfrac{1}{2}$ 이다.

(2) $A_n = (-1)^n \dfrac{(x-2)^n}{2^n n}$ 의 비율판정값은 $\dfrac{|x-2|}{2} < 1$일 때 수렴하므로 x의 수렴반경 $R = 2$이다.

$x - 2 = 2$이면 $\displaystyle\sum_{n=1}^{\infty} \frac{(-1)^n}{n}$ 는 수렴하고, $x-2 = -2$이면 $\displaystyle\sum_{n=1}^{\infty} \frac{1}{n}$ 는 발산하므로 수렴구간은 $-2 < x-2 \leq 2$이므로 $0 < x \leq 4$ 이다.

(3) $A_n = (-1)^n \dfrac{n^{2015} x^n}{2^{2n} \ln(n+2)}$ 의 비율판정값은 $\dfrac{|x|}{2^2} < 1$일 때 수렴하므로 x의 수렴반경 $R = 4$이다.

$x = 4$이면 $\displaystyle\sum_{n=0}^{\infty} \frac{(-1)^n n^{2015}}{\ln(n+2)}$ 은 발산이고, $x = -4$일 때 $\displaystyle\sum_{n=0}^{\infty} \frac{n^{2015}}{\ln(n+2)}$ 도 발산하므로 수렴구간은 $-4 < x < 4$이다.

(4) $A_n = \dfrac{(-3x+2)^n}{2^n(n^2+1)}$ 의 비율판정값은 $\dfrac{|3x-2|}{2} < 1$ $\Leftrightarrow$ $\left| x - \dfrac{2}{3} \right| < \dfrac{2}{3}$ 수렴하므로 x의 수렴반경 $R = \dfrac{2}{3}$ 이다.

$-2 < 3x-2 < 2$라고 할 때, $3x-2 = 2$이면 $\displaystyle\sum_{n=0}^{\infty} \frac{(-1)^n}{n^2+1}$ 는 수렴하고, $3x-2 = -2$이면 $\displaystyle\sum_{n=0}^{\infty} \frac{1}{n^2+1}$ 도 수렴하므로 $-2 \leq 3x-2 \leq 2$이고, $0 \leq x \leq \dfrac{4}{3}$ 이다.

(5) $a_n = \dfrac{1}{3^n+4^n}$ 일 때, 비율판정값은 $\displaystyle\lim_{n\to\infty} \left| \frac{a_{n+1}}{a_n} \right| = \lim_{n\to\infty} \left| \frac{3^n+4^n}{3^{n+1}+4^{n+1}} \right| = \lim_{n\to\infty} \left| \frac{\left(\frac{3}{4}\right)^n+1}{3\left(\frac{3}{4}\right)^n+4} \right| = \dfrac{1}{4}$ 이다.

$A_n = \dfrac{x^{2n}}{3^n+4^n}$ 의 비율판정값은 $\dfrac{|x^2|}{4} < 1$ $\Leftrightarrow$ $|x| < 2$일 때 수렴하므로 x의 수렴반경 $R = 2$이다.

$x = \pm 2$일 때, $\displaystyle\sum_{n=1}^{\infty} \frac{4^n}{3^n+4^n}$ 은 발산하므로 수렴구간은 $-2 < x < 2$이다.

(6) $A_n = \dfrac{(n!)^2}{(2n)!} x^n$ 의 비율판정값은 $\dfrac{1}{4}|x| < 1$ $\Leftrightarrow$ $|x| < 4$일 때 수렴하므로 x의 수렴반경 $R = 4$이다.

$x = \pm 4$일 때 $\displaystyle\sum_{n=1}^{\infty} \frac{(n!)^2 4^n}{(2n)!}$ 은 발산한다. 따라서 수렴구간은 $-4 < x < 4$이다.

함수 $H(x) = \displaystyle\sum_{n=1}^{\infty} \dfrac{4 \cdot 7 \cdot 10 \cdot \ldots \cdot (3n+1)}{n^n}(x-2)^n$ 의 정의구역에 속하는 점은?

① $x = \dfrac{1}{6}$ ② $x = \dfrac{5}{6}$ ③ $x = \dfrac{17}{6}$ ④ $x = \dfrac{21}{6}$

풀이 $a_n = \dfrac{4 \cdot 7 \cdot 10 \cdot \cdots \cdot (3n+1)}{n^n}$ 으로 놓고 비율판정법을 이용하면

$$\lim_{n \to \infty}\left|\frac{a_{n+1}}{a_n}\right| = \lim_{n \to \infty} \frac{4 \cdot 7 \cdot 10 \cdot \cdots \cdot (3n+1)(3n+4)}{(n+1)^{n+1}} \cdot \frac{n^n}{4 \cdot 7 \cdot 10 \cdot \cdots \cdot (3n+1)}$$

$$= \lim_{n \to \infty} \frac{(3n+4) \cdot n^n}{(n+1)(n+1)^n} = \lim_{n \to \infty} \frac{3n+4}{n+1} \cdot \lim_{n \to \infty} \frac{n^n}{(n+1)^n}$$

$$= \lim_{n \to \infty} \frac{3n+4}{n+1} \cdot \lim_{n \to \infty} \left(1 - \frac{1}{n+1}\right)^n = \frac{3}{e}$$

비율판정법에 의해서 $\dfrac{3}{e}|x-2| < 1$일 때 수렴하므로 수렴반경은 $\dfrac{e}{3}$이다.

따라서 $1.1 \approx -\dfrac{e}{3}+2 < x < \dfrac{e}{3}+2 \approx 2.9$에서 절대수렴한다.

그러므로 보기 ③의 있는 $x = \dfrac{17}{6}$ 에서 무한급수는 반드시 수렴한다.

477. $\displaystyle\sum_{n=1}^{\infty} \dfrac{(x-3)^n}{n \cdot 4^n}$ 이 수렴하는 모든 정수 x의 합은?

478. 멱급수 $\displaystyle\sum_{n=1}^{\infty} \dfrac{(-1)^{n+1}}{2^n n}(4x+1)^n$ 의 수렴구간은?

479. 멱급수 $\displaystyle\sum_{n=0}^{\infty} \dfrac{1}{(n+1)2^n} x^{2n}$ 의 수렴구간은?

480. 무한급수 $\sum\limits_{n=1}^{\infty} \dfrac{1}{\sqrt{n}}\left(\dfrac{x-1}{x}\right)^{n}$ 의 수렴구간에 속한 정수 중 가장 작은 정수는?

481. 다음 급수의 수렴반경과 수렴구간을 구하시오.

05 | 무한 급수

(1) $\sum\limits_{n=1}^{\infty} \dfrac{x^{n}}{\sqrt{n}}$

(2) $\sum\limits_{n=1}^{\infty} \dfrac{(-1)^{n}x^{n}}{n^{3}}$

(3) $\sum\limits_{n=2}^{\infty} \dfrac{(x-1)^{n}}{4^{n}\ln n}$

(4) $\sum\limits_{n=1}^{\infty} \dfrac{(2x-3)^{n}}{4^{n}\cdot n}$

(5) $\sum\limits_{n=1}^{\infty} \dfrac{(2x-3)^{2n}}{4^{n}\cdot n}$

(6) $\sum\limits_{n=0}^{\infty} \dfrac{x^{n}}{n!}$

(7) $\sum\limits_{n=1}^{\infty} \dfrac{2^{n}x^{n}}{n!}$

(8) $\sum\limits_{n=0}^{\infty} n!\,(2x-1)^{n}$

(9) $\sum\limits_{n=1}^{\infty} \dfrac{n!}{n^{n}}x^{n}$

(10) $\sum\limits_{n=1}^{\infty} \dfrac{n^{n}}{n!}x^{n}$

다음 내용 중 옳은 것은 몇 개인가?

가. 무한급수 $\sum_{n=1}^{\infty} a_n$이 조건부수렴하면 (conditionally convergent) $\sum_{n=1}^{\infty} n\sqrt{n}\, a_n$은 발산한다.

나. 무한급수 $\sum_{n=1}^{\infty} (-1)^n a_n$이 발산하면 $\sum_{n=1}^{\infty} a_n$은 발산한다.

다. 무한급수 $\sum_{n=1}^{\infty} (-1)^n a_n$이 수렴하면, $\sum_{n=1}^{\infty} \dfrac{a_n}{n\sqrt{n}}$ 은 수렴한다.

라. 멱급수 $\sum_{n=0}^{\infty} a_n x^n$ 의 수렴반경이 2 이상이면, 무한급수 $\sum_{n=0}^{\infty} (-2)^n a_n$ 은 수렴한다.

마. 무한급수 $\sum_{n=0}^{\infty} (-2)^n a_n$ 이 수렴하면, 멱급수 $\sum_{n=0}^{\infty} a_n x^n$ 의 수렴반경은 2 이하이다.

풀이

가. $0 < p \leq 1$만족하는 $a_n = \dfrac{(-1)^n}{n^p}$ 의 경우 $\sum_{n=1}^{\infty} a_n$ 은 조건부수렴한다. $\sum_{n=1}^{\infty} n\sqrt{n}\, a_n = \sum_{n=1}^{\infty} \dfrac{(-1)^n n\sqrt{n}}{n^p}$ 은 발산이다. (참)

나. $a_n = \dfrac{(-1)^n}{n}$ 이라 하면 $\sum_{n=1}^{\infty} (-1)^n a_n = \sum_{n=1}^{\infty} \dfrac{1}{n}$ 은 발산하지만 $\sum_{n=1}^{\infty} a_n = \sum_{n=1}^{\infty} \dfrac{(-1)^n}{n}$ 은 교대급수판정법에 의하여
   수렴한다. (거짓)

다. $\sum_{n=1}^{\infty} (-1)^n a_n$ 이 수렴하면 $\lim_{n \to \infty} |a_n| = 0$ 이다. $|a_n| < 1$ 이라고 할 때, $0 \leq \dfrac{|a_n|}{n\sqrt{n}} < \dfrac{1}{n\sqrt{n}}$ 이다.

   $\sum_{n=1}^{\infty} \dfrac{1}{n\sqrt{n}}$ 이 수렴하므로 비교판정법에 의해 $\sum_{n=1}^{\infty} \dfrac{a_n}{n\sqrt{n}}$ 도 수렴한다. (참)

라. 수렴반경이 2인 경우 $|x| < 2$인데, $x = 2$ 또는 $x = -2$를 대입할 경우 수렴할 수도 있고 발산할 수도 있다. (거짓)

   (반례) $a_n = \left(\dfrac{1}{2}\right)^n$ 이라 하면 $\sum_{n=0}^{\infty} a_n x^n$ 의 수렴반경은 2이지만, $x = -2$를 대입한 $\sum_{n=0}^{\infty} (-2)^n a_n = \sum_{n=0}^{\infty} (-1)^n$ 은
   발산한다.

마. $\sum_{n=0}^{\infty} (-2)^n a_n$ 이 수렴하면 $x = -2$ 일 때 $\sum_{n=0}^{\infty} a_n x^n$ 이 수렴하므로 수렴반경은 2이고 수렴반경의 최솟값을 2라고 할 수 있다.
   따라서 수렴반경 $R \geq 2$ 이다. (거짓)

∴ 옳은 것의 개수는 2개이다.

필수예제 146

멱급수 $\sum_{n=1}^{\infty} a_n x^n$ 이 $x = 2$일 때 수렴하고 $x = -5$ 일 때 발산한다. 다음 설명 중 옳은 것의 개수는?

가. $\sum_{n=1}^{\infty} a_n$ 은 수렴한다.

나. $\sum_{n=1}^{\infty} a_n 6^n$ 은 발산한다.

다. $\sum_{n=1}^{\infty} a_n^2$ 은 수렴한다.

라. $\sum_{n=1}^{\infty} a_n (x-2)^n$ 의 수렴반경이 될 수 있는 최댓값과 최솟값의 합은 8이다.

풀이

$\sum_{n=1}^{\infty} a_n x^n$ 은 $x = 2$일 때 수렴하지만 $x = -2$일 때 수렴여부는 확인 불가하다.

$\sum_{n=1}^{\infty} a_n x^n$ 이 $x = -5$ 일 때 발산하지만 $x = 5$일 때 수렴여부 또한 확인불가하다.

이를 통해 알 수 있는 것은 최소 수렴구간은 $-2 < x \leq 2$이고, 최대 수렴구간은 $-5 < x \leq 5$이다.
따라서 수렴반경은 $2 \leq \rho \leq 5$ 라고 할 수 있다.

가. 최소 수렴구간은 $-2 < x \leq 2$이므로 $\sum_{n=1}^{\infty} a_n x^n$ 에서 $x = 1$을 대입하면 $\sum_{n=1}^{\infty} a_n$ 는 수렴한다.

다른 관점으로 $\sum_{n=1}^{\infty} a_n$ 에 대해 $\lim_{n \to \infty} \left| \dfrac{a_{n+1}}{a_n} \right| = \dfrac{1}{\rho} \leq \dfrac{1}{2}$ 이므로 비 판정법에 의해 $\sum_{n=1}^{\infty} a_n$ 는 수렴한다.(참)

나. 최대 수렴구간이 $-5 < x \leq 5$이므로 $\sum_{n=1}^{\infty} a_n x^n$ 에서 $x = 6$을 대입한 $\sum_{n=1}^{\infty} a_n 6^n$ 는 발산한다. (참)

다. $\sum_{n=1}^{\infty} a_n^2$ 에 대해 비율판정법은 $\lim_{n \to \infty} \left| \dfrac{a_{n+1}^2}{a_n^2} \right| = \dfrac{1}{\rho^2} \leq \dfrac{1}{4}$ 이므로 비 판정법에 의해 $\sum_{n=1}^{\infty} a_n^2$ 는 수렴한다. (참)

라. $\sum_{n=1}^{\infty} a_n (x-2)^n$ 와 $\sum_{n=1}^{\infty} a_n x^n$ 의 수렴반경은 같다. 따라서 수렴반경의 최대와 최솟값의 합은 7이다.(거짓)

$\therefore$ 옳은 것의 개수는 3개이다.

482. 다음 명제의 참과 거짓을 나타내시오.

(1) $\lim\limits_{n \to \infty} a_n = 0$이면 급수 $\sum\limits_{n=1}^{\infty} a_n$은 수렴한다.

(2) $\sum\limits_{n=1}^{\infty} a_n$이 수렴하면 $\sum\limits_{n=1}^{\infty} (-1)^n a_n$도 수렴한다.

(3) 두 급수 $\sum\limits_{n=1}^{\infty} a_n$과 $\sum\limits_{n=1}^{\infty} b_n$이 모두 발산하면 급수 $\sum\limits_{n=1}^{\infty} (a_n + b_n)$도 발산한다.

(4) 급수 $\sum a_n$과 급수 $\sum b_n$이 모두 수렴하면 급수 $\sum a_n b_n$도 수렴한다.

(5) 양항급수 $\sum a_n$과 $\sum b_n$이 모두 수렴하면 급수 $\sum a_n b_n$도 수렴한다.

(6) $\lim\limits_{n \to \infty} \left| \dfrac{a_{n+1}}{a_n} \right| < 1$이면 $\sum\limits_{n=1}^{\infty} a_n$이 수렴한다.

(7) $\sum\limits_{n=1}^{\infty} |a_n|$이 수렴하면 $\lim\limits_{n \to \infty} \left| \dfrac{a_{n+1}}{a_n} \right| < 1$이다.

(8) $\sum\limits_{n=1}^{\infty} a_n$이 수렴하면 $\sum\limits_{n=1}^{\infty} |a_n|$도 수렴한다.

(9) $\sum\limits_{n=1}^{\infty} |a_n|$이 발산하면 $\sum\limits_{n=1}^{\infty} a_n$도 발산한다.

(10) $\sum\limits_{n=1}^{\infty} a_n$이 수렴하면 $\sum\limits_{n=1}^{\infty} \dfrac{(-1)^n}{\sqrt{n}} a_n$도 수렴한다.

(11) $\displaystyle\sum_{n=1}^{\infty} |a_n|$ 이 수렴하면 $\displaystyle\sum_{n=1}^{\infty} a_n^2$도 수렴한다.

(12) $\displaystyle\sum_{n=1}^{\infty} a_n^2$이 수렴하면 $\displaystyle\sum_{n=1}^{\infty} a_n$도 수렴한다.

(13) 급수 $\displaystyle\sum a_n$이 절대수렴하면 급수 $\displaystyle\sum a_n \sin n$은 수렴한다.

(14) 멱급수 $\displaystyle\sum_{n=1}^{\infty} a_n x^n$이 $x=2$에서 수렴하면 $x=-1$에서도 수렴한다.

(15) 급수 $\displaystyle\sum_{n=1}^{\infty} c_n 3^n$이 수렴하면 $\displaystyle\sum_{n=1}^{\infty} c_n(-3)^n$도 수렴한다.

정의역은 급수가 수렴하는 모든 x의 집합이고, 급수의 합은 함수로 나타낼 수 있다. 앞에서 배웠던 테일러 급수와 매클로린 급수를 이용해 무한급수의 합을 구할 수 있다. 분만 아니라 규칙에 의한 소거법을 통해서 무한급수의 합을 구할 수도 있다.

주요함수의 매클로린 급수

(1) $\dfrac{1}{1-x} = 1 + x + x^2 + x^3 + x^4 + \cdots = \displaystyle\sum_{n=0}^{\infty} x^n$ $\qquad (|x| < 1)$

(2) $\dfrac{1}{1+x} = 1 - x + x^2 - x^3 + x^4 - \cdots = \displaystyle\sum_{n=0}^{\infty} (-1)^n x^n$ $\qquad (|x| < 1)$

(3) $\dfrac{1}{(1-x)^2} = 1 + 2x + 3x^2 + 4x^3 + \cdots = \displaystyle\sum_{n=1}^{\infty} n x^{n-1}$ $\qquad (|x| < 1)$

(4) $\dfrac{2}{(1-x)^3} = 2 + 3\cdot2x + 4\cdot3x^2 + \cdots = \displaystyle\sum_{n=2}^{\infty} n(n-1) x^{n-2}$ $\qquad (|x| < 1)$

(5) $\dfrac{x}{(1-x)^2} = x + 2x^2 + 3x^3 + 4x^4 + \cdots = \displaystyle\sum_{n=1}^{\infty} n x^n$ $\qquad (|x| < 1)$

(6) $\dfrac{1+x}{(1-x)^3} = 1 + 2^2 x + 3^2 x^2 + 4^2 x^3 + \cdots = \displaystyle\sum_{n=1}^{\infty} n^2 x^{n-1}$ $\qquad (|x| < 1)$

(7) $\dfrac{x+x^2}{(1-x)^3} = x + 2^2 x^2 + 3^2 x^3 + 4^2 x^4 + \cdots = \displaystyle\sum_{n=1}^{\infty} n^2 x^n$ $\qquad (|x| < 1)$

(8) $\ln(1+x) = x - \dfrac{1}{2}x^2 + \dfrac{1}{3}x^3 - \cdots = \displaystyle\sum_{n=1}^{\infty} (-1)^{n-1} \dfrac{x^n}{n}$ $\qquad (|x| < 1)$

(9) $-\ln(1-x) = x + \dfrac{1}{2}x^2 + \dfrac{1}{3}x^3 + \dfrac{1}{4}x^4 + \cdots = \displaystyle\sum_{n=1}^{\infty} \dfrac{x^n}{n}$ $\qquad (|x| < 1)$

(10) $\tan^{-1} x = x - \dfrac{1}{3}x^3 + \dfrac{1}{5}x^5 - \cdots = \displaystyle\sum_{n=0}^{\infty} \dfrac{(-1)^n x^{2n+1}}{2n+1}$ $\qquad (|x| \leq 1)$

(11) $\tanh^{-1} x = x + \dfrac{1}{3}x^3 + \dfrac{1}{5}x^5 + \cdots = \displaystyle\sum_{n=0}^{\infty} \dfrac{x^{2n+1}}{2n+1}$ $\qquad (|x| < 1)$

(12) $\sin x = x - \dfrac{1}{3!}x^3 + \dfrac{1}{5!}x^5 - \dfrac{1}{7!}x^7 + \cdots = \displaystyle\sum_{n=0}^{\infty} \dfrac{(-1)^n x^{2n+1}}{(2n+1)!}$ $\qquad (|x| < \infty)$

(13) $\cos x = 1 - \dfrac{1}{2!}x^2 + \dfrac{1}{4!}x^4 - \dfrac{1}{6!}x^6 + \cdots = \displaystyle\sum_{n=0}^{\infty} \dfrac{(-1)^n x^{2n}}{(2n)!}$ $\qquad (|x| < \infty)$

(14) $\tan x = x + \dfrac{1}{3}x^3 + \dfrac{2}{15}x^5 + \cdots$ $\qquad \left(|x| < \dfrac{\pi}{2}\right)$

(15) $e^x = 1 + x + \dfrac{1}{2!}x^2 + \dfrac{1}{3!}x^3 + \cdots = \displaystyle\sum_{n=0}^{\infty} \dfrac{x^n}{n!}$ $\qquad (|x| < \infty)$

(16) $\sinh x = x + \dfrac{1}{3!}x^3 + \dfrac{1}{5!}x^5 + \dfrac{1}{7!}x^7 + \cdots = \displaystyle\sum_{n=0}^{\infty} \dfrac{x^{2n+1}}{(2n+1)!}$ $\qquad (|x| < \infty)$

(17) $\quad \cosh x = 1 + \dfrac{1}{2!}x^2 + \dfrac{1}{4!}x^4 + \cdots \quad = \displaystyle\sum_{n=0}^{\infty} \dfrac{x^{2n}}{(2n)!}$ $\qquad\qquad (|x| < \infty)$

(18) $\quad (1+x)^p = 1 + px + \dfrac{p(p-1)}{2!}x^2 + \dfrac{p(p-1)(p-2)}{3!}x^3 + \cdots$ $\qquad (|x| < 1)$

(19) $\quad \sin^{-1}x = \displaystyle\int \dfrac{1}{\sqrt{1-x^2}}\,dx = x + \dfrac{1}{2}\cdot\dfrac{1}{3}x^3 + \dfrac{1\cdot3}{2\cdot4}\cdot\dfrac{1}{5}x^5 + \cdots$ $\qquad (|x| \le 1)$

(20) $\quad \sinh^{-1}x = \displaystyle\int \dfrac{1}{\sqrt{x^2+1}}\,dx = x - \dfrac{1}{2}\cdot\dfrac{1}{3}x^3 + \dfrac{1\cdot3}{2\cdot4}\cdot\dfrac{1}{5}x^5 - \cdots$ $\qquad (|x| \le 1)$

Areum Math Tip

$\sin^{-1}x = x + \dfrac{1}{2}\cdot\dfrac{1}{3}x^3 + \dfrac{1\cdot3}{2\cdot4}\cdot\dfrac{1}{5}x^5 + \cdots$ 이고,

$a_n = \dfrac{1\cdot3\cdot5\cdot\cdots\cdot 2n-1}{2\cdot4\cdot6\cdot\cdots\cdot 2n}\cdot\dfrac{1}{2n+1} = \dfrac{1\cdot2\cdot3\cdot4\cdot5\cdot6\cdot\cdots\cdot 2n-1\cdot 2n}{2\cdot2\cdot4\cdot4\cdot6\cdot6\cdot\cdots\cdot 2n\cdot 2n}\cdot\dfrac{1}{2n+1}$

$= \dfrac{(2n)!}{2^{2n}(1\cdot1\cdot2\cdot2\cdot3\cdot3\cdot\cdots\cdot n\cdot n)}\cdot\dfrac{1}{2n+1} = \dfrac{(2n)!}{4^n(n!)^2}\cdot\dfrac{1}{2n+1}$ 이고 a_n의 비율판정값은 1이다.

$\sin^{-1}x = \displaystyle\sum_{n=0}^{\infty} \dfrac{(2n)!}{4^n(n!)^2}\cdot\dfrac{x^{2n+1}}{2n+1}$ 으로 나타낼 수 있다.

$\sin^{-1}x$의 수렴반경은 $|x| < 1$이고, 수렴구간은 $-1 \le x \le 1$이다.

Areum Math Tip

$\sinh^{-1}x = x - \dfrac{1}{2}\cdot\dfrac{1}{3}x^3 + \dfrac{1\cdot3}{2\cdot4}\cdot\dfrac{1}{5}x^5 - \cdots \quad = \displaystyle\sum_{n=0}^{\infty} \dfrac{(2n)!}{(n!)^2(-4)^n}\cdot\dfrac{x^{2n+1}}{2n+1}$ 로 나타낼 수 있다.

$\sinh^{-1}x$의 수렴반경은 $|x| < 1$이고, 수렴구간은 $-1 \le x \le 1$이다.

Areum Math Tip

$a_n = {}_\alpha C_n = \dbinom{\alpha}{n} = \dfrac{\alpha(\alpha-1)(\alpha-2)\cdots(\alpha-(n-1))}{n!}$ 일 때,

$\displaystyle\lim_{n\to\infty}\left|\dfrac{a_{n+1}}{a_n}\right| = \lim_{n\to\infty}\left|\dfrac{\alpha(\alpha-1)\cdots(\alpha-(n-1))(\alpha-n)}{(n+1)!}\times\dfrac{n!}{\alpha(\alpha-1)\cdots(\alpha-(n-1))}\right| = \lim_{n\to\infty}\left|\dfrac{\alpha-n}{n+1}\right| = 1$

이므로 비율판정값은 1이다. $(\alpha \in 복소수)$

$(1+x)^\alpha = \displaystyle\sum_{n=0}^{\infty}\dbinom{\alpha}{n}x^n$ 의 수렴반경은 1이다.

수열 $\{a_n\}$의 부분합이 $\displaystyle\sum_{k=1}^{n} a_k = n^2$을 만족한다. $b_k = \dfrac{1}{a_k \cdot a_{k+1}}$일 때, $\displaystyle\sum_{k=1}^{\infty} b_k$의 값은?

풀이 $\displaystyle S_n = \sum_{k=1}^{n} a_k = n^2$으로 나타낼 수 있다면 $\displaystyle S_{n-1} = \sum_{k=1}^{n-1} a_k = (n-1)^2$이고, $S_n - S_{n-1} = a_n$이다.

$\displaystyle a_n = \sum_{k=1}^{n} a_k - \sum_{k=1}^{n-1} a_k = n^2 - (n-1)^2 = 2n-1$이므로 $b_k = \dfrac{1}{a_k \cdot a_{k+1}} = \dfrac{1}{(2k-1)(2k+1)}$이다.

$\displaystyle \sum_{k=1}^{\infty} b_k = \sum_{k=1}^{\infty} \frac{1}{(2k-1)(2k+1)} = \frac{1}{2}\sum_{k=1}^{\infty}\left(\frac{1}{2k-1} - \frac{1}{2k+1}\right) = \frac{1}{2}\lim_{n\to\infty}\sum_{k=1}^{n}\left(\frac{1}{2k-1} - \frac{1}{2k+1}\right)$

$\displaystyle \qquad = \frac{1}{2}\lim_{n\to\infty}\left(1 - \frac{1}{3} + \frac{1}{3} - \frac{1}{5} + \frac{1}{5} - \frac{1}{7} + \cdots + \frac{1}{2n-1} - \frac{1}{2n+1}\right)$

$\displaystyle \qquad = \frac{1}{2}\lim_{n\to\infty}\left(1 - \frac{1}{2n+1}\right) = \frac{1}{2}$

483. 수열 $\{a_n\}$을 다음과 같이 정의할 때, 극한값 $\displaystyle\lim_{n\to\infty} a_n$을 구하면?

$$a_n = \frac{3}{4!} + \frac{4}{5!} + \cdots + \frac{n+2}{(n+3)!}, \ n = 1, 2, 3\ldots$$

484. 무한합 $\displaystyle\sum_{n=1}^{\infty}[\tan^{-1}(n+2) - \tan^{-1}n]$의 값은?

필수예제 148

다음 무한급수의 합을 구하시오.

(1) $\displaystyle\sum_{n=2}^{\infty}\frac{2^n}{n!}$ (2) $\displaystyle\sum_{n=1}^{\infty}\frac{1}{n\,2^{2n+1}}$ (3) $\displaystyle\sum_{n=1}^{\infty}\frac{1}{n(n+1)}$ (4) $\displaystyle\sum_{n=2}^{\infty}\ln\left(1-\frac{1}{n^2}\right)$

풀이

(1) $e^x=\displaystyle\sum_{n=0}^{\infty}\frac{x^n}{n!}=1+x+\sum_{n=2}^{\infty}\frac{x^n}{n!} \Leftrightarrow \sum_{n=2}^{\infty}\frac{x^n}{n!}=e^x-1-x$ 이고 $x=2$를 대입하면 $\displaystyle\sum_{n=2}^{\infty}\frac{2^n}{n!}=e^2-3$이다.

(2) $|x|<1$일 때, $-\ln(1-x)=x+\dfrac{1}{2}x^2+\dfrac{1}{3}x^3+\dfrac{1}{4}x^4+\cdots=\displaystyle\sum_{n=1}^{\infty}\frac{x^n}{n}$ 이다.

$x=\dfrac{1}{4}$ 이라고 하면 $\displaystyle\sum_{n=1}^{\infty}\frac{1}{n\,2^{2n+1}}=\sum_{n=1}^{\infty}\frac{1}{2n4^n}=\frac{1}{2}\sum_{n=1}^{\infty}\frac{1}{n}x^n=-\frac{1}{2}\ln(1-x)\Big|_{x=\frac{1}{4}}=-\frac{1}{2}\ln\frac{3}{4}=\frac{1}{2}\ln\frac{4}{3}$

(3) 매클로린 급수를 이용할 수 없는 무한급수의 합은 정의와 규칙을 이용해서 풀이한다.

$$\sum_{n=1}^{\infty}\frac{1}{n(n+1)}=\lim_{k\to\infty}\sum_{n=1}^{k}\left(\frac{1}{n}-\frac{1}{n+1}\right)=\lim_{k\to\infty}\left\{\sum_{n=1}^{k}\frac{1}{n}-\sum_{n=1}^{k}\frac{1}{n+1}\right\}$$

$$=\lim_{k\to\infty}\left\{\left(1+\frac{1}{2}+\frac{1}{3}+\cdots+\frac{1}{k}\right)-\left(\frac{1}{2}+\frac{1}{3}+\cdots+\frac{1}{k}+\frac{1}{k+1}\right)\right\}=\lim_{k\to\infty}\left\{1-\frac{1}{k+1}\right\}=1$$

(4) 매클로린 급수를 이용할 수 없는 무한급수의 합은 정의와 규칙을 이용해서 풀이한다.

$$\sum_{n=2}^{\infty}\ln\left(1-\frac{1}{n^2}\right)=\lim_{k\to\infty}\sum_{n=2}^{k}\ln\left(\frac{n^2-1}{n^2}\right)=\lim_{k\to\infty}\sum_{n=2}^{k}\ln\left(\frac{(n-1)}{n}\frac{(n+1)}{n}\right)=\lim_{k\to\infty}\sum_{n=2}^{k}\left\{\ln\left(\frac{n-1}{n}\right)+\ln\left(\frac{n+1}{n}\right)\right\}$$

$$=\lim_{k\to\infty}\left\{\left(\ln\frac{1}{2}+\ln\frac{2}{3}+\ln\frac{3}{4}+\cdots+\ln\frac{k-1}{k}\right)+\left(\ln\frac{3}{2}+\ln\frac{4}{3}+\ln\frac{5}{4}+\cdots+\ln\frac{k}{k-1}+\ln\frac{k+1}{k}\right)\right\}$$

$$=\lim_{k\to\infty}\left(\ln\frac{1}{k}+\ln\frac{k+1}{2}\right)=\lim_{k\to\infty}\ln\left(\frac{k+1}{2k}\right)=\ln\frac{1}{2}=-\ln2$$

485. 다음 무한급수의 합을 구하시오.

(1) $\dfrac{\pi^2}{2!}-\dfrac{\pi^4}{4!}+\dfrac{\pi^6}{6!}-\dfrac{\pi^8}{8!}+\cdots$

(2) $\displaystyle\sum_{n=1}^{\infty}\frac{(\ln2)^{2n}}{(2n)!}$

(3) $\displaystyle\sum_{n=1}^{\infty}\frac{1}{n2^{2n+1}}$

(4) $\displaystyle\sum_{n=1}^{\infty}(-1)^{n+1}n\left(\frac{1}{3}\right)^n$

(5) $\displaystyle\sum_{k=0}^{\infty}\frac{(-1)^k}{(2k+1)}\left(\frac{1}{\sqrt{3}}\right)^{2k}$

(6) $\displaystyle\sum_{n=2}^{\infty}\frac{n(n-1)2^n}{3^n}$

05 | 무한 급수

486. 무한급수 $\displaystyle\sum_{n=0}^{\infty} \dfrac{(-1)^n \pi^{2n}}{3^{2n}(2n)!}$ 의 합은?

487. $\displaystyle\sum_{n=2}^{\infty}(1+c)^{-n}=2$ 를 만족하는 c값을 구하여라.

488. 무한급수 $\displaystyle\sum_{n=1}^{\infty}(-1)^{n-1}\dfrac{1}{n2^n}$ 의 값은?

489. 급수 $\displaystyle\sum_{n=1}^{\infty}\dfrac{1}{n3^n}$ 의 합은?

490. 무한급수 $\displaystyle\sum_{n=0}^{\infty} \frac{1}{2n+1}\left(\frac{1}{2}\right)^{2n}$ 의 값은?

491. 급수 $\displaystyle\sum_{n=0}^{\infty} \frac{(-1)^n}{2n+1}\left(\frac{1}{3}\right)^n$ 의 합은?

492. 무한급수 $\displaystyle\sum_{n=1}^{\infty} \frac{n}{(n+1)!}$ 의 값은?

493. 무한급수 $\displaystyle\sum_{n=0}^{\infty} \frac{n+3}{n!}$ 의 값은?

무한급수 $\displaystyle\sum_{n=2}^{\infty} \frac{n(n-1)}{3^n}$ 의 값은?

풀이 $\displaystyle\sum_{n=0}^{\infty} x^n = \frac{1}{1-x}$ 의 양변을 x로 미분하면 $\displaystyle\sum_{n=1}^{\infty} nx^{n-1} = (1-x)^{-2}$ 이고,

다시 양변을 x로 다시 미분하면 $\displaystyle\sum_{n=2}^{\infty} n(n-1)x^{n-2} = 2(1-x)^{-3}$ 이다.

양변에 x^2을 곱하면 $\displaystyle\sum_{n=2}^{\infty} n(n-1)x^n = 2x^2(1-x)^{-3}$ 이고 $x = \frac{1}{3}$ 을 대입하자.

$$\sum_{n=2}^{\infty} n(n-1)\left(\frac{1}{3}\right)^n = 2 \cdot \left(\frac{1}{3}\right)^2 \left(\frac{2}{3}\right)^{-3} = 2 \cdot \frac{1}{9} \cdot \frac{27}{8} = \frac{3}{4}$$

494. $\displaystyle\sum_{n=2}^{\infty} n(n-1)\left(\frac{1}{3}\right)^{n-2}$ 의 값은?

495. 급수 $\displaystyle\sum_{n=1}^{\infty} \frac{n(n+1)}{2^n}$ 의 합은?

496. 급수 $\displaystyle\sum_{n=1}^{\infty} \frac{n^2}{2^n}$ 의 값은?

497. $|x| < 1$ 일 때, 급수 $\displaystyle\sum_{n=1}^{\infty} n^2 x^n$ 의 합은?

필수예제 150

무한급수 $\displaystyle\sum_{n=1}^{\infty}\frac{(-1)^n}{n(n+1)2^n}$ 의 값은?

풀이

$\displaystyle\sum_{n=1}^{\infty}\frac{(-1)^n}{n(n+1)2^n}$ 에서 $-\dfrac{1}{2}$를 x라고 치환하면 $\displaystyle\sum_{n=1}^{\infty}\frac{x^n}{n(n+1)}$ 이 된다.

$\displaystyle\sum_{n=1}^{\infty}\frac{x^n}{n(n+1)} = \sum_{n=1}^{\infty}\left(\frac{1}{n}-\frac{1}{n+1}\right)x^n$ 이다.

(i) $\displaystyle\sum_{n=1}^{\infty}\frac{x^n}{n} = -\ln(1-x)$ 이고, $x = -\dfrac{1}{2}$를 대입하면 $\displaystyle\sum_{n=1}^{\infty}\frac{x^n}{n} = -\ln\frac{3}{2}$ 이다.

(ii) $-\ln(1-x) = x + \dfrac{1}{2}x^2 + \dfrac{1}{3}x^3 + \dfrac{1}{4}x^4 + \cdots$ 에서 $\dfrac{-\ln(1-x)-x}{x} = \dfrac{1}{2}x + \dfrac{1}{3}x^2 + \dfrac{1}{4}x^3 + \cdots$ 이므로

$\displaystyle\sum_{n=1}^{\infty}\frac{x^n}{n+1} = \frac{-\ln(1-x)-x}{x}$ 이고, $x = -\dfrac{1}{2}$를 대입하면 $\displaystyle\sum_{n=1}^{\infty}\frac{x^n}{n+1} = 2\ln\left(\frac{3}{2}\right) - 1$ 이다.

(iii) $\displaystyle\sum_{n=1}^{\infty}\frac{x^n}{n(n+1)} = \sum_{n=1}^{\infty}\left(\frac{1}{n}-\frac{1}{n+1}\right)x^n = \sum_{n=1}^{\infty}\frac{x^n}{n} - \sum_{n=1}^{\infty}\frac{x^n}{n+1} = -\ln\frac{3}{2} - 2\ln\frac{3}{2} + 1 = 1 - 3\ln\frac{3}{2}$

풀이

$\displaystyle\sum_{n=1}^{\infty}\frac{(-1)^n}{n(n+1)2^n}$ 에서 $-\dfrac{1}{2}$를 x라고 치환하면 $\displaystyle\sum_{n=1}^{\infty}\frac{x^n}{n(n+1)}$ 이 된다.

$f(x) = -\ln(1-x) = \displaystyle\sum_{n=1}^{\infty}\frac{x^n}{n} = x + \frac{1}{2}x^2 + \frac{1}{3}x^3 + \cdots$ 를 적분하면

$F(x) = (1-x)\ln(1-x) + x + c = C_0 + \displaystyle\sum_{n=1}^{\infty}\frac{x^{n+1}}{n(n+1)} = C_0 + \frac{1}{2}x^2 + \frac{1}{2}\cdot\frac{1}{3}x^3 + \frac{1}{3}\cdot\frac{1}{4}x^4 + \cdots$

$F(0) = c = C_0 = 0$이라면 $F(x) = (1-x)\ln(1-x) + x = \displaystyle\sum_{n=1}^{\infty}\frac{x^{n+1}}{n(n+1)}$ 이다.

$\dfrac{F(x)}{x} = \dfrac{(1-x)\ln(1-x)}{x} + 1 = \displaystyle\sum_{n=1}^{\infty}\frac{x^n}{n(n+1)}$ 이므로 $x = -\dfrac{1}{2}$를 대입하면 $\displaystyle\sum_{n=1}^{\infty}\frac{1}{n(n+1)}\left(-\frac{1}{2}\right)^n = 1 - 3\ln\frac{3}{2}$ 이다.

---

498. 급수 $\displaystyle\sum_{n=1}^{\infty}\left(\frac{5}{n(n+1)} + \frac{1}{3^n}\right)$의 합은?

499. 무한급수 $\displaystyle\sum_{n=2}^{\infty}\frac{n+1}{3^n(n-1)}$ 의 값은?

500. 급수 $\displaystyle\sum_{n=3}^{\infty}\frac{(n+1)^2}{2^n(n-2)}$ 의 값은?

MEMO

MEMO

05 | 무한 급수

선배들의 이야기 ++

편입스펙

실용무용과 전공 / 학점은행제(학사) / 학점 3.44 / 토익성적 500

합격 대학

경희대학교 (소프트웨어융합학과) / 세종대학교 (소프트웨어학과) / 광운대학교 (소프트웨어융합대학)

회피했던 학업, 그러나 새롭게 인생을 설계하고 싶어졌습니다

어렸을 적부터 활동적인 것을 좋아하는 저는 책상 앞에 오래 앉아 있는 것을 싫어했습니다. 학업을 뒤로한 저는 춤을 추는 것을 좋아했었고 미래의 직업으로 안무가라는 꿈을 가지고 인문계고등학교 대신 예술고등학교 실용무용과에 진학했었습니다. 시간이 지나 공연행사와 강사활동을 하며 지낸 저는 좋아하는 것을 직업으로 한다는 것에 대해 만족하였으나 불투명한 미래와 적은 수입으로 더 이상 좋아하는 것만으로 미래를 책임질 수 없겠다는 생각이 들었습니다.

앞서 언급했듯이 어릴적 부터 학업을 회피했던 저는 현실에 맞서고 싶었고 새롭게 다시 인생을 설계하고 싶었습니다. 마침 예전에 습득했던 학점은행제 학사를 가지고 편입을 할수 있다는 정보를 알았고 2년만에 졸업을 할 수 있다는 생각에 편입을 도전하게 되었습니다.

당일 복습, 누적 복습이 가장 중요!

편입 수학을 경험하면서 다른 어떠한 무엇보다 가장 중요한 것은 당일 복습, 누적복습이라 생각합니다.

- 당일복습

말 그대로 당일의 내용을 이해하고 기억해내는 과정입니다. 저는 그날 배운 내용을 당일에 정리를 하지 않으면 결국 다음 날 강의를 새로 다시 들어야 했습니다. 배웠던 기억이 상당수 날아갔기 때문이었습니다.

배웠던 강의를 다시 들어야 하는 것만큼 시간낭비하기 좋은 습관은 없을 겁니다. 저는 배웠던 내용을 기억하기 위해 개념서에 A4용지를 반으로 잘라 그날 내가 이해한 방식과 과정 그리고 아름쌤 께서 주신 팁들을 정리하여 테이프로 붙였습니다. 이 방식대로 하니 추후 누적 복습할때도 그날 배웠던 강의가 머리속에 그려지는 신기한 경험을 하였고, 가독성도 많이 높아졌습니다.

- 누적복습

편입수학은 범위가 방대하기 때문에 휘발성이 높습니다. 때문에 기본서 회독은 시험 끝날 때까지 가져가야만 합니다. 단, 배운 과목이 늘어날수록 누적복습의 양은 눈덩이처럼 불어나기 때문에 확실히 아는 내용과 모르는 내용을 구분해서 모르는 내용을 위주로 복습을 해야 합니다.

저는 그 구분선은 백지연습을 통해 자가진단을 하여 판단을 했었습니다. 아름 선생께서 만들어주신 백지노트를 활용해도 좋고,

아무것도 적혀 있지 않은 노트에 큰 주제만 적어 놓고 해당 내용에 대한 것들을 나열해보면 내가 정말 무엇을 알고 모르는지 체크 할수 있을것입니다.

암기가 아닌 이해 위주의 수업, 그리고 아름쌤의 노하우!

1) 이해 위주의 쉽고 생동감 있는 수업

편입수학은 외워야 할 성질뿐만 아니라 서로 닮은 공식들도 많기 때문에 지나치게 암기 위주 방식을 고수하면 자칫 시험장에서 공식을 헷갈리기 마련입니다. 아름 선생님께서는 암기 위주의 수학을 지양하시며 되도록 노베이스인 저도 쉽게 이해하고 기억 할수 있게 가르쳐 주십니다.

또한 기억에 남는 수업방식으로는 다변수 파트에서 도형을 배울 때 어려운 도형은 칠판에 그리시지 않고 주변 사물 혹은 3D프린터로 만드신 도형을 이용해 생동감 있고 받아들이기 쉽게 배웠던 기억이 있습니다.

05 | 무한 급수

2) 10년의 노하우가 담긴 교재

선생님께서 자주 하시는 말씀 중에 하나가 "기본서만 제대로 봐도 합격한다."였습니다. 시험이 끝난 이 시점에서 정말 이 문장에 대해 대단히 공감이 갑니다. 실제로 시험장에서 나오는 문제의 90% 이상은 아름 선생님 기본서에서 봤던 문제들이었고 이미 다회독을 통해 익숙한 문제들이었기 때문에 자신감이 생긴 저는 시험장에서 문제를 잘 해결할 수 있었습니다.

편입은 꾸준한 사람이 이깁니다!

편입은 꾸준한 사람이 이기는 시험이라 생각합니다. 저의 1년 전 베이스는, 말하기 부끄럽지만 영어 1,2 형식도 몰랐으며 수학은 중등과정인 인수분해도 몰라 따로 공부했던 정도입니다. 비록 남들보다 뒤에서 시작했지만 나름 만족스러운 결과를 얻을 수 있었던 까닭은 아름 선생님따라 꾸준히 했을 뿐 이라고 생각이 듭니다. 이 글을 보시는 분들께서 어느 정도 베이스가 있든 어떤 각오를 하고 있든 포기만 하시지 마시고 꾸준히만 하시면 좋은 결과 있을 것이라 확신합니다.

- 최〇욱 (경희대학교 소프트웨어융합학과)

편입스펙

전남대 (기계공학부) / 학점 4.28 / 토익 810

합격 대학

한양대 (미래자동차공학과) / 성균관대 (기계공학부) / 중앙대학교 (기계공학부)

편입, 내가 원하는 대학을 갈 수 있는 마지막 기회

저는 고3 현역때와 재수, 삼반수 심지어 군수까지 해서 총 4번의 수능을 치뤘지만 원하는 좋은 점수가 나오지 못해 항상 상위권 대학 진학에 실패하였습니다. 군수까지 실패하고 나서 2학년 복학한 후 '아, 그냥 이곳이 내 운명인가보다.' 하고 받아드리고 전공 공부하면서 취업 준비도 하고 있었습니다.

그런데 3학년 올라가고 중간고사 준비 기간 무렵 예전에 친하게 지냈던 고등학교 문과 친구가 편입으로 서강대를 갔다는 소식을 듣고 저도 편입에 대해 관심이 생기고 부랴부랴 편입 정보를 빨리 탐색해보고 제 사정상 휴학을 할 수는 없어서 학교 병행 계획을 짜기 시작했습니다. 이번의 편입 입시 제도로 내가 원하는 대학을 갈 수 있는 인생 마지막 기회라고 생각하고 공부에 임했습니다.

기간별 과목별 공부 방법

(1) 4월 초중순~6월 중순

수학 : 제가 3학년 1학기때 21학점(전필3, 전선4)을 듣고 있었기 때문에 학교 공부로 인해(특히 실험, 실습 과목들) 사실상 편입 공부가 정말 힘든 상황이었습니다. 그래서 전략적으로 편입 수학 과목 중 제가 가장 모르는 과목인 선형대수로 먼저 시작하여 선형대수 한 과목만 집중적으로 이 기간 동안 팠습니다.

우선 잠자는 시간 줄여서라도 하루에 못해도 비시험기간일 때는 4시간, 시험기간일 때는 1~2시간씩 선형대수에 투자했습니다. 초반 2단원 까지 부분은 제가 고등학교 때나 대학교 1,2학년 때 배워서 익숙한 내용이라 배속기능 사용하면서 조금 빠르게 진도 나갔지만 3단원 벡터공간부터는 생소한 내용들이 많아서 오히려 0.8~0.9배속으로 천천히 들으면서 가끔 잘 이해가 안 되는 부분이 있으면 강의를 잠시 멈추고 혼자 깊게 생각하는 시간을 가졌습니다. 그러다가 여전히 내용을 받아들이기 힘들다 생각할 때 QnA 게시판, 밴드에 가서 검색해보면 저와 비슷한 생각으로 질문을 달아주신 분들을 통해서 저의 잘못된 수학적 사고와 논리의 흐름을 빠르게 정정할 수 있었습니다.

그리고 매주 주말마다 어려워서 체크하고 넘어갔던 필수, 예제 문제들은 항상 책을 통해 다시 풀거나 문제 풀이 기억이 조금씩 난다 싶을 때 올인원 책을 적극 활용했습니다. 단, 올인원 책으로 풀 때는 풀이나 답을 책에 절대 적지 않았습니다. 틀린 문제들은 시간 지나면 또 틀릴 가능성이 높다고 생각했기 때문입니다. 또한 푼 문제들은 몇 번 풀었는지 문제 옆에다 횟수를 적었고 엑스, 세모, 동그라미를 통해서 저의 문제와 개념 이해도를 계속 기록해놨습니다.

참고로 선형대수는 수험생활 내내 시험치기 직전까지 지속적으로 공부를 해야 하는 과목입니다. 누적 복습을 하지 않으면 휘발성이 강해서 내용을 금방 까먹기 쉽고 실제 상위권 대학에서 선형대수가 합불을 가르는 데 가장 큰 요인이 되는 과목이기 때문에 철저히 해야 합니다.

영어 : 처음 편입 공부 방향이 수올러로서 중앙대, 경희대 목표로 타깃을 잡고 공부했습니다. 그래서 이때는 영어에 대한 투자 시간을 거의 하지 않았습니다. 나중 1학기 끝나고 여름방학때 본격적으로 시작했습니다.

(2) 6월 중순~8월 말 (여름방학)

1학기 기말고사 끝나자마자 하루 정도 쉬고 그 다음날 독서실 끊어서 밀린 수학 진도를 공부하고 편입영어를 처음 시작했습니다. 편입영어를 시작하게 된 계기는 서성한 놓치기 너무 아쉬워서였고 이는 힘든 고민 끝에 결정했습니다.

그리고 여름방학 때 계절학기와 단기 학부 연구생 생활을 계획했었는데 밀도 있는 편입 공부를 위해 이는 과감히 철회했습니다.

수학 : 선형대수의 제 취약 단원인 선형변환하고 벡터공간의 응용 공부를 계속하면서 미적분과 급수를 시작했습니다. 단 제가 공부할 시간이 많이 부족했기 때문에 미적분과 급수도 전략적으로 공부했습니다.

우선 기초수학 앞부분은 저 혼자 독학하면서 부분분수 나누는 법만 인강으로 다시 공부했습니다. (단, 미적분과 급수 부분부터는 강의 1개도 안빠뜨리고 다 들으셔야 합니다. 강의마다 아름쌤의 코멘트들이 정말 중요하기 때문에 알고 있는 내용이라 해서 건너뛰지 마시길 바랍니다.)

그 다음 전체적으로 책을 훑어보면서 제가 수능으로 미적분 공부해서 충분히 알고있는 부분들은 과감하게 영상 2배속으로 들으면서 정말 인강을 집중해서 단기간에 끝냈습니다. 그리고 나서 제가 대학에서 배웠는데 거의 기억에 남지 않거나 내용이 어려운 부분(이상적분, 무한급수)들은 차근차근히 따라갔습니다.

미적분과 급수는 개념 양이 정말 방대하고 자잘한 공식들이 진짜 많기 때문에 까먹지 않으려면 공식을 일일이 자기가 직접 유도해보고 틈틈이 백지복습 파일 주기적으로 이용하시는 걸 권장합니다. 하루에 11~12시간씩 매일 수학 공부시간을 확보하여 미적분과 급수를 2주 정도에(6월 중순~7월초) 끝냈습니다.

다변수 미적분은 7월 초~7월 말로 한 달좀 안 되는 시간이 걸렸습니다. 다변수 미적분 특징이 주어진 문제 조건 상황이 조금만 바뀌어도 풀이가 크게 달라지는데, 이런 상황에 대비하기 위해서 필수예제의 완벽한 습득을 통해 유연하게 다양한 풀이를 구사할줄 아는 게 중요한 거 같습니다. 특히 제 기억나는 부분으로 이변수 함수 극대극소 중적분 응용, 선적분 면적분이 이런 성향이 강했던 것 같습니다. 미적분과 급수에 비해 암기해야 할 사항은 적은 편이긴 하지만 전부 시험에 잘 나오는 사항들이기 때문에 공식 증명을 한 번씩 해보고 머릿속에 각인시켜야 합니다.

그리고 나서 7월 말부터 8월 중순까지 새로운 진도를 나가지 않고 한 2주간 미적분과 급수, 다변수 미적분, 선형대수 이 3과목을 총 복습하는 시간을 계획했었습니다. 이때 올인원하고 익힘책으로 내가 어디가 빵꾸 났는지 점검하는 시간을 가졌습니다. 익힘책 풀 때 모든 문제를 풀어보지는 않고 한 단원당 보통 2~3문제 씩만 풀었습니다.(문제 수 많은 단원은 5~6문제)

매일매일 각 과목당 몇 단원씩 어떤 문제를 풀건지 정하고 전체적으로 단기간에 한 사이클 돌리는 것으로 목표를 잡았습니다. 추후에 아직 덜 푼 문제들이나 어려워서 틀린 문제들을 계속 풀어나갔습니다. 그리고 한 주마다 주말에 하루씩 날 잡아서 선형대수 8시간 총정리, 미적분과 급수 9시간 정리(통합형)으로 2개 강의를 수강했습니다.

8월 중순부터 8월말까지 공수2를 들었는데 제가 2학년 2학기 때 공업수학2을 배워놓긴 했는데, 얕게 배웠고 많이 까먹어서 2주 좀 더 걸려서 공수2만 팠습니다. 공수2를 배울 때 오늘 배운 내용은 오늘 안에 무조건 다 이해한다는 생각으로 당일복습에 임했습니다. 나중에 공수2에 많은 시간을 쏟지 못할 것이라고 예상했기 때문입니다. 그리고 아름쌤이 말씀하신 대로 다 배운 후에도 일주일마다 딱 하루만 투자해서 2~3시간은 전체적으로 공수2 내용을 복습했습니다.

영어 : 정병권T로 수강을 진행했고 여름방학 내내 단어,문법 101~301, 논리,단문(장문)독해는 101~201만 완벽히 하는 걸로 계획을 세웠습니다. 특히 단어를 가장 많이 신경썼는데, 초반에는 모르는 단어가 많았을 땐 따로 단어만 공부하는 시간을 2시간 씩 냈고 퀴즈렛 앱을 활용해서 가능한 자투리 시간(밥 먹을 때, 화장실 갈 때, 잠자기 20분전 등)을 총동원해서 최소 100개 이상 외우려고 노력했습니다. 물론 당연히 모든 것을 완벽하게 기억할 수는 없고 유독 안 외워지는 단어들은 계속 표시하고 수시로 봐서 몸에 문신 새기듯 머릿속에 집어넣었습니다. 개인적으로 편입영어 처음 시작할 때는 너무 고통스럽지만 열심히 해놓으면 자연계열에서 나중에 큰 효자 과목이 된다고 생각합니다.(특히 단어만 열심히 해도요!)

◎ 여름방학 때 공부시간은 대략 14~15시간씩 매일 꾸준히 했던 것 같습니다.(일요일은 12시간 정도)

(3) 9월 초 이후~10월 중순까지

제가 8월 말에 수강신청 할 때 참 고민이 많았습니다. 원래는 전공 6개를 들을 계획이였지만 아무리 생각해도 3-2학기 기계공학 전공내용을 편입공부 하면서 같이 병행할 수 없겠다는 확신이 들었습니다. 그래서 승부수로 기계공학도에게 가장 중요하면서 시간이 정말 많이 할애되는 과목인 캡스톤디자인을 수강과목에서 배제했습니다. 그리고 몇몇 전공선택과목 대신 교양으로 채워 넣었습니다(18학점: 전필1 전선2 교필1 교선2).

솔직히 이때 심장 떨렸는데 만약 편입이 실패하면 전적대에서 무조건 5학년 확정이라서, 어떻게든 편입을 성공하겠다는 의지가 외부적인 요인으로 인해 훨씬 더 강화됐던 것 같습니다. 그리고 전공, 교양 과목은 무조건 족보 많이 타는 과목만으로 골라서 시험공부 시간을 최소화시키고 교양 수업시간에 구석 자리에서 몰래몰래 아이패드로 편입 공부를 했습니다. 이때 좀 쉬지 않고 무리하다가 10월 초 추석쯤에 몸살감기로 3일 동안 앓았는데 아름매스 분들은 몸 관리 잘하시길 바랍니다.

수학 : 9월 초에 공수1 하고 익힘책+1200제를 같이 했습니다. 공수1은 정말 정직한 과목이기 때문에 아름쌤이 시키는대로 하시면 절대 어렵지 않습니다. 다만 1계 미분방정식이나, 연립미분방정식 부분은 한 문제에 여러 풀이가 존재하기 때문에 이 부분들은 스스로 연습을 좀 더 기울일 필요가 있는 것 같습니다. 공수1은 홈페이지에 강의 영상 올라오는 대로 진도에 맞춰서 나갔습니다.

익힘책은 여름방학 때 못푼 부분 문제들만 골라서 풀었고 1200제 교재는 모든 문제를 풀수는 없어서 미적분과 급수(적분응용, 이상적분&무한급수)하고 다변수미적분, 선형대수 전체로 범위를 잡고 10월 초중순까지는 다 끝낸다고 계획을 세웠습니다. 이 때 다양한 문제를 풀고 문제풀이 영상을 보면서 제가 소홀했던 부분이나 취약점을 다시 메꿀 수 있었던거 같습니다. (취약 부분은 올인원으로 다시 기본서 복습했습니다.)

영어 : 이때도 그냥 마찬가지로 논리, 단문(장문)독해 301 완강을 목표로 두고 단어는 101~301에서 단어 하나도 모르는 게 없을 때까지 외우고 401은 40%~50%를 목표로 암기했습니다

정병관T 교재의 문제 풀다가 어려워서 좀 많이 힘들었고 하기 싫은 순간도 많았는데 그냥 꾹 참고 했습니다. 제가 영어를 잘하는 편이 아니라서 노하우는 따로 없고 커리큘럼 따라가면서 정말로 그냥 버텼습니다.

제가 되돌아보니 9월 이후에 계속 잘 버티는 수험생이 분명 마지막에 예상치 못한 아주 좋은 결과를 맞이하는 거 같습니다. 저도 기출문제들 풀면서 '에휴 왜 이렇게 문제가 어렵고 지금까지 뭘 한거지?' 하면서 속상한 기분도 들고 공부 하기 싫은 날도 오면서 슬럼프들이 간혹 찾아왔지만 원하는 대학 합격통지서 받고 기뻐할 제 자신을 상상하면서 이 기간을 버텼습니다.

(4) 10월 초중순~편입시험 직전까지

이때 정말 제 모든 힘을 쏟아부었던 기였습니다. 하루에 잠 4~5시간 자면서 깨어 는 시간은 거의 편입공부를 투자했습니다. 학교 공부는 그냥 족보만 평소에 틈틈이 보면서 시험 공부 대비했고 중간, 기말 시험기간은 1주일 이상 안썼습니다. 제 인생에 마지막 입시 시험이고 이번에 합격 아니면 죽겠다는 마인드로 하루하루를 아끼면서 살았습니다.

수학 : 이때 기출패스 구매해서 이것이 기출이다부터 시작해서 최신 기출특강(3)까지 다 수강했습니다. 또한 한아름 파이널 강의도 같이 수강하면서 심화된 내용을 들으면서 이때부터 상위권 대학에 대한 대비를 본격적으로 시작했습니다. 특히 10월 초중순부터 12월 초까지 거의 2달 동안 최신 기출들을 거의 매일 1~2개씩 풀면서 실제 시험장에서의 압박감과 더불어 실전용 풀이훈련과 푸는 순서 전략을 어떻게 세워야 할지 아름쌤한테 엄청 많이 배웠습니다. 더불어 기출 현강 점수와 먼저 합격하신 분들을 보면서 많이 동기와 자극을 얻었습니다.

기출시험 끝나고 기본서 다시 보면서 부족한 부분을 채워넣었고 익힘책 제가 계속 틀리는 것만 위주로 보고 1200제는 어려운 문제와 그 외 이제까지 안 풀었던 문제들만(미적분과 급수 다수문제, 공학수학 전체) 위주로 풀이를 진행했습니다.

12월 초 이후부터는 아름쌤 시크릿 모의고사 8회분과 최신기출특강에서 다루지 않았던 다른 대학들의 여러 기출문제들과 직전 특강 모의고사, 실전모의고사 1~3회, TOP 7 모의고사 등 닥치는대로 풀면서 하루에 3~5개씩은 풀어서 본격적으로 양치기에 들어갔습니다.

이때 모의고사 점수들은 쉬웠을 때 빼고 제 맘에 든적은 단 한번도 없었지만 부족한 것들만 다 메꾸자는 생각으로 크게 개의치는 않았습니다. 이렇게 모의고사에 일희일 하지 않아야 끝까지 편입이라는 마라톤을 완주할 수 있습니다.

특히 제가 서성한중 시험 치르기 3~4일 전에 TOP7 모의고사를 치렀는데 진짜 말도 안되 게 많이 틀렸지만 틀린 문제들을 잘 공부했더니 한양대 시험장에 들어갔을 때 진짜 제 최초합을 결정할 정도로 많은 도움이 됐습니다. 끝날 때까지 절대 포기하시면 안됩니다. 아름쌤 믿고 공부하면 그 짧은 시간에도 본인 실력은 분명 기하급수적으로 향상될 것입니다.

영어 : 401 진도는 단어,논리 부분 빼고 나가지 않았으며 D-시리즈 100,70까지만 실전 시험강의를 수강하고 대부분 단어 암기에만 투자했습니다. 401까지 100% 가까이 외웠으며 501은 50%만 외웠습니다. 이때도 단어 암기 시간은 전부 자투리 시간을 이용해서 외웠습니다. 편입 영어 단어가 아무리 어려워도 4개월 이상 매일 외우다 보니 눈에 익은 단어들이 많아지고 외우는 속도도 확실히 빨라졌습니다. 혹여나 상위권 대학 준비하시는 분들은 아무리 바빠도 영어 단어는 절대 놓지 마세요!!

◆ (중요) 모의고사 성적 절대 맘에 두지 않기!

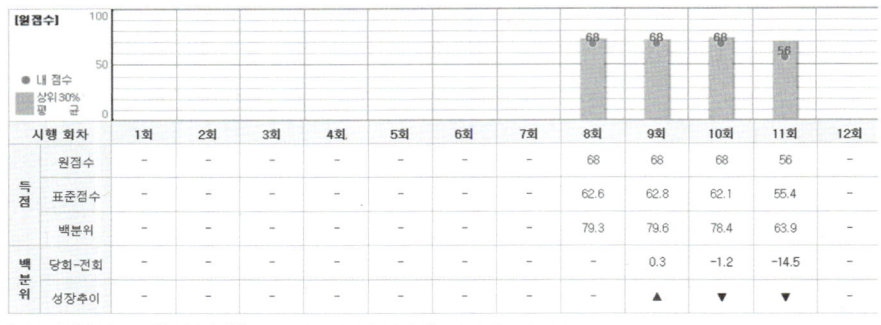

2023학년도 대비 수학 성적관리

	시행 회차	1회	2회	3회	4회	5회	6회	7회	8회	9회	10회	11회	12회
득점	원점수	-	-	-	-	-	-	-	68	68	68	56	-
	표준점수	-	-	-	-	-	-	-	62.6	62.8	62.1	55.4	-
	백분위	-	-	-	-	-	-	-	79.3	79.6	78.4	63.9	-
백분위	당회-전회	-	-	-	-	-	-	-	-	0.3	-1.2	-14.5	-
	성장추이	-	-	-	-	-	-	-	-	▲	▼	▼	-

2023학년도 대비 영어 성적관리

	시행 회차	1회	2회	3회	4회	5회	6회	7회	8회	9회	10회	11회	12회
득점	원점수	-	-	-	-	-	-	-	72.5	70	60	62.5	-
	표준점수	-	-	-	-	-	-	-	65.2	66.8	57	58.6	-
	백분위	-	-	-	-	-	-	-	85	87.2	68	71.9	-
백분위	당회-전회	-	-	-	-	-	-	-	-	2.2	-19.2	3.9	-
	성장추이	-	-	-	-	-	-	-	-	▲	▼	▲	-

제 모의고사 성적 보시면 아시겠지만 제 올해 합격한 대학과는 정말 합격 거리가 멉니다. 또한 시크릿 모의고사나 직전 특강 모의고사를 보면 상위 30% 안에 든 적 한번도 없습니다. 그리고 성균관대, 한양대 기출 문제들도 진짜 잘 풀지도 못했습니다. 하지만 저는 수능 여러 번 경험했고 아름쌤이 강의 때 들려주신 합격한 선배님들의 정보들을 듣고 모의고사 점수와 실제 시험장에서 합격 여부는 독립시행이라는 것을 인지하고 있었습니다.

그래서 중간에 너무 잘 안나와서 잠깐의 슬럼프가 와도 다시 털어내고 빠르게 다음 공부를 집중할 수 있는 원동력이 됐습니다. 수험생활하면서 분명 역경의 순간이 찾아올 텐데 절대 매몰되지 마시고 할 것을 하시면 합격은 따놓은 당상일 것입니다.

05 | 무한 급수

힘든 점도 있지만, 합격 후 해결하면 됩니다

저에게 가장 힘들었던 순간은 다름 아닌 제 전적대 대학의 동기들과의 관계가 소홀했다는 점입니다. 기계공학과 특성상 많은 팀 프로젝트 수업들이 있는데 제가 2학기때 그런 수업들을 잘 안 듣다 보니까 주변 동기들이 절 의심했고 저는 이에 대해 솔직히 털어놨습니다.

그렇게 해서 일부는 저에 대해 응원해줬지만 또 다른 일부 동기들은 그 얘기를 듣고 나서 친했던 관계가 바로 소원해졌습니다. 처음에는 많이 섭섭했지만 제가 선택한 길이고 그들의 감정을 이해하지 못하는 것은 아니니 이런 상황에 적응을 빨리 했습니다. 지금 합격 후 다시 만나고자 노력했고 마무리를 잘 짓고 나왔습니다.

아름쌤 수업 특징과 강점

아름쌤의 수업의 가장 큰 장점은 다음과 같이 세 가지라 생각합니다.

(1) 노베부터 상위권 학생까지 모든 스펙트럼의 학생들이 들을 수 있는 강의력

제가 기본서 강의 하실 때부터 강하게 느꼈는데 수학적 기초가 부족한 학생들을 위한 자세하고 꼼꼼한 개념 설명에다가 이 개념들이 어떻게 문제에 녹아들어 있고 추가로 어떻게 응용되고 심화된 주제로 나오는지 대해서 잘 설명해주시고 또 지금 이 개념들이 다른 단원이나 타 수학 과목들과 어떻게 긴밀하게 연결되는지 설명해주시기 때문에 정말 편입 수학 합격을 위한 최적의 강의라고 생각합니다.

(2) 군더더기 없는 커리큘럼과 다양한 콘텐츠들(복습을 위한 강의와 파일, 수업 필기노트, 합격생 필기노트 등)

제가 아름쌤 강의를 선택하게 된 요인 중 하나로 커리큘럼이 직관적이어서 어떻게 공부 계획을 짜나가야 할지 쉽게 할 수 있었습니다. 인강생으로서는 정보가 많이 부족하기 때문에 너무 잡다하게 강의 목차들이 많으면 쉽게 결정하기 힘든데 아름쌤은 그렇지 않아서 정말 좋았습니다.

그 다음 가장 중요한 강점 중 하나인데 학생들의 시간을 절약해주는 정말 좋고 다양한 콘텐츠들이 많습니다. 예를 들어 편입 공부에서 가장 중요한 복습을 진행하려는데 혼자서 진행하면 시간도 엄청 잡아먹고 정확하지 않을 수 있는데 아름쌤이 학생들의

고충을 잘 아셔서 총정리 강의하고 편입수학 공식집 파일, 백지복습용 파일 등 여러 콘텐츠를 마련해 주셨습니다. 후반기에는 합격생분들 필기노트로 제가 처음부터 정리하지 않고 필요한 거 있으면 추가적으로 정리하는 식으로 진행하여 시간 절약에 엄청난 도움이 됐습니다.

또 수험생의 약점이 뭔지 정확히 아시고 이에 허를 찌르는 손수 제작하신 다양하고 퀄리티 높은 모의고사 콘텐츠들이 있어서 아름쌤만으로 편입수학을 준비하기에 정말 충분하고도 넘쳤습니다.

(3) 위닝 멘탈리티 관리

수험생활을 하다보면 아무래도 어쩔수없이 불안감으로 인해 멘탈이 많이 흔들릴때가 존재하는데 강의 중간중간에 합격할 수 있다라는 말씀을 통해 멘탈관리 많이 해주시고 카톡으로 고민 상담 신청할 때 정말 친절하게 해주시는 거 보고 합격해서 기대에 부응해야겠다는 생각을 들게끔 만드셨습니다. 혼자 독학하는 인강생들 입장으로서 아름쌤만한 편입 선생님은 없다고 생각합니다.

시험 전날까지 해야 할 것을 묵묵히 할 것!

편입 시험은 끝까지 묵묵하게 시험 전날까지 해야 할 것을 한 사람이 무조건 이기는 시험입니다. 중간 과정에서 맘에 들지 않은 성과가 나와도 아름쌤을 끝까지 믿으시고 자신이 해왔던 공부에 대해 절대 의심하지 않길 바랍니다. 혹여 저처럼 수능 여러 번 치고 편입 세계에 들어오신 아름매스 11기 후배님들 있으시다면 과거에 실패했던 경험으로 절대로 자신을 옭아매지 마시기 바랍니다. 분명 아름쌤을 선택한 순간부터 앞으로 찾아올 미래는 합격뿐일 것입니다!

그리고 학교 병행하면서 인강으로 들으시는 후배님들도 현강으로 수업 듣지 않았다고 해서 전혀 두려워하지 마시길 바랍니다. 아름쌤 믿고 잘 따라오면 인강생분들도 다 원하는 대학 무조건 합격하실 수 있습니다

그리고 지원하실 때 너무 합격만을 위해서 원하지 않은 과를 쓰거나 각 대학마다 제각각 과를 다 쓰지 않으시길 권장합니다. 공부해야 하는 시간에 자소서 시간에 너무 할애하게 되면 많이 손해입니다. 무조건 자기가 가고 싶은 학과 소신 지원하시길 바랍니다.

당일 시험 느낌 & 면접 후기

- 서강대(시험 120분: 영어 수학 동시에 봄)-(영어 35분, 수학 82분 투자)

 이번 서강대 시험은 나름 평이했다고 생각합니다. 특히 영어가 올해 40문제에서 30문제로 축소됐는데 그 대신 문제가 더 어려워지는 줄 알았으나 그건 아니였기 때문에 시간 관리를 하는데 더 수월했습니다. 수학도 전체적으로 그렇게까지 어렵지는 않았지만 객관식에 1문제 정도 변별이 있었고 주관식에도 조금 계산하기 까다로운 2문제 정도가 있어 여기서 최초합이 갈렸다고 생각합니다. 특히 주관식이 가장 배점이 높은 7.5점이기 때문에 서강대에 지원하실 11기 후배님들은 주관식을 먼저 해결하시기

바랍니다. 제가 서강대 최종탈 된 이유가 아마 주관식에서 나갔기 때문이라고 생각합니다. (남들도 잘했기 때문에 1문제 차이로 결정된거 같습니다.) 그리고 서강대 수학, 영어 문제지 번호가 각각 다르기 때문에 마킹 잘 하셔야 합니다.

- 한양대(시험 각각 70분: 영어 수학 따로 봄)

제가 모든 기출 문제 풀면서 영수 둘다 한양대 시험지가 유독 어렵게 느껴졌고 점수도 잘 안나왔습니다. 그래서 제 데이터상으로 가장 합격권이 먼 대학이었습니다. 그러나 재작년부터 한양대 영어가 자연/인문 계열 나뉘면서 자연 계열 영어 시험 난이도가 어느 정도 공부했다면 자연계열 학생들도 충분히 도전할 수 있게끔 출제가 되는거 같습니다.

그리고 이번 한양대 수학 체감 난이도는 최상쪽에 가까웠는데 느낌이 19년도 기출 풀었을 때 느낌하고 비슷했습니다. 그러나 시험이 어려우면 어려울수록 아름쌤이 항상 강조하셨던 풀 수 있는 문제만 다 맞추면 합격한다는 얘기가 시험장에서 생각났고 4문제 정도 거의 안 풀고 바로 넘어가 나머지 문제들에 집중했습니다. 실제로 시험장에서 나왔을 때 최초합이 나올 것이라고 직감했고 실제로 그 일이 일어났습니다! 또 쌤이 만드신 모의고사에서 비슷하거나 거의 유사하게 나온 2~3문제들을 봐서 수험 생활 때 가장 기대도 안했던 한양대 최초합이 나왔습니다. 아름매직은 존재합니다

- 성균관대(시험 90분: 영어 수학 동시에 봄)-(영어 37분, 수학 50분)

가장 가고 싶은 대학이었고 준비할 때 가장 심혈을 기울였습니다. 그런데 이번 성균관대 영어가 최근 기출들과 다르게 난이도가 예전처럼 갑자기 급등해서 시험장에서 조금 곤혹을 치렀습니다. 영어 문제 선택지들이 조금씩 고르기 힘들게 설계되어 풀고도 확신이 크게 들진 않았습니다. 반대로 수학은 난이도 평이하게 나왔다 생각하며 짝치환, 급수해법, 행렬식 문제 빼고는 다 풀었던 것 같습니다.

제가 영어를 그렇게 잘 풀지 못해서 최초합은 뜨지 않았지만 수학하고 면접은 잘봤다 생각해서 예비가 극초반에 있을거라고 짐작했습니다. 실제 1차추합으로 추가합격 떴을 때 기분은 이루 말할 수 없었습니다. (면접 질문은 추후에 설명합니다.)

- 중앙대(시험 60분: 수학만)

이번 중앙대 시험 난이도는 제 생각에 극악이었던거 같습니다. 제가 시험장에서 정말 멘탈 잡고 문제를 열심히 풀었지만 제대로 푼게 딱 13문제 정도 밖에 안됐다고 생각합니다. 물론 남들도 다 어려웠겠지만 지나치게 푼 게 몇 개 없어서 1차합만 되도 기적이라고 생각했는데 1차 추합으로 중앙대 합격이 됐습니다. 그래서 중앙대 시험을 통해 편입 세계는 끝까지 모르는 것이고 편입의 꽃은 추합이라고 강하게 느꼈습니다. 혹여나 올해 다른 학교에서 중앙대 시험과 같은 비슷한 사건이 일어난다면 문제를 너무 못 풀었다해서 빨리 기대를 져버리지 않으시길 바라겠습니다. 분명 추합의 기회가 찾아올 겁니다.

- 노○호(성균관대학교 기계공학부)

아름쌤의 편입 Q&A

1. 대학 편입시험은 무엇인가요? 누구나 지원할 수 있나요?

편입은 4년제 대학의 3학년으로 입학하게 되는 시험제도입니다. 편입시험은 일반편입과 학사편입이 있습니다. 일반편입은 대학교 2학년을 수료하거나 그에 합당한 학점을 이수해야 지원가능하고 학사편입은 대학교 4학년을 졸업하고 그에 합당한 학점을 이수해야 지원가능합니다.

2. 편입을 왜 하나요?

다양한 경우가 있겠지만, 리얼하게 두 가지를 말해보자면 첫 번째, 대부분의 편입을 준비하는 학생들은 지방 전문대 또는 국립대를 다니거나 서울의 하위권 대학을 다니는 학생들이 가장 많습니다. 합격 수기를 통해서 편입의 동기를 보면 가장 많은 부분을 차지하는 내용이 학벌에 대한 콤플렉스입니다. 떳떳하게 "OO대학교에 다닌다."라고 말하고 싶은 부분이 가장 큽니다. 그래서 학력에 대한 갈증을 해소하고 싶은 학생들에게 단기간 고효율의 결과를 가져다줄 수 있는 시험입니다.

두 번째, 진로에 대한 고민 끝에 편입을 시작하기도 합니다. 현재 학과에서 적성을 찾을 수 없고, 취업이라는 또 다른 관문 앞에서 자신의 인생을 설계할 때 학과와 학교를 바꿔야겠다는 생각을 하고 시작하기도 합니다.

3. 수능의 반수, 재수 등과 비교했을 때, 편입의 장점과 어려운 점은 무엇인가요?

수능과 편입의 차이점이 곧 편입의 장점이 된다고 생각합니다. 그리고 편입의 어려운 점이라기보다는 주의만 기울인다면 극복할 수 있기 때문에 주의할 점이라고 할게요.

편입 장점 1. 시험과목

수능은 국어, 영어, 수학, 탐구 두 과목 등 시험과목이 많습니다. 편입은 인문계는 only 영어만 시험 보고, 자연계는 수학만 보거나 영어와 수학 두 과목만 준비하면 됩니다. 그래서 편입을 준비하는 학생의 입장에서 자신이 잘하는 과목에 집중도를 올릴 수 있습니다. 또한 늦게 준비하는 학생들의 경우도 전략적 준비를 한다면 충분히 명문대 합격이 가능합니다.

편입 장점 2. 지원대학

수능은 정시 가, 나, 다 군으로 3곳에만 지원 가능합니다. 그러나 편입시험은 대학별 시험 날짜와 시간만 겹치지 않으면 원하는 만큼 지원 가능해서 편입 준비생은 평균적으로 10~15개 대학에 지원합니다. 물론 뽑는 인원이 수능에 비하면 현저히 적지만, 지원자 또한 현저히 적습니다. 그리고 한 학생이 여러 학교를 동시에 합격하는 경우가 많기 때문에 추가합격으로 합격하는 경우도 매우 많습니다. 그래서 결코 합격문이 좁지 않습니다.

편입 장점 3. 3학년으로 입학

수능의 재수, 삼수를 해서 원하는 대학에 가게 되면 1학년으로 시작하고 벌써 현역으로 입학한 학생들과 나이 차이가 난다고 생각합니다. 그러나 편입은 3학년으로 입학하기 때문에 공부를 한 시간에 대한 보상을 받은 것처럼 기존 학번과 크게 차이가 없습니다.

주의사항

1) 수능수학에 비하면 편입수학의 공부량은 방대합니다. 그래서 공부하고 복습하지 않으면 금방 잊혀지게 됩니다. 당연한 이치죠. 이런 시행착오를 줄이기 위해서는 시키는 대로 해야 합니다. 수학 공부의 원칙은 당일 복습과 누적 복습!! 이 과정이 처음에는 익숙하지 않아도 본인의 방법을 찾아서 꾸준히 다독하는 과정이 필요합니다.

2) 상위권 대학에 합격하기 위해서는 영어와 수학 모두 잘해야 합니다. 영어도 수학만큼 양이 많기 때문에 영어와 수학에 대한 적절한 비율과 절대적인 실력을 쌓아야 합니다.

4. 편입수학과 수능수학의 차이는 무엇인가요? 문과도 할 수 있는 정도인가요?

모든 수학시험의 기본은 계산력입니다. 수능수학은 100분 동안 30문제를 풀어야 하고, 사고력을 더 깊이 있게 물어보는 시험이라면 편입수학은 60~70분에 25~20문제를 풀어야 합니다. 깊이 있는 사고력보다는 계산력과 직관력을 물어보는 시험이라고 생각합니다. 결코 쉬운 시험은 아니지만 분명히 노력해서 합격할 수 있는 시험입니다.

합격생 중에는 미용전공, 운동선수 등등 다양한 학생들이 있었습니다. 문과생, 예체능을 했던 학생들도 충분히 해낼 수 있습니다. 본인의 의지가 중요한 것이라고 생각합니다.

5. 편입수학을 시작해서 공부를 할 때 유의해야 할 점은 무엇인가요?

점점 편입시험의 난이도가 올라가고 있습니다. 공식암기는 필수이지만, 단순히 공식만 암기해서 합격할 수 없습니다. 분명한 개념이 필요하고, 방대한 양을 연결할 수 있는 스토리텔링이 필요합니다. 그래서 편입수학은 한아름입니다. 이 모든 것을 해결할 수 있기 때문입니다.

6. 한아름 선생님이 편입수학 1타가 될 수 있었던 이유는 무엇일까요?

첫 번째, 편입을 해본 선배로서 편입준비생(이하 편준생)들의 마음을 잘 알았던 것 같아요. 일단 편준생의 수준이 높지 않다는 것을 알았기 때문에 학생들의 눈높이에 맞춰서 수업을 하려고 노력했고, 질문을 엄청 받았어요. 그러면서 학생들이 궁금해하는 내용들이 무엇인지를 잘 알았고 그 부분에 대한 해소를 중요하게 여겼어요. 가려운 부분을 잘 긁어주면서 학생들과 소통한 것이 가장 큰 요인이라고 생각합니다.

두 번째, 수학을 위한 공부가 아닌 시험을 위한 공부를 시켰어요. 편입시험은 짧은 시간에 많은 문제를 풀어야 하고, 시험 범위도 넓기 때문에 기출에 대한 분석을 더 철저히 하고 거기에 맞게 공부를 시켰어요. 그랬더니 자연스럽게 합격생이 많아지고 지금의 한아름이 있게 된 것 같아요.

세 번째는 교재라고 생각합니다. 더 좋은 콘텐츠로 학생들이 공부하기 편하게 해주고 싶었어요. 기본서만 공부해도 충분히 합격한다는 확신을 갖고, 그만큼 교재연구에 많은 노력을 쏟았습니다. 그래서 적중문제도 무수히 쏟아지게 되었구요.

7. 편입 수학을 시작하려는 학생들에게 당부할 점이 있다면 한마디 해주세요

편입을 고민하다가 골든타임을 놓치는 경우를 많이 봤습니다. 편입뿐만 아니라 어떤 일에 직면했을 때 할까 말까 고민한다면 하세요!! 하기로 결정했다면 빨리~ 뒤돌아보지 말고 직진해야 합니다. 지금이 여러분의 골든타임이라고 생각합니다.

공부를 하면서 막연한 불안감이 엄습해올 때가 있습니다. 그러나 확실한 것은 많은 학생들이 똑같은 고민을 할 것이고 누군가는 그 불안함과 두려움을 이겨내고 합격증을 받는다는 것입니다. 단 한 명을 뽑아도 그 자리는 여러분의 자리가 될 것이라는 확신을 가지고 공부하길 바랍니다. 그 길에 쌤이 등불이 되고 나침반이 되어 드릴게요!

미적분 공식 정리

1. 삼각함수 & 역삼각함수의 여러 공식

$\sin(\alpha \pm \beta) = \sin\alpha\cos\beta \pm \cos\alpha\sin\beta$	$\sin 2\alpha = 2\sin\alpha\cos\alpha$
$\cos(\alpha \pm \beta) = \cos\alpha\cos\beta \mp \sin\alpha\sin\beta$	$\cos 2\alpha = \cos^2\alpha - \sin^2\alpha$
$\tan(\alpha \pm \beta) = \dfrac{\tan\alpha \pm \tan\beta}{1 \mp \tan\alpha\tan\beta}$	$\tan 2\alpha = \dfrac{2\tan\alpha}{1 - \tan^2\alpha}$
$\cos^2\theta + \sin^2\theta = 1$	$\sin^2\alpha = \dfrac{1 - \cos 2\alpha}{2}$
$1 + \tan^2\theta = \sec^2\theta$	$\cos^2\alpha = \dfrac{1 + \cos 2\alpha}{2}$
$1 + \cot^2\theta = \csc^2\theta$	$\tan^2\alpha = \dfrac{1 - \cos 2\alpha}{1 + \cos 2\alpha}$
$\sin^{-1}x + \cos^{-1}x = \dfrac{\pi}{2}$	$\cos^{-1}(x) + \cos^{-1}(-x) = \pi$
$\sec^{-1}x + \csc^{-1}x = \dfrac{\pi}{2}$	$\tan^{-1}x + \cot^{-1}x = \dfrac{\pi}{2}$

2. 쌍곡선함수 & 역쌍곡선함수의 여러 공식

$y = \sinh x = \dfrac{e^x - e^{-x}}{2}$	$\cosh^2 x - \sinh^2 x = 1$
$y = \cosh x = \dfrac{e^x + e^{-x}}{2}$	$1 - \tanh^2 x = \operatorname{sech}^2 x$
$y = \tanh x = \dfrac{\sinh x}{\cosh x} = \dfrac{e^{2x} - 1}{e^{2x} + 1}$	$\coth^2 x - 1 = \operatorname{csch}^2 x$
$y = \sinh^{-1}x = \ln\left(x + \sqrt{x^2 + 1}\right) \ (-\infty < x < \infty)$	$y = \operatorname{csch}^{-1}x$ $= \sinh^{-1}\left(\dfrac{1}{x}\right) = \ln\left(\dfrac{1}{x} + \sqrt{\dfrac{1}{x^2} + 1}\right)(x \neq 0)$
$y = \cosh^{-1}x = \ln\left(x + \sqrt{x^2 - 1}\right) \ (x \geq 1)$	$y = \operatorname{sech}^{-1}x$ $= \cosh^{-1}\left(\dfrac{1}{x}\right) = \ln\left(\dfrac{1}{x} + \sqrt{\dfrac{1}{x^2} - 1}\right)(0 < x \leq 1)$
$y = \tanh^{-1}x = \dfrac{1}{2}\ln\left(\dfrac{1+x}{1-x}\right) \ (|x| < 1)$	$y = \coth^{-1}x$ $= \tanh^{-1}\left(\dfrac{1}{x}\right) = \dfrac{1}{2}\ln\left(\dfrac{x+1}{x-1}\right) \ (|x| > 1)$

3. 도함수의 정의 & 미분공식

1계 도함수의 정의	$f'(x) = \dfrac{dy}{dx} = \lim\limits_{h \to 0} \dfrac{f(x+h) - f(x)}{h}$
2계 도함수의 정의	$f''(x) = \dfrac{d^2 y}{dx^2} = \lim\limits_{h \to 0} \dfrac{f'(x+h) - f'(x)}{h}$

원함수	도함수	원함수	도함수
$y = cf(x)$	$y' = cf'(x)$	$y = f(x)g(x)$	$y' = f'(x)g(x) + f(x)g'(x)$
$y = f(x) \pm g(x)$	$y' = f'(x) \pm g'(x)$	$y = \dfrac{g(x)}{f(x)}$	$y' = \dfrac{g'(x)f(x) - g(x)f'(x)}{\{f(x)\}^2}$
$y = c$	$y' = 0$	$y = \dfrac{1}{x}$	$y' = -\dfrac{1}{x^2}$
$y = x^n$	$y' = nx^{n-1}$	$y = \sqrt{x}$	$y' = \dfrac{1}{2\sqrt{x}}$
$y = a^x$	$y' = a^x \ln a$	$y = \log_a x$	$y' = \dfrac{1}{x \ln a}$
$y = e^x$	$y' = e^x$	$y = \ln x$	$y' = \dfrac{1}{x}$
$y = \sin x$	$y' = \cos x$	$y = \sin^{-1} x$	$y' = \dfrac{1}{\sqrt{1 - x^2}}$
$y = \cos x$	$y' = -\sin x$	$y = \cos^{-1} x$	$y' = \dfrac{-1}{\sqrt{1 - x^2}}$
$y = \tan x$	$y' = \sec^2 x$	$y = \tan^{-1} x$	$y' = \dfrac{1}{1 + x^2}$
$y = \cot x$	$y' = -\csc^2 x$	$y = \cot^{-1} x$	$y' = \dfrac{-1}{1 + x^2}$
$y = \sec x$	$y' = \sec x \tan x$	$y = \sec^{-1} x$	$y' = \dfrac{1}{\mid x \mid \sqrt{x^2 - 1}}$
$y = \csc x$	$y' = -\csc x \cot x$	$y = \csc^{-1} x$	$y' = \dfrac{-1}{\mid x \mid \sqrt{x^2 - 1}}$
$y = \sinh x$	$y' = \cosh x$	$y = \sinh^{-1} x$	$y' = \dfrac{1}{\sqrt{x^2 + 1}}$
$y = \cosh x$	$y' = \sinh x$	$y = \cosh^{-1} x$	$y' = \dfrac{1}{\sqrt{x^2 - 1}}$
$y = \tanh x$	$y' = \text{sech}^2 x$	$y = \tanh^{-1} x$	$y' = \dfrac{1}{1 - x^2}$
$y = \coth x$	$y' = -\text{csch}^2 x$	$y = \coth^{-1} x$	$y' = \dfrac{1}{1 - x^2}$
$y = \text{sech} x$	$y' = -\text{sech} x \tanh x$	$y = \text{sech}^{-1} x$	$y' = \dfrac{-1}{\mid x \mid \sqrt{1 - x^2}}$
$y = \text{csch} x$	$y' = -\text{csch} x \coth x$	$y = \text{csch}^{-1} x$	$y' = \dfrac{-1}{\mid x \mid \sqrt{1 + x^2}}$

4. 여러 가지 함수의 미분법

(1) 합성함수 $y = f(g(x))$의 미분

$$\frac{dy}{dx} = f'(g(x))\,g'(x)$$

(2) f의 역함수를 g라고 할 때,

$$g'(f(x)) = \frac{1}{f'(x)}$$

$$g''(f(x)) = \frac{-f''(x)}{(f'(x))^3}$$

(3) 음함수 $f(x,y) = 0$의 미분

$$\frac{dy}{dx} = -\frac{f_x}{f_y}$$

(4) 매개변수 함수 $\begin{cases} x = f(t) \\ y = g(t) \end{cases}$의 미분

$$\frac{dy}{dx} = \frac{y'(t)}{x'(t)} = \frac{g'(t)}{f'(t)}$$

$$\frac{d^2y}{dx^2} = \frac{x'y'' - x''y'}{(x')^3}$$

(5) $y = f(x)^{g(x)}$ 미분

$$\frac{dy}{dx} = f(x)^{g(x)}\left(g'(x)\ln f(x) + g(x)\frac{f'(x)}{f(x)}\right)$$

5. 미분의 여러 가지 정리

(1) $x = a$에서 $f(x)$는 연속이다 $\Leftrightarrow$ $\displaystyle\lim_{x \to a} f(x) = f(a)$

(2) 중간값 정리(실근의 존재성) : $f(x)$가 폐구간 $[a,b]$에서 연속이고, $f(a)f(b) < 0$라면 $f(c) = 0$을 만족하는 c는 구간 (a,b)에 적어도 하나 존재한다. 즉, $c \in (a,b)$한다.

(3) 롤의 정리 : 함수 f가 구간 $[a,b]$에서 연속이고, 구간 (a,b)에서 미분가능하고, $f(a) = f(b)$을 만족하면 $f'(c) = 0$인 c가 구간 (a,b)에 적어도 하나 존재한다.

(4) 평균값 정리 : 함수 f가 구간 $[a,b]$에서 연속이고, 구간 (a,b)에서 미분가능할 때, $\dfrac{f(b) - f(a)}{b - a} = f'(c)$를 만족하는 c가 구간 (a,b)에 적어도 하나 존재한다.

6. 극한

(1) $\displaystyle\lim_{x \to 0} x \ln x = 0$

(2) $\displaystyle\lim_{x \to 0} x^2 \ln x = 0$

(3) $\displaystyle\lim_{x \to \infty}\left(1 + \frac{a}{x}\right)^x = e^a$

(4) $\displaystyle\lim_{x \to \infty}\left(1 + \frac{a}{x+b}\right)^x = e^a$

미적분 공식 정리

7. 적분공식

적분형태	적분결과(적분상수 C 생략)	적분형태	적분결과(적분상수 C 생략)
$\int a\,dx$	$ax + C$	$\int \sinh x\,dx$	$\cosh x$
$\int a\,f(x)\,dx$	$a\int f(x)\,dx + C$	$\int \cosh x\,dx$	$\sinh x$
$\int f(x) \pm g(x)\,dx$	$\int f(x)\,dx \pm \int g(x)\,dx$	$\int \operatorname{sech}^2 x\,dx$	$\tanh x$
$\int \sin x\,dx$	$-\cos x$	$\int \operatorname{csch}^2 x\,dx$	$-\coth x$
$\int \cos x\,dx$	$\sin x$	$\int \tanh x\,dx$	$\ln|\cosh x|$
$\int \tan x\,dx$	$-\ln|\cos x| = \ln|\sec x|$	$\int \coth x\,dx$	$\ln|\sinh x|$
$\int \csc x\,dx$	$\ln|\csc x - \cot x|$	$\int \tanh^2 x\,dx$	$x - \tanh x$
$\int \sec x\,dx$	$\ln|\sec x + \tan x|$	$\int \coth^2 x\,dx$	$x - \coth x$
$\int \cot x\,dx$	$\ln|\sin x|$	$\int \operatorname{sech} x \tanh x\,dx$	$-\operatorname{sech} x$
$\int \sec x \tan x\,dx$	$\sec x$	$\int \operatorname{csch} x \coth x\,dx$	$-\operatorname{csch} x$
$\int \csc x \cot x\,dx$	$-\csc x$	$\int \sin ax\,dx$	$\dfrac{-1}{a}\cos ax$
$\int \sec^2 x\,dx$	$\tan x$	$\int \cos ax\,dx$	$\dfrac{1}{a}\sin ax$
$\int \csc^2 x\,dx$	$-\cot x$	$\int \cos x \sin^n x\,dx$	$\dfrac{1}{n+1}\sin^{n+1} x$
$\int \tan^2 x\,dx$	$\tan x - x$	$\int \sin x \cos^n x\,dx$	$\dfrac{-1}{n+1}\cos^{n+1} x$
$\int \cot^2 x\,dx$	$-\cot x - x$	$\int \sec^3 x\,dx$	$\dfrac{1}{2}\{\sec x \tan x + \ln|\sec x + \tan x|\}$
$\int \sin^2 x\,dx$	$\dfrac{1}{2}\left\{x - \dfrac{1}{2}\sin 2x\right\}$	$\int \tan^3 x\,dx$	$\dfrac{1}{2}\tan^2 x + \ln|\cos x|$
$\int \cos^2 x\,dx$	$\dfrac{1}{2}\left\{x + \dfrac{1}{2}\sin 2x\right\}$	$\int \tan^4 x\,dx$	$\dfrac{\tan^3 x}{3} - \tan x + x$

8. 치환적분 & 부분적분 공식

$\int x^n \, dx$	$\dfrac{1}{n+1}x^{n+1}$
$\int \bigstar' \, \bigstar^n \, dx$	$\dfrac{1}{n+1}\bigstar^{n+1}$
$\int \dfrac{1}{x} \, dx$	$\ln|x|$
$\int \dfrac{\bigstar'}{\bigstar} \, dx$	$\ln|\bigstar|$
$\int \dfrac{1}{x^2} \, dx$	$-\dfrac{1}{x}$
$\int \dfrac{\bigstar'}{\bigstar^2} \, dx$	$-\dfrac{1}{\bigstar}$
$\int a^x \, dx$	$\dfrac{1}{\ln a}a^x$
$\int a^{\bigstar} \, \bigstar' \, dx$	$\dfrac{1}{\ln a}a^{\bigstar}$
$\int e^x \, dx$	e^x
$\int e^{\bigstar} \, \bigstar' \, dx$	$e^{\bigstar}$
$\int \ln x \, dx$	$x\ln|x| - x$
$\int x\ln x \, dx$	$\dfrac{1}{2}x^2\ln|x| - \dfrac{1}{4}x^2$
$\int x^2\ln x \, dx$	$\dfrac{1}{3}x^3\ln|x| - \dfrac{1}{9}x^3$
$\int e^{ax}\sin bx \, dx$	$\dfrac{e^{ax}(a\sin bx - b\cos bx)}{a^2+b^2}$
$\int e^{ax}\cos bx \, dx$	$\dfrac{e^{ax}(a\cos bx + b\sin bx)}{a^2+b^2}$
$\int e^x\sin x \, dx$	$\dfrac{e^x(\sin x - \cos x)}{2}$
$\int e^x\cos x \, dx$	$\dfrac{e^x(\sin x + \cos x)}{2}$

9. 삼각치환 할 경우 x를 무엇으로 치환

$\sqrt{a^2-x^2}$	$x=a\sin\theta$	$\sqrt{a^2-x^2}=a\cos\theta$	$dx=a\cos\theta \, d\theta$
$\sqrt{a^2+x^2}$	$x=a\tan\theta$	$\sqrt{a^2+x^2}=a\sec\theta$	$dx=a\sec^2\theta \, d\theta$
$\sqrt{x^2-a^2}$	$x=a\sec\theta$	$\sqrt{x^2-a^2}=a\tan\theta$	$dx=a\sec\theta\tan\theta \, d\theta$

$\int \dfrac{1}{1+x^2} \, dx$	$\tan^{-1}x$
$\int \dfrac{1}{a^2+x^2} \, dx$	$\dfrac{1}{a}\tan^{-1}\dfrac{x}{a}$
$\int \dfrac{1}{\sqrt{1-x^2}} \, dx$	$\sin^{-1}x + C_1 = -\cos^{-1}x + C_2$
$\int \dfrac{1}{\sqrt{a^2-x^2}} \, dx$	$\sin^{-1}\dfrac{x}{a} + C_1 = -\cos^{-1}\left(\dfrac{x}{a}\right) + C_2$
$\int \dfrac{1}{\sqrt{x^2+1}} \, dx$	$\sinh^{-1}x = \ln\left(x+\sqrt{x^2+1}\right)$
$\int \dfrac{1}{\sqrt{x^2+a^2}} \, dx$	$\sinh^{-1}\left(\dfrac{x}{a}\right) = \ln\left(\dfrac{x+\sqrt{x^2+a^2}}{a}\right)$
$\int \dfrac{1}{\sqrt{x^2-1}} \, dx$	$\cosh^{-1}x = \ln\left(x+\sqrt{x^2-1}\right)$
$\int \dfrac{1}{\sqrt{x^2-a^2}} \, dx$	$\cosh^{-1}\left(\dfrac{x}{a}\right) = \ln\left(\dfrac{x+\sqrt{x^2-a^2}}{a}\right)$

10. 삼각함수 적분에서 $\tan\dfrac{x}{2}=t$ 로 치환

$\sin x$	$\dfrac{2t}{1+t^2}$
$\cos x$	$\dfrac{1-t^2}{1+t^2}$
dx	$\dfrac{2}{1+t^2} \, dt$

삼각함수 적분에서 $\tan x = t$ 일 때

$\sin 2x$	$\dfrac{2t}{1+t^2}$
$\cos 2x$	$\dfrac{1-t^2}{1+t^2}$
dx	$\dfrac{1}{1+t^2} \, dt$

11. 왈리스 (wallis) 공식

$$\int_0^{\frac{\pi}{2}} \sin^n x \, dx = \int_0^{\frac{\pi}{2}} \cos^n x \, dx = \begin{cases} n : \text{짝수일 때} \Rightarrow \dfrac{n-1}{n}\dfrac{n-3}{n-2}\cdots\dfrac{1}{2}\dfrac{\pi}{2} \\ n : \text{홀수일 때} \Rightarrow \dfrac{n-1}{n}\dfrac{n-3}{n-2}\cdots\dfrac{2}{3}\cdot 1 \end{cases}$$

미적분 공식 정리

테일러 급수의 정의 _ 함수 $f(x)$가 $x=a$에서 미분 가능할 때,

$$f(x) = f(a) + f'(a)(x-a) + \frac{f''(a)}{2!}(x-a)^2 + \frac{f'''(a)}{3!}(x-a)^3 + \cdots + \frac{f^{(n)}(a)}{n!}(x-a)^n + \cdots$$

$$= \sum_{n=0}^{\infty} \frac{f^{(n)}(a)}{n!}(x-a)^n = \sum_{n=0}^{\infty} C_n (x-a)^n$$

매클로린 급수의 정의 _ 함수 $f(x)$가 $x=0$에서 미분 가능할 때,

$$f(x) = f(0) + f'(0)x + \frac{f''(0)}{2!}x^2 + \frac{f'''(0)}{3!}x^3 + \cdots + \frac{f^{(n)}(0)}{n!}x^n + \cdots = \sum_{n=0}^{\infty} \frac{f^{(n)}(0)}{n!}x^n = \sum_{n=0}^{\infty} C_n x^n$$

(1) $\dfrac{1}{1-x} = 1 + x + x^2 + x^3 + x^4 + \cdots = \displaystyle\sum_{n=0}^{\infty} x^n$ $(|x|<1)$

(2) $\dfrac{1}{1+x} = 1 - x + x^2 - x^3 + x^4 - \cdots = \displaystyle\sum_{n=0}^{\infty} (-1)^n x^n$ $(|x|<1)$

(3) $\dfrac{1}{(1-x)^2} = 1 + 2x + 3x^2 + 4x^3 + \cdots = \displaystyle\sum_{n=1}^{\infty} nx^{n-1}$ $(|x|<1)$

(4) $\dfrac{2}{(1-x)^3} = 2 + 3\cdot 2x + 4\cdot 3x^2 + \cdots = \displaystyle\sum_{n=2}^{\infty} n(n-1)x^{n-2}$ $(|x|<1)$

(5) $\dfrac{x}{(1-x)^2} = x + 2x^2 + 3x^3 + 4x^4 + \cdots = \displaystyle\sum_{n=1}^{\infty} nx^n$ $(|x|<1)$

(6) $\dfrac{1+x}{(1-x)^3} = 1 + 2^2 x + 3^2 x^2 + 4^2 x^3 + \cdots = \displaystyle\sum_{n=1}^{\infty} n^2 x^{n-1}$ $(|x|<1)$

(7) $\dfrac{x+x^2}{(1-x)^3} = x + 2^2 x^2 + 3^2 x^3 + 4^2 x^4 + \cdots = \displaystyle\sum_{n=1}^{\infty} n^2 x^n$ $(|x|<1)$

(8) $\ln(1+x) = x - \dfrac{1}{2}x^2 + \dfrac{1}{3}x^3 - \cdots = \displaystyle\sum_{n=1}^{\infty} (-1)^{n-1}\dfrac{x^n}{n}$ $(|x|<1)$

(9) $-\ln(1-x) = x + \dfrac{1}{2}x^2 + \dfrac{1}{3}x^3 + \dfrac{1}{4}x^4 + \cdots = \displaystyle\sum_{n=1}^{\infty} \dfrac{x^n}{n}$ $(|x|<1)$

(10) $\tan^{-1} x = x - \dfrac{1}{3}x^3 + \dfrac{1}{5}x^5 - \cdots = \displaystyle\sum_{n=0}^{\infty} \dfrac{(-1)^n x^{2n+1}}{2n+1}$ $(|x|\leq 1)$

(11) $\tanh^{-1} x = x + \dfrac{1}{3}x^3 + \dfrac{1}{5}x^5 + \cdots = \displaystyle\sum_{n=0}^{\infty} \dfrac{x^{2n+1}}{2n+1}$ $(|x|<1)$

(12) $\quad \sin x = x - \dfrac{1}{3!}x^3 + \dfrac{1}{5!}x^5 - \dfrac{1}{7!}x^7 + \cdots = \displaystyle\sum_{n=0}^{\infty} \dfrac{(-1)^n x^{2n+1}}{(2n+1)!}$ $\qquad (\,|x| < \infty\,)$

(13) $\quad \cos x = 1 - \dfrac{1}{2!}x^2 + \dfrac{1}{4!}x^4 - \dfrac{1}{6!}x^6 + \cdots = \displaystyle\sum_{n=0}^{\infty} \dfrac{(-1)^n x^{2n}}{(2n)!}$ $\qquad (\,|x| < \infty\,)$

(14) $\quad \tan x = x + \dfrac{1}{3}x^3 + \dfrac{2}{15}x^5 + \cdots$ $\qquad \left(\,|x| < \dfrac{\pi}{2}\,\right)$

(15) $\quad e^x = 1 + x + \dfrac{1}{2!}x^2 + \dfrac{1}{3!}x^3 + \cdots = \displaystyle\sum_{n=0}^{\infty} \dfrac{x^n}{n!}$ $\qquad (\,|x| < \infty\,)$

(16) $\quad \sinh x = x + \dfrac{1}{3!}x^3 + \dfrac{1}{5!}x^5 + \dfrac{1}{7!}x^7 + \cdots = \displaystyle\sum_{n=0}^{\infty} \dfrac{x^{2n+1}}{(2n+1)!}$ $\qquad (\,|x| < \infty\,)$

(17) $\quad \cosh x = 1 + \dfrac{1}{2!}x^2 + \dfrac{1}{4!}x^4 + \cdots = \displaystyle\sum_{n=0}^{\infty} \dfrac{x^{2n}}{(2n)!}$ $\qquad (\,|x| < \infty\,)$

(18) $\quad (1+x)^p = 1 + px + \dfrac{p(p-1)}{2!}x^2 + \dfrac{p(p-1)(p-2)}{3!}x^3 + \cdots$ $\qquad (\,|x| < 1\,)$

(19) $\quad \sin^{-1} x = \displaystyle\int \dfrac{1}{\sqrt{1-x^2}}\,dx = x + \dfrac{1}{2}\cdot\dfrac{1}{3}x^3 + \dfrac{1\cdot 3}{2\cdot 4}\cdot\dfrac{1}{5}x^5 + \cdots$ $\qquad (\,|x| \le 1\,)$

(20) $\quad \sinh^{-1} x = \displaystyle\int \dfrac{1}{\sqrt{x^2+1}}\,dx = x - \dfrac{1}{2}\cdot\dfrac{1}{3}x^3 + \dfrac{1\cdot 3}{2\cdot 4}\cdot\dfrac{1}{5}x^5 - \cdots$ $\qquad (\,|x| \le 1\,)$

미적분 공식 정리

13. 이상적분

$\displaystyle\int_0^\infty e^{-x^2}dx$	$\dfrac{\sqrt{\pi}}{2}$
$\displaystyle\int_{-\infty}^\infty e^{-x^2}dx$	$\sqrt{\pi}$
$\displaystyle\int_0^\infty e^{-kx^2}dx$	$\dfrac{1}{\sqrt{k}}\cdot\dfrac{\sqrt{\pi}}{2}$
$\displaystyle\int_0^\infty \sqrt{x}\,e^{-x}dx$	$\dfrac{\sqrt{\pi}}{2}$
$\displaystyle\int_0^\infty \dfrac{e^{-x}}{\sqrt{x}}dx$	$\sqrt{\pi}$
$\displaystyle\int_0^\infty x^2 e^{-x^2}dx$	$\dfrac{\sqrt{\pi}}{4}$

14. 이상적분의 수렴조건 ($a < c < b$)

$\displaystyle\int_1^\infty \dfrac{1}{x^p}dx$	$p>1$
$\displaystyle\int_e^\infty \dfrac{1}{x(\ln x)^p}dx$	$p>1$
$\displaystyle\int_e^\infty \dfrac{\ln x}{x^p}dx$	$p>1$
$\displaystyle\int_0^1 \dfrac{1}{x^p}dx$	$p<1$
$\displaystyle\int_a^b \dfrac{1}{(x-c)^p}dx$	$p<1$
$\displaystyle\int_0^1 \dfrac{\ln x}{x^p}dx$	$p<1$

15. 감마함수의 정의 & 성질

$\Gamma(n+1)=\displaystyle\int_0^\infty x^n e^{-x}dx \ \ (n\geq 0)$
$\Gamma(n+1)=n\Gamma(n)$
$\Gamma(n+1)=n! \ \ $ (단, n이 자연수)
$\Gamma\left(\dfrac{3}{2}\right)=\dfrac{1}{2}\Gamma\left(\dfrac{1}{2}\right)=\dfrac{\sqrt{\pi}}{2}$
$\displaystyle\int_0^1 (-\ln t)^n\,dt = n!$

16. 적분의 성질

$f(x)$가 기함수일 때,	$\displaystyle\int_{-a}^a f(x)\,dx=0$
$f(x)$가 우함수일 때,	$\displaystyle\int_{-a}^a f(x)\,dx=2\int_0^a f(x)\,dx$

17. 적분의 평균값 정리

폐구간 $[a,b]$에서 연속인 $f(x)$에 대하여

$\displaystyle\int_a^b f(x)\,dx = (b-a)f(c)$인 $c\in(a,b)$가 적어도 하나 존재한다.

$\Rightarrow \dfrac{1}{b-a}\displaystyle\int_a^b f(x)dx = f(c)$

$\Rightarrow$ 여기서 $f(c)$를 $f(x)$의 평균값이라 한다.

18. 직교좌표와 극좌표의 관계식

$\begin{cases} x=r\cos\theta \\ y=r\sin\theta \end{cases} \Rightarrow \begin{cases} r=\sqrt{x^2+y^2} \\ \tan\theta=\dfrac{y}{x} \end{cases}$

$(r,\theta) = ((-1)^n r,\ n\pi+\theta)$

$r=f(\theta)$의 $\dfrac{dy}{dx}=\dfrac{f'(\theta)\sin\theta + f(\theta)\cos\theta}{f'(\theta)\cos\theta - f(\theta)\sin\theta}$

$r=f(\theta)$의 동경벡터 θ와 접선의 사잇각 ϕ일 때,

$\tan(\phi)=\dfrac{r}{r'}=\dfrac{f(\theta)}{f'(\theta)}$

19. 스칼라 함수의 적분응용 공식

곡선의 길이	$y = f(x)$ $(a \leq x \leq b)$	$L = \int_a^b \sqrt{1+(y')^2}\,dx = \int_a^b \sqrt{1+\{f'(x)\}^2}\,dx$
	$x = g(y)$ $(c \leq y \leq d)$	$L = \int_c^d \sqrt{1+(x')^2}\,dy = \int_c^d \sqrt{1+\{g'(y)\}^2}\,dy$
$a \leq x \leq b$에서 x축과 곡선 $f(x)$의 둘러싸인 영역	**면적**	$A = \int_a^b |y|\,dx = \int_a^b |f(x)|\,dx$
	회전체의 부피	x축 (직선 $y=0$) 회전체의 부피 $V_x = \pi \int_a^b y^2\,dx = \pi \int_a^b \{f(x)\}^2\,dx$
		직선 $y=k$ (x축과 평행) 회전체의 부피 $V_x = \pi \int_a^b |y-k|^2\,dx = \pi \int_a^b \{f(x)-k\}^2\,dx$
		y축 (직선 $x=0$) 회전체의 부피 $V_y = 2\pi \int_a^b |x||y|\,dx = 2\pi \int_a^b |x||f(x)|\,dx$
		직선 $x=m$ (y축과 평행) 회전체의 부피 $V_y = 2\pi \int_a^b |x-m||y|\,dx = 2\pi \int_a^b |x-m||f(x)|\,dx$
$a \leq x \leq b$에서 곡선 $y_1 = f(x)$와 $y_2 = g(x)$가 둘러싸인 영역 $(f(x) > g(x))$	**면적**	$A = \int_a^b |f(x)-g(x)|\,dx$
	회전체의 부피	x축(직선 $y=0$) 회전체의 부피 $V_x = \pi \int_a^b (y_1)^2 - (y_2)^2\,dx = \pi \int_a^b \{f(x)\}^2 - \{g(x)\}^2\,dx$
		직선 $y=k$ (x축과 평행) 회전체의 부피 $V_x = \pi \int_a^b |y_1-k|^2 - |y_2-k|^2\,dx = \pi \int_a^b \{f(x)-k\}^2 - \{g(x)-k\}^2\,dx$
		y축 (직선 $x=0$) 회전체의 부피 $V_y = 2\pi \int_a^b |x||y_1-y_2|\,dx = 2\pi \int_a^b |x||f(x)-g(x)|\,dx$
		직선 $x=m$ (y축과 평행) 회전체의 부피 $V_y = 2\pi \int_a^b |x-m||y_1-y_2|\,dx = 2\pi \int_a^b |x-m||f(x)-g(x)|\,dx$
회전체의 표면적		$S_x = 2\pi \int y \cdot$ 호의 길이
		$S_y = 2\pi \int x \cdot$ 호의 길이

곡선의 길이		$L = \displaystyle\int_{t_1}^{t_2} \sqrt{(x')^2 + (y')^2}\, dt\, (t_1 \leq t \leq t_2)$
$a \leq x = f(t) \leq b$ $(t_1 \leq t \leq t_2)$일 때, x축과 곡선의 둘러싸인 영역	면적	$A = \displaystyle\int_a^b |y|\, dx = \int_{t_1}^{t_2} |g(t)|\, f'(t)\, dt$
	회전체의 부피	x축 (직선 $y=0$) 회전체의 부피 $V_x = \pi \displaystyle\int_a^b y^2\, dx = \pi \int_{t_1}^{t_2} \{g(t)\}^2\, f'(t)\, dt$
		직선 $y=k$ (x축과 평행) 회전체의 부피 $V_x = \pi \displaystyle\int_a^b |y-k|^2\, dx = \pi \int_{t_1}^{t_2} \{g(t)-k\}^2\, f'(t)\, dt$
		y축 (직선 $x=0$) 회전체의 부피 $V_y = 2\pi \displaystyle\int_a^b |x||y|\, dx = 2\pi \int_{t_1}^{t_2} |f(t)||g(t)|\, f'(t)\, dt$
		직선 $x=m$ (y축과 평행) 회전체의 부피 $V_y = 2\pi \displaystyle\int_a^b |x-m||y|\, dx = 2\pi \int_{t_1}^{t_2} |f(t)-m||g(t)|\, f'(t)\, dt$
	회전체의 표면적	$S_x = 2\pi \displaystyle\int y \cdot$ 호의 길이 $= 2\pi \int_{t_1}^{t_2} g(t)\sqrt{(x')^2 + (y')^2}\, dt$
		$S_y = 2\pi \displaystyle\int x \cdot$ 호의 길이 $= 2\pi \int_{t_1}^{t_2} f(t)\sqrt{(x')^2 + (y')^2}\, dt$

21. 극좌표계 $r = f(\theta)$ $(\alpha \leq \theta \leq \beta)$ 적분응용

면적	$\dfrac{1}{2} \displaystyle\int_\alpha^\beta r^2\, d\theta$	곡선의 길이	$\displaystyle\int_\alpha^\beta \sqrt{r^2 + (r')^2}\, d\theta$

22. 파푸스 정리

주어진 함수가 단순 폐곡선(원, 타원 등)일 때, (d : 폐곡선의 중심과 회전축과의 거리)
(1) 회전체의 부피 = 폐곡선의 단면적 $\times 2\pi d$ (2) 회전체의 표면적 = 폐곡선의 둘레의 길이 $\times 2\pi d$

23. 매개함수 & 극곡선의 적분응용

	면적	곡선의 길이	회전체의 부피	회전체의 표면적
파선형(Cycloid) $\begin{cases} x = a\,(t-\sin t) \\ y = a\,(1-\cos t) \end{cases}$	$3\pi a^2$	$8a$	$5\pi^2 a^3$	$\dfrac{64}{3}\pi a^2$
성망형(Asteroid) $\begin{cases} x = a\cos^3 t \\ y = a\sin^3 t \end{cases}$	$\dfrac{3\pi a^2}{8}$	$6a$	$\dfrac{32}{105}\pi a^3$	$\dfrac{12}{5}\pi a^2$
심장형 $r = a(1 \pm \cos\theta)$ $r = a(1 \pm \sin\theta)$	$\dfrac{3\pi a^2}{2}$	$8a$		
연주형(2엽 장미) $r^2 = a^2\cos 2\theta$ $r^2 = a^2\sin 2\theta$	a^2			
4엽 장미 $r = a\cos 2\theta$ $r = a\sin 2\theta$	$\dfrac{\pi}{2}a^2$			
3엽 장미 $r = a\cos 3\theta$ $r = a\sin 3\theta$	$\dfrac{\pi}{4}a^2$			

미적분 공식 정리

1. 삼각함수 & 역삼각함수의 여러 공식

$\sin(\alpha \pm \beta) =$	$\sin 2\alpha =$
$\cos(\alpha \pm \beta) =$	$\cos 2\alpha =$
$\tan(\alpha \pm \beta) =$	$\tan 2\alpha =$
$\cos^2\theta + = 1$	$\sin^2\alpha =$
$1 + = \sec^2\theta$	$\cos^2\alpha =$
$1 + = \csc^2\theta$	$\tan^2\alpha =$
$\sin^{-1}x + \cos^{-1}x = $	$\cos^{-1}(x) + = \pi$
$\sec^{-1}x + \csc^{-1}x = $	$\tan^{-1}x + = \dfrac{\pi}{2}$

2. 쌍곡선함수 & 역쌍곡선함수의 여러 공식

$y = \sinh x =$	$\cosh^2 x - = 1$
$y = \cosh x =$	$1 - \tanh^2 x = $
$y = \tanh x =$	$\coth^2 x - 1 = $
$y = \sinh^{-1}x =$	$y = \operatorname{csch}^{-1}x$
$y = \cosh^{-1}x =$	$y = \operatorname{sech}^{-1}x$
$y = \tanh^{-1}x =$	$y = \coth^{-1}x$

3. 도함수의 정의 & 미분공식

1계 도함수의 정의	$f'(x) =$
2계 도함수의 정의	$f''(x) =$

미적분 공식 정리

원함수	도함수
$y = cf(x)$	
$y = f(x) \pm g(x)$	
$y = c$	
$y = x^n$	
$y = a^x$	
$y = e^x$	
$y = \sin x$	
$y = \cos x$	
$y = \tan x$	
$y = \cot x$	
$y = \sec x$	
$y = \csc x$	
$y = \sinh x$	
$y = \cosh x$	
$y = \tanh x$	
$y = \coth x$	
$y = \operatorname{sech} x$	
$y = \operatorname{csch} x$	

원함수	도함수
$y = f(x)g(x)$	
$y = \dfrac{g(x)}{f(x)}$	
$y = \dfrac{1}{x}$	
$y = \sqrt{x}$	
$y = \log_a x$	
$y = \ln x$	
$y = \sin^{-1} x$	
$y = \cos^{-1} x$	
$y = \tan^{-1} x$	
$y = \cot^{-1} x$	
$y = \sec^{-1} x$	
$y = \csc^{-1} x$	
$y = \sinh^{-1} x$	
$y = \cosh^{-1} x$	
$y = \tanh^{-1} x$	
$y = \coth^{-1} x$	
$y = \operatorname{sech}^{-1} x$	
$y = \operatorname{csch}^{-1} x$	

4. 여러 가지 함수의 미분법

(1) 합성함수 $y=f(g(x))$의 미분
$$\frac{dy}{dx}=$$

(2) f의 역함수를 g라고 할 때,
$$g'(f(x))=$$
$$g''(f(x))=$$

(3) 음함수 $f(x,y)=0$의 미분
$$\frac{dy}{dx}=$$

(4) 매개변수 함수 $\begin{cases} x=f(t) \\ y=g(t) \end{cases}$ 의 미분
$$\frac{dy}{dx}=$$
$$\frac{d^2y}{dx^2}=$$

(5) $y=f(x)^{g(x)}$ 미분
$$\frac{dy}{dx}=$$

5. 미분의 여러 가지 정리

(1) $x=a$에서 $f(x)$는 연속이다 ⇔

(2) 중간값 정리(실근의 존재성) : $f(x)$가 폐구간 $[a,b]$에서 연속이고,   면 $f(c)=0$을 만족하는 c는 구간(a,b)에 적어도 하나 존재한다. 즉, $c \in (a,b)$한다.

(3) 롤의 정리 : 함수 f가 구간 $[a,b]$에서 연속이고, 구간 (a,b)에서 미분가능하고, $f(a)=f(b)$을 만족하면   인 c가 구간 (a,b)에 적어도 하나 존재한다.

(4) 평균값 정리 : 함수 f가 구간 $[a,b]$에서 연속이고, 구간 (a,b)에서 미분가능할 때,   을 만족하는 c가 구간 (a,b)에 적어도 하나 존재한다.

6. 극한

(1) $\displaystyle\lim_{x \to 0} x \ln x =$

(2) $\displaystyle\lim_{x \to 0} x^2 \ln x =$

(3) $\displaystyle\lim_{x \to \infty} \left(1+\frac{a}{x}\right)^x =$

(4) $\displaystyle\lim_{x \to \infty} \left(1+\frac{a}{x+b}\right)^x =$

7. 적분공식

적분형태	적분결과(적분상수 C생략)	적분형태	적분결과(적분상수 C생략)
$\int a\,dx$		$\int \sinh x\,dx$	
$\int a\,f(x)\,dx$		$\int \cosh x\,dx$	
$\int f(x) \pm g(x)\,dx$		$\int \operatorname{sech}^2 x\,dx$	
$\int \sin x\,dx$		$\int \operatorname{csch}^2 x\,dx$	
$\int \cos x\,dx$		$\int \tanh x\,dx$	
$\int \tan x\,dx$		$\int \coth x\,dx$	
$\int \csc x\,dx$		$\int \tanh^2 x\,dx$	
$\int \sec x\,dx$		$\int \coth^2 x\,dx$	
$\int \cot x\,dx$		$\int \operatorname{sech} x\,\tanh x\,dx$	
$\int \sec x\,\tan x\,dx$		$\int \operatorname{csch} x\,\coth x\,dx$	
$\int \csc x\,\cot x\,dx$		$\int \sin ax\,dx$	
$\int \sec^2 x\,dx$		$\int \cos ax\,dx$	
$\int \csc^2 x\,dx$		$\int \cos x\,\sin^n x\,dx$	
$\int \tan^2 x\,dx$		$\int \sin x\,\cos^n x\,dx$	
$\int \cot^2 x\,dx$		$\int \sec^3 x\,dx$	
$\int \sin^2 x\,dx$		$\int \tan^3 x\,dx$	
$\int \cos^2 x\,dx$		$\int \tan^4 x\,dx$	

미적분 공식 정리

8. 치환적분 & 부분적분 공식		9. 삼각치환할 경우 x를 무엇으로 치환	
$\displaystyle\int x^n \, dx$		$\sqrt{a^2-x^2}$:	
$\displaystyle\int \bigstar' \, \bigstar^n \, dx$		$\sqrt{a^2+x^2}$:	
$\displaystyle\int \dfrac{1}{x} \, dx$		$\sqrt{x^2-a^2}$:	
$\displaystyle\int \dfrac{\bigstar'}{\bigstar} \, dx$		$\displaystyle\int \dfrac{1}{1+x^2} \, dx$	
$\displaystyle\int \dfrac{1}{x^2} \, dx$		$\displaystyle\int \dfrac{1}{a^2+x^2} \, dx$	
$\displaystyle\int \dfrac{\bigstar'}{\bigstar^2} \, dx$		$\displaystyle\int \dfrac{1}{\sqrt{1-x^2}} \, dx$	
$\displaystyle\int a^x \, dx$		$\displaystyle\int \dfrac{1}{\sqrt{a^2-x^2}} \, dx$	
$\displaystyle\int a^{\bigstar} \, \bigstar' \, dx$		$\displaystyle\int \dfrac{1}{\sqrt{x^2+1}} \, dx$	
$\displaystyle\int e^x \, dx$		$\displaystyle\int \dfrac{1}{\sqrt{x^2+a^2}} \, dx$	
$\displaystyle\int e^{\bigstar} \, \bigstar' \, dx$		$\displaystyle\int \dfrac{1}{\sqrt{x^2-1}} \, dx$	
$\displaystyle\int \ln x \, dx$		$\displaystyle\int \dfrac{1}{\sqrt{x^2-a^2}} \, dx$	
$\displaystyle\int x \ln x \, dx$		**10. 삼각함수 적분에서** $\tan\dfrac{x}{2}=t$ **로 치환**	$\sin x \Rightarrow$
$\displaystyle\int x^2 \ln x \, dx$			$\cos x \Rightarrow$
$\displaystyle\int e^{ax} \sin bx \, dx$			$dx \Rightarrow$
$\displaystyle\int e^{ax} \cos bx \, dx$		**삼각함수 적분에서** $\tan x = t$ **일 때**	$\sin 2x \Rightarrow$
$\displaystyle\int e^x \sin x \, dx$			$\cos 2x \Rightarrow$
$\displaystyle\int e^x \cos x \, dx$			$dx \Rightarrow$
11. 왈리스 (wallis) 공식	$\displaystyle\int_0^{\frac{\pi}{2}} \sin^n x \, dx = \int_0^{\frac{\pi}{2}} \cos^n x \, dx = \begin{cases} n : \text{짝수일 때} \Rightarrow \\ n : \text{홀수일 때} \Rightarrow \end{cases}$		

12. 테일러 급수 & 매클로린 급수 정의 & 공식

테일러 급수의 정의 _ 함수 $f(x)$가 $x=a$에서 미분 가능할 때,

$f(x)=$

매클로린 급수의 정의 _ 함수 $f(x)$가 $x=0$에서 미분 가능할 때,

$f(x)=$

(1)　　$\dfrac{1}{1-x}=$ 　　　　　　　　　　　　　　$(\,|x|<1\,)$

(2)　　$\dfrac{1}{1+x}=$ 　　　　　　　　　　　　　　$(\,|x|<1\,)$

(3)　　$\dfrac{1}{(1-x)^2}=$ 　　　　　　　　　　　　$(\,|x|<1\,)$

(4)　　$\dfrac{2}{(1-x)^3}=$ 　　　　　　　　　　　　$(\,|x|<1\,)$

(5)　　$\dfrac{x}{(1-x)^2}=$ 　　　　　　　　　　　　$(\,|x|<1\,)$

(6)　　$\dfrac{1+x}{(1-x)^3}=$ 　　　　　　　　　　　$(\,|x|<1\,)$

(7)　　$\dfrac{x+x^2}{(1-x)^3}=$ 　　　　　　　　　　$(\,|x|<1\,)$

(8)　　$\ln(1+x)=$ 　　　　　　　　　　　　　　$(\,|x|<1\,)$

(9)　　$-\ln(1-x)=$ 　　　　　　　　　　　　　$(\,|x|<1\,)$

(10)　$\tan^{-1}x=$ 　　　　　　　　　　　　　　$(\,|x|\leq1\,)$

(11)　$\tanh^{-1}x=$ 　　　　　　　　　　　　　$(\,|x|<1\,)$

(12) $\quad \sin x =$ $\hspace{4cm}$ $(\,|x| < \infty$

(13) $\quad \cos x =$ $\hspace{4cm}$ $(\,|x| < \infty$

(14) $\quad \tan x =$ $\hspace{4cm}$ $\left(\,|x| < \dfrac{\pi}{2}\right.$

(15) $\quad e^x =$ $\hspace{4cm}$ $(\,|x| < \infty$

(16) $\quad \sinh x =$ $\hspace{4cm}$ $(\,|x| < \infty$

(17) $\quad \cosh x =$ $\hspace{4cm}$ $(\,|x| < \infty$

(18) $\quad (1+x)^p =$ $\hspace{4cm}$ $(\,|x| < 1)$

(19) $\quad \sin^{-1} x =$ $\hspace{4cm}$ $(\,|x| \leq 1)$

(20) $\quad \sinh^{-1} x =$ $\hspace{4cm}$ $(\,|x| \leq 1)$

13. 이상적분

$\int_0^\infty e^{-x^2}dx$	
$\int_{-\infty}^\infty e^{-x^2}dx$	
$\int_0^\infty e^{-kx^2}dx$	
$\int_0^\infty \sqrt{x}\,e^{-x}dx$	
$\int_0^\infty \dfrac{e^{-x}}{\sqrt{x}}dx$	
$\int_0^\infty x^2 e^{-x^2}dx$	

14. 이상적분의 수렴조건 ($a < c < b$)

$\int_1^\infty \dfrac{1}{x^p}dx$	$p>1$
$\int_e^\infty \dfrac{1}{x(\ln x)^p}dx$	$p>1$
$\int_e^\infty \dfrac{\ln x}{x^p}dx$	$p>1$
$\int_0^1 \dfrac{1}{x^p}dx$	$p<1$
$\int_a^b \dfrac{1}{(x-c)^p}dx$	$p<1$
$\int_0^1 \dfrac{\ln x}{x^p}dx$	$p<1$

15. 감마함수의 정의 & 성질

정의 : $\Gamma(n+1)=$	
성질 $\Gamma(n+1)=$	
$\Gamma(n+1)=$	(단, n이 자연수)
$\Gamma\left(\dfrac{3}{2}\right)=$	
$\int_0^1 (-\ln t)^n\,dt=$	

16. 적분의 성질

$f(x)$가 기함수일 때,	$\int_{-a}^a f(x)\,dx=$
$f(x)$가 우함수일 때,	$\int_{-a}^a f(x)\,dx=$

17. 적분의 평균값 정리

폐구간 $[a,b]$에서 연속인 $f(x)$에 대하여
$\int_a^b f(x)\,dx = (b-a)f(c)$인 $c\in(a,b)$가 적어도 하나 존재한다.
$\Rightarrow \dfrac{1}{b-a}\int_a^b f(x)dx = f(c)$
$\Rightarrow$ 여기서 $f(c)$를 $f(x)$의 평균값이라 한다.

18. 직교좌표와 극좌표의 관계식

$\begin{cases}x=\\y=\end{cases} \Rightarrow \begin{cases}r=\\\tan\theta=\end{cases}$

$(r,\theta)=$

$r=f(\theta)$의 $\dfrac{dy}{dx}=$

$r=f(\theta)$의 동경벡터 θ와 접선의 사잇각 ϕ일 때,
$\tan(\phi)=$

19. 스칼라 함수의 적분응용 공식

곡선의 길이	$y = f(x)$ $(a \leq x \leq b)$	
	$x = g(y)$ $(c \leq y \leq d)$	
$a \leq x \leq b$에서 x축과 곡선 $f(x)$의 둘러싸인 영역	**면적**	
	회전체의 부피	x축 (직선 $y=0$) 회전체의 부피
		직선 $y=k$ (x축과 평행) 회전체의 부피
		y축 (직선 $x=0$) 회전체의 부피
		직선 $x=m$ (y축과 평행) 회전체의 부피
$a \leq x \leq b$에서 곡선 $y_1 = f(x)$와 $y_2 = g(x)$가 둘러싸인 영역 $(f(x) > g(x))$	**면적**	
	회전체의 부피	x축(직선 $y=0$) 회전체의 부피
		직선 $y=k$ (x축과 평행) 회전체의 부피
		y축 (직선 $x=0$) 회전체의 부피
		직선 $x=m$ (y축과 평행) 회전체의 부피
회전체의 표면적	$S_x =$	
	$S_y =$	

20. 매개함수 $\begin{cases} x = f(t) \\ y = g(t) \end{cases}$ $(t_1 \le t \le t_2)$ 적분응용 공식

곡선의 길이		
$a \le x = f(t) \le b$ $(t_1 \le t \le t_2)$일 때, x축과 곡선의 둘러싸인 영역	면적	
	회전체의 부피	x축 (직선 $y = 0$) 회전체의 부피
		직선 $y = k$ (x축과 평행) 회전체의 부피
		y축 (직선 $x = 0$) 회전체의 부피
		직선 $x = m$ (y축과 평행) 회전체의 부피
회전체의 표면적	$S_x =$	
	$S_y =$	

21. 극좌표계 $r = f(\theta)$ $(\alpha \le \theta \le \beta)$ 적분응용

면적	$\dfrac{1}{2} \displaystyle\int_{\alpha}^{\beta} r^2 \, d\theta$	곡선의 길이	$\displaystyle\int_{\alpha}^{\beta} \sqrt{r^2 + (r')^2} \, d\theta$

22. 파푸스 정리

주어진 함수가 단순 폐곡선(원, 타원 등)일 때, (d : 폐곡선의 중심과 회전축과의 거리)
(1) 회전체의 부피 = 폐곡선의 단면적 $\times 2\pi d$ (2) 회전체의 표면적 = 폐곡선의 둘레의 길이 $\times 2\pi d$

23. 매개함수 & 극곡선의 적분응용

	면적	곡선의 길이	회전체의 부피	회전체의 표면적
파선형(Cycloid) $\begin{cases} x = a\,(t-\sin t) \\ y = a\,(1-\cos t) \end{cases}$				
성망형(Asteroid) $\begin{cases} x = a\cos^3 t \\ y = a\sin^3 t \end{cases}$				
심장형 $r = a(1 \pm \cos\theta)$ $r = a(1 \pm \sin\theta)$				
연주형(2엽 장미) $r^2 = a^2 \cos 2\theta$ $r^2 = a^2 \sin 2\theta$				
2엽 장미 $r = a\cos 2\theta$ $r = a\sin 2\theta$				
3엽 장미 $r = a\cos 3\theta$ $r = a\sin 3\theta$				

개념 시리즈

❶ 베이직
❷ 미적분과 급수
❸ 다변수 미적분
❹ 선형대수
❺ 공학수학

문제풀이 시리즈

❶ 편입수학 익힘책
❷ 한아름 1200제
❸ 한아름 파이널

편입수학은 한아름 ❷ 미적분과 급수

From. 한아름 선생님

그동안 강의 생활에서 매 순간 최선을 다했고 두려움을 피하지 않았으며 기회가 왔을 때 물러서지 않고 도전했습니다. 이 책은 그와 같은 마음을 바탕으로 그동안의 연구들을 정리하여 담은 것입니다. 자신의 인생을 개척하고자 결정한 여러분께 틀림없이 도움이 될 수 있을 것이라고 생각합니다. 믿고 함께한다면 합격이라는 목표뿐만 아니라 인생의 새로운 목표들도 이룰 수 있을 것입니다. 여러분의 도전을 응원합니다!

HOT LINE

유튜브 | 편입수학은 한아름

학원 | 브라운 편입학원

카카오톡 ID | areummath

네이버 | 편입수학은 한아름

"두려움을 자신감으로 바꾸는 아름매스!"
편입수학은 한아름으로 합격의 길을 찾아라!

Areum Math new series

★NEW★
개념 시리즈
개정판 출간

편입수학은
한아름 ②
미적분과 급수

한아름 편저

150개 유형 500개 문제로 기초를 다지는 **필수 기본서**

고득점 합격을 위한 **핵심 전략** 공개

편입 성공 선배들의 **최신 합격 수기**

1타 강사의 **15년 노하우** 결정체 수록

정답 및 해설

미다스북스

정답 및 해설

미적분과 급수

■ 1. 수열의 극한

1. 10

풀이 두 수열 $\{a_n\}$, $\{b_n\}$이 수렴하므로 $\lim\limits_{n\to\infty}a_n=\alpha$, $\lim\limits_{n\to\infty}b_n=\beta$라고

하면 극한의 성질에 의해서
$$\lim_{n\to\infty}(a_n+b_n)=\alpha+\beta=4, \quad \lim_{n\to\infty}a_nb_n=\alpha\cdot\beta=3\text{이다.}$$
$$\lim_{n\to\infty}(a_n^2+b_n^2)=\alpha^2+\beta^2=(\alpha+\beta)^2-2\alpha\beta=16-6=10$$
이다.

2. 풀이 참조

풀이 $\lim\limits_{n\to\infty}\dfrac{1}{n}=0$를 이용하여 극한값을 구하자.

(1) $\lim\limits_{n\to\infty}\dfrac{3n-2}{n}=\lim\limits_{n\to\infty}3-\dfrac{2}{n}=3$으로 수렴한다.

(2) $\lim\limits_{n\to\infty}\dfrac{n^4+3n^2+5}{4n^4+3n^3+2n}=\lim\limits_{n\to\infty}\dfrac{1+\dfrac{3}{n^2}+\dfrac{5}{n^4}}{4+\dfrac{3}{n}+\dfrac{2}{n^3}}=\dfrac{1}{4}$로

수렴한다.

(3) $\lim\limits_{n\to\infty}\dfrac{n^2}{n^3+3}=\lim\limits_{n\to\infty}\dfrac{\dfrac{1}{n}}{1+\dfrac{3}{n^3}}=0$이므로 수렴한다.

(4) $\lim\limits_{n\to\infty}\dfrac{n^2}{n+3}=\lim\limits_{n\to\infty}\dfrac{n}{1+\dfrac{3}{n}}=\infty$이므로 발산한다.

(5) 분자의 유리화를 이용하자.
$$\lim_{n\to\infty}\left(\sqrt{n+3}-\sqrt{n}\right)=\lim_{n\to\infty}\dfrac{3}{\sqrt{n+3}+\sqrt{n}}=0$$

(6) $\lim\limits_{n\to\infty}\left(\sqrt{4n^2+3n}-2n\right)$
$$=\lim_{n\to\infty}\dfrac{3n}{\sqrt{4n^2+3n}+2n}=\lim_{n\to\infty}\dfrac{3}{\sqrt{4+\dfrac{3}{n}}+2}=\dfrac{3}{4}$$

(7) $\lim\limits_{n\to\infty}(n^3-6n)=\lim\limits_{n\to\infty}n^3\left(1-\dfrac{6}{n^2}\right)=\infty$

(8) $\lim\limits_{n\to\infty}\{\ln(2n+1)-\ln(3n+2)\}$
$$=\lim_{n\to\infty}\left\{\ln\left(\dfrac{2n+1}{3n+2}\right)\right\}=\ln\left(\lim_{n\to\infty}\dfrac{2n+1}{3n+2}\right)=\ln\dfrac{2}{3}$$

(9) $\lim\limits_{n\to\infty}\dfrac{1+2+3+\cdots+n}{n^2}=\lim\limits_{n\to\infty}\dfrac{n(n+1)}{2n^2}=\dfrac{1}{2}$

(10) $\lim\limits_{n\to\infty}\dfrac{1^2+2^2+3^2+\cdots+n^2}{n^3}$
$$=\lim_{n\to\infty}\dfrac{n(n+1)(2n+1)}{6n^3}=\dfrac{1}{3}$$

(11) $\lim\limits_{n\to\infty}\left(1-\dfrac{1}{2^2}\right)\left(1-\dfrac{1}{3^2}\right)\cdots\left(1-\dfrac{1}{n^2}\right)$
$$=\lim_{n\to\infty}\left(\dfrac{2^2-1}{2^2}\right)\left(\dfrac{3^2-1}{3^2}\right)\cdots\left(\dfrac{n^2-1}{n^2}\right)$$
$$=\lim_{n\to\infty}\dfrac{(2-1)(2+1)}{2\cdot 2}\cdot\dfrac{(3-1)(3+1)}{3\cdot 3}\cdots\dfrac{(n-1)(n+1)}{n\cdot n}$$
$$=\lim_{n\to\infty}\dfrac{1\cdot 3}{2\cdot 2}\cdot\dfrac{2\cdot 4}{3\cdot 3}\cdots\dfrac{(n-1)(n+1)}{n\cdot n}$$
$$=\lim_{n\to\infty}\dfrac{n+1}{2n}=\dfrac{1}{2}$$

(12) $\lim\limits_{n\to\infty}\left\{\left(1-\dfrac{1}{2}\right)\left(1-\dfrac{1}{3}\right)\cdots\left(1-\dfrac{1}{n}\right)\right\}^2(1+2+3+\cdots+n)$
$$=\lim_{n\to\infty}\left\{\dfrac{1}{2}\cdot\dfrac{2}{3}\cdot\dfrac{3}{4}\cdots\dfrac{n-1}{n}\right\}^2\cdot\dfrac{n(n+1)}{2}$$
$$=\lim_{n\to\infty}\dfrac{1}{n^2}\cdot\dfrac{n(n+1)}{2}=\dfrac{1}{2}$$

3. 3

풀이 $a_1=\sqrt{3}$이라고 하면 $a_2=\sqrt{3a_1}$, $a_3=\sqrt{3a_2}$이므로
$a_{n+1}=\sqrt{3a_n}$이다.
$a_1=\sqrt{3}<3$, $a_2=\sqrt{3\sqrt{3}}<3$, $\cdots$, $a_n<3$이므로 a_n은 위로
유계하다.
$(a_{n+1})^2-(a_n)^2=3a_n-(a_n)^2=a_n(3-a_n)>0$이므로
$a_{n+1}>a_n$을 만족하는 단조증가수열이다.
따라서 $a_n>0$인 위로 유계인 수열이 단조증가수열이므로 수열을
수렴한다.

따라서 수열 $\{a_n\}$ 이 수렴하므로 $\lim\limits_{n \to \infty} a_n = \lim\limits_{n \to \infty} a_{n+1} = \alpha$
(단, $\alpha > 0$)의 성질을 이용하여
$\lim\limits_{n \to \infty} a_{n+1} = \lim\limits_{n \to \infty} \sqrt{3a_n}$ 는 $\alpha = \sqrt{3\alpha}$ 이다. 식을 정리하면
$\alpha^2 = 3\alpha$이고 $\alpha = 3$이다.

4. 3

[풀이] $a_1 = 4$, $3a_2 = 4 + 6 = 10$이므로 $3 < a_2 < 4$, $3 < a_3 < \dfrac{10}{3}$,

$\cdots$, $3 < a_n$이므로 a_n은 아래로 유계하다.

$3a_{n+1} - 3a_n = a_n + 6 - 3a_n = 2(3 - a_n) < 0$이므로
$a_n > a_{n+1}$을 만족하는 단조감소수열이다.

따라서 $a_n > 0$인 아래로 유계인 수열이 단조감소수열이므로 수열
을 수렴한다.

수열 $\{a_n\}$ 이 수렴하므로
$\lim\limits_{n \to \infty} a_n = \lim\limits_{n \to \infty} a_{n+1} = \alpha$ (단, $\alpha > 0$)이 성립한다.

$\lim\limits_{n \to \infty} \{3a_{n+1}\} = \lim\limits_{n \to \infty} \{a_n + 6\}$의 극한값을 정리하면

$3\alpha = \alpha + 6$이고 식을 정리하면 $\alpha = 3$이다.

5. 0

[풀이] $\lim\limits_{n \to \infty} x_n = x$ 라 하면

$\lim\limits_{n \to \infty} x_n = \lim\limits_{n \to \infty} \left\{ 2 + (x_n^2 - 8)^{\frac{1}{3}} \right\}$

$\Rightarrow x = 2 + (x-8)^{\frac{1}{3}} \Rightarrow (x-2)^3 = x - 8$
$\Rightarrow x^3 - 7x^2 + 12x = 0 \Rightarrow x(x^2 - 7x + 12) = 0$
$\Rightarrow x = 0, 3, 4$

이 때, $x_1 = \dfrac{2}{3}\pi$이므로

$x_2 = 2 + \left(\dfrac{4}{9}\pi^2 - 8 \right)^{\frac{1}{3}} \approx 2 + (4-8)^{\frac{1}{3}} = 2 - 4^{\frac{1}{3}} < x_1$

$x_3 \approx 2 + ((0.16) - 8)^{1/3} \approx 2 + (-7.84)^{1/3} < x_2$

이므로 x_n은 감소수열이고 $\lim\limits_{x \to \infty} x_n = 0$이다.

6. $1 + \sqrt{2}$

[풀이] $a_0 = 1$, $a_1 = 1$, $a_{n+2} = 2a_{n+1} + a_n$ 이므로
수열 $\{a_n\}$은 증가수열이고 수열 $\{b_n\}$의 극한값은 양수이다.
$a_{n+2} = 2a_{n+1} + a_n$ 의 양변을 a_{n+1}으로 나누면

$\dfrac{a_{n+2}}{a_{n+1}} = 2 + \dfrac{a_n}{a_{n+1}}$ 즉, $\dfrac{a_{n+2}}{a_{n+1}} = 2 + \dfrac{1}{\dfrac{a_{n+1}}{a_n}}$ 이므로

$b_{n+1} = 2 + \dfrac{1}{b_n}$ $\cdots$ ㉠

수열 $\{b_n\}$의 극한값을 α (단, $\alpha > 0$)라 하면

$\alpha = \lim\limits_{n \to \infty} b_n = \lim\limits_{n \to \infty} b_{n+1}$이므로 이를 ㉠에 대입하면

$\alpha = 2 + \dfrac{1}{\alpha} \Rightarrow \alpha^2 = 2\alpha + 1 \Rightarrow \alpha^2 - 2\alpha - 1 = 0$

$\Rightarrow (\alpha - 1)^2 = 2 \Rightarrow \alpha = 1 \pm \sqrt{2}$ 이지만, $\alpha > 0$이므로

$\alpha = 1 + \sqrt{2}$ 이다.

7. $\sqrt{5}$

[풀이] $\dfrac{a_n}{b_n} = \dfrac{2a_{n-1} + 5b_{n-1}}{a_{n-1} + 2b_{n-1}}$ 이고, 식을 정리하면

$\dfrac{a_n}{b_n} = \dfrac{2 \dfrac{a_{n-1}}{b_{n-1}} + 5}{\dfrac{a_{n-1}}{b_{n-1}} + 2}$ 이다. $\lim\limits_{n \to \infty} \dfrac{a_n}{b_n} = \alpha$로 극한값이 존재한다면

$\lim\limits_{n \to \infty} \dfrac{a_{n-1}}{b_{n-1}} = \alpha$로 존재한다.

따라서 $\lim\limits_{n \to \infty} \dfrac{a_n}{b_n} = \lim\limits_{n \to \infty} \dfrac{2\dfrac{a_{n-1}}{b_{n-1}} + 5}{\dfrac{a_{n-1}}{b_{n-1}} + 2}$ $\Rightarrow \alpha = \dfrac{2\alpha + 5}{\alpha + 2}$ $\Rightarrow$

$\alpha^2 + 2\alpha = 2\alpha + 5 \Rightarrow \alpha = \pm \sqrt{5}$ 이지만, 귀납법적 정리에

의해서 $\dfrac{a_n}{b_n} > 0$이므로 $\alpha = \sqrt{5}$ 이다.

즉, $\lim\limits_{n \to \infty} \dfrac{a_n}{b_n} = \sqrt{5}$ 이다.

8.   (1) $\dfrac{1}{9}$ (2) 9 (3) ∞ (4) 1 (5) ∞ (6) $-\infty$

[풀이] (1) $\lim\limits_{n \to \infty} \dfrac{8^{n+1} + 3^{2n-2}}{3^{2n} - 8^n} = \lim\limits_{n \to \infty} \dfrac{8 \cdot 8^n + \dfrac{1}{9} \cdot 9^n}{9^n - 8^n}$

$= \lim\limits_{n \to \infty} \dfrac{8 \cdot \left(\dfrac{8}{9} \right)^n + \dfrac{1}{9}}{1 - \left(\dfrac{8}{9} \right)^n} = \dfrac{1}{9}$

(2) $\displaystyle\lim_{n\to\infty}\frac{3^{n+2}+2^{n+1}}{\sqrt{9^n+2^n}}=\lim_{n\to\infty}\frac{9+2\left(\frac{2}{3}\right)^n}{\sqrt{1+\left(\frac{2}{9}\right)^n}}=9$

(3) $\displaystyle\lim_{n\to\infty}\frac{\sqrt{5^n}+1}{2^n}=\lim_{n\to\infty}\frac{\sqrt{\left(\frac{5}{4}\right)^n}+\frac{1}{2^n}}{1}=\infty$

(4) $\displaystyle\lim_{n\to\infty}\frac{5^n+5^{-n}}{5^n-5^{-n}}=\lim_{n\to\infty}\frac{1+\frac{1}{25^n}}{1-\frac{1}{25^n}}=1$

(5) $\displaystyle\lim_{n\to\infty}\left(5^n-3^n\right)=\lim_{n\to\infty}5^n\cdot\left(1-\left(\frac{3}{5}\right)^n\right)=\infty$

(6) $\displaystyle\lim_{n\to\infty}\left(2^n-3^n\right)=\lim_{n\to\infty}3^n\left(\left(\frac{2}{3}\right)^n-1\right)=-\infty$

9. $\quad -1-\sqrt{2}$

풀이 $x^2+2x-1=0$에서 $x=-1\pm\sqrt{2}$ 이고
$\alpha=-1-\sqrt{2},\ \beta=-1+\sqrt{2}$ 라고 하자.

$|\alpha|>1$이므로 $\displaystyle\lim_{n\to\infty}\alpha^n$은 발산하고 $\displaystyle\lim_{n\to\infty}\frac{1}{\alpha^n}=0$이다.

$|\beta|<1$이므로 $\displaystyle\lim_{n\to\infty}\beta^n=0$으로 수렴한다.

따라서 $\displaystyle\lim_{n\to\infty}\frac{\beta^n}{\alpha^n}=0$으로 수렴한다.

$\displaystyle\lim_{n\to\infty}\frac{\alpha^{n+1}+\beta^{n+1}}{\alpha^n+\beta^n}=\lim_{n\to\infty}\frac{\alpha+\beta\left(\frac{\beta}{\alpha}\right)^n}{1+\left(\frac{\beta}{\alpha}\right)^n}=\alpha=-1-\sqrt{2}$

10. $\quad \dfrac{27}{4}$

풀이 (i) $|x|<1$일 때,
$\displaystyle\lim_{n\to\infty}x^n=\lim_{n\to\infty}x^{n+1}=0$이므로 $f(x)=-x^2+2$이다.

$f\left(\frac{1}{2}\right)=-\frac{1}{4}+2=\frac{7}{4}$

(ii) $|x|>1$일 때, $\displaystyle\lim_{n\to\infty}|x^n|=\lim_{n\to\infty}|x^{n+1}|=\infty$이므로

$\displaystyle\lim_{n\to\infty}\frac{1}{|x^n|}=\lim_{n\to\infty}\frac{1}{|x^{n+1}|}=0$임을 이용하여

$\displaystyle f(x)=\lim_{n\to\infty}\frac{x^{n+1}-x^2+2}{x^n+1}$

$=\displaystyle\lim_{n\to\infty}\frac{x-\frac{1}{x^{n-2}}+\frac{2}{x^n}}{1+\frac{1}{x^n}}=x$이다.

$f(5)=5$이다.

$f\left(\frac{1}{2}\right)+f(5)=\frac{7}{4}+5=\frac{27}{4}$ 이다.

11. $\quad -\dfrac{63}{4}$

풀이 (1) $|x|<1$일 때, $\displaystyle\lim_{n\to\infty}x^n=0$이고

$f(x)=\displaystyle\lim_{n\to\infty}\frac{x^2(1-x^n)}{1+x^n}=x^2$이다. $f\left(\frac{1}{2}\right)=\frac{1}{4}$이다.

(2) $|x|>1$일 때,

$f(x)=\displaystyle\lim_{n\to\infty}\frac{x^2(1-x^n)}{1+x^n}=\lim_{n\to\infty}\frac{x^2\left(\frac{1}{x^n}-1\right)}{\frac{1}{x^n}+1}=-x^2$이고

$f(4)=-16$이다.

(3) $x=1$일 때, $f(1)=0$이다.

$\therefore\ f(1)+f\left(\frac{1}{2}\right)+f(4)=0+\frac{1}{4}-16=-\frac{63}{4}$ 이다.

12. $\quad$ 2개

풀이 $f(x)=\displaystyle\lim_{n\to\infty}\frac{2x^{2n-1}+4}{x^{2n}+1}=\lim_{n\to\infty}\frac{2x^{2n}+4x}{x(x^{2n}+1)}$

(i) $|x|<1$일 때,
$\displaystyle\lim_{n\to\infty}x^n=\lim_{n\to\infty}x^{n+1}=0$이고 $\displaystyle\lim_{n\to\infty}x^{2n}=0$이다.

이 때 $f(x)=4$이다.

(ii) $|x|>1$일 때, $\displaystyle\lim_{n\to\infty}|x^{2n}|=\lim_{n\to\infty}|x^{2n-1}|=\infty$이므로

$\displaystyle\lim_{n\to\infty}\frac{1}{|x^{2n}|}=\lim_{n\to\infty}\frac{1}{|x^{2n-1}|}=0$임을 이용하여

$f(x)=\displaystyle\lim_{n\to\infty}\frac{2+\frac{4}{x^{2n-1}}}{x\left(1+\frac{1}{x^{2n}}\right)}=\frac{2}{x}$

(iii) $x=1$이면 $f(1)=3$이다.

(iv) $x=-1$이면 $f(-1)=1$이다.

$f(x)=\begin{cases}\dfrac{2}{x} & (|x|>1)\\ 4 & (|x|<1)\\ 3 & (x=1)\\ -1 & (x=-1)\end{cases}$ 와 직선 $y=2x+4$의 교점의 개수는 2개

다.

■ 2. 함수의 극한과 연속

13. (1) 존재하지 않는다.   (2) 존재하지 않는다.   (3) 1

풀이 (1) $\lim\limits_{x \to 0} f(x) = \begin{cases} \lim\limits_{x \to 0^+} f(x) = 2 \\ \lim\limits_{x \to 0^-} f(x) = 0 \end{cases}$ 이므로 $x = 0$에서

극한값은 존재하지 않는다.

(2) $\lim\limits_{x \to 2} f(x) = \begin{cases} \lim\limits_{x \to 2^+} f(x) = -1 \\ \lim\limits_{x \to 2^-} f(x) = -2 \end{cases}$ 이므로 $x = 2$에서

극한값은 존재하지 않는다.

(3) $\lim\limits_{x \to 1} g(x) = \begin{cases} \lim\limits_{x \to 1^+} f(x) = 1 \\ \lim\limits_{x \to 1^-} f(x) = 1 \end{cases}$ 이므로 $x = 1$에서

극한값은 $\lim\limits_{x \to 1} g(x) = 1$이다.

14. ③

풀이 ① $\lim\limits_{x \to 0+} sgn(x) = 1$이다.

② $\lim\limits_{x \to 0-} sgn(x) = -1$이다.

③ $x = 0$에서 좌극한은 -1이고, 우극한은 1이다. 따라서 $x = 0$에서의 극한값은 존재하지 않는다.

④ 절댓값에 의해 좌극한은 1이고 우극한도 1이 된다. 따라서 극한값은 1이다.

15. 0

풀이 그래프를 그려서 생각하면 더 쉽게 이해할 수 있다.

$u = x^3 + x^2$ 이라 하면 $x \to 0^-$ 일 때, $u \to 0^+$ 이고

$v = -x^3$ 이라 하면 $x \to 0^-$ 일 때, $v \to 0^+$ 이므로 다음과 같다.

$\lim\limits_{x \to 0^-} \{f(x^3 + x^2) - f(x^3)\}$

$= \lim\limits_{x \to 0^-} f(x^3 + x^2) - \lim\limits_{x \to 0^-} f(-x^3)$

$= \lim\limits_{u \to 0^+} f(u) - \lim\limits_{v \to 0^+} f(v)$

$= 3 - 3 = 0$

16. $c = -5$

풀이 $x = -3$에서 연속이기 위해서 $f(-3) = \lim\limits_{x \to -3} f(x)$가

성립해야 한다.

① $f(-3) = c$

② $\lim\limits_{x \to -3} f(x) = \lim\limits_{x \to -3} \dfrac{(x+3)(x-2)}{x+3} = \lim\limits_{x \to -3} x - 2 = -5$

따라서 ①과 ②가 같아야 하므로 $c = -5$이다.

17. 1

풀이 $\lim\limits_{x \to 0} f(x) = \lim\limits_{x \to 0} \left\{ 1 - x \sin\left(\dfrac{1}{e^{4x}}\right) \right\} = 1 - 0 \times \sin(1) = 1$

이고 $x = 0$에서 연속이면 $f(0) = \lim\limits_{x \to 0} f(x)$이므로 $f(0) = 1$이다.

18. $x = 6$에서 불연속이다.

풀이 주어진 식은 약분에 의해 $f(x) = \begin{cases} \dfrac{x+3}{x-6} & , x \neq 4 \\ -\dfrac{7}{2} & , x = 4 \end{cases}$ 이다.

① $\lim\limits_{x \to 4} f(x) = -\dfrac{7}{2} = f(4)$이 성립하므로 $x = 4$에서 연속.}

② $x = 6$에서는 함숫값이 정의되지 않으므로 불연속

19. $-\dfrac{1}{4}$

풀이 $x = 2$에서 연속이기 위해서 $f(2) = \lim\limits_{x \to 2} f(x)$가

성립해야 한다.

① $f(2) = 2a + 2$

② $\lim\limits_{x \to 2} f(x) = \begin{cases} \lim\limits_{x \to 2-} \dfrac{x-2}{\sqrt{x^2+5}-3} & \cdots Ⓐ \\ \lim\limits_{x \to 2+} ax + 2 & \cdots Ⓑ \end{cases}$

Ⓐ $\lim\limits_{x \to 2-} \dfrac{(x-2)(\sqrt{x^2+5}+3)}{x^2+5-9} = \lim\limits_{x \to 2-} \dfrac{\sqrt{x^2+5}+3}{x+2}$

$\qquad\qquad\qquad\qquad\qquad\qquad\qquad = \dfrac{3}{2}$

Ⓑ $\lim\limits_{x \to 2+} (ax + 2) = 2a + 2$

(i) 극한값이 존재한다. ⇒ Ⓐ = Ⓑ

$\dfrac{3}{2} = 2a + 2 \Leftrightarrow a = -\dfrac{1}{4}$ 이다.

(ii) 극한값과 함숫값이 같다.

⇒ $a = -\dfrac{1}{4}$ 일 때 ①과 ②도 같다.   ∴ $a = -\dfrac{1}{4}$

20. $\dfrac{4\sqrt{3}}{3}$

풀이 $h(x) = \begin{cases} \tan\left(\dfrac{\pi x}{2}\right), & \left(x < -\dfrac{1}{3} \text{ or } x > \dfrac{2}{3}\right) \\ ax+b, & \left(-\dfrac{1}{3} \leq x \leq \dfrac{2}{3}\right) \end{cases}$ 가 실수 전체에서

연속이므로

(i) $\displaystyle\lim_{x \to -\frac{1}{3}^+} (ax+b) = -\dfrac{1}{3}a + b$ 와

$\displaystyle\lim_{x \to -\frac{1}{3}^-} \tan\left(\dfrac{\pi x}{2}\right) = \tan\left(-\dfrac{\pi}{6}\right) = -\dfrac{1}{\sqrt{3}}$ 이 같아야 하므로

$-\dfrac{1}{3}a + b = -\dfrac{1}{\sqrt{3}}$ 을 만족해야 한다.

(ii) $\displaystyle\lim_{x \to \frac{2}{3}^+} \tan\left(\dfrac{\pi x}{2}\right) = \tan\left(\dfrac{\pi}{3}\right) = \sqrt{3}$ 과 $\displaystyle\lim_{x \to \frac{2}{3}^-}(ax+b)$

$= \dfrac{2}{3}a + b$ 가 같아야 하므로 $\dfrac{2}{3}a + b = \sqrt{3}$ 을 만족해야 한다.

$-\dfrac{1}{3}a + b = -\dfrac{1}{\sqrt{3}}$ 과 $\dfrac{2}{3}a + b = \sqrt{3}$ 을 연립하면

$a = \sqrt{3} + \dfrac{1}{\sqrt{3}} = \dfrac{3+1}{\sqrt{3}} = \dfrac{4}{\sqrt{3}}$ 이다.

21. $a = 2$

풀이 (i) $|x| < 1$일 때,

$\displaystyle\lim_{n \to \infty} x^n = \lim_{n \to \infty} x^{n+1} = 0$이므로

$f(x) = \dfrac{0 - x^2 + a}{0 + 1} = -x^2 + a$

(ii) $|x| > 1$일 때, $\displaystyle\lim_{n \to \infty}|x^n| = \lim_{n \to \infty}|x^{n+1}| = \infty$이므로

$\displaystyle\lim_{n \to \infty}\dfrac{1}{|x^n|} = \lim_{n \to \infty}\dfrac{1}{|x^{n+1}|} = 0$임을 이용하여

$f(x) = \displaystyle\lim_{n \to \infty}\dfrac{x^{n+1} - x^2 + a}{x^n + 1} = \lim_{n \to \infty}\dfrac{x - \dfrac{1}{x^{n-2}} + \dfrac{a}{x^n}}{1 + \dfrac{1}{x^n}} = x$

(iii) $f(1) = \dfrac{1 - 1 + a}{1 + 1} = \dfrac{a}{2}$

즉, $f(x) \begin{cases} x & (x < -1) \\ a - x^2 & (-1 < x < 1) \\ \dfrac{a}{2} & (x = 1) \\ x & (x > 1) \end{cases}$ 이고, 함수 $f(x)$가 $x = 1$에서

연속이므로 $\displaystyle\lim_{x \to 1^+} f(x) = \lim_{x \to 1^-} f(x) = f(1)$ 즉,

$\displaystyle\lim_{x \to 1^+} x = \lim_{x \to 1^-}(-x^2 + a) = \dfrac{a}{2}$ 이어야 하므로 $a = 2$이다.

22. 4

풀이 (i) $x = -1$일 때,

$\displaystyle\lim_{x \to -1^-} f(x) = \lim_{x \to -1^-}(2-x) = 3$이고

$\displaystyle\lim_{x \to -1^+} f(x) = \lim_{x \to -1^+} x = -1$이므로

극한값이 존재하지 않는다. $\therefore x = -1$에서 불연속이다.

(ii) $x = 1$일 때,

$\displaystyle\lim_{x \to 1^-}f(x) = \lim_{x \to 1^-}x = 1$이고

$\displaystyle\lim_{x \to 1^+}f(x) = \lim_{x \to 1^+}\{(x-1)^2 + 1\} = 1$이므로

$\displaystyle\lim_{x \to 1}f(x) = 1$이다. 이때, $f(1) = 0$이므로 $x = 1$에서

극한값은 존재하지만 불연속이다.

(iii) $x = 2$일 때,

$\displaystyle\lim_{x \to 2^-}f(x) = \lim_{x \to 2^-}\{(x-1)^2 + 1\} = 2$이고

$\displaystyle\lim_{x \to 2^+}f(x) = \lim_{x \to 2^+}(e^{-x+2} + 1) = 2$이므로

$\displaystyle\lim_{x \to 2}f(x) = 2$이다.

이때, $f(2)$의 값은 존재하지 않으므로 $x = 2$에서 극한값이
존재하지만 불연속이다.

(i), (ii), (iii)에 의하여 $A = 1$, $B = 3$이므로 $A + B = 4$이다.

23. (1) 존재하지 않는다.　　(2) 존재하지 않는다.
　　　(3) 0　　　　　　　　(4) 존재하지 않는다.

풀이 (1) $\displaystyle\lim_{x \to 0}\tan^{-1}\left(\dfrac{1}{x}\right) = \begin{cases} \displaystyle\lim_{x \to 0^+}\tan^{-1}\left(\dfrac{1}{x}\right) = \dfrac{\pi}{2} \\ \displaystyle\lim_{x \to 0^-}\tan^{-1}\left(\dfrac{1}{x}\right) = -\dfrac{\pi}{2} \end{cases}$

즉, 우극한은 $\dfrac{\pi}{2}$이고 좌극한은 $-\dfrac{\pi}{2}$이므로 발산한다.

(2) $[2x] = n$이라고 할 때, $2x = n + \alpha$ $(0 \leq \alpha < 1)$이므로
$n = 2x - \alpha$로 나타낼 수 있다.

$\displaystyle\lim_{x \to \infty}\dfrac{[2x] - 3}{x} = \lim_{x \to \infty}\dfrac{2x - \alpha - 3}{x}\left(\dfrac{\infty}{\infty}\right)$

$= \displaystyle\lim_{x \to \infty}\dfrac{2 - \dfrac{\alpha + 3}{x}}{1} = 2$

(3) $-1 < x < 1$ 일 때 $0 \leq x^2 < 1$이므로 $[x^2] = 0$

$\therefore \displaystyle\lim_{x \to 0}[x^2] = 0$

(4) $\displaystyle\lim_{x \to \infty}\left(\left[\dfrac{x}{2}\right] - \dfrac{[x]}{2}\right) = \lim_{x \to \infty}\left(\dfrac{x}{2} - k - \dfrac{x-l}{2}\right) = -k + \dfrac{l}{2}$

(단, $0 \leq k < 1$, $0 \leq l < 1$)이므로 극한값이 존재하지 않는
다. 즉, k, l값에 따라서 값이 달라진다.

24.   2

풀이

(i) $\lim_{x \to n^+}[x] = n$이므로 $\lim_{x \to n^+}\dfrac{[x]^2 + x}{2[x]} = \dfrac{n^2 + n}{2n} = \dfrac{n+1}{2}$

(ii) $\lim_{x \to n^-}[x] = n-1$이므로 $\lim_{x \to n^-}\dfrac{[x]^2 + x}{2[x]} = \dfrac{(n-1)^2 + n}{2(n-1)}$

극한값이 존재하므로 n은 0과 1이 될 수 없고,
좌극한과 우극한값이 같다.

$$\dfrac{n^2 - n + 1}{2(n-1)} = \dfrac{n+1}{2} \Leftrightarrow 2n^2 - 2n + 2 = 2(n^2 - 1)$$
$$\Leftrightarrow n = 2$$

25.   (1) 1   (2) 0   (3) 존재하지 않는다.

풀이

(1) $\lim_{x \to 0^-}\dfrac{1}{x} = -\infty$, $\lim_{x \to 0^-}e^{\frac{1}{x}} = e^{-\infty} = \dfrac{1}{e^{\infty}} = 0$이므로

$\lim_{x \to 0^-}f(x) = \lim_{x \to 0^-}\dfrac{1}{1 + e^{1/x}} = 1$이다.

(2) $\lim_{x \to 0^+}\dfrac{1}{x} = +\infty$, $\lim_{x \to 0^+}e^{\frac{1}{x}} = e^{+\infty} = \infty$이므로

$\lim_{x \to 0^+}f(x) = \lim_{x \to 0^+}\dfrac{1}{1 + e^{1/x}} = 0$이다.

(3) 좌극한과 우극한의 값이 다르므로 $\lim_{x \to 0}f(x)$의 값은 존재하지

않는다.

26.   4

풀이

$f(x) = [3x]$가 불연속인 점은 $\left\{-\dfrac{2}{3}, -\dfrac{1}{3}, 0, \dfrac{1}{3}, \dfrac{2}{3}\right\}$이고,

$g(x) = \left[\dfrac{x}{3}\right]$가 불연속인 점은 $\{0\}$이므로

$A = 5$, $B = 1$, $A - B = 4$이다.

27.   3

풀이

가우스의 핵심은 구간을 나눈다는 것을 꼭 기억하자!!
정의역 $(-\pi, \pi)$에서 $-1 \le \cos x \le 1$이므로

(i) $-\pi \le x < -\dfrac{\pi}{2}$, $\dfrac{\pi}{2} < x \le -\pi$에서 $-1 \le \cos x < 0$

이므로 $[\cos x] = -1$이다.

(ii) $-\dfrac{\pi}{2} \le x < 0^-$, $0^+ < x \le \dfrac{\pi}{2}$에서 $0 \le \cos x < 1$이므로

$[\cos x] = 0$이다.

(iii) $x = 0$일 때 $\cos x = 1$이므로 $[\cos x] = 1$이다.

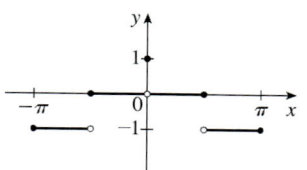

따라서 불연속점의 개수는 3개다.

28.   6

풀이

가우스의 핵심은 구간을 나눈다는 것을 꼭 기억하자!!
$10 - x^2 \ge 0$, 즉 $x^2 \le 10$이어야 하므로 함수 $f(x)$의
정의역은 $-\sqrt{10} \le x \le \sqrt{10}$에서 정의되어 있다.
따라서 $0 \le \sqrt{10 - x^2} \le \sqrt{10}$이므로
$0 \le \left[\sqrt{10 - x^2}\right] \le 3$을 만족해야한다.
또한 $f(-x) = f(x)$를 만족하는 우함수임을 활용하자.
$x \ge 0$일 때,

(i) $0 \le \sqrt{10 - x^2} < 1$이면 $3 < x \le \sqrt{10}$일 때,

$f(x) = \left[\sqrt{10 - x^2}\right] = 0$

(ii) $1 \le \sqrt{10 - x^2} < 2$이면 $\sqrt{6} < x \le 3$일 때,

$f(x) = \left[\sqrt{10 - x^2}\right] = 1$

(iii) $2 \le \sqrt{10 - x^2} < 3$이면 $1 < x \le \sqrt{6}$일 때,

$f(x) = \left[\sqrt{10 - x^2}\right] = 2$

(iv) $3 \le \sqrt{10 - x^2} \le \sqrt{10} < 4$이면 $0 \le x \le 1$이면

$f(x) = \left[\sqrt{10 - x^2}\right] = 3$

따라서 함수 $y = f(x)$의 그래프는 그림과 같으므로 불연속인 점
은 6개다.

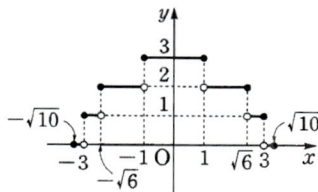

29.   (1) 존재하지 않는다.   (2) 0

풀이

(1) $\lim_{x \to 0}\sin\dfrac{1}{x} = $ (진동)

(2) $-1 \le \sin\dfrac{1}{x} \le 1$

$\Leftrightarrow \lim_{x \to 0}(-x^2) \le \lim_{x \to 0}x^2\sin\dfrac{1}{x} \le \lim_{x \to 0}x^2$

$\Rightarrow \lim_{x \to 0}x^2\sin\dfrac{1}{x} = 0$

30.   0

[풀이] $-1 \le \cos\dfrac{1}{x} \le 1$ 이므로

$$-(x^4+2x^2) \le (x^4+2x^2)\cos\frac{1}{x} \le x^4+2x^2$$ 이고,

$$-\lim_{x\to 0}(x^4+2x^2) = \lim_{x\to 0}(x^4+2x^2) = 0$$ 이므로 조임정리에

의해 $\displaystyle\lim_{x\to 0}(x^4+2x^2)\cos\frac{1}{x} = 0$ 이다.

31.   1

[풀이] (i) $x \ge 0$일 때 $\sin x \le x \le \tan x$의 절대 부등식이 성립한다.

양변을 $\sin x$로 나누면 $1 \le \dfrac{x}{\sin x} \le \dfrac{1}{\cos x}$이고

$\displaystyle\lim_{x\to 0^+} 1 \le \lim_{x\to 0^+} \frac{x}{\sin x} \le \lim_{x\to 0^+} \frac{1}{\cos x}$ 의 경우 스퀴즈 정리

에 의해서 $\displaystyle\lim_{x\to 0^+}\frac{x}{\sin x}=1$이고 $\displaystyle\lim_{x\to 0^+}\frac{\sin x}{x}=1$이다.

(ii) $x < 0$일 때 $\tan x < x < \sin x$의 절대 부등식이 성립한다.

양변을 $\sin x$로 나누면 $1 < \dfrac{x}{\sin x} < \dfrac{1}{\cos x}$이고

$\displaystyle\lim_{x\to 0^-} 1 \le \lim_{x\to 0^-} \frac{x}{\sin x} \le \lim_{x\to 0^-} \frac{1}{\cos x}$ 의 경우 스퀴즈

정리에 의해서 $\displaystyle\lim_{x\to 0^-}\frac{x}{\sin x}=1$이고 $\displaystyle\lim_{x\to 0^-}\frac{\sin x}{x}=1$이다.

따라서 $\displaystyle\lim_{x\to 0}\frac{\sin x}{x}=1$이다.

즉, $f(0)=1$이면 $f(x)$는 모든 실수에서 연속이다.

32.   ①

[풀이] ① $\displaystyle\lim_{x\to 0^+} xe^{\frac{1}{x}} = \lim_{x\to 0^+}\frac{e^{\frac{1}{x}}}{\frac{1}{x}} = \lim_{t\to +\infty}\frac{e^t}{t} = \infty$ ($t=\dfrac{1}{x}$ 로 치환)

이다. 따라서 $x=0$에서 우극한이 존재하지 않으므로 $x=0$에서 연속이 아니다.

② $\displaystyle\lim_{x\to 0}\frac{1-\cos x}{x} = \lim_{x\to 0}\frac{1-\cos^2 x}{x(1+\cos x)} = \lim_{x\to 0}\frac{\sin^2 x}{x(1+\cos x)}$

$\displaystyle = \lim_{x\to 0}\frac{1}{1+\cos x} \cdot \frac{\sin x}{x} \cdot \sin x$

(극한값이 각각 존재하면 구한 다음에 곱할 수 있다.)

$= \dfrac{1}{2} \cdot 1 \cdot 0 = 0$

따라서 $x=0$에서 극한값과 함숫값이 같아서 연속이다.

③ $\displaystyle\lim_{x\to 0} x\sin\frac{1}{x} = 0$이고 $f(0)=0$이므로 연속이다.

④ $x=0$은 유리수이므로 $k(0)=0$이고,

$\displaystyle\lim_{x\to 0\atop 유리수} 0 = 0,\ \lim_{x\to 0\atop 무리수} x = 0$이므로 $\displaystyle\lim_{x\to 0}k(x)=k(0)$이다.

즉, $x=0$에서 연속이다.

33.   ②

[풀이] 중간값 정리를 이용하여 $f(x)=\cos x + x^2$의 함숫값이 5가 되는 c가 존재하는 구간을 찾자.

$f(-2)=\cos(-2)+4=\cos 2 + 4 < 5$,

$f(0)=1<5$, $f(-1)=\cos(-1)+1<5$,

$f(3)=\cos 3 + 9 > 5$, $f(5)=\cos 5 + 25 > 5$,

$f(8)=\cos 8 + 64 > 5$이므로 구간 $[-1,\ 3)$에서 $f(c)=5$를 만족하는 적어도 하나의 c가 존재한다.

[참고]

$\cos x = 5 - x^2$의 해가 존재하는 구간을 구하는 것과 같은 문제이다.

34.   ③

[풀이] ① $f(x)=x^4+x-3$라고 할 때, $f(1)<0$, $f(2)>0$이므로 구간 $(1,2)$에서 $f(x)=0$을 만족하는 x는 반드시 존재한다.

② $\sin x = x^2 - x\ (1,2)$

$f(x)=\sin x - x^2 + x$라고 할 때, $f(1)=\sin 1 > 0$,

$f(2)=\sin 2 - 2 < 0$이므로 구간 $(1,2)$에서 $f(x)=0$을 만족하는 x는 반드시 존재한다.

③ $f(x)=\sqrt[3]{x}-1-x$라고 할 때, $f(0)<0$, $f(1)<0$이므로 구간 $(1,2)$에서 $f(x)=0$을 만족하는 x는 반드시 존재한다고 말 할 수 없다. 따라서 $y=\sqrt[3]{x}$ 와 $y=1+x$의 그래프를 통해 교점의 개수가 존재하지 않으므로 구간 $(0,1)$에서 근은 존재하지 않는다.

④ $f(x)=e^x+2x-3$라고 할 때, $f(0)<0$, $f(1)>0$이므로 구간 $(0,1)$에서 $f(x)=0$을 만족하는 x는 반드시 존재한다.

CHAPTER **02** 미적분법

■ 1. 미분이란

35. 풀이 참조

풀이 (1) $y' = 6x^5$, $y'' = 30x^4$

(2) $y' = \dfrac{1}{2}x^{-\frac{1}{2}} = \dfrac{1}{2\sqrt{x}}$, $y'' = -\dfrac{1}{4}x^{-\frac{3}{2}} = \dfrac{-1}{4x\sqrt{x}}$

(3) $y' = -x^{-2} = -\dfrac{1}{x^2}$, $y'' = 2x^{-3} = \dfrac{2}{x^3}$

36. $\dfrac{3}{2}$

풀이 주어진 함수 $f(x) = \dfrac{x^3}{g(x)}$ 을 $g(x) = \dfrac{x^3}{f(x)}$ 으로

변형시키고 분수함수 미분법을 적용하면

$g'(x) = \dfrac{3x^2 f(x) - x^3 f'(x)}{\{f(x)\}^2}$ 이고,

$g'(2) = \dfrac{3 \cdot 2^2 f(2) - 2^3 f'(2)}{\{f(2)\}^2} = \dfrac{3}{2}$

37. 1

풀이 $g'(x) = \dfrac{-(-f(x) - xf'(x))}{(1 - xf(x))^2} = \dfrac{f(x) + xf'(x)}{(1 - xf(x))^2}$

$\therefore g'(0) = f(0) = 1$

38. $-2 + \sqrt{2}$

풀이 (준식)

$= \dfrac{-\sec x \cdot \tan x \cdot \tan x - (1 - \sec x)\sec^2 x}{\tan^2 x}\bigg]_{x=\frac{\pi}{4}} = -2 + \sqrt{2}$

39. 0

풀이 $f'(x) = 4x^3 - 12x$ 이고, $x = 0$ 을 대입하면 $f'(0) = 0$ 이다.

40. $\dfrac{3}{4}$

풀이 $f'(x) = 1 - \dfrac{1}{x^2}$ 이고, $x = 2$ 를 대입하면 $f'(2) = \dfrac{3}{4}$ 이다.

41. 풀이 참조

풀이 (1) $y' = \dfrac{(2 - \tan x) + x\sec^2 x}{(2 - \tan x)^2}$

(2) $g'(x) = 3x^2 \cos x - x^3 \sin x$

(3) $h'(u) = \csc u - u\csc u \cot u + \csc^2 u$

(4) $y' = \dfrac{x^2 \cos x - 2x\sin x}{x^4} = \dfrac{x\cos x - 2\sin x}{x^3}$

(5) $f'(\theta) = \dfrac{\sec\theta \tan\theta(1 + \sec\theta) - \sec^2\theta \tan\theta}{(1 + \sec\theta)^2}$

$\qquad = \dfrac{\sec\theta \tan\theta}{(1 + \sec\theta)^2}$

(6) $y' = \sec x \tan^2 x + \sec^3 x$

42. (1) 6   (2) $-\dfrac{1}{3}$ (3) $\dfrac{2}{9}$

(4) $\dfrac{1}{4}$ (5) 7   (6) 18

풀이 (1) $f'(x) = (2x+1)(x^2 - x + 1) + (x^2 + x + 1)(2x - 1)$

$\qquad f'(1) = 6$

(2) $f'(x) = -\dfrac{2x+1}{(x^2 + x + 1)^2}$, $f'(1) = -\dfrac{1}{3}$

(3) $f'(x) = \dfrac{2(x^2 - 1) - (2x - 3)(2x)}{(x^2 - 1)^2}$, $f'(2) = \dfrac{2}{9}$

(4) $f'(x) = \dfrac{\cos x(2 + \cos x) - \sin x(-\sin x)}{(2 + \cos x)^2}$, $f'\left(\dfrac{\pi}{2}\right) = \dfrac{1}{4}$

(5) $y' = 16x + 7(e^x \tan x + e^x \sec^2 x)$, $f'(0) = 7$

(6) $y' = (x+2)(x^2 + 5) + (x-1)(x^2 + 5)$

$\qquad\qquad\qquad + (x-1)(x+2)(2x)$

이므로 $f'(1) = 18$

43. (1) 미분 불가능 　　(2) 미분가능

풀이 (1) $f(0)=0$, $\displaystyle\lim_{x\to 0}|x|=\begin{cases}\displaystyle\lim_{x\to 0^+}x=0\\[2mm]\displaystyle\lim_{x\to 0^-}(-x)=0\end{cases}$; 함숫값과 극한값

이 같으므로 연속이다.

$$\lim_{h\to 0}\frac{f(h)-f(0)}{h}=\lim_{h\to 0}\frac{|h|}{h}=\begin{cases}\displaystyle\lim_{h\to 0^-}\frac{|h|}{h}=\lim_{h\to 0^-}\frac{-h}{h}=-1\\[3mm]\displaystyle\lim_{h\to 0^+}\frac{|h|}{h}=\lim_{h\to 0^+}\frac{h}{h}=1\end{cases}$$

; 좌미분계수와 우미분계수와 다르므로 미분계수는 존재하지
않는다. 따라서 $x=0$에서 연속이지만, 미분은 불가능하다.

(2) $f(0)=0$, $\displaystyle\lim_{x\to 0}|x|^2=\begin{cases}\displaystyle\lim_{x\to 0^+}x^2=0\\[2mm]\displaystyle\lim_{x\to 0^-}(-x)^2=0\end{cases}$; 함숫값과 극한

값이 같으므로 연속이다.

$$\lim_{h\to 0}\frac{f(h)-f(0)}{h}=\lim_{h\to 0}\frac{|h|^2}{h}=\begin{cases}\displaystyle\lim_{h\to 0^-}\frac{|h|^2}{h}=\lim_{h\to 0^-}\frac{h^2}{h}=0\\[3mm]\displaystyle\lim_{h\to 0^+}\frac{|h|^2}{h}=\lim_{h\to 0^+}\frac{h^2}{h}=0\end{cases}$$

; 좌미분계수와 우미분계수와 같기에 미분계수가 존재한다.
따라서 $x=0$에서 연속이고, 미분가능한 함수이고, $x=0$에서
의 미분계수는 0이다.

44. (1) 연속, 미분불가능 　　(2) 연속, 미분가능

풀이 (1) $f(0)=0$, $\displaystyle\lim_{x\to 0}x\sin\frac{1}{x}=0$(스퀴즈 정리)

함숫값과 극한값이 같으므로 연속이다.

$$\lim_{h\to 0}\frac{f(0+h)-f(0)}{h}=\lim_{h\to 0}\frac{h\sin\frac{1}{h}}{h}=\lim\sin\frac{1}{h}\text{(진동)}$$

미분계수가 존재하지 않으므로 미분불가능하다.

(2) $f(0)=0$, $\displaystyle\lim_{x\to 0}x^{\frac{5}{3}}\sin\frac{1}{x}=0$(스퀴즈정리)

함숫값과 극한값이 같으므로 연속이다.

$$\lim_{h\to 0}\frac{f(0+h)-f(0)}{h}=\lim_{h\to 0}\frac{h^{\frac{5}{3}}\sin\frac{1}{h}}{h}$$
$$=\lim_{h\to 0}h^{\frac{2}{3}}\sin\frac{1}{h}=0$$
$$(\because \text{극한에서 } 0\times\text{(진동)은 0이다.})$$

미분계수가 존재하므로 미분가능하며 $x=0$에서의 미분계수
는 0이다.

45. 존재하지 않는다.

풀이 미분계수의 정의에 의해

$$f'(0)=\lim_{h\to 0}\frac{f(0+h)-f(0)}{h}=\lim_{h\to 0}\frac{h\tan^{-1}\frac{1}{h}}{h}$$
$$=\lim_{h\to 0}\tan^{-1}\frac{1}{h}=\begin{cases}\displaystyle\lim_{h\to 0^-}\tan^{-1}\frac{1}{h}=-\frac{\pi}{2}\\[3mm]\displaystyle\lim_{h\to 0^+}\tan^{-1}\frac{1}{h}=\frac{\pi}{2}\end{cases}$$

$\therefore$ $x=0$에서 미분계수는 존재하지 않고, 미분불가능하다.

46. 6

풀이 주어진 등식에 $x=0$, $y=0$을 대입하면
$$f(0)=f(0)+f(0)+0, \quad \therefore f(0)=0$$
$$f'(0)=\lim_{h\to 0}\frac{f(0+h)-f(0)}{h}=\lim_{h\to 0}\frac{f(h)}{h}=1$$
$$f'(1)=\lim_{h\to 0}\frac{f(1+h)-f(1)}{h}$$
$$=\lim_{h\to 0}\frac{f(1)+f(h)+5h-f(1)}{h}$$
$$=\lim_{h\to 0}\frac{f(h)}{h}+\lim_{h\to 0}\frac{5h}{h}=1+5=6$$

[다른 풀이]
$f(x+y)=f(x)+f(y)+5xy$를 y에 대하여 미분하면
$f'(x+y)=f'(y)+5x$이고, $y=0$을 대입하면
$f'(x)=f'(0)+5x=1+5x$이다. 따라서 $f'(1)=6$이다.

47. 12

풀이 $f'(x)=\lim_{h\to 0}\frac{f(x+h)-f(x)}{h}$
$$=\lim_{h\to 0}\frac{f(x)+f(h)+xh(x+h)-f(x)}{h}$$
$$=\lim_{h\to 0}\left\{\frac{f(h)}{h}+x(x+h)\right\}=1+x^2$$

이다. 따라서 적분하면
$$f(x)=\int(1+x^2)dx=x+\frac{1}{3}x^3+C$$

여기서 $x=0$, $y=0$일 때 $f(0)=0$이므로
$$f(x)=x+\frac{1}{3}x^3$$이다. 따라서 $f(3)=12$이다.

48. 60

풀이 항등식 $f(x+y)=f(x)+f(y)+4xy$에

$x=y=0$을 대입하면 $f(0)=0$이다.

$$f'(x)=\lim_{h \to 0}\frac{f(x+h)-f(x)}{h}$$
$$=\lim_{h \to 0}\frac{f(x)+f(h)+4xh-f(x)}{h}$$
$$=\lim_{h \to 0}\frac{f(h)+4xh}{h}$$
$$=\lim_{h \to 0}\left(\frac{f(h)}{h}+4x\right)$$
$$=4x+2$$

$$f(x)=\int (4x+2)\,dx=2x^2+2x+C$$

$f(0)=0$이므로 $C=0$

$f(x)=2x^2+2x$이므로 $f(5)=60$

49. 21

풀이 이항정리 $\sum_{r=0}^{n}{}_nC_r=2^n$ 를 이용하여 구하자

$$\frac{d^n}{dx^n}f(x)g(x)=\sum_{r=0}^{n}A_r\,f^{(n-r)}(x)\,g^{(r)}(x)$$
$$=\sum_{r=0}^{n}{}_nC_r\,f^{(n-r)}(x)\,g^{(r)}(x)$$

이고 따라서 $\sum_{r=1}^{6}a_r=\sum_{r=0}^{7}{}_nC_r-2=2^7-2$ 이므로 a_1, a_2,

$\cdots$, a_6의 평균은 $\dfrac{2^7-2}{6}=21$ 이다.

50. 31e

풀이 $g(x)=x^2$, $h(x)=e^x$ 에 대하여

$$f^{(5)}=\{g(x)h(x)\}^{(5)}$$
$$={}_5C_0\,g^{(0)}h^{(5)}+{}_5C_1\,g^{(1)}h^{(4)}+{}_5C_2\,g^{(2)}h^{(3)}$$
$$+{}_5C_3\,g^{(3)}h^{(2)}+{}_5C_4\,g^{(4)}h^{(1)}+{}_5C_5\,g^{(5)}h^{(0)}$$
$$={}_5C_0\,x^2e^x+{}_5C_1\,2x\,e^x+{}_5C_2\,2\,e^x,$$
$$f^{(5)}(1)=({}_5C_0+2{}_5C_1+2{}_5C_2)e$$
$$=(1+10+20)e=31e$$

■ 2. 적분이란

51. 풀이 참조

풀이

(1) $\displaystyle\int \sqrt{x}\,dx=\int x^{\frac{1}{2}}\,dx=\frac{2}{3}x^{\frac{3}{2}}+C$

(2) $\displaystyle\int x\sqrt{x}\,dx=\int x^{\frac{3}{2}}\,dx=\frac{2}{5}x^{\frac{5}{2}}+C$

(3) $\displaystyle\int -\frac{1}{x^2}\,dx=\int -x^{-2}\,dx=-\frac{1}{-1}x^{-1}+C=\frac{1}{x}+C$

(4) $\displaystyle\int_0^{\frac{\pi}{3}} (2x-\sec x\tan x)\,dx$

$$=\int_0^{\frac{\pi}{3}} 2x\,dx-\int_0^{\frac{\pi}{3}} \sec x\tan x\,dx$$
$$=\left[x^2\right]_0^{\frac{\pi}{3}}-\left[\sec x\right]_0^{\frac{\pi}{3}}=\left\{\left(\frac{\pi}{3}\right)^2-0\right\}-(2-1)=\frac{\pi^2}{9}-1$$

(5) $\displaystyle\int_{-\frac{\pi}{2}}^{\frac{\pi}{2}} \sin x\,dx=-\cos x\Big|_{-\frac{\pi}{2}}^{\frac{\pi}{2}}=0$

(6) $\displaystyle\int_0^{\pi} \sin x\,dx=-\cos x\Big|_0^{\pi}=2$

(7) $\displaystyle\int_{-\frac{\pi}{2}}^{\frac{\pi}{2}} \cos x\,dx=\sin x\Big|_{-\frac{\pi}{2}}^{\frac{\pi}{2}}=2$

(8) $\displaystyle\int_0^{\pi} \cos x\,dx=\sin x\Big|_0^{\pi}=0$

(9) $\displaystyle\int_0^{\frac{\pi}{4}} \frac{1}{1-\sin^2 x}\,dx=\int_0^{\frac{\pi}{4}} \frac{1}{\cos^2 x}\,dx$

$$=\int_0^{\frac{\pi}{4}} \sec^2 x\,dx=\left[\tan x\right]_0^{\frac{\pi}{4}}=1$$

(10) $\displaystyle\int \tan^2 x\,dx-\int \frac{1+\cos^2 x}{\cos^2 x}\,dx$

$$=\int \sec^2 x-1\,dx-\int \frac{1}{\cos^2 x}+1\,dx$$
$$=\int \sec^2 x-1\,dx-\int \sec^2 x+1\,dx$$
$$=-\int 2\,dx=-2x+C$$

(11) $\displaystyle\int \tanh^2 x-1\,dx=\int -\text{sech}^2 x\,dx$

$$=-\tanh x+C$$

(12) $\displaystyle\int \sinh^2\frac{x}{2}\,dx=\int \frac{\cosh x-1}{2}\,dx$

$$=\frac{1}{2}\sinh x-\frac{x}{2}+C$$

52.   (1) 4   (2) $\dfrac{15}{2}$ (3) 6   (4) $\dfrac{3}{2}$

풀이 (1) $\displaystyle\int_0^{2\pi} |\sin x|\,dx = 2\int_0^{\pi}\sin x\,dx = 2\cdot2\int_0^{\frac{\pi}{2}}\sin x\,dx = 4$

(2) $3\displaystyle\int_{-2}^{1}|x|\,dx = 3\left[\int_{-2}^{0}(-x)dx + \int_0^1 x\,dx\right]$

$\qquad = 3\left[\left[-\dfrac{1}{2}x^2\right]_{-2}^0 + \left[\dfrac{1}{2}x^2\right]_0^1\right]$

$\qquad = 3\left(2+\dfrac{1}{2}\right) = \dfrac{15}{2}$

(3) $\displaystyle\int_{-1}^3 2x\,dx - \int_{-1}^3 [x]\,dx$

$\qquad = [x^2]_{-1}^3 - \displaystyle\int_{-1}^3 [x]\,dx = 6$

$\qquad \left(\because \displaystyle\int_{-1}^3 [x]\,dx = \int_{-1}^{0^-}(-1)dx \right.$

$\qquad\qquad \left. + \displaystyle\int_{0^+}^{1^-}0\,dx + \int_1^2 1\,dx + \int_2^3 2\,dx \right.$

$\qquad\qquad \left. = -1+0+1+2 = 2\right)$

(4) $\displaystyle\int_0^1 [4x]\,dx$

$\qquad = \displaystyle\int_0^{\frac{1}{4}}0\,dx + \int_{\frac{1}{4}}^{\frac{2}{4}}1\,dx + \int_{\frac{2}{4}}^{\frac{3}{4}}2\,dx + \int_{\frac{3}{4}}^1 3\,dx$

$\qquad = 0+\dfrac{1}{4}+2\left(\dfrac{1}{4}\right)+3\left(\dfrac{1}{4}\right) = \dfrac{6}{4} = \dfrac{3}{2}$

53. $\dfrac{20}{3}$

풀이 $f(x) = \begin{cases} 1+x^2 & ,(|x|>1) \\ (1+x^2)2x & ,(|x|<1) \\ 3 & ,(x=1) \\ \text{존재하지 않음} & ,(x=-1) \end{cases}$ 이므로

$\displaystyle\int_{-2}^2 \lim_{n\to\infty}\dfrac{(1+x^2)(2x+x^n)}{1+x^n}\,dx$

$= \displaystyle\int_{-2}^{-1}(1+x^2)dx + \int_{-1}^1 (1+x^2)2x\,dx + \int_1^2 (1+x^2)dx$

$= 2\displaystyle\int_1^2 (1+x^2)dx$

$= 2\left[x+\dfrac{1}{3}x^3\right]_1^2$

$= 2\left\{2+\dfrac{8}{3}-\left(1+\dfrac{1}{3}\right)\right\}$

$= 2\times\left(1+\dfrac{7}{3}\right) = \dfrac{20}{3}$

■ **3. 함수에 따른 미분법**

54.   풀이 참조

풀이 (1) $y = \sin(x^2)$일 때, $y' = 2x\cos(x^2)$

(2) $y = \sin^2 x$일 때, $y' = 2\sin x\cos x = \sin 2x$

(3) $y = \cos^3 2x$ 일 때,

$\qquad y' = 3\cos^2(2x)\cdot(-\sin 2x)\cdot2 = -6\sin 2x\cos^2(2x)$

(4) $y = (x^3-1)^{100}$ 일 때

$\qquad y' = 100(x^3-1)^{99}\cdot3x^2 = 300x^2(x^3-1)^{99}$

(5) $y = \sqrt{\sinh 3x}$ 일 때 $y' = \dfrac{3\cosh 3x}{2\sqrt{\sinh 3x}}$

(6) $f(x) = 3^{\ln x^2}$ 일 때, $y' = 3^{\ln x^2}\ln 3\cdot\dfrac{2}{x}$

(7) $f(x) = \ln(\sec x + \tan x)$ 일 때,

$\qquad f'(x) = \dfrac{\sec x\tan x + \sec^2 x}{\sec x + \tan x}$

$\qquad\qquad = \dfrac{\sec x(\sec x + \tan x)}{\sec x + \tan x} = \sec x$

(8) $f(x) = \ln(\csc x + \cot x)$ 일 때,

$\qquad f'(x) = \dfrac{-\csc x\cot x - \csc^2 x}{\csc x + \cot x}$

$\qquad\qquad = \dfrac{-\csc x(\cot x + \csc x)}{\csc x + \cot x} = -\csc x$

55.   12

풀이 $(f\circ g)'(x) = \{f(g(x))\}' = f'(g(x))\cdot g'(x)$

$(f\circ g)'(1) = f'(g(1))\cdot g'(1)$

$\qquad = f'(2)\cdot(-3)$

$\qquad = (-4)\cdot(-3)$

$\qquad = 12$

56. $\dfrac{1}{8}$

풀이 $\dfrac{d}{dx}\{f(2x^2)\} = f'(2x^2)\cdot4x = x^3 \Leftrightarrow f'(2x^2) = \dfrac{1}{4}x^2$ 이므로

$x = \dfrac{1}{\sqrt{2}}$ 을 대입하면 $f'(1) = \dfrac{1}{4}\left(\dfrac{1}{\sqrt{2}}\right)^2 = \dfrac{1}{8}$ 이다.

57. 풀이 참조

풀이

(1) $(\sinh^{-1}x)' = \dfrac{1}{x+\sqrt{x^2+1}}\left(1+\dfrac{2x}{2\sqrt{x^2+1}}\right)$

$\qquad = \dfrac{1}{x+\sqrt{x^2+1}}\left(\dfrac{\sqrt{x^2+1}+x}{\sqrt{x^2+1}}\right)$

$\qquad = \dfrac{1}{\sqrt{x^2+1}}$

(2) $(\cosh^{-1}x)' = \dfrac{1}{x+\sqrt{x^2-1}}\left(1+\dfrac{2x}{2\sqrt{x^2-1}}\right)$

$\qquad = \dfrac{1}{x+\sqrt{x^2-1}}\left(\dfrac{\sqrt{x^2-1}+x}{\sqrt{x^2-1}}\right)$

$\qquad = \dfrac{1}{\sqrt{x^2-1}}$

(3) $\tanh^{-1}x = \dfrac{1}{2}\{\ln(1+x)-\ln(1-x)\}$ 이고,

$(\tanh^{-1}x)' = \dfrac{1}{2}\left(\dfrac{1}{1+x}-\dfrac{-1}{1-x}\right)$

$\qquad = \dfrac{1}{2}\left(\dfrac{2}{1-x^2}\right) = \dfrac{1}{1-x^2}$

(4) $(\operatorname{csch}^{-1}x)' = \left(\sinh^{-1}\dfrac{1}{x}\right)' = \dfrac{1}{\sqrt{\dfrac{1}{x^2}+1}}\left(-\dfrac{1}{x^2}\right)$

$\qquad = \dfrac{-1}{x^2\dfrac{\sqrt{1+x^2}}{|x|}} = \dfrac{-1}{|x|\sqrt{1+x^2}}$

(5) $(\operatorname{sech}^{-1}x)' = \left(\cosh^{-1}\dfrac{1}{x}\right)'$

$\qquad = \dfrac{1}{\sqrt{\dfrac{1}{x^2}-1}}\left(\dfrac{-1}{x^2}\right) = \dfrac{-1}{x^2\dfrac{\sqrt{1-x^2}}{|x|}}$

$\qquad = \dfrac{-1}{|x|\sqrt{1-x^2}}$

(6) $(\operatorname{coth}^{-1}x)' = \left(\tanh^{-1}\dfrac{1}{x}\right)'$

$\qquad = \dfrac{1}{1-\dfrac{1}{x^2}}\left(-\dfrac{1}{x^2}\right) = \dfrac{-1}{x^2-1} = \dfrac{1}{1-x^2}$

58. $\sec x$

풀이 $\dfrac{dy}{dx} = \dfrac{1}{\sqrt{1+\tan^2x}}\sec^2x = \dfrac{1}{\sqrt{\sec^2x}}\sec^2x$

$\qquad = \dfrac{1}{\sec x}\sec^2x = \sec x \;\left(\because |x|<\dfrac{\pi}{2}\text{이므로 }\sec x>0\right)$

59. $-\csc x$

풀이 $\dfrac{dy}{dx} = \dfrac{-\sin x}{1-\cos^2x} = \dfrac{-\sin x}{\sin^2x} = -\dfrac{1}{\sin x} = -\csc x$

60. $y' = \dfrac{-\cos(x+y)-y^2\sin x}{\cos(x+y)-2y\cos x}$

풀이 양변을 x로 미분하면

$\cos(x+y)(1+y') = 2yy'\cos x - y^2\sin x$

$\Leftrightarrow (\cos(x+y)-2y\cos x)y' = -\cos(x+y)-y^2\sin x$

$\Leftrightarrow y' = \dfrac{-\cos(x+y)-y^2\sin x}{\cos(x+y)-2y\cos x}$

[편미분을 이용한 풀이]

$f(x,y) = \sin(x+y) - y^2\cos x$ 일 때,

$f_x(x,y) = \cos(x+y) + y^2\sin x$

$f_y(x,y) = \cos(x+y) - 2y\cos x$이므로

$\dfrac{dy}{dx} = -\dfrac{\cos(x+y)+y^2\sin x}{\cos(x+y)-2y\cos x}$ 이다.

61. $-\dfrac{9}{13}$

풀이 $2(x^2+y^2)^2 = 25(x^2-y^2)$의 양변을 x로 미분하면

$4(x^2+y^2)(2x+2yy') = 25(2x-2yy')$

$x=3$, $y=1$을 대입하면

$4(9+1)(6+2y') = 25(6-2y')$

$48+16y' = 30-10y'$, $26y' = -18$

$\therefore y' = -\dfrac{9}{13}$

따라서 점 $(3,\ 1)$에서의 접선의 기울기는 $-\dfrac{9}{13}$ 이다.

[편미분을 이용한 풀이]

$f(x,y) = 2(x^2+y^2)^2 - 25(x^2-y^2)$

$f_x = 4(x^2+y^2)\cdot2x - 50x$, $f_x(3,1) = 90$

$f_y = 4(x^2+y^2)\cdot2y + 50y$, $f_y(3,1) = 130$

$\dfrac{dy}{dx} = -\dfrac{f_x(3,1)}{f_y(3,1)} = -\dfrac{9}{13}$

62. $\quad y = x + 1$

풀이 $f(x,y) = e^x \ln y - xy$라 하고 편미분을 이용해서 접선의 기울기를 구하자.

$f_x = e^x \ln y - y$, $f_y = \dfrac{e^x}{y} - x$라고 하자.

$f_x(0,1) = -1$, $f_y(0,1) = 1$이므로 $\dfrac{dy}{dx} = -\dfrac{f_x}{f_y} = 1$

따라서 접선의 방정식은 $y = x + 1$이다.

63. $\quad -\dfrac{25}{64}$

풀이 $y' = -\dfrac{x}{y}\Big|_{x=3, y=4} = -\dfrac{3}{4}$이고,

$\dfrac{dy}{dx} = -\dfrac{x}{y}$를 x에 대하여 한 번 더 미분하면

$\dfrac{d^2 y}{dx^2} = -\dfrac{1 \cdot y - x\dfrac{dy}{dx}}{y^2}\Bigg|_{x=3, y=4, \frac{dy}{dx}=-\frac{3}{4}} = -\dfrac{25}{64}$이다.

64. $\quad -\dfrac{48}{9}$

풀이 $y' = \dfrac{2y - x^2}{y^2 - 2x}\Big|_{x=3, y=3} = -1$이고,

$\dfrac{dy}{dx} = \dfrac{2y - x^2}{y^2 - 2x}$를 x에 대하여 한 번 더 미분하면

$\dfrac{d^2 y}{dx^2} = \dfrac{\left(2\dfrac{dy}{dx} - 2x\right)(y^2 - 2x) - (2y - x^2)\left(2y\dfrac{dy}{dx} - 2\right)}{(y^2 - 2x)^2}\Bigg|_{x=3, y=3, \frac{dy}{dx}=-1}$

$= -\dfrac{48}{9}$이다.

65. $\quad -12$

풀이 $f(x,y) = y^2 + 2x - \ln y$ 라고 할 때, 음함수 미분법에 의하여

$\dfrac{dy}{dx} = -\dfrac{f_x}{f_y} = -\dfrac{2}{2y - \dfrac{1}{y}}$ 이고 $\dfrac{dy}{dx} = -\dfrac{2}{2-1} = -2$

이다.

$\dfrac{dy}{dx} = -\dfrac{2y}{2y^2 - 1}$를 x에 대하여 한 번 더 미분하면

$\dfrac{d^2 y}{dx^2} = -\dfrac{2\dfrac{dy}{dx}(2y^2 - 1) - 2y\left(4y\dfrac{dy}{dx}\right)}{(2y^2 - 1)^2}\Bigg|_{x=-\frac{1}{2}, y=1, \frac{dy}{dx}=-2}$

$= -12$

66. $\quad 2$

풀이 음함수 $x^2 + xy + y^3 = 1$는 $x = 1$일 때, $y^3 + y = y(y^2 + 1) = 1$을 만족하는 $y = 0$이다.

$\dfrac{dy}{dx} = -\dfrac{f_x}{f_y} = -\dfrac{2x + y}{x + 3y^2}\Big|_{x=1, y=0} = -2$이고

$\dfrac{d^2 y}{dx^2} = -\dfrac{(2 + y')(x + 3y^2) - (2x + y)(1 + 6yy')}{(x + 3y^2)^2}\Bigg|_{x=1, y=0, y'=-2} = 2$

이다.

67. $\quad$ (1) $-\dfrac{2x}{y^5}$ $\quad$ (2) $\dfrac{-3a^4 x^2}{y^7}$ $\quad$ (3) $\dfrac{1}{x\sqrt{x}}$

풀이 (1) $\dfrac{dy}{dx} = -\dfrac{x^2}{y^2}$ 이고, 양변을 x로 미분하면

$y'' = -\dfrac{2xy^2 - 2x^2 y y'}{(y^2)^2} = -\dfrac{2xy^2 - 2x^2 y\left(-\dfrac{x^2}{y^2}\right)}{y^4}$

$= -\dfrac{2xy^4 + 2x^4 y}{y^6} = -\dfrac{2xy(y^3 + x^3)}{y^6} = -\dfrac{2x}{y^5}$

(2) 양변을 x로 미분하면 $4x^3 + 4y^3 y' = 0 \iff y' = \dfrac{-x^3}{y^3}$ 이고, y'의 양변을 x로 미분하면

$y'' = -\dfrac{3x^2 y^3 + 3x^3 y^2 y'}{(y^3)^2} = \dfrac{-3x^2 y^3 + 3x^3 y^2\left(\dfrac{-x^3}{y^3}\right)}{y^6}$

$= \dfrac{-3x^2 y^6 - 3x^6 y^2}{y^9} = \dfrac{-3x^2 y^2(y^4 + x^4)}{y^9} = \dfrac{-3a^4 x^2}{y^7}$

(3) 주어진 함수를 변형해서 합성함수 미분을 이용하자.

$\sqrt{y} = 2 - \sqrt{x} \Rightarrow y = (2 - \sqrt{x})^2 = 4 + x - 4\sqrt{x}$

$y'(x) = 1 - \dfrac{2}{\sqrt{x}} = 1 - 2x^{-\frac{1}{2}}$, $y''(x) = x^{-\frac{3}{2}}$ 이다.

68. 풀이 참조

풀이 (1) $y = \sin^{-1}x \iff x = \sin y$일 때, $\cos y = \sqrt{1-x^2}$

이고, $x = \sin y$의 양변을 x로 미분하면

$$1 = \cos y\, y' \iff y' = \frac{1}{\cos y} = \frac{1}{\sqrt{1-x^2}}$$

$$\iff (\sin^{-1}x)' = \frac{1}{\sqrt{1-x^2}}$$

(2) $y = \cos^{-1}x \iff x = \cos y$일 때, $\sin y = \sqrt{1-x^2}$

이고, $x = \cos y$의 양변을 x로 미분하면

$$1 = -\sin y\, y' \iff y' = \frac{-1}{\sin y} = \frac{-1}{\sqrt{1-x^2}}$$

$$\iff (\cos^{-1}x)' = \frac{-1}{\sqrt{1-x^2}}$$

(3) $y = \tan^{-1}x \iff x = \tan y$일 때,

$\cos y = \dfrac{1}{\sqrt{1+x^2}}$ 이고,

$x = \tan y$의 양변을 x로 미분하면

$$1 = \sec^2 y\, y' \iff y' = \cos^2 y = \frac{1}{1+x^2}$$

$$\iff (\tan^{-1}x)' = \frac{1}{1+x^2}$$

(4) $y = \csc^{-1}x \iff x = \csc y$일 때,

$\sin y = \dfrac{1}{x}$, $\tan y = \dfrac{1}{\sqrt{x^2-1}}$ 이고,

$x = \csc y$의 양변을 x로 미분하면

$1 = -\csc y \cot y\, y'$

$$\iff y' = -\sin y \tan y = \frac{-1}{x\sqrt{x^2-1}}\ (x>1)$$

$$\iff (\csc^{-1}x)' = \frac{-1}{|x|\sqrt{x^2-1}}\ (|x|>1)$$

(5) $y = \sec^{-1}x \iff x = \sec y$ 일 때,

$\cos y = \dfrac{1}{x}$, $\cot y = \dfrac{1}{\sqrt{x^2-1}}$ 이고,

$x = \sec y$의 양변을 x로 미분하면

$1 = \sec y \tan y\, y'$

$$\iff y' = \cos y \cot y = \frac{1}{x\sqrt{x^2-1}}\ (|x|>1)$$

$$\iff (\sec^{-1}x)' = \frac{1}{|x|\sqrt{x^2-1}}\ (|x|>1)$$

(6) $y = \cot^{-1}x \iff x = \cot y$ 일 때,

$\sin y = \dfrac{1}{\sqrt{1+x^2}}$ 이고,

$x = \cot y$의 양변을 x로 미분하면

$$1 = -\csc^2 y\, y' \iff y' = -\sin^2 y = \frac{-1}{1+x^2}$$

$$\iff (\cot^{-1}x)' = \frac{-1}{1+x^2}$$

69. $\dfrac{\pi}{4} + \dfrac{1}{2}$

풀이 $f'(x) = \dfrac{-1}{x^2}\tan^{-1}\dfrac{1}{x} + \dfrac{1}{x}\,\dfrac{1}{1+\dfrac{1}{x^2}}\left(\dfrac{-1}{x^2}\right)$이고,

$$f'(-1) = -\tan^{-1}(-1) + \frac{1}{2} = \frac{\pi}{4} + \frac{1}{2}$$

70. $\dfrac{4}{\pi-4}$

풀이 $f(1) = (1+a)\tan^{-1}1 = \dfrac{\pi}{4} + \dfrac{\pi}{4}a$

$f'(x) = \tan^{-1}(x^2) + (x+a)\dfrac{2x}{1+x^4}$이고,

$f'(1) = \tan^{-1}1 + 1 + a = \dfrac{\pi}{4} + 1 + a$이므로

$f(1) = f'(1) \iff \dfrac{\pi}{4} + \dfrac{\pi}{4}a = \dfrac{\pi}{4} + 1 + a$

$\iff \left(\dfrac{\pi}{4} - 1\right)a = 1 \Rightarrow a = \dfrac{1}{\dfrac{\pi}{4} - 1} = \dfrac{4}{\pi-4}$

71. $\dfrac{1}{2}$

풀이 $f(x)$가 $(1, 0)$을 지나므로

$f(1) = 0 \iff f^{-1}(0) = 1$ 이다.

$f'(x) = 5x^4 + 2$, $f'(0) = 2$일 때,

$(f^{-1})'(1) = (f^{-1})'(f(0)) = \dfrac{1}{f'(0)} = \dfrac{1}{2}$ 이다.

72. $\dfrac{2}{3}$

풀이 $f(1) = \dfrac{\pi}{4}$이고, $f'(x) = \dfrac{1}{x} + \dfrac{1}{1+x^2}$ 이다.

$(f^{-1})'\left(\dfrac{\pi}{4}\right) = (f^{-1})'(f(1)) = \dfrac{1}{f'(1)} = \dfrac{1}{\dfrac{3}{2}} = \dfrac{2}{3}$ 이다.

73. $\dfrac{5}{6}$

풀이 $f^{-1} = g$라고 하자.

$(f^{-1})'(0) = g'(0)$
$\qquad\qquad = g'(f(1)) = \dfrac{1}{f'(1)} = \dfrac{1}{3}$

$(f^{-1})'(1) = g'(1)$
$\qquad\qquad = g'(f(0)) = \dfrac{1}{f'(0)} = \dfrac{1}{2}$

따라서 $(f^{-1})'(0) + (f^{-1})'(1) = \dfrac{5}{6}$ 이다.

74. -1

풀이 $f(x)$의 역함수를 $g(x)$라고 하면

$G(x) = \dfrac{1}{f^{-1}(x)} = \dfrac{1}{g(x)}$ 이고 $G'(x) = -\dfrac{g'(x)}{\{g(x)\}^2}$ 이다.

$f(3) = 2$이므로 $f^{-1}(2) = g(2) = 3$,

$g'(2) = g'(f(3)) = \dfrac{1}{f'(3)} = 9$ 이므로

$G'(2) = -\dfrac{g'(2)}{\{g(2)\}^2} = -\dfrac{9}{9} = -1$

75. 5

풀이 $f^{-1} = g$라고 할 때, 역함수 미분법에 의하여

$(f^{-1})'\left(\dfrac{\pi}{3}\right) = g'\left(\dfrac{\pi}{3}\right) = \dfrac{1}{f'\left(\frac{1}{2}\right)}$

$\qquad = \dfrac{1}{\dfrac{\pi}{3} + \dfrac{1}{\sqrt{1-x^2}}}\Bigg|_{x=\frac{1}{2}} = \dfrac{1}{\dfrac{\pi}{3} + \dfrac{2}{\sqrt{3}}}$

$\qquad = \dfrac{1}{\dfrac{\pi + 2\sqrt{3}}{3}} = \dfrac{3}{\pi + 2\sqrt{3}} = \dfrac{a}{\pi + b\sqrt{3}}$

이므로 $a = 3, b = 2$이므로 $a + b = 5$이다.

76. $\dfrac{2}{5}$

풀이 $f(-1) = -2$, $f^{-1}(-2) = -1$이므로

$f'(x) = \sqrt{3+x^2} + \dfrac{x^2}{\sqrt{3+x^2}}$ 이고, $f'(-1) = 2 + \dfrac{1}{2} = \dfrac{5}{2}$

이므로 $(f^{-1})'(-2) = \dfrac{1}{f'(-1)} = \dfrac{2}{5}$ 이다.

77. 54

풀이 $f(x) = 3x + 2\cos x$ 에 대하여 $f(0) = 2$이고,

$f'(x) = 3 - 2\sin x$, $f''(x) = -2\cos x$ 이다.

$f'(0) = 3$, $f''(0) = -2$이다.

따라서

$(f^{-1})''(2) = (f^{-1})''(f(0))$

$\qquad = -\dfrac{f''(0)}{\{f'(0)\}^3}$

$\qquad = -\dfrac{-2}{3^3} = \dfrac{2}{27} = \dfrac{a}{b}$

이고, $ab = 54$이다.

78. $-\dfrac{\cos\frac{1}{x}}{x^2}$

풀이 $y = \dfrac{1}{\sin^{-1}x}$ 을 $y = x$에 대하여 대칭시키면

$x = \dfrac{1}{\sin^{-1}y} \iff \sin^{-1}y = \dfrac{1}{x} \iff y = \sin\dfrac{1}{x}$ 이므로

$f^{-1}(x) = \sin\dfrac{1}{x}$

$\Rightarrow (f^{-1})'(x) = \cos\dfrac{1}{x}\left(-\dfrac{1}{x^2}\right) = -\dfrac{\cos\frac{1}{x}}{x^2}$

79. $\dfrac{3}{41}$

풀이 **[풀이1]** 직접 역함수를 구한다.

$y = \sqrt{\tan x}$ 를 $y = x$에 대하여 대칭을 시키면

$x = \sqrt{\tan y} \iff \tan y = x^2 \iff y = \tan^{-1}(x^2)$

이므로 $g(x) = \tan^{-1}(x^2)$이고, $g'(x) = \dfrac{2x}{1+x^4}$,

$g'(3) = \dfrac{3}{41}$

[풀이2] $f(x) = \sqrt{\tan x}$, $f'(x) = \dfrac{\sec^2 x}{2\sqrt{\tan x}}$ 에 대하여

$\alpha = \tan^{-1}9$라고 할 때, $\tan\alpha = 9$, $\sec\alpha = \sqrt{82}$ 이다.

$f(\alpha) = 3$, $f'(\alpha) = \dfrac{\sec^2\alpha}{2\sqrt{\tan\alpha}} = \dfrac{82}{6} = \dfrac{41}{3}$,

$g'(3) = g'(f(\alpha)) = \dfrac{1}{f'(\alpha)} = \dfrac{3}{41}$

80. $\dfrac{4}{3}$

풀이 $f(x)=\tanh x$ 이고, f의 역함수 f^{-1}의 정의역은 $(-1,\,1)$일 때,

$f^{-1}(x)=g(x)=\dfrac{1}{2}\ln\!\left(\dfrac{1+x}{1-x}\right)$ 이다.

$g'(x)=\dfrac{1}{1-x^2} \Rightarrow g'\!\left(\dfrac{1}{2}\right)=\dfrac{4}{3}$ 이다.

81. 25

풀이 $f(x)=\sinh x\cosh x=\dfrac{1}{2}\sinh 2x$ 에 대하여

$f(a)=\dfrac{1}{2}\sinh 2a=\dfrac{15}{16}$ 라 하면

$\sinh 2a=\dfrac{15}{8}$ 이고, $\cosh^2(2a)-\sinh^2(2a)=1$

이므로 $\cosh(2a)=\dfrac{17}{8}$ 이다.

역함수 미분법에 의해 다음과 같다.

$g'\!\left(\dfrac{15}{16}\right)=g'(f(a))=\dfrac{1}{f'(a)}=\dfrac{1}{\cosh 2x}\Big|_{x=a}$

$=\dfrac{1}{\cosh 2a}=\dfrac{8}{17}=\dfrac{a}{b}$ 이므로 $a+b=25$ 이다.

풀이 $y=\dfrac{1}{2}\sinh 2x \Leftrightarrow 2y=\sinh 2x$ 의 역함수를

직접 만들면 $2x=\sinh 2y$ $2y=\sinh^{-1}(2x) \Leftrightarrow$

$y=\dfrac{1}{2}\sinh^{-1}(2x)$ 이고 합성함수 미분법을 이용하여

$y'=g'(x)=\dfrac{1}{2}\cdot\dfrac{2}{\sqrt{1+4x^2}}\Big|_{x=\frac{15}{16}}=\dfrac{8}{17}$ 이다.

$a=8,\ b=17$ 이므로 $a+b=25$ 이다.

82. $\dfrac{dy}{dx}=-1,\quad \dfrac{d^2y}{dx^2}=-3\sqrt{3}$

풀이 $x=\sin 2t=\dfrac{\sqrt{3}}{2},\ y=2\cos t=\sqrt{3}$ 을 만족하는 $t=\dfrac{\pi}{6}$

일 때이다.

$x'=2\cos 2t\Big|_{t=\frac{\pi}{6}}=1$,

$y'=-2\sin t\Big|_{t=\frac{\pi}{6}}=-1$

$x''=-4\sin 2t\Big|_{t=\frac{\pi}{6}}=-2\sqrt{3}$

$y''=-2\cos t\Big|_{t=\frac{\pi}{6}}=-\sqrt{3}$

$\dfrac{dy}{dx}=\dfrac{y'}{x'}=\dfrac{-1}{1}=-1$.

$\dfrac{d^2y}{dx^2}=\dfrac{x'y''-x''y'}{(x')^3}=\dfrac{-\sqrt{3}-2\sqrt{3}}{1}=-3\sqrt{3}$

83. $-\sqrt{3}$

풀이 매개함수 미분법에 의해서

$\dfrac{dy}{dx}=\dfrac{3\sin^2 t\cdot(\cos t)}{3\cos^2 t\cdot(-\sin t)}=-\tan t\Big|_{t=\frac{\pi}{3}}=-\sqrt{3}$

84. 2

풀이 $x=t^3-t=t^2(t-1)=0$,

$y=t^2-1=(t+1)(t-1)=0$ 을 만족하는 $t=1$ 이다.

즉, $t=1$일 때 원점을 지나는 매개함수이다.

$\dfrac{dx}{dt}=3t^2-2t,\ \dfrac{dy}{dt}=2t$ 이고 원점은 $t=1$ 일 때이므로

곡선의 원점에서의 기울기 $\dfrac{dy}{dx}$ 는

$\dfrac{dy}{dx}=\dfrac{2t}{3t^2-2t}\Big]_{t=1}=2$

85. 4

풀이 $\dfrac{dx}{dt}=x'=3t^2,\ \dfrac{dy}{dt}=y'=-1-4t$ 이므로

$\dfrac{dy}{dx}=\dfrac{y'}{x'}=\dfrac{-1-4t}{3t^2}=1$

$\Rightarrow 3t^2+4t+1=0 \Rightarrow (3t+1)(t+1)=0$

$\Rightarrow t=-\dfrac{1}{3}$ 또는 $t=-1$

(i) $t=-\dfrac{1}{3}$ 일 때, $x=-\dfrac{1}{27},\ y=\dfrac{55}{9}$ 이므로 정수가

아니므로 정수가 아니다.

(ii) $t=-1$ 일 때, $x=-1,\ y=5$ 이므로 $a=-1,\ b=5$

$\therefore\ a+b=4$

86. $\sqrt{3},\ -\sqrt{3}$

풀이 매개변수 곡선 $x=t^2,\ y=t^3-3t+1$ 의 그래프를 그려보면

$(x,\,y)=(3,\,1)$ 에서 꼬인 점이 생긴다.

따라서 점 $(x,\,y)=(3,\,1)$ 에서 두 개의 접선을 갖는다.

매개변수 곡선 $x=t^2,\ y=t^3-3t+1$ 의 기울기는

$\dfrac{dy}{dx} = \dfrac{\dfrac{dy}{dt}}{\dfrac{dx}{dt}} = \dfrac{3t^2 - 3}{2t}$ 이므로

$t = \sqrt{3}$ 일 때, $\dfrac{dy}{dx} = \dfrac{9-3}{2\sqrt{3}} = \dfrac{6}{2\sqrt{3}} = \sqrt{3}$,

$t = -\sqrt{3}$ 일 때, $\dfrac{dy}{dx} = \dfrac{9-3}{-2\sqrt{3}} = -\dfrac{6}{2\sqrt{3}} = -\sqrt{3}$ 이다.

그러므로 점 $A(3, 1)$에서 두 접선의 기울기는 $\sqrt{3}, -\sqrt{3}$ 이다.

87. $\dfrac{dy}{dx} = -1 - \sqrt{2}$

풀이 $\dfrac{dy}{dx} = \dfrac{r'\sin\theta + r\cos\theta}{r'\cos\theta - r\sin\theta}\Big]_{\theta = \frac{\pi}{4}} = \dfrac{r' + r}{r' - r}$ 이다.

$r = 1 + \sin\theta\big]_{\theta = \frac{\pi}{4}} = \dfrac{2 + \sqrt{2}}{2}$, $r' = \cos\theta\big]_{\theta = \frac{\pi}{4}} = \dfrac{\sqrt{2}}{2}$

$r' + r = 1 + \sqrt{2}$, $r' - r = -1$ 이므로

$\dfrac{dy}{dx} = -1 - \sqrt{2}$ 이다.

88. $x = \dfrac{3\sqrt{3}}{4}$

풀이 $r = 1 + \sin\theta\big]_{\theta = \frac{\pi}{6}} = \dfrac{3}{2}$, $r' = \cos\theta\big]_{\theta = \frac{\pi}{6}} = \dfrac{\sqrt{3}}{2}$

$\dfrac{dy}{dx} = \dfrac{r'\sin\theta + r\cos\theta}{r'\cos\theta - r\sin\theta}\Big]_{\theta = \frac{\pi}{6}}$

$= \dfrac{\dfrac{\sqrt{3}}{2}\cdot\dfrac{1}{2} + \dfrac{3}{2}\cdot\dfrac{\sqrt{3}}{2}}{\dfrac{\sqrt{3}}{2}\cdot\dfrac{\sqrt{3}}{2} - \dfrac{3}{2}\cdot\dfrac{1}{2}} = \dfrac{4\sqrt{3}}{0}$

꼴이므로 수직접선을 갖는다.

$x = r\cos\theta$ 이므로 $x = \dfrac{3\sqrt{3}}{4}$ 인 수직접선을 갖는다.

89. $\dfrac{-2\sqrt{3}}{3}$

풀이 $r = 1 + \sqrt{3}\sin\theta\big]_{\theta = \frac{\pi}{3}} = \dfrac{5}{2}$

$r' = \sqrt{3}\cos\theta\big]_{\theta = \frac{\pi}{3}} = \dfrac{\sqrt{3}}{2}$

$\dfrac{dy}{dx} = \dfrac{r'\sin\theta + r\cos\theta}{r'\cos\theta - r\sin\theta}\Big]_{\theta = \frac{\pi}{3}}$

$= \dfrac{\dfrac{\sqrt{3}}{2}\cdot\dfrac{\sqrt{3}}{2} + \dfrac{5}{2}\cdot\dfrac{1}{2}}{\dfrac{\sqrt{3}}{2}\cdot\dfrac{1}{2} - \dfrac{5}{2}\cdot\dfrac{\sqrt{3}}{2}} = \dfrac{8}{-4\sqrt{3}} = \dfrac{-2\sqrt{3}}{3}$

90. 1

풀이 극곡선의 접선의 기울기 $\dfrac{dy}{dx}$ 는 매개함수 미분법을 이용한다.

$r = \cos 2\theta$ 를 $\begin{cases} x = r\cos\theta \\ y = r\sin\theta \end{cases}$ 를 사용하여 매개변수 미분을 한다.

$r\left(\dfrac{\pi}{4}\right) = \cos 2\theta\big]_{\theta = \frac{\pi}{4}} = 0$, $r'\left(\dfrac{\pi}{4}\right) = -2\sin 2\theta\big]_{\theta = \frac{\pi}{4}} = -2$

$\dfrac{dy}{dx} = \dfrac{r'\sin\theta + r\cos\theta}{r'\cos\theta - r\sin\theta}\Big]_{r = 0, \theta = \frac{\pi}{4}} = \tan\dfrac{\pi}{4} = 1$

91. $-\sqrt{3}$

풀이 극곡선의 접선의 기울기 $\dfrac{dy}{dx}$ 는 매개함수 미분법을 이용한다.

$r = \sin 3\theta$ 를 $\begin{cases} x = r\cos\theta \\ y = r\sin\theta \end{cases}$ 를 사용하여 매개변수 미분을 한다.

$r\left(\dfrac{\pi}{3}\right) = \sin 3\theta\big]_{\theta = \frac{\pi}{6}} = 1$, $r'\left(\dfrac{\pi}{3}\right) = 3\cos 3\theta\big]_{\theta = \frac{\pi}{6}} = 0$

$\dfrac{dy}{dx} = \dfrac{r'\sin\theta + r\cos\theta}{r'\cos\theta - r\sin\theta}\Big]_{r' = 0, \theta = \frac{\pi}{6}} = -\cot\left(\dfrac{\pi}{6}\right) = -\sqrt{3}$

92. 1

풀이 극곡선의 접선의 기울기 $\dfrac{dy}{dx}$ 는 매개함수 미분법을 이용한다.

$r = \sin 4\theta$ 를 $\begin{cases} x = r\cos\theta \\ y = r\sin\theta \end{cases}$ 를 사용하여 매개변수 미분을 한다.

$r\left(\dfrac{\pi}{4}\right) = \sin 4\theta\big]_{\theta = \frac{\pi}{4}} = 0$, $r'\left(\dfrac{\pi}{4}\right) = 4\cos 4\theta\big]_{\theta = \frac{\pi}{4}} = -4$

$\dfrac{dy}{dx} = \dfrac{r'\sin\theta + r\cos\theta}{r'\cos\theta - r\sin\theta}\Big]_{r = 0, \theta = \frac{\pi}{4}} = \tan\dfrac{\pi}{4} = 1$

93. $\left(\dfrac{5\sqrt{3}}{4}, \dfrac{5}{4}\right)$, $\left(\dfrac{5\sqrt{3}}{4}, -\dfrac{5}{4}\right)$,

$\left(-\dfrac{5\sqrt{3}}{4}, -\dfrac{5}{4}\right)$, $\left(-\dfrac{5\sqrt{3}}{4}, \dfrac{5}{4}\right)$

풀이 주어진 곡선은 $x = r\cos\theta$, $y = r\sin\theta$로 치환하면 극곡선

(연주형) $r^2 = \dfrac{25}{2}\cos 2\theta$이다.

$f(x,y) = 2(x^2 + y^2)^2 - 25(x^2 - y^2)$라고 할 때

$\dfrac{dy}{dx} = -\dfrac{f_x}{f_y} = 0$을 만족하면 수평접선을 갖는다.

즉, $f_x = 0$이고, $f_y \neq 0$을 만족하는 점을 찾자.

$f_y = 8y(x^2 + y^2) + 50y = 2y(4x^2 + 4y^2 + 25)$이고

$f_x = 8x(x^2 + y^2) - 50x = 2x(4x^2 + 4y^2 - 25) = 0$을

만족하기 위해서 $x = 0$ 또는 $x^2 + y^2 = \dfrac{25}{4}$를 만족하는

곡선 $2(x^2 + y^2)^2 = 25(x^2 - y^2)$ 위의 점이다.

(i) $x^2 + y^2 = \dfrac{25}{4}$을 만족하는 곡선 위의 점은

$2 \cdot \dfrac{25 \cdot 25}{16} = 25\left(2x^2 - \dfrac{25}{4}\right) \Leftrightarrow \dfrac{25}{8} = 2x^2 - \dfrac{25}{4}$

$\Leftrightarrow x^2 = \dfrac{75}{16} \Leftrightarrow y^2 = \dfrac{25}{16}$,

$x = \pm\dfrac{5}{4}\sqrt{3}$이고, $y = \pm\dfrac{5}{4}$이다.

이 점은 $f_y \neq 0$이므로 여기서 $\dfrac{dy}{dx} = 0$을 갖는다.

따라서 수평접선을 갖는 점은 $\left(\dfrac{5\sqrt{3}}{4}, \dfrac{5}{4}\right)$,

$\left(\dfrac{5\sqrt{3}}{4}, -\dfrac{5}{4}\right)$, $\left(-\dfrac{5\sqrt{3}}{4}, -\dfrac{5}{4}\right)$, $\left(-\dfrac{5\sqrt{3}}{4}, \dfrac{5}{4}\right)$

(ii) $x = 0$이면 $y = 0$이다. 즉, 극좌표로 나타낼 때

$\theta = \pm\dfrac{\pi}{4}$, $\pm\dfrac{3\pi}{4}$일 때 $r = 0$이다.

$\dfrac{dy}{dx} = \left(\dfrac{0}{0}\text{꼴}\right)$이 나오므로 매개함수 미분법을 이용하여

$\dfrac{dy}{dx} = \dfrac{r'\sin\theta + r\cos\theta}{r'\cos\theta - r\sin\theta}\bigg|_{r=0} = \tan\theta$이므로

$(0,0)$에서 $\dfrac{dy}{dx} = \pm 1$이다.

94. $\dfrac{1}{8}(26 + 15\sqrt{3})$

풀이 $r = 1 + \sin\theta$이 있다. $\theta = \dfrac{\pi}{3}$, $\theta = \dfrac{2}{3}\pi$에서 이 곡선의 접선을

각각 l_1, l_2라고 할 때, l_1과 l_2는 y축에 대하여 대칭임을 이용하자.

직교 좌표와 극좌표 관계에 의하여

$x = r\cos\theta = (1 + \sin\theta)\cos\theta$, $y = r\sin\theta = (1 + \sin\theta)\sin\theta$

이므로 매개변수 미분법에 의하여

$\dfrac{dy}{dx} = \dfrac{\cos\theta\sin\theta + (1 + \sin\theta)\cos\theta}{\cos\theta\cos\theta - (1 + \sin\theta)\sin\theta}$이다.

$\theta = \dfrac{\pi}{3}$일 때, $\dfrac{dy}{dx}\bigg|_{\theta = \frac{\pi}{3}} = -1$이고

점 $(x,y) = \left(\dfrac{1}{2} + \dfrac{\sqrt{3}}{4}, \dfrac{\sqrt{3}}{2} + \dfrac{3}{4}\right)$을 지나므로

접선의 방정식은

$l_1 \; ; \; y = -\left(x - \dfrac{1}{2} - \dfrac{\sqrt{3}}{4}\right) + \left(\dfrac{\sqrt{3}}{2} + \dfrac{3}{4}\right)$이다.

또한 l_1의 x절편은 $\dfrac{5}{4} + \dfrac{3\sqrt{3}}{4}$이고 y절편은 $\dfrac{5}{4} + \dfrac{3\sqrt{3}}{4}$이므로

다각형의 넓이는

$\left(\dfrac{5}{4} + \dfrac{3\sqrt{3}}{4}\right) \times \left(\dfrac{5}{4} + \dfrac{3\sqrt{3}}{4}\right) \times \dfrac{1}{2} \times 2$

$= \left(\dfrac{5}{4} + \dfrac{3\sqrt{3}}{4}\right)^2$

$= \dfrac{1}{16}(25 + 30\sqrt{3} + 27)$

$= \dfrac{1}{8}(26 + 15\sqrt{3})$

95. 1

풀이 $f(x) = (\ln x)^{3x} = e^{3x\ln(\ln x)}$

$\Rightarrow f'(x) = (\ln x)^{3x}\left\{3\ln(\ln x) + 3x\dfrac{1}{x\ln x}\right\}$

$\Rightarrow f'(e) = 3 \Rightarrow \dfrac{1}{3}f'(e) = 1$

96. 1

풀이 $y = x^{\sin\frac{\pi x}{2e}} = e^{\sin\left(\frac{\pi}{2e}x\right)\ln x}$

$\Rightarrow y' = x^{\sin\frac{\pi x}{2e}}\left\{\dfrac{\pi}{2e}\cos\left(\dfrac{\pi}{2e}x\right)\ln x + \sin\left(\dfrac{\pi}{2e}x\right)\dfrac{1}{x}\right\}$

$\Rightarrow y'(e) = e\left(\dfrac{1}{e}\right) = 1$

97. (1) 2 (2) 4 (3) 2

풀이 (1) $y = x^x = e^{x \ln x}$ 을 양변을 x에 대하여 미분하면
$$y' = x^x(\ln x + 1) = y(\ln x + 1) \text{이다.}$$
$$y'' = y'(\ln x + 1) + y \cdot \frac{1}{x}$$
$$\therefore y'' = x^x(\ln x + 1)^2 + x^x \cdot \frac{1}{x}$$
$$= x^x(\ln x + 1)^2 + x^{x-1}$$
$$\Rightarrow f''(1) = 2$$

(2) $y(x) = (x^x)^x = x^{x^2} = e^{x^2 \ln x} \Rightarrow y(1) = 1$
$$y'(x) = x^{x^2}(2x \ln x + x) = y(2x \ln x + x) \Rightarrow y'(1) = 1$$
$$y''(x) = y'(2x \ln x + x) + y(2 \ln x + 3) \Rightarrow y''(1) = 4$$

(3) $y(x) = x^{\ln x} = e^{(\ln x)^2} \Rightarrow y(1) = 1$
$$y'(x) = e^{(\ln x)^2} \cdot \frac{2 \ln x}{x} = y \cdot \frac{2 \ln x}{x} \Rightarrow y'(1) = 0$$
$$y''(x) = y' \cdot \frac{2 \ln x}{x} + y \cdot \frac{2 - 2 \ln x}{x^2} \Rightarrow y''(1) = 2$$

98. $-\dfrac{2}{5^5 \sqrt{3}}$

풀이 양변에 $\ln$을 씌우면 곱으로 연결된 인수를 덧셈으로 나타낼 수 있다.

$\ln y = 2 \ln x + \dfrac{1}{2} \ln(2x+1) - 5 \ln(3x+2)$ 이고 양변을 x에

대해서 미분하면
$$\frac{1}{y} y' = \frac{2}{x} + \frac{1}{2x+1} - \frac{15}{3x+2} \text{이고,}$$
$$y' = y\left(\frac{2}{x} + \frac{1}{2x+1} - \frac{15}{3x+2}\right) \text{이다.}$$

$y = \dfrac{x^2 \sqrt{2x+1}}{(3x+2)^5}$ 에 대하여 $y(1) = \dfrac{\sqrt{3}}{5^5}$ 이고

$$y'(1) = \frac{\sqrt{3}}{5^5}\left(2 + \frac{1}{3} - 3\right) = -\frac{2\sqrt{3}}{3 \cdot 5^5} = -\frac{2}{5^5 \sqrt{3}}$$

99. 풀이 참조

풀이 (1) $f' = \ln(2x^2)2x$

(2) $y' = -\dfrac{\sin(x^2)}{x^2}2x = -\dfrac{2\sin(x^2)}{x}$

(3) $y' = \sqrt{1+(x^5)^3}5x^4 = 5x^4 \sqrt{1+x^{15}}$

100. $\sqrt{17}$

풀이 $F'(x) = f(x)$, $F''(x) = f'(x)$
$$f'(t) = \frac{\sqrt{1+(t^2)^2}}{t^2}2t$$
$$F''(2) = f'(2) = \frac{\sqrt{1+16}}{4}4 = \sqrt{17}$$

101. $\dfrac{1}{3}$

풀이 $f(2) = 0$이고, $f'(x) = \sqrt{1+x^3}$, $f'(2) = 3$이다. $f^{-1} = g$라고
하면 역함수 미분법에 의하여
$$(f^{-1})'(0) = g'(f(2)) = \frac{1}{f'(2)} = \frac{1}{3} \text{가 성립한다.}$$

102. 1

풀이 $H'(x) = \dfrac{-1}{x^2} \displaystyle\int_3^x (2t - 3H'(t))dt + \dfrac{1}{x}(2x - 3H'(x))$
$$H'(3) = \frac{-1}{9}\int_3^3 (2t - 3H'(t))dt + \frac{1}{3}(6 - 3H'(3))$$
$H'(3) = 2 - H'(3)$으로 식을 정리하면 $2H'(3) = 2$ 이다.
$$\therefore H'(3) = 1$$

103. $y = 2e(x-1)$

풀이 $y = \displaystyle\int_1^{x^2} xe^{t^2}dt = x\int_1^{x^2}e^{t^2}dt$ 이고,
$$y' = \int_1^{x^2}e^{t^2}dt + xe^{x^4} \cdot 2x$$
$$y'(1) = 2e$$
따라서 점 $(1, 0)$에서의 접선의 방정식은 $y = 2e(x-1)$이다.

104. $2e^2$

풀이 $f(x) = \displaystyle\int_1^{x^2} e^{x+t^2}dt = e^x\int_1^{x^2}e^{t^2}dt$ 이고 양변을 미분하면
$$f'(x) = e^x\int_1^{x^2}e^{t^2}dt + e^x \cdot e^{x^4} \cdot 2x \text{이므로}$$
$$f'(1) = 2e^2 \text{이다.}$$

105. $\quad m = \dfrac{2}{2+\pi}, \;\; C = -\dfrac{\pi}{2}$

풀이 $F(x, y) = \displaystyle\int_{y}^{x^2+x}(1+\sin^{-1}t)\,dt = C$

$F_x(x, y) = \{1+\sin^{-1}(x^2+x)\}(2x+1) \quad F_x(0, 1) = 1$

$F_y(x, y) = -(1+\sin^{-1}y)$

$F_y(0, 1) = -(1+\sin^{-1}1) = -1-\dfrac{\pi}{2}$

$\Rightarrow \dfrac{dy}{dx} = -\dfrac{F_x}{F_y} = \dfrac{-1}{-1-\dfrac{\pi}{2}} = \dfrac{2}{2+\pi} = m$

$\displaystyle\int (1+\sin^{-1}t)\,dt = C \left(\begin{matrix} u'=1 & v=\sin^{-1}t \\ u=t & v'=\dfrac{1}{\sqrt{1-t^2}} \end{matrix}\right)$

$\qquad = t + \left(t\sin^{-1}t - \displaystyle\int \dfrac{t}{\sqrt{1-t^2}}\,dt\right)$

$\qquad = t + t\sin^{-1}t + \sqrt{1-t^2}$

$(0, 1)$을 지나는 곡선 $\Rightarrow \displaystyle\int_{1}^{0}(1+\sin^{-1}t)\,dt$

$= \left[t + t\sin^{-1}t + \sqrt{1-t^2}\right]_{1}^{0}$

$= -\dfrac{\pi}{2} = C$

■ 4. 함수에 따른 적분법

106.
  (1) $\dfrac{1}{4}(\sin3 - \sin2)$ (2) $\dfrac{1}{3}\sin^3x + C$

  (3) $-\dfrac{1}{\sin x} + C$ (4) $\dfrac{1}{\sqrt{e}} - \dfrac{1}{e}$

  (5) $\dfrac{e-1}{2}$ (6) $\ln3$

풀이 (1) $\displaystyle\int_{0}^{1} x^3\cos(x^4+2)\,dx = \left[\dfrac{1}{4}\sin(x^4+2)\right]_{0}^{1}$

$\qquad\qquad\qquad = \dfrac{1}{4}(\sin3 - \sin2)$

(2) $\displaystyle\int \cos x\,\sin^2x\,dx = \dfrac{1}{3}\sin^3x + C$

(3) $\displaystyle\int \dfrac{\cos x}{\sin^2x}\,dx = \int \cos x\,(\sin x)^{-2}\,dx$

$\qquad\qquad = -(\sin x)^{-1} + C = -\dfrac{1}{\sin x} + C$

(4) $\displaystyle\int_{1}^{2} \dfrac{e^{-1/x}}{x^2}\,dx \;\left(\begin{matrix} 2 \\ 1 \end{matrix} > -\dfrac{1}{x} = t < \begin{matrix} -\tfrac{1}{2} \\ -1 \end{matrix} \Rightarrow \dfrac{1}{x^2}\,dx = dt\right)$

$\qquad = \displaystyle\int_{-1}^{-\frac{1}{2}} e^t\,dt = \left[e^t\right]_{-1}^{-\frac{1}{2}} = e^{-\frac{1}{2}} - e^{-1}$

$\qquad = \dfrac{1}{\sqrt{e}} - \dfrac{1}{e}$

(5) $1-x^2 = t$로 치환하면

$\qquad -2x\,dx = dt \;\Rightarrow\; x\,dx = -\dfrac{1}{2}\,dt$이므로

$\qquad \displaystyle\int_{0}^{1} x e^{1-x^2}\,dx = \int_{1}^{0}\left(-\dfrac{1}{2}\right)e^t\,dt$

$\qquad\qquad\qquad = \displaystyle\int_{0}^{1}\dfrac{1}{2}e^t\,dt = \left[\dfrac{1}{2}e^t\right]_{0}^{1}$

$\qquad\qquad\qquad = \dfrac{e-1}{2}$

(6) $\displaystyle\int_{1}^{2} \dfrac{2x+1}{x^2+x}\,dx \;\; (x^2+x = t,\; 2x+1 = dt)$

$\qquad = \displaystyle\int_{2}^{6}\dfrac{1}{t}\,dt = \ln t\big]_{2}^{6} = \ln6 - \ln2 = \ln3$

107. $2e(e-1)$

풀이 $\sqrt{x}=t$ 라 치환하면 $\dfrac{1}{2\sqrt{x}}dx=dt$ 이므로 $\dfrac{1}{\sqrt{x}}dx=2dt$ 이다.

$$\int_1^4 \frac{e^{\sqrt{x}}}{\sqrt{x}}\,dx = 2\int_1^2 e^t\,dt = 2e(e-1)$$

108. $-\dfrac{8}{3}$

풀이 $\sqrt{x+3}=t$ 라고 치환하면 $x=t^2-3$ 이고 $dx=2t\,dt$ 이다.

$$\int_{-2}^1 \frac{2x}{\sqrt{x+3}}dx = \int_1^2 \frac{2(t^2-3)}{t}\cdot 2t\,dt$$

$$=4\int_1^2 (t^2-3)dt = 4\left[\frac{1}{3}t^3-3t\right]_1^2$$

$$=4\left\{\frac{8}{3}-6-\left(\frac{1}{3}-3\right)\right\}$$

$$=4\left\{\frac{7}{3}-3\right\}=-\frac{8}{3}$$

109. $\dfrac{64}{3}$

풀이
$$\int_7^{62} \frac{dx}{\sqrt{1+\sqrt{2+x}}}$$

$$=\int_3^8 2\frac{du}{\sqrt{1+u}}\quad(\because \sqrt{2+x}=u,\ dx=2u\,du)$$

$$=4\int_3^8 \frac{1}{2\sqrt{1+u}}\cdot u\,du$$

$$=4\left\{\left[u\sqrt{1+u}\right]_3^8-\int_3^8 \sqrt{1+u}\,du\right\}\quad(\because \text{부분적분})$$

$$=4\left\{(8\cdot3-3\cdot2)-\left[\frac{2}{3}(1+u)\sqrt{1+u}\right]_3^8\right\}$$

$$=4\left\{18-\frac{2}{3}(9\cdot3-4\cdot2)\right\}=\frac{64}{3}$$

[다른 풀이]

$\sqrt{1+\sqrt{2+x}}=u$ 치환하면 $1+\sqrt{2+x}=u^2$

$\sqrt{2+x}=u^2-1 \Leftrightarrow 2+x=(u^2-1)^2$

$dx=4u(u^2-1)du$ 이므로

$$\int_7^{62} \frac{dx}{\sqrt{1+\sqrt{2+x}}} = \int_2^3 \frac{4u(u^2-1)}{u}du$$

$$=4\int_2^3 u^2-1\,du = 4\left[\frac{1}{3}u^3-u\right]_2^3$$

$$=4\left(\frac{19}{3}-1\right)=\frac{64}{3}\text{ 이다.}$$

110. $\dfrac{2}{3}$

풀이 $\cos^{-1}x=t$ 라 치환하면 $\cos t=x$, $\sin t=\sqrt{1-x^2}$, $(-\sin t)dt=dx$ 이다.

$$\int_0^1 \sin(2\cos^{-1}x)\,dx = \int_{\frac{\pi}{2}}^0 \sin(2t)\cdot(-\sin t)\,dt$$

$$=\int_0^{\frac{\pi}{2}} \sin(2t)\cdot \sin t\,dt$$

$$=\int_0^{\frac{\pi}{2}} 2\sin^2 t\cdot\cos t\,dt$$

$$=\left[\frac{2}{3}\sin^3 t\right]_0^{\frac{\pi}{2}}=\frac{2}{3}$$

풀이 $\cos^{-1}x=\alpha$ 라 치환하면 $\cos\alpha=x$ 이고 $\sin\alpha=\sqrt{1-x^2}$ 이다.

따라서 $\sin2\alpha=2\sin\alpha\cos\alpha=2x\sqrt{1-x^2}$ 이므로

$$\int_0^1 \sin(2\cos^{-1}x)\,dx$$

$$=\int_0^1 \sin2\alpha\,dx$$

$$=\int_0^1 2x\sqrt{1-x^2}\,dx$$

$$=-\frac{2}{3}(1-x^2)^{\frac{3}{2}}\Big|_0^1 = \frac{2}{3}(1-x^2)^{\frac{3}{2}}\Big|_1^0 = \frac{2}{3}\text{ 이다.}$$

111. $\sqrt{3}$

풀이 $u=1+x^2$ 이라 하면 $du=2x\,dx$

$$\int_0^a \frac{x}{\sqrt{1+x^2}}dx = \sqrt{1+x^2}\Big|_0^a = \sqrt{1+a^2}-1=1$$

$a=\pm\sqrt{3}$, a 는 양수이므로 $a=\sqrt{3}$ 이다.

112. $1-\sqrt{2}$

풀이 $g(x)=\dfrac{1-x}{1+x}$ 에서 $g(0)=1$ 이고, $g(1)=0$ 이다.

$\sqrt{1+(g(x))^2}=t$ 로 치환하면 $1+(g(x))^2=t^2$ 이고, $g(x)g'(x)dx=t\,dt$ 이다.

$$\int_0^1 \frac{g(x)g'(x)}{\sqrt{1+[g(x)]^2}}dx = \int_{\sqrt{2}}^1 \frac{t}{t}dt = 1-\sqrt{2}$$

113. $\quad 2\sin 1$

풀이 $\sqrt{xt} = u$라고 치환하면

$$\sqrt[x^3]{x} \rangle \sqrt{xt} = u \langle \substack{x^2\\x}, \ t = \frac{1}{x}u^2, \ dt = \frac{2}{x}u\,du \text{이므로}$$

$$f(x) = \int_x^{x^3} \sin\left(\sqrt{xt}\right) dt = \int_x^{x^2} \frac{2}{x} u \sin u\,du$$

$$= \frac{2}{x}\int_x^{x^2} u\sin u\,du \text{이다.}$$

따라서

$$f'(x) = -\frac{2}{x^2}\int_x^{x^2} u\sin u\,du + \frac{2}{x}\left(2x^3\sin x^2 - x\sin x\right)$$

이므로 $f'(1) = 2\sin 1$

114. $\quad f(x) = \dfrac{1}{2}x - \dfrac{1}{4}\sin 2x + \dfrac{\pi}{4}$

풀이 $f(x) = \tan x - x + \dfrac{\pi}{4} - \displaystyle\int_0^x f'(u)\tan^2 u\,du$에서 $f(0) = \dfrac{\pi}{4}$이다.

$$f'(x) = \sec^2 x - 1 - f'(x)\tan^2 x$$

$$\therefore (1 + \tan^2 x)f'(x) = \sec^2 x - 1$$

$$\sec^2 x\, f'(x) = \tan^2 x$$

$(\because 1 + \tan^2 x = \sec^2 x \text{ 이므로})$

즉, $f'(x) = \sin^2 x$이다. 따라서

$$f(x) = \int \sin^2 x\,dx$$

$$= \int \frac{1}{2}(1 - \cos 2x)dx$$

$$= \frac{1}{2}\left(x - \frac{1}{2}\sin 2x\right) + C$$

$f(0) = \dfrac{\pi}{4}$이므로 $\quad f(0) = 0 + C \quad \therefore C = \dfrac{\pi}{4}$

$f(x) = \dfrac{1}{2}x - \dfrac{1}{4}\sin 2x + \dfrac{\pi}{4}$ 이다.

115. $\quad$ (1) $\dfrac{\pi}{2}$ $\qquad$ (2) $\dfrac{\sqrt{3}-1}{4}$

$\qquad\qquad$ (3) $\dfrac{\pi}{12}$ $\qquad$ (4) $\dfrac{1}{4}\left[\dfrac{\pi}{6} + \dfrac{\sqrt{3}}{4}\right]$

풀이 (1) $x = \sin\theta$로 치환하면 $dx = \cos\theta\,d\theta$

$$\int_0^1 \frac{1}{\sqrt{1-x^2}}\,dx = \int_0^{\frac{\pi}{2}} \frac{1}{|\cos\theta|}\cos\theta\,d\theta = \frac{\pi}{2}$$

또는 공식에 의해서

$$\int_0^1 \frac{1}{\sqrt{1-x^2}}\,dx = \left[\sin^{-1}x\right]_0^1 = \sin^{-1}1 = \frac{\pi}{2}$$

(2) $\substack{\sqrt{2}\\1} \rangle x = 2\sin\theta \langle \substack{\frac{\pi}{4}\\\frac{\pi}{6}}, \ dx = 2\cos\theta\,d\theta$

$$\int_1^{\sqrt{2}} \frac{1}{x^2\sqrt{4-x^2}}\,dx = \int_{\frac{\pi}{6}}^{\frac{\pi}{4}} \frac{2\cos\theta}{4\sin^2\theta\,2\cos\theta}\,d\theta$$

$$= \frac{1}{4}\int_{\frac{\pi}{6}}^{\frac{\pi}{4}} \csc^2\theta\,d\theta = -\frac{1}{4}\left[\cot\theta\right]_{\frac{\pi}{6}}^{\frac{\pi}{4}}$$

$$= -\frac{1}{4}(1 - \sqrt{3}) = \frac{\sqrt{3}-1}{4}$$

(3) $\displaystyle\int_{\frac{1}{2}}^{\frac{1}{\sqrt{2}}} \frac{x}{\sqrt{1-4x^4}}\,dx$

$$\left(\substack{\frac{1}{\sqrt{2}}\\\frac{1}{2}} \rangle 2x^2 = t \langle \substack{1\\\frac{1}{2}}, \ x\,dx = \frac{1}{4}dt\right)$$

$$= \frac{1}{4}\int_{\frac{1}{2}}^{1} \frac{1}{\sqrt{1-t^2}}\,dt$$

$$= \frac{1}{4}\left[\sin^{-1}t\right]_{\frac{1}{2}}^{1}$$

$$= \frac{1}{4}\left(\frac{\pi}{2} - \frac{\pi}{6}\right) = \frac{\pi}{12}$$

(4) $\displaystyle\int_0^{\frac{1}{\sqrt{2}}} x\sqrt{1-x^4}\,dx \quad \left(\substack{x^2 = t\\2x\,dx = dt}\right)$

$$= \int_0^{\frac{1}{2}} \frac{1}{2}\sqrt{1-t^2}\,dt \quad \left(\substack{t = \sin\theta\\dt = \cos\theta}\right)$$

$$= \frac{1}{2}\int_0^{\frac{\pi}{6}} \cos^2\theta\,d\theta$$

$$= \frac{1}{4}\int_0^{\frac{\pi}{6}} 1 + \cos 2\theta\,d\theta$$

$$= \frac{1}{4}\left[\theta + \frac{1}{2}\sin 2\theta\right]_0^{\frac{\pi}{6}}$$

$$= \frac{1}{4}\left[\frac{\pi}{6} + \frac{\sqrt{3}}{4}\right]$$

116. $\quad$ (1) $\ln\left(x + \sqrt{x^2-1}\right) + C$ $\qquad$ (2) $\dfrac{5\sqrt{5}}{3}$

$\qquad\qquad$ (3) $\dfrac{1}{a^2}\cdot\dfrac{\sqrt{x^2-a^2}}{x}$ $\qquad\qquad$ (4) $\sqrt{3}$

풀이 (1) 미분공식을 적용해서 구할 수도 있다.

$$\int \frac{1}{\sqrt{x^2-1}}\,dx = \ln\left(x + \sqrt{x^2-1}\right) + C$$

(2) $x = 2\sec\theta, \ dx = 2\sec\theta\tan\theta\,d\theta$로 치환하면,

θ의 범위는 0부터 a이고, 여기서 $2\sec a = 3$을 만족한다. 따라서 $\sec a = \dfrac{3}{2}$, $\tan a = \dfrac{\sqrt{5}}{2}$ 이다.

$$\int_2^3 x\sqrt{x^2-4}\,dx = \int_0^a 2\sec\theta \cdot 2\tan\theta \cdot 2\sec\theta\tan\theta\,d\theta$$
$$= 8\int_0^a \tan^2\theta \sec^2\theta\,d\theta$$
$$= \frac{8}{3}\tan^3\theta \Big]_0^a = \frac{8}{3}\tan^3 a$$
$$= \frac{8}{3}\cdot\frac{5\sqrt{5}}{8} = \frac{5\sqrt{5}}{3}$$

(3) $x = a\sec\theta$, $dx = a\sec\theta\tan\theta\,d\theta$로 치환하자.

$$\int \frac{1}{x^2\sqrt{x^2-a^2}}\,dx = \int \frac{a\sec\theta\tan\theta}{a^2\sec^2\theta \cdot a\tan\theta}\,d\theta$$
$$= \frac{1}{a^2}\int \frac{1}{\sec\theta}\,dx$$
$$= \frac{1}{a^2}\int \cos\theta\,d\theta$$
$$= \frac{1}{a^2}\sin\theta$$
$$= \frac{1}{a^2}\cdot\frac{\sqrt{x^2-a^2}}{x}$$

(4) $\dfrac{1}{2} > x = \dfrac{1}{2}\sec\theta < \dfrac{\pi}{3}$, $dx = \dfrac{1}{2}\sec\theta\tan\theta\,d\theta$.

$$4x^2 - 1 = 4\left(\frac{1}{4}\sec^2\theta\right) - 1 = \sec^2\theta - 1 = \tan^2\theta$$

$$\int_{\frac{1}{2}}^1 \frac{1}{x^2\sqrt{4x^2-1}}\,dx = \int_0^{\frac{\pi}{3}} \frac{\frac{1}{2}\sec\theta\tan\theta}{\frac{1}{4}\sec^2\theta\sqrt{\tan^2\theta}}\,d\theta$$
$$= \int_0^{\frac{\pi}{3}} 2\frac{1}{\sec\theta}\,d\theta$$
$$= \int_0^{\frac{\pi}{3}} 2\cos\theta\,d\theta$$
$$= 2\left[\sin\theta\right]_0^{\frac{\pi}{3}}$$
$$= 2\cdot\frac{\sqrt{3}}{2} = \sqrt{3}$$

117. (1) $\ln\left(x + \sqrt{x^2+1}\right) + C$　　(2) $\ln(1+\sqrt{2})$

(3) $\ln\left(\dfrac{2+2\sqrt{2}}{1+\sqrt{5}}\right)$　　　　(4) $\dfrac{\pi}{16}$

풀이 (1) 미분공식에 적용하거나, 삼각치환적분을 할 수 있다.

$$\int \frac{1}{\sqrt{x^2+1}}\,dx = \ln\left(x + \sqrt{x^2+1}\right) + C$$

(2) $\displaystyle\int_2^3 \frac{1}{\sqrt{x^2-4x+5}}\,dx$

$$= \int_2^3 \frac{1}{\sqrt{(x-2)^2+1}}\,dx \left(\begin{smallmatrix}3\\2\end{smallmatrix} > x-2 = t < \begin{smallmatrix}1\\0\end{smallmatrix},\ dx = dt\right)$$
$$= \int_0^1 \frac{1}{\sqrt{t^2+1}}\,dt = \left[\ln(t+\sqrt{t^2+1})\right]_0^1 = \ln(1+\sqrt{2})$$

(3) $\displaystyle\int_0^1 \frac{1}{\sqrt{x^2+2x+5}}\,dx$ 　$\left(\begin{smallmatrix}1\\0\end{smallmatrix} > x+1 = t < \begin{smallmatrix}2\\1\end{smallmatrix},\ dx = dt\right)$

$$= \int_0^1 \frac{1}{\sqrt{(x+1)^2+2^2}}\,dx = \int_1^2 \frac{1}{\sqrt{t^2+2^2}}\,dt$$
$$= \left[\ln\left|t+\sqrt{t^2+4}\right|\right]_1^2$$
$$= \ln(2+2\sqrt{2}) - \ln(1+\sqrt{5})$$

TIP

$$\int \frac{1}{\sqrt{x^2\pm a^2}}\,dx = \ln\left|x+\sqrt{x^2\pm a^2}\right| - \ln a + C$$

이다. 정적분의 경우 적분상수가 의미가 없기 때문에 $-\ln a + C$를 적분상수로 생각하고 적분할 수 있다.

example) $\displaystyle\int_1^2 \frac{1}{\sqrt{x^2+2^2}}\,dx$

$$= \left[\ln\left|x+\sqrt{x^2+2^2}\right| - \ln 2 + C\right]_1^2$$
$$= \left[\ln\left|x+\sqrt{x^2+2^2}\right|\right]_1^2$$

(4) $\displaystyle\int_{-3}^1 \frac{1}{x^2+6x+25}\,dx = \int_{-3}^1 \frac{1}{(x+3)^2+4^2}\,dx$

$$= \frac{1}{4}\left[\tan^{-1}\left(\frac{x+3}{4}\right)\right]_{-3}^1 = \frac{1}{4}\cdot\frac{\pi}{4} = \frac{\pi}{16}$$

118.

(1) $\dfrac{1}{2}x^2 - 4x + 16\ln|x+4| + C$

(2) $\dfrac{1}{2}x^2 - 2\ln|x^2+4| + 2\tan^{-1}\left(\dfrac{x}{2}\right) + C$

(3) $\dfrac{5}{2}\ln 2$ (4) $\dfrac{1}{15}$

(5) $\dfrac{1}{4}\ln\dfrac{5}{3} - \dfrac{1}{10}$ (6) $2\ln\dfrac{8}{5} - \dfrac{3}{4}$

풀이

(1) $\displaystyle\int \dfrac{x^2}{x+4}\,dx = \int x - 4 + \dfrac{16}{x+4}\,dx$

$\qquad = \dfrac{1}{2}x^2 - 4x + 16\ln|x+4| + C$

(2) $\displaystyle\int \dfrac{x^3+3}{x^2+4}\,dx = \int x + \dfrac{-4x+4}{x^2+4}\,dx$

$\qquad = \displaystyle\int x - \dfrac{4x}{x^2+4} + \dfrac{4}{x^2+4}\,dx$

$\qquad = \dfrac{1}{2}x^2 - 2\ln|x^2+4| + 2\tan^{-1}\left(\dfrac{x}{2}\right) + C$

(3) $\displaystyle\int_{\frac{1}{2}}^{\frac{5}{2}} \dfrac{5}{2x+3}\,dx = \dfrac{5}{2}\int_{\frac{1}{2}}^{\frac{5}{2}} \dfrac{2}{2x+3}\,dx$

$\qquad = \dfrac{5}{2}\left[\ln|2x+3|\right]_{\frac{1}{2}}^{\frac{5}{2}}$

$\qquad = \dfrac{5}{2}(\ln 8 - \ln 4) = \dfrac{5}{2}\ln 2$

(4) $\displaystyle\int_0^1 > 2x+3 = t <_3^5,\ 2dx = dt,\ dx = \dfrac{1}{2}dt$

$\displaystyle\int_0^1 \dfrac{1}{(2x+3)^2}\,dx = \dfrac{1}{2}\int_3^5 \dfrac{1}{t^2}\,dt$

$\qquad = -\dfrac{1}{2}\left[\dfrac{1}{t}\right]_3^5 = -\dfrac{1}{2}\left(\dfrac{1}{5} - \dfrac{1}{3}\right)$

$\qquad = -\dfrac{1}{2}\left(\dfrac{3-5}{15}\right) = \dfrac{1}{15}$

(5) $2x+3 = t <_3^5,\ 2x = t-3,\ x = \dfrac{1}{2}(t-3),\ dx = \dfrac{1}{2}dt$

$\displaystyle\int_0^1 \dfrac{x}{(2x+3)^2}\,dx = \dfrac{1}{4}\int_3^5 \dfrac{t-3}{t^2}\,dt = \dfrac{1}{4}\int_3^5 \dfrac{1}{t} - \dfrac{3}{t^2}\,dt$

$\qquad = \dfrac{1}{4}\left[\ln t + \dfrac{3}{t}\right]_3^5$

$\qquad = \dfrac{1}{4}\left(\ln 5 - \ln 3 + \dfrac{3}{5} - 1\right)$

$\qquad = \dfrac{1}{4}\ln\dfrac{5}{3} - \dfrac{1}{10}$

(6) $x+5 = t$ 로 치환하면 $x = t-5,\ dx = dt$ 이므로

$\displaystyle\int_0^3 \dfrac{2x}{(x+5)^2}\,dx = \int_5^8 \dfrac{2t-10}{t^2}\,dt = \int_5^8 \dfrac{2}{t} - \dfrac{10}{t^2}\,dt$

$\qquad = 2\ln t + \dfrac{10}{t}\Big]_5^8 = 2\ln\dfrac{8}{5} - \dfrac{3}{4}$

119.

(1) $\dfrac{1}{4}\ln\dfrac{5}{3}$ (2) $\ln\dfrac{4}{3}$

(3) $\dfrac{3}{2}\ln 3 - 2\ln 2$ (4) $2\ln 3 - \ln 2$

(5) $2\ln 3 - 2\ln 2$ (6) $\dfrac{9}{5}\ln\dfrac{8}{3}$

풀이

(1) $\displaystyle\int_3^4 \dfrac{1}{x^2-4}\,dx = \dfrac{1}{4}\int_3^4 \left(\dfrac{1}{x-2} - \dfrac{1}{x+2}\right)dx$

$\qquad = \dfrac{1}{4}\left[\ln|x-2| - \ln|x+2|\right]_3^4$

$\qquad = \dfrac{1}{4}\{(\ln 2 - \ln 6) - (\ln 1 - \ln 5)\}$

(2) $\displaystyle\int_1^2 \dfrac{1}{x^2+x}\,dx = \int_1^2 \dfrac{1}{x(x+1)}\,dx$

$\qquad = \displaystyle\int_1^2 \dfrac{1}{x} + \dfrac{-1}{x+1}\,dx$

$\qquad = \left[\ln|x|\right]_1^2 - \left[\ln|x+1|\right]_1^2$

$\qquad = \ln 2 - (\ln 3 - \ln 2)$

$\qquad = 2\ln 2 - \ln 3 = \ln\dfrac{4}{3}$

(3) $\displaystyle\int_1^4 \dfrac{x-1}{2x^2+x}\,dx = \int_1^4 \dfrac{x-1}{x(2x+1)}\,dx$

$\qquad = \displaystyle\int_1^4 \dfrac{-1}{x} + \dfrac{3}{2x+1}\,dx$

$\qquad = \dfrac{3}{2}\ln|2x+1| - \ln|x|\Big]_1^4$

$\qquad = \dfrac{3}{2}(\ln 9 - \ln 3) - \ln 4 = \dfrac{3}{2}\ln 3 - 2\ln 2$

(4) $\displaystyle\int_0^1 \dfrac{x+7}{x^2+4x+3}\,dx = \int \dfrac{x+7}{(x+1)(x+3)}$

$\qquad = \displaystyle\int_0^1 \left(\dfrac{3}{x+1} - \dfrac{2}{x+3}\right)dx$

$\qquad = \left[3\ln|x+1| - 2\ln|x+3|\right]_0^1$

$\qquad = 3(\ln 2 - \ln 1) - 2(\ln 4 - \ln 3)$

$\qquad = 3\ln 2 - 4\ln 2 + 2\ln 3$

$\qquad = 2\ln 3 - \ln 2$

(5) $\displaystyle\int_0^1 \frac{2}{2x^2+3x+1}\,dx = \int_0^1 \frac{2}{(2x+1)(x+1)}\,dx$

$\displaystyle = \int_0^1 \frac{4}{2x+1} - \frac{2}{x+1}\,dx$

$\displaystyle = 2\ln(2x+1) - 2\ln(x+1)\big]_0^1$

$= 2(\ln 3 - \ln 1) - 2(\ln 2 - \ln 1)$

$= 2\ln 3 - 2\ln 2$

(6) $\displaystyle\int_1^2 \frac{4x^2-7x-12}{x(x+2)(x-3)}\,dx$

$\displaystyle = \int_1^2 \frac{2}{x} + \frac{\frac{9}{5}}{x+2} + \frac{\frac{1}{5}}{x-3}\,dx$

$\displaystyle = 2\ln|x| + \frac{9}{5}\ln|x+2| + \frac{1}{5}\ln|x-3|\Big]_1^2$

$\displaystyle = 2\ln 2 + \frac{9}{5}\ln\frac{4}{3} - \frac{1}{5}\ln 2$

$\displaystyle = \frac{9}{5}\ln 2 + \frac{9}{5}\ln\frac{4}{3} = \frac{9}{5}\ln\frac{8}{3}$

120. (1) $\displaystyle\frac{1}{4}\ln 2 + \frac{\pi}{8}$

(2) $\displaystyle\ln 2 - \frac{1}{2}\ln 3 + \frac{1}{\sqrt{2}}\tan^{-1}\left(\frac{\sqrt{2}}{5}\right)$

(3) $\displaystyle\ln|x-1| - \frac{1}{2}\ln|x^2+9| - \frac{1}{3}\tan^{-1}\left(\frac{x}{3}\right) + C$

(4) $\displaystyle 2\ln|x| - \frac{1}{2}\ln|x^2+3| - \frac{1}{\sqrt{3}}\tan^{-1}\left(\frac{x}{\sqrt{3}}\right) + C$

풀이 (1) $\displaystyle\int_0^1 \frac{1}{(x+1)(x^2+1)}\,dx$

$\displaystyle = \int_0^1 \frac{\frac{1}{2}}{x+1} + \frac{-\frac{1}{2}x+\frac{1}{2}}{x^2+1}\,dx$

$\displaystyle = \frac{1}{2}\int_0^1 \frac{1}{x+1} - \frac{x}{x^2+1} + \frac{1}{x^2+1}\,dx$

$\displaystyle = \frac{1}{2}\left[\ln|x+1| - \frac{1}{2}\ln|x^2+1| + \tan^{-1}x\right]_0^1$

$\displaystyle = \frac{1}{2}\left(\ln 2 - \frac{1}{2}\ln 2 + \frac{\pi}{4}\right) = \frac{1}{4}\ln 2 + \frac{\pi}{8}$

(2) $\displaystyle\int_1^2 \frac{x+1}{2x^3+x}\,dx = \int_1^2 \frac{x+1}{x(2x^2+1)}\,dx$

$\displaystyle = \int_1^2 \frac{1}{x} + \frac{-2x+1}{2x^2+1}\,dx$

$\displaystyle = \int_1^2 \frac{1}{x} - \frac{2x}{2x^2+1} + \frac{1}{2x^2+1}\,dx$

$\displaystyle = \ln|x| - \frac{1}{2}\ln(2x^2+1) + \frac{1}{\sqrt{2}}\tan^{-1}\left(\sqrt{2}\,x\right)\Big]_1^2$

$\displaystyle = \ln 2 - \frac{1}{2}(\ln 9 - \ln 3) + \frac{1}{\sqrt{2}}\left(\tan^{-1}(2\sqrt{2}) - \tan^{-1}\sqrt{2}\right)$

$\displaystyle = \ln 2 - \frac{1}{2}\ln 3 + \frac{1}{\sqrt{2}}\tan^{-1}\left(\frac{\sqrt{2}}{5}\right)$

TIP $\tan^{-1}(2\sqrt{2}) = a$, $\tan^{-1}\sqrt{2} = b$ 라고 할 때,

$\tan a = 2\sqrt{2}$, $\tan b = \sqrt{2}$ 이다.

$\displaystyle \tan(a-b) = \frac{\tan a - \tan b}{1+\tan a\cdot\tan b} = \frac{2\sqrt{2}-\sqrt{2}}{1+2\sqrt{2}\cdot\sqrt{2}} = \frac{\sqrt{2}}{5}$ 이므로

$\displaystyle \tan^{-1}(2\sqrt{2}) - \tan^{-1}\sqrt{2} = a-b = \tan^{-1}\left(\frac{\sqrt{2}}{5}\right)$ 이다.

(3) $\displaystyle\int \frac{10}{(x-1)(x^2+9)}\,dx = \int \frac{1}{x-1} + \frac{-x-1}{x^2+9}\,dx$

$\displaystyle = \int \frac{1}{x-1} - \frac{x}{x^2+9} - \frac{1}{x^2+9}\,dx$

$\displaystyle = \ln|x-1| - \frac{1}{2}\ln|x^2+9| - \frac{1}{3}\tan^{-1}\left(\frac{x}{3}\right) + C$

(4) $\displaystyle\int \frac{x^2-x+6}{x^3+3x}\,dx = \int \frac{x^2-x+6}{x(x^2+3)}\,dx$

$\displaystyle = \int \frac{2}{x} + \frac{-x-1}{x^2+3}\,dx = \int \frac{2}{x} - \frac{x}{x^2+3} - \frac{1}{x^2+3}\,dx$

$\displaystyle = 2\ln|x| - \frac{1}{2}\ln|x^2+3| - \frac{1}{\sqrt{3}}\tan^{-1}\left(\frac{x}{\sqrt{3}}\right) + C$

121. (1) $\displaystyle\ln\frac{3}{2} + 1$

(2) $\displaystyle 10\ln|x-3| - 9\ln|x-2| + \frac{5}{x-2} + C$

(3) $\displaystyle\ln|x^2+1| - 2\ln|x+1| + 2\tan^{-1}x + C$

(4) $\displaystyle\ln 6 - \frac{1}{6}$

풀이 (1) $\displaystyle\int_2^3 \frac{4x}{x^3-x^2-x+1}\,dx = \int_2^3 \frac{4x}{(x+1)(x-1)^2}\,dx$

$\displaystyle = \int_2^3 \frac{-1}{x+1} + \frac{1}{x-1} + \frac{2}{(x-1)^2}\,dx$

$\displaystyle = -\left[\ln|x+1|\right]_2^3 + \left[\ln|x-1|\right]_2^3 - \left[\frac{2}{x-1}\right]_2^3$

$= -(\ln 4 - \ln 3) + (\ln 2 - \ln 1) - (1-2)$

$= -2\ln 2 + \ln 3 + \ln 2 + 1$

$\displaystyle = \ln 3 - \ln 2 + 1 = \ln\frac{3}{2} + 1$

(2) $\displaystyle\int \frac{x^2+1}{(x-3)(x-2)^2}\,dx$

$= \displaystyle\int \frac{10}{x-3}+\frac{-9}{x-2}+\frac{-5}{(x-2)^2}\,dx$

$= 10\ln|x-3|-9\ln|x-2|+\dfrac{5}{x-2}+C$

(3) $\displaystyle\int \frac{4x}{x^3+x^2+x+1}\,dx = \int \frac{4x}{(x+1)(x^2+1)}\,dx$

$= \displaystyle\int \frac{-2}{x+1}+\frac{2x+2}{x^2+1}\,dx$

$= \displaystyle\int -\frac{2}{x+1}+\frac{2x}{x^2+1}+\frac{2}{x^2+1}\,dx$

$= -2\ln|x+1|+\ln|x^2+1|+2\tan^{-1}x+C$

(4) $\displaystyle\int_3^4 \frac{2x^2+4}{x^3-2x^2}\,dx$

$= \displaystyle\int_3^4 \frac{2x^2+4}{x^2(x-2)}\,dx$

$= \displaystyle\int_3^4 \frac{-1}{x}+\frac{-2}{x^2}+\frac{3}{x-2}\,dx$

$= -\ln x +\dfrac{2}{x}+3\ln(x-2)\Big]_3^4$

$= -(\ln4-\ln3)+2\left(\dfrac{1}{4}-\dfrac{1}{3}\right)+3(\ln2-\ln1)$

$= -2\ln2+\ln3-\dfrac{1}{6}+3\ln2$

$= \ln2+\ln3-\dfrac{1}{6}$

$= \ln6-\dfrac{1}{6}$

122. (1) $\dfrac{\pi}{12}$ (2) $\dfrac{1}{2}\ln3+\dfrac{\pi}{6\sqrt{3}}$

(3) $\dfrac{1}{2}\ln|x^2+2x+5|+\dfrac{3}{2}\tan^{-1}\left(\dfrac{x+1}{2}\right)+C$

(4) $\dfrac{1}{3}\ln|x-1|-\dfrac{1}{6}\ln|x^2+x+1|$
$\qquad\qquad -\dfrac{\sqrt{3}}{3}\tan^{-1}\left(\dfrac{2x+1}{\sqrt{3}}\right)+C$

풀이 (1) $\displaystyle\int_{-2}^1 \frac{1}{x^2+4x+13}\,dx = \int_{-2}^1 \frac{1}{(x+2)^2+3^2}\,dx$

$= \dfrac{1}{3}\left[\tan^{-1}\left(\dfrac{x+2}{3}\right)\right]_{-2}^1$

$= \dfrac{1}{3}[\tan^{-1}1-0]=\dfrac{\pi}{12}$

(2) $\displaystyle\int_0^2 \frac{x+2}{x^2+2x+4}\,dx$

$= \dfrac{1}{2}\displaystyle\int_0^2 \frac{2x+2}{x^2+2x+4}\,dx + \int_0^2 \frac{1}{(x+1)^2+(\sqrt{3})^2}\,dx$

$= \dfrac{1}{2}\left[\ln(x^2+2x+4)\right]_0^2 + \dfrac{1}{\sqrt{3}}\left[\tan^{-1}\left(\dfrac{x+1}{\sqrt{3}}\right)\right]_0^2$

$= \dfrac{1}{2}(\ln12-\ln4)+\dfrac{1}{\sqrt{3}}\left(\tan^{-1}\sqrt{3}-\tan^{-1}\left(\dfrac{1}{\sqrt{3}}\right)\right)$

$= \dfrac{1}{2}\ln3+\dfrac{1}{\sqrt{3}}\left(\dfrac{\pi}{3}-\dfrac{\pi}{6}\right)$

$= \dfrac{1}{2}\ln3+\dfrac{\pi}{6\sqrt{3}}$

(3) $\displaystyle\int \frac{x+4}{x^2+2x+5}\,dx$

$= \dfrac{1}{2}\displaystyle\int \frac{2x+2}{x^2+2x+5}\,dx + \int \frac{3}{x^2+2x+5}\,dx$

$= \dfrac{1}{2}\displaystyle\int \frac{2x+2}{x^2+2x+5}\,dx + \int \frac{3}{(x+1)^2+4}\,dx$

$= \dfrac{1}{2}\ln|x^2+2x+5|+\dfrac{3}{2}\tan^{-1}\left(\dfrac{x+1}{2}\right)+C$

(4) $\displaystyle\int \frac{1}{x^3-1}\,dx$

$= \displaystyle\int \frac{1}{(x-1)(x^2+x+1)}\,dx$

$= \dfrac{1}{3}\displaystyle\int \frac{1}{x-1}+\frac{-x-2}{x^2+x+1}\,dx$

$= \dfrac{1}{3}\left\{\displaystyle\int \frac{1}{x-1}\,dx - \frac{1}{2}\int \frac{2x+1}{x^2+x+1}\,dx - \int \frac{\frac{3}{2}}{x^2+x+1}\,dx\right\}$

$= \dfrac{1}{3}\left\{\displaystyle\int \frac{1}{x-1}\,dx - \frac{1}{2}\int \frac{2x+1}{x^2+x+1}\,dx - \int \frac{\frac{3}{2}}{\left(x+\frac{1}{2}\right)^2+\frac{3}{4}}\,dx\right\}$

$= \dfrac{1}{3}\left(\ln|x-1|-\dfrac{1}{2}\ln|x^2+x+1| - \sqrt{3}\tan^{-1}\left(\dfrac{2x+1}{\sqrt{3}}\right)+C\right)$

$= \dfrac{1}{3}\ln|x-1|-\dfrac{1}{6}\ln|x^2+x+1|$
$\qquad\qquad -\dfrac{\sqrt{3}}{3}\tan^{-1}\left(\dfrac{2x+1}{\sqrt{3}}\right)+C$

123.

(1) $e^x - \tan^{-1}(e^x) + C$

(2) $2\ln|e^x + 2| - \ln|e^x + 1| + C$

(3) $2\sqrt{x+1} + \ln|\sqrt{x+1} - 1| - \ln|\sqrt{x+1} + 1| + C$

(4) $2\ln|\sqrt{x} + 1| - \ln x - \dfrac{2}{\sqrt{x}} + C$

풀이 (1) $e^x = t$, $x = \ln t$, $dx = \dfrac{1}{t}dt$

$$\int \frac{e^{3x}}{1+e^{2x}}dx = \int \frac{t^3}{t(1+t^2)}dt = \int \frac{t^2}{t^2+1}dt$$

$$= t - \tan^{-1}t + C = e^x - \tan^{-1}(e^x) + C$$

$$= \int \frac{t^2+1-1}{t^2+1}dt = \int 1 - \frac{1}{t^2+1}dt$$

$$= t - \tan^{-1}t + C = e^x - \tan^{-1}(e^x) + C$$

(2) $e^x = t$로 치환하면 $x = \ln t$이고 $dx = \dfrac{1}{t}dt$이므로

$$\int \frac{e^{2x}}{e^{2x}+3e^x+2}dx = \int \frac{t^2}{t^2+3t+2}\cdot\frac{1}{t}dt$$

$$= \int \frac{t}{(t+1)(t+2)}dt$$

$$= \int \frac{-1}{t+1} + \frac{2}{t+2}dt$$

$$= -\ln|t+1| + 2\ln|t+2| + C$$

$$= 2\ln|e^x + 2| - \ln|e^x + 1| + C$$

(3) $\sqrt{x+1} = t$로 치환하면 $x = t^2 - 1$이고

$dx = 2t\,dt$이므로

$$\int \frac{\sqrt{x+1}}{x}dx = \int \frac{t}{t^2-1}\cdot 2t\,dt$$

$$= \int \frac{2t^2}{t^2-1}dt = \int 2 + \frac{2}{(t-1)(t+1)}dt$$

$$= \int 2 + \frac{1}{t-1} + \frac{-1}{t+1}dt$$

$$= 2t + \ln|t-1| - \ln|t+1| + C$$

$$= 2\sqrt{x+1} + \ln|\sqrt{x+1} - 1| - \ln|\sqrt{x+1} + 1| + C$$

(4) $\sqrt{x} = t$로 치환하면 $x = t^2$이고 $dx = 2t\,dt$이므로

$$\int \frac{1}{x^2 + x\sqrt{x}}dx = \int \frac{2t}{t^4 + t^3}dt$$

$$= \int \frac{2}{t^3 + t^2}dt = \int \frac{2}{t^2(t+1)}dt$$

$$= \int -\frac{2}{t} + \frac{2}{t^2} + \frac{2}{t+1}dt$$

$$= -2\ln|t| - \frac{2}{t} + 2\ln|t+1| + C$$

$$= -2\ln|\sqrt{x}| - \frac{2}{\sqrt{x}} + 2\ln|\sqrt{x} + 1| + C$$

$$= 2\ln|\sqrt{x} + 1| - \ln x - \frac{2}{\sqrt{x}} + C$$

124. 3

풀이 $f(0) = 1$인 2차함수 $f(x) = ax^2 + bx + 1$이고, $f'(0) = b$이므로 b를 구하자.

$$\int \frac{ax^2 + bx + 1}{x^2(x+1)^3}dx$$

$$= \int \frac{c}{x} + \frac{d}{x^2} + \frac{e}{x+1} + \frac{f}{(x+1)^2} + \frac{g}{(x+1)^3}dx$$

이 유리함수가 되기 위해서는 $c = 0, e = 0$이 된다. 즉,

$$\int \frac{ax^2 + bx + 1}{x^2(x+1)^3}dx = \int \frac{d}{x^2} + \frac{f}{(x+1)^2} + \frac{g}{(x+1)^3}dx$$

이여야 한다. 통분을 통해서 식을 정리하면

$$d(x+1)^3 + fx^2(x+1) + gx^2$$

$$= (d+f)x^3 + (3d+f+g)x^2 + 3dx + d$$

$$= ax^2 + bx + 1$$이 성립해야 하므로

$d = 1$이고 $b = 3d = 3$이다.

125. $\dfrac{1}{3}\ln 2$

풀이 $\ln x = t$라고 치환하자.

$$\int_1^e \frac{(\ln x)^2}{x(1+(\ln x)^3)}dx = \int_0^1 \frac{t^2}{1+t^3}dt$$

$$= \frac{1}{3}\left[\ln(1+t^3)\right]_0^1 = \frac{1}{3}\ln 2$$

126. $\ln 2 - \dfrac{7}{8}$

풀이 $\dfrac{x^2 - 2x}{(x+1)^3} = \dfrac{A}{x+1} + \dfrac{B}{(x+1)^2} + \dfrac{C}{(x+1)^3}$로 놓고 양변에

$(x+1)^3$을 곱하여 정리하면

$x^2 - 2x = Ax^2 + (2A+B)x + A + B + C$이므로

$A = 1, B = -4, C = 3$이다. 따라서

$$\int_0^1 \left\{\frac{1}{x+1} - \frac{4}{(x+1)^2} + \frac{3}{(x+1)^3}\right\}dx$$

$$= \left[\ln(x+1)\right]_0^1 + \left[\frac{4}{x+1}\right]_0^1 - \left[\frac{3}{2(x+1)^2}\right]_0^1$$

$$= \ln 2 + (2-4) - \frac{3}{2}\left(\frac{1}{4} - 1\right) = \ln 2 - \frac{7}{8}$$

127. $-\dfrac{2}{9}$

풀이 $\displaystyle\int_0^{\frac{1}{2}} \frac{x^3+x}{(x^2-1)^3}dx = \int_0^{\frac{1}{2}} \frac{x(x^2+1)}{(x^2-1)^3}dx$ ($x^2=t$ 라고 치환)

$= \displaystyle\int_0^{\frac{1}{4}} \frac{1}{2}\cdot\frac{t+1}{(t-1)^3}dt$

$= \dfrac{1}{2}\displaystyle\int_0^{\frac{1}{4}} \left\{\frac{t-1}{(t-1)^3}+\frac{2}{(t-1)^3}\right\}dt$

$= \dfrac{1}{2}\displaystyle\int_0^{\frac{1}{4}} \left\{\frac{1}{(t-1)^2}+\frac{2}{(t-1)^3}\right\}dt\,|$

$= \dfrac{1}{2}\left[-\dfrac{1}{t-1}-\dfrac{1}{(t-1)^2}\right]_0^{\frac{1}{4}}$

$= \dfrac{1}{2}\left\{-\dfrac{1}{-\dfrac{3}{4}}-\dfrac{1}{\dfrac{9}{16}}-(1-1)\right\}$

$= \dfrac{1}{2}\left(\dfrac{4}{3}-\dfrac{16}{9}\right)=-\dfrac{2}{9}$

128.   (1) $\dfrac{26}{3}$ (2) $\dfrac{3}{4}(\sqrt[3]{4}-1)$ (3) $2(1+\ln2)$

(4) $\dfrac{8}{3}(4-\ln3)$ (5) $\dfrac{7}{3}$ (6) $-\dfrac{6}{5}$

풀이 (1) $\displaystyle\int_0^4 \sqrt{2x+1}\,dx = \int_0^4 (2x+1)^{\frac{1}{2}}dx$

$= \left[\dfrac{2}{3}\cdot\dfrac{1}{2}(2x+1)^{\frac{3}{2}}\right]_0^4$

$= \dfrac{1}{3}\left(9^{\frac{3}{2}}-1\right)=\dfrac{1}{3}(9\sqrt{9}-1)$

$= \dfrac{1}{3}(27-1)=\dfrac{26}{3}$

(2) $\displaystyle\int_0^1 \frac{x}{\sqrt[3]{x^2+1}}\,dx = \int_0^1 x(x^2+1)^{-\frac{1}{3}}dx$

$= \left[\dfrac{3}{2}\cdot\dfrac{1}{2}(x^2+1)^{\frac{2}{3}}\right]_0^1 = \dfrac{3}{4}(2^{\frac{2}{3}}-1)$

$= \dfrac{3}{4}(\sqrt[3]{4}-1)$

(3) $\overset{9}{_4}>\sqrt{x}=t<\overset{3}{_2},\ x=t^2,\ dx=2t\,dt$

$\displaystyle\int_4^9 \frac{1}{\sqrt{x}-1}dx = \int_2^3 \frac{2t}{t-1}dt = 2\int_2^3 \frac{t-1+1}{t-1}dt$

$= 2\displaystyle\int_2^3 \left(1+\frac{1}{t-1}\right)dt$

$= 2\big[t+\ln|t-1|\big]_2^3 = 2(1+\ln2)$

(4) $\overset{16}{_0}>\sqrt[4]{x}=t<\overset{2}{_0},\ \sqrt{x}=t^2,\ x=t^4,\ dx=4t^3dt$

$\displaystyle\int_0^{16} \frac{\sqrt{x}}{1+\sqrt[4]{x^3}}dx = \int_0^2 \frac{t^2}{1+t^3}4t^3dt = 4\int_0^2 \frac{t^5}{1+t^3}dt$

$= 4\displaystyle\int_0^2 \frac{t^2(1+t^3)-t^2}{1+t^3}dt$

$= 4\displaystyle\int_0^2 t^2 - \frac{t^2}{1+t^3}dt$

$= 4\left[\dfrac{1}{3}t^3-\dfrac{1}{3}\ln(1+t^3)\right]_0^2$

$= \dfrac{4}{3}(8-\ln9)$

$= \dfrac{4}{3}(8-2\ln3)=\dfrac{8}{3}(4-\ln3)$

(5) $\sqrt{4+x^2}=t,\ x\,dx=t\,dt$ 로 치환하면

$\displaystyle\int_0^{\sqrt{5}} \frac{x^3}{\sqrt{4+x^2}}dx = \int_2^3 \frac{t^2-4}{t}\cdot t\,dt$

$= \displaystyle\int_2^3 t^2-4\,dt$

$= \left[\dfrac{1}{3}t^3-4t\right]_2^3$

$= \dfrac{27-8}{3}-4=\dfrac{7}{3}$

(6) $\displaystyle\int_{-2}^0 x\sqrt[3]{(x+1)^2}\,dx = \int_{-2}^0 x(x+1)^{\frac{2}{3}}dx$ ($x+1=t$)

$= \displaystyle\int_{-1}^1 t^{\frac{5}{3}}-t^{\frac{2}{3}}dx$

$= \left[\dfrac{3}{8}t^{\frac{8}{3}}-\dfrac{3}{5}t^{\frac{5}{3}}\right]_{-1}^1$

$= \left[\dfrac{3}{8}(1-1)-\dfrac{3}{5}\{1-(-1)\}\right]$

$= -\dfrac{6}{5}$

129.   ④

풀이 $\displaystyle\int_0^1 \frac{\sqrt{\cosh x+1}}{\sqrt[3]{\cosh x-1}}dx$

$= \displaystyle\int_0^1 \frac{\sqrt{\cosh x+1}}{\sqrt[3]{\cosh x-1}}\times\frac{\sqrt{\cosh x-1}}{\sqrt{\cosh x-1}}dx$

$= \displaystyle\int_0^1 \frac{\sqrt{\cosh^2 x-1}}{(\cosh x-1)^{\frac{5}{6}}}dx = \int_0^1 \frac{\sinh x}{(\cosh x-1)^{\frac{5}{6}}}dx$

$= 6\left[(\cosh x-1)^{\frac{1}{6}}\right]_0^1 = 6\sqrt[6]{\cosh 1-1}$

130. $\dfrac{9\pi}{32}$

【풀이】 $x = \dfrac{3}{2}\sin\theta$ 로 삼각치환하면 $dx = \dfrac{3}{2}\cos\theta\,d\theta$ 이므로 주어진 식은 다음과 같다.

$$\int_0^{\frac{\pi}{2}} \frac{\frac{9}{4}\sin^2\theta}{\sqrt{9-4\left(\frac{9}{4}\sin^2\theta\right)}} \cdot \frac{3}{2}\cos\theta\,d\theta$$

$$= \frac{9}{8}\int_0^{\frac{\pi}{2}} \sin^2\theta\,d\theta$$

$$= \frac{9}{16}\int_0^{\frac{\pi}{2}} 1-\cos2\theta\,d\theta$$

$$= \frac{9}{16}\left[\theta - \frac{1}{2}\sin2\theta\right]_0^{\frac{\pi}{2}} = \frac{9\pi}{32}$$

131. $\dfrac{\pi}{4} - \dfrac{1}{2}$

【풀이】 $\displaystyle\int_{\frac{1}{2}}^1 \sqrt{\frac{1}{x}-1}\,dx = \int_{\frac{1}{2}}^1 \frac{\sqrt{1-x}}{\sqrt{x}}\,dx$ 이므로

$\dfrac{1}{2} \rangle \sqrt{x} = \sin\theta \langle {\frac{\pi}{2} \atop \frac{\pi}{4}}$ 로 치환하면 $x = \sin^2\theta$,

$\dfrac{1}{\sqrt{x}}\,dx = 2\cos\theta\,d\theta$ 이다. 따라서

$$\int_{\frac{1}{2}}^1 \frac{\sqrt{1-x}}{\sqrt{x}}\,dx = \int_{\frac{\pi}{4}}^{\frac{\pi}{2}} \sqrt{1-\sin^2\theta}\cdot 2\cos\theta\,d\theta$$

$$= \int_{\frac{\pi}{4}}^{\frac{\pi}{2}} 2\cos^2\theta\,d\theta = \int_{\frac{\pi}{4}}^{\frac{\pi}{2}} 1+\cos2\theta\,d\theta$$

$$= \left[\theta + \frac{1}{2}\sin2\theta\right]_{\frac{\pi}{4}}^{\frac{\pi}{2}} = \frac{\pi}{4} - \frac{1}{2}$$ 이다.

132. (1) $x\ln x - x + C$ (2) $\dfrac{1}{2}x^2\ln x - \dfrac{1}{4}x^2 + C$

(3) $\dfrac{1}{3}x^3\ln x - \dfrac{1}{9}x^3 + C$ (4) $-\dfrac{1}{x}\ln x - \dfrac{1}{x} + C$

(5) $\dfrac{32\ln2}{3} - \dfrac{28}{9}$ (6) $4(2\ln2 - 1)$

(7) $\dfrac{1}{3}(\ln x)^3 + C$ (8) $e - 2$

【풀이】 (1) $\displaystyle\int \ln x\,dx = x\ln x - \int x\frac{1}{x}\,dx = x\ln x - x + C$

(2) $\displaystyle\int x\ln x\,dx = \frac{1}{2}x^2\ln x - \int \frac{1}{2}x^2 \cdot \frac{1}{x}\,dx$

$$= \frac{1}{2}x^2\ln x - \frac{1}{2}\int x\,dx$$

$$= \frac{1}{2}x^2\ln x - \frac{1}{4}x^2 + C$$

(3) $\displaystyle\int x^2\ln x\,dx = \frac{1}{3}x^3\ln x - \int \frac{1}{3}x^3 \cdot \frac{1}{x}\,dx$

$$= \frac{1}{3}x^3\ln x - \frac{1}{3}\int x^2\,dx$$

$$= \frac{1}{3}x^3\ln x - \frac{1}{9}x^3 + C$$

(4) $\displaystyle\int \frac{\ln x}{x^2}\,dx = -\frac{1}{x}\ln x - \int \left(-\frac{1}{x}\right) \cdot \frac{1}{x}\,dx$

$$= -\frac{1}{x}\ln x - \frac{1}{x} + C$$

[다른 풀이_공식 적용]

$$\int x^{-2}\ln x\,dx = \frac{1}{-1}x^{-1}\ln x - \left(\frac{1}{-1}\right)^2 x^{-1} + C$$

$$= -\frac{\ln x}{x} - \frac{1}{x} + C$$

(5) $\displaystyle\int_1^4 \sqrt{x}\ln x\,dx = \frac{2}{3}x^{\frac{3}{2}}\ln x - \int_1^4 \frac{2}{3}x^{\frac{1}{2}}\,dx$

$$= \frac{2}{3}x^{\frac{3}{2}}\ln x - \frac{2}{3} \cdot \frac{2}{3}x^{\frac{3}{2}}$$

$$= \frac{2}{3}\left[x^{\frac{3}{2}}\ln x\right]_1^4 - \frac{4}{9}\left[x^{\frac{3}{2}}\right]_1^4$$

$$= \frac{2}{3}(16\ln2) - \frac{4}{9}(7) = \frac{32\ln2}{3} - \frac{28}{9}$$

(6) $\displaystyle\int_1^4 x^{-\frac{1}{2}}\ln x\,dx = \left[2x^{\frac{1}{2}}\ln x - 4x^{\frac{1}{2}}\right]_1^4$

$$= 4\ln4 - 4(2-1) = 8\ln2 - 4$$

$$= 4(2\ln2 - 1)$$

(7) 단순 치환적분(덩어리 적분)을 이용해야한다.

$$\int \frac{(\ln x)^2}{x}\,dx = \frac{1}{3}(\ln x)^3 + C$$

(8) $\displaystyle\int_1^e (\ln x)^2\,dx = x(\ln x)^2 - \int x \cdot \frac{2\ln x}{x}\,dx$

$$= x(\ln x)^2 - 2(x\ln x - x)$$

$$= x\left[(\ln x)^2\right]_1^e - \left[2x\ln x\right]_1^e + \left[2x\right]_1^e$$

$$= e - 2e + 2e - 2 = e - 2$$

133.

(1) $\dfrac{\sqrt{3}\,\pi}{2}$ (2) $\pi - 2\ln 2$

(3) $\dfrac{\pi}{2} - 1$ (4) $\dfrac{\pi}{8} - \dfrac{1}{4}\ln 2$

(5) $1 - \sqrt{2} + \ln(1 + \sqrt{2})$ (6) $\dfrac{3}{4}\ln(1 + \sqrt{2}) - \dfrac{\sqrt{2}}{4}$

[풀이] (1) 두 가지 풀이법을 적용해보자.

[풀이1] $\dfrac{\sqrt{3}}{2} = a$이라 하고, 부분적분을 이용하면

$$\int_{-a}^{a} \cos^{-1} x \, dx = x \cos^{-1} x \Big|_{-a}^{a} - \int_{-a}^{a} \frac{-x}{\sqrt{1-x^2}} dx$$
$$= a(\cos^{-1} a + \cos^{-1}(-a)) = a\pi$$
$$= \frac{\sqrt{3}\,\pi}{2}$$

여기서 $\cos^{-1} x + \cos^{-1}(-x) = \pi$인 성질을 이용하여

계산하고, $\dfrac{x}{\sqrt{1-x^2}}$ 이 기함수 이므로

$$\int_{-a}^{a} \frac{x}{\sqrt{1-x^2}} dx = 0$$ 이다.

[풀이2] 우함수와 기함수의 성질을 이용하자.

$\dfrac{\sqrt{3}}{2} = a$라고 하고, $\cos^{-1} x + \sin^{-1} x = \dfrac{\pi}{2}$ 을 이용하면

$$\int_{-a}^{a} \cos^{-1} x \, dx = \int_{-a}^{a} \frac{\pi}{2} - \sin^{-1} x \, dx$$
$$= \int_{-a}^{a} \frac{\pi}{2} dx - \int_{-a}^{a} \sin^{-1} x \, dx$$
$$= \frac{\pi}{2} \cdot 2a = a\pi = \frac{\sqrt{3}\,\pi}{2}$$

(2) $$\int_{0}^{1} 4\tan^{-1} x \, dx = 4x \tan^{-1} x - \int \frac{4x}{1+x^2} dx$$
$$= 4\big[x \tan^{-1} x\big]_{0}^{1} - 2\big[\ln(1+x^2)\big]_{0}^{1}$$
$$= 4\tan^{-1} 1 - 2\ln 2 = \pi - 2\ln 2$$

(3) $$\int_{0}^{1} 2x \tan^{-1} x \, dx = x^2 \tan^{-1} x - \int \frac{x^2}{1+x^2} dx$$
$$= x^2 \tan^{-1} x - \int \left(1 - \frac{1}{1+x^2}\right) dx$$
$$= \big[x^2 \tan^{-1} x\big]_{0}^{1} - \big[x\big]_{0}^{1} + \big[\tan^{-1} x\big]_{0}^{1}$$
$$= \tan^{-1} 1 - 1 + \tan^{-1} 1$$
$$= \frac{\pi}{4} - 1 + \frac{\pi}{4} = \frac{\pi}{2} - 1$$

(4) $2x = t$로 치환하면 $dx = \dfrac{1}{2} dt$이고 $x = 0$일 때 $t = 0$,

$x = \dfrac{1}{2}$ 일 때 $t = 1$이다.

$\displaystyle\int_{0}^{\frac{1}{2}} \tan^{-1}(2x) \, dx = \dfrac{1}{2} \int_{0}^{1} \tan^{-1} t \, dt$ 부분적분에

의해서 1은 적분하고, $\tan^{-1} x$는 미분하자.

$$= \frac{1}{2}\left[t \tan^{-1} t\big|_{0}^{1} - \int_{0}^{1} \frac{t}{1+t^2} dt\right]$$
$$= \frac{1}{2}\left\{\tan^{-1} 1 - \left[\frac{1}{2}\ln|1+t^2|\,\big|_{0}^{1}\right]\right\}$$
$$= \frac{1}{2}\left(\frac{\pi}{4} - \frac{1}{2}\ln 2\right) = \frac{\pi}{8} - \frac{1}{4}\ln 2$$

(5) $$\int_{0}^{1} \sinh^{-1} x \, dx = x \sinh^{-1} x\big]_{0}^{1} - \int_{0}^{1} \frac{x}{\sqrt{1+x^2}} dx$$
$$= \sinh^{-1} 1 - (1+x^2)^{\frac{1}{2}}\Big]_{0}^{1}$$
$$= \ln(1 + \sqrt{2}) - (\sqrt{2} - 1)$$
$$= 1 - \sqrt{2} + \ln(1 + \sqrt{2})$$

(6) $$\int_{0}^{1} x \sinh^{-1} x \, dx$$
$$= \frac{1}{2} x^2 \sinh^{-1} x\Big]_{0}^{1} - \frac{1}{2} \int_{0}^{1} \frac{x^2}{\sqrt{x^2+1}} dx$$
$$= \frac{1}{2} \sinh^{-1} 1 - \frac{1}{2} \int_{0}^{1} \frac{x^2}{\sqrt{x^2+1}} dx$$ 에서 $x = \tan t$로

치환하면

$$= \frac{1}{2}\ln(1 + \sqrt{2}) - \frac{1}{2} \int_{0}^{\frac{\pi}{4}} \frac{\tan^2 t}{\sec t} \sec^2 t \, dt$$
$$= \frac{1}{2}\ln(1 + \sqrt{2}) - \frac{1}{2} \int_{0}^{\frac{\pi}{4}} \sec t \tan^2 t \, dt$$
$$= \frac{1}{2}\ln(1 + \sqrt{2}) - \frac{1}{2} \int_{0}^{\frac{\pi}{4}} \sec t (\sec^2 t - 1) dt$$
$$= \frac{1}{2}\ln(1 + \sqrt{2}) - \frac{1}{2} \int_{0}^{\frac{\pi}{4}} \sec^3 t - \sec t \, dt$$
$$= \frac{1}{2}\ln(1 + \sqrt{2})$$
$$\quad - \frac{1}{2}\left\{\frac{1}{2}(\sec t \tan t + \ln(\sec t + \tan t)) - \ln(\sec t + \tan t)\right\}\Bigg]_{0}^{\frac{\pi}{4}}$$
$$= \frac{1}{2}\ln(1 + \sqrt{2}) - \frac{1}{2}\left(\frac{\sqrt{2}}{2} - \frac{1}{2}\ln(1 + \sqrt{2})\right)$$
$$= \frac{3}{4}\ln(1 + \sqrt{2}) - \frac{\sqrt{2}}{4}$$

134. (1) $\dfrac{1}{3}(\pi+2)$　　(2) $\dfrac{\pi^2}{2}-2$

　　(3) $\dfrac{1}{4}e^2+\dfrac{1}{4}$　　(4) $3-e$

　　(5) $\dfrac{e^2-1}{4}$　　(6) $1-\dfrac{1}{e}$

풀이 (1) $\displaystyle\int_0^\pi (x+1)\sin 3x\,dx$

$$= -\frac{1}{3}\big[(x+1)\cos 3x\big]_0^\pi + \frac{1}{9}\big[\sin 3x\big]_0^\pi$$

$$= -\frac{1}{3}\big((\pi+1)(-1)-1\big)+0$$

$$= -\frac{1}{3}(-\pi-2)=\frac{\pi+2}{3}$$

미분		적분
$x+1$		$\sin 3x$
1	$+$	$-\dfrac{1}{3}\cos 3x$
0	$-$	$-\dfrac{1}{9}\sin 3x$

(2) $\displaystyle\int_0^{\frac{\pi}{2}} 4x^2\sin 2x\,dx$

$$= -2x^2\cos 2x-(-2x\sin 2x)+\cos 2x$$

$$= -2\big[x^2\cos 2x\big]_0^{\frac{\pi}{2}}+2\big[x\sin 2x\big]_0^{\frac{\pi}{2}}+\big[\cos 2x\big]_0^{\frac{\pi}{2}}$$

$$= -2\left(\frac{\pi^2}{4}(-1)\right)+0+(-1-1)=\frac{\pi^2}{2}-2$$

미분		적분
$4x^2$		$\sin 2x$
$8x$	$+$	$-\dfrac{1}{2}\cos 2x$
8	$-$	$-\dfrac{1}{4}\sin 2x$
0	$+$	$\dfrac{1}{8}\cos 2x$

(3) $\displaystyle\int_0^1 xe^{2x}\,dx = \frac{1}{2}xe^{2x}-\int \frac{1}{2}e^{2x}\,dx$

$$\begin{pmatrix} u'=e^{2x} & v=x \\ u=\dfrac{1}{2}e^{2x} & v'=1 \end{pmatrix}$$

$$= \left[\frac{1}{2}xe^{2x}-\frac{1}{4}e^{2x}\right]_0^1$$

$$= \frac{1}{2}e^2-\frac{1}{4}(e^2-1)=\frac{1}{4}e^2+\frac{1}{4}$$

[다른 풀이]

$$\int_0^1 xe^{2x}\,dx = \left[\frac{1}{2}xe^{2x}-\frac{1}{4}e^{2x}\right]_0^1$$

$$= \frac{1}{2}e^2-\frac{1}{4}(e^2-1)=\frac{1}{4}e^2+\frac{1}{4}$$

미분		적분
x		e^{2x}
1	$+$	$\dfrac{1}{2}e^{2x}$
0	$-$	$\dfrac{1}{4}e^{2x}$

(4) $\displaystyle\int_0^1 (2x-1)e^x\,dx = \big[(2x-1)e^x\big]_0^1-2\big[e^x\big]_0^1$

$$= (e+1)-2(e-1)$$

$$= e+1-2e+2=3-e$$

미분		적분
$2x-1$		e^x
2	$+$	e^x
0	$-$	e^x

(5) $\displaystyle\int_0^1 x^2e^{2x}\,dx = \frac{1}{2}\big[x^2e^{2x}\big]_0^1-\frac{1}{2}\big[xe^{2x}\big]_0^1+\frac{1}{4}\big[e^{2x}\big]_0^1$

$$= \frac{1}{2}e^2-\frac{1}{2}e^2+\frac{1}{4}(e^2-1)=\frac{e^2-1}{4}$$

미분		적분
x^2		e^{2x}
$2x$	$+$	$\dfrac{1}{2}e^{2x}$
2	$-$	$\dfrac{1}{4}e^{2x}$
0	$+$	$\dfrac{1}{8}e^{2x}$

(6) 주어진 식을 부분적분하면

$$\int_0^1 x\cosh x\,dx = x\sinh x-\cosh x\big]_0^1$$

$$= \sinh 1-\cosh 1+\cosh 0$$

$$= \frac{e^1-e^{-1}}{2}-\frac{e^1+e^{-1}}{2}+1$$

$$= 1-\frac{1}{e}$$

135. (1) $\dfrac{1}{5}(2e^\pi+1)$ (2) $\dfrac{1}{2}\left(e^{\frac{\pi}{2}}-1\right)$

(3) $\dfrac{e^5}{10}+\dfrac{1}{2e}-\dfrac{3}{5}$ (4) $\dfrac{e^3}{6}-\dfrac{1}{2e}+\dfrac{1}{3}$

풀이 (1) $\displaystyle\int_0^{\frac{\pi}{2}} e^{2x}\sin x\,dx = \dfrac{\left[e^{2x}(2\sin x-\cos x)\right]_0^{\frac{\pi}{2}}}{2^2+1^2}$

$$= \dfrac{1}{5}\left(e^\pi(2-0)-1(0-1)\right)$$

$$= \dfrac{1}{5}(2e^\pi+1)$$

(2) $\displaystyle\int_0^{\frac{\pi}{2}} e^x\cos x\,dx = \dfrac{\left[e^x(\cos x+\sin x)\right]_0^{\frac{\pi}{2}}}{1^2+1^2}$

$$= \dfrac{1}{2}\left(e^{\frac{\pi}{2}}(0+1)-1(1+0)\right)$$

$$= \dfrac{1}{2}\left(e^{\frac{\pi}{2}}-1\right)$$

(3) $\displaystyle\int_0^1 e^{2x}\sinh 3x\,dx = \int_0^1 e^{2x}\dfrac{e^{3x}-e^{-3x}}{2}\,dx$

$$= \int_0^1 \dfrac{1}{2}e^{5x}-\dfrac{1}{2}e^{-x}\,dx$$

$$= \dfrac{1}{10}e^{5x}+\dfrac{1}{2}e^{-x}\Big]_0^1$$

$$= \dfrac{e^5}{10}+\dfrac{1}{2e}-\dfrac{3}{5}$$

(4) $\displaystyle\int_0^1 e^x\cosh 2x\,dx = \int_0^1 e^x\dfrac{e^{2x}+e^{-2x}}{2}\,dx$

$$= \int_0^1 \dfrac{1}{2}e^{3x}+\dfrac{1}{2}e^{-x}\,dx$$

$$= \dfrac{1}{6}e^{3x}-\dfrac{1}{2}e^{-x}\Big]_0^1$$

$$= \dfrac{e^3}{6}-\dfrac{1}{2e}+\dfrac{1}{3}$$

136. (1) $\dfrac{2}{9}$ (2) $\dfrac{\pi^2}{16}$

(3) $x\tan x+\ln|\cos x|-\dfrac{1}{2}x^2+C$

(4) $-\dfrac{1}{2}-\dfrac{\pi}{4}$

풀이 (1) $\displaystyle\int_0^{\frac{\pi}{2}} x\sin x\cos^2 x\,dx$ $\begin{pmatrix} u'=\sin x\cos^2 x, & v=x \\ u=-\dfrac{1}{3}\cos^3 x, & v'=1 \end{pmatrix}$

$$= -\dfrac{1}{3}x\cos^3 x+\dfrac{1}{3}\int_0^{\frac{\pi}{2}}\cos^3 x\,dx$$

$$= -\dfrac{1}{3}\left[x\cos^3 x\right]_0^{\frac{\pi}{2}}+\dfrac{1}{3}\left[\sin x-\dfrac{1}{3}\sin^3 x\right]_0^{\frac{\pi}{2}}$$

$$= \dfrac{1}{3}\left[1-\dfrac{1}{3}\right]_0^{\frac{\pi}{2}}=\dfrac{2}{9}$$

TIP $\displaystyle\int\cos^3 x\,dx = \int\cos x\cos^2 x\,dx$

$$(\cos^2 x=1-\sin^2 x)$$

$$= \int\cos x-\cos x\sin^2 x\,dx$$

$$= \sin x-\dfrac{1}{3}\sin^3 x$$

(2) $\displaystyle\int_0^{\frac{\pi}{2}} x\cos^2 2x\,dx$

$$= \int_0^{\frac{\pi}{2}} x\cdot\left(\dfrac{1+\cos 4x}{2}\right)dx$$

$$= \dfrac{1}{2}\int_0^{\frac{\pi}{2}} x+x\cos 4x\,dx$$

$$= \dfrac{1}{2}\left[\dfrac{1}{2}x^2+\dfrac{1}{4}x\sin 4x+\dfrac{1}{16}\cos 4x\right]_0^{\frac{\pi}{2}}$$

$$= \dfrac{\pi^2}{16}$$

(3) $\displaystyle\int x\tan^2 x\,dx = \int x(\sec^2 x-1)\,dx$

$$= \int x\sec^2 x-\int x\,dx$$

$$= \int x\sec^2 x\,dx-\dfrac{1}{2}x^2+C$$

$u'=\sec^2 x,\ v=x$로 두고 부분적분을 하면

$$= x\tan x-\int\tan x\,dx-\dfrac{1}{2}x^2+C$$

$$= x\tan x+\ln|\cos x|-\dfrac{1}{2}x^2+C$$

(4) $x^2=t$로 치환하면 $x\,dx=\dfrac{1}{2}dt$ 이므로

$$\int_{\sqrt{\frac{\pi}{2}}}^{\sqrt{\pi}} x^3\cos(x^2)\,dx = \dfrac{1}{2}\int_{\frac{\pi}{2}}^{\pi} t\cos t\,dt$$

$$= \dfrac{1}{2}\left[t\sin t+\cos t\right]_{\frac{\pi}{2}}^{\pi}$$

$$= \dfrac{1}{2}\left(-1-\dfrac{\pi}{2}\right)=-\dfrac{1}{2}-\dfrac{\pi}{4}$$

137. $\dfrac{5}{2}$

풀이 (i) $\displaystyle\int_a^b f(x)f'''(x)\,dx$

$$= \left[f(x)f''(x)\right]_a^b - \int_a^b f'(x)f''(x)\,dx$$

(ii) $\displaystyle\int_a^b f'(x)f''(x)\,dx = \dfrac{1}{2}\left[\{f'(x)\}^2\right]_a^b$ (덩어리적분)

$$= \dfrac{1}{2}\left[\{f'(b)\}^2-\{f'(a)\}^2\right] = \dfrac{1}{2}[9-4] = \dfrac{5}{2}$$

(i) (ii)에 의해서

$$\int_a^b f(x)f'''(x)\,dx$$

$$= \left[f(x)f''(x)\right]_a^b - \int_a^b f'(x)f''(x)\,dx$$

$$= f(b)f''(b) - f(a)f''(a) - \dfrac{1}{2}\left(\{f'(b)\}^2 - \{f'(a)\}^2\right)$$

$$= 9 - 4 - \dfrac{5}{2} = \dfrac{5}{2}$$

138. $\pi^2 - 2\pi$

풀이 $\cos^{-1}x = t$로 치환하면 $\cos t = x$, $dx = -\sin t\,dt$ 이다.

$$\pi\int_0^1 (\cos^{-1}x)^2\,dx = \pi\int_{\frac{\pi}{2}}^0 t^2(-\sin t)\,dt = \pi\int_0^{\frac{\pi}{2}} t^2\sin t\,dt$$

$$= \pi\left[-t^2\cos t + 2t\sin t + 2\cos t\right]_0^{\frac{\pi}{2}}$$

$$= \pi^2 - 2\pi$$

139. $\dfrac{\pi}{12} + \dfrac{\sqrt{3}}{2}$

풀이 부분적분에 의해서

$$\int_1^2 x\,\arcsin\left(\dfrac{1}{x}\right)dx$$

$$= \left[\dfrac{1}{2}x^2\sin^{-1}\left(\dfrac{1}{x}\right)\right]_1^2 - \int_1^2 \dfrac{1}{2}x^2\dfrac{1}{\sqrt{1-\left(\dfrac{1}{x}\right)^2}}\left(-\dfrac{1}{x^2}\right)dx$$

$$= 2\sin^{-1}\left(\dfrac{1}{2}\right) - \dfrac{1}{2}\sin^{-1}(1) + \int_1^2 \dfrac{1}{2}\dfrac{x}{\sqrt{x^2-1}}\,dx$$

$$= 2\times\dfrac{\pi}{6} - \dfrac{1}{2}\times\dfrac{\pi}{2} + \dfrac{1}{4}2\left[(x^2-1)^{\frac{1}{2}}\right]_1^2 = \dfrac{\pi}{12} + \dfrac{\sqrt{3}}{2}$$

[다른 풀이]

$\sin^{-1}\left(\dfrac{1}{x}\right) = t$로 치환한 후에 부분적분을 할 수도 있다.

140. $f(2) = 4\sin\left(\dfrac{1}{4}\right)$

풀이 부분적분에 의해서

$$\int 2x\sin\dfrac{1}{x^2}\,dx = x^2\sin\dfrac{1}{x^2} - \int x^2\cos\dfrac{1}{x^2}\left(-\dfrac{2}{x^3}\right)dx$$

$$\int\left(2x\sin\left(\dfrac{1}{x^2}\right) - \dfrac{2}{x}\cos\left(\dfrac{1}{x^2}\right)\right)dx$$

$$= \int 2x\sin\left(\dfrac{1}{x^2}\right)dx - \int\dfrac{2}{x}\cos\left(\dfrac{1}{x^2}\right)dx$$

$$= x^2\sin\dfrac{1}{x^2} + C$$

따라서 $f(x) = x^2\sin\dfrac{1}{x^2}$ 이고, $f(2) = 4\sin\left(\dfrac{1}{4}\right)$ 이다.

141. ①

풀이 $x^2 = t$로 치환하자.

$$\int_0^1 x^5 e^{x^2}\,dx = \int_0^1 \dfrac{1}{2}t^2 e^t\,dt = \left[e^t\left(\dfrac{1}{2}t^2 - t + 1\right)\right]_0^1 = \dfrac{1}{2}e - 1$$

142. ①

풀이 $x^3 = t$로 치환하자.

$$\int_0^1 x^5 e^{-x^3}\,dx = \int_0^1 x^3 x^2 e^{-x^3}\,dx$$

$$= \dfrac{1}{3}\int_0^1 t e^{-t}\,dt = \dfrac{1}{3}\left[e^{-t}(-t-1)\right]_0^1$$

$$= \dfrac{1}{3}\left[e^{-t}(t+1)\right]_1^0$$

$$= \dfrac{1}{3}\left(1 - \dfrac{2}{e}\right)$$

143. ①

풀이 $\sqrt{x} = t$로 치환 후 부분적분을 하자.

$$\int_0^4 e^{\sqrt{x}}\,dx = \int_0^2 2t e^t\,dt = e^t(2t-2)\big|_0^2 = 2(e^2+1)$$

144. ④

풀이 $x^2 = t$로 치환하면 $2x\,dx = dt$ 이다.

$$\int_0^{\sqrt{\pi}} 2x^3\sin(x^2)\,dx = \int_0^\pi t\sin t\,dt = \left[-t\cos t + \sin t\right]_0^\pi$$

$$= \pi$$

145. ③

풀이 절댓값의 핵심은 구간을 나눌 수 있어야 한다. 절댓값 안이 양수인 경우와 음수인 경우로 나누자.

$$\int_0^\pi x|\cos x|\,dx = \int_0^{\frac{\pi}{2}} x|\cos x|\,dx + \int_{\frac{\pi}{2}}^\pi x|\cos x|\,dx$$

$$= \int_0^{\frac{\pi}{2}} x\cos x\,dx - \int_{\frac{\pi}{2}}^\pi x\cos x\,dx$$

$$= [x\sin x + \cos x]_0^{\frac{\pi}{2}} - [x\sin x + \cos x]_{\frac{\pi}{2}}^\pi$$

$$= \frac{\pi}{2} - 1 - \left(-1 - \frac{\pi}{2}\right) = \pi$$

146. $\frac{\pi}{2} - 1$

풀이 그래프를 이용해서 적분값을 구할 수 있다.

$$\int_0^{\frac{\pi}{2}} \sin x\,dx + \int_0^1 \sin^{-1} x\,dx = \frac{\pi}{2} \text{ 이므로}$$

$$\int_0^1 \sin^{-1} x\,dx = \frac{\pi}{2} - \int_0^{\frac{\pi}{2}} \sin x\,dx = \frac{\pi}{2} - 1 \text{이다.}$$

풀이 피적분함수 $\sin^{-1} x = 1 \times \sin^{-1} x$에서 1은 적분을 하고, $\sin^{-1} x$는 미분을 하자.

$$\int_0^1 \sin^{-1} x\,dx = x\sin^{-1} x - \int_0^1 \frac{x}{\sqrt{1-x^2}}\,dx$$

$$= [x\sin^{-1} x]_0^1 + \left[(1-x^2)^{\frac{1}{2}}\right]_0^1$$

$$= \sin^{-1} 1 + (0 - 1) = \frac{\pi}{2} - 1$$

147. 4

풀이 $f(1) = 4$, $f(0) = 1$이므로 역함수 적분 공식에 의해서

$$\int_0^1 f(x)\,dx + \int_1^4 g(x)\,dx = 4 \text{이다.}$$

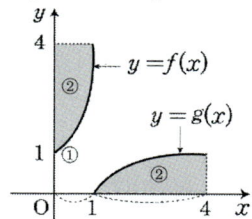

148. $\frac{51}{4}$

풀이 $f(-1) = 0$, $f(2) = 12$이므로 역함수 적분 공식에 의해서

$$\int_{-1}^2 f(x)\,dx + \int_{f(-1)}^{f(2)} f^{-1}(x)\,dx = 2f(2) - (-f(-1))$$

$$\Rightarrow \int_{-1}^2 x^3 + x + 2\,dx + \int_{f(-1)}^{f(2)} f^{-1}(x)\,dx = 24$$

$$\Rightarrow \frac{45}{4} + \int_{f(-1)}^{f(2)} f^{-1}(x)\,dx = 24 \text{이므로}$$

$$\Rightarrow \int_0^{12} g(x)\,dx = \int_{f(-1)}^{f(2)} f^{-1}(x)\,dx = \frac{51}{4} \text{이다.}$$

풀이 $g(x) = f^{-1}(x) = t$, $\,_{-1}^2 > f(t) = x <\,_0^{12}$, $f'(t)dt = dx$

$$\int_0^{12} g(x)dx = \int_0^{12} f^{-1}(x)dx$$

$$= \int_{-1}^2 tf'(t)\,dt = \int_{-1}^2 t(3t^2 + 1)\,dt$$

$$= \int_{-1}^2 (3t^3 + t)\,dt = \left[\frac{3}{4}t^4 + \frac{1}{2}t^2\right]_{-1}^2 = \frac{51}{4}$$

149. 29

풀이 $f^{-1}(x) = t$ 로 치환하면, $f(t) = x$, $dx = f'(t)dt$ 이며, $f(0) = 1$, $f(1) = 3$ 이므로

$$\int_1^3 \{f^{-1}(x)\}^2\,dx = \int_0^1 t^2 \cdot f'(t)\,dt = \int_0^1 t^2 \cdot (1 + 3t^2)\,dt$$

$$= \int_0^1 t^2 + 3t^4\,dt = \frac{14}{15} \text{이다.}$$

따라서 $a = 15$, $b = 14$이므로 $a + b = 29$이다.

150. $\frac{\pi}{4}$

풀이 $f^{-1}(x) = t$로 치환하면 $x = f(t)$이고, $dx = f'(t)\,dt$이다. $f(0) = 0$, $f(1) = 3$이므로 $0 \le x \le 3$이고 $0 \le t \le 1$이다.

$$\int_0^3 \frac{1}{f'(f^{-1}(x))(1 + (f^{-1}(x))^2)}\,dx$$

$$= \int_0^1 \frac{f'(t)}{f'(t)(1 + t^2)}\,dt$$

$$= \int_0^1 \frac{1}{1 + t^2}\,dt = \tan^{-1} t|_0^1 = \frac{\pi}{4}$$

151. $\dfrac{1}{4}e^2+\dfrac{5}{4}$

풀이 $f^{-1}(x)=t$로 치환하면 $x=f(t)$이고, $dx=f'(t)dt$이다.
$f(0)=1$, $f(1)=1+e$이므로 $1\le x\le 1+e$이고
$0\le t\le 1$이다.

$$\int_1^{1+e} f^{-1}(x)\{x-f^{-1}(x)\}dx$$

$$=\int_0^1 t\{f(t)-t\}f'(t)\,dt$$

$$=\int_0^1 te^t(1+e^t)\,dx=\int_0^1 t\left(e^t+e^{2t}\right)dt$$

$$=\left[t\left(e^t+\frac{1}{2}e^{2t}\right)-\left(e^t+\frac{1}{4}e^{2t}\right)\right]_0^1=\frac{1}{4}e^2+\frac{5}{4}$$

152. 풀이 참조

풀이 (1) $\displaystyle\int_0^{\frac{\pi}{2}}\sin^3x\,dx=\int_0^{\frac{\pi}{2}}\sin x\sin^2x\,dx$

$$=\int_0^{\frac{\pi}{2}}\sin x(1-\cos^2x)\,dx$$

$$=\int_0^{\frac{\pi}{2}}(\sin x-\sin x\cos^2x)\,dx$$

$$=-\left[\cos x\right]_0^{\frac{\pi}{2}}+\frac{1}{3}\left[\cos^3x\right]_0^{\frac{\pi}{2}}$$

$$=1-\frac{1}{3}=\frac{2}{3}$$

(2) $\displaystyle\int \sin^2x\cos^2x\,dx=\int\left(\frac{1-\cos2x}{2}\right)\left(\frac{1+\cos2x}{2}\right)dx$

$$=\frac{1}{4}\int(1-\cos^2 2x)\,dx$$

$$=\frac{1}{4}\int 1-\frac{1+\cos4x}{2}\,dx$$

$$=\frac{1}{4}\int \frac{1}{2}-\frac{1}{2}\cos4x\,dx$$

$$=\frac{1}{8}\left(x-\frac{1}{4}\sin4x\right)+C$$

$$=\frac{x}{8}-\frac{\sin4x}{32}+C$$

(3) $\displaystyle\int \sin^3x\cos^6x\,dx=\int\sin x\sin^2x\cos^6x\,dx$

$$=\int \sin(1-\cos^2x)\cos^6x\,dx$$

$$=\int \sin\cos^6x-\sin x\cos^8x\,dx$$

$$=-\frac{1}{7}\cos^7x+\frac{1}{9}\cos^9x+C$$

(4) $\displaystyle\int \sin^4x\cos^5x\,dx=\int\sin^4x\cos^4x\cos x\,dx$

$$\left(\because \cos^4x=(1-\sin^2x)^2\right)$$

$$=\int \sin^4x\,(1-\sin^2x)^2\cos x\,dx$$

$$=\int (\sin^4x-2\sin^6x+\sin^8x)\cos x\,dx$$

$$=\frac{1}{5}\sin^5x-\frac{2}{7}\sin^7x+\frac{1}{9}\sin^9x+C$$

(5) $\displaystyle\int \cos x\cos3x\,dx=\frac{1}{2}\int(\cos4x+\cos2x)dx$

$$=\frac{1}{2}\left[\frac{1}{4}\sin4x+\frac{1}{2}\sin2x\right]+C$$

$$=\frac{1}{8}\sin4x+\frac{1}{4}\sin2x+C$$

$+\begin{array}{l}\cos(x+3x)=\cos x\cos3x-\sin x\sin3x\\ \cos(x-3x)=\cos x\cos3x+\sin x\sin3x\\ \hline \cos4x+\cos(-2x)=2\cos x\cos3x\end{array}$

$\Rightarrow \dfrac{1}{2}(\cos4x+\cos2x)=\cos x\cos3x$

(6) $\displaystyle\int \sin5x\cos9x\,dx=\frac{1}{2}\int \sin14x-\sin4x\,dx$

$$=\frac{1}{2}\left(\frac{-1}{14}\cos14x+\frac{1}{4}\cos4x\right)+C$$

$$=\frac{1}{8}\cos4x-\frac{1}{28}\cos14x+C$$

$+\begin{array}{l}\sin(5x+9x)=\sin5x\cos9x+\cos5x\sin9x\\ \sin(5x-9x)=\sin5x\cos9x-\cos5x\sin9x\\ \hline \sin(14x)+\sin(-4x)=2\sin5x\cos9x\end{array}$

$\Rightarrow \dfrac{1}{2}(\sin14x-\sin4x)=\sin5x\cos9x$

153. 풀이 참조

풀이 (1) $\displaystyle\int \tan x\,dx=\int\frac{\sin x}{\cos x}dx=-\ln|\cos x|+C$

$$=\ln|\sec x|+C$$

(2) $\dfrac{d}{dx}(\ln(\sec x+\tan x))=\dfrac{\sec x\tan x+\sec^2x}{\sec x+\tan x}$

$$=\frac{\sec x(\sec x+\tan x)}{\sec x+\tan x}$$

$$=\sec x$$

이므로 미분의 역연산을 통해서 적분 공식을 정리할
수 있다. 따라서 $\displaystyle\int \sec x\,dx=\ln|\sec x+\tan x|+C$이다.

(3) $(\tan x)' = \sec^2 x$ 이므로 미분의 역연산을 통해서 적분
공식을 정리하면 $\int \sec^2 x\, dx = \tan x + C$ 이다.

(4) $\int \tan^2 x\, dx = \int \sec^2 x - 1\, dx = \tan x - x + C$

(5) $\int \tan^3 x\, dx = \int \tan^2 x \tan x\, dx$

$$= \int (\sec^2 x - 1)\tan x\, dx$$

$$= \int \sec^2 x \tan x - \tan x\, dx$$

$$= \frac{1}{2}\tan^2 x + \ln|\cos x| + C$$

TIP $\int \sec^2 x \tan x\, dx = \frac{1}{2}\sec^2 x + C_1$

$$= \frac{1}{2}(1 + \tan^2 x) + C_1$$

$$= \frac{1}{2}\tan^2 x + C$$

(6) $\int \tan x \sec^4 x\, dx = \int \tan x \sec x \sec^3 x\, dx$

$$= \frac{1}{4}\sec^4 x + C \ (덩어리적분)$$

(7) $\dfrac{d}{dx}(-\ln(\csc x + \cot x)) = -\dfrac{-\csc x \cot x - \csc^2 x}{\csc x + \cot x}$

$$= \frac{\csc x(\csc x + \cot x)}{\csc x + \cot x}$$

$$= \csc x$$

이므로 미분의 역연산을 통해서 적분 공식을 정리하면
$\int \csc x\, dx = -\ln|\csc x + \cot x| + C$ 이다.

(8) $(-\cot x)' = \csc^2 x$ 이므로 미분의 역연산을 통해서
적분 공식을 정리하면 $\int \csc^2 x\, dx = -\cot x + C$ 이다.

(9) $\int \cot^3 x\, dx = \int \cot^2 x \cot x\, dx$

$$= \int (\csc^2 x - 1)\cot x\, dx$$

$$= \int \csc^2 x \cot x - \cot x\, dx$$

$$= -\frac{1}{2}\cot^2 x - \ln|\sin x| + C$$

(10) $u' = \csc^2 x$, $v = \csc x$ 로 두고 부분적분을 하면

$\int \csc^3 x\, dx = \int \csc^2 x \csc x\, dx$ 에서

$$= -\cot x \csc x - \int \csc x \cot^2 x\, dx$$

$$= -\cot x \csc x - \int \csc x(\csc^2 x - 1)\, dx$$

$$= -\cot x \csc x - \int \csc^3 x + \int \csc x\, dx$$

$$2\int \csc^3 x\, dx = -\cot x \csc x + \int \csc x\, dx$$

$$= -\cot x \csc x - \ln|\csc x + \cot x| + C$$

$$\therefore \int \csc^3 x\, dx = \frac{1}{2}(-\cot x \csc x - \ln|\csc x + \cot x|) + C$$

154. ③

풀이 Wallis 공식에 의하여 다음 식을 정리하자.

① $\int_0^{\frac{\pi}{2}} \sin^2 x\, dx = \frac{1}{2} \cdot \frac{\pi}{2} = \frac{\pi}{4}$

② $\int_0^{\pi} \cos^6 x\, dx = 2\int_0^{\frac{\pi}{2}} \cos^6 x\, dx$

$$= 2 \cdot \frac{5}{6} \cdot \frac{3}{4} \cdot \frac{1}{2} \cdot \frac{\pi}{2} = \frac{5\pi}{16}$$

③ $\int_0^{\pi} \cos^5 x\, dx = 0$

④ $\int_{-\frac{\pi}{2}}^{\frac{\pi}{2}} \sin^5 x\, dx = \int_0^{\frac{\pi}{2}} \sin^5 x\, dx = \frac{4}{5} \cdot \frac{2}{3} = \frac{8}{15}$

155. $\dfrac{1}{12}$

풀이 $\int_0^{\frac{\pi}{2}} \cos^3 x \sin^3 x\, dx = \int_0^{\frac{\pi}{2}} (\cos x \sin x)^3\, dx$

$$= \frac{1}{8}\int_0^{\frac{\pi}{2}} \sin^3 2x\, dx$$

$$= \frac{1}{8} \times \frac{1}{2}\int_0^{\pi} \sin^3 t\, dt$$

$$= \frac{1}{8} \times \frac{1}{2} \times 2 \times \frac{2}{3} = \frac{1}{12}$$

156. (1) $\dfrac{4}{3}$ (2) $\dfrac{\pi}{2}$ (3) $\dfrac{\pi}{16}$ (4) $-\dfrac{15}{128}\pi$

풀이 (1) $\displaystyle\int_0^\pi \sin^3 x + \cos^5 x\,dx = \int_0^\pi \sin^3 x\,dx + \int_0^\pi \cos^5 x\,dx$

$$= 2\int_0^{\frac{\pi}{2}} \sin^3 x\,dx = \frac{4}{3}$$

(2) 삼각함수의 반각공식을 이용해서 식을 정리하자.

$$\cos^2 x = \frac{1+\cos 2x}{2},\ 1+\cos 2x = 2\cos^2 x,$$

$\cos 2x = 2\cos^2 x - 1$이므로

$$\int_0^{2\pi} (2\cos^2 x - 1)\cos^2 x\,dx$$

$$= \int_0^{2\pi} 2\cos^4 x - \cos^2 x\,dx = \frac{3\pi}{2} - \pi = \frac{\pi}{2}$$

(3) $\cos^2 x = 1 - \sin^2 x$이므로

$$\int_0^{\frac{\pi}{2}} \sin^2 x \cos^2 x\,dx = \int_0^{\frac{\pi}{2}} \sin^2 x - \sin^4 x\,dx$$

$$= \frac{1}{2}\cdot\frac{\pi}{2} - \frac{3}{4}\cdot\frac{1}{2}\cdot\frac{\pi}{2}$$

$$= \frac{\pi}{4}\left(1 - \frac{3}{4}\right) = \frac{\pi}{16}$$

(4) $\displaystyle\int_0^{\frac{\pi}{2}} \cos 2x \sin^6 x\,dx$

$$= \int_0^{\frac{\pi}{2}} (1 - 2\sin^2 x)\sin^6 x\,dx\ \left(\because \sin^2 x = \frac{1-\cos 2x}{2}\right)$$

$$= \int_0^{\frac{\pi}{2}} \sin^6 x - 2\sin^8 x\,dx$$

$$= \frac{5}{6}\cdot\frac{3}{4}\cdot\frac{1}{2}\cdot\frac{\pi}{2}\left(1 - 2\cdot\frac{7}{8}\right) = -\frac{15}{128}\pi$$

157. $\dfrac{\pi}{4}$

풀이 $I = \displaystyle\int_0^{\frac{\pi}{2}} \dfrac{\sqrt{\cos x}}{\sqrt{\sin x} + \sqrt{\cos x}}\,dx$,

$$J = \int_0^{\frac{\pi}{2}} \frac{\sqrt{\cos\left(\frac{\pi}{2}-x\right)}}{\sqrt{\sin\left(\frac{\pi}{2}-x\right)} + \sqrt{\cos\left(\frac{\pi}{2}-x\right)}}\,dx$$

$$= \int_0^{\frac{\pi}{2}} \frac{\sqrt{\sin x}}{\sqrt{\cos x} + \sqrt{\sin x}}\,dx\ \text{라 하자.}$$

$I + J = \displaystyle\int_0^{\frac{\pi}{2}} dx = \dfrac{\pi}{2}$이고 $I = J$이므로 $I = \dfrac{\pi}{4}$ 이다.

158. $\dfrac{\pi}{4}$

풀이 $I = \displaystyle\int_0^{\frac{\pi}{2}} \dfrac{\sqrt{\tan^3 x}}{\sqrt{\tan^3 x} + \sqrt{\cot^3 x}}\,dx$라 하자.

적분값을 구하기 위해 $x = \dfrac{\pi}{2} - t$로 치환하면

$$\tan\left(\frac{\pi}{2}-t\right) = \frac{\sin\left(\frac{\pi}{2}-t\right)}{\cos\left(\frac{\pi}{2}-t\right)} = \frac{\cos t}{\sin t} = \cot t\ \text{가 되고,}$$

같은 이유에서 $\cot\left(\dfrac{\pi}{2}-t\right) = \tan t$가 된다.

$$I = \int_0^{\frac{\pi}{2}} \frac{\sqrt{\tan^3 x}}{\sqrt{\tan^3 x} + \sqrt{\cot^3 x}}\,dx$$

$$= \int_{\frac{\pi}{2}}^{0} \frac{\sqrt{\tan^3\left(\frac{\pi}{2}-t\right)}}{\sqrt{\tan^3\left(\frac{\pi}{2}-t\right)} + \sqrt{\cot^3\left(\frac{\pi}{2}-t\right)}}(-1)\,dt$$

$$= \int_0^{\frac{\pi}{2}} \frac{\sqrt{\cot^3 t}}{\sqrt{\cot^3 t} + \sqrt{\tan^3 t}}\,dt$$

이므로 처음식이랑 치환된 식

$I = \displaystyle\int_0^{\frac{\pi}{2}} \dfrac{\sqrt{\cot^3 t}}{\sqrt{\cot^3 t} + \sqrt{\tan^3 t}}\,dt$이랑 더하면

$$2I = \int_0^{\frac{\pi}{2}} \frac{\sqrt{\cot^3 x} + \sqrt{\tan^3 x}}{\sqrt{\cot^3 x} + \sqrt{\tan^3 x}}\,dx = \frac{\pi}{2}\ \text{이므로}$$

따라서 $I = \dfrac{\pi}{4}$ 이다.

159. 502

풀이 $1004 - x = t$라고 치환하면 $dx = -dt$이고, 구간도 같이 변경하면

$$I = \int_0^{1004} \frac{\sqrt{1004-x}}{\sqrt{x} + \sqrt{1004-x}}\,dx$$

$$= -\int_{1004}^{0} \frac{\sqrt{t}}{\sqrt{1004-t} + \sqrt{t}}\,dt$$

이다. 처음식과 치환된 식을 더하면

$$I + I = \int_0^{1004} \frac{\sqrt{1004-x}}{\sqrt{x} + \sqrt{1004-x}}\,dx$$

$$+ \int_0^{2014} \frac{\sqrt{x}}{\sqrt{1004-x} + \sqrt{x}}\,dx$$

$$= \int_0^{1004} \frac{\sqrt{x} + \sqrt{1004-x}}{\sqrt{x} + \sqrt{1004-x}}\,dx$$

$2I = \displaystyle\int_0^{1004} 1\,dx = 1004$이다. 따라서 $I = 502$이다.

160. $\dfrac{2}{3}\tan^{-1}3$

풀이 $\tan\dfrac{x}{2}=t$ 라 하면

$\cos x=\dfrac{1-t^2}{1+t^2}$, $dx=\dfrac{2}{1+t^2}dt$ 이므로

$\displaystyle\int_0^{\frac{\pi}{2}}\dfrac{1}{5-4\cos x}dx=\int_0^1\dfrac{1}{5-4\dfrac{1-t^2}{1+t^2}}\cdot\dfrac{2}{1+t^2}dt$

$=\displaystyle\int_0^1\dfrac{2}{1+9t^2}dt=\dfrac{2}{9}\int_0^1\dfrac{1}{\left(\dfrac{1}{3}\right)^2+t^2}dt$

$=\left[\dfrac{2}{3}\tan^{-1}3t\right]_0^1=\dfrac{2}{3}\tan^{-1}3$

161. $e-1$

풀이 $\tan x=t$ 로 치환하자.

$\displaystyle\int_0^{\frac{\pi}{4}}\dfrac{2e^{\tan x}}{1+\cos 2x}dx=\int_0^1\dfrac{2e^t}{1+\dfrac{1-t^2}{1+t^2}}\cdot\dfrac{1}{1+t^2}dt$

$=\displaystyle\int_0^1 e^t dt=e-1$

[다른 풀이]

$\displaystyle\int_0^{\frac{\pi}{4}}\dfrac{2e^{\tan x}}{1+\cos 2x}dx=\int_0^{\frac{\pi}{4}}\dfrac{2e^{\tan x}}{1+2\cos^2 x-1}dx$

$=\displaystyle\int_0^{\frac{\pi}{4}}\dfrac{e^{\tan x}}{\cos^2 x}dx$

$=\displaystyle\int_0^{\frac{\pi}{4}}e^{\tan x}\sec^2 x dx$

$=\left[e^{\tan x}\right]_0^{\frac{\pi}{4}}=e-1$

162. (1) $\tan\left(\dfrac{x}{2}\right)+C$　(2) $\dfrac{1}{2}\ln 2+\dfrac{\pi}{4}$

(3) $-\cot\left(\dfrac{x}{2}\right)+C$

(4) $\dfrac{1}{5}\ln\left|\dfrac{2\sin\left(\dfrac{x}{2}\right)-\cos\left(\dfrac{x}{2}\right)}{\sin\left(\dfrac{x}{2}\right)+2\cos\left(\dfrac{x}{2}\right)}\right|+C$

(5) $\ln\left(\dfrac{\sqrt{3}+1}{2}\right)$　(6) $2-4\ln\left(\dfrac{3}{2}\right)$

풀이 (1) $\tan\dfrac{x}{2}=t$일 때, $dx=\dfrac{2}{1+t^2}dt$, $\cos x=\dfrac{1-t^2}{1+t^2}$

$\displaystyle\int\dfrac{1}{1+\cos x}dx=\int\dfrac{1}{1+\dfrac{1-t^2}{1+t^2}}\dfrac{2}{1+t^2}dt$

$=\displaystyle\int\dfrac{2}{1+t^2+1-t^2}dt=\int 1 dt$

$=t+C=\tan\dfrac{x}{2}+C$

(2) $\displaystyle\int_0^{\frac{\pi}{4}}$ $>\tan x=t<\displaystyle\int_0^1$일 때, $x=\tan^{-1}t$, $dx=\dfrac{1}{1+t^2}dt$

$\displaystyle\int_0^{\frac{\pi}{4}}\dfrac{2}{1+\tan x}dx=\int_0^1\dfrac{2}{(1+t)(1+t^2)}dt$

$=\displaystyle\int_0^1\dfrac{1}{t+1}+\dfrac{-t+1}{t^2+1}dt$

$=\left[\ln|t+1|-\dfrac{1}{2}\ln|t^2+1|+\tan^{-1}x\right]_0^1$

$=\ln 2-\dfrac{1}{2}\ln 2+\dfrac{\pi}{4}=\dfrac{1}{2}\ln 2+\dfrac{\pi}{4}$

(3) $\tan\left(\dfrac{x}{2}\right)=t$로 치환하면 $x=2\tan^{-1}t$, $dx=\dfrac{2}{1+t^2}dt$,

$\cos x=\dfrac{1-t^2}{1+t^2}$ 이므로

$\displaystyle\int\dfrac{1}{1-\cos x}dx=\int\dfrac{1}{1-\dfrac{1-t^2}{1+t^2}}\cdot\dfrac{2}{1+t^2}dt$

$=\displaystyle\int\dfrac{1}{t^2}dt$

$=-\dfrac{1}{t}+C=-\cot\left(\dfrac{x}{2}\right)+C$ (C는 상수)

(4) $\tan\left(\dfrac{x}{2}\right)=t$로 치환하면 $x=2\tan^{-1}t$, $dx=\dfrac{2}{1+t^2}dt$,

$\cos x=\dfrac{1-t^2}{1+t^2}$, $\sin x=\dfrac{2t}{1+t^2}$ 이므로

$\displaystyle\int\dfrac{1}{3\sin x-4\cos x}dx$

$=\displaystyle\int\dfrac{1}{3\cdot\dfrac{2t}{1+t^2}-4\cdot\dfrac{1-t^2}{1+t^2}}\cdot\dfrac{2}{1+t^2}dt$

$=\displaystyle\int\dfrac{1}{2t^2+3t-2}dt$

$=\displaystyle\int\dfrac{1}{(2t-1)(t+2)}dt$

$=\displaystyle\int\left(\dfrac{2}{5}\cdot\dfrac{1}{2t-1}-\dfrac{1}{5}\cdot\dfrac{1}{t+2}\right)dt$

$$= \frac{1}{5}\ln|2t-1| - \frac{1}{5}\ln|t+2| + C$$

$$= \frac{1}{5}\ln\left|\frac{2t-1}{t+2}\right| + C$$

$$= \frac{1}{5}\ln\left|\frac{2\tan\left(\frac{x}{2}\right)-1}{\tan\left(\frac{x}{2}\right)+2}\right| + C$$

$$= \frac{1}{5}\ln\left|\frac{2\sin\left(\frac{x}{2}\right)-\cos\left(\frac{x}{2}\right)}{\sin\left(\frac{x}{2}\right)+2\cos\left(\frac{x}{2}\right)}\right| + C$$

(5) $\left.\frac{\frac{\pi}{2}}{\frac{\pi}{3}}\right\rangle \tan\left(\frac{x}{2}\right)=t\left\langle\frac{1}{\frac{1}{\sqrt{3}}}\right.$ 로 치환하면 $x=2\tan^{-1}t$.

$$dx = \frac{2}{1+t^2}dt, \quad \cos x = \frac{1-t^2}{1+t^2}, \quad \sin x = \frac{2t}{1+t^2} \text{ 이므로}$$

$$\int_{\frac{\pi}{3}}^{\frac{\pi}{2}} \frac{1}{1+\sin x - \cos x}\,dx$$

$$= \int_{\frac{1}{\sqrt{3}}}^{1} \frac{1}{1+\frac{2t}{1+t^2}-\frac{1-t^2}{1+t^2}} \cdot \frac{2}{1+t^2}\,dt$$

$$= \int_{\frac{1}{\sqrt{3}}}^{1} \frac{1}{t(t+1)}\,dt$$

$$= \int_{\frac{1}{\sqrt{3}}}^{1} \frac{1}{t}-\frac{1}{t+1}\,dt$$

$$= \left[\ln|t|-\ln|t+1|\right]_{\frac{1}{\sqrt{3}}}^{1}$$

$$= \ln\left(\frac{\sqrt{3}+1}{2}\right)$$

(6) $\left.\frac{\frac{\pi}{2}}{0}\right\rangle \cos x = t\left\langle\frac{0}{1}\right.$ 로 치환하면 $-\sin x\,dx = dt$ 이므로

$$\int_{0}^{\frac{\pi}{2}} \frac{\sin 2x}{2+\cos x}\,dx = \int_{0}^{\frac{\pi}{2}} \frac{2\sin x\cos x}{2+\cos x}\,dx$$

$$= \int_{1}^{0} -\frac{2t}{2+t}\,dt = \int_{0}^{1} \frac{2t}{t+2}\,dt$$

$$= \int_{0}^{1} 2-\frac{4}{t+2}\,dt$$

$$= \left[2t-4\ln|t+2|\right]_{0}^{1} = 2-4\ln\left(\frac{3}{2}\right)$$

163. $\dfrac{1}{\sqrt{10}}$

풀이 $\displaystyle\int_{0}^{\frac{\pi}{6}} \frac{\sin x\cos x}{\sin^4 x + \cos^4 x}\,dx$

$$= \int_{0}^{\frac{\pi}{6}} \frac{\sin x\cos x}{\sin^4 x + (1-\sin^2 x)^2}\,dx$$

$$= \int_{0}^{\frac{\pi}{6}} \frac{\sin x\cos x}{2\sin^4 x - 2\sin^2 x + 1}\,dx$$

$$= \frac{1}{2}\int_{0}^{\frac{1}{4}} \frac{1}{2t^2 - 2t + 1}\,dt \quad (\because \sin^2 x = t \text{ 치환})$$

$$= \frac{1}{4}\int_{0}^{\frac{1}{4}} \frac{1}{\frac{1}{4}+\left(t-\frac{1}{2}\right)^2}\,dt$$

$$= \frac{1}{4}\int_{0}^{\frac{1}{4}} \frac{4}{1+\left\{2\left(t-\frac{1}{2}\right)\right\}^2}\,dt$$

$$= \frac{1}{4}\cdot\frac{1}{2}\cdot 4\tan^{-1}(2t-1)\Big]_{0}^{\frac{1}{4}}$$

$$= \frac{1}{2}\left\{\tan^{-1}\left(-\frac{1}{2}\right)-\tan^{-1}(-1)\right\}$$

$$= \frac{1}{2}\left(\frac{\pi}{4}-\tan^{-1}\frac{1}{2}\right) = \alpha$$

여기서, $\tan^{-1}\dfrac{1}{2}=k$ 라 하면 $\tan k = \dfrac{1}{2}$ 에서 $\cos k = \dfrac{2}{\sqrt{5}}$,

$\sin k = \dfrac{1}{\sqrt{5}}$ 이다.

$$\therefore \sin(2\alpha) = \sin\left(\frac{\pi}{4}-\tan^{-1}\frac{1}{2}\right) = \sin\left(\frac{\pi}{4}-k\right)$$

$$= \sin\frac{\pi}{4}\cos k - \cos\frac{\pi}{4}\sin k$$

$$= \frac{1}{\sqrt{2}}\left(\frac{2}{\sqrt{5}}-\frac{1}{\sqrt{5}}\right) = \frac{1}{\sqrt{10}} = \frac{\sqrt{10}}{10}$$

CHAPTER **03** 미분 응용

■ **1. 미분의 기하학적 의미 & 응용**

164. $-\dfrac{14}{5}$

풀이 $F(x, y) = x^2 - y^2 - 2x - xy - y - 2$라 하자.

$\Rightarrow \dfrac{dy}{dx} = -\dfrac{2x - 2 - y}{-2y - x - 1} \Rightarrow \dfrac{dy}{dx}\bigg|_{(2, -1)} = 3$

접선의 방정식은 $y + 1 = 3(x - 2) = 3x - 7$이다.

$y = 3x - 7$과 $y = -2x$와의 교점의 x좌표는 방정식

$3x - 7 = -2x$의 해이다.

따라서 교점은 $\left(\dfrac{7}{5}, -\dfrac{14}{5}\right)$이고,

교점의 y좌표는 $-\dfrac{14}{5}$ 이다.

165. $y = 2ex$

풀이 곡선 $y = e^{2x}$와 접하는 직선의 교점의 좌표를 (t, e^{2t})라고 하자.

이 점에서 접선의 기울기는 $y' = 2e^{2x}]_{x=t} = 2e^{2t}$이고, 접선의

방정식은 $y = 2e^{2t}(x - t) + e^{2t}$이다.

접선이 원점을 지나므로 $(0,0)$을 대입하면 $2te^{2t} = e^{2t}$이므로

$t = \dfrac{1}{2}$ 이다. 즉, 접선의 방정식은 $y = 2ex$이다.

166. 0

풀이 $\begin{cases} f'(x) = \dfrac{1}{x} \\ g'(x) = \dfrac{1}{e} \end{cases}$ $\Leftrightarrow$ $x = e$에서 교점이 생기고,

$\begin{cases} f(e) = \ln e = 1 \\ g(e) = \dfrac{1}{e}e + b = 1 + b \end{cases}$ $\Leftrightarrow$ $f(e) = g(e)$를 만족하는

$b = 0$이다.

또한 두 그래프가 접하는 점의 좌표는 $(e, 1)$이다.

167. 5

풀이 $h(x) = \begin{cases} f(x) = x^2 + ax + b \ (x \leq 0) \\ g(x) = x + c \qquad (x > 0) \end{cases}$ 이라 할 때,

$h(x)$ 가 $x = 0$에서 미분가능하므로 $x = 0$에서 연속이고
좌미분계수와 우미분계수의 값도 같다.

즉, $f(0) = g(0)$, $f'(0) = g'(0)$을 만족해야한다.

$f(0) = g(0)$ $\Rightarrow$ $b = c$이고,

$f'(x) = 2x + a$, $g'(x) = 1$ $\Rightarrow$ $f'(0) = g'(0)$ $\Leftrightarrow$ $a = 1$

$f(x) = x^2 + x + b$이고, $g(x) = x + b$라고 할 수 있다.

$f(-3) = 6 + b$, $g(1) = 1 + b$이므로 $f(-3) - g(1) = 5$이다.

168. 2

풀이 (i) $x = 1$에서 연속이므로 $f(1) = a + 1 = \ln b$

(ii) $x = 1$에서 미분가능하므로

$f'(x) = \begin{cases} 2ax & (x < 1) \\ \dfrac{1}{x} & (x > 1) \end{cases}$ 에서

$f'(1) = 2a = 1 \Rightarrow a = \dfrac{1}{2}$, $\ln b = \dfrac{3}{2}$

$\therefore a + \ln b = \dfrac{1}{2} + \dfrac{3}{2} = 2$

169. ⑤

풀이 $f(x) = 2\cos x - x$라 하자.

$f'(x) = -2\sin x - 1$이므로 뉴턴의 방법을 이용하면

$$x_{n+1} = x_n - \frac{f(x_n)}{f'(x_n)} = x_n - \frac{2\cos x_n - x_n}{-2\sin x_n - 1}$$

$$= x_n + \frac{2\cos x_n - x_n}{2\sin x_n + 1}$$

170. $\dfrac{5}{4}$

풀이 $f(x) = x^4 - 2$ 라 하면 $f'(x) = 4x^3$ 이다.

따라서 $x_2 = x_1 - \dfrac{f(x_1)}{f'(x_1)} = 1 - \dfrac{-1}{4} = \dfrac{5}{4}$ 이다.

171. 106

풀이 $f(x) = x^3 - 3$이라 할 때, 뉴턴의 방법에 의하여

$$x_2 = x_1 - \frac{f(x_1)}{f'(x_1)} = 1 - \frac{f(1)}{f'(1)} = 1 - \frac{-2}{3} = \frac{5}{3}$$ 이고

$$x_3 = x_2 - \frac{f(x_2)}{f'(x_2)} = \frac{5}{3} - \frac{f\left(\dfrac{5}{3}\right)}{f'\left(\dfrac{5}{3}\right)}$$

$$= \frac{5}{3} - \frac{\dfrac{125}{27} - 3}{3\left(\dfrac{25}{9}\right)} = \frac{5}{3} - \frac{125 - 81}{25 \times 9}$$

$$= \frac{5}{3} - \frac{44}{225} = \frac{331}{225} = \frac{a}{b}$$ 이므로

$$a - b = 331 - 225 = 106$$

172. $\dfrac{1}{3}$

풀이 두 그래프의 교점의 좌표는 $(1, 1)$이고,

$f'(1) = 2 = \tan\alpha$, $g'(1) = 1 = \tan\beta$이다.

$$\therefore |\tan\theta| = |\tan(\alpha - \beta)| = \left|\frac{2-1}{1+2}\right| = \frac{1}{3}$$

173. ③

풀이 곡선과 동경벡터가 이루는 각을 α라고 하자.

$$\tan\alpha = \frac{r}{r'} = \left.\frac{3\cos\theta}{-3\sin\theta}\right|_{\theta = \frac{\pi}{6}} = -\sqrt{3}$$

$$\tan\left(\pi - \frac{\pi}{3}\right) = -\sqrt{3}$$ 이므로 $\alpha = \dfrac{2\pi}{3}$ 이다.

■ 4. 미적분의 평균값 정리

174.　(1) 7　　(2) 9

풀이

(1) $y = f(x)$는 모든 x에 대하여 미분가능하므로 $(0, 2)$에서 미분가능하고,

평균값 정리에 의해 $\dfrac{f(2) - f(0)}{2 - 0} = f'(x) \le 5$ 이므로

$\dfrac{f(2) + 3}{2} \le 5 \Rightarrow f(2) \le 7$이다. $f(2)$의 최댓값은

7이다.

(2) 평균값 정리에 의해 $f(3) - f(1) = f'(c)(3-1)$ 을 만족하는 $c \in (1, 3)$ 이 존재한다. 즉,

$f'(c) = \dfrac{f(3) - f(1)}{2} \ge 2 \ (\because \ (나)).$

$\Rightarrow \dfrac{f(3) - 5}{2} \ge 2 \Rightarrow f(3) \ge 9$

따라서 $f(3)$ 의 최솟값은 9 이다.

175.　풀이 참조

풀이

(1) $|\cos x - \cos y| \le |x - y|$ 에서

(i) $x = y$ 일 때, $0 \le 0$ 이므로 성립.

(ii) $x \ne y$ 일 때,

$f(x) = \cos x$ 는 실수에서 미분 가능하므로 평균값

정리에 의해 $\dfrac{\cos x - \cos y}{x - y} = f'(c)$ 를 만족하는

$c \in (x, y)$ 가 존재한다. $f'(c) = \sin c$ 이므로

$\left| \dfrac{\cos x - \cos y}{x - y} \right| = |\sin d| \le 1$ 이다.

따라서 $|\cos x - \cos y| \le |x - y|$ 이다. (참)

(2) $f(x) = \ln(x + 1)$이라고 하자. $f(0) = 1$0이고

$0 < c < x$를 만족하는 c가 존재할 때,

평균값 정리에 의해서 $\dfrac{f(x) - f(0)}{x - 0} = f'(c)$이 성립한다. 즉,

$\dfrac{\ln(x + 1)}{x} = \dfrac{1}{1 + c}$이다.

$0 < c < x$이므로 $\dfrac{1}{1 + x} < \dfrac{1}{1 + c} < 1$이므로

$\dfrac{1}{1 + x} < \dfrac{\ln(x + 1)}{x} < 1$

$\Rightarrow \dfrac{x}{1 + x} < \ln(x + 1) < x$가 성립한다.

[다른 풀이] 함수의 대소 관계를 파악할 때는 두 함수의 차의 증가 또는 감소를 통해서 알 수 있다.

(i) $f(x) = \dfrac{x}{x + 1}$, $g(x) = \ln(x + 1)$이라고 하자.

$h(x) = f(x) - g(x)$라고 할 때,

$f(x) = 0, g(0) = 0$이므로 $h(0) = 0$이다.

$x > 0$일 때,

$h'(x) = f'(x) - g'(x) = \dfrac{-x}{(x + 1)^2} < 0$이므로 $h(x)$는 감소

함수이다. $h(0) = 0$이면서 $x > 0$일 때 $h(x)$가 감소함수이므로 $h(x) = f(x) - g(x) < 0$이다.

즉, $f(x) < g(x)$이다. $\Rightarrow \dfrac{x}{x + 1} < \ln(x + 1)$이 성립한다.

(ii) $j(x) = x$라고 할 때 $j(0) = 0$이고

$H(x) = g(x) - j(x) = \ln(x + 1) - x$, $H(0) = 0$이다.

$x > 0$일 때,

$H'(x) = g'(x) - j'(x) = \dfrac{-x}{x + 1} < 0$이므로 $H(x)$는 감소함

수이다. 따라서 위와 같은 이유에서 $H(x) = g(x) - j(x) < 0$이고 $g(x) < j(x)$이다.

$\Rightarrow \ln(x + 1) < x$가 성립한다.

(i)과 (ii)에 의해서 $\dfrac{x}{x + 1} < \ln(x + 1) < x$이 성립한다.

176.　0

풀이

$|f(x) - f(y)| \le |x - y|^2$

$\Leftrightarrow \dfrac{|f(x) - f(y)|}{|x - y|} \le |x - y|$

$\Leftrightarrow \left| \dfrac{f(x) - f(y)}{x - y} \right| \le |x - y|$

$\Leftrightarrow -|x - y| \le \dfrac{f(x) - f(y)}{x - y} \le |x - y|$

이제 세 변에 $\displaystyle \lim_{x \to y}$를 씌우면 (단, x는 동점, y는 고정값이다. 즉 y는 상수라 생각해도 무방하다.)

$\displaystyle \lim_{x \to y}(-|x - y|) \le \lim_{x \to y}\dfrac{f(x) - f(y)}{x - y} \le \lim_{x \to y}|x - y|$

$\Leftrightarrow 0 \le f'(y) \le 0$

스퀴즈 정리에 의해 $f'(y) = 0$이다. 즉 f는 상수함수이다. 따라서 $f(2014) - f(\pi) = 0$이 된다.

177.　$\sqrt{2}$

풀이

$x'(t) = -2\sin t$, $y'(t) = 3\cos t$이므로

$\dfrac{dy}{dx} = \dfrac{y'(t)}{x'(t)} = -\dfrac{3\cos t}{2\sin t}$

ⅰ) $x = 1$일 때, $t = \dfrac{\pi}{3}$ 이므로

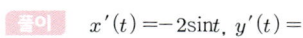

$y = f(1) = 3\sin\dfrac{\pi}{3} = \dfrac{3}{2}\sqrt{3}$ 이고

$x = \sqrt{3}$ 일 때, $t = \dfrac{\pi}{6}$ 이므로 $y = f(\sqrt{3}) = 3\sin\dfrac{\pi}{6} = \dfrac{3}{2}$ 이

다. 따라서 두 점 $(1,\,f(1))$ 과 $(\sqrt{3},\,f(\sqrt{3}))$ 을 지나는 직선

의 기울기는 $\dfrac{\dfrac{3}{2} - \dfrac{3}{2}\sqrt{3}}{\sqrt{3}-1} = -\dfrac{3}{2}$ 이다.

ii) 점 $(a,\,f(a))$ 에서의 접선의 기울기는

$f'(a) = -\dfrac{3\cos t}{2\sin t}$ 이므로

$-\dfrac{3\cos t}{2\sin t} = -\dfrac{3}{2}$, $\dfrac{\cos t}{\sin t} = 1$ 을 만족하는 $t = \dfrac{\pi}{4}$ 이다.

따라서 $t = \dfrac{\pi}{4}$ 일 때 x 좌표 $a = 2\cos t = \sqrt{2}$ 이다.

178. $\dfrac{2}{\pi}$

풀이 $\displaystyle\int_0^\pi \sin x\, dx = (\pi - 0)\sin c$ (평균값 : $\sin c$)

$2 = \pi \sin c \iff \sin c = \dfrac{2}{\pi}$

179. ②

풀이 적분의 평균값 정리에 의해서

$\displaystyle\int_a^b f(x)dx = (b-a)f(c)\ (0 \le a < c < b \le 1)$ 이 성립한다.

$f(x) = \dfrac{1}{1+x^3}$ 일 때, $f(c) = \dfrac{1}{1+c^3}$ 이고, 식에 대입하면

문제에서 주어진 식을 유도할 수 있다.

$\displaystyle\int_a^b \dfrac{1}{1+x^3}dx = (b-a)\left(\dfrac{1}{1+c^3}\right)$

$\iff \dfrac{1}{1+c^3} = \dfrac{1}{b-a}\displaystyle\int_a^b \dfrac{1}{1+x^3}dx$

주어진 조건식을 이용해서 $\dfrac{1}{1+c^3}$ 의 범위를 구하자.

$0 \le a < c < b \le 1 \Rightarrow 0 < c < 1$

$\Rightarrow 0 < c^3 < 1 \Rightarrow 1 < 1+c^3 < 2$

역수를 취하면 $\dfrac{1}{2} < \dfrac{1}{1+c^3} < 1$ 이므로

$\dfrac{1}{2} < f(c) = \dfrac{1}{1+c^3} < 1$ 을 만족하는 값을 보기에서

고르면 $\dfrac{2}{3}$ 이다.

■ **5. 테일러 급수 & 매클로린 급수**

180. $4 + 9(x-3) + 6(x-3)^2 + (x-3)^3$

풀이 $f(x) = (x+1)(x-2)^2 = x^3 - 3x^2 + 4$,

$f'(x) = 3x^2 - 6x,\ \ f''(x) = 6x - 6,\ \ f'''(x) = 6$

$f(3) = 4,\ \ f'(3) = 9,\ \ f''(3) = 12,\ \ f'''(3) = 6$ 이므로

$f(x) = (x+1)(x-2)^2 = \displaystyle\sum_{n=0}^3 \dfrac{f^{(n)}(3)}{n!}(x-3)^n$

$= f(3) + f'(3)(x-3) + \dfrac{f''(3)}{2!}(x-3)^2 + \dfrac{f'''(3)}{3!}(x-3)^3$

$= 4 + 9(x-3) + \dfrac{12}{2!}(x-3)^2 + \dfrac{6}{3!}(x-3)^3$

$= 4 + 9(x-3) + 6(x-3)^2 + (x-3)^3$

181. $\displaystyle\sum_{n=0}^\infty \dfrac{(-1)^n}{4^{n+1}}(x-5)^n$

풀이 $f(x) = \dfrac{1}{x-1} = (x-1)^{-1}$,

$f'(x) = -(x-1)^{-2}$,

$f''(x) = 2!\,(x-1)^{-3}$,

$\vdots\,,$

$f^{(n)}(x) = (-1)^n n!(x-1)^{-(n+1)}$

$f(5) = 4^{-1} = \dfrac{1}{4},\ \ f'(5) = -4^{-2} = \dfrac{-1}{4^2}$,

$f''(5) = 2!\cdot 4^{-3} = \dfrac{2!}{4^3}$,

$\vdots\,,$

$f^{(n)}(5) = (-1)^n n!\cdot 4^{-(n+1)} = \dfrac{(-1)^n}{4^{n+1}}n!$

$f(x) = \dfrac{1}{x-1}$

$= f(5) + f'(5)(x-5) + \dfrac{f''(5)}{2!}(x-5)^2 + \cdots$

$\qquad\qquad + \dfrac{f^{(n)}(5)}{n!}(x-5)^n + \cdots$

$= \displaystyle\sum_{n=0}^\infty \dfrac{f^{(n)}(5)}{n!}(x-5)^n$

$= \dfrac{1}{4} - \dfrac{1}{4^2}(x-5) + \dfrac{1}{4^3}(x-5)^2 + \cdots$

$= \displaystyle\sum_{n=0}^\infty \dfrac{(-1)^n}{4^{n+1}}(x-5)^n$

182. ④

풀이 $x=0$에서 테일러급수의 정의로 풀어보자.

$$f(x) = f(0) + f'(0)x + \frac{f''(0)}{2!}x^2$$
$$+ \cdots + \frac{f^{(n)}(0)}{n!}x^n + \cdots$$

$$= \sum_{n=0}^{\infty} \frac{f^{(n)}(0)}{n!}x^n = \sum_{n=0}^{\infty} C_n x^n$$

$$f(x) = \frac{1}{1+x^2} = (1+x^2)^{-1}$$

$$f'(x) = -2x(1+x^2)^{-2}$$

$$f''(x) = -2(1+x^2)^{-2} + 8x^2(1+x^2)^{-3}$$

$$f'''(x) = 24x(1+x^2)^{-3} - 48x^3(1+x^2)^{-4}$$

$$\vdots$$

$$f(x) = f(0) + f'(0)x + \frac{f''(0)}{2!}x^2$$
$$+ \cdots + \frac{f^{(n)}(0)}{n!}x^n + \cdots$$

$$= 1 - x^2 + x^4 - \cdots 이므로$$

보기에서 고르면 ④이다.

[다른 풀이]

$$f(x) = \frac{1}{1+x^2} = \frac{1}{1-(-x^2)} = \sum_{n=0}^{\infty}(-x^2)^n$$
$$= \sum_{n=0}^{\infty}(-1)^n x^{2n}$$

183. $\frac{11}{2}$

풀이 $e^{x-\ln(1-x)} = e^x e^{-\ln(1-x)} = \frac{1}{1-x} \cdot e^x$

$$= (1+x+x^2+\cdots)\left(1+x+\frac{1}{2!}x^2+\frac{1}{3!}x^3+\cdots\right)$$

$$= 1 + 2x + \frac{5}{2}x^2 + \cdots$$

$a_0=1$, $a_1=2$, $a_2=\frac{5}{2}$ 이므로 $a_0+a_1+a_2=\frac{11}{2}$ 이다.

184. $\frac{1}{4}$

풀이 $f(x) = (\cosh x - 1)\sinh x$

$$= \left(1 + \frac{x^2}{2!} + \frac{x^4}{4!} + \cdots - 1\right)\left(x + \frac{x^3}{3!} + \frac{x^5}{5!} + \cdots\right)$$

$$= \left(\frac{x^2}{2!} + \frac{x^4}{4!} + \cdots\right)\left(x + \frac{x^3}{3!} + \frac{x^5}{5!} + \cdots\right)$$

$$= \frac{x^3}{2!} + \left(\frac{1}{2!}\cdot\frac{1}{3!} + \frac{1}{4!}\right)x^5 + \cdots \text{ 이므로}$$

$$\frac{a_4+a_5}{a_3} = \frac{\frac{1}{2!}\cdot\frac{1}{3!}+\frac{1}{4!}}{\frac{1}{2!}} = \frac{1}{6}+\frac{1}{12} = \frac{1}{4} \text{ 이다.}$$

185. -10

풀이 Maclaurin 급수 전개하면

$$\cos x = 1 - \frac{x^2}{2!} + \frac{x^4}{4!} - \frac{x^6}{6!} + \cdots \text{ 이고 합성함수에 해당하는}$$

$$f(x) = \cos\left(\frac{1}{6}x^3\right) = 1 - \frac{1}{2!}\left(\frac{1}{6}x^3\right)^2 + \frac{1}{4!}\left(\frac{1}{6}x^3\right)^4 - \cdots$$

$$= 1 - \frac{1}{72}x^6 + \cdots \text{ 이므로}$$

$$f^{(6)}(0) = 6!\, C_6 = -\frac{6!}{72} = -10 \text{ 이다.}$$

(여기서 C_6은 함수 $f(x)$의 x^6의 계수이다.)

186. -2^9

풀이 $f(x)$의 매클로린 급수를 이용하여 x^8의 계수 C_8을 구해서 $f^{(8)}(0) = 8!\, C_8$ 계산하는 문제이다.

$\sin x \cos x = \frac{1}{2}\sin 2x$ 이므로 의 매클로린 급수는 다음과 같다.

$$f(x) = x\cos x\sin x = \frac{1}{2}x\sin 2x$$

$$= \frac{x}{2}\left\{(2x) - \frac{(2x)^3}{3!} + \frac{(2x)^5}{5!} - \frac{(2x)^7}{7!} + \cdots\right\}$$

$$f^{(8)}(0) = 8!\, C_8 = 8!\cdot\frac{-2^7}{2\times 7!} = \frac{-8\cdot 2^7}{2} = -2^9 \text{ 이다.}$$

187. -15

풀이 $(1 + \bigstar)^p = 1 + p\bigstar + \frac{p(p-1)}{2!}\bigstar^2 + \cdots$

의 매클로린공식을 이용하자.

$$f(x) = x(1+x^2)^{\frac{1}{2}}$$

$$= x\left\{1 + \frac{1}{2}x^2 + \frac{\left(\frac{1}{2}\right)\left(-\frac{1}{2}\right)}{2!}x^4 + \cdots\right\}$$

$$= x + \frac{1}{2}x^3 - \frac{1}{8}x^5 + \cdots$$

이므로 $f^{(5)}(0) = 5!\cdot C_5 = -\frac{5!}{8} = -15$이다.

188. $\dfrac{11!}{6}$

$(1+x)^p = 1 + px + \dfrac{p(p-1)}{2!}x^2 + \dfrac{p(p-1)(p-2)}{3!}x^3 + \cdots$

$(1+x)^{\frac{1}{2}}$

$= 1 + \dfrac{1}{2}x + \dfrac{\frac{1}{2}\left(-\frac{1}{2}\right)}{2!}x^2 + \dfrac{\frac{1}{2}\left(-\frac{1}{2}\right)\left(-\frac{3}{2}\right)}{3!}x^3 + \cdots$ 이다.

합성함수에 해당하는

$(1+x^3)^{\frac{1}{2}}$

$= \left\{1 + \dfrac{1}{2}x^3 + \dfrac{\frac{1}{2}\left(-\frac{1}{2}\right)}{2!}x^6 + \dfrac{\frac{1}{2}\left(-\frac{1}{2}\right)\left(-\frac{3}{2}\right)}{3!}x^9 + \cdots\right\}$

이므로

$f(x)$

$= x^2\sqrt{1+x^3} = x^2(1+x^3)^{\frac{1}{2}}$

$= x^2\left\{1 + \dfrac{1}{2}x^3 + \dfrac{\frac{1}{2}\left(\frac{1}{2}-1\right)}{2!}x^6 + \dfrac{\frac{1}{2}\left(\frac{1}{2}-1\right)\left(\frac{1}{2}-2\right)}{3!}x^9 + \cdots\right\}$

이다.

따라서 $f^{(11)}(0) = 11! \times (x^{11}\text{의 계수})$

$= 11! \times \dfrac{\frac{1}{2}\left(-\frac{1}{2}\right)\left(-\frac{3}{2}\right)}{3!} = \dfrac{11!}{16}$ 이다.

189. $-20\sqrt{3}$

$(1+x)^p$

$= 1 + px + \dfrac{p(p-1)}{2!}x^2 + \dfrac{p(p-1)(p-2)}{3!}x^3 + \cdots$ 이고

$(1+x)^{\frac{1}{2}}$

$= 1 + \dfrac{1}{2}x + \dfrac{\frac{1}{2}\left(-\frac{1}{2}\right)}{2!}x^2 + \dfrac{\frac{1}{2}\left(-\frac{1}{2}\right)\left(-\frac{3}{2}\right)}{3!}x^3 + \cdots$ 이다.

합성함수에 해당하는

$\left(1+\dfrac{x^2}{3}\right)^{\frac{1}{2}} = \left\{1 + \dfrac{1}{2}\left(\dfrac{x^2}{3}\right) + \dfrac{\frac{1}{2}\left(-\frac{1}{2}\right)}{2!}\left(\dfrac{x^2}{3}\right)^2 + \cdots\right\}$ 이므로

$f(x) = 2x^2\sqrt{3+x^2} = 2x^2\sqrt{3}\left(1+\dfrac{x^2}{3}\right)^{\frac{1}{2}}$

$= 2\sqrt{3}\,x^2\left\{1 + \dfrac{1}{2}\left(\dfrac{x^2}{3}\right) + \dfrac{\frac{1}{2}\left(-\frac{1}{2}\right)}{2!}\left(\dfrac{x^2}{3}\right)^2 + \cdots\right\}$

$= 2\sqrt{3}\left\{x^2 + \dfrac{x^4}{6} - \dfrac{x^6}{72} + \cdots\right\}$ 이므로

$f^{(6)}(0) = 6! \, C_6 = 6!\left(-\dfrac{2\sqrt{3}}{72}\right) = -20\sqrt{3}$ 이다.

(여기서 C_6은 함수 $f(x)$의 x^6의 계수이다.)

190. 435

$(1+x)^p$

$= 1 + px + \dfrac{p(p-1)}{2!}x^2 + \dfrac{p(p-1)(p-2)}{3!}x^3 + \cdots$ 이고

$f(x) = (1+x^5)^{30} = 1 + 30x^5 + \dfrac{30 \cdot 29}{2!}x^{10} + \cdots$ 이므로

$C_{10} = \dfrac{f^{(10)}(0)}{10!} = \dfrac{30 \cdot 29}{2} = 435$ 이다.

(여기서 C_{10}은 함수 $f(x)$의 x^{10}의 계수이다.)

191. 21

두 가지 풀이법으로 풀어보자.

[풀이1]

$(1+x)^p = 1 + px + \dfrac{p(p-1)}{2!}x^2$
$\qquad\qquad + \dfrac{p(p-1)(p-2)}{3!}x^3 + \cdots$

의 매클로린 공식을 이용하여

$(1+\bigstar)^p = 1 + p\bigstar + \dfrac{p(p-1)}{2!}\bigstar^2$
$\qquad\qquad + \dfrac{p(p-1)(p-2)}{3!}\bigstar^3 + \cdots$

을 이용하자.

$f(x) = x^3(x^2+x+1)^6$
$\quad = x^3\left\{1 + 6(x^2+x) + \dfrac{6 \cdot 5}{2!}(x^2+x)^2 + \cdots\right\}$
$\quad = x^3(1 + 6x + 21x^2 + \cdots)$

x^5의 계수는 21이다.

[풀이2]

$g(x) = (x^2+x+1)^6$ 라고 하면

$f(x) = x^3(x^2+x+1)^6 = x^3 g(x)$이고,

$f(x)$의 x^5의 계수는 $g(x)$의 매클로린 급수

$g(x) = g(0) + g'(0)x + \dfrac{g''(0)}{2!}x^2 + \cdots$에서 x^2의 계수와 같다.

$g'(x) = 6(x^2+x+1)^5(2x+1)$,

$g''(x) = 30(x^2+x+1)^4(2x+1)^2 + 12(x^2+x+1)^5$이고,

$\dfrac{g''(0)}{2!} = \dfrac{42}{2!} = 21$이므로 $f(x)$의 x^5의 계수는 21이다.

192. $-\dfrac{\sqrt{2}}{6!}$

풀이 $-\dfrac{\pi}{2} \leq x \leq \dfrac{\pi}{2}$ 에서

$$f(x) = \sqrt{1+\cos 2x} = \sqrt{2\left(\dfrac{1+\cos 2x}{2}\right)} = \sqrt{2\cos^2 x}$$

$$= \sqrt{2}\,\cos x = \sqrt{2}\left(1 - \dfrac{x^2}{2!} + \dfrac{x^4}{4!} - \dfrac{x^6}{6!} + \cdots\right)$$

이므로 $C_5 = 0$, $C_6 = -\dfrac{\sqrt{2}}{6!}$ 이므로

$C_5 + C_6 = -\dfrac{\sqrt{2}}{6!}$ 이다.

[참고]

$f(x) = \sqrt{1+\cos 2x}$ 가 우함수이므로 $C_{2n+1} = 0$이다.
(여기서 $n \in$ 정수)

193. $\dfrac{41}{24}$

풀이 $f(x) = \dfrac{1}{\cos x} = \dfrac{1}{1 - \dfrac{1}{2!}x^2 + \dfrac{1}{4!}x^4 - \cdots}$ 의 매클로린

급수를 구하기 위해서 직접 나눠서 구해보자.

$$
\begin{array}{r}
1 + \dfrac{1}{2!}x^2 + \dfrac{5}{4!}x^4 + \cdots \\[2mm]
1 - \dfrac{1}{2!}x^2 + \dfrac{1}{4!}x^4 - \cdots \;\big)\; 1 \\[2mm]
- \;\; 1 - \dfrac{1}{2!}x^2 + \dfrac{1}{4!}x^4 - \cdots \\[2mm]
\hline
\dfrac{1}{2!}x^2 - \dfrac{1}{4!}x^4 + \cdots \\[2mm]
- \;\; \dfrac{1}{2!}x^2 - \dfrac{1}{(2!)^2}x^4 + \cdots \\[2mm]
\hline
\dfrac{5}{4!}x^4 - \cdots
\end{array}
$$

따라서

$$f(x) = \dfrac{1}{\cos x} = \dfrac{1}{1 - \dfrac{1}{2!}x^2 + \dfrac{1}{4!}x^4 - \cdots}$$

$$= 1 + \dfrac{1}{2!}x^2 + \dfrac{5}{4!}x^4 + \cdots \text{ 이다.}$$

$\Rightarrow a_0 + a_1 + a_2 + a_3 + a_4 = 1 + \dfrac{1}{2!} + \dfrac{5}{4!} = \dfrac{41}{24}$ 이다.

194. $-\dfrac{1}{16}$

풀이 $f'(x) = -\sin(\sin^{-1}(x^2)) \times \dfrac{2x}{\sqrt{1-x^4}}$

$$= -\dfrac{2x^3}{\sqrt{1-x^4}}$$

$$= -2x^3(1-x^4)^{-\frac{1}{2}} \text{ 이고}$$

Maclaurin급수에 의하여
$f'(x)$

$$= -2x^3\left\{1 + \left(-\dfrac{1}{2}\right)(-x^4) + \dfrac{1}{2!}\left(-\dfrac{1}{2}\right)\left(-\dfrac{3}{2}\right)(-x^4)^2 + \cdots\right\}$$

$$= -2x^3\left\{1 + \dfrac{1}{2}x^4 + \dfrac{3}{8}x^8 + \cdots\right\}$$

$$= -2x^3 - x^7 - \dfrac{3}{4}x^{11} + \cdots \text{일 때,}$$

$$f(x) = C - \dfrac{1}{2}x^4 - \dfrac{1}{8}x^8 - \dfrac{1}{16}x^{12} - \cdots \text{이고,}$$

$f(0) = C = 1$이므로 $f(x) = 1 - \dfrac{1}{2}x^4 - \dfrac{1}{8}x^8 - \dfrac{1}{16}x^{12} - \cdots$
이다.

$$\dfrac{f^{(10)}(0)}{10!} + \dfrac{f^{(12)}(0)}{12!} = a_{10} + a_{12} = 0 - \dfrac{1}{16} = -\dfrac{1}{16}$$

195. 34

풀이 $\dfrac{1}{1-x} = \displaystyle\sum_{n=0}^{\infty} x^n$ 이고 양변을 x에 대하여 미분하면

$$f(x) = \dfrac{1}{(1-x)^2} = \sum_{n=0}^{\infty} nx^{n-1} = \sum_{n=1}^{\infty} nx^{n-1}$$

$$= \sum_{N=0}^{\infty}(N+1)x^N = 1 + 2x + 3x^2 + \cdots + 6x^5 + \cdots$$

이므로 $a_5 = 6$이다.

$$f'(x) = \dfrac{2}{(1-x)^3} = \sum_{n=0}^{\infty} n(n-1)x^{n-2} = \sum_{n=2}^{\infty} n(n-1)x^{n-2}$$

이고,

$$\dfrac{x}{2}f'(x) = \dfrac{x}{(1-x)^3} = \sum_{n=2}^{\infty} \dfrac{1}{2}n(n-1)x^{n-1}$$

$$= \sum_{N=1}^{\infty} \dfrac{1}{2}(N+1)Nx^N = \sum_{n=1}^{\infty} b_n x^n \text{ 이므로 } b_7 = 28\text{이다.}$$

$\therefore a_5 + b_7 = 34$

196.   55

풀이 $\dfrac{2}{2-x}=\dfrac{1}{1-\dfrac{x}{2}}=\displaystyle\sum_{n=0}^{\infty}\left(\dfrac{x}{2}\right)^n=\sum_{n=0}^{\infty}\dfrac{x^n}{2^n}$ 이고 양변을 x에

대하여 미분하면

$$f(x)=\dfrac{2}{(2-x)^2}=\sum_{n=0}^{\infty}\dfrac{nx^{n-1}}{2^n}=\sum_{n=1}^{\infty}\dfrac{nx^{n-1}}{2^n}$$

$$=\sum_{N=0}^{\infty}\dfrac{(N+1)x^N}{2^{N+1}}=\sum_{n=0}^{\infty}a_nx^n \text{ 이다.}$$

$$f'(x)=\dfrac{-4}{(2-x)^3}=\sum_{N=0}^{\infty}\dfrac{(N+1)Nx^{N-1}}{2^{N+1}} \text{ 이고,}$$

$$xf'(x)=\dfrac{-4x}{(2-x)^3}=\sum_{N=0}^{\infty}\dfrac{(N+1)Nx^N}{2^{N+1}}=\sum_{n=1}^{\infty}\dfrac{(n+1)nx^n}{2^{n+1}}$$

$$=\sum_{n=1}^{\infty}b_nx^n \text{ 이다.}$$

$a_3+b_5=\dfrac{1}{4}+\dfrac{15}{32}=\dfrac{23}{32}$ 이므로 $m+n=55$이다.

197. $16! \times 45$

풀이 $x=1$에서 $f(x)$의 Taylor전개를 하면

$$f(x)=f(1)+f'(1)(x-1)+\dfrac{f''(1)}{2!}(x-1)^2+\cdots \text{ 이고,}$$

$(x-1)^{16}$의 계수는 $C_{16}=\dfrac{f^{(16)}(1)}{16!}$ 이다.

문제에서 구하고자 하는 것은 $f^{(16)}(1)=16!\,C_{16}$ 이다.

$$(1+\bigstar)^{10}=1+10\bigstar+\dfrac{10\cdot9}{2!}\bigstar^2+\cdots$$

$$={}_{10}C_0+{}_{10}C_1\bigstar+{}_{10}C_2\bigstar^2+$$
$$\cdots+{}_{10}C_8\bigstar^8+{}_{10}C_9\bigstar^9+{}_{10}C_{10}\bigstar^{10}$$

위 매클로린 공식을 이용하여 C_{16}을 찾자.

$$f(x)=(x^2-2x+2)^{10}=(1+(x-1)^2)^{10}$$

$$=1+10(x-1)^2+\cdots+\dfrac{10\cdot9\cdots3}{8!}((x-1)^2)^8$$
$$+\dfrac{10\cdot9\cdots2}{9!}((x-1)^2)^9+\dfrac{10!}{10!}((x-1)^2)^{10}$$

즉, $C_{16}=\dfrac{10\cdot9\cdots3}{8!}={}_{10}C_8={}_{10}C_2=\dfrac{10\cdot9}{2!}=45$이고,

$$f^{(16)}(1)=16!\,C_{16}$$
$$=16!\times\dfrac{10\cdot9\cdots3}{8!}=16!\times\dfrac{10\cdot9}{2}=16!\times45$$

198. $180 \cdot 16!$

풀이 $f(x)=\{(x-2)^2+2\}^{10}=2^{10}\left(1+\dfrac{(x-2)^2}{2}\right)^{10}$ 이고

$g(x)=\left(1+\dfrac{(x-2)^2}{2}\right)^{10}$ 라 하면, $f(x)=2^{10}g(x)$이다.

$g(x)=\left(1+\dfrac{(x-2)^2}{2}\right)^{10}$ 의 $(x-2)$의 테일러 전개는 다음과 같

다. 여기서 $\bigstar=\dfrac{(x-2)^2}{2}$ 이다.

$$g(x)=(1+\bigstar)^{10}$$

$$=1+10\cdot\bigstar+\dfrac{1}{2!}\cdot10\cdot9\cdot\bigstar^2+\dfrac{1}{3!}\cdot10\cdot9\cdot8\cdot\bigstar^3$$
$$+\cdots+\dfrac{1}{8!}\cdot10\cdot9\cdots3\cdot\bigstar^8+\cdots$$

$$=1+{}_{10}C_1\bigstar+{}_{10}C_2\bigstar^2+\cdots+{}_{10}C_8\bigstar^8+{}_{10}C_9\bigstar^9+\bigstar^{10}$$

$g(x)$의 $(x-2)^{16}$의 계수는 $\dfrac{{}_{10}C_8}{2^8}=\dfrac{{}_{10}C_2}{2^8}=\dfrac{45}{2^8}$이다.

따라서 $f(x)=2^{10}g(x)$의 $x=2$에서 테일러전개를 하면

$(x-2)^{16}$의 계수는 $2^{10}\cdot\dfrac{45}{2^8}=\dfrac{f^{(16)}(2)}{16!}$ 이므로

$f^{(16)}(2)=180\cdot16!$이다.

199. e

풀이 $y=e^x$ 의 매클로린 급수를 이용하여 $x=1$에서 테일러 급수와
$x=2$에서 테일러 급수를 만들 수 있다.

(i) $y=e^x$ 의 $x=1$에서 테일러 급수는

$$e^x=e\cdot e^{x-1}=e\sum_{n=0}^{\infty}\dfrac{(x-1)^n}{n!} \text{ 이므로 } a_n=\dfrac{e}{n!} \text{ 이고,}$$

(ii) $y=e^x$ 의 $x=2$에서 테일러 급수는

$$e^x=e^2\cdot e^{x-2}=e^2\sum_{n=0}^{\infty}\dfrac{(x-2)^n}{n!} \text{ 이므로 } b_n=\dfrac{e^2}{n!} \text{ 이다.}$$

여기서 $\dfrac{b_n}{a_n}=\dfrac{e^2}{n!}\cdot\dfrac{n!}{e}=e$이다.

200. $\dfrac{1}{3!}=\dfrac{1}{6}$

풀이 $\displaystyle\sum_{n=0}^{\infty}a_n(x-\pi)^n$ 은 $x=\pi$에서 taylor 급수 전개를 말하는 것이다.
정의가 아닌 기존의 $\sin x$의 매클로린 공식의 변형을 이용해서 구
해보자.

$(x-\pi)^3\sin x=\displaystyle\sum_{n=0}^{\infty}a_n(x-\pi)^n$ 에서 $x-\pi=t$로 치환하면

$t+\pi$이므로

$$t^3\sin(t+\pi)= -t^3\sin t = -t^3\left(t - \frac{1}{3!}t^3 + \frac{1}{5!}t^5 - \cdots\right)$$

$$= \sum_{n=0}^{\infty} a_n t^n \text{이므로 } a_6 = \frac{1}{3!} \text{이다.}$$

201. -2

풀이 $\dfrac{x}{x-2} = \displaystyle\sum_{n=0}^{\infty} a_n (x-1)^n$ 에서 $x-1=t$로 치환하면

$$\frac{t+1}{t-1} = 1 - \frac{2}{1-t} = 1 - 2\sum_{n=0}^{\infty} t^n = \sum_{n=0}^{\infty} a_n t^n \text{ 이 된다.}$$

따라서 $a_7 = -2$이다.

202. $\dfrac{9}{2}$

풀이 $f(x) = \ln x = \displaystyle\sum_{n=0}^{\infty} a_n (x-3)^n$ 에서 $x-3=t$로 치환하면

$$f(t) = \ln(3+t) = \ln 3 + \ln\left(1+\frac{t}{3}\right) = \sum_{n=0}^{\infty} a_n t^n \text{ 이 된다.}$$

$$f(t) = \ln 3 + \ln\left(1+\frac{t}{3}\right) = \ln 3 + \sum_{n=1}^{\infty} \frac{(-1)^{n+1}}{n}\left(\frac{t}{3}\right)^n \text{이므로}$$

$a_2 = \dfrac{-1}{18}$, $a_3 = \dfrac{1}{81}$ 이다.

$\left|\dfrac{a_2}{a_3}\right| = \dfrac{81}{18} = \dfrac{9}{2}$ 이다.

203. $-\dfrac{1}{12}$

풀이   주어진 함수는 $x=0$에서 특이점을 갖는 함수이다. 미분계수를 구할 때, 미분계수의 정의를 통해서 구할 수도 있고, 없앨 수 있는 특이점이므로 매클로린 급수 공식을 이용해서 구할 수도 있다.

$$H(x) = \frac{1}{x^2}\left(1 - \left(1 - \frac{x^2}{2!} + \frac{x^4}{4!} - \frac{x^6}{6!} + \cdots\right)\right)$$

$$= \frac{1}{x^2}\left(\frac{x^2}{2!} - \frac{x^4}{4!} + \frac{x^6}{6!} - \cdots\right) = \frac{1}{2!} - \frac{x^2}{4!} + \frac{x^3}{6!} - \cdots$$

이며 $H(0) = \dfrac{1}{2}$이므로 주어진 식과 동일하다.

즉, $H(x)$는 $x=0$에서 연속이고 무한 번 미분가능하다.

따라서 $H''(0) = 2! C_2 = -\dfrac{1}{12}$ 이다.

204. $-\dfrac{1}{5}$

풀이   ※ 없앨 수 있는 특이점임을 생각하자!!

$$f(x)$$

$$= \frac{4}{x^2}\left\{\left(1 - x + \frac{1}{2!}x^2 - \frac{1}{3!}x^3 + \frac{1}{4!}x^4 - \frac{1}{5!}x^5 + \cdots\right) - 1 + x\right\}$$

$$= \frac{4}{x^2}\left\{\frac{1}{2!}x^2 - \frac{1}{3!}x^3 + \frac{1}{4!}x^4 - \frac{1}{5!}x^5 + \cdots\right\}$$

$$= 4\left\{\frac{1}{2!} - \frac{1}{3!}x + \frac{1}{4!}x^2 - \frac{1}{5!}x^3 + \cdots\right\}$$

이므로 $f'''(0) = 3! \, C_5 = 3!\left(-\dfrac{4}{120}\right) = -\dfrac{1}{5}$ 이다.

205. $\dfrac{3}{4}$

풀이 $f(x) = \displaystyle\sum_{n=0}^{\infty} a_n x^n$ 이라고 할 때,

$$f(x) = \frac{e^{3x}-1}{\sin 2x} = \frac{3x + \dfrac{9x^2}{2!} + \dfrac{27x^3}{3!} + \cdots}{2x - \dfrac{8x^3}{3!} + \dfrac{32x^5}{5!} - \cdots}$$

$$= \frac{3}{2} + \frac{9}{4}x + \frac{13}{4}x^2 + \cdots \text{ 이므로}$$

$$f(0) + f'(0) + f''(0) = a_0 + a_1 + 2! \, a_2$$

$$= \frac{3}{2} + \frac{9}{4} + \frac{13}{2} = \frac{41}{4} \text{ 이다.}$$

206. $-\dfrac{1}{2}$

풀이 $B'(0) = \displaystyle\lim_{h \to 0} \frac{B(0+h) - B(0)}{h}$

$$= \lim_{h \to 0} \frac{\dfrac{h}{e^h - 1} - 1}{h}$$

$$= \lim_{h \to 0} \frac{h - (e^h - 1)}{h(e^h - 1)}$$

$$= \lim_{h \to 0} \frac{h - \left\{\left(1 + h + \dfrac{1}{2!}h^2 + \cdots\right) - 1\right\}}{h\left\{\left(1 + h + \dfrac{1}{2!}h^2 + \cdots\right) - 1\right\}}$$

$$= \lim_{h \to 0} \frac{-\dfrac{1}{2!}h^2 + \cdots}{h^2 + \dfrac{1}{2!}h^3 + \cdots} = -\frac{1}{2}$$

이므로 $B'(0) = -\dfrac{1}{2}$ 이다.

$$\frac{x}{e^x-1}=\frac{x}{x+\frac{1}{2!}x^2+\frac{1}{3!}x^3+\cdots}$$

$$=\frac{1}{1+\frac{1}{2!}x+\frac{1}{3!}x^2+\cdots}=1-\frac{1}{2}x+\cdots$$

이므로 $B'(0)=-\frac{1}{2}$ 이다.

$$
\begin{array}{r}
1-\frac{1}{2}x+\cdots \\
\hline
1+\frac{1}{2}x+\frac{1}{6}x^2+\cdots \;\big)\; 1 \\
\end{array}
$$

$$
\underline{\;-\;\;1+\frac{1}{2}x+\frac{1}{6}x^2+\cdots}
$$

$$-\frac{1}{2}x-\frac{1}{6}x^2-\cdots$$

$$\underline{\;-\;\;-\frac{1}{2}x-\frac{1}{4}x^2-\cdots}$$

$$\frac{1}{12}x^2-\cdots$$

207.   77

풀이 $f(x)=\sin^2 x=\frac{1}{2}(1-\cos 2x)$

$$=\frac{1}{2}\left\{1-\left(1-\frac{4x^2}{2!}+\frac{16x^4}{4!}-\frac{64x^6}{6!}+\cdots\right)\right\}$$

$$=\frac{1}{2}\left\{\frac{4x^2}{2!}-\frac{16x^4}{4!}+\frac{64x^6}{6!}-\cdots\right\}$$ 이므로

$T_6(x)=x^2-\frac{1}{3}x^4+\frac{2}{45}x^6$ 이다. 계수의 합은

$T_6(1)=1-\frac{1}{3}+\frac{2}{45}=\frac{32}{45}=\frac{b}{a}$ 이고, $a+b=77$이다.

208. $T_3=x+x^2-\frac{x^3}{3}$

풀이 $f(x)=\frac{\tan^{-1}x}{1-x+x^2}=\tan^{-1}x\cdot\frac{1}{1-(x-x^2)}$

$$=\left(x-\frac{1}{3}x^3+\frac{1}{5}x^5+\cdots\right)(1+(x-x^2)+(x-x^2)^2+\cdots)$$

그러므로 $T_3=x+x^2-\frac{x^3}{3}$ 이다.

209. $\dfrac{23}{32}$

풀이 $(1+x)^p=1+px+\frac{p(p-1)}{2!}x^2+\cdots$ 이므로

$x=-\dfrac{x^3}{2}$, $p=\dfrac{1}{2}$ 를 대입하면

$$P_6(x)=1+\frac{1}{2}\left(-\frac{x^3}{2}\right)+\frac{\frac{1}{2}\left(-\frac{1}{2}\right)}{2!}\left(-\frac{x^3}{2}\right)^2$$

$$=1-\frac{1}{4}x^3-\frac{1}{32}x^6\text{ 이다.}$$

∴ 계수의 합은 $P_6(1)=1-\dfrac{1}{4}-\dfrac{1}{32}=\dfrac{23}{32}$ 이다.

210.   2.05, $\dfrac{3279}{1600}$

풀이
$$\begin{cases} f(x)=\sqrt{x} & f(4)=2 \\ f'(x)=\dfrac{1}{2\sqrt{x}}=\dfrac{1}{2}x^{-\frac{1}{2}} & f'(4)=\dfrac{1}{4} \\ f''(x)=-\dfrac{1}{4}x^{-\frac{3}{2}} & f''(4)=-\dfrac{1}{32} \end{cases}$$ 이고,

(i) 일차근사함수는

$$f(x)\approx f(4)+f'(4)(x-4)=2+\frac{1}{4}(x-4)\text{ 이고,}$$

이를 이용하여 $f(4.2)=\sqrt{4.2}$ 의 근삿값은

$$f(4.2)\approx 2+\frac{1}{4}(4.2-4)=2+\frac{1}{20}=2.05\text{ 이다.}$$

(ii) 이차근사함수는

$$f(x)\approx f(4)+f'(4)(x-4)+\frac{f''(4)}{2!}(x-4)^2$$

$$=2+\frac{1}{4}(x-4)-\frac{1}{64}(x-4)^2\text{ 이고,}$$

이를 이용하여 $f(4.2)=\sqrt{4.2}$ 의 근삿값은

$$f(4.2)\approx 2+\frac{1}{4}(4.2-4)-\frac{1}{64}(4.2-4)^2$$

$$=2+\frac{1}{20}-\frac{1}{1600}=\frac{3279}{1600}$$

이다.

211. $\dfrac{269}{90}$

풀이 $f(x)=\sqrt[3]{x}$ 라고 하자. $x=27$에서 일차근사함수(=선형근사식)

을 이용하여 $f(26.7)=\sqrt[3]{26.7}$ 의 근삿값을 구하자.

$$\begin{cases} f(x)=\sqrt[3]{x}=x^{\frac{1}{3}}, & f(27)=3 \\ f'(x)=\dfrac{1}{3}x^{-\frac{2}{3}}, & f'(27)=\dfrac{1}{3}(3^3)^{-\frac{2}{3}}=\dfrac{1}{27} \end{cases}$$

이고, 일차근사함수는

$$f(x) \approx f(27) + f'(27)(x-27) = 3 + \frac{1}{27}(x-27)$$이고,

이를 이용하여 $f(26.7) = \sqrt[3]{26.7}$ 의 근삿값은

$$f(26.7) \approx 3 + \frac{1}{27}(26.7-27) = 3 - \frac{1}{90} = \frac{269}{90}$$이다.

212. $\quad 1 + \frac{(\sqrt{3}-1)\pi}{6}$

풀이 $f(1) = \cos 1 + \sin 1$의 근삿값을 구하기 위해서 $x = \frac{\pi}{3}$ 에서

선형근사식(=일차근사식)을 이용하자.

$f(x) = \cos x + \sin x$, $f'(x) = -\sin x + \cos x$,

$f\left(\frac{\pi}{3}\right) = \frac{1+\sqrt{3}}{2}$, $f'\left(\frac{\pi}{3}\right) = \frac{1-\sqrt{3}}{2}$

이고, $x = \frac{\pi}{3}$ 에서의 $f(x)$의 선형근사식은

$$f(x) \approx f\left(\frac{\pi}{3}\right) + f'\left(\frac{\pi}{3}\right)\left(x - \frac{\pi}{3}\right)$$

$$= \frac{\sqrt{3}+1}{2} + \frac{1-\sqrt{3}}{2}\left(x - \frac{\pi}{3}\right)$$이다.

$$f(1) = \cos 1 + \sin 1 \approx \frac{\sqrt{3}+1}{2} + \frac{1-\sqrt{3}}{2}\left(1 - \frac{\pi}{3}\right)$$

$$= 1 + \frac{(\sqrt{3}-1)\pi}{6}$$

213. $\quad \frac{2\pi-1}{8}$

풀이 $\tan^{-1}\left(\frac{3}{4}\right)$의 근삿값을 구하기 위해서 $x = 1$에서

선형근사식(일차근사식)을 이용하자.

$f(x) = \tan^{-1}x$, $f'(x) = \frac{1}{1+x^2}$, $f(1) = \frac{\pi}{4}$, $f'(1) = \frac{1}{2}$

이고, $x = 1$에서 $f(x)$의 선형근사식은

$$f(x) \approx f(1) + f'(1)(x-1) = \frac{\pi}{4} + \frac{1}{2}(x-1)$$이다.

따라서 $f\left(\frac{3}{4}\right) = \tan^{-1}\left(\frac{3}{4}\right) \approx \frac{\pi}{4} + \frac{1}{2}\left(\frac{3}{4}-1\right) = \frac{2\pi-1}{8}$

이다.

214. $\quad$ ③

풀이 모든 x에 대하여

$$\cos x = 1 - \frac{1}{2!}x^2 + \frac{1}{4!}x^4 - \frac{1}{6!}x^6 + \cdots$$이고,

$$\cos 1 = 1 - \frac{1}{2!} + \frac{1}{4!} - \frac{1}{6!} + \cdots$$이다.

$\cos 1$의 근삿값을 $\cos 1 \approx 1 - \frac{1}{2!} + \frac{1}{4!} = \frac{13}{24}$ 라고 하면

오차는 $\left| -\frac{1}{6!} + \frac{1}{8!} - \cdots \right|$이고, 이 값은 $\frac{1}{6!}$ 을 넘지 못한다.

즉, $\left| -\frac{1}{6!} + \frac{1}{8!} - \cdots \right| < \frac{1}{6!}$ 이다.

215. $\quad$ ③

풀이 $(1+x)^p = 1 + px + \frac{p(p-1)}{2!}x^2 + \cdots$

$(1+x^3)^{-\frac{1}{2}} = 1 - \frac{1}{2}x^3 + \frac{\left(-\frac{1}{2}\right)\left(-\frac{3}{2}\right)}{2!}x^6 + \cdots$

$$\int_0^{0.1} \frac{1}{\sqrt{1+x^3}}dx = \int_0^{\frac{1}{10}} (1+x^3)^{-\frac{1}{2}}dx$$

$$= \int_0^{\frac{1}{10}} \left(1 - \frac{1}{2}x^3 + \frac{3}{8}x^6 - \cdots\right)dx$$

$$= \left[x - \frac{1}{8}x^4 + \frac{3}{8}\frac{1}{7}x^7 - \cdots\right]_0^{\frac{1}{10}}$$

$$= \frac{1}{10} - \frac{1}{8}\frac{1}{10^4} + \cdots \approx \frac{1}{10}$$

216. $\quad$ ③

풀이 $\cos x = 1 - \frac{1}{2!}x^2 + \frac{1}{4!}x^4 - \frac{1}{6!}x^6 + \cdots$

$\cos\sqrt{x} = 1 - \frac{1}{2!}x + \frac{1}{4!}x^2 - \frac{1}{6!}x^3 + \cdots$

$$\int_0^1 \cos\sqrt{x}\,dx = \left[x - \frac{1}{2}\frac{1}{2}x^2 + \frac{1}{24}\frac{1}{3}x^3 - \frac{1}{720}\frac{1}{4}x^4 + \cdots\right]_0^1$$

$$= 1 - \frac{1}{4} + \frac{1}{72} - \frac{1}{2880} + \cdots$$

$$= 0.75 + 0.013 \times\times\times - 0.000\times\times\times \approx 0.76$$

■ 6. 극한_로피탈 정리 (L'Hopital's theorem)

217.   (1) 1   (2) ln3   (3) 1   (4) −2

풀이 (1) $\lim\limits_{x\to 0}\dfrac{\sin x}{x}\left(\dfrac{0}{0}\text{꼴}\right)=\lim\limits_{x\to 0}\dfrac{\cos x}{1}=1$

(2) $\lim\limits_{x\to 0}\dfrac{3^x-1}{x}\left(\dfrac{0}{0}\text{꼴}\right)=\lim\limits_{x\to 0}\dfrac{3^x\ln 3}{1}=\ln 3$

(3) $\lim\limits_{x\to 0}\dfrac{2x+\ln(1-x)}{e^x-\cos x}\left(\dfrac{0}{0}\text{꼴}\right)$

$\quad=\lim\limits_{x\to 0}\dfrac{2-\dfrac{1}{1-x}}{e^x+\sin x}=\dfrac{2-1}{1+0}=1$

(4) $\lim\limits_{x\to 0}\dfrac{(1-e^x)\sqrt{5-e^x}}{(1+x)\ln(1+x)}\left(\dfrac{0}{0}\text{꼴}\right)$

$\quad=\lim\limits_{x\to 0}\dfrac{\sqrt{5-e^x}}{(1+x)}\times\lim\limits_{x\to 0}\dfrac{(1-e^x)}{\ln(1+x)}=2\times\lim\limits_{x\to 0}\dfrac{-e^x}{\dfrac{1}{1+x}}=-2$

218.   12

풀이 **M1)** 미분계수의 정의에 의해서

$\lim\limits_{h\to 0}\dfrac{f(a+3h)-f(a)}{h}$

$=\lim\limits_{h\to 0}\dfrac{f(a+3h)-f(a)}{3h}\times 3=3f'(a)=12$

M2) 로피탈 정리에 의해서

$\lim\limits_{h\to 0}\dfrac{f(a+3h)-f(a)}{h}\left(\dfrac{0}{0}\text{꼴}\right)$

$=\lim\limits_{h\to 0}f'(a+3h)\times 3=3f'(a)=12$

219.   2

$f(x)=\tan^{-1}(x^2)$의 도함수 $f'(x)=\dfrac{2x}{1+x^4}$ 이다.

풀이 **M1)** 미분계수의 정의에 의해서

$\lim\limits_{h\to 0}\dfrac{f(1+2h)-f(1)}{h}=2\cdot\lim\limits_{h\to 0}\dfrac{f(1+2h)-f(1)}{2h}$

$\qquad\qquad=2f'(1)=2$

M2) 로피탈 정리에 의해서

$\lim\limits_{h\to 0}\dfrac{f(1+2h)-f(1)}{h}\left(\dfrac{0}{0}\text{꼴}\right)=\lim\limits_{h\to 0}\dfrac{2f'(1+2h)}{1}$

$\qquad\qquad=2f'(1)=2$

220. $\dfrac{2}{3}$

풀이 **M1)** 미분계수의 정의와 극한의 성질에 의해서

$\lim\limits_{x\to 1}\dfrac{f(x)-f(1)}{x^3-1}=\lim\limits_{x\to 1}\dfrac{f(x)-f(1)}{x-1}\times\lim\limits_{x\to 1}\dfrac{1}{x^2+x+1}$

$=f'(1)\times\dfrac{1}{3}=\dfrac{2}{3}$

M2) 로피탈 정리에 의해서

$\lim\limits_{x\to 1}\dfrac{f(x)-f(1)}{x^3-1}\left(\dfrac{0}{0}\text{꼴}\right)=\lim\limits_{x\to 1}\dfrac{f'(x)}{3x^2}=\dfrac{f'(1)}{3}=\dfrac{2}{3}$

221. $\dfrac{1}{3e}$

풀이 $f(-1)=0$이므로 역함수 $f^{-1}(0)=g(0)=-1$이다.

주어진 극한은 $\lim\limits_{x\to 0}\dfrac{g(x)+1}{x}\left(\dfrac{0}{0}\text{꼴}\right)=\lim\limits_{x\to 0}\dfrac{g'(x)}{1}=g'(0)$ 이

므로 역함수의 미분계수를 구하는 문제이다.

역함수 미분법에 의해서 $f(-1)=0$,

$f'(x)=e^{x^2}+2x^2 e^{x^2}\Rightarrow f'(-1)=3e$이므로

$g'(0)=g'(f(-1))=\dfrac{1}{f'(-1)}=\dfrac{1}{3e}$ 이다. 따라서

$\lim\limits_{x\to 0}\dfrac{g(x)+1}{x}=\dfrac{1}{3e}$ 이다.

풀이 $g(x)=f^{-1}(x)=t$ 로 치환하면 $f(t)=x$이고, $x\to 0$이 되기 위한

$t\to -1$이므로

$\lim\limits_{x\to 0}\dfrac{g(x)+1}{x}=\lim\limits_{t\to -1}\dfrac{t+1}{f(t)}\left(\dfrac{0}{0}\text{꼴}\right)=\dfrac{1}{f'(-1)}=\dfrac{1}{3e}$ 이다.

222.   (1) −2   (2) 0   (3) 0   (4) 0

풀이 (1) [풀이1] $\lim\limits_{x\to\infty}\dfrac{-2x^2+x}{x^2+3x+1}=\lim\limits_{x\to\infty}\dfrac{-2+\dfrac{1}{x}}{1+\dfrac{3}{x}+\dfrac{1}{x^2}}=-2$

[풀이2] 로피탈 정리에 의해서

$\lim\limits_{x\to\infty}\dfrac{-2x^2+x}{x^2+3x+1}\left(\dfrac{\infty}{\infty}\text{꼴}\right)$

$=\lim\limits_{x\to\infty}\dfrac{-4x+1}{2x+3}=\lim\limits_{x\to\infty}\dfrac{-4}{2}=-2$

$(\because)\ \lim\limits_{x\to\infty}\dfrac{(\text{다항식})}{(\text{다항식})}$ 에서 분모와 분자의 최고차항이

같다면 $\lim\limits_{x\to\infty}\dfrac{(\text{다항식})}{(\text{다항식})}=\dfrac{(\text{최고차항의 계수})}{(\text{최고차항의 계수})}$

(2) $\lim_{x \to \infty} \dfrac{2^x + 3^x}{2^x - 4^x} = \lim_{x \to \infty} \dfrac{\left(\frac{2}{4}\right)^x + \left(\frac{3}{4}\right)^x}{\left(\frac{2}{4}\right)^x - 1} = \dfrac{0}{-1} = 0$

(3) 로피탈 정리에 의해서

$\lim_{x \to \infty} \dfrac{x^2 + 1}{e^x} \left(\frac{\infty}{\infty} \text{꼴}\right) = \lim_{x \to \infty} \dfrac{2x}{e^x} = \lim_{x \to \infty} \dfrac{2}{e^x} = 0$

$\left(\because \lim_{x \to \infty} \dfrac{(\text{다항식})}{(\text{지수함수})} \left(\frac{\infty}{\infty} \text{꼴}\right) = 0 \right)$

(4) $\lim_{n \to \infty} \dfrac{(\ln n)^2}{n} \left(\frac{\infty}{\infty} \text{꼴}\right) = \lim_{n \to \infty} \dfrac{2\ln n}{n} = \lim_{n \to \infty} \dfrac{2}{n} = 0$

223.

$c = 3, d = 0, e = 0, f = 2, \ (a, b, g, h \in R)$

풀이 $d \neq 0$이면 $\lim_{x \to 0} \dfrac{ax^3 + bx^2 + cx + d}{x + x^2 + x^3}$ 은 존재하지 않기 때문에

$d = 0$이어야 한다.

$\lim_{x \to 0} \dfrac{ax^3 + bx^2 + cx}{x + x^2 + x^3} = \lim_{x \to 0} \dfrac{ax^2 + bx + c}{1 + x + x^2} = c$이므로 $c = 3$,

$d = 0$이고, a, b는 임의의 실수가 들어가도

$\lim_{x \to 0} \dfrac{ax^3 + bx^2 + cx + d}{x + x^2 + x^3} = 3$을 만족한다. 즉,

$\lim_{x \to 0} \dfrac{3x + bx^2 + ax^3}{x} = 3$이므로 $\lim_{x \to 0} \dfrac{\text{다항식}}{\text{다항식}}$ 은 최저차항이 결

정한다.

$\lim_{x \to \infty} \dfrac{ex^3 + fx^2 + gx + h}{x^2 + x + 1} = \left(\dfrac{\infty}{\infty}\right)$의 부정형(극한값을 정할 수

없는 경우)이다. $\lim_{x \to \infty} \dfrac{1}{x} = 0$임을 이용하여

준식 $= \lim_{x \to \infty} \dfrac{ex + f + \frac{g}{x} + \frac{h}{x^2}}{1 + \frac{1}{x} + \frac{1}{x^2}}$ 이고 $e \neq 0$이면 극한값은 발산

한다. 따라서 $e = 0$이어야 한다.

$\lim_{x \to \infty} \dfrac{f + \frac{g}{x} + \frac{h}{x^2}}{1 + \frac{1}{x} + \frac{1}{x^2}} = f = 2$를 만족해야한다.

따라서 $e = 0, f = 2$이고 g, h는 임의의 실수가 들어가도

$\lim_{x \to \infty} \dfrac{ex^3 + fx^2 + gx + h}{x^2 + x + 1} = 2$를 만족한다. 즉, $\lim_{x \to \infty} \dfrac{\text{다항식}}{\text{다항식}}$

은 최고차항의 계수가 결정한다.

224.

(1) 2 (2) $\dfrac{7}{6}$ (3) 0 (4) 1

풀이 (1) (i) 로피탈 정리 이용

$\lim_{x \to 0} \dfrac{e^{2x} - 1}{\tan x} = \lim_{x \to 0} \dfrac{2e^{2x}}{\sec^2 x} = \dfrac{2e^0}{\sec^2 0} = 2$

(ii) 매클로린 급수 이용

$\lim_{x \to 0} \dfrac{e^{2x} - 1}{\tan x} = \lim_{x \to 0} \dfrac{1 + 2x + \cdots - 1}{x} = 2$

(2) (i) 로피탈 정리 이용

$\lim_{x \to 0} \dfrac{4x}{\tan^{-1}(4x)} = \lim_{x \to 0} \dfrac{4}{\dfrac{4}{1 + 16x^2}} = 1$

$\lim_{x \to 0} \dfrac{\tan(x) - x}{2x^3} = \lim_{x \to 0} \dfrac{\sec^2(x) - 1}{6x^2}$

$\qquad = \dfrac{1}{6} \lim_{x \to 0} \left(\dfrac{\tan(x)}{x}\right)^2 = \dfrac{1}{6}$ 이므로

극한값은 $1 + \dfrac{1}{6} = \dfrac{7}{6}$ 이다.

(ii) 매클로린 급수 이용

$\lim_{x \to 0} \dfrac{4x}{\tan^{-1}(4x)} = \lim_{x \to 0} \dfrac{4x}{4x} = 1$

$\lim_{x \to 0} \dfrac{\tan(x) - x}{2x^3} = \lim_{x \to 0} \dfrac{x + \frac{1}{3}x^3 + \cdots - x}{2x^3} = \dfrac{1}{2}$

(3) (i) 로피탈 정리 이용

$\lim_{x \to 0} \dfrac{\sin x - x}{x^2} = \lim_{x \to 0} \dfrac{\cos x - 1}{2x} = \lim_{x \to 0} \dfrac{-\sin x}{2} = 0$

(ii) 매클로린 급수 이용

$\lim_{x \to 0} \dfrac{\sin x - x}{x^2} = \lim_{x \to 0} \dfrac{x - \frac{1}{3}x^3 + \cdots - x}{x^2}$

$\qquad = \lim_{x \to 0} \dfrac{0x^2 - \frac{1}{3!}x^3 + \cdots}{x^2} = 0$

(4) (i) 로피탈 정리 이용

$\lim_{x \to 0} \dfrac{e^x - \cos x - x}{x^2} = \lim_{x \to 0} \dfrac{e^x + \sin x - 1}{2x}$

$\qquad = \lim_{x \to 0} \dfrac{e^x + \cos x}{2} = 1$

(ii) 매클로린 급수 이용

$\lim_{x \to 0} \dfrac{e^x - \cos x - x}{x^2}$

$= \lim_{x \to 0} \dfrac{1 + x + \frac{1}{2}x^2 + \cdots - \left(1 - \frac{1}{2!}x^2 + \right) - x}{x^2}$

$= \lim_{x \to 0} \dfrac{x^2 + \cdots}{x^2} = 1$

225. $\dfrac{1}{12}$

풀이
$$\lim_{x \to 0}\frac{(1-\cos x)^2}{3x^4} = \frac{1}{3}\lim_{x \to 0}\left(\frac{1-\cos x}{x^2}\right)^2$$
$$= \frac{1}{3}\left(\lim_{x \to 0}\frac{1-\cos x}{x^2}\right)^2 = \frac{1}{12}$$
$$\left(\because \lim_{x \to 0}\frac{1-\cos x}{x^2} = \frac{1}{2}\right)$$

226. $\dfrac{1}{20}$

풀이
$$\lim_{x \to 0}\frac{6x^2\sin x^3 - 6x^5 + x^{11}}{x^{17}}$$
$$= \lim_{x \to 0}\frac{6x^2\left(x^3 - \frac{1}{3!}x^9 + \frac{1}{5!}x^{15} - \cdots\right) - 6x^5 + x^{11}}{x^{17}}$$
$$= \lim_{x \to 0}\frac{\frac{6}{5!}x^{17} - \frac{6}{7!}x^{23} + \cdots}{x^{17}} = \frac{1}{20}$$

227. $\dfrac{16}{3}$

풀이
$$\lim_{x \to 0}\frac{4x^2 - \sin^2(2x)}{x^4}$$
$$= \lim_{x \to 0}\frac{4x^2 - \left\{2x - \frac{1}{3!}(2x)^3 + \frac{1}{5!}(2x)^5 - \cdots\right\}^2}{x^4}$$
$$= \lim_{x \to 0}\frac{-\left\{\left(-\frac{16}{3!}\times 2\right)x^4 + \cdots\right\}}{x^4}$$
$$= \lim_{x \to 0}\left(\frac{16}{3!}\times 2\right) + \cdots = \frac{16}{3}$$

[다른 풀이]
$$\lim_{x \to 0}\frac{4x^2 - \sin^2(2x)}{x^4} = \lim_{x \to 0}\frac{8x - 4\sin 2x\cos 2x}{4x^3}$$
$$= \lim_{x \to 0}\frac{4x - 2\sin 2x\cos 2x}{2x^3}$$
$$= \lim_{x \to 0}\frac{4x - \sin 4x}{2x^3}$$
$$= \lim_{x \to 0}\frac{\frac{1}{3!}(4x)^3 - \cdots}{2x^3} = \frac{16}{3}$$

228. $\dfrac{1}{4\sqrt{2}}$

풀이
$$\lim_{x \to 0}\frac{\sqrt{2+\tan x} - \sqrt{2+\sin x}}{x^3}$$
$$= \lim_{x \to 0}\left(\frac{\sqrt{2+\tan x} - \sqrt{2+\sin x}}{x^3} \times \frac{\sqrt{2+\tan x} + \sqrt{2+\sin x}}{\sqrt{2+\tan x} + \sqrt{2+\sin x}}\right)$$
$$(\because \text{분자의 유리화})$$
$$= \lim_{x \to 0}\frac{\tan x - \sin x}{x^3} \times \frac{1}{\sqrt{2+\tan x} + \sqrt{2+\sin x}}$$
$$= \left(\frac{1}{3} + \frac{1}{3!}\right) \times \frac{1}{2\sqrt{2}} = \frac{1}{4\sqrt{2}}$$

❖ 각각의 극한값이 존재하면 각각의 극한을 구한 후 곱할 수 있다.

229. $\cos x$

풀이
$$\lim_{h \to 0}\frac{\sin x(\cos h - 1) + (\cos x)(\sin h)}{h}$$
$$= \sin x \cdot \lim_{h \to 0}\frac{\cos h - 1}{h} + \cos x \cdot \lim_{h \to 0}\frac{\sin h}{h}$$
$$= \sin x \cdot \lim_{h \to 0}\frac{-\sin h}{1} + \cos x \cdot \lim_{h \to 0}\frac{\cos h}{1}$$
$$(\because \text{로피탈 정리})$$
$$= \cos x$$

230. (1) 0 　　(2) 0 　　(3) 1
　　　(4) 1 　　(5) 없다. 　(6) 0

풀이
(1) $\lim\limits_{x \to 0^+} x\ln x \,(0 \cdot (-\infty)\text{꼴})$
$$= \lim_{x \to 0^+}\frac{\ln x}{\frac{1}{x}} = \left(\frac{-\infty}{\infty}\right) = \lim_{x \to 0^+}\frac{\frac{1}{x}}{-\frac{1}{x^2}} = \lim_{x \to 0^+}\frac{-x^2}{x} = 0$$

(2) $\lim\limits_{x \to 0^+} x^2\ln x \,(0 \cdot (-\infty)\text{꼴})$
$$= \lim_{x \to 0^+}\frac{\ln x}{\frac{1}{x^2}} = \left(\frac{-\infty}{\infty}\right) = \lim_{x \to 0^+}\frac{\frac{1}{x}}{-\frac{2}{x^3}} = \lim_{x \to 0^+}\frac{-x^3}{2x} = 0$$

(3) $\lim\limits_{x \to \infty} x\left(\frac{\pi}{2} - \tan^{-1}x\right) \,(\infty \cdot 0\text{꼴})$
$$= \lim_{x \to \infty}\frac{\frac{\pi}{2} - \tan^{-1}x}{\frac{1}{x}} \,(\frac{0}{0}\text{꼴})$$

$$= \lim_{x \to \infty} \frac{-\dfrac{1}{1+x^2}}{-\dfrac{1}{x^2}} = \lim_{x \to \infty} \frac{x^2}{1+x^2} = 1$$

(4) $\displaystyle\lim_{x \to \infty} x \sin\frac{1}{x} (\infty \cdot 0 \text{꼴}) = \lim_{x \to \infty} \frac{\sin\dfrac{1}{x}}{\dfrac{1}{x}} (\frac{0}{0} \text{꼴})$

$$= \lim_{t \to 0} \frac{\sin t}{t} = 1$$

($\dfrac{1}{x} = t$ 로 치환하면 $x \to \infty$ 일 때, $t \to 0$ 이다.)

(5) (i) $\dfrac{1}{x} = t$ 로 치환하면 $x \to 0^+$ 일 때, $t \to \infty$ 이다.

$$\lim_{x \to 0^+} \frac{e^{-\frac{1}{x}}}{x} = \lim_{t \to \infty} t e^{-t} = \lim_{t \to \infty} \frac{t}{e^t} = 0$$

(ii) $\dfrac{1}{x} = t$ 로 치환하면 $x \to 0^-$ 일 때, $t \to -\infty$ 이다.

$$\lim_{x \to 0^-} \frac{e^{-\frac{1}{x}}}{x} = \lim_{t \to -\infty} t e^{-t} = -\infty \cdot e^{\infty} = -\infty$$

$$\lim_{x \to 0} \frac{e^{-\frac{1}{x}}}{x} = \begin{cases} \displaystyle\lim_{x \to 0^+} \frac{e^{-\frac{1}{x}}}{x} = 0 \\[4mm] \displaystyle\lim_{x \to 0^-} \frac{e^{-\frac{1}{x}}}{x} = -\infty \end{cases} \text{이므로}$$

$\displaystyle\lim_{x \to 0^-} \frac{e^{-\frac{1}{x}}}{x}$ 의 극한값은 존재하지 않는다.

(6) $\dfrac{1}{x} = t$ 로 치환하면 $x \to 0^+$ 일 때, $t \to \infty$ 이고,

$x \to 0^-$ 일 때, $t \to -\infty$ 이다.

$$\lim_{x \to 0} \frac{\dfrac{1}{x}}{e^{\frac{1}{x^2}}} = \begin{cases} \displaystyle\lim_{x \to 0^+} \frac{\dfrac{1}{x}}{e^{\frac{1}{x^2}}} = \lim_{t \to \infty} \frac{t}{e^{t^2}} = 0 \\[6mm] \displaystyle\lim_{x \to 0^-} \frac{\dfrac{1}{x}}{e^{\frac{1}{x^2}}} = \lim_{t \to -\infty} \frac{t}{e^{t^2}} = 0 \end{cases} \text{이므로}$$

$$\lim_{x \to 0} \frac{\dfrac{1}{x}}{e^{\frac{1}{x^2}}} = 0 \text{이다.}$$

231. (1) 0 (2) $-\dfrac{\sqrt{3}}{6}$ (3) -2 (4) $\sqrt{6}$

풀이 (1) $\displaystyle\lim_{x \to \frac{\pi}{2}} (\sec x - \tan x) = \lim_{x \to \frac{\pi}{2}} \frac{1 - \sin x}{\cos x} \left(\frac{0}{0} \text{꼴}\right)$

$$= \lim_{x \to \frac{\pi}{2}} \frac{-\cos x}{-\sin x} = 0$$

(2) $\displaystyle\lim_{x \to \infty} \left(\sqrt{3x^2 + 2} - \sqrt{3x^2 + x}\right)$

$$= \lim_{x \to \infty} \frac{2 - x}{\sqrt{3x^2 + 2} + \sqrt{3x^2 + x}}$$

$$= \lim_{x \to \infty} \frac{\dfrac{2}{x} - 1}{\sqrt{3 + \dfrac{2}{x^2}} + \sqrt{3 + \dfrac{1}{x}}}$$

$$= \frac{-1}{2\sqrt{3}} = -\frac{\sqrt{3}}{6}$$

(3) $-x = t$ 로 치환하면 $x = -t$ 이다. $x \to -\infty$ 일 때,

$x = -t \to -\infty$ 이므로 $t \to \infty$ 이다.

$$\lim_{x \to -\infty} \left(\sqrt{1 + 4x + x^2} + x\right) = \lim_{t \to \infty} \left(\sqrt{1 - 4t + t^2} - t\right)$$

$$= \lim_{t \to \infty} \frac{1 - 4t}{\sqrt{1 - 4t + t^2} + t}$$

$$= \frac{-4}{2} = -2$$

(4) $\displaystyle\lim_{n \to \infty} \frac{1}{\sqrt{3n + \sqrt{2n}} - \sqrt{3n}}$

$$= \lim_{n \to \infty} \frac{\sqrt{3n + \sqrt{2n}} + \sqrt{3n}}{\left(\sqrt{3n + \sqrt{2n}} - \sqrt{3n}\right)\left(\sqrt{3n + \sqrt{2n}} + \sqrt{3n}\right)}$$

$$= \lim_{n \to \infty} \frac{\sqrt{3n + \sqrt{2n}} + \sqrt{3n}}{\sqrt{2n}} = \frac{\sqrt{3} + \sqrt{3}}{\sqrt{2}} = \sqrt{6}$$

232. $\dfrac{1}{2} + \dfrac{2}{\pi}$

풀이 대입을 통해 각각의 값을 확인해보면 $x \to 1$ 일 때,

$\dfrac{x}{x-1} \to \infty$, $(1-x)\tan\dfrac{\pi x}{2} \to 0 \times \infty$, $\dfrac{1}{\ln x} = \infty$ 이므로

$$\lim_{x \to 1} \left(\frac{x}{x-1} + (1-x)\tan\frac{\pi x}{2} - \frac{1}{\ln x}\right)$$

$$= \lim_{x \to 1} \left(\frac{x}{x-1} - \frac{1}{\ln x}\right) + \lim_{x \to 1} (1-x)\tan\frac{\pi x}{2}$$

(i) $\displaystyle\lim_{x \to 1} \left(\frac{x}{x-1} - \frac{1}{\ln x}\right) = \lim_{x \to 1} \frac{x\ln x - (x-1)}{(x-1)\ln x}$

$$= \lim_{x \to 1} \frac{\ln x + 1 - 1}{\ln x + \frac{x-1}{x}}$$

$$= \lim_{x \to 1} \frac{x \ln x}{x \ln x + x - 1}$$

$$= \lim_{x \to 1} \frac{\ln x + 1}{\ln x + 1 + 1} = \frac{1}{2}$$

(ii) $\displaystyle \lim_{x \to 1}(1-x)\tan\frac{\pi x}{2}$

$$= \lim_{x \to 1}(1-x)\frac{\sin\dfrac{\pi x}{2}}{\cos\dfrac{\pi x}{2}}$$

$$= \lim_{x \to 1}\sin\frac{\pi x}{2} \cdot \frac{(1-x)}{\cos\dfrac{\pi x}{2}}$$

$$= \lim_{x \to 1}\frac{1-x}{\cos\dfrac{\pi x}{2}}$$

$$= \lim_{x \to 1}\frac{-1}{-\dfrac{\pi}{2}\sin\dfrac{\pi x}{2}} = \frac{2}{\pi}$$

따라서 극한값은 $\dfrac{1}{2} + \dfrac{2}{\pi} = \dfrac{\pi + 4}{2\pi}$ 이다.

233. 1

풀이 $\displaystyle \lim_{x \to \infty}(xe^{1/x} - x) = \lim_{x \to \infty}\frac{e^{\frac{1}{x}} - 1}{\dfrac{1}{x}} = \lim_{t \to 0^+}\frac{e^t - 1}{t}$

$$= \lim_{t \to 0^+}e^t \ (\because \text{로피탈 정리})$$

$$= 1$$

234. $\dfrac{\pi^2}{8}$

풀이 $\displaystyle \lim_{x \to 1}\frac{1 - \sin\dfrac{\pi}{2}x}{(x-1)^2}\left(\frac{0}{0}\right) = \lim_{x \to 1}\frac{-\dfrac{\pi}{2}\cos\left(\dfrac{\pi}{2}x\right)}{2(x-1)}\left(\frac{0}{0}\right)$

$$= \lim_{x \to 1}\frac{\dfrac{\pi^2}{4}\sin\left(\dfrac{\pi}{2}x\right)}{2} = \frac{\pi^2}{8}$$

235. 1

풀이 $\displaystyle \lim_{x \to 0}2x\cot 3x + \lim_{x \to 5}\frac{4\sin(x-5)}{3x^2 - 18x + 15}$

$$= \lim_{x \to 0}\frac{2x}{\sin 3x} \cdot \cos 3x + \frac{4}{3}\lim_{x \to 5}\frac{\sin(x-5)}{(x-1)(x-5)}$$

$$= \frac{2}{3} + \frac{4}{3}\lim_{t \to 5}\frac{\sin t}{t(t+4)} = \frac{2}{3} + \frac{1}{3} = 1$$

236.
1) e^a	(2) e^{-1}	(3) $e^{-\frac{3}{2}}$
(4) e^4	(5) e^{-1}	(6) e^3
(7) e^2	(8) e^9	(9) 1 (10) e^{15}

풀이 (1) $\displaystyle \lim_{x \to 0}(1 + \frac{a}{x+b})^x$

$$= \lim_{x \to \infty}\left(1 + \frac{a}{x+b}\right)^{x+b} \times \lim_{x \to \infty}\left(1 + \frac{a}{x+b}\right)^{-b} = e^a$$

(2) $\displaystyle \lim_{n \to \infty}\frac{n^{n+1}}{(n+1)^{n+1}} = \lim_{n \to \infty}\left(\frac{n}{n+1}\right)^{n+1}$

$$= \lim_{n \to \infty}\left(\frac{n+1-1}{n+1}\right)^{n+1}$$

$$= \lim_{n \to \infty}\left(1 + \frac{-1}{n+1}\right)^{n+1} = e^{-1}$$

(3) $\displaystyle \lim_{n \to \infty}\left(1 - \frac{3}{2n-5}\right)^n = \lim_{n \to \infty}\left(1 - \frac{\dfrac{3}{2}}{n - \dfrac{5}{2}}\right)^n = e^{-\frac{3}{2}}$

[다른 풀이]

$$\lim_{n \to \infty}\left(1 - \frac{3}{2n-5}\right)^n = \left\{\lim_{n \to \infty}\left(1 - \frac{3}{2n-5}\right)^{2n}\right\}^{\frac{1}{2}}$$

$$= (e^{-3})^{\frac{1}{2}} = e^{-\frac{3}{2}}$$

(4) $\displaystyle \lim_{x \to 0}(1 + \sin 4x)^{\cot x} = \lim_{x \to 0}e^{\cot x \ln(1 + \sin 4x)} = e^4$

$$\left(\because \lim_{x \to 0}\frac{\ln(1 + \sin 4x)}{\tan x} = \lim_{x \to 0}\frac{\dfrac{4\cos 4x}{1 + \sin 4x}}{\sec^2 x} = 4\right)$$

(5) $\displaystyle \lim_{x \to 0}(1-x)^{\frac{1}{\tan^{-1}x}} = \lim_{x \to 0}e^{\frac{1}{\tan^{-1}x}\ln(1-x)} = e^{-1}$

$$\left(\because \lim_{x \to 0}\frac{\ln(1-x)}{\tan^{-1}x} = \lim_{x \to 0}\frac{\dfrac{-1}{1-x}}{\dfrac{1}{1+x^2}} = -1\right)$$

(6) $\lim\limits_{x\to 0}(e^x+\sin 2x)^{\frac{1}{x}}=\lim\limits_{x\to 0}e^{\frac{1}{x}\ln(e^x+\sin 2x)}=e^3$

$\left(\because \lim\limits_{x\to 0}\dfrac{\ln(e^x+\sin 2x)}{x}=\lim\limits_{x\to 0}\dfrac{e^x+2\cos 2x}{e^x+\sin 2x}=3\right)$

(7) $\lim\limits_{x\to 0}(1+\sin(2x))^{\frac{1}{x}}=\lim\limits_{x\to 0}e^{\frac{1}{x}\ln(1+\sin 2x)}=e^2$

$\left(\because \lim\limits_{x\to 0}\dfrac{\ln(1+\sin 2x)}{x}=\lim\limits_{x\to 0}\dfrac{2\cos 2x}{1+\sin 2x}=2\right)$

(8) $\lim\limits_{x\to 0}(e^x+2x)^{\frac{3}{x}}=\lim\limits_{x\to 0}e^{\frac{3}{x}\ln(e^x+2x)}=e^9=e^9$

$\left(\because \lim\limits_{x\to 0}\dfrac{3\ln(e^x+2x)}{x}=\lim\limits_{x\to 0}\dfrac{3(e^x+2)}{e^x+2x}=9\right)$

(9) $\lim\limits_{x\to 0}(\cosh x)^{\frac{1}{x}}=\lim\limits_{x\to 0}\left(1+0x+\dfrac{1}{2!}x^2+\cdots\right)^{\frac{1}{x}}=e^0=1$

[다른 풀이]

$\lim\limits_{x\to 0}(\cosh x)^{\frac{1}{x}}=\lim\limits_{x\to 0}e^{\frac{\ln(\cosh x)}{x}}=e^0=1$

$\left(\because \lim\limits_{x\to 0}\dfrac{\ln(\cosh x)}{x}=\lim\limits_{x\to 0}\dfrac{\sinh x}{\cosh x}=0\right)$

(10) $\lim\limits_{x\to 0}e^{\ln(1+\sin 3x)^{5\cot x}}=\lim\limits_{x\to 0}e^{5\cot x\ln(1+\sin 3x)}$

$=\lim\limits_{x\to 0}e^{5\frac{\ln(1+\sin 3x)}{\tan x}}$

$=e^{\lim\limits_{x\to 0}5\frac{\ln(1+\sin 3x)}{\sin x}\cdot\lim\limits_{x\to 0}\cos x}$

$=e^{\lim\limits_{x\to 0}5\frac{3\cos 3x}{\cos x(1+\sin 3x)}}=e^{15}$

237. $\ln 3$

풀이 $\lim\limits_{x\to\infty}\left(\dfrac{x+a}{x-a}\right)^x=\lim\limits_{x\to\infty}\left(\dfrac{x-a+2a}{x-a}\right)^x$

$=\lim\limits_{x\to\infty}\left(1+\dfrac{2a}{x-a}\right)^x=e^{2a}=9$

$\Rightarrow 2a=\ln 9=2\ln 3$

$\therefore a=\ln 3$

238. e^2

풀이 $x=0$에서 연속이 되려면 $f(0)=\lim\limits_{x\to 0}f(x)$이어야 한다.

즉, 극한값을 함숫값으로 정하면 $x=0$에서 연속이 된다.

$\lim\limits_{x\to 0}(1+\sin 2x)^{\frac{1}{x}}=\lim\limits_{x\to 0}e^{\frac{\ln(1+\sin 2x)}{x}\left(\frac{0}{0}\right)}=\lim\limits_{x\to 0}e^{\frac{2\cos 2x}{1+\sin 2x}}$

$=e^2$이므로 $k=e^2$이다.

[다른 풀이]

$\lim\limits_{x\to 0}(1+ax)^{\frac{1}{x}}=e^a$공식을 이용하자.

$\lim\limits_{x\to 0}(1+\sin 2x)^{\frac{1}{x}}\lim\limits_{x\to 0}(1+2x-\cdots)^{\frac{1}{x}}=e^2$

239. 0

풀이 $\lim\limits_{n\to\infty}\dfrac{1}{\sqrt{n}}=t\to 0^+$ 치환하면

$\lim\limits_{n\to\infty}\left(1-\sin\dfrac{2}{\sqrt{n}}\right)^n=\lim\limits_{t\to 0^+}(1-\sin 2t)^{\frac{1}{t^2}}=e^{\lim\limits_{t\to 0^+}\frac{\ln(1-\sin 2t)}{t^2}}$

$=e^{-\infty}=0$

$\left(\because \lim\limits_{t\to 0^+}\dfrac{\ln(1-\sin 2t)}{t^2}=\lim\limits_{t\to 0^+}\dfrac{-2\cos 2t}{2t(1-\sin 2t)}=-\infty\right)$

[다른 풀이]

$\lim\limits_{n\to\infty}\dfrac{1}{\sqrt{n}}=t\to 0^+$ 치환하면

$\lim\limits_{n\to\infty}\left(1-\sin\dfrac{2}{\sqrt{n}}\right)^n=\lim\limits_{t\to 0^+}(1-\sin 2t)^{\frac{1}{t^2}}$

$=\lim\limits_{t\to 0^+}(1-\sin 2t)^{\frac{1}{2t}\cdot\frac{2t}{t^2}}$

$=e^{-1\cdot\infty}=0$

240. $e^{-\frac{2}{3}}$

풀이 $\lim\limits_{n\to\infty}\dfrac{1}{n}=t\to 0^+$ 치환하면

$\lim\limits_{n\to\infty}\left(1-\sin\left(\dfrac{1}{3n}\right)\right)^{2n}=\lim\limits_{t\to 0^+}\left(1-\sin\left(\dfrac{1}{3}t\right)\right)^{\frac{2}{t}}$

$=\lim\limits_{t\to 0^+}\left(1-\dfrac{1}{3}t+\cdots\right)^{\frac{2}{t}}$

$=\lim\limits_{t\to 0^+}\left\{\left(1-\dfrac{1}{3}t+\cdots\right)^{\frac{1}{t}}\right\}^2=e^{-\frac{2}{3}}$

[다른 풀이]

$$\lim_{n\to\infty}\left(1-\sin\left(\frac{1}{3n}\right)\right)^{2n} = \lim_{n\to\infty}e^{2n\ln\left(1-\sin\left(\frac{1}{3n}\right)\right)}$$

$$= e^{-\frac{2}{3}}$$

$$\left(\begin{array}{l}\because \lim_{n\to\infty}2n\ln\left(1-\sin\left(\frac{1}{3n}\right)\right)=\lim_{n\to\infty}\frac{2}{3}\cdot\frac{\ln\left(1-\sin\left(\frac{1}{3n}\right)\right)}{\frac{1}{3n}}\\ =\frac{2}{3}\cdot\lim_{t\to 0^+}\frac{\ln(1-\sin t)}{t}=\frac{2}{3}\cdot\lim_{t\to 0^+}\frac{-\cos t}{1-\sin t}=-\frac{2}{3}\end{array}\right)$$

241. $\sqrt{5}$

풀이

$$\lim_{x\to\infty}x^{\frac{\ln 5}{1+2\ln x}} = \lim_{x\to\infty}e^{\frac{\ln 5\,\cdot\,\ln x}{1+2\ln x}} = \lim_{x\to\infty}e^{\frac{1}{2}\ln 5} = \sqrt{5}$$

$$\left(\because \lim_{x\to\infty}\frac{\ln 5\,\cdot\,\ln x}{1+2\ln x}=\lim_{x\to\infty}\frac{\ln 5}{\frac{1}{\ln x}+2}=\frac{\ln 5}{2}\right)$$

242. e^2

풀이

$$\lim_{x\to 0^+}(x+\sin x+\cos x-1)^{\frac{2}{\ln x}} = e^{2\lim_{x\to 0^+}\frac{\ln(x+\sin x+\cos x-1)}{\ln x}}$$

$$= e^2$$

$$\left(\begin{array}{l}\because 2\lim_{x\to 0^+}\frac{\ln(x+\sin x+\cos x-1)}{\ln x}=\lim_{x\to 0^+}\frac{2x(1+\cos x-\sin x)}{(x+\sin x+\cos x-1)}\\ =\lim_{x\to 0^+}\frac{2x}{x+\sin x+\cos x-1}\cdot\lim_{x\to 0^+}(1+\cos x-\sin x)=1\cdot 2=2\end{array}\right)$$

243. (1) $\dfrac{2(1+e)}{3}$ (2) e^2

풀이 (1) 로피탈 정리에 의해서

$$(준식)=\lim_{x\to 1}\frac{\left(\sin\left(\frac{\pi}{2}x^2\right)+e^{x^2}\right)2x}{3x^2}=\frac{2\left(\sin\frac{\pi}{2}+e\right)}{3}$$

$$=\frac{2(1+e)}{3}$$

(2) $(준식)=\lim_{x\to 0}\dfrac{(1+\sin 2x)^{\frac{1}{x}}}{1}=\lim_{x\to 0}e^{\frac{1}{x}\ln(1+\sin 2x)}=e^2$

$$\therefore \lim_{x\to 0}\frac{\ln(1+\sin 2x)}{x}=\lim_{x\to 0}\frac{2\cos 2x}{1+\sin 2x}=2$$

244. 2

풀이 로피탈 정리에 의해서

$$(준식)=\lim_{x\to 0}\frac{\frac{\sin(x^2)}{x^2}2x-\frac{\sin(-x^2)}{-x^2}(-2x)}{2x}$$

$$=\lim_{x\to 0}\frac{2\sin(x^2)}{x^2}=\lim_{x\to 0}\frac{2\cos(x^2)2x}{2x}=2$$

245. 3

풀이

$$f(x)=\int_0^x e^{2t}(x^3-t^3)\,dt = x^3\int_0^x e^{2t}\,dt-\int_0^x t^3e^{2t}\,dt$$

$$f'(x)=3x^2\int_0^x e^{2t}\,dt \ \text{이므로}$$

$$\lim_{x\to 0}\frac{f(x)}{x^3}=3\lim_{x\to 0}\frac{\int_0^x e^{2t}\,dt}{x}=3\lim_{x\to 0}e^{2x}=3$$

246. 2

풀이 $f(x)$가 다항식이므로 미분가능한 함수이다.

$\lim_{x\to 0}\dfrac{f(x)}{x}(\dfrac{0}{0}$꼴, $f(0)=0)=\lim_{x\to 0}f'(x)=f'(0)=-2$이고,

$\lim_{x\to\infty}\dfrac{f(x)-3x^3}{x^2}$ 의 극한값이 1로 존재하므로

$f(x)-3x^3=x^2+ax+b$라고 할 수 있다.

$f(x)=3x^3+x^2+ax+b$, $f'(x)=9x^2+2x+a$이므로

$f(0)=b=0$, $f'(0)=a=-2$이므로 $f(x)=3x^3+x^2-2x$

이다. $f(x)$의 계수의 합은 2이다.

247. 6

풀이 분모 $\to 0$이므로 분자 $\to 0$이다.

따라서 $\cos\dfrac{\pi}{2}a=0$이어야 하므로 $a=3$이다.

따라서 $\lim_{x\to\frac{\pi}{2}}\dfrac{\cos(3x)}{\left(x-\frac{\pi}{2}\right)}=\dfrac{0}{0}$꼴이므로 로피탈 정리를 활용하면

$\lim_{x\to\frac{\pi}{2}}\dfrac{-3\sin(3x)}{1}=3$, $b=3$이다. 즉, $a+b=6$

248.   3

풀이 준식이 극한값을 가지므로 (준식)$=\dfrac{0}{0}$ 이어야 한다.

$$\sin(\tan^{-1}\sqrt{a})=\dfrac{\sqrt{2}}{2} \Rightarrow \tan^{-1}\sqrt{a}=\dfrac{\pi}{4} \Rightarrow \sqrt{a}=1 \Rightarrow$$

$a=1$이다. 로피탈 정리를 활용하면

$$\lim_{x\to 0}\dfrac{\sin(\tan^{-1}(\sqrt{1+bx}))-\dfrac{\sqrt{2}}{2}}{x}$$

$$=\lim_{x\to 0}\cos(\tan^{-1}(\sqrt{1+bx}))\dfrac{\dfrac{b}{2\sqrt{1+bx}}}{1+(\sqrt{1+bx})^2}$$

$$=\cos\left(\dfrac{\pi}{4}\right)\cdot\dfrac{b}{4}=\dfrac{\sqrt{2}}{4} \Leftrightarrow b=2 \qquad \therefore a+b=3$$

249.   4

풀이
$$\lim_{x\to 0}\dfrac{\sqrt{a+\tan x}-\sqrt{a+\sin x}}{x^3}$$

$$=\lim_{x\to 0}\dfrac{\tan x-\sin x}{x^3(\sqrt{a+\tan x}+\sqrt{a+\sin x})}$$

$$=\lim_{x\to 0}\dfrac{\left(x+\dfrac{1}{3}x^3+\dfrac{2}{15}x^5+\cdots\right)-\left(x-\dfrac{x^3}{3!}+\dfrac{x^5}{5!}-\cdots\right)}{x^3(\sqrt{a+\tan x}+\sqrt{a+\sin x})}$$

$$=\lim_{x\to 0}\dfrac{\left(\dfrac{1}{3}+\dfrac{1}{3!}\right)x^3+\left(\dfrac{2}{15}-\dfrac{1}{5!}\right)x^5+\cdots}{x^3(\sqrt{a+\tan x}+\sqrt{a+\sin x})}$$

$$=\dfrac{\dfrac{1}{2}}{2\sqrt{a}}=\dfrac{1}{4\sqrt{a}}=\dfrac{1}{8} \qquad \therefore a=4$$

250.   0

풀이 호의 길이 $A\sim B=2\pi\times r\times\dfrac{\theta}{2\pi}=r\theta$ 이고 $r=1$이므로

$A\sim B=\theta$이다.

선분 $\overline{AB}$ 의 길이를 $2x$, $\overline{AB}$ 의 중점과 원의 중심 사이의 거리를

h라고 할 때, $\sin\dfrac{\theta}{2}=x, \cos\dfrac{\theta}{2}=h$이다.

즉, 선분 $\overline{AB}$ 의 길이는 $2x=2\sin\dfrac{\theta}{2}$이다.

$$\lim_{\theta\to 0}\dfrac{(A\sim B)^2}{\overline{AB}}=\lim_{\theta\to 0}\dfrac{\theta^2}{2\sin\dfrac{\theta}{2}}\left(\dfrac{0}{0}\,\dfrac{\vec{}}{\vec{}}\right)$$

$$=\lim_{\theta\to 0}\dfrac{2\theta}{\cos\dfrac{\theta}{2}}=\dfrac{0}{1}=0$$

■ 5. 상대적 비율

251.   6

풀이 한 변의 길이가 x인 정육면체의 겉넓이는

$S=6x^2$이고, $V=x^3$이다.

"시간에 대한 겉넓이의 변화율" $=\dfrac{dS}{dt}=24$이고,

$x=1$일 때, "시간에 대한 부피의 변화율" $=\dfrac{dV}{dt}$를

구하고자 한다.

(i) 겉넓이의 변화율은 $\dfrac{dS}{dt}=12x\dfrac{dx}{dt}$이고,

$x=1$일 때 $24=12\dfrac{dx}{dt}$이므로

"시간에 대한 한 변의 길이 x의 변화율"

$=\dfrac{dx}{dt}=2$이다.

(ii) $\dfrac{dV}{dt}=3x^2\dfrac{dx}{dt}$ 이고, $x=1$일 때, $\dfrac{dx}{dt}=2$이므로

$\dfrac{dV}{dt}=6$이다.

252. $\dfrac{4}{3}$

풀이 정육면체의 한 변의 길이를 x라고 하면 부피는

$V=x^3$이다.

$$\dfrac{dV}{dt}=3x^2\dfrac{dx}{dt} \Rightarrow 10=3\cdot 30^2\dfrac{dx}{dt} \quad \therefore \dfrac{dx}{dt}=\dfrac{1}{270}$$

정육면체의 겉넓이 $S=6x^2$ 이므로 한 변의 길이가

30 cm일 때 겉넓이의 증가율은

$$\dfrac{dS}{dt}=12x\dfrac{dx}{dt} \Rightarrow dS=12\cdot 30\cdot\dfrac{1}{270}=\dfrac{4}{3}$$ 이므로

$\dfrac{4}{3}$ cm^2/sec이다.

253. $\dfrac{1}{4\pi}$

풀이 변화하는 것은 변수로 두어야 하므로 반지름을 r,

부피 V로 두면 반지름이 r인 구의 부피는 $V=\dfrac{4}{3}\pi r^3$이다.

(시간에 대한 부피의 변화율)$=\dfrac{dV}{dt}=9$이고,

$r=3$일 때 $\dfrac{dr}{dt}$ 의 값을 구하고자 한다.

$$\frac{dV}{dt} = 4\pi r^2 \frac{dr}{dt} \text{ 이고 } \frac{dV}{dt} = 9, \ r = 3 \text{을 대입하면}$$

$$\frac{dr}{dt} = \frac{1}{4\pi} \text{ 이다.}$$

254. -39π

풀이 직원뿔의 반지름을 r, 높이를 h라 하면 직원뿔의 부피

$$V = \frac{\pi}{3} r^2 h \cdots (1)$$

$(h-10)^2 + r^2 = 100$에서 $r^2 = 100 - (h-10)^2$을 식(1)에

대입하여 정리하면 $V = \frac{\pi}{3} r^2 h = \frac{\pi}{3}(-h^3 + 20h^2)$

$$\Rightarrow \frac{dV}{dt} = \frac{\pi}{3}(-3h^2 + 40h)\frac{dh}{dt} \cdots (2)$$

$h = 9$, $\frac{dh}{dt} = -1$을 식(2)에 대입하면

$$\frac{dV}{dt} = \frac{\pi}{3}(-243 + 360)(-1) = -39\pi$$

255. $-1.6 cm/min$

풀이 삼각형의 밑변의 길이를 x, 높이를 h라고 한다면 면적 $A = \frac{1}{2}xh$

이다. $h = 10$일 때 $A = 100$이면 $x = 20$이였다는 것을 알 수 있

다.

면적 $A = \frac{1}{2}xh$를 t로 미분하면

$$\frac{dA}{dt} = \frac{1}{2}h\frac{dx}{dt} + \frac{1}{2}r\frac{dh}{dt} \text{ 이고, 문제에서 주어진 조건}$$

$\frac{dh}{dt} = 1$, $\frac{dA}{dt} = 2$를 대입하면

$$2 = \frac{1}{2} \cdot 10 \cdot \frac{dx}{dt} + \frac{1}{2} \cdot 20 \cdot 1$$

$$\Leftrightarrow \frac{dx}{dt} = -\frac{8}{5} = -1.6 cm/min \text{이다.}$$

256.   ②

풀이 사람이 걷고 있는 직선을 $\overline{AC} = x$라고 하고, 써치라이트가 사람

을 따라서 비추는 각도를 $\angle ABC = \theta$라고 하자. $\overline{AB} = 20$은 고

정값이다. 시간에 대한 x의 변화율 $\frac{dx}{dt} = 4$이고, $x = 15$,

$\overline{BC} = 25$일 때, 시간에 대한 θ의 변화율 $\frac{d\theta}{dt}(rad/s)$를 구하고

자 한다. $\tan\theta = \frac{x}{20}$이고 시간에 대하여 미분하면

$$\sec^2\theta \frac{d\theta}{dt} = \frac{1}{20}\frac{dx}{dt}$$

$$\frac{d\theta}{dt} = \frac{\cos^2\theta}{20}\frac{dx}{dt}$$

$$= \frac{1}{20}\left(\frac{20}{25}\right)^2 4 = \frac{16}{125}$$

257. $-134 km/h$

풀이 C를 두 길의 교차점이라 하자. 자동차 A에서 C까지의 거리를 x, 자동차

B에서 C까지 거리를 y, 그리고 두 자동차 A, B사이의

거리를 z라고 할 때 $x^2 + y^2 = z^2$의 관계식이 만들어 진다.

주어진 조건식을 정리하면 $\frac{dx}{dt} = -90$, $\frac{dy}{dt} = -100$이고

구하고자 하는 것은 $\frac{dz}{dt}$ 이다.

$x^2 + y^2 = z^2$의 양변을 t에 대하여 미분하면

$x\frac{dx}{dt} + y\frac{dy}{dt} = z\frac{dz}{dt}$ 이고, $x = \frac{6}{10} km$, $y = \frac{8}{10} km$일 때,

$z = 1 km$이다. 식에 대입하면

$$x\frac{dx}{dt} + y\frac{dy}{dt} = z\frac{dz}{dt}$$

$$\Leftrightarrow \frac{6}{10}(-90) + \frac{8}{10}(-100) = 1 \cdot \frac{dz}{dt}$$

$$\Leftrightarrow \frac{dz}{dt} = -134 km/h \text{이다.}$$

258. $78 km/h$

풀이 두 자동차의 시작점을 C라고 할 때, 남쪽으로 이동하는 자동차를 A라

고 할 때 CA의 거리를 x, 서쪽으로 이동하는 자동차를 B라고 할 때, CB의

거리를 y라고 한다면 두 자동차의 거리는 $x^2 + y^2 = z^2$의 관계식이 성립

하고 시간 t에 대하여 미분하면 $x\frac{dx}{dt} + y\frac{dy}{dt} = z\frac{dz}{dt}$ 이다.

2시간 후 $x = 60 = 12 \cdot 5$, $y = 144 = 12 \cdot 12$이면

$z = 12 \cdot 13$이다. $\frac{dx}{dt} = 30$, $\frac{dy}{dt} = 72$이므로

$$x\frac{dx}{dt} + y\frac{dy}{dt} = z\frac{dz}{dt}$$

$$\Leftrightarrow 12 \cdot 5 \cdot 30 + 12 \cdot 12 \cdot 72 = 12 \cdot 13 \cdot \frac{dz}{dt}$$

$$\Leftrightarrow 5 \cdot 30 + 12 \cdot 72 = 13 \cdot \frac{dz}{dt}$$

$$\Leftrightarrow 6(25 + 144) = 13 \cdot \frac{dz}{dt} \Leftrightarrow \frac{dz}{dt} = 13 \cdot 6 = 78 \text{이다.}$$

■ 8. 함수의 극대 & 극소

259. ③

풀이 역함수가 존재하는 구간에서 함수는 (순)증가 또는 (순)감소이어야 한다. $f(x) = 3x^6 + 4x^3 - x$에 대하여

$f'(x) = 18x^5 + 12x^2 - 1$이다.

보기 ③은 구간 $(-1, 1)$에서 $f'(-1) < 0$, $f'(1) > 0$이므로 감소에서 증가로 바뀐다. 따라서 구간 $(-1, 1)$에서 일대일 대응이 되지 않아 역함수가 존재하지 않는다.

260. $t > 0$

풀이 곡선이 위로 오목한 것은 아래로 볼록과 같은 의미이고,

$\dfrac{d^2y}{dx^2} > 0$일 때 나타난다.

$\begin{cases} x' = 4t & y' = 2t + 3t^2 \\ x'' = 4 & y'' = 2 + 6t \end{cases}$, $\dfrac{d^2y}{d^2x}$

$= \dfrac{x'y'' - x''y'}{(x')^3} = \dfrac{3}{16t}$ 이고,

$t > 0$일 때 곡선은 아래로 볼록(위로 오목)하다.

261. ㄷ

풀이 $y' = f'(x) = g(x)$가 성립한다.

ㄱ. (거짓)

[반례] $\lim\limits_{x \to \infty} g(x) = \lim\limits_{x \to \infty} f'(x) = 1$을 만족하는 함수를

$f'(x) = e^{-x} + 1$이라고 하자.

$f(0) = 0$이므로 $f(x) = -e^{-x} + x + 1$이다.

따라서 $\lim\limits_{x \to \infty} \{f(x) - x\} = 1$이 된다.

따라서 ㄱ은 거짓이다.

ㄴ. (거짓) g가 감소함수라 하면 $g'(x) \le 0$이므로

$f''(x) \le 0$이다. 즉 f는 위로 볼록이다.

ㄷ. (참) $g'(x) < 0$이면 $f''(x) < 0$이므로 위로 볼록이 맞다.

따라서 옳은 것은 ㄷ이다.

262. $a + b = 7$

풀이 주어진 함수의 정의역은 $x > 0$이고, 정의역에서 연속이고 미분가능한 함수이다. $x = 1$에서 극솟값 -3을 갖는다는 것을 식으로 표현하면 $f'(1) = 0$, $f(1) = 3$이다.

$f(1) = a - b = -3 \cdots$ ㉠

$f'(x) = 2ax - b + \dfrac{1}{x}$에서

$f'(1) = 2a - b + 1 = 0 \Rightarrow 2a - b = -1 \cdots$ ㉡

두 식 ㉠과 ㉡의 연립방정식을 풀면 $a = 2$, $b = 5$

$\therefore a + b = 7$

263. $\dfrac{1}{e}$

풀이 극값을 구하기 위해서 먼저 임계점을 구해보자.

$y' = e^{-x} - xe^{-x} = (1 - x)e^{-x}$이므로 임계점 $x = 1$에서 극댓값을 갖는다.

따라서 극값은 $y(1) = \dfrac{1}{e}$이고, $a = 1$, $b = e^{-1}$이고

$ab = e^{-1}$다.

x		1	
$f'(x)$	+	0	−

264. 90

풀이 $f'(x) = -6x^2 + 2ax - 12$, $f(2) = 6$, $f'(2) = 0$에서

$-16 + 4a - 24 + b = 6$, $-24 + 4a - 12 = 0$이므로 $a = 9$,

$b = 10$ 이다.

따라서 $ab = 90$이다.

265. 3

풀이 $f'(x) = -6x^2 - 6x = -6x(x + 1)$ 이므로 $x = 0$ 과

$x = -1$ 에서 임계점을 갖는다.

$f''(x) = -12x - 6$ 이고 $f''(0) < 0$, $f''(-1) > 0$이므로

$x = 0$ 에서 극댓값 $f(0) = 2$ 를 갖으며 $x = -1$ 에서 극솟값

$f(-1) = 1$ 을 갖는다.

그러므로 두 극값의 합은 $2 + 1 = 3$ 이다.

266. -4

풀이 $f'(x) = a(x + 1)(x - 1)$ $(a < 0)$ 이므로

$f(x) = \displaystyle\int a(x + 1)(x - 1)dx$

$= \displaystyle\int a(x^2 - 1)dx = a\left(\dfrac{x^3}{3} - x\right) + C$

(단, C는 적분상수이다.)

여기서

$$\begin{cases} f(-1) = a\left(-\dfrac{1}{3}+1\right)+C = -4 \\ f(1) = a\left(\dfrac{1}{3}-1\right)+C = 0 \end{cases}$$ 을 얻고 $a = -3$,

$C = -2$ 이므로 $f(x) = -x^3 + 3x - 2$ 이다.

따라서 $f(2) = -4$이다.

---

267. $\cos\alpha = \dfrac{1}{\sqrt{5}},\ \sin\alpha = \dfrac{2}{\sqrt{5}}$

풀이

$f(x) = (\sin^2 x)e^{-x}$

$\Rightarrow f'(x) = 2e^{-x}\sin x \cos x - e^{-x}\sin^2 x$
$\qquad = e^{-x}\sin x(2\cos x - \sin x) = 0$이고

$x = 0$과 $2\cos x = \sin x$일 때 임계점이 생긴다.

$\Rightarrow$

$f''(x) = e^{-x}(\cos x(2\cos x - \sin x) + \sin x(-2\sin x - \cos x))$

$f''(0) > 0$이므로 $x = 0$에서 극솟값을 갖는다.

$2\cos x = \sin x$일 때, $x = \tan^{-1}2$, $f''(x) < 0$이므로 극댓값을 갖는다.

$0 < x < \tan^{-1}2$에서 증가하고 $\tan^{-1}2 < x < \dfrac{\pi}{2}$에서 감소하므로 $x = \tan^{-1}2$에서 극댓값을 갖는다.

그러므로 $\tan\alpha = 2$이므로 $\cos\alpha = \dfrac{1}{\sqrt{5}}$, $\sin\alpha = \dfrac{2}{\sqrt{5}}$ 이다.

---

268. 1개

풀이

$f''(x) = (x-1)^2(x+2)$이고, $x = -2$, $x = 1$일 때, $f''(x) = 0$이다.

$x < -2$일 때, $f(x)$는 위로 볼록하고, $x > -2$일 때 아래로 볼록하다. 따라서 변곡점은 1개이다.

x		-2		1	
$f''(x)$	$-$	0	$+$	0	$+$

---

269. 5

풀이

$f(x)$는 모든 실수에서 연속이고 미분가능한 함수이다.

변곡점은 $f''(x) = 0$인 점 x에서 부호의 변화를 확인하자.

$f'(x) = (-x^2 + 3x - 1)e^{-x}$,

$f''(x) = (x^2 - 5x + 4)e^{-x} = (x-1)(x-4)e^{-x}$ 이므로

x		1		4	
$f''(x)$	$+$	0	$-$	0	$+$

$f''(x) = 0$을 만족하는 x는 1, 4이고 여기에서 아래로 볼록, 위로 볼록, 아래로 볼록으로 바뀌는 변곡점을 갖는다.

그 x값의 합은 5이다.

---

270. 5

풀이

점 $(1, 4)$에서 변곡점을 가지므로

$y''(1) = 0 \Leftrightarrow y''(1) = 6 + 2a = 0 \Leftrightarrow a = -3$이다.

또한 $y(1) = 1 + a + b + 1 = 2 + (-3) + b = -1 + b = 4$이므로 $b = 5$이다.

---

271. 풀이 참조

풀이

(1) $f'(x) = 3(x-1)^3 + 3(3x+1)(x-1)^2$
$\qquad = 3(x-1)^2(4x) = 12x(x-1)^2 = 0$

$\Rightarrow$ 임계점은 $x = 0, 1$일 때이다.

x		0		1	
$f'(x)$	$-$	0	$+$	0	$+$

따라서 기울기의 증감을 확인하면,

$x = 0$에서 극소이며, 그때의 극솟값은 -1이다.

또한, $x = 1$에서는 임계점이지만, 극대/극소도 아니다.

$f''(x) = 12(x-1)^2 + 24x(x-1) = 12(x-1)(3x-1)$

이므로 $x = 1$과 $x = \dfrac{1}{3}$에서 변곡점을 갖는다.

$x < \dfrac{1}{3}$일 때는 $f''(x) > 0$이므로 $f(x)$는 아래로 볼록하고

$\dfrac{1}{3} < x < 1$일 때는 $f''(x) < 0$이므로 $f(x)$는 위로 볼록하고

$x > 1$일 때는 $f''(x) > 0$이므로 $f(x)$는 아래로 볼록하다.

$\lim_{x \to \infty} f(x) = \infty$, $\lim_{x \to -\infty} f(x) = \infty$

(2) $y = 3x^4 - 16x^3 + 18x^2 = x^2(3x^2 - 16x + 6)$
$\qquad = 3x^2(x-\alpha)(x-\beta)$

$3x^2 - 16x + 6 = 0$의 $D/4 = 64 - 18 > 0$이므로 두 근 α, β를 갖는다.

$y' = 12x^3 - 48x^2 + 36x = 12x(x^2 - 4x + 3)$
$\quad = 12x(x-3)(x-1)$

4차함수의 그래프 개형을 생각하면

$x = 0$에서 극소, $x = 1$에서 극대, $x = 3$에서 극소가 된다.

따라서 그래프 개형은 다음과 같다.

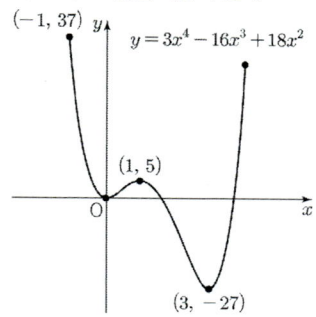

(3) $f(x) = x^{\frac{2}{3}} = \sqrt[3]{x^2}$ 는 우함수이고, $(0,0)$을 지난다.

$$f'(x) = \frac{2}{3}x^{-\frac{1}{3}} = \frac{2}{3\sqrt[3]{x}}$$

$x=0$은 미분 불가능한 임계점을 갖고, $(0,0)$은 극솟점이다.

x		0	
$f'(x)$	$-$		$+$

$$f''(x) = \frac{2}{3} \cdot \left(-\frac{1}{3}\right) x^{-\frac{4}{3}} = \frac{-2}{9\sqrt[3]{x^4}} < 0$$이므로

$x \neq 0$에 대하여 $f(x)$는 위로 볼록인 함수이다.

따라서 $f(x) = x^{\frac{2}{3}} = \sqrt[3]{x^2}$ 인 함수는 모든 실수에서 연속이지만 $x=0$에서 미분 불가능한 함수이다.

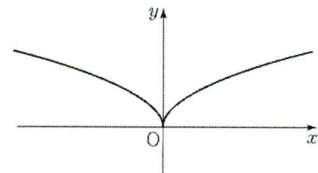

(4) 모든 실수에서 연속인 함수이지만, $x=0$에서 미분계수가 존재하지 않는 함수이다.

$f(x) = \frac{5}{3}x^{\frac{2}{3}} - \frac{2}{3}x^{\frac{5}{3}}$ 이고,

$$f'(x) = \frac{5}{3} \cdot \frac{2}{3}x^{-\frac{1}{3}} - \frac{2}{3} \cdot \frac{5}{3}x^{\frac{2}{3}} = \frac{5}{3} \cdot \frac{2}{3}x^{-\frac{1}{3}}(1-x)$$

$$= \frac{10}{9} \frac{1-x}{\sqrt[3]{x}}$$

$x=0$은 미분 불가능한 임계점을 갖고,
$x=1$은 미분계수가 0이 되는 임계점을 갖는다.

x		0		1	
$f'(x)$	$-$		$+$	0	$-$

$(1, f(1)) = (1,1)$에서 극대, $(0, f(0)) = (0,0)$에서 극소를 갖는다.

$$f''(x) = \frac{10}{9}\left(-\frac{1}{3}\right)x^{-\frac{4}{3}} - \frac{10}{9}\frac{2}{3}x^{-\frac{1}{3}}$$

$$= -\frac{10}{27}x^{-\frac{4}{3}}(1+2x) = -\frac{10}{27}\frac{2x+1}{\sqrt[3]{x^4}}$$

$x < -\frac{1}{2}$일 때, $f''(x) > 0$ 이므로 $f(x)$는 아래로 볼록하고,

$x > -\frac{1}{2}$일 때, $f''(x) < 0$이므로 $f(x)$는 위로 볼록하다.

$$\lim_{x \to \infty} f(x) = -\infty, \quad \lim_{x \to -\infty} f(x) = \infty$$

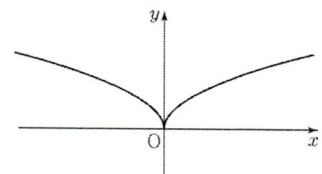

(5) $y = x^{\frac{2}{3}}(6-x)^{\frac{1}{3}}$ 은 x절편은 $0, 6$이다.

$$y' = \frac{2}{3}x^{-\frac{1}{3}}(6-x)^{\frac{1}{3}} - \frac{1}{3}x^{\frac{2}{3}}(6-x)^{-\frac{2}{3}}$$

$$= \frac{1}{3}x^{-\frac{1}{3}}(6-x)^{-\frac{2}{3}}(2(6-x)-x)$$

$$= \frac{12-3x}{3\sqrt[3]{x}\sqrt[3]{(6-x)^2}}$$

$x=0$과 $x=6$은 미분 불가능한 임계점을 갖고,
$x=4$은 미분계수가 0이 되는 임계점을 갖는다.

x		0		4		6	
$f'(x)$	$-$		$+$	0	$-$		$-$

따라서 $(0,0)$은 극솟점이고, $\left(4, 2^{\frac{5}{3}}\right)$은 극댓값을 갖는다.
$(6, 0)$은 수직접선을 갖는다.

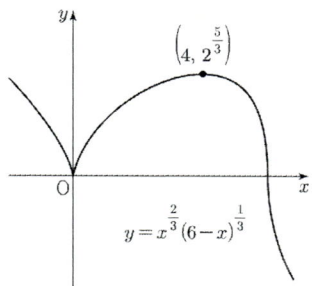

272. 풀이 참조

풀이 (1) 곡선 $y = x^2 \ln x$의 정의역 $x > 0$이다.

$f(x) = x^2 \ln x$ 일 때, $f'(x) = 2x \ln x + x = x(2\ln x + 1)$

이고 $x = e^{-\frac{1}{2}}$ 에서 극소를 갖는다.

$f\left(e^{-\frac{1}{2}}\right) = -\frac{1}{2e} > -1$이고

$$\lim_{x \to \infty} x^2 \ln x = \infty, \quad \lim_{x \to 0^+} x^2 \ln x = 0$$

⇒ 그래프의 개형을 확인할 수 있다.

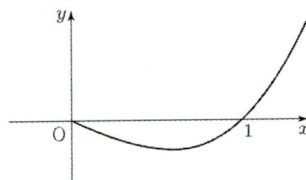

(2) $f(x) = 2x^2 - 5x + \ln x$의 정의역 $x > 0$이다.

$$f'(x) = 4x - 5 + \frac{1}{x} = \frac{4x^2 - 5x + 1}{x}$$

$$= \frac{(4x - 1)(x - 1)}{x}$$

여기서 임계점은 $x = \frac{1}{4}, x = 1$이다.

0은 정의역에 속하는 원소가 아니므로 임계점이
될 수 없다.

x		$\frac{1}{4}$		1	
$f'(x)$	+	0	−	0	+

$f\left(\frac{1}{4}\right) = \frac{1}{8} - \frac{5}{4} + \ln\frac{1}{4} = -\frac{9}{8} - \ln 4$은 극댓값이고,

$f(1) = -3$은 극솟값이다

$$\lim_{x \to \infty} f(x) = \infty, \quad \lim_{x \to 0^+} f(x) = -\infty$$

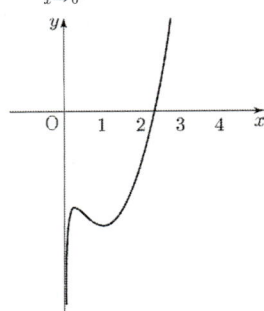

(3) $f(x)$의 정의역은 실수 전체 집합이고 원점을 지나는 연속이고
미분가능한 함수이다.

$$f'(x) = 2xe^{-x} - x^2 e^{-x} = e^{-x}\{x(2 - x)\}$$

임계점은 $x = 0, x = 2$이고, $x = 2$에서 극대점 $\left(2, \frac{4}{e^2}\right)$을

갖고, $x = 0$에서 극소점 $(0, 0)$을 갖는다.

$$\lim_{x \to \infty} x^2 e^{-x} = \lim_{x \to \infty} \frac{x^2}{e^x} = 0, \quad \lim_{x \to -\infty} x^2 e^{-x} = \infty$$

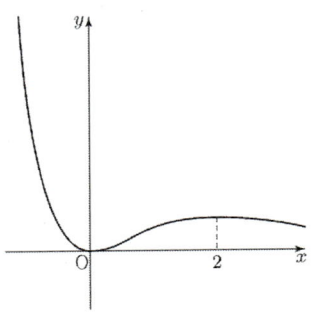

273. 4

풀이 $t = -1$일 때, $f(x) = |x^2 - x|$이므로 미분가능 하지
않는 점은 2개이고 $g(-1) = 2$이다.

$t = 0$일 때, $f(x) = |x^2| = x^2$이므로 미분가능 하지 않는 점은
0개이고 $g(0) = 0$이다.

$t \to 0+$일 때, $f(x) = |x^2 + tx| = |x(x + t)|$이므로 미분가
능 하지 않는 점은 2개이고 $\lim_{t \to 0+} g(t) = 2$이다.

따라서 $g(-1) + g(0) + \lim_{t \to 0+} g(t) = 4$이다.

274. ①

풀이 $y = \frac{1}{x}$의 유리함수는 $y' = -\frac{1}{x^2}, y'' = \frac{2}{x^3}$이다.

(i) $x < 0$일 때
   $y'' < 0$이고 그래프는 위로 볼록하므로 접선의 방정식
   이 그래프보다 위쪽에 존재한다.

   따라서 $y < \frac{1}{x}$인 점은 접선이 지날 수 없다.

(ii) $x > 0$일 때
   $y'' > 0$이고 그래프는 아래로 볼록하므로 접선의 방정
   식이 그래프보다 아래에 존재한다.

   따라서 $y > \frac{1}{x}$인 점은 접선이 지날 수 없다.

(iii) 보기의 값을 대입하면 $(1, 3)$은 접선이 지날 수 없는
   점이다.

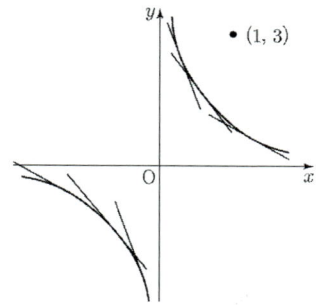

275. ③

풀이

① 지수함수는 연속함수이다.

② 가우스함수는 불연속함수이므로

$f+g=$(연속함수)$+$(불연속함수)$=$(불연속함수)이다.

③ 가우스 함수는 구간에 대하여 나눌 수 있는 정수함수

이다. $g(x)=\begin{cases} -2, & -2 \leq x < -1.5 \\ -1, & -1.5 \leq x < -0.5 \\ 0, & -0.5 \leq x < 0.5 \\ 1, & 0.5 \leq x < 1.5 \\ 2, & 1.5 \leq x < 2 \end{cases}$ 이므로

$\int_{-2}^{2} f(x)g(x)dx$

$= \int_{-2}^{-1.5}(-2e^x)dx + \int_{-1.5}^{-0.5}(-e^x)dx$

$+ \int_{-0.5}^{0.5} 0dx + \int_{0.5}^{1.5} e^x dx + \int_{1.5}^{2} 2e^x dx$

$\neq 0$

④ 두 그래프 $f(x)$와 $g(x)$의 교점은 없다.

⑤ $g(x)$의 함숫값이 정수이므로 $\{g(x)\}^2 \geq g(x)$는 항상 성립한다.

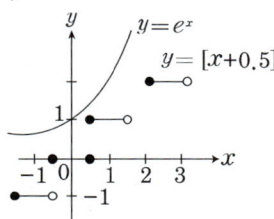

■ 9. 실근의 개수

276. ④

풀이

$x^3 - 3cx - 54 = 0 \Leftrightarrow x^3 - 3cx = 54$의 해 x는

$f(x) = x^3 - 3cx$와 $y = 54$의 교점의 x좌표와 같다.

$f'(x) = 3x^2 - 3c = 0$에서 $x = \sqrt{c}$ 또는 $-\sqrt{c}$이다.

서로 다른 세 실근을 가지려면 $f(x)$는 기함수이고,

극댓값 $f(-\sqrt{c}) > 54$, 극솟값 $f(\sqrt{c}) < 54$일 때 교점은 3개가

생긴다.

$f(-\sqrt{c}) = -c\sqrt{c} + 3c\sqrt{c} > 54 = 2c\sqrt{c} > 54$

$\Rightarrow c\sqrt{c} > 27 \Rightarrow c^{\frac{3}{2}} > 27 \Rightarrow c > 27^{\frac{2}{3}} = 9$

따라서 정수 c의 최솟값은 10이다.

277. 7개

풀이

그림을 그려보면 $f(x) = 10\sin x$와 $g(x) = x$의

교점은 단 7개 뿐이다. (단, 여기서 $\pi \fallingdotseq 3$이다.)

기함수의 성질을 생각하면 제 1사분면에 3개, 원점,

제 3사분면에 3개 총 7개이다.

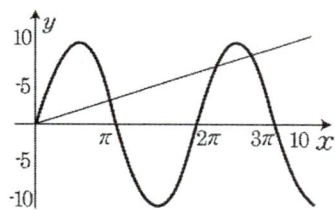

278. 1개

풀이

$f(x) = \sinh x$, $g(x) = x$라고 하자.

[풀이1] 그래프를 직접 그려보면 직관적 판단을 할 수있다.

$f(x) = \sinh x$의 $(0,0)$에서 접선의 방정식은 $y = x$이다.

원점에서만 두 그래프가 만나므로 교점의 개수는 1개이다.

[풀이2] f와 g의 교점은 $f(x) = g(x)$를 만족하는 x의 값과 같다.

따라서 $h(x) = f(x) - g(x)$라 두면 $h(x) = 0$을 만족하는 x의

값과 같다.

즉, $h(x) = \sinh x - x$이고 $h'(x) = \cosh x - 1 \geq 0$이므로

$h(x)$는 단조증가함수이다.

또한 $h(0) = 0$이므로 $h(x)$는 x축과의 교점이 1개이다.

즉, $f(x)$와 $g(x)$의 교점의 개수가 1개이다.

279. 　0개

풀이 $x^2 \ln x = -1$ 실근의 개수는 두 곡선 $y = x^2 \ln x$ 와 $y = -1$의 교점의 개수와 같다. (정의역 $x > 0$)

$f(x) = x^2 \ln x$ 일 때,

$f'(x) = 2x \ln x + x = x(2\ln x + 1)$, $x = e^{-\frac{1}{2}}$ 에서 극소를 갖는다.

$f\left(e^{-\frac{1}{2}}\right) = -\frac{1}{2e} > -1$이므로

두 곡선 $y = x^2 \ln x$ 와 $y = -1$의 교점은 존재하지 않는다.

$\lim_{x \to \infty} x^2 \ln x = \infty$, $\lim_{x \to 0^+} x^2 \ln x = 0 \Rightarrow$ 그래프의 개형을 확인할 수 있다.

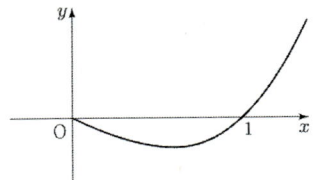

280. 　$k > 1$

풀이 $x = a$ 에서 $f(x) = e^x$ 와 $g(x) = x + k$ 가 접한다고 가정하면 $f(a) = g(a)$, $f'(a) = g'(a)$를 만족해야한다. 즉, $e^a = a + k$ 와 $e^a = 1$ 을 동시에 만족해야 한다. 따라서 $a = 0$, $k = 1$ 이다. 이 경우 두 함수는 한 점에서 만난다. 그러므로 $k > 1$ 일 때, $f(x) = e^x$ 와 $g(x) = x + k$ 는 두 점에서 만나고 $e^x = x + k$는 두 실근을 갖는다.

281. 　9

풀이 $f(x) = |x^2 - 5|$, $g(x) = a$라 하면 $f(x)$는 우함수이므로 y축 대칭이다.

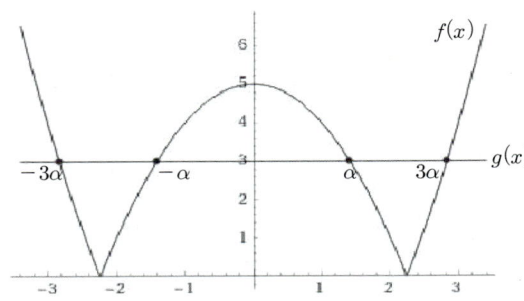

따라서 그림과 같이 방정식 $f(x) = g(x)$의 네 근을 각각 -3α,

$-\alpha$, α, 3α라 하면

$f(x) = \begin{cases} g(x) = x^2 - 5 \ (x^2 - 5 \geq 0) \\ h(x) = 5 - x^2 \ (x^2 - 5 < 0) \end{cases}$ 이므로

$g(3\alpha) = 9\alpha^2 - 5$와 $h(\alpha) = 5 - \alpha^2$는 같은 값을 갖는다.

즉 $9\alpha^2 - 5 = 5 - \alpha^2$이므로 $\alpha^2 = 1$이다.

모든 근의 곱은 $(-3\alpha) \times (-\alpha) \times \alpha \times 3\alpha = 9\alpha^4 = 9$이다.

282. 　⑤

풀이 $f(x) = -\frac{1}{2}\cos(2x) + \cos x$라고 할 때,

$f'(x) = \sin(2x) - \sin x = \sin x (2\cos x - 1)$이다.

$x = 0$, $x = \pm\frac{\pi}{3}$, $x = \pm\pi$에서 임계점을 가지며

$f''(x) = 2\cos(2x) - \cos x$이므로

$x = 0$에서 $f''(0) > 0$이므로 극솟값 $f(0) = \frac{1}{2}$,

$x = \pm\frac{\pi}{3}$에서 $f''(0) < 0$이므로 극댓값 $f\left(\pm\frac{\pi}{3}\right) = \frac{3}{4}$,

$x = \pm\pi$에서 $f''(0) > 0$이므로 극솟값 $f(\pm\pi) = -\frac{3}{2}$을 갖는다.

그러므로 $\frac{1}{2} < \alpha < \frac{3}{4}$일 때, 구간 $[-\pi, \pi]$에서

$-\frac{1}{2}\cos(2x) + \cos x - \alpha = 0$은 4개의 근을 갖는다.

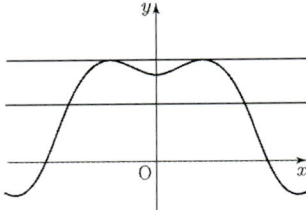

■ 10. 함수의 최대 & 최소

283. e

풀이 폐구간 영역에서의 최대/최소 문제는 정의역 내에서
극값을 구하고, 구간의 양끝 값을 비교한다.
(i) 정의역 내의 극값을 구하기
$f'(x) = 2xe^{-x} - x^2 e^{-x} = e^{-x}\{x(2-x)\}$, 임계점은
$x = 0$, $x = 2$이고, 극값은 $f(0) = 0$, $f(2) = \dfrac{4}{e^2} < 1$

(ii) 정의역의 양 끝 값 : $f(-1) = e$, $f(3) = \dfrac{9}{e^3} < 1$

(iii) 최솟값은 0이고 최댓값은 e이다. 그러므로 최솟값과 최댓값의
합은 e이다.

284. 최댓값 : $\sqrt[3]{16}$, 최솟값 : $\sqrt[3]{4}$

풀이 (i) $f'(x) = \dfrac{2}{3}x^{-\frac{1}{3}} = \dfrac{2}{3\sqrt[3]{x}}$ 이고, $x = 0$에서 임계점이

존재하지만, 구간$[2, 4]$에 속하는 점은 아니다.
즉, 구간 $2 \le x \le 4$에서 $f'(x) > 0$이므로
이 구간에서 $f(x)$는 증가한다.
(ii) 따라서 $f(2) = \sqrt[3]{4}$ 는 최솟값이고, $f(4) = \sqrt[3]{16}$ 이
최댓값이다.

285. 2

풀이 (i) 정의역 내의 극값을 구하자.
$f'(x) = \dfrac{4(x^2+1) - 4x(2x)}{(x^2+1)^2}$, $f'(x) = \dfrac{-4(x-1)(x+1)}{(x^2+1)^2}$
이므로 구간 $[0, 4]$에서의 임계점은 $x = 1$뿐이다.
$f(1) = \dfrac{4}{2} = 2$
(ii) 정의역의 양 끝값을 구하자.
$f(0) = 0$, $f(4) = \dfrac{16}{17}$
(i), (ii)에 의하여 최댓값은 2이다.

286. e^{-1}

풀이 주어진 구간에서 $f(x)$는 연속이고 미분가능한 우함수이다.
$f'(x) = 2xe^{-x^2} + x^2 \cdot (-2x)e^{-x^2} = 2xe^{-x^2}(1-x^2) = 0$
$\Rightarrow x = -1, 0, 1$에서 임계점을 갖는다.

x	-3	$\cdots$	-1	$\cdots$	0	$\cdots$	1	$\cdots$	3
$f'(x)$	$+$	$+$	0	$-$	0	$+$	0	$-$	$-$

$x = -1$과 $x = 1$에서 극대를 갖고, $x = 0$에서 극소를
갖는다. 또한 $\lim\limits_{x \to \infty} x^2 e^{-x^2} = 0$이다.
$f(-3) = 9e^{-9}$, $f(-1) = e^{-1}$, $f(0) = 0$, $f(1) = e^{-1}$,
$f(3) = 9e^{-9}$이므로 최댓값은 e^{-1}이다.

287. $2\ln\left(\dfrac{3}{2}\right)$

풀이 $f(x) = \ln(x^2 + x + 1)$일 때, $f'(x) = \dfrac{2x+1}{x^2+x+1}$ 이므로

$x = -\dfrac{1}{2}$에서 임계점을 갖는다.

또한 $f(-1) = \ln(1)$, $f(1) = \ln 3$, $f\left(-\dfrac{1}{2}\right) = \ln\left(\dfrac{3}{4}\right)$이므로

최댓값 $a = \ln 3$, 최솟값 $b = \ln\left(\dfrac{3}{4}\right)$이다. 그러므로

$a + b = \ln 3 + \ln\left(\dfrac{3}{4}\right) = \ln\left(\dfrac{9}{4}\right) = 2\ln\left(\dfrac{3}{2}\right)$이다.

288. 176

풀이 $x - \dfrac{3}{x} = t$라 치환하면 $g(x) = x - \dfrac{3}{x}$라고 할 때,

$g'(x) = 1 + \dfrac{3}{x^2} > 0 \Rightarrow g(x)$는 증가함수이고,

x의 범위가 $1 \le x \le 3$이므로 $x - \dfrac{3}{x} = t$에서 t의 범위는

$-2 \le t \le 2$가 된다. 따라서
(준식)$= h(t) = 2t^3 - 15t^2 + 36t - 50 \ (-2 \le t \le 2)$ 이다.
$h'(t) = 6t^2 - 30t + 36 = 6(t^2 - 5t + 6) = 6(t-2)(t-3)$이
되고 $t = 2$에서 극댓값을 갖는다.
최댓값, 최솟값을 구하기 위해서 t의 양 끝값과 극값 비교하면
$h(-2) = -198$, $h(2) = -220$이고, 각각이 최솟값, 최댓값이 된
다.
$\therefore$ 최댓값$-$최솟값$= -22 - (-198) = 198 - 22 = 176$

289. $\dfrac{3}{2} - \dfrac{5}{e}$

풀이 $f'(x) = \dfrac{(e^x - 2x)(x-1)}{e^{2x}} = 0$이므로 $x = 1$에서 극소이자

최솟값을 갖는다. $\therefore a = 1$

$$\int_0^a f(x)\,e^x\,dx = \int_0^1 \frac{(x-e^x)x}{e^x}\,dx$$
$$= \int_0^1 (x^2 e^{-x} - x)\,dx$$
$$= \left[(-x^2 - 2x - 2)e^{-x} - \frac{1}{2}x^2\right]_0^1$$
$$= \frac{3}{2} - \frac{5}{e}$$

290. $Mn = -5$

풀이 곡선 C는 타원의 방정식이고 최댓값과 최솟값은 수평접선을 갖을 때 $\dfrac{dy}{dx} = -\dfrac{f_x}{f_y}$ 에서 $f_x = 0$이고 $f_y \neq 0$이면 수평접선을 갖는 다.

(i) $f_x = 10x - 4y = 0 \Leftrightarrow y = \dfrac{5}{2}x$ 이므로 주어진 곡선에 대입하면

$$5x^2 - 4x \cdot \frac{5x}{2} + 8 \cdot \frac{25x^2}{4} = 36$$
$$\Leftrightarrow x^2 = \frac{4}{5} \Rightarrow x = \pm\frac{2}{\sqrt{5}} \text{이다.}$$

(ii) $x = \dfrac{2}{\sqrt{5}}$ 일 때 최댓값 $M = \dfrac{5}{2} \cdot \dfrac{2}{\sqrt{5}}$

(iii) $x = \dfrac{-2}{\sqrt{5}}$ 일 때 최솟값 $m = \dfrac{5}{2} \cdot \dfrac{-2}{\sqrt{5}}$ 을 갖는다.

따라서 $Mn = -5$이다.

291. 20

풀이 $\overline{AC} = x$, $\overline{BC} = y$, $\overline{AB} = 2$라고 하자.

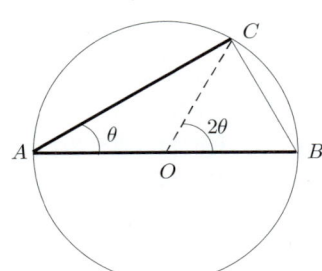

삼각형 ABC는 직각삼각형이고, $x^2 + y^2 = 4$가 성립한다.

(i) $\cos\theta = \dfrac{x}{2} \Leftrightarrow x = 2\cos\theta$, $\dfrac{dx}{dt} = 10$

(ii) $\widehat{BC} = 2\pi r \cdot \dfrac{2\theta}{2\pi} = 2\theta$, $\dfrac{d\widehat{BC}}{dt} = k$ 라고 하자.

(iii) 거리=시간×속력 $\Leftrightarrow$ 시간=거리/속력

(iv) 시간 $f(\theta) = \dfrac{2\cos\theta}{10} + \dfrac{2\theta}{k}$ 이고, $f'(\theta) = \dfrac{-\sin\theta}{5} + \dfrac{2}{k}$

$\theta = \dfrac{\pi}{6}$ 에서 최대가 존재한다면 $f'\left(\dfrac{\pi}{6}\right) = -\dfrac{1}{10} + \dfrac{2}{k} = 0$을

만족한다. $\dfrac{d\widehat{BC}}{dt} = k = 20$이다.

292. 4

풀이 타원 $\dfrac{x^2}{a^2} + \dfrac{y^2}{b^2} = 1$의 상반부와 x축에 의해 둘러싸인

직사각형의 최대면적은 $\dfrac{x^2}{a^2} + \dfrac{y^2}{b^2} = 1$에 내접하는

직사각형의 최대면적 $2ab$의 $\dfrac{1}{2}$와 같다. 즉, ab이다.

$x^2 + y^2 = 4 \Leftrightarrow \dfrac{x^2}{2^2} + \dfrac{y^2}{2^2} = 1$이고 상반원과 x축에

둘러싸인 영역의 최대면적은 4이다.

293. -4

풀이 산술기하 평균을 이용하자.

더하기와 곱의 구조가 성립하기 때문에 산술기하 평균의 등호성립 조건에 의해서

$4x^2 = y^2 = 4$일 때 xy의 최댓값과 최솟값이 나타난다.

즉, $x^2 = 1$, $y^2 = 4$일 때 최댓값은 20고 최솟값은 -2이다.

그러므로 최댓값과 최솟값의 곱은 -4이다.

294. $\dfrac{3\sqrt{3}}{2}$

풀이 산술기하 평균을 이용하자.

더하기와 곱의 구조가 성립하게 만들어 보자.

$$\frac{x^2}{4} + y^2 = 1 \Leftrightarrow \frac{x^2}{12} + \frac{x^2}{12} + \frac{x^2}{12} + y^2 = 1$$

산술기하 평균의 등호성립조건

$\dfrac{x^2}{12} = y^2 = \dfrac{1}{4} \Leftrightarrow x^2 = 3$, $y^2 = \dfrac{1}{4}$일 때,

$f(x, y) = x^3 y$의 최댓값은 $\dfrac{3\sqrt{3}}{2}$ 이다.

295. 32

풀이 주어진 함수 $y = 12 - x^2$은 우함수이다. 직사각형의 면적은
$S = xy$이고, 관계식을 통해 변수를 줄이자.
$$S(x) = 2xy = 2x(12 - x^2) = -2x^3 + 24x$$
$S'(x) = -6x^2 + 24$이므로 임계점은 $x = 2$ $(\because x > 0)$
따라서 최대 넓이는 $S(2) = -16 + 48 = 32$

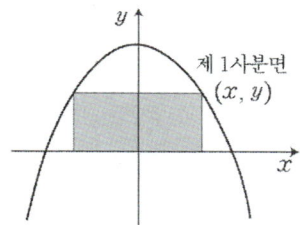

296. 3

풀이 1사분면에 존재하는 직선 $\dfrac{x}{3} + \dfrac{y}{4} = 1$ $\Leftrightarrow$ $y = -\dfrac{4}{3}x + 4$

위의 임의의 한 점을 (x, y)라고 하자. 한 점 (x, y)에서 x축에
수직인 선분과 y축에 수직인 선분을 내리고 각 교점을 연결하면
직사각형이 만들어진다. 구하고자 하는 것은 이 직사각형의 최대
면적이고, $S = xy$이다.
미지수가 2개이므로 관계식을 통해서 변수를 줄이자.
$S = xy = -\dfrac{4}{3}x^2 + 4x$이고, 최댓값은 이차함수의 극대에서
존재한다.
$S' = -\dfrac{8}{3}x + 4$ $S'\left(\dfrac{3}{2}\right) = 0$ $S\left(\dfrac{3}{2}\right) = 3$이다. 즉, 직각삼각형
에 내접하는 직사각형의 최댓값은 3이다.

297. 4π

풀이 구하고자 하는 것은 원기둥의 부피의 최댓값이므로
원기둥 부피의 식을 세운다.
반지름이 r이고, 높이가 h인 원기둥의 부피는
$V = \pi r^2 h$이고, 관계식을 통해서 변수를 줄이자.
$r^2 + \left(\dfrac{h}{2}\right)^2 = 3$에서 $r^2 = 3 - \dfrac{h^2}{4}$이므로
$$V = \pi r^2 h = \pi\left(3 - \dfrac{h^2}{4}\right)h = \pi\left(3h - \dfrac{h^3}{4}\right)$$
$V' = \pi\left(3 - \dfrac{3}{4}h^2\right) = 3\pi\left(1 - \dfrac{1}{2}h\right)\left(1 + \dfrac{1}{2}h\right)$에서
$h = 2$일 때, 극대이자 최대이고 이때 부피 $V = 4\pi$이다.

298. $\dfrac{1}{2}$

풀이 재료가 적게 들기 위해서는 겉넓이가 작아야 한다.
즉, 구하고자 하는 것은 통조림 캔의 겉넓이의 최솟값이므로
원기둥의 겉넓이 식을 세우고, 미분하여 극소를 만족하게 하는
r, h의 값을 찾으면 된다. 반지름을 r, 높이를 h라 하면
(겉넓이) = (아래뚜껑+윗뚜껑) + (옆면)
$$= (\pi r^2 \times 2) + 2\pi rh = 2\pi r^2 + 108\pi \times \dfrac{1}{r}$$
$$\left(\because V = 54\pi = \pi r^2 h \text{에서 } h = \dfrac{54}{r^2}\right)$$
$$(\text{겉넓이})' = 4\pi r - 108\pi \dfrac{1}{r^2} = \dfrac{4\pi r^3 - 108\pi}{r^2}$$
여기서 임계점을 구하면 분모에서 $r = 0$, 분자에서 $r = 3$이다.
$r = 0$은 조건에 맞지 않다. 따라서 $r = 3$이다. 이것이 정답이다.
(당연히 극소일 것이다.)
이때 $h = \dfrac{54}{r^2} = \dfrac{54}{9} = 6$이고 $\dfrac{r}{h} = \dfrac{3}{6} = \dfrac{1}{2}$

299. $2\sqrt{5}$

풀이 거리의 최솟값을 구하는 문제이므로 거리의 식을 찾아
미분하여 극솟값을 구해보자. 포물선 위의 점 (x, y)에 대하여
거리 $d = \sqrt{(x-5)^2 + (y+1)^2}$이다.
변수(미지수)가 2개이므로 x와 y의 관계식($y = x^2$)을
통해서 변수를 한 개로 줄이자.
$d = \sqrt{(x-5)^2 + (x^2+1)^2}$이다.
이 때 $\sqrt{}$ 속의 식 $f(x)$의 최솟값을 찾아보자.
$f(x) = (x-5)^2 + (x^2+1)^2$,
$f'(x) = 2(x-5) + 2(x^2+1)(2x) = 4x^3 + 6x - 10$
$$= 2(x-1)(2x^2 + 2x + 5)$$
이므로 임계점은 $x = 1$뿐이다.
따라서 가장 가까운 점은 $(1, 1)$이고
거리는 $\left.\sqrt{(x-5)^2 + (x^2+1)^2}\right|_{x=1} = \sqrt{20} = 2\sqrt{5}$

300. 풀이 참조

풀이 포물선 $y = x^2 + 2$에서 접선의 기울기가 2인 점을 P로 잡을 때
$\overline{PQ}$가 최솟값이 된다. $y' = 2x = 2$에서 $x = 1$이므로 $y = 3$이
다. 점 $(1, 3)$과 직선 $2x - y - 1 = 0$ 사이의 거리는
$$d = \dfrac{|2 - 3 - 1|}{\sqrt{(2)^2 + (-1)^2}} = \dfrac{2}{\sqrt{5}} = \dfrac{2\sqrt{5}}{5}$$이므로 포물선
$y = x^2 + 2$와 직선 $y = 2x - 1$ 사이의 거리는 $\dfrac{2\sqrt{5}}{5}$이다.

301. $\dfrac{a}{6}+1$

풀이 $\triangle PAB$의 넓이가 최대가 되는 P의 x좌표는 포물선
$y=3x^2-6x+15$ 위의 접선의 기울기가 a가 될 때의 x좌표와
같다. 즉, $6x-6=a$이므로 $x=\dfrac{a}{6}+1$이다.

302. $\sqrt{2}$

풀이 두 함수는 서로 역함수 관계이므로 $y=e^x$와 $y=x$사이의 최소거
리에 $\times 2$ 하면 된다.
$y=e^x$와 $y=x$의 최소거리는 $y=e^x$에서 기울기가 1인 점은
$x=0$일 때이다. 즉 $(0,1)$과 $x-y=0$사이의 거리
$d=\dfrac{|1-0|}{\sqrt{1^2+1^2}}=\dfrac{1}{\sqrt{2}}$ 이고, 두 곡선 사이의 거리는
$2d=\dfrac{2}{\sqrt{2}}=\sqrt{2}$ 이다.

303. $2\sqrt{2}$

풀이 $f(x)=\dfrac{1}{\sqrt{x^2+y^2}}$ 의 최댓값은

$g(x)=\sqrt{x^2+y^2}$ 의 최솟값과 같고,

$f(x)=\dfrac{1}{\sqrt{x^2+y^2}}$ 의 최솟값은

$g(x)=\sqrt{x^2+y^2}$ 의 최댓값과 같다.

$g(x)=\sqrt{x^2+y^2}$ 은 정의역 D에 존재하는
임의의 점(x,y)와 원점 사이의 거리를 구하는 식이고,
이때, 원점에서 시작하여 원의중심 $(1,\ 1)$을 지나는 반직선과 원
의 두 교점이 각각 최댓값과 최솟값을 갖는 점이 된다. 원점과 중심
사이의 거리는 $\sqrt{1^2+1^2}=\sqrt{2}$ 이고 (최솟값)$=\sqrt{2}-1$, (최댓값)
$=\sqrt{2}+1$이다. 그러므로 $f(x)$의 최댓값과 최솟값의 합은 $2\sqrt{2}$
이다.

CHAPTER 04 적분 응용

■ 1. 이상적분

304. (1) $\dfrac{1}{3}$　(2) $\dfrac{1}{2}$　(3) $\dfrac{\pi}{\sqrt{2}}$

(4) $\dfrac{\pi}{4}$　(5) $\dfrac{\pi}{24}$　(6) $\dfrac{1}{2(\ln 4)^2}$

풀이 (1) $\displaystyle\int_0^\infty e^{-3x}\,dx = \lim_{t\to\infty}\int_0^t e^{-3x}\,dx$

$\qquad = \lim_{t\to\infty}\left[-\dfrac{1}{3}e^{-3x}\right]_0^t$

$\qquad = \lim_{t\to\infty}\left(-\dfrac{1}{3}(e^{-3t}-1)\right) = \dfrac{1}{3}$

(2) $\displaystyle\int_0^\infty x e^{-x^2}\,dx = \lim_{t\to\infty}\int_0^t x e^{-x^2}\,dx$

$\qquad = \lim_{t\to\infty}\left[-\dfrac{1}{2}e^{-x^2}\right]_0^t$

$\qquad = \lim_{t\to\infty}\dfrac{1}{2}(1-e^{-t}) = \dfrac{1}{2}$

(3) $\displaystyle\int \dfrac{1}{x^2+4x+6}\,dx$

$\qquad = \displaystyle\int \dfrac{1}{(x+2)^2+\sqrt{2}^2}\,dx$

$\qquad = \displaystyle\int \dfrac{1}{u^2+(\sqrt{2})^2}\,du \ (x+2=u,\ dx=du)$

$\qquad = \dfrac{1}{\sqrt{2}}\tan^{-1}\dfrac{(x+2)}{\sqrt{2}} + C$

$\qquad \therefore \displaystyle\int_{-\infty}^{\infty}\dfrac{1}{x^2+4x+6}\,dx$

$\qquad = \lim_{\substack{s\to\infty\\ t\to-\infty}}\left[\dfrac{1}{\sqrt{2}}\tan^{-1}\dfrac{(x+1)}{\sqrt{2}}\right]_t^s$

$\qquad = \dfrac{1}{\sqrt{2}}\left(\dfrac{\pi}{2}-\left(-\dfrac{\pi}{2}\right)\right) = \dfrac{\pi}{\sqrt{2}}$

(4) $\displaystyle\int_0^\infty \dfrac{1}{(x^2+1)^2}\,dx = \lim_{t\to\infty}\int_0^t \dfrac{1}{(x^2+1)^2}\,dx$

삼각치환법을 사용하여

$x=\tan\theta$로 치환하면 $dx=\sec^2\theta\,d\theta$이므로

$\displaystyle\int_0^{\frac{\pi}{2}}\dfrac{1}{\sec^2\theta}\,d\theta = \int_0^{\frac{\pi}{2}}\cos^2\theta\,d\theta = \dfrac{\pi}{4}$

TIP wallis 공식 $\displaystyle\int_0^{\frac{\pi}{2}}\cos^2 x\,dx = \dfrac{\pi}{4}$

---

(5) 분모를 완전제곱식으로 변환하면 $(2x-1)^2+9>0$
이므로 특이점은 존재하지 않는다.

$\displaystyle\int_{-\frac{2}{3}}^{\infty}\dfrac{dx}{4x^2-4x+10}$

$\quad = \lim_{t\to\infty}\int_{-\frac{2}{3}}^{t}\dfrac{1}{(2x-1)^2+9}\,dx$

$\quad = \lim_{t\to\infty}\dfrac{1}{2}\cdot\dfrac{1}{3}\tan^{-1}\left(\dfrac{2x-1}{3}\right)\Big|_{-\frac{2}{3}}^{t}$

$\quad = \lim_{t\to\infty}\dfrac{1}{6}\left[\tan^{-1}\left(\dfrac{2t-1}{3}\right)-\tan^{-1}\left(-\dfrac{7}{9}\right)\right]$

$\quad = \dfrac{1}{6}\left[\dfrac{\pi}{2}+\tan^{-1}\left(\dfrac{7}{9}\right)\right]$

(6) $\ln(\ln x)=t$로 치환하면 $\dfrac{1}{x\ln x}\,dx = dt$가 된다.

$\displaystyle\int_{e^4}^{\infty}\dfrac{dx}{x\ln x(\ln\ln x)^3} = \lim_{s\to\infty}\int_{\ln 4}^{s}\dfrac{1}{t^3}\,dt$

$\quad = \lim_{s\to\infty}-\dfrac{1}{2}\dfrac{1}{t^2}\Big|_{\ln 4}^{s}$

$\quad = \lim_{s\to\infty}-\dfrac{1}{2}\left(\dfrac{1}{s^2}-\dfrac{1}{(\ln 4)^2}\right)$

$\quad = \dfrac{1}{2(\ln 4)^2}$

305. (1) $-\dfrac{1}{4}$　(2) $-\dfrac{1}{9}$　(3) 2　(4) $3+3\sqrt[3]{2}$

풀이 (1) $\displaystyle\int_0^1 x\ln x\,dx = \left[\dfrac{1}{2}x^2\ln x\right]_0^1 - \dfrac{1}{2}\int_0^1 x\,dx$

$\quad = \lim_{t\to 0^+}\left[\dfrac{1}{2}x^2\ln x\right]_t^1 - \dfrac{1}{4}\left[x^2\right]_0^1$

$\quad = 0 - \dfrac{1}{4} = -\dfrac{1}{4}$

TIP $\displaystyle\lim_{x\to 0^+}x^n\ln x = 0\ (n>0)$

---

(2) $\displaystyle\int_0^1 x^2\ln x\,dx = \lim_{t\to 0^+}\int_t^1 x^2\ln x\,dx$ 이므로

부분적분을 사용하면

$$\int_t^1 x^2\ln x\,dx = \left[\frac{1}{3}x^3\ln x\right]_t^1 - \int_t^1 \frac{1}{3}x^2\,dx$$

$$= -\frac{1}{3}t^3\ln t - \left[\frac{1}{9}x^3\right]_t^1$$

$$= -\frac{1}{3}t^3\ln t - \frac{1}{9}(1-t^3)$$

$$\therefore \int_0^1 x^2\ln x\,dx = \lim_{t\to 0^+}\left\{-\frac{1}{3}t^3\ln t - \frac{1}{9}(1-t^3)\right\}$$

$$= -\frac{1}{9}$$

(3) $\displaystyle\int (\ln x)^2\,dx$

$$= x(\ln x)^2 - 2\int \ln x\,dx$$

$$= x(\ln x)^2 - 2(x\ln x - x) \quad \begin{pmatrix} u'=1 & v=(\ln x)^2 \\ u=x & v'=2\ln x\cdot\frac{1}{x} \end{pmatrix}$$

$$= x(\ln x)^2 - 2x\ln x + 2x$$

$$\int_0^1 (\ln x)^2\,dx = \left[x(\ln x)^2\right]_0^1 - \left[2x\ln x\right]_0^1 + \left[2x\right]_0^1 = 2$$

TIP

$$\lim_{x\to 0}\left\{x(\ln x)^2\right\} = \lim_{x\to 0}\frac{(\ln x)^2}{\frac{1}{x}}$$

$$= \lim_{x\to 0}\frac{2\ln x\cdot\frac{1}{x}}{-\frac{1}{x^2}} = \lim_{x\to 0}(-2x\ln x) = 0$$

---

(4) $\displaystyle\int_0^3 \frac{dx}{(x-1)^{\frac{2}{3}}}$

$$= \int_0^1 \frac{dx}{(x-1)^{\frac{2}{3}}} + \int_1^3 \frac{dx}{(x-1)^{\frac{2}{3}}}$$

$$= \int_{-1}^0 \frac{dt}{t^{\frac{2}{3}}} + \int_0^2 \frac{dt}{t^{\frac{2}{3}}} \quad (\because x-1=t,\ dx=dt)$$

$$= \lim_{s\to 0^-}\left[3t^{\frac{1}{3}}\right]_{-1}^{s} + \lim_{h\to 0^+}\left[3t^{\frac{1}{3}}\right]_h^2 = 3 + 3\sqrt[3]{2}$$

306. $\quad 4\sin\dfrac{1}{4}$

풀이 부분적분에 의해서

$$\int_0^2 2x\sin\frac{1}{x^2}\,dx$$

$$= \left[x^2\sin\frac{1}{x^2}\right]_0^2 - \int_0^2 x^2\cos\frac{1}{x^2}\left(-\frac{2}{x^3}\right)dx$$

$$= 4\sin\frac{1}{4} + \int_0^2 \frac{2}{x}\cos\frac{1}{x^2}\,dx$$ 이므로

$$\int_0^2\left(2x\sin\left(\frac{1}{x^2}\right) - \frac{2}{x}\cos\left(\frac{1}{x^2}\right)\right)dx$$

$$= \int_0^2 2x\sin\left(\frac{1}{x^2}\right)dx - \int_0^2 \frac{2}{x}\cos\left(\frac{1}{x^2}\right)dx = 4\sin\frac{1}{4}$$ 이다.

307. $\quad C=1,\ \ln 2$

풀이
$$\int_0^\infty\left(\frac{1}{\sqrt{x^2+4}} - \frac{C}{x+2}\right)dx$$

$$= \lim_{t\to\infty}\int_0^t \frac{1}{\sqrt{x^2+4}} - \frac{C}{x+2}\,dx$$

$$= \lim_{t\to\infty}\left\{\ln(x+\sqrt{x^2+4}) - C\ln|x+2|\right\}_0^t$$

$$= \lim_{t\to\infty}\left[\ln\left(\frac{x+\sqrt{x^2+4}}{(x+2)^C}\right)\right]_0^t$$

$$= \ln\left(\lim_{t\to\infty}\frac{t+\sqrt{t^2+4}}{(t+2)^C}\right) - \ln\frac{2}{2^C}$$

$$= \ln 2 - \ln\frac{2}{2} = \ln 2 \ (C=1\text{일 때, 수렴한다.})$$

$$\left(\because \lim_{t\to\infty}\frac{t+\sqrt{t^2+4}}{(t+2)^C} = \begin{cases} 2 & (C=1) \\ 0 & (C>1) \\ \infty & (C<1) \end{cases}\right)$$

308. $\quad p>-1$

풀이 $\displaystyle\int_0^1 \frac{\ln x}{x^k}\,dx$ 의 수렴조건은 $k<1$ 이다.

따라서 $\displaystyle\int_0^1 x^p\ln x\,dx = \int_0^1 \frac{\ln x}{x^{-p}}\,dx$ 의 수렴조건은

$-p<1$ 이므로 $p>-1$ 일 때 수렴한다.

309. (1) 발산 (2) 수렴 (3) 수렴

(4) 수렴 (5) 발산 (6) 수렴

풀이 (1) $\displaystyle\int_2^\infty \frac{1}{\sqrt[3]{x-1}}\,dx$ $(x-1=t\,$치환, $dx=dt)$

$=\displaystyle\int_1^\infty \frac{1}{\sqrt[3]{t}}\,dt$: 발산

(2) $\displaystyle\int_1^\infty \frac{1}{(2x+1)^3}\,dx$ $(2x+1=t\,$치환, $dx=\frac{1}{2}dt)$

$=\displaystyle\int_3^\infty \frac{1}{2t^3}\,dt$: 수렴

(3) $x-2=t$로 치환하면

$\displaystyle\int_2^4 \frac{1}{\sqrt[3]{x-2}}\,dx=\int_0^2 \frac{1}{\sqrt[3]{t}}\,dx=\int_0^2 \frac{1}{t^{\frac{1}{3}}}\,dx$ 이다.

특이점이 존재하는 피적분함수의 수렴조건에 의해서 수렴한다.

(4) $x-1=t$로 치환하면

$\displaystyle\int_0^3 \frac{dx}{(x-1)^{\frac{2}{3}}}=\int_{-1}^2 \frac{1}{t^{\frac{2}{3}}}\,dt$

$\qquad\qquad\qquad=\displaystyle\int_{-1}^0 \frac{1}{t^{\frac{2}{3}}}\,dt+\int_0^2 \frac{1}{t^{\frac{2}{3}}}\,dt$

특이점이 존재하는 피적분함수의 수렴조건에 의해서 수렴한다.

(5) $x-1=t$로 치환하면

$\displaystyle\int_0^3 \frac{dx}{(x-1)^2}=\int_{-1}^2 \frac{1}{t^2}\,dt$

$\qquad\qquad\qquad=\displaystyle\int_{-1}^0 \frac{1}{t^2}\,dt+\int_0^2 \frac{1}{t^2}\,dt$

특이점이 존재하는 피적분함수의 수렴조건에 의해서 발산한다.

(6) $\displaystyle\int_0^1 x^p \ln x\,dx$은 $p>-1$일 때 수렴하므로

$\displaystyle\int_0^2 x^2 \ln x\,dx=\int_0^1 x^2 \ln x\,dx+\int_1^2 x^2 \ln x\,dx$

$\displaystyle\int_0^1 x^2 \ln x\,dx$는 수렴하고, $\displaystyle\int_1^2 x^2 \ln x\,dx$도 수렴한다.

310. 풀이 참조

풀이 (1) 수렴

$\displaystyle\int_2^\infty \frac{1}{x\sqrt{x^2-4}}\,dx$ $(x=2\sec\theta$로 삼각치환적분)

$=\displaystyle\int_0^{\frac{\pi}{2}} \frac{2\sec\theta\tan\theta}{2\sec\theta\sqrt{4\sec^2\theta-4}}\,d\theta=\int_0^{\frac{\pi}{2}} \frac{1}{2}\,d\theta=\frac{\pi}{4}$

적분값이 존재하므로 수렴한다.

[다른 풀이]

$\displaystyle\int_2^\infty \frac{1}{x\sqrt{x^2-4}}\,dx$

$=\displaystyle\int_2^3 \frac{1}{x\sqrt{x-2}\,\sqrt{x+2}}\,dx+\int_3^\infty \frac{1}{x\sqrt{x^2-4}}\,dx$

(i) 유한구간의 수렴성 판정

구간 $2\le x\le 3$에서 $m\le \dfrac{1}{x\sqrt{x+2}}\le M$의

유한한 값을 갖는다.

$\dfrac{m}{\sqrt{x-2}}\le \dfrac{1}{x\sqrt{x+2}\,\sqrt{x-2}}\le \dfrac{M}{\sqrt{x-2}}$

$\displaystyle\int_2^3 \frac{m}{\sqrt{x-2}}\,dx<\int_2^3 \frac{1}{x\sqrt{x+2}\,\sqrt{x-2}}\,dx$

$\qquad\qquad\qquad\qquad<\displaystyle\int_2^3 \frac{M}{\sqrt{x-2}}\,dx$

$\displaystyle\int_2^3 \frac{m}{\sqrt{x-2}}\,dx,\ \int_2^3 \frac{M}{\sqrt{x-2}}\,dx$가 각각 수렴한다.

$\displaystyle\int_2^3 \frac{1}{x\sqrt{x^2-4}}\,dx=\int_2^3 \frac{1}{x\sqrt{x-2}\,\sqrt{x+2}}\,dx$도

수렴한다.

(ii) 무한구간의 수렴성 판정

$\displaystyle\int_3^\infty \frac{1}{x\sqrt{x+2}\,\sqrt{x-2}}\,dx<\int_3^\infty \frac{1}{x\sqrt{x+2}}\,dx$

$\qquad\qquad\qquad\qquad<\displaystyle\int_3^\infty \frac{1}{x\sqrt{x}}\,dx$

$\displaystyle\int_3^\infty \frac{1}{x\sqrt{x}}\,dx$가 수렴하므로

$\displaystyle\int_3^\infty \frac{1}{x\sqrt{x^2-4}}\,dx$도 수렴한다.

따라서 $\displaystyle\int_2^\infty \frac{1}{x\sqrt{x^2-4}}\,dx$는 수렴한다.

(2) 수렴

$\displaystyle\int_1^\infty \frac{1}{\sqrt{x^4-x}}\,dx$

$=\displaystyle\int_1^2 \frac{1}{\sqrt{x-1}\,\sqrt{x^3+x^2+x}}\,dx$

$\qquad+\displaystyle\int_2^\infty \frac{1}{\sqrt{x-1}\,\sqrt{x^3+x^2+x}}\,dx$

(i) 유한구간의 수렴성 판정

구간 $1 \le x \le 2$에서 $m \le \dfrac{1}{\sqrt{x^3+x^2+x}} \le M$

의 유한의 값을 갖는다.

$$\frac{m}{\sqrt{x-1}} \le \frac{1}{\sqrt{x-1}\sqrt{x^3+x^2+x}} \le \frac{M}{\sqrt{x-1}}$$

$$\int_1^2 \frac{m}{\sqrt{x-1}}\,dx \le \int_1^2 \frac{1}{\sqrt{x-1}\sqrt{x^3+x^2+x}}\,dx$$
$$\le \int_1^2 \frac{M}{\sqrt{x-1}}\,dx$$

$\displaystyle\int_1^2 \frac{m}{\sqrt{x-1}}\,dx,\ \int_1^2 \frac{M}{\sqrt{x-1}}\,dx$가 각각 수렴하므로

$$\int_1^2 \frac{1}{\sqrt{x^4-x}}\,dx$$
$$=\int_1^2 \frac{1}{\sqrt{x-1}\sqrt{x^3+x^2+x}}\,dx$$도 수렴한다.

(ii) 무한구간의 수렴성 판정

$$\int_2^\infty \frac{1}{\sqrt{x^4-x}}\,dx$$
$$=\int_2^\infty \frac{1}{\sqrt{x-1}\sqrt{x^3+x^2+x}}\,dx$$
$$<\int_2^\infty \frac{1}{\sqrt{x^3+x^2+x}}\,dx < \int_2^\infty \frac{1}{\sqrt{x^3}}\,dx$$

$\displaystyle\int_2^\infty \frac{1}{\sqrt{x^3}}\,dx$가 수렴하므로

$$\int_2^\infty \frac{1}{\sqrt{x^4-x}}\,dx$$도 수렴한다.

(i)과 (ii)에 의해서 $\displaystyle\int_1^\infty \frac{1}{\sqrt{x^4-x}}\,dx$는 수렴한다.

(3) 발산

$$\int_1^\infty \frac{x+1}{\sqrt{x^4-x}}\,dx$$
$$=\int_1^2 \frac{x+1}{\sqrt{x-1}\sqrt{x^3+x^2+x}}\,dx$$
$$+\int_2^\infty \frac{x+1}{\sqrt{x-1}\sqrt{x^3+x^2+x}}\,dx$$

(i) 유한구간의 수렴성 판정

구간 $1 \le x \le 2$에서 $m \le \dfrac{x+1}{\sqrt{x^3+x^2+x}} \le M$의

유한의 값을 갖는다.

$$\frac{m}{\sqrt{x-1}} \le \frac{x+1}{\sqrt{x-1}\sqrt{x^3+x^2+x}} \le \frac{M}{\sqrt{x-1}}$$

$$\int_1^2 \frac{m}{\sqrt{x-1}}\,dx \le \int_1^2 \frac{x+1}{\sqrt{x-1}\sqrt{x^3+x^2+x}}\,dx$$
$$\le \int_1^2 \frac{M}{\sqrt{x-1}}\,dx$$

$\displaystyle\int_1^2 \frac{m}{\sqrt{x-1}}\,dx,\ \int_1^2 \frac{M}{\sqrt{x-1}}\,dx$가 각각 수렴하므로

$$\int_1^2 \frac{x+1}{\sqrt{x^4-x}}\,dx = \int_1^2 \frac{x+1}{\sqrt{x-1}\sqrt{x^3+x^2+x}}\,dx$$도

수렴한다.

(ii) 무한구간의 수렴성 판정

$$\int_2^\infty \frac{x+1}{\sqrt{x^4-x}}\,dx > \int_2^\infty \frac{x+1}{\sqrt{x^4}}\,dx$$
$$> \int_2^\infty \frac{x}{\sqrt{x^4}}\,dx = \int_2^\infty \frac{1}{x}\,dx$$

$\displaystyle\int_2^\infty \frac{1}{x}\,dx$가 발산하므로

$$\int_2^\infty \frac{1}{\sqrt{x^4-x}}\,dx$$도 발산한다.

(i)과 (ii)에 의해서 $\displaystyle\int_1^\infty \frac{x+1}{\sqrt{x^4-x}}\,dx$는 발산한다.

311. 풀이 참조

[풀이] (1) 수렴

$x^3 = t$로 치환하면 $x^2\,dx = \dfrac{1}{3}\,dt$이므로

$$\int_{-\infty}^\infty \frac{x^2}{9+x^6}\,dx = \frac{1}{3}\int_{-\infty}^\infty \frac{1}{9+t^2}\,dt$$
$$=\frac{1}{3}\left[\frac{1}{3}\tan^{-1}\frac{t}{3}\right]_{-\infty}^\infty$$
$$=\frac{1}{9}\left(\frac{\pi}{2}+\frac{\pi}{2}\right)=\frac{\pi}{9}$$

이므로 주어진 이상적분은 수렴한다.

(2) 수렴

$e^x = t$로 치환하면 $dx = \dfrac{1}{t}\,dt$이므로

$$\int_0^\infty \frac{e^x}{e^{2x}+3}\,dx = \int_1^\infty \frac{1}{t^2+3}\,dt$$
$$=\frac{1}{\sqrt 3}\tan^{-1}\frac{t}{\sqrt 3}\Big]_1^\infty = \frac{1}{\sqrt 3}\left(\frac{\pi}{2}-\frac{\pi}{6}\right)=\frac{\pi}{3\sqrt 3}$$이므로

주어진 이상적분은 수렴한다.

(3) 수렴

$p > 1$이므로 주어진 이상적분은 수렴한다.

(4) 수렴

$x = \tan t$로 치환하면 $dx = \sec^2 t\,dt$이므로

$$\int_0^\infty \frac{x\tan^{-1}x}{(1+x^2)^2}\,dx = \int_0^{\frac{\pi}{2}} \frac{t\tan t}{\sec^4 t}\sec^2 t\,dt$$

$$= \int_0^{\frac{\pi}{2}} \frac{t \tan t}{\sec^2 t}\, dt = \int_0^{\frac{\pi}{2}} t \sin t \cos t\, dt$$

$$= \frac{1}{2} \int_0^{\frac{\pi}{2}} t \sin 2t\, dt = \frac{1}{2}\left[-\frac{1}{2} t \cos 2t + \frac{1}{4} \sin 2t \right]_0^{\frac{\pi}{2}}$$

$$= \frac{\pi}{8} \text{ 이므로 주어진 이상적분은 수렴한다.}$$

(5) 발산

$p > 1$이므로 주어진 이상적분은 발산한다.

(6) 수렴

$p < 1$이므로 주어진 이상적분은 수렴한다.

(7) 수렴

$p < 1$이므로 주어진 이상적분은 수렴한다.

(8) 발산

$p > 1$이므로 주어진 이상적분은 발산한다.

(9) 발산

$p > 1$이므로 주어진 이상적분은 발산한다.

(10) 수렴

$$\int_0^1 \frac{1}{\sqrt{1-x^2}}\, dx = \sin^{-1} x \big]_0^1 = \frac{\pi}{2} \text{ 이므로 주어진}$$

이상적분은 수렴한다.

(11) 수렴

$p < 1$이므로 주어진 이상적분은 수렴한다.

(12) 발산

$$\int_0^5 \frac{w}{w-2}\, dw = \int_0^5 1 + \frac{2}{w-2}\, dw \text{에서}$$

$\dfrac{2}{w-2}$는 $p=1$이므로 주어진 이상적분은 발산한다.

(13) 발산

$$\int_0^3 \frac{1}{x^2 - 6x + 5}\, dx = \frac{1}{4} \int_0^3 \frac{1}{x-5} - \frac{1}{x-1}\, dx \text{에서}$$

$\dfrac{1}{x-5}$는 특이점 $x=5$가 적분 범위에 없으므로 단순 정적분

이므로 수렴한다.

$\dfrac{1}{x-1}$은 특이점 $x=1$가 적분 범위에 있고 $p=1$이므로

발산한다. 따라서 주어진 이상적분은 발산한다.

(14) 발산

$$\int_{\frac{\pi}{2}}^{\pi} \csc x\, dx = \ln(\csc x - \cot x) \big]_{\frac{\pi}{2}}^{\pi} = \infty \text{이므로 주어진}$$

이상적분은 발산한다.

(15) 수렴

$\dfrac{1}{x} = t$로 치환하면 $dx = -\dfrac{1}{t^2}\, dt$이므로

$$\int_{-1}^{0} \frac{e^{\frac{1}{x}}}{x^3}\, dx = \int_{-\infty}^{-1} t^3 e^t \frac{1}{t^2}\, dt$$

$$= \int_{-\infty}^{-1} t e^t\, dt$$

$$= t e^t - e^t \big]_{-\infty}^{-1} = -2e^{-1}$$

이므로 주어진 이상적분은 수렴한다.

(16) 발산

$$\int_0^1 \frac{e^{\frac{1}{x}}}{x^3}\, dx > \int_0^1 \frac{e^1}{x^3}\, dx \text{이고}$$

$\displaystyle\int_0^1 \frac{e^1}{x^3}\, dx$는 $p > 1$이므로 발산하므로 비교판정법에

의해서 주어진 이상적분은 발산한다.

(17) 수렴

$$\int_0^2 z^2 \ln z\, dz = \frac{1}{3} z^3 \ln z - \frac{1}{9} z^3 \Big]_0^2 = \frac{8}{3} \ln 2 - \frac{8}{9}$$

이므로 주어진 이상적분은 수렴한다.

(18) 수렴

$$\int_0^1 \frac{\ln x}{\sqrt{x}}\, dx = \int_0^1 x^{-\frac{1}{2}} \ln x\, dx$$

$$= 2x^{\frac{1}{2}} \ln x - 4x^{\frac{1}{2}} \big]_0^1 = -4$$

이므로 주어진 이상적분은 수렴한다.

(19) 수렴

주어진 이상적분은 구간에 무한대가 있는 이상적분이고

$\dfrac{x}{x^3 + 1} < \dfrac{1}{x^2}$ 이고 $\dfrac{1}{x^2}$는 무한대까지 이상적분에서

$p > 1$이므로 수렴한다.

비교판정법에 의해서 주어진 이상적분은 수렴한다.

(20) 발산

$$\int_1^{\infty} \frac{2 + e^{-x}}{x}\, dx > \int_1^{\infty} \frac{2}{x}\, dx \text{이고}$$

$\displaystyle\int_1^{\infty} \frac{2}{x}\, dx$는 $p=1$이므로 발산하므로 비교판정법에 의해

서 주어진 이상적분은 발산한다.

(21) 발산

$$\int_1^\infty \frac{x+1}{\sqrt{x^4-x}}\,dx > \int_1^\infty \frac{x+1}{\sqrt{x^4}}\,dx$$

$$> \int_1^\infty \frac{x}{\sqrt{x^4}}\,dx = \int_1^\infty \frac{1}{x}\,dx$$

이고 $\int_1^\infty \frac{1}{x}\,dx$는 $p=1$이므로 발산하므로

비교판정법에 의해서 주어진 이상적분은 발산한다.

(22) 수렴

$$\int_0^\infty \frac{\tan^{-1}x}{2+e^x}\,dx < \int_0^\infty \frac{\frac{\pi}{2}}{2+e^x}\,dx$$

$$< \int_0^\infty \frac{\frac{\pi}{2}}{e^x}\,dx = \frac{\pi}{2}\int_0^\infty e^{-x}\,dx$$

이고 $\int_0^\infty e^{-x}\,dx$는 수렴하므로 비교판정법에 의해서

주어진 이상적분은 수렴한다.

(23) 발산

$$\int_0^1 \frac{\sec^2 x}{x\sqrt{x}}\,dx = \int_0^1 \frac{1}{x\sqrt{x}\cos^2 x}\,dx > \int_0^1 \frac{1}{x\sqrt{x}}\,dx$$

이므로 $\int_0^1 \frac{1}{x\sqrt{x}}\,dx$는 $p>1$이므로 발산하므로

비교판정법에 의해서 주어진 이상적분은 발산한다.

(24) 수렴

$$\int_0^\pi \frac{\sin^2 x}{\sqrt{x}}\,dx < \int_0^\pi \frac{1}{\sqrt{x}}\,dx$$ 이고

$\int_0^\pi \frac{1}{\sqrt{x}}\,dx$는 $p<1$이므로 수렴한다.

비교판정법에 의해서 주어진 이상적분은 수렴한다.

312. ④

풀이

① $n \in$ 자연수, $I_n = \int_0^\infty x^n e^{-x}\,dx = n!$로 수렴한다.

② $I_n = n!$, $I_{n-1} = (n-1)!$이므로 $I_n = nI_{n-1}$

③ $I_3 = 3! = 6$

④ $\int_0^\infty x^5 e^{-x^2}\,dx = \int_0^\infty x^2 x^2 xe^{-x^2}\,dx$

$$\left(x^2 = t < {}_0^\infty,\ 2x\,dx = dt,\ x\,dx = \frac{1}{2}dt\right)$$

$$= \int_0^\infty \frac{1}{2}t^2 e^{-t}\,dt = \frac{1}{2}\int_0^\infty t^2 e^{-t}\,dt = \frac{2!}{2} = 1 \neq I_2$$

⑤ $-\int_0^1 (\ln x)^3\,dx = \int_0^1 (-\ln x)^3\,dx = 3! = I_3$

313.

(1) 6   (2) $\frac{3}{8}$ (3) $\sqrt{\pi}$

(4) $\frac{\sqrt{\pi}}{2}$ (5) $\frac{\sqrt{\pi}}{4}$ (6) 0

풀이

(1) 감마함수 $\int_0^\infty x^n e^{-x}\,dx = n!$이므로

$$\int_0^\infty x^3 e^{-x}\,dx = 3! = 6$$이다.

(2) $2x = t$로 치환하면 $dx = \frac{1}{2}dt$이다.

$$\int_0^\infty x^3 e^{-2x}\,dx = \int_0^\infty \frac{t^3}{8}e^{-t}\cdot\frac{1}{2}\cdot dt = \frac{1}{16}\int_0^\infty t^3 e^{-t}\,dt$$

$$= \frac{1}{16}\times 3! = \frac{3}{8}$$

(3) $\sqrt{x} = t$로 치환하면 $x = t^2$이고 $dx = 2t\,dt$이다.

$$\int_0^\infty x^{-\frac{1}{2}}e^{-x}\,dx = \int_0^\infty \frac{e^{-x}}{\sqrt{x}}\,dx = \int_0^\infty \frac{e^{-t^2}}{t}2t\,dt$$

$$= 2\int_0^\infty e^{-t^2}\,dt = \sqrt{\pi}$$

(4) $\int_{-\infty}^\infty x^2 e^{-x^2}\,dx = -\frac{1}{2}\int_{-\infty}^\infty x(-2xe^{-x^2})\,dx$

$u' = -2xe^{-x^2}$, $v = x$라 하면 $u = e^{-x^2}$, $v' = 1$이므로

부분적분법에 의해

$$\int_{-\infty}^\infty x^2 e^{-x^2}\,dx = -\frac{1}{2}\int_{-\infty}^\infty x(-2xe^{-x^2})\,dx$$

$$= -\frac{1}{2}\left(\left[xe^{-x^2}\right]_{-\infty}^\infty - \int_{-\infty}^\infty e^{-x^2}\,dx\right)$$

$$= -\frac{1}{2}(0 - \sqrt{\pi}) = \frac{\sqrt{\pi}}{2}$$

$$\left(\because \int_{-\infty}^\infty e^{-x^2}\,dx = 2\int_0^\infty e^{-x^2}\,dx = 2\times\frac{\sqrt{\pi}}{2} = \sqrt{\pi}\right)$$

(5) $2x = t$라 두면 $2dx = dt$이므로

$$\int_0^\infty e^{-4x^2}\,dx = \int_0^\infty e^{-(2x)^2}\,dx = \int_0^\infty e^{-t^2}\frac{1}{2}\,dt = \frac{\sqrt{\pi}}{4}$$

(6) $\int_{-\infty}^\infty xe^{-x^2}\,dx = -\frac{1}{2}e^{-x^2}\Big]_{-\infty}^\infty = 0$

■ 2. 무한급수의 정적분

314. $\dfrac{2}{5}$

풀이

$$\lim_{n \to \infty} \frac{1 + 2\sqrt{2} + \cdots + n\sqrt{n}}{n^2 \sqrt{n}}$$

$$= \lim_{n \to \infty} \frac{1}{n} \sum_{k=1}^{n} \frac{k}{n} \sqrt{\frac{k}{n}}$$

$$= \int_0^1 x\sqrt{x}\, dx = \left[\frac{2}{5} x^{\frac{5}{2}} \right]_0^1 = \frac{2}{5}$$

315. $\dfrac{1}{4} - \dfrac{3}{4} e^{-2}$

풀이

$$\lim_{n \to \infty} \sum_{i=1}^{n} \frac{i}{n^2} e^{-\frac{2i}{n}} = \int_0^1 x e^{-2x}\, dx$$

$$= \left[\left(-\frac{1}{2}x - \frac{1}{4} \right) e^{-2x} \right]_0^1 = \frac{1}{4} - \frac{3}{4} e^{-2}$$

316. 2π

풀이

$$\lim_{n \to \infty} \left(\frac{8n}{n^2 + 0^2} + \frac{8n}{n^2 + 1} + \frac{8n}{n^2 + 4} + \frac{8n}{n^2 + 9} + \right.$$
$$\left. \cdots + \frac{8n}{2n^2 - 2n + 1} \right)$$

$$= 8 \lim_{n \to \infty} \sum_{k=0}^{n-1} \frac{n}{n^2 + k^2}$$

$$= 8 \lim_{n \to \infty} \sum_{k=0}^{n} \frac{\frac{1}{n}}{1 + \left(\frac{k}{n} \right)^2}$$

$$= 8 \int_0^1 \frac{1}{1 + x^2}\, dx$$

$$= 8 \left[\tan^{-1} x \right]_0^1 = 8 \left(\frac{\pi}{4} - 0 \right) = 2\pi$$

317. $\dfrac{1}{2}(1 - \ln 2)$

풀이

$$\lim_{n \to \infty} \sum_{k=1}^{n} \frac{\pi}{4n} \tan^3 \frac{k\pi}{4n}$$

$$= \frac{\pi}{4} \int_0^1 \tan^3 \left(\frac{\pi}{4} x \right) dx \, (\because \text{정적분의 정의})$$

$$= \int_0^{\frac{\pi}{4}} \tan^3 t\, dt \quad (\because \frac{\pi}{4} x = t \text{로 치환})$$

$$= \int_0^{\frac{\pi}{4}} \tan^2 t (\tan t)\, dt = \int_0^{\frac{\pi}{4}} (\sec^2 t - 1)(\tan t)\, dt$$

$$= \left[\frac{1}{2} \tan^2 t + \ln(\cos t) \right]_0^{\frac{\pi}{4}} = \frac{1}{2}(1 - \ln 2)$$

318. (1) $\dfrac{2}{3}(8 - 3\sqrt{3})$ (2) $\dfrac{19}{3}$ (3) $\ln \dfrac{27}{4} - 1$

(4) $2\ln 2 - 1$ (5) π

풀이

(1) (준식) $= \lim_{n \to \infty} \dfrac{1}{n} \sum_{k=0}^{n-1} \sqrt{3 + \dfrac{k}{n}}$

$$= \int_0^1 \sqrt{3 + x}\, dx = \left[\frac{2}{3}(3 + x)^{\frac{3}{2}} \right]_0^1$$

$$= \frac{2}{3}(4\sqrt{4} - 3\sqrt{3}) = \frac{2}{3}(8 - 3\sqrt{3})$$

(2) (준식) $= \int_0^1 (2 + x)^2\, dx$

$$= \frac{1}{3} \left[(2 + x)^3 \right]_0^1 = \frac{1}{3}(27 - 8) = \frac{19}{3}$$

(3) (준식) $= \lim_{n \to \infty} \dfrac{1}{n} \sum_{k=1}^{n} \ln \left(2 + \dfrac{k}{n} \right)$

$$= \int_0^1 \ln(2 + x)\, dx \quad (2 + x = t <^3_2,\ dx = dt)$$

$$= \int_2^3 \ln t\, dt = [t \ln t]_2^3 - [t]_2^3$$

$$= 3\ln 3 - 2\ln 2 - 1 = \ln \frac{27}{4} - 1$$

(4) (준식) $= \lim_{n \to \infty} \sum_{k=1}^{n} \dfrac{1}{n} \ln \left(1 + \dfrac{k}{n} \right)$

$$= \int_0^1 \ln(1 + x)\, dx \quad (1 + x = t <^2_1,\ dx = dt)$$

$$= \int_1^2 \ln t\, dt = [t \ln t]_1^2 - [t]_1^2 = 2\ln 2 - 1$$

(5) (준식) $= \lim_{n \to \infty} \sum_{k=1}^{n} \dfrac{k\pi^2}{n^2} \sin \left(\dfrac{k\pi}{n} \right)$

$$= \lim_{n \to \infty} \sum_{k=1}^{n} \frac{k}{n} \frac{1}{n} \pi^2 \sin \left(\frac{k}{n} \pi \right)$$

$$= \pi^2 \int_0^1 x \sin(\pi x)\, dx = \pi$$

319. $\sqrt{2}-1$

풀이

$$\lim_{n\to\infty}\frac{a_n}{b_n}=\frac{\displaystyle\lim_{n\to\infty}\sum_{k=1}^{n}\sin\left(\frac{k\pi}{4n}\right)}{\displaystyle\lim_{n\to\infty}\sum_{k=1}^{n}\cos\left(\frac{k\pi}{4n}\right)}$$

$$=\frac{\displaystyle\int_0^1\sin\left(\frac{\pi}{4}x\right)dx}{\displaystyle\int_0^1\cos\left(\frac{\pi}{4}x\right)dx}$$

$$=\frac{-\dfrac{4}{\pi}\left[\cos\left(\dfrac{\pi}{4}x\right)\right]_0^1}{\dfrac{4}{\pi}\left[\sin\left(\dfrac{\pi}{4}x\right)\right]_0^1}$$

$$=-\frac{\dfrac{\sqrt{2}}{2}-1}{\dfrac{\sqrt{2}}{2}}=\sqrt{2}-1$$

320. $\dfrac{5}{6}$

풀이

$$\lim_{n\to\infty}\frac{(1^2+2^2+\cdots+n^2)(1^3+2^3+\cdots+n^3)}{(1+2+\cdots+n)(1^4+2^4+\cdots+n^4)}$$

$$=\lim_{n\to\infty}\frac{\displaystyle\sum_{k=1}^{n}k^2\sum_{k=1}^{n}k^3}{\displaystyle\sum_{k=1}^{n}k\sum_{k=1}^{n}k^4}$$

$$=\lim_{n\to\infty}\frac{\displaystyle\sum_{k=1}^{n}\left(\frac{k}{n}\right)^2\cdot\frac{1}{n}\sum_{k=1}^{\infty}\left(\frac{k}{n}\right)^3\cdot\frac{1}{n}}{\displaystyle\sum_{k=1}^{n}\frac{k}{n}\cdot\frac{1}{n}\sum_{k=1}^{\infty}\left(\frac{k}{n}\right)^4\cdot\frac{1}{n}}$$

$$=\frac{\displaystyle\int_0^1 x^2\,dx\int_0^1 x^3\,dx}{\displaystyle\int_0^1 x\,dx\int_0^1 x^4\,dx}=\frac{\dfrac{1}{3}\cdot\dfrac{1}{4}}{\dfrac{1}{2}\cdot\dfrac{1}{5}}=\frac{5}{6}$$

321. $\dfrac{3}{2}\sin2$

풀이 구간 $[0,1]$을 $3n$등분 했다면 $\dfrac{1}{3n}=dx$, $\dfrac{k}{3n}=x$가 된다.

$$(준식)=\lim_{n\to\infty}\frac{1}{n}\sum_{k=1}^{3n}\cos\frac{2k}{3n}=\lim_{n\to\infty}\frac{3}{3n}\sum_{k=1}^{3n}\cos\frac{2k}{3n}$$

$$=3\int_0^1\cos2x\,dx=\frac{3}{2}\left[\sin2x\right]_0^1=\frac{3}{2}\sin2$$

구간 $[0,1]$을 n등분 했다면 $\dfrac{1}{n}=dx$, $\dfrac{k}{n}=x$가 된다. $k=1$부터 $k=3n$까지라면 정적분의 구간을 0부터 3까지 라고 할 수있다.

즉, 구간 $[0,3]$ $3n$등분을 한 것과 동일하다.

$$(준식)=\lim_{n\to\infty}\frac{1}{n}\sum_{k=1}^{3n}\cos\frac{2k}{3n}$$

$$=\int_0^3\cos\left(\frac{2}{3}x\right)dx=\frac{3}{2}\left[\sin\left(\frac{2}{3}x\right)\right]_0^3$$

$$=\frac{3}{2}\sin2$$

322. $4\sqrt{2}-2$

풀이 $\displaystyle\lim_{n\to\infty}\sum_{k=n+1}^{2n}=\int_1^2$, $\dfrac{k}{n}=x$, $\dfrac{1}{n}=dx$ 이므로 다음과 같다.

$$\lim_{n\to\infty}\sum_{k=n+1}^{2n}\frac{3\sqrt{k}}{n\sqrt{n}}=\int_1^2 3\sqrt{x}\,dx$$

$$=3\left[\frac{2}{3}x^{\frac{3}{2}}\right]_1^2=2(2\sqrt{2}-1)$$

$$=4\sqrt{2}-2$$

323. $\cos(\ln2)+\sin(\ln2)-\dfrac{1}{2}$

풀이

$$\lim_{n\to\infty}\sum_{k=1}^{n}\frac{1}{n}\cos\ln\left(1+\frac{k}{n}\right)$$

$$=\int_0^1\cos(\ln(1+x))dx$$

$$=\int_0^{\ln2}e^t\cos t\,dt\ (\ln(1+x)=t\ \text{로 치환})$$

$$=\left[\frac{e^t}{2}(\cos t+\sin t)\right]_0^{\ln2}$$

$$=\cos(\ln2)+\sin(\ln2)-\frac{1}{2}$$

[다른 풀이]

$$\lim_{n\to\infty}\sum_{k=1}^{n}\frac{1}{n}\cos\ln\left(1+\frac{k}{n}\right)$$

$$=\int_1^2\cos(\ln x)dx\text{이고, }\ln x=t\text{로 치환하면}$$

$x=e^t$, $dx=e^t\,dt$이다.

$$=\int_0^{\ln2}e^t\cos t\,dt$$

$$=\left[\frac{e^t}{2}(\cos t+\sin t)\right]_0^{\ln2}$$

$$=\cos(\ln2)+\sin(\ln2)-\frac{1}{2}$$

324. $\dfrac{1}{\ln2}$

풀이

$$f(x)= \lim_{n \to \infty}\sum_{k=1}^{n} \frac{x-2}{n}\ln\left(2+\frac{x-2}{n}k\right)$$

$$= \lim_{n \to \infty}\sum_{k=1}^{n}(x-2)\frac{1}{n}\ln\left(2+(x-2)\frac{k}{n}\right)$$

$$\left(\because \ \lim_{n \to \infty}\sum_{k=1}^{n} = \int_{0}^{1}, \ \frac{k}{n}=t, \ \frac{1}{n}=dt\right)$$

$$= \int_{0}^{1}(x-2)\ln(2+(x-2)t)dt$$

$$(2+(x-2)t = \omega \text{라고 치환})$$

$$= \int_{2}^{x}\ln\omega\, d\omega$$

이므로 $f'(x)= \ln x$이고 $f'(2)=\ln2$이다.

$f^{-1}=g$라 할 때, 역함수 미분법에 의하여

$$g'(0)= g'(f(2)) = \frac{1}{f'(2)} = \frac{1}{\ln2} \ \text{이다.}$$

[다른 풀이]

$f(x)= \lim\limits_{n \to \infty}\sum\limits_{k=1}^{n} \dfrac{x-2}{n}\ln\left(2+\dfrac{x-2}{n}k\right)$ 의 의미는 구간

2부터 x까지 n등분한 직사각형의 합이므로

$f(x)= \displaystyle\int_{2}^{x}\ln t\, dt$ 이고, 역함수 $g(x)$에 대하여

$g'(0)= g'(f(2)) = \dfrac{1}{f'(2)} = \dfrac{1}{\ln2}$ 이다.

325. $\dfrac{4}{e}$

풀이

$$y= \lim_{n \to \infty}\frac{\{(1+2^n)(2+2^n)(3+2^n)\cdots(2^n+2^n)\}^{\frac{1}{2^n}}}{2^n}$$

$$= \lim_{n \to \infty}\frac{\left\{(2^n)^{2^n}\left(\frac{1}{2^n}+1\right)\left(\frac{2}{2^n}+1\right)\cdots\left(\frac{2^n}{2^n}+1\right)\right\}^{\frac{1}{2^n}}}{2^n}$$

$$= \lim_{n \to \infty}\frac{2^n\left\{\left(\frac{1}{2^n}+1\right)\left(\frac{2}{2^n}+1\right)\cdots\left(\frac{2^n}{2^n}+1\right)\right\}^{\frac{1}{2^n}}}{2^n}$$

$$= \lim_{n \to \infty}\left\{\left(\frac{1}{2^n}+1\right)\left(\frac{2}{2^n}+1\right)\cdots\left(\frac{2^n}{2^n}+1\right)\right\}^{\frac{1}{2^n}}$$

양변에 자연로그를 취하면

$$\ln y = \ln \lim_{n \to \infty}\left\{\left(\frac{1}{2^n}+1\right)\left(\frac{2}{2^n}+1\right)\cdots\left(\frac{2^n}{2^n}+1\right)\right\}^{\frac{1}{2^n}}$$

$$= \lim_{n \to \infty}\ln\left\{\left(\frac{1}{2^n}+1\right)\left(\frac{2}{2^n}+1\right)\cdots\left(\frac{2^n}{2^n}+1\right)\right\}^{\frac{1}{2^n}}$$

$$= \lim_{n \to \infty}\frac{\ln\left\{\left(\frac{1}{2^n}+1\right)\left(\frac{2}{2^n}+1\right)\cdots\left(\frac{2^n}{2^n}+1\right)\right\}}{2^n}$$

$$= \lim_{n \to \infty}\frac{\ln\left(\frac{1}{2^n}+1\right)+\ln\left(\frac{2}{2^n}+1\right)+\cdots+\ln\left(\frac{2^n}{2^n}+1\right)}{2^n}$$

$$= \lim_{n \to \infty}\frac{1}{2^n}\sum_{k=1}^{2^n}\ln\left(\frac{k}{2^n}+1\right)$$

$$= \int_{0}^{1}\ln(x+1)\, dx$$

$$= x\ln(x+1)\big]_{0}^{1} - \int_{0}^{1}\frac{x}{x+1}dx$$

$$= -1+\ln4$$

$$\therefore y = e^{-1+\ln4} = \frac{4}{e}$$

326. $2e^{-2+\frac{\pi}{2}}$

풀이

$$\lim_{n \to \infty}\frac{1}{n^2}\prod_{k=1}^{n}(n^2+k^2)^{\frac{1}{n}}$$

$$= \lim_{n \to \infty}\frac{1}{n^2}\left\{(n^2+1^2)^{\frac{1}{n}}\times(n^2+2^2)^{\frac{1}{n}}\times(n^2+3^2)^{\frac{1}{n}}\right.$$

$$\left.\times\cdots\times(n^2+n^2)^{\frac{1}{n}}\right\}$$

$$= \lim_{n \to \infty}\frac{1}{n^2}\left\{(n^2+1^2)\times(n^2+2^2)\times(n^2+3^2)\times\right.$$

$$\left.\cdots\times(n^2+n^2)\right\}^{\frac{1}{n}}$$

$$= \lim_{n \to \infty}\frac{1}{n^2}\left\{n^2\left(1+\frac{1^2}{n^2}\right)\times n^2\left(1+\frac{2^2}{n^2}\right)\times n^2\left(1+\frac{3^2}{n^2}\right)\times\right.$$

$$\left.\cdots\times n^2\left(1+\frac{n^2}{n^2}\right)\right\}^{\frac{1}{n}}$$

$$= \lim_{n \to \infty}\frac{1}{n^2}\left\{(n^2)^n\left(1+\frac{1^2}{n^2}\right)\times\left(1+\frac{2^2}{n^2}\right)\times\left(1+\frac{3^2}{n^2}\right)\times\right.$$

$$\left.\cdots\times\left(1+\frac{n^2}{n^2}\right)\right\}^{\frac{1}{n}}$$

$$= \lim_{n \to \infty}\left\{\left(1+\frac{1^2}{n^2}\right)\times\left(1+\frac{2^2}{n^2}\right)\times\left(1+\frac{3^2}{n^2}\right)\times\cdots\times\left(1+\frac{n^2}{n^2}\right)\right\}^{\frac{1}{n}}$$

$$= \lim_{n \to \infty}e^{\frac{1}{n}\ln\left\{\left(1+\frac{1^2}{n^2}\right)\times\left(1+\frac{2^2}{n^2}\right)\times\left(1+\frac{3^2}{n^2}\right)\times\cdots\times\left(1+\frac{n^2}{n^2}\right)\right\}}$$

$$= e^{\lim\limits_{n \to \infty}\frac{1}{n}\left\{\ln\left(1+\frac{1^2}{n^2}\right)+\ln\left(1+\frac{2^2}{n^2}\right)+\cdots+\ln\left(1+\frac{n^2}{n^2}\right)\right\}}$$

$$= e^{\lim\limits_{n\to\infty}\left[\frac{1}{n}\sum\limits_{k=1}^{n}\ln\left(1+\left(\frac{k}{n}\right)^2\right)\right]}$$

이 때, $\lim\limits_{n\to\infty}\left[\frac{1}{n}\sum\limits_{k=1}^{n}\ln\left(1+\left(\frac{k}{n}\right)^2\right)\right]=\int_0^1\ln(1+x^2)dx$ 이므로

이를 적분하면,

$$\int_0^1\ln(1+x^2)dx=[\ln(1+x^2)\cdot x]_0^1-\int_0^1\frac{2x}{1+x^2}\cdot x\,dx$$

$$=\ln 2-\int_0^1\left(2-\frac{2}{1+x^2}\right)dx$$

$$=\ln 2-[2x-2\tan^{-1}x]_0^1$$

$$=\ln 2-2+\frac{\pi}{2}\ \text{이다.}$$

따라서,

$$e^{\lim\limits_{n\to\infty}\left[\frac{1}{n}\sum\limits_{k=1}^{n}\ln\left(1+\left(\frac{k}{n}\right)^2\right)\right]}=e^{\ln 2-2+\frac{\pi}{2}}=2e^{-2+\frac{\pi}{2}}$$

327. $\quad -\dfrac{1}{4}(\ln 2)^2$

풀이

$$\lim_{n\to\infty}\left(\frac{n^2}{n^2+1^2}\right)^{\frac{1}{n^2+1^2}}\left(\frac{n^2}{n^2+2^2}\right)^{\frac{2}{n^2+2^2}}\cdots\left(\frac{n^2}{n^2+n^2}\right)^{\frac{n}{n^2+n^2}}$$

$$=\lim_{n\to\infty}e^{\ln\left(\frac{n^2}{n^2+1^2}\right)^{\frac{1}{n^2+1^2}}\left(\frac{n^2}{n^2+2^2}\right)^{\frac{2}{n^2+2^2}}\cdots\left(\frac{n^2}{n^2+n^2}\right)^{\frac{n}{n^2+n^2}}}$$

$$=e^{-\frac{1}{4}(\ln 2)^2}$$

$$(\because)\ \lim_{n\to\infty}\ln\left(\frac{n^2}{n^2+1^2}\right)^{\frac{1}{n^2+1^2}}\left(\frac{n^2}{n^2+2^2}\right)^{\frac{2}{n^2+2^2}}\cdots\left(\frac{n^2}{n^2+n^2}\right)^{\frac{n}{n^2+n^2}}$$

$$=\lim_{n\to\infty}\ln\left(\frac{n^2}{n^2+1^2}\right)^{\frac{1}{n^2+1^2}}+\ln\left(\frac{n^2}{n^2+2^2}\right)^{\frac{2}{n^2+2^2}}+\cdots$$

$$+\ln\left(\frac{n^2}{n^2+n^2}\right)^{\frac{n}{n^2+n^2}}$$

$$=\lim_{n\to\infty}\sum_{k=1}^{n}\ln\left(\frac{n^2}{n^2+k^2}\right)^{\frac{k}{n^2+k^2}}$$

$$=\lim_{n\to\infty}\sum_{k=1}^{n}\frac{k}{n^2+k^2}\ln\left(\frac{n^2}{n^2+k^2}\right)$$

$$=\lim_{n\to\infty}\sum_{k=1}^{n}\frac{1}{1+\left(\frac{k}{n}\right)^2}\left(\frac{k}{n}\right)\frac{1}{n}\ln\left(\frac{1}{1+\left(\frac{k}{n}\right)^2}\right)$$

$$=\int_0^1\frac{x}{1+x^2}\ln\left(\frac{1}{1+x^2}\right)dx$$

$$=-\int_0^1\frac{x}{1+x^2}\ln(x^2+1)dx$$

$$=-\frac{1}{4}\left[\{\ln(x^2+1)\}^2\right]_0^1=-\frac{1}{4}(\ln 2)^2$$

■ 3. 면적

328. $\quad \dfrac{37}{12}$

풀이 3차함수 $f(x)$의 그래프 개형을 그려보자.

$$f(x)=x^3-x^2-2x=x(x^2-x-2)=x(x-2)(x+1)$$

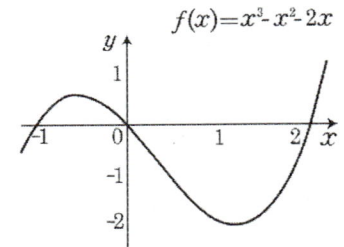

그래프와 x축으로 둘러싸인 영역의 면적은

$$\int_{-1}^{2}|f(x)|\,dx$$

$$=\int_{-1}^{0}(x^3-x^2-2x)dx+\int_{0}^{2}(-x^3+x^2+2x)dx$$

$$=\left[\frac{1}{4}x^4-\frac{1}{3}x^3-x^2\right]_{-1}^{0}+\left[-\frac{1}{4}x^4+\frac{1}{3}x^3+x^2\right]_{0}^{2}$$

$$=-\left(\frac{1}{4}+\frac{1}{3}-1\right)+\left(-4+\frac{8}{3}+4\right)$$

$$=-\left(\frac{3+4-12}{12}\right)+\frac{8}{3}=\frac{5}{12}+\frac{8}{3}=\frac{37}{12}$$

329. $\quad 16\ln 2-6$

풀이
$$2\int_1^4\ln x\,dx=2\{[x\ln x]_1^4-[x]_1^4\}$$
$$=2\{4\ln 4-3\}=16\ln 2-6$$

330. $\quad \dfrac{4}{3}$

풀이 y축과 포물선 $x=2y-y^2$의 교점이 $(0,\ 0)$, $(0,\ 2)$이고, 영역의 넓이를 S라고 하자.

$$S=\int_0^2 x\,dy=\int_0^2 2y-y^2\,dy=\left[y^2-\frac{1}{3}y^3\right]_0^2=\frac{4}{3}$$

주어진 영역은 x축과 포물선 $y=2x-x^2$으로 둘러싸인 영역과 같다. 따라서 영역의 면적을 S라 하면 다음과 같이 구할 수 있다.

$$S=\int_0^2 y\,dx=\int_0^2 2x-x^2\,dx=\left[x^2-\frac{1}{3}x^3\right]_0^2=\frac{4}{3}$$

331. $\dfrac{1}{5}$

풀이 $y=\sqrt[4]{x}$ 이므로 $x=y^4$ 이고, 영역의 넓이를 S라고 하자.

$$S=\int_0^1 x\,dy=\int_0^1 y^4\,dy=\frac{1}{5}$$

주어진 영역은 x축, 직선 $x=2$과 $x=\sqrt[4]{y}$ 으로 둘러싸인 영역의 넓이와 같다. 따라서 영역의 면적을 S라 하면 다음과 같이 구할 수 있다.

$$S=\int_0^1 y\,dx=\int_0^1 x^4\,dx=\frac{1}{5}$$

332. $2\sqrt{2}-2$

풀이 $0\le x\le \dfrac{\pi}{4}$ 에서는 $\sin x\le \cos x$ 이고,

$\dfrac{\pi}{4}\le x\le \dfrac{\pi}{2}$ 에서는 $\sin x\ge \cos x$ 이다.

둘러싸인 영역의 넓이를 S라고 하면

$$S=\int_0^{\frac{\pi}{4}}\cos x-\sin x\,dx+\int_{\frac{\pi}{4}}^{\frac{\pi}{2}}\sin x-\cos x\,dx$$

$$=[\sin x+\cos x]_0^{\frac{\pi}{4}}+[-\cos x-\sin x]_{\frac{\pi}{4}}^{\frac{\pi}{2}}$$

$$=(\sqrt{2}-1)+(-1+\sqrt{2})$$

$$=2\sqrt{2}-2$$

333. $\dfrac{1}{4}$

풀이 $f'(x)=\dfrac{1}{2}(3x^2+1)>0$ 이므로 $f(x)$는 모든 실수에서 증가하는 기함수이다.

f와 f^{-1}가 둘러싸인 영역은 $f(x)$와 직선 $y=x$로 둘러싸인 영역의 2배이다.

$\begin{cases} y=\dfrac{1}{2}(x^3+x)\\ y=x \end{cases}$ 의 교점은

$\dfrac{1}{2}(x^3+x)=x \iff x=0,\ x=1$ 이다.

$$2\int_0^1\{x-f(x)\}\,dx=2\int_0^1\left(\frac{1}{2}x-\frac{1}{2}x^3\right)dx$$

$$=\int_0^1(x-x^3)\,dx=\frac{1}{4}$$

334. 1

풀이 $y=f(x)$와 $y=g(x)$가 둘러싸인 영역을 A, $y=x$와 $y=f(x)$가 둘러싸인 영역을 S라고 할 때, $y=f(x)$와 $y=g(x)$가 $y=x$에 대하여 대칭이므로 $A=2S$가 성립한다.

$y=x$와 $f(x)=x^3-3x^2+3x$의 교점을 구하면

$x^3-3x^2+3x=x \iff x^3-3x^2+2x=0$

$x(x-1)(x-2)=0$이므로 $x=0,\ x=1,\ x=2$이다.

$\therefore A$

$$=2\left\{\int_0^1(x^3-3x^2+3x-x)\,dx\right.$$

$$\left.+\int_1^2(x-(x^3-3x^2+3x))\,dx\right\}$$

$$=2\left\{\int_0^1(x^3-3x^2+2x)\,dx+\int_1^2(-x^3+3x^2-2x)\,dx\right\}$$

$$=2\left\{\left[\frac{1}{4}x^4-x^3+x^2\right]_0^1+\left[-\frac{1}{4}x^4+x^3-x^2\right]_1^2\right\}$$

$$=2\left\{\frac{1}{4}+(-4+8-4)-\left(-\frac{1}{4}+1-1\right)\right\}$$

$$=2\left\{\frac{1}{4}+\frac{1}{4}\right\}=1$$

335. $b=4^{\frac{2}{3}}$

풀이 포물선 $y=x^2$과 직선 $y=4$, $y=b$는 우함수이므로 y축에 대하여 대칭이고 둘러싸인 넓이를 이등분한다는 것은 1사분면의 둘러싸인 면적 또한 직선 $y=b$가 이등분한다.

$\displaystyle\int_0^4 \sqrt{y}\,dy=\frac{2}{3}y^{\frac{3}{2}}\Big|_0^4=\frac{2}{3}\cdot 4\sqrt{4}=\frac{16}{3}$ 을 직선 $y=b$가 넓이를 이등분 하므로

$\displaystyle\int_0^b \sqrt{y}\,dy=\frac{2}{3}y^{\frac{3}{2}}\Big|_0^b=\frac{2}{3}\cdot b\sqrt{b}=\frac{8}{3}$ 을 만족하는 b를 구하면

$b^{\frac{3}{2}}=4 \iff b=4^{\frac{2}{3}}$ 이다.

336. 19

풀이 곡선의 넓이는 다음과 같다.

$$A=\int_{-3}^0 (x+6-(-x))\,dx+\int_0^2 (x+6-x^3)\,dx=19$$

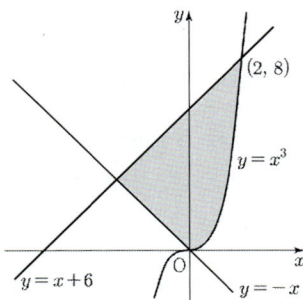

$$= \int_{-4}^{6}\left(-\frac{y^2}{2}+y+12\right)dy$$

$$= \left[-\frac{y^3}{6}+\frac{1}{2}y^2+12y\right]_{-4}^{6}$$

$$= -36+18+72-\left(\frac{64}{6}+8-48\right)$$

$$= 54-\left(\frac{32}{3}-40\right)$$

$$= 94-\frac{32}{3}=\frac{282-32}{3}=\frac{250}{3}$$

337. $\dfrac{4}{3}$

풀이 곡선 $y^2=x^2-x^4 \Leftrightarrow y=\pm\sqrt{x^2(1-x)(1+x)}$ 으로 둘러싸인 영역의 넓이를 A라고 할 때,

A는 $x \geq 0$일 때, $y=\sqrt{x^2(1-x)(1+x)}$ 와 x축으로 둘러싸인 영역의 넓이의 4배이다.

$$\therefore A = 4\int_0^1 \sqrt{x^2-x^4}\,dx$$

$$= 4\int_0^1 x\sqrt{1-x^2}\,dx$$

$$= 4\left[-\frac{1}{2}\frac{2}{3}(1-x^2)^{\frac{3}{2}}\right]_0^1$$

$$= -\frac{4}{3}\{0-1\} = \frac{4}{3}$$

338. $\dfrac{9}{2}$

풀이 두 곡선의 교점은 $(1,-1)$, $(4,2)$이므로 두 곡선으로 둘러싸인 영역의 넓이는

$$\int_{-1}^{2}(y+2-y^2)\,dy = \frac{1}{2}y^2+2y-\frac{1}{3}y^3\Big]_{-1}^{2} = \frac{9}{2}$$

339. $\dfrac{250}{3}$

풀이 $y^2=2x$와 $y=x-12$을 연립하면

$$y^2=2(y+12) \Leftrightarrow y^2-2y-24=0$$
$$\Leftrightarrow (y-6)(y+4)=0$$

이므로 $y=-4$, $y=6$에서 교점을 갖는다. 따라서 포물선 $y^2=2x$와 직선 $y=x-12$로 둘러싸인 영역의 넓이를 A라고 할 때,

$$A = \int_{-4}^{6}\left\{(y+12)-\frac{y^2}{2}\right\}dy$$

340. $\sqrt{e}-\dfrac{11}{8}$

풀이 곡선 $y=\ln x$, 직선 $y=x-\dfrac{1}{2}$, x축, 직선 $y=\dfrac{1}{2}$의 총 네 개의 경계로 둘러싸인 영역의 넓이를 A라고 할 때,

$$A = \int_0^{\frac{1}{2}}\left\{e^y-\left(y+\frac{1}{2}\right)\right\}dy$$

$$= \int_0^{\frac{1}{2}}\left(e^y-y-\frac{1}{2}\right)dy$$

$$= \left[e^y-\frac{1}{2}y^2-\frac{1}{2}y\right]_0^{\frac{1}{2}}$$

$$= \sqrt{e}-\frac{1}{8}-\frac{1}{4}-1$$

$$= \sqrt{e}-\frac{11}{8}$$

이다.

341. 풀이 참조

풀이 (1) 두 그래프 $y=x-1$, $y^2=2x+6$의 교점은 $(-1,-2)$와 $(5,4)$이고 둘러싸인 영역의 넓이를 S라고 하자.

$$S = \int_{-2}^{4}(y+1)-\left(\frac{1}{2}y^2-3\right)dy$$

$$= \int_{-2}^{4}-\frac{1}{2}y^2+y+4\,dy$$

$$= \left[-\frac{1}{6}y^3+\frac{1}{2}y^2+4y\right]_{-2}^{4} = 18$$

(2) 두 그래프 $x=y^2-4y$, $x=2y-y^2$의 교점은 $(0,0)$와 $(-3,3)$이고 둘러싸인 영역의 넓이를 S라고 하자.

$$S = \int_0^3 (2y-y^2)-(y^2-4y)\,dy$$

$$= \int_0^3 6y - 2y^2 dy = \left[3y^2 - \frac{2}{3}y^3 \right]_0^3 = 9$$

(3) 두 그래프 $x = 1 - y^2$, $x = y^2 - 1$의 교점은 $(0,\ 1)$와 $(0,\ -1)$이고 둘러싸인 영역의 넓이를 S라고 하자.

$$S = \int_{-1}^1 (1 - y^2) - (y^2 - 1)dy$$

$$= \int_{-1}^1 2 - 2y^2 dy = 4\int_0^1 1 - y^2 dy$$

$$= 4\left[y - \frac{1}{3}y^3 \right]_0^1 = \frac{8}{3}$$

(4) 두 그래프 $x = 1 - y^2$, $x = y^2 - 1$의 교점은 $(1,\ 1)$이고 둘러싸인 영역의 넓이를 S라고 하자.

$$S = \int_1^2 \left(\frac{1}{x} - \frac{1}{x^2} \right)dx = \left[\ln|x| + \frac{1}{x} \right]_1^2 = \ln 2 - \frac{1}{2}$$

(5) 두 그래프 $y = x^2 - 2x$, $y = x + 4$의 교점은 $(-1,\ 3)$와 $(4,\ 8)$이고 둘러싸인 영역의 넓이를 S라고 하자.

$$S = \int_{-1}^4 (x + 4) - (x^2 - 2x)dx$$

$$= \int_{-1}^4 4 + 3x - x^2 dx$$

$$= \left[4x + \frac{3}{2}x^2 - \frac{1}{3}x^3 \right]_{-1}^4 = \frac{125}{6}$$

(6) 두 그래프 $y = 12 - x^2$, $y = x^2 - 6$의 교점은 $(3,\ 3)$와 $(-3,\ 3)$이고 둘러싸인 영역의 넓이를 S라고 하자.

$$S = \int_{-3}^3 (12 - x^2) - (x^2 - 6)dx$$

$$= \int_{-3}^3 18 - 2x^2 dx = 2\left[18x - \frac{2}{3}x^3 \right]_0^3 = 72$$

(7) 두 그래프 $y = e^x$, $y = xe^x$의 교점은 $(1,\ e)$이고 둘러싸인 영역의 넓이를 S라고 하자.

$$S = \int_0^1 e^x - xe^x dx = \left[2e^x - xe^x \right]_0^1 = e - 2$$

(8) 둘러싸인 영역의 넓이를 S라고 하자.

$$S = \int_0^{2\pi} 2 - 2\cos x dx = \left[2x - 2\sin x \right]_0^{2\pi} = 4\pi$$

(9) 구간 $0 \le x \le \frac{\pi}{6}$에서 $\cos x \ge \sin 2x$이고,

구간 $\frac{\pi}{6} \le x \le \frac{\pi}{2}$에서 $\cos x \le \sin 2x$이므로 둘러싸인 영역의 넓이를 S라고 하면

$$S = \int_0^{\frac{\pi}{6}} \cos x - \sin 2x dx + \int_{\frac{\pi}{6}}^{\frac{\pi}{2}} \sin 2x - \cos x dx$$

$$= \left[\sin x + \frac{1}{2}\cos 2x \right]_0^{\frac{\pi}{6}} + \left[-\frac{1}{2}\cos 2x - \sin x \right]_{\frac{\pi}{6}}^{\frac{\pi}{2}} = \frac{1}{2}$$

(10) 두 곡선의 교점을 찾으면

$$1 - \cos x = \cos x \implies \cos x = \frac{1}{2} \implies x = \frac{\pi}{3}$$ 이므로

둘러싸인 영역의 넓이를 S라 하면

$$S$$

$$= \int_0^{\frac{\pi}{3}} \cos x - (1 - \cos x)dx + \int_{\frac{\pi}{3}}^{\pi} (1 - \cos x) - \cos dx$$

$$= \int_0^{\frac{\pi}{3}} 2\cos x - 1 dx + \int_{\frac{\pi}{3}}^{\pi} 1 - 2\cos x dx$$

$$= [2\sin x - x]_0^{\frac{\pi}{3}} + [x - 2\sin x]_{\frac{\pi}{3}}^{\pi} = 2\sqrt{3} + \frac{\pi}{3}$$

342. πab

풀이 타원은 x축, y축, 원점대칭이므로 1사분면상의 면적의 4배를 하면 된다.

$x = a\cos t$, $y = b\sin t$로 매개화하여 x축으로 둘러싸인 면적을 구하면

$$4\int_0^a |y| dx = 4\int_{\frac{\pi}{2}}^0 b\sin t \cdot (-a\sin t)dt$$

$$= 4ab\int_0^{\frac{\pi}{2}} \sin^2 t\, dt = \pi ab$$

343. $3 - e$

풀이 $t = 0$과 $t = 1$일 때, 곡선과 x축이 만난다. 따라서 넓이 S는

$$S = \int_2^{1+e} y dx = \int_0^1 (t - t^2)e^t dt = \left[(-t^2 + 3t - 3)e^t \right]_0^1$$

$$= 3 - e$$ 이다.

344. $\dfrac{e^{\frac{\pi}{2}}}{2}+\dfrac{1}{6}$

풀이 (i) 매개함수 $x=\cos t,\ y=e^t\left(0\le t\le\dfrac{\pi}{2}\right)$와 x축이

둘러싸인 영역의 면적 A는 다음과 같다.

$$A=\int_0^1 |y|\,dx=\int_{\frac{\pi}{2}}^0 e^t(-\sin t)\,dt$$

$$=\int_0^{\frac{\pi}{2}} e^t\sin t\,dt=\frac{e^t(\sin-\cos t)}{2}\Big|_0^{\frac{\pi}{2}}=\frac{e^{\frac{\pi}{2}}+1}{2}$$

(ii) 매개함수 $x=t,\ y=t^2\ (0\le t\le 1)$과 x축이

둘러싸인 영역의 면적 B는 다음과 같다.

$$B=\int_0^1 |y|\,dx=\int_0^1 t^2\,dt=\frac{1}{3}$$

(iii) 두 그래프가 둘러싸인 영역의 면적은

$$A-B=\frac{e^{\frac{\pi}{2}}}{2}+\frac{1}{6}\ \text{이다.}$$

풀이 2) 곡선과 $a\le y\le b$에서 y축으로 둘러싸인 면적은

$\displaystyle\int_a^b |x|\,dy$이므로 면적은 다음과 같다.

$$S=S_1+S_2=\int_0^1 |x|\,dy+\int_1^{e^{\frac{\pi}{2}}} |x|\,dy$$

$$=\int_0^1 t\cdot 2t\,dt+\int_0^{\frac{\pi}{2}}\cos t\cdot e^t\,dt$$

$$=\left[\frac{2}{3}t^3\right]_0^1+\left[\frac{e^t}{2}(\cos t+\sin t)\right]_0^{\frac{\pi}{2}}=\frac{e^{\frac{\pi}{2}}}{2}+\frac{1}{6}$$

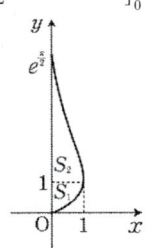

345. ③

풀이 $A'(t)=\dfrac{1}{2}\{\sinh^2 t+\cosh^2 t\}-\sqrt{\cosh^2 t-1}\ \sinh t$

$$=\frac{1}{2}\{\sinh^2 t+\cosh^2 t\}-\sinh^2 t$$

$$=\frac{1}{2}(\cosh^2 t-\sinh^2 t)$$

$$=\frac{1}{2}$$

346. ③

풀이 쌍곡선 $x^2-y^2=1$과 $y=\dfrac{2}{3}x$의 교점은

$(a,b)=\left(\dfrac{3}{\sqrt{5}},\ \dfrac{2}{\sqrt{5}}\right)$이고, $a+b=\sqrt{5}$이므로

면적은 $\dfrac{1}{2}\ln\sqrt{5}=\dfrac{1}{4}\ln 5$이다.

347. $(1)\dfrac{\pi}{2}a^2\qquad(2)\ \dfrac{\pi}{4}a^2\qquad(3)\ 11\pi\qquad(4)\ \dfrac{41}{2}\pi$

풀이 (1) 4엽 장미 $r=a\cos 2\theta$의 면적은 $0\le\theta\le\dfrac{\pi}{4}$에

해당하는 면적의 8배를 해서 구하자.

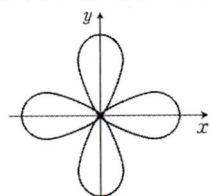

$$A=8\cdot\frac{1}{2}\int_0^{\frac{\pi}{4}} r^2\,d\theta=4\int_0^{\frac{\pi}{4}} a^2\cos^2 2\theta\,d\theta$$

$$=4a^2\int_0^{\frac{\pi}{4}}\frac{1+\cos 4\theta}{2}\,d\theta$$

$$=2a^2\left[\theta+\frac{1}{4}\sin 4\theta\right]_0^{\frac{\pi}{4}}=\frac{\pi}{2}a^2$$

$\Rightarrow$ 4엽 장미 그래프 $r=a\cos 2\theta,\ r=a\sin 2\theta$의

내부면적은 $\dfrac{\pi}{2}a^2$이다.

(2) $r=a\cos 3\theta$

3엽 장미 $r=a\cos 3\theta$의 면적은 $0\le\theta\le\dfrac{\pi}{6}$에

해당하는 면적의 6배를 해서 구하자.

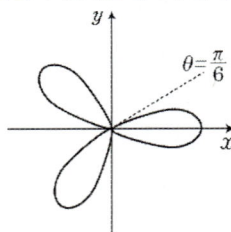

$$A=6\cdot\frac{1}{2}\int_0^{\frac{\pi}{6}} r^2\,d\theta=3\int_0^{\frac{\pi}{6}} a^2\cos^2 3\theta\,d\theta$$

$$= 3a^2 \int_0^{\frac{\pi}{6}} \frac{1+\cos 6\theta}{2} d\theta$$

$$= \frac{3}{2}a^2 \left[\theta + \frac{1}{6}\sin 6\theta\right]_0^{\frac{\pi}{6}} = \frac{\pi}{4}a^2$$

⇒ 3엽장미 그래프 $r = a\cos 3\theta$, $r = a\sin 3\theta$의

내부면적은 $\frac{\pi}{4}a^2$ 이다.

(3) 극곡선 $r = 3 + 2\cos\theta$의 내부의 면적은

구간 $0 \le \theta \le \pi$에서 그려지는 영역의 면적의 2배로

구할 수 있다. 면적을 구하면

$$S = 2 \times \int_0^\pi \frac{1}{2}r^2 d\theta = \int_0^\pi (4\cos^2\theta + 12\cos\theta + 9)d\theta$$

$$= 8 \times \frac{\pi}{4} + 9\pi = 11\pi$$

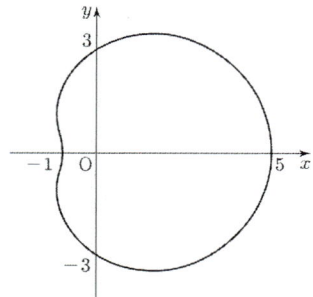

(4) 극곡선 $r = 4 + 3\sin\theta$의 내부의 면적은

구간 $-\frac{\pi}{2} \le \theta \le \frac{\pi}{2}$에서 그려지는 영역의 면적의

2배 이므로 면적을 구하면

$$S = 2 \times \int_{-\frac{\pi}{2}}^{\frac{\pi}{2}} \frac{1}{2}r^2 d\theta = \int_{-\frac{\pi}{2}}^{\frac{\pi}{2}} (16 + 24\sin\theta + 9\sin^2\theta)d\theta$$

$$= 16\pi + \frac{9}{2}\pi = \frac{41}{2}\pi$$

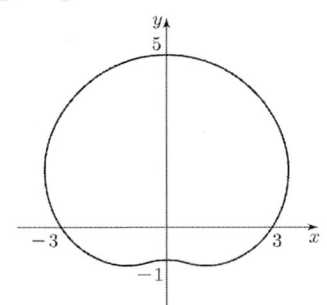

348. $8 + \pi$

풀이

$$S = 2 \times \frac{1}{2}\int_{\frac{\pi}{2}}^{\pi} \{(2-2\cos\theta)^2 - 2^2\}d\theta$$

$$= \int_{\frac{\pi}{2}}^{\pi} (-8\cos\theta + 4\cos^2\theta)d\theta$$

$$= -8\int_{\frac{\pi}{2}}^{\pi} \cos\theta d\theta + 4 \times \frac{1}{2} \cdot \frac{\pi}{2}$$

$$= 8 + \pi$$

349. $\frac{5}{4}\pi - 2$

풀이 공통부분의 넓이는 극곡선 $r = 1 - \sin\theta$의 $0 \le \theta \le \pi$ 부분과

원 $r = 1$의 넓이의 절반의 합이다.

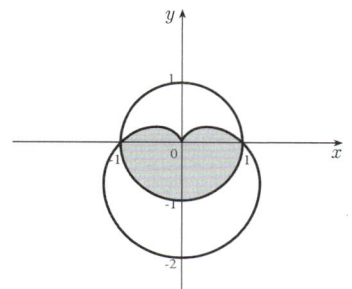

$$S = 2 \times \frac{1}{2}\int_0^{\frac{\pi}{2}} (1-\sin\theta)^2 d\theta + \frac{\pi}{2}$$

$$= \int_0^{\frac{\pi}{2}} (1 - 2\sin\theta + \sin^2\theta)d\theta + \frac{\pi}{2}$$

$$= \frac{\pi}{2} - 2 + \frac{1}{2} \cdot \frac{\pi}{2} + \frac{1}{2}\pi = \frac{5}{4}\pi - 2$$

350. $\frac{\pi}{3} + \frac{\sqrt{3}}{2}$

풀이 $2\sin\theta = 1$ 에서 $\theta = \frac{\pi}{6}, \frac{5}{6}\pi$ 이므로 공통부분의 넓이는 다음

과 같다.

$$2\int_{\pi/6}^{\pi/2} \frac{1}{2}\left[2(\sin\theta)^2 - 1^2\right]d\theta$$

$$= \int_{\pi/6}^{\pi/2} (4\sin^2\theta - 1)d\theta$$

$$= \int_{\pi/6}^{\pi/2} \left(4 \cdot \frac{1-\cos 2\theta}{2} - 1\right)d\theta$$

$$= [\theta - \sin 2\theta]_{\pi/6}^{\pi/2} = \frac{\pi}{3} + \frac{\sqrt{3}}{2}$$

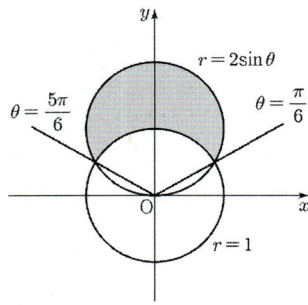

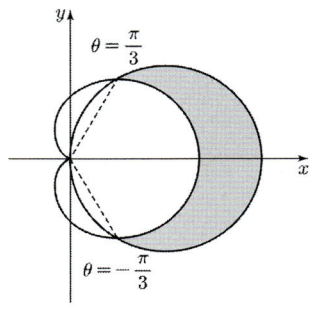

351. $\dfrac{11\sqrt{3}}{2}-\dfrac{7}{3}\pi$

풀이 극곡선 $r=2$와 $r=3-2\sin\theta$을 연립하면 $\theta=\dfrac{\pi}{6}$, $\theta=\dfrac{5}{6}\pi$이고 y축에 대칭되므로 구하는 영역의 넓이를 A라 할 때,

$$A=\frac{1}{2}\int_{\frac{\pi}{6}}^{\frac{\pi}{2}}\left\{2^2-(3-2\sin\theta)^2\right\}d\theta\times 2$$

$$=\int_{\frac{\pi}{6}}^{\frac{\pi}{2}}(-4\sin^2\theta+12\sin\theta-5)d\theta$$

$$=\left[-4\left(\frac{\theta}{2}-\frac{\sin2\theta}{4}\right)-12\cos\theta-5\theta\right]_{\frac{\pi}{6}}^{\frac{\pi}{2}}$$

$$=\left[\sin2\theta-12\cos\theta-7\theta\right]_{\frac{\pi}{6}}^{\frac{\pi}{2}}$$

$$=-\frac{7}{2}\pi-\left(\frac{\sqrt{3}}{2}-6\sqrt{3}-\frac{7}{6}\pi\right)$$

$$=\frac{11\sqrt{3}}{2}-\frac{7}{3}\pi$$

352. π

풀이 두 곡선의 교점을 구하면 $3\cos\theta=1+\cos\theta$ 에서

$\theta=-\dfrac{\pi}{3},\dfrac{\pi}{3}$ 이고 $-\dfrac{\pi}{3}\le\theta\le\dfrac{\pi}{3}$ 에서

$3\cos\theta\ge 1+\cos\theta$ 이므로 영역의 넓이 A 는 다음과 같다.

$$A=\frac{1}{2}\int_{-\frac{\pi}{3}}^{\frac{\pi}{3}}(3\cos\theta)^2 d\theta-\frac{1}{2}\int_{-\frac{\pi}{3}}^{\frac{\pi}{3}}(1+\cos\theta)^2 d\theta$$

$$=\int_0^{\frac{\pi}{3}}(8\cos^2\theta-1-2\cos\theta)d\theta$$

$$=\int_0^{\frac{\pi}{3}}(3+4\cos2\theta-2\cos\theta)d\theta=\pi$$

353. π

풀이 극곡선 $r=3\sin\theta$와 $r=1+\sin\theta$의 교점을 구하면

$\theta=\dfrac{\pi}{6}$, $\theta=\dfrac{5}{6}\pi$이고 y축에 대칭이므로

극곡선 $r=3\sin\theta$의 내부와 $r=1+\sin\theta$의 외부에 놓인 영역의 넓이를 A라고 하면

$$A=\frac{1}{2}\int_{\frac{\pi}{6}}^{\frac{\pi}{2}}\left\{(3\sin\theta)^2-(1+\sin\theta)^2\right\}d\theta\times 2$$

$$=\int_{\frac{\pi}{6}}^{\frac{\pi}{2}}(8\sin^2\theta-2\sin\theta-1)d\theta$$

$$=\left[8\left(\frac{\theta}{2}-\frac{1}{4}\sin2\theta\right)+2\cos\theta-\theta\right]_{\frac{\pi}{6}}^{\frac{\pi}{2}}$$

$$=\left[3\theta-2\sin2\theta+2\cos\theta\right]_{\frac{\pi}{6}}^{\frac{\pi}{2}}$$

$$=\frac{3}{2}\pi-\left(\frac{\pi}{2}-\sqrt{3}+\sqrt{3}\right)=\pi$$

354. $\dfrac{\pi}{2}$

풀이 $r=2\cos^2\theta-1=\cos2\theta$이므로 4엽 장미이다.

대칭을 이용하면 주어진 영역의 넓이를 구하면

$$S=8\times\frac{1}{2}\int_0^{\frac{\pi}{4}}\cos^2 2\theta\, d\theta=4\int_0^{\frac{\pi}{4}}\frac{1+\cos4\theta}{2}d\theta=\frac{\pi}{2}$$

[다른 풀이]

4엽 장미($r=a\cos2\theta$ 혹은 $r=a\sin2\theta$) 내부 영역의 면적은

$\dfrac{\pi}{2}a^2$ 이므로 내부 영역 넓이는 $\dfrac{\pi}{2}$ 이다.

355. $\pi - \dfrac{1}{2}$

풀이 극곡선 $r = 2\cos\theta$는 중심이 $(1,\,0)$, 반지름 1인 원이므로 넓이는 π이다.

좌표평면의 $x \geq 0$에서 연주형 $r^2 = \cos 2\theta$로 유계된 영역의 넓이는

$\dfrac{1}{2} \times 1^2 = \dfrac{1}{2}$이므로 구하는 넓이는 $\pi - \dfrac{1}{2}$ 이다.

[참고]
연주형 $r^2 = a^2\cos 2\theta$로 둘러싸인 영역의 넓이는 a^2이다.

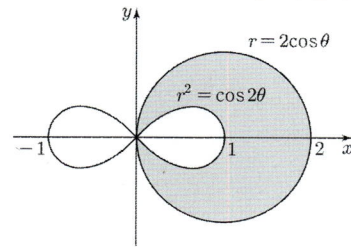

356. $5\sqrt{3} - \dfrac{5}{3}\pi$

풀이 적분 넓이의 범위를 잡기 위하여 두 극곡선의 교각을 구하여 보자.
$r = 3 - \sin 3\theta$와 $r = 2 + \sin 3\theta$의 교각이므로

$3 - \sin 3\theta = 2 + \sin 3\theta$를 만족한다. 따라서 교각은 $\theta = \dfrac{\pi}{18}$,

$\dfrac{5}{18}\pi$이고 대칭됨을 이용하면 구하고자 하는 넓이는

$$\left[\frac{1}{2}\int_{\frac{\pi}{18}}^{\frac{5}{18}\pi}\left\{(2+\sin 3\theta)^2 - (3-\sin 3\theta)^2\right\}d\theta\right] \times 3$$

$$= \frac{3}{2}\int_{\frac{\pi}{18}}^{\frac{5}{18}\pi}\left\{4+4\sin 3\theta+\sin^2 3\theta - (9-6\sin 3\theta+\sin^2 3\theta)\right\}d\theta$$

$$= \frac{3}{2}\int_{\frac{\pi}{18}}^{\frac{5}{18}\pi}(-5+10\sin 3\theta)\,d\theta$$

$$= \frac{3}{2}\left[-5\theta - \frac{10}{3}\cos 3\theta\right]_{\frac{\pi}{18}}^{\frac{5}{18}\pi}$$

$$= \frac{3}{2}\left\{-5\left(\frac{5}{18}\pi - \frac{\pi}{18}\right) - \frac{10}{3}\left(\cos\frac{5}{6}\pi - \cos\frac{\pi}{6}\right)\right\}$$

$$= \frac{3}{2}\left\{-5 \cdot \frac{2}{9}\pi - \frac{10}{3} \cdot (-\sqrt{3})\right\}$$

$$= 5\sqrt{3} - \frac{5}{3}\pi$$

357. $\dfrac{\pi}{8}$

풀이 $r^2 = 2\sin^2\theta$와 $r^2 = \sin 2\theta$의 교점을 구하자.

$2\sin^2\theta = \sin 2\theta \Leftrightarrow 2\sin^2\theta = 2\sin\theta\cos\theta \Leftrightarrow \sin\theta = \cos\theta$

$\Rightarrow \theta = 0,\ \dfrac{\pi}{4}$

$$S = \frac{1}{2}\int_0^{\frac{\pi}{4}} 2\sin^2\theta\,d\theta + \frac{1}{2}\int_{\frac{\pi}{4}}^{\frac{\pi}{2}}\sin 2\theta\,d\theta$$

$$= \left[\frac{1}{2}\theta - \frac{1}{4}\sin 2\theta\right]_0^{\frac{\pi}{4}} + \frac{1}{2}\left[-\frac{1}{2}\cos 2\theta\right]_{\frac{\pi}{4}}^{\frac{\pi}{2}}$$

$$= \frac{1}{2} \cdot \frac{\pi}{4} - \frac{1}{4}(1-0) - \frac{1}{4}(-1-0) = \frac{\pi}{8}$$

358. $\dfrac{1}{2} - \dfrac{\pi}{8}$

풀이 $r^2 = 2\sin^2\theta$와 $r^2 = \sin 2\theta$의 교점을 구하자.

$2\sin^2\theta = \sin 2\theta \Leftrightarrow 2\sin^2\theta = 2\sin\theta\cos\theta \Leftrightarrow \sin\theta = \cos\theta$

$\Rightarrow \theta = 0,\ \dfrac{\pi}{4}$

$$S = \frac{1}{2}\int_0^{\frac{\pi}{4}} \sin 2\theta - 2\sin^2\theta\,d\theta$$

$$= \frac{1}{2}\int_0^{\frac{\pi}{4}} \sin 2\theta - 1 + \cos 2\theta\,d\theta$$

$$= \frac{1}{2}\left\{-\frac{1}{2}\cos 2\theta - \theta + \frac{1}{2}\sin 2\theta\right\}_0^{\frac{\pi}{4}}$$

$$= \frac{1}{2} - \frac{\pi}{8}$$

359. $\dfrac{2}{3}$

풀이 $\theta = \dfrac{\pi}{2}$ 를 만족하는 $(r,\,\theta)$ 를 먼저 생각해보면,

$r > 0$ 이면 y 축의 양의 방향의 반직선에 위치하며,

$r < 0$ 이면 y 축의 음의 방향의 반직선에 위치하므로 $\theta = \dfrac{\pi}{2}$ 는

y 축 전체가 된다.

$r = \dfrac{1}{1+\cos\theta}$ 를 직교좌표계의 방정식으로 바꾸면}

$r = \dfrac{1}{1+\cos\theta} \Leftrightarrow r + r\cos\theta = 1 \Rightarrow \sqrt{x^2+y^2} + x = 1$

$\Leftrightarrow x^2 + y^2 = (1-x)^2 \Leftrightarrow y^2 = 1 - 2x \Leftrightarrow x = \dfrac{1}{2}(1-y^2)$

따라서 두 극곡선으로 둘러싸인 영역의 넓이는

$$\int_{-1}^{1} \frac{1}{2}(1-y^2)\,dy = \int_0^1 (1-y^2)\,dy \;(\because x\text{축 대칭})$$

$$= 1 - \frac{1}{3} = \frac{2}{3} \text{ 이다.}$$

[다른 풀이]

$$S = 2 \times \frac{1}{2} \int_0^{\frac{\pi}{2}} \frac{1}{(1+\cos\theta)^2}\,d\theta$$

$$= 2 \cdot \frac{1}{2} \int_0^{\frac{\pi}{2}} \frac{1}{4\left(\frac{1+\cos\theta}{2}\right)^2}\,d\theta$$

$$= \int_0^{\frac{\pi}{2}} \frac{1}{4 \cdot \cos^4\frac{\theta}{2}}\,d\theta = \frac{1}{4}\int_0^{\frac{\pi}{2}} \sec^4\frac{\theta}{2}\,d\theta$$

$$= \frac{1}{4}\left[\frac{2}{3}\tan^3\frac{\theta}{2} + 2\tan\frac{\theta}{2}\right]_0^{\frac{\pi}{2}} = \frac{2}{3}$$

■ 4. 곡선의 길이

360. $\dfrac{13}{6}$

풀이 $y' = \dfrac{4\sqrt{2}}{3}\cdot\dfrac{3}{2}x^{\frac{1}{2}} = 2\sqrt{2}\,\sqrt{x}$ 이고,

$\sqrt{1+(y')^2} = \sqrt{1+8x}$ 이다.

따라서 구간 $[0, 1]$에서의 그래프의 길이는

$$L = \int_0^1 \sqrt{1+(y')^2}\,dx$$

$$= \int_0^1 \sqrt{1+8x}\,dx = \int_0^1 (1+8x)^{\frac{1}{2}}\,dx$$

$$= \frac{1}{8}\cdot\frac{2}{3}\left[(1+8x)^{\frac{3}{2}}\right]_0^1 = \frac{1}{12}(27-1) = \frac{13}{6}$$

361. 4

풀이 $f'(x) = \sqrt{x^2+2x}$, $1+\{f'(x)\}^2 = 1+x^2+2x = (x+1)^2$

$\Rightarrow \sqrt{1+\{f'(x)\}^2} = \sqrt{(x+1)^2} = |x+1|$

$$L = \int_0^2 \sqrt{1+(y')^2}\,dx = \int_0^2 |x+1|\,dx = \int_0^2 (x+1)\,dx$$

$$= \left[\frac{1}{2}x^2 + x\right]_0^2 = 4$$

362. $\dfrac{32}{3}$

풀이 곡선의 길이 $L = \displaystyle\int_1^9 \sqrt{1+(x')^2}\,dy$를 적용해서

길이를 구하자.

$$x = \frac{1}{3}y^{\frac{3}{2}} - y^{\frac{1}{2}}, \quad x' = \frac{1}{2}y^{\frac{1}{2}} - \frac{1}{2}y^{-\frac{1}{2}} = \frac{1}{2}\left(\sqrt{y} - \frac{1}{\sqrt{y}}\right)$$

$$\sqrt{1+(x')^2} = \sqrt{1 + \frac{1}{4}\left(y-2+\frac{1}{y}\right)} = \sqrt{\frac{1}{4}\left(y+2+\frac{1}{y}\right)}$$

$$= \sqrt{\frac{1}{4}\left(\sqrt{y}+\frac{1}{\sqrt{y}}\right)^2} = \frac{1}{2}\left|\sqrt{y}+\frac{1}{\sqrt{y}}\right|$$

$$L = \int_1^9 \sqrt{1+(x')^2}\,dy = \int_1^9 \frac{1}{2}\left(\sqrt{y}+\frac{1}{\sqrt{y}}\right)dy$$

$$= \frac{1}{2}\left[\frac{2}{3}y^{\frac{3}{2}} + 2y^{\frac{1}{2}}\right]_1^9 = \frac{26}{3}+2 = \frac{32}{3}$$

363. $10\left(e - \dfrac{1}{e}\right)$

풀이 $y = 5\left(e^{0.1x} + e^{-0.1x}\right) = 10\cosh\left(\dfrac{x}{10}\right)$ 라고 할 수 있다.

$1 + (y')^2 = 1 + \left(\sinh\dfrac{x}{10}\right)^2 = \cosh^2\dfrac{x}{10}$ 이고,

$\sqrt{1+(y')^2} = \sqrt{\cosh^2\dfrac{x}{10}} = \left|\cosh\dfrac{x}{10}\right| = \cosh\dfrac{x}{10}$ 이다.

따라서 구간 $[-10, 10]$에서의 그래프의 길이는

$L = \displaystyle\int_{-10}^{10} \sqrt{1+(y')^2}\,dx = 2\int_{0}^{10} \cosh\dfrac{x}{10}\,dx$

$= 20\left[\sinh\dfrac{x}{10}\right]_0^{10} = 20\sinh1 = 10\left(e - \dfrac{1}{e}\right)$

364. ②

풀이 곡선의 길이 $l = \displaystyle\int_{\frac{\pi}{6}}^{\frac{\pi}{2}} \sqrt{1+\cot^2 x}\,dx$

$= \displaystyle\int_{\frac{\pi}{6}}^{\frac{\pi}{2}} \csc x\,dx$

$= -\left[\ln(\csc x + \cot x)\right]_{\frac{\pi}{6}}^{\frac{\pi}{2}}$

$= \ln(2+\sqrt{3})$

365. ②

풀이 구간 $a \leq x \leq b$에서 함수 $y = f(x)$의 곡선 길이를 l이라 할 때,

$l = \displaystyle\int_a^b \sqrt{1+\{f'(x)\}^2}\,dx = \int_0^1 \sqrt{1+(\sinh x)^2}\,dx$

$= \displaystyle\int_0^1 \sqrt{\cosh^2 x}\,dx = \int_0^1 \cosh x\,dx$

$= [\sinh x]_0^1 = \sinh1 = \dfrac{1}{2}\left(e - \dfrac{1}{e}\right)$

366. ③

풀이 함수 $f(x) = x^2 - \dfrac{1}{8}\ln x$의 그래프 위의 두 점 $(1, f(1))$과 $(e^4, f(e^4))$사이의 곡선의 길이를 l이라 하자.

$l = \displaystyle\int_1^{e^4} \sqrt{1+\left(2x - \dfrac{1}{8x}\right)^2}\,dx$

$= \displaystyle\int_1^{e^4} \sqrt{1+\left(4x^2 - \dfrac{1}{2} + \dfrac{1}{64x^2}\right)}\,dx$

$= \displaystyle\int_1^{e^4} \sqrt{4x^2 + \dfrac{1}{2} + \dfrac{1}{64x^2}}\,dx$

$= \displaystyle\int_1^{e^4} \sqrt{\left(2x + \dfrac{1}{8x}\right)^2}\,dx$

$= \displaystyle\int_1^{e^4} \left(2x + \dfrac{1}{8x}\right)dx$

$= \left[x^2 + \dfrac{1}{8}\ln x\right]_1^{e^4}$

$= e^8 + \dfrac{1}{8}\ln e^4 - 1 = e^8 + \dfrac{1}{2} - 1 = e^8 - \dfrac{1}{2}$

367. ②

풀이 $y' = \dfrac{3}{2}\cdot\dfrac{1}{3}(2x-1)^{\frac{1}{2}}\cdot 2 = \sqrt{2x-1}$ 이므로

구하는 곡선의 길이는

$l = \displaystyle\int_{\frac{1}{2}}^1 \sqrt{1+(y')^2}\,dx = \int_{\frac{1}{2}}^1 \sqrt{2x}\,dx$

$= \displaystyle\int_1^2 \dfrac{1}{2}\sqrt{u}\,du$ $(2x = u, 2dx = du$로 치환$)$

$= \left[\dfrac{1}{3}u\sqrt{u}\right]_1^2 = \dfrac{1}{3}(2\sqrt{2}-1)$

368. $8a$

풀이 $\dfrac{dx}{d\theta} = a(1-\cos\theta)$, $\dfrac{dy}{d\theta} = a\sin\theta$이고,

$\sqrt{(x')^2 + (y')^2} = \sqrt{a^2(1-\cos\theta)^2 + a^2\sin^2\theta}$

$= a\sqrt{2-2\cos\theta} = 2a\left|\sin\dfrac{\theta}{2}\right|$ $(\because$ 반각공식$)$

TIP 삼각함수의 반각공식

$\sqrt{1-\cos x} = \sqrt{2\left(\dfrac{1-\cos x}{2}\right)} = \sqrt{2\left(\sin^2\dfrac{x}{2}\right)}$

$= \sqrt{2}\left|\sin\dfrac{x}{2}\right|$

매개함수 곡선의 길이 공식에 의해서

$L = \displaystyle\int_0^{2\pi} \sqrt{\left(\dfrac{dx}{d\theta}\right)^2 + \left(\dfrac{dy}{d\theta}\right)^2}\,d\theta = \int_0^{2\pi} 2a\left|\sin\dfrac{\theta}{2}\right|\,d\theta$

$= 2a\displaystyle\int_0^{2\pi} \sin\dfrac{\theta}{2}\,d\theta$

$= -4a\left[\cos\dfrac{\theta}{2}\right]_0^{2\pi} = -4a(-1-1) = 8a$

369. $\sqrt{2}\,(e^{\pi}-1)$

풀이 $\dfrac{dx}{dt}=e^t\sin t+e^t\cos t,\ \dfrac{dy}{dt}=e^t\cos t-e^t\sin t$ 이므로

$$L=\int_0^{\pi}\sqrt{\left(\dfrac{dx}{dt}\right)^2+\left(\dfrac{dy}{dt}\right)^2}\,dt$$

$$=\int_0^{\pi}e^t\sqrt{(\sin t+\cos t)^2+(\cos t-\sin t)^2}\,dt$$

$$=\sqrt{2}\int_0^{\pi}e^t\,dt=\sqrt{2}\,[e^t]_0^{\pi}=\sqrt{2}\,(e^{\pi}-1)$$

370. $\dfrac{\sqrt{2}}{2}+\dfrac{1}{2}\ln(\sqrt{2}+1)$

풀이 $x'(t)=\sin t+t\cos t$

$\Rightarrow [x'(t)]^2=\sin^2 t+2t\sin t\cos t+t^2\cos^2 t$

$y'(t)=\cos t-t\sin t$

$\Rightarrow [y'(t)]^2=\cos^2 t-2t\sin t\cos t+t^2\sin^2 t$

$\therefore [x'(t)]^2+[y'(t)]^2=1+t^2$

$$\int_0^1\sqrt{1+t^2}\,dt=\int_0^{\frac{\pi}{4}}\sec^3\theta\,d\theta\ (\because t=\tan\theta\text{로 치환})$$

$$=\dfrac{1}{2}[\ln|\sec\theta+\tan\theta|+\sec\theta\tan\theta]_0^{\frac{\pi}{4}}$$

$$=\dfrac{\sqrt{2}}{2}+\dfrac{1}{2}\ln(\sqrt{2}+1)$$

371. $4\sqrt{2}-2$

풀이 $x'(t)=6t,\ y'(t)=6t^2$ 이고,

$(x')^2+(y')^2=36t^2+36t^4=36t^2(1+t^2)$

$\sqrt{(x')^2+(y')^2}=6\,|t|\,\sqrt{1+t^2}=6t\sqrt{1+t^2}\ (\because t\geq 0)$

따라서 길이 공식에 대입을 하면

$$\int_C dx=\int_0^1\sqrt{(x')^2+(y')^2}\,dt=\int_0^1 6t\sqrt{1+t^2}\,dt$$

$$=2(1+t^2)^{\frac{3}{2}}\Big|_0^1=2(2\sqrt{2}-1)=4\sqrt{2}-2$$

372. ③

풀이 원 $x^2+(y-1)^2=1$을 x축을 따라 한 바퀴 굴릴 때, 원 위의 점 $P(0,0)$이 그리는 곡선 C는 사이클로이드이므로 길이 $L=8$이고 $A=3\pi$이다. 그러므로 $\dfrac{L}{A}=\dfrac{8}{3\pi}$ 이다.

373. ②

풀이 곡선 $\vec{r}(t)=\cos^3 t\,\hat{i}+\sin^3 t\,\hat{j}$의 경로($0\leq t\leq\dfrac{\pi}{2}$)상의 전체

길이를 l이라 할 때,

$$l=\int_0^{\frac{\pi}{2}}|r'(t)|\,dt$$

$$=\int_0^{\frac{\pi}{2}}\sqrt{(3\cos^2 t(-\sin t))^2+(3\sin^2 t\cos t)^2}\,dt$$

$$=\int_0^{\frac{\pi}{2}}\sqrt{9\cos^2 t\sin^2 t(\cos^2 t+\sin^2 t)}\,dt$$

$$=\int_0^{\frac{\pi}{2}}3\sin t\cos t\,dt$$

$$=\dfrac{3}{2}[\sin^2 t]_0^{\frac{\pi}{2}}=\dfrac{3}{2}$$

[다른 풀이]

성망형의 전체길이는 $6r$ 이다. 이때, $r=1$ 이므로, 6이며, 주어 진 범위는 1사분면이므로, $6\times\dfrac{1}{4}=\dfrac{3}{2}$ 이다.

374. ③

풀이 $t_1\leq t\leq t_2$일 때 곡선 길이를 l이라 하면

$l=\int_{t_1}^{t_2}\sqrt{\{x'(t)\}^2+\{y'(t)\}^2}\,dt$ 이다. 따라서

$$l=\int_1^2\sqrt{\left\{-\dfrac{\cos t}{t}\right\}^2+\left\{-\dfrac{\sin t}{t}\right\}^2}\,dt$$

$$=\int_1^2\sqrt{\dfrac{\cos^2 t+\sin^2 t}{t^2}}\,dt$$

$$=\int_1^2\dfrac{1}{t}\,dt$$

$$=[\ln t]_1^2=\ln 2$$

이다.

375. ③

풀이 곡선 길이를 l이라 할 때, $l=\int_0^1\sqrt{(x')^2+(y')^2}\,dt$ 이므로

$$l=\int_0^1\sqrt{(2t)^2+(2t\sinh(t^2))^2}\,dt$$

$$=\int_0^1\sqrt{4t^2+4t^2\sinh^2(t^2)}\,dt=\int_0^1 2t\sqrt{1+\sinh^2(t^2)}\,dt$$

$$=\int_0^1 2t\cosh(t^2)\,dt=[\sinh(t^2)]_0^1=\sinh 1$$ 이다.

[다른 풀이]

$t^2 = x - 30$이므로 $y = \cosh(x-3)$이고, $0 \le t \le 1$일 때, $3 \le x \le 4$이다.

따라서 주어진 함수는 $y = \cosh(x-3) \ (3 \le x \le 4)$이다.

길이공식을 적용하면 다음과 같다.

$$l = \int_3^4 \sqrt{1 + (y')^2}\, dx = \int_3^4 \sqrt{1 + \sinh^2(x-3)}\, dx$$

$$= \int_0^1 \sqrt{1 + \sinh^2 t}\, dt = \int_0^1 \cosh t\, dt$$

$$= \sinh t \big|_0^1 = \sinh 1$$

376. ①

풀이 $0 \le t \le t_1$에서 곡선 $r(t)$의 길이를 l이라 할 때,

$$l = \int_0^{t_1} \sqrt{1 + \sinh^2 t}\, dt = \int_0^{t_1} \sqrt{\cosh^2 t}\, dt$$

$$= \int_0^{t_1} \cosh t\, dt = \left[\sinh t\right]_0^{t_1} = \sinh(t_1)$$

$$= \sqrt{\cosh^2(t_1) - 1} = \sqrt{8} = 2\sqrt{2} \text{ 이다.}$$

377. 4

풀이 $r = 2\sec\theta$, $\dfrac{dr}{d\theta} = r' = 2\sec\theta\tan\theta$이고,

$$\sqrt{r^2 + (r')^2} = \sqrt{4\sec^2\theta + 4\sec^2\theta\tan^2\theta}$$

$$= \sqrt{4\sec^2\theta(1 + \tan^2\theta)}$$

$$= \sqrt{4\sec^4\theta} = 2\sec^2\theta$$

극곡선의 곡선의 길이는

$$L = \int_{-\frac{\pi}{4}}^{\frac{\pi}{4}} \sqrt{r^2 + (r')^2}\, d\theta = \int_{-\frac{\pi}{4}}^{\frac{\pi}{4}} 2\sec^2\theta\, d\theta$$

$$= 2\left[\tan\theta\right]_{-\frac{\pi}{4}}^{\frac{\pi}{4}} = 4$$

378. $\sqrt{2}$

풀이

$$L = \int_0^\infty \sqrt{r^2 + (r')^2}\, d\theta$$

$$= \lim_{t \to \infty} \int_0^t \sqrt{(e^{-\theta})^2 + (-e^{-\theta})^2}\, d\theta$$

$$= \lim_{t \to \infty} \int_0^t \sqrt{2}\, e^{-\theta}\, d\theta$$

$$= \lim_{t \to \infty} \sqrt{2}\left[-e^{-\theta}\right]_0^t = \lim_{t \to \infty} \sqrt{2}(-e^{-t} + 1) = \sqrt{2}$$

379. $2\sqrt{2}\pi$

풀이

> **TIP**   삼각함수의 합성
> $$y = a\sin x + b\cos x = \sqrt{a^2 + b^2}\,\sin(x + \alpha)$$
> $$\left(\text{단}, \ \sin\alpha = \frac{b}{\sqrt{a^2+b^2}}, \ \cos\alpha = \frac{a}{\sqrt{a^2+}}\right.$$

$$r = 2\sin\theta + 2\cos\theta = 2\sqrt{2}\left(\sin\theta \cdot \frac{1}{\sqrt{2}} + \cos\theta \cdot \frac{1}{\sqrt{2}}\right)$$

$$= 2\sqrt{2}\sin\left(\theta + \frac{\pi}{4}\right)$$

이므로 $r = 2\sqrt{2}\sin\theta$를 $\theta = -\dfrac{\pi}{4}$만큼 회전한 그래프다.

따라서 곡선 $r = 2\sin\theta + 2\cos\theta$와 곡선 $r = 2\sqrt{2}\sin\theta$는 지름이 $2\sqrt{2}$인 원이므로 원주의 길이는 $2\sqrt{2}\pi$이다.

380. 4

풀이   교점을 구하면 $3\cos\theta = 1 + \cos\theta$에서 $\cos\theta = \dfrac{1}{2}$이고,

$\theta = \pm\dfrac{\pi}{3}$이다. 따라서 $-\dfrac{\pi}{3} \le \theta \le \dfrac{\pi}{3}$에서 $r = 1 + \cos\theta$의 길이를 구하면 구하는 곡선은 극축에 대칭이므로

$$2 \times \int_0^{\frac{\pi}{3}} \sqrt{r^2 + (r')^2}\, d\theta$$

$$= 2 \times \int_0^{\frac{\pi}{3}} \sqrt{(1 + \cos\theta)^2 + (-\sin\theta)^2}\, d\theta$$

$$= 2 \times \int_0^{\frac{\pi}{3}} \sqrt{2(1 + \cos\theta)}\, d\theta$$

$$= 2 \times \int_0^{\frac{\pi}{3}} 2\cos\frac{\theta}{2}\, d\theta \quad \text{(반각공식)}$$

$$= 8\left[\sin\frac{\theta}{2}\right]_0^{\frac{\pi}{3}} = 4$$

381. ②

풀이   전체의 길이는 매개변수의 구간 $0 \le \theta \le \pi$에서 얻으므로,

$$L = \int_0^\pi \sqrt{r^2 + \left(\frac{dr}{d\theta}\right)^2}\, d\theta = \int_0^\pi \sqrt{e^{4\theta} + 4e^{4\theta}}\, d\theta$$

$$= \sqrt{5}\int_0^\pi e^{2\theta}\, d\theta = \frac{\sqrt{5}}{2}(e^{2\pi} - 1)$$

382. ③

풀이
$$l = \int_0^\pi \sqrt{e^{6\theta} + (3e^{3\theta})^2}\, d\theta = \sqrt{10} \int_0^\pi e^{3\theta}\, d\theta$$
$$= \sqrt{10} \left[\frac{1}{3} e^{3\theta}\right]_0^\pi = \frac{\sqrt{10}}{3}(e^{3\pi} - 1)$$

383. ①

풀이
$0 \le \theta \le \dfrac{\pi}{2}$ 에서 극곡선 $r = \sin\theta + 2\cos\theta$의 곡선길이를 l 이라 할 때,
$$l = \int_0^{\frac{\pi}{2}} \sqrt{(\sin\theta + 2\cos\theta)^2 + (\cos\theta - 2\sin\theta)^2}\, d\theta$$
$$= \int_0^{\frac{\pi}{2}} \sqrt{5}\, d\theta = \frac{\sqrt{5}}{2}\pi$$

[다른 풀이]

주어진 극곡선 $r = \sin\theta + 2\cos\theta = \sqrt{5}\sin(\theta + \alpha)$은 지름이 $\sqrt{5}$ 인 원이다. 원이 그려지는 범위는 $0 \le \theta \le \pi$이고 $0 \le \theta \le \dfrac{\pi}{2}$ 라면 반원이 그려진다. 따라서 반원의 길이는 $\dfrac{\sqrt{5}\pi}{2}$ 와 같다.

384. ③

풀이
극곡선의 길이는 $\displaystyle\int_0^a \sqrt{r^2 + \left(\frac{dr}{d\theta}\right)^2}\, d\theta$이다.
$$\int_0^a \sqrt{\theta^4 + (2\theta)^2}\, d\theta$$
$$= \int_0^a \theta\sqrt{\theta^2 + 4}\, d\theta$$
$$= \left[\frac{1}{3}(\theta^2 + 4)^{\frac{3}{2}}\right]_0^a$$
$$= \frac{1}{3}(a^2 + 4)^{\frac{3}{2}} - \frac{8}{3} = \frac{56}{3}$$
이므로 $a^2 = 12 \Leftrightarrow a = \pm\sqrt{12}$ 이다.
$$\therefore\ a = 2\sqrt{3}\ (\because a \ge 0)$$

385. ①

풀이
주어진 직교방정식의 그래프는 극곡선 $r = 1 + \cos\theta$와 같고, 제 4사분면에 해당하는 길이나 제 1사분면(the first quadrant) 에 해당되는 부분의 길이(arc length)는 같다. 따라서 1사분면의 길이를 l이라 할 때,
$$l = \int_0^{\frac{\pi}{2}} \sqrt{r^2 + (r')^2}\, d\theta$$
$$= \int_0^{\frac{\pi}{2}} \sqrt{(1 + \cos\theta)^2 + (-\sin\theta)^2}\, d\theta$$
$$= \int_0^{\frac{\pi}{2}} \sqrt{2 + 2\cos\theta}\, d\theta$$
$$= 2\int_0^{\frac{\pi}{2}} \sqrt{\frac{1 + \cos\theta}{2}}\, d\theta$$
$$= 2\int_0^{\frac{\pi}{2}} \cos\frac{\theta}{2}\, d\theta$$
$$= 4\left[\sin\frac{\theta}{2}\right]_0^{\frac{\pi}{2}}$$
$$= 4 \times \frac{1}{\sqrt{2}} = 2\sqrt{2}$$

■ 5. 속도와 거리

386. 9

풀이

공의 위치함수를 $r(t)$라 하자. 속도함수는
$v(t) = r'(t)$이고 감속시의 비례상수를 k라 하면
$v'(t) = k$ 즉, $v(t) = kt + c_1$ 이다.

초기속도가 $8\,\mathrm{m/sec}$이므로 $v(0) = 8$이다. 따라서,
$v(t) = kt + 8$이고 위치함수는

$r(t) = \dfrac{1}{2}kt^2 + 8t$ 이다. ($\because r(0) = 0$)

공이 굴러가서 정지할 때까지 걸린 시간은

$v(t) = kt + 8 = 0$에서 $t = -\dfrac{8}{k}$ 이고

공이 움직인 거리는 $36\,\mathrm{m}$이므로

$r\left(-\dfrac{8}{k}\right) = \dfrac{1}{2}k\left(-\dfrac{8}{k}\right)^2 + 8\left(-\dfrac{8}{k}\right) = 36 \quad \therefore k = -\dfrac{8}{9}$

따라서 공이 정지할 때까지 걸린 시간은

$-8 \times \left(-\dfrac{9}{8}\right) = 9$이다.

387. 300

풀이

(i) 최고 높이에 도달하는 경우는 속도가 0이므로 속도
$v = 20 - 10t = 0$을 만족하는 $t = 2$이다.

평균값 정리를 이용하여 $\displaystyle\int_0^2 v(t)\,dt = (2-0)v(c)$가 성립할

때, $v(c)$가 평균값(평균속도)이다.

따라서 $v(c) = \dfrac{\displaystyle\int_0^2 20 - 10t\,dt}{2} = 10 = \alpha$이다.

(ii) 돌이 땅에 떨어진다는 것은 $s = 0$일 때와 같다.

$s = 25 + 20t - 5t^2 = -5(t^2 - 4t - 5) = -5(t-5)(t+1) = 0$

, $t = 5$이다. ($t > 0$이므로 $t = -1$은 될 수 없다.)

$v(t) = 20 - 10t$이고, $v(5) = -30 = \beta$이다.

$\therefore |\alpha\beta| = 300$

388. 4

풀이

t 초일 때의 속력이 $v(t) = te^t$ 이므로 이동 거리는

$s(t) = \displaystyle\int_0^t v(x)\,dx = (t-1)e^t + 1$ 이다.

2초까지의 평균속력은 다음과 같다.

$\overline{v}(2) = \dfrac{s(2) - s(0)}{2 - 0} = \dfrac{e^2 + 1}{2} = \dfrac{e^a + b}{c} \quad \therefore abc = 4$

389. 4

풀이

위치가 $f(t)$, 속도를 $v(t)$, 가속도를 $a(t)$라고 할 때, 속도는
$v(t) = f'(t) = -\sqrt{3}\sin t + \cos t$이고

가속도는 $a(t) = -\sqrt{3}\cos t - \sin t = -2\sin\left(t + \dfrac{\pi}{3}\right)$ 이다.

따라서 가속도가 최소가 되는 t의 값은 $\dfrac{\pi}{6}$이고 최대가 되는 t의

값은 $\dfrac{7}{6}\pi$이므로 시간 $\dfrac{\pi}{6} \leq t \leq \dfrac{7}{6}\pi$에서 이동한 거리를 l이

라 할 때,

$l = \displaystyle\int_{\frac{\pi}{6}}^{\frac{5}{6}\pi} \left|-\sqrt{3}\sin t + \cos t\right|\,dt$

$= 2\displaystyle\int_{\frac{\pi}{6}}^{\frac{7}{6}\pi} \left|\sin\left(t + \dfrac{\pi}{3}\right)\right|\,dt = 2\displaystyle\int_{\frac{\pi}{2}}^{\frac{3\pi}{2}} |\sin t|\,dt$

$= 4 \quad (\because wallis\ \text{공식})$이다.

390. $\dfrac{\sqrt{2} + \sqrt{6}}{2}$

풀이

$x = \sin t + \sqrt{3}\cos t = 2\left(\dfrac{1}{2}\sin t + \dfrac{\sqrt{3}}{2}\cos t\right)$

$= 2\sin\left(t + \dfrac{\pi}{3}\right)$는 $t = \dfrac{\pi}{6}$일 때 최댓값을 갖는다.

$y = 2\sin t\cos t + 1 = \sin 2t + 1$는 $t = \dfrac{3\pi}{4}$일 대 최솟값을

갖는다. 위치 함수
$(x, y) = (\sin t + \sqrt{3}\cos t, \ 2\sin t\cos t + 1)$
$= (\sin t + \sqrt{3}\cos t, \ \sin 2t + 1)$를 미분한 속도함수는
$v(t) = (x', y') = (\cos t - \sqrt{3}\sin t, \ 2\cos 2t)$이다.

$v\left(\dfrac{\pi}{6}\right) = (0, 1)$이고 $\alpha = \left|v\left(\dfrac{\pi}{6}\right)\right| = 1$이다.

$v\left(\dfrac{3\pi}{4}\right) = \left(-\dfrac{\sqrt{2}}{2} - \dfrac{\sqrt{6}}{2}, \ 0\right)$이고,

$\beta = \left|v\left(\dfrac{3\pi}{4}\right)\right| = \dfrac{\sqrt{2} + \sqrt{6}}{2}$이다. $\therefore \alpha\beta = \dfrac{\sqrt{2} + \sqrt{6}}{2}$

391. $\dfrac{\pi}{4}$

풀이

위치 $p(t) = (4 - \sin 2t, \ t - \cos 2t)$일 때,
속도는 $v(t) = (-2\cos 2t, \ 1 + 2\sin 2t)$이고
속력은 $|v(t)| = \sqrt{4\cos^2 2t + 1 + 4\sin 2t + 4\sin^2 2t}$
$= \sqrt{5 + 4\sin 2t}$

이다. 따라서 $t = \dfrac{\pi}{4}$일 때, 속력은 최댓값을 갖는다.

392. $\dfrac{\sqrt{3}}{2}$

풀이 위치가 $(x, y) = (2\sqrt{1+t},\ t-\ln(t+1))$이라 할 때,

속도가 $v(t) = \left(\dfrac{1}{\sqrt{1+t}},\ 1-\dfrac{1}{1+t}\right) = \left(\dfrac{1}{\sqrt{1+t}},\ \dfrac{t}{1+t}\right)$이

므로 속력은

$$|v(t)| = \sqrt{\dfrac{1}{1+t} + \left(\dfrac{t}{1+t}\right)^2} = \sqrt{\dfrac{t^2+t+1}{(t+1)^2}}$$

$$= \sqrt{1 - \dfrac{t}{(1+t)^2}}$$

이다.

$f(t) = 1 - \dfrac{t}{(1+t)^2}$ 이라 할 때,

$$f'(t) = -\dfrac{(1+t)^2 - 2t \times (1+t)}{(1+t)^4}$$

$$= -\dfrac{(1+t)\{(1+t)-2t\}}{(1+t)^4}$$

$$= -\dfrac{(1+t)(1-t)}{(1+t)^4}$$ 이므로 $t=1$일 때, 최솟값

$f(1) = 1 - \dfrac{1}{4} = \dfrac{3}{4}$ 을 갖는다.

따라서 속력의 최솟값은 $\dfrac{\sqrt{3}}{2}$ 이다.

393. 9

풀이 위치 (x, y)가 $x = e^{-2t} + e^t$, $y = 3t$일 때,

속도 $v(t) = (-2e^{-2t} + e^t,\ 3)$이므로 속력은

$$|v(t)| = \sqrt{(-2e^{-2t}+e^t)^2 + 3^2} = \sqrt{4e^{-4t} - 4e^{-t} + e^{2t} + 9}$$

이다. 또한 $f(t) = 4e^{-4t} - 4e^{-t} + e^{2t} + 9$라고 할 때,

$$f'(t) = -16e^{-4t} + 4e^{-t} + 2e^{2t}$$

$$= 2e^{-4t}(e^{6t} + 2e^{3t} - 8)$$

$$= 2e^{-4t}(e^{3t}+4)(e^{3t}-2)$$

이므로 $e^{3t} = 2 \Leftrightarrow t = \dfrac{1}{3}\ln 2$일 때, 속력이 최소가 된다.

가속도 $a(t) = (4e^{-2t} + e^t,\ 0)$에 대하여

가속도의 크기는 $|a(t)| = 4e^{-2t} + e^t$이다. 따라서 속력이 최소

가 될 때, 가속도의 크기는 다음과 같다.

$$\left|a\left(\dfrac{1}{3}\ln 2\right)\right| = 4e^{-\frac{2}{3}\ln 2} + e^{\frac{1}{3}\ln 2}$$

$$= 4 \times (2)^{-\frac{2}{3}} + 2^{\frac{1}{3}}$$

$$= 2^{\frac{4}{3}} + 2^{\frac{1}{3}}$$

$$= 2^{\frac{1}{3}}(2+1) = 3\sqrt[3]{2} = a\sqrt[b]{2} \Rightarrow ab = 9$$

■ 6. 입체의 부피

394. (1) 8   (2) $2\sqrt{3}$

풀이 (1) $y = 2 - x^2$ 위의 임의의 한 점을 x, y라고 하자.

y축에 수직인 정사각형의 한 변의 길이는 $2x$이고,

정사각형 단면의 넓이는 $(2x)^2 = 4x^2 = 4(2-y)$

이므로 단면적이 정사각형인 입체의 부피는

$$V = \int_0^2 4x^2\, dy = \int_0^2 4(2-y)\, dy = [8y - 2y^2]_0^2 = 8$$

이다.

(2) $y = 2 - x^2$ 위의 임의의 한 점을 x, y라고 하자.

y축에 수직인 정삼각형의 한 변의 길이는 $2x$이고, 정삼각형

단면의 넓이는

$$\dfrac{\sqrt{3}}{4}(2x)^2 = \sqrt{3}\,x^2 = \sqrt{3}\,(2-y)$$

단면적이 정삼각형인 입체의 부피는

$$V = \int_0^2 \sqrt{3}\,x^2\, dy = \sqrt{3}\int_0^2 (2-y)\, dy$$

$$= \sqrt{3}\left[2y - \dfrac{1}{2}y^2\right]_0^2 = 2\sqrt{3}$$

395. $\dfrac{3\pi}{8}$

풀이
$$V = \int_0^\pi y^2\, dx = \int_0^\pi \sin^4 x\, dx$$

$$= 2\int_0^{\frac{\pi}{2}} \sin^4 x\, dx$$

$$= 2 \cdot \dfrac{3}{4} \cdot \dfrac{1}{2} \cdot \dfrac{\pi}{2} \quad (\because \text{왈리스(Wallis) 공식})$$

$$= \dfrac{3\pi}{8}$$

396. $\dfrac{256}{15}$

풀이 $y = x^2$과 $y = 4$의 교점은 $x = 2$일 때이고,

정사각형의 한 변의 길이는 $4 - x^2$이다.

입체의 부피

$$V = \int_0^2 (4-x^2)^2\, dx = \int_0^2 (16 - 8x^2 + x^4)\, dx = \dfrac{256}{15}$$

397. $\dfrac{4\sqrt{3}}{3}$

풀이 중심이 원점이고 반지름이 r인 원 $x^2+y^2=r^2$ 위의
임의의 점을 (x,y)라고 하자.
또는 y축에 수직인 입체를 생각해도 상관없다.
x축에 수직인 입체를 생각했을 때, 절단면인 원의 반지름을 y이
고, 단면의 면적은 $\dfrac{\pi y^2}{2}$이다.
입체의 부피는 결국 반구의 부피와 같다.

$$V=\frac{\pi}{2}\int_{-r}^{r}y^2\,dx=2\times\frac{\pi}{2}\int_{0}^{r}r^2-x^2\,dx$$

$$=\pi\left(r^3-\frac{r^3}{3}\right)=\frac{2\pi r^3}{3}$$

[참고]

그래서 반지름이 r인 구의 부피는 $\dfrac{4\pi}{3}r^3$입니다.

398. $\pi h^2\left(r-\dfrac{h}{3}\right)$

풀이 중심이 원점이고 반지름이 r이므로 원의 방정식은
$x^2+y^2=r^2$이다.

$$V=\int_{r-h}^{r}\pi x^2\,dy=\pi\int_{r-h}^{r}r^2-y^2\,dy$$

$$=\pi\left[r^2y-\frac{1}{3}y^3\right]_{r-h}^{r}$$

$$=\pi\left[r^2(r-(r-h))-\frac{1}{3}(r^3-(r-h)^3)\right]$$

$$=\pi h^2\left(r-\frac{h}{3}\right)$$

■ 7. 회전체의 부피

399. $\dfrac{2}{3}\pi$

풀이 주어진 영역을 x축으로 회전시킬 때 나타나는
입체의 단면은 반지름이 $|y-0|=\dfrac{1}{x}$인 원이다.

$$V_{x\breve{\bar{\jmath}}}=\pi\int_{1}^{3}|y-0|^2\,dx=\pi\int_{1}^{3}\frac{1}{x^2}\,dx=\frac{2}{3}\pi$$

400. $\pi\left(\dfrac{8}{3}+2\ln 3\right)$

풀이 주어진 영역을 $y=-1$을 축으로 회전시킬 때 나타나는
입체 단면의 반지름이 $|y-(-1)|=\left|\dfrac{1}{x}+1\right|$인 원이다.

$$V_{y=-1}=\pi\int_{1}^{3}\left(\frac{1}{x}+1\right)^2\,dx=\pi\int_{1}^{3}\left(\frac{1}{x^2}+\frac{2}{x}+1\right)dx$$

$$=\pi\left[-\frac{1}{x}+2\ln x+x\right]_{1}^{3}=\pi\left(\frac{8}{3}+2\ln 3\right)$$

401. $\pi\left(\dfrac{26}{3}-4\ln 3\right)$

풀이 주어진 영역을 $y=2$를 축으로 회전시킬 때 나타나는
입체 단면의 반지름은 $|y-2|=\left|\dfrac{1}{x}-2\right|=2-\dfrac{1}{x}$인 원이다.

$$V_{y=2}=\pi\int_{1}^{3}\left(2-\frac{1}{x}\right)^2\,dx=\pi\int_{1}^{3}\left(4+\frac{1}{x^2}-\frac{4}{x}\right)dx$$

$$=\pi\left[4x-\frac{1}{x}-4\ln x\right]_{1}^{3}=\pi\left(\frac{26}{3}-4\ln 3\right)$$

402. (1) $\pi\left(\dfrac{2}{3}+2\ln 3\right)$ (2) $\pi\left(4\ln 3-\dfrac{2}{3}\right)$

풀이 (1) 주어진 영역 D를 $y=-1$을 축으로 회전시킬 때
나타나는 외부입체 단면의 반지름은
$\left|\dfrac{1}{x}-(-1)\right|=\dfrac{1}{x}+1$인 원이고, 내부입체 단면의
반지름은 $|0-(-1)|=1$이다.

$$V_{y=-1}=\pi\int_{1}^{3}\left(\frac{1}{x}+1\right)^2-1^2\,dx=\pi\int_{1}^{3}\frac{1}{x^2}+\frac{2}{x}\,dx$$

$$=\pi\left[-\frac{1}{x}+2\ln x\right]_{1}^{3}=\pi\left(\frac{2}{3}+2\ln 3\right)$$

(2) 주어진 영역 D를 $y=2$을 축으로 회전시킬 때 나타나는 외부 입체 단면의 반지름은 $|0-2|=2$이고, 내부입체 단면의 반지름은

$$|y-2|=\left|\frac{1}{x}-2\right|=2-\frac{1}{x} \text{ 이다.}$$

$$V_{y=2}=\pi\int_1^3 2^2-\left(2-\frac{1}{x}\right)^2 dx=\pi\int_1^3\frac{4}{x}-\frac{1}{x^2}dx$$

$$=\pi\left[4\ln x+\frac{1}{x}\right]_1^3=\pi\left(4\ln 3-\frac{2}{3}\right)$$

403. (1) $\dfrac{56}{15}\pi$ (2) $\dfrac{32}{5}\pi$

풀이 두 그래프의 교점을 구하면

$$-x^2+x+2=-x+2 \iff x^2-2x=0$$
$$\iff x=0,\ x=2 \text{이다.}$$

주어진 포물선을 각각 $y_1,y_2\,(y_1\ge y_2)$라고 하자.

즉, 구간 $[0,2]$에서 $y_1=-x^2+x+2$, $y_2=-x+2$이다.

(1) 주어진 영역을 x축으로 회전시킬 때 나타나는 외부입체 단면의 반지름은 $|y_1-0|=y_1$이고, 내부입체 단면의 반지름은 $|y_2-0|=y_2$이다.

$$V_{x\tilde{q}}=\pi\int_0^2(y_1)^2-(y_2)^2dx$$

$$=\pi\int_0^2(-x^2+x+2)^2-(-x+2)^2dx$$

$$=\pi\int_0^2(x^4+x^2+4-2x^3-4x^2+4x)$$
$$-(x^2-4x+4)\,dx$$

$$=\pi\int_0^2 x^4-2x^3-4x^2+8x\,dx$$

$$=\pi\left[\frac{1}{5}x^5-\frac{1}{2}x^4-\frac{4}{3}x^3+4x^2\right]_0^2=\frac{56}{15}\pi$$

(2) 주어진 영역을 x축으로 회전시킬 때 나타나는 외부입체 단면의 반지름은 $|y_1-(-1)|=y_1+1$이고, 내부입체 단면의 반지름은 $|y_2-(-1)|=y_2+1$이다.

$$V_{x\tilde{q}}=\pi\int_0^2(y_1+1)^2-(y_2+1)^2dx$$

$$=\pi\int_0^2(-x^2+x+3)^2-(-x+3)^2dx$$

$$=\pi\int_0^2(x^4+x^2+9-2x^3-6x^2+6x)-(x^2-6x+9)\,dx$$

$$=\pi\int_0^2 x^4-2x^3-6x^2+12x\,dx$$

$$=\pi\left[\frac{1}{5}x^5-\frac{1}{2}x^4-2x^3+6x^2\right]_0^2=\frac{32}{5}\pi$$

404. (1) $9\pi(\pi-3)$ (2) 9π

풀이 구간 $[-\pi,\pi]$에서 두 함수 $f(x)$, $g(x)$의 교점은

$$x=-\frac{\pi}{4},\ x=\frac{\pi}{4}\text{이다.}$$

(1) 원판방법에 의해서

$y=3$을 중심으로 회전시킬 때 입체의 단면인 원의 반지름은
$f(x)-g(x)=3\sqrt{2}\cos x-3$이다.

$$V_{y=3}=\pi\int_{-\frac{\pi}{4}}^{\frac{\pi}{4}}(3\sqrt{2}\cos x-3)^2dx$$

$$=2\cdot\pi\int_0^{\frac{\pi}{4}}18\cos^2 x-18\sqrt{2}\cos x+9\,dx$$

$$=2\pi\int_0^{\frac{\pi}{4}}18+9\cos 2x-18\sqrt{2}\cos x\,dx$$

$$=2\pi\left[18x+\frac{9}{2}\sin 2x-18\sqrt{2}\sin x\right]_0^{\frac{\pi}{4}}$$

$$=9\pi(\pi-3)$$

(2) 원판방법에 의해서

$y=0$을 중심으로 회전시킬 때 외부입체의 단면인 원의 반지름은 $f(x)=3\sqrt{2}\cos x$이고, 내부입체의 원의 반지름은 3이다.

$$V_{y=0}=\pi\int_{-\frac{\pi}{4}}^{\frac{\pi}{4}}(3\sqrt{2}\cos x)^2-3^2dx$$

$$=2\cdot\pi\int_0^{\frac{\pi}{4}}18\cos^2 x-9\,dx$$

$$=2\pi\int_0^{\frac{\pi}{4}}9+9\cos 2x-9\,dx=2\pi\int_0^{\frac{\pi}{4}}9\cos 2x\,dx$$

$$=2\pi\left[\frac{9}{2}\sin 2x\right]_0^{\frac{\pi}{4}}=9\pi$$

405. $\dfrac{\pi}{2}(e^\pi+1)$

풀이 $V=\pi\int_1^{e^\pi}\sin(\ln x)dx$

$$=\pi\int_0^\pi e^t\sin t\,dt\ (\because\ \ln x=t \text{로 치환})$$

$$=\frac{\pi}{2}[e^t(\sin t-\cos t)]_0^\pi\ (\because\ \text{부분적분법})$$

$$=\frac{\pi}{2}(e^\pi+1)$$

406. $\dfrac{11}{6}\pi$

풀이

$$V_x = \pi \int_0^1 \left\{(2-x)^2 - \left(\sqrt{x}\right)^2\right\} dx$$

$$= \pi \int_0^1 (x^2 - 5x + 4)\, dx$$

$$= \pi \left[\frac{1}{3}x^3 - \frac{5}{2}x^2 + 4x\right]_0^1 = \frac{11}{6}\pi$$

407. π^2

풀이

$y = 2\cos x$ 와 $y = \sec x$ 을 연립하면

$$2\cos x = \sec x \Leftrightarrow 2\cos^2 x = 1 \Leftrightarrow \cos x = \pm\frac{1}{\sqrt{2}}$$

이므로 $y = 2\cos x$ 와 $y = \sec x$ 로 둘러싸인 영역을 x 축을 중심으로 회전시켜 얻은 회전체의 부피는 다음과 같다.

$$V = \pi \int_{-\frac{\pi}{4}}^{\frac{\pi}{4}} \left\{(2\cos x)^2 - \sec^2 x\right\} dx$$

$$= \pi \int_{-\frac{\pi}{4}}^{\frac{\pi}{4}} \left(4\cos^2 x - \sec^2 x\right) dx$$

$$= \pi \int_{-\frac{\pi}{4}}^{\frac{\pi}{4}} \left(4 \cdot \frac{1+\cos 2x}{2} - \sec^2 x\right) dx$$

$$= \pi \left\{2\left[x + \frac{1}{2}\sin 2x\right]_{-\frac{\pi}{4}}^{\frac{\pi}{4}} - \left[\tan x\right]_{-\frac{\pi}{4}}^{\frac{\pi}{4}}\right\} = \pi^2$$

408. $\dfrac{\pi}{4} - \dfrac{7\pi e^{-4}}{12}$

풀이

$y = e^{-2x}$ 와 $y = e^{-2}x$ 의 교점이 1이므로 $y = e^{-2x}$, $y = e^{-2}x$ 와 y축으로 둘러싸인 영역을 x축으로 회전하여 얻은 입체의 부피를 V_x 라 할 때,

$$V_x = \pi \int_0^1 \left(e^{-2x}\right)^2 - \left(e^{-2}x\right)^2 dx$$

$$= \pi \int_0^1 e^{-4x} - e^{-4}x^2 dx = \pi\left[-\frac{1}{4}e^{-4x} - \frac{1}{3}e^{-4}x^3\right]_0^1$$

$$= \pi\left[-\frac{1}{4}e^{-4} - \frac{1}{3}e^{-4} - \left(-\frac{1}{4}\right)\right] = \pi\left(\frac{1}{4} - \frac{7}{12}e^{-4}\right)$$

$$= \frac{\pi}{4} - \frac{7\pi e^{-4}}{12} \text{이다.}$$

409. $\dfrac{12}{49\pi}$

풀이

주어진 입체는 원뿔의 일부분이다. 직선을 $y = 8(x-3)$ $(3 \le x \le 4)$를 회전하여 얻은 회전체와 같다.

$y = 8(x-3)$ $(3 \le x \le 4)$ $\Leftrightarrow$ $x = \dfrac{y}{8} + 3 (0 \le y \le 8)$이고,

$V = \pi \int_0^h x^2\, dy = \pi \int_0^h \left(\dfrac{y}{8} + 3\right)^2 dy$와 같다. 양변을 t에

관하여 미분하면 $\dfrac{dV}{dt} = \pi \cdot \left(\dfrac{h}{8} + 3\right)^2 \cdot \dfrac{dh}{dt}$ 이고,

$h = 4$일 때, $\dfrac{dV}{dt} = 3$를 대입하면 $3 = \pi \cdot \left(\dfrac{4}{8} + 3\right)^2 \cdot \dfrac{dh}{dt}$

$\Rightarrow \dfrac{dh}{dt} = \dfrac{12}{49\pi}$이다.

410. $\dfrac{1}{16}$

풀이

주어진 입체는 원뿔이다. 직선을 $y = -\dfrac{5}{2}x + 50$ $(0 \le x \le 20)$를 회전하여 얻은 회전체이다.

$y = -\dfrac{5}{2}x + 50$ $(0 \le x \le 20)$

$\Leftrightarrow x = \dfrac{2(50-y)}{5}$ $(0 \le y \le 50)$이고

$V = \pi \int_0^h x^2\, dy = \pi \int_0^h \dfrac{4(50-y)^2}{25}\, dy$와 같다. 양변을 t에

관하여 미분하면 $\dfrac{dV}{dt} = \pi \cdot \dfrac{4(50-h)^2}{25} \cdot \dfrac{dh}{dt}$ 이고,

$h = 10$일 때, $\dfrac{dV}{dt} = 16\pi$를 대입하면

$16\pi = \pi \cdot \dfrac{4(40)^2}{25} \cdot \dfrac{dh}{dt} \Rightarrow \dfrac{dh}{dt} = \dfrac{1}{16}$이다.

411. $\dfrac{2}{9\pi}$

풀이

시각 t 에서 그릇 안의 물의 부피를 V 라 하면

$V = \pi \int_0^h x^2\, dy = \pi \int_0^h y\, dy$이다.

양변을 t로 미분하면 $\dfrac{dV}{dt} = \pi \cdot h \cdot \dfrac{dh}{dt}$ 이고,

높이 $h = 9$ 일 때 $\dfrac{dV}{dt} = 2$를 대입하면 $2 = \pi \cdot 9 \cdot \dfrac{dh}{dt} \Rightarrow$

$\dfrac{dh}{dt} = \dfrac{2}{9\pi}$ (cm/sec) 이다.

412. $\dfrac{1}{2}$

시각 t 에서 그릇 안의 물의 부피를 V 라 하면

$$V = \pi \int_0^h x^2\, dy = \pi \int_0^h y\, dy \text{이다.}$$

양변을 t로 미분하면 $\dfrac{dV}{dt} = \pi \cdot h \cdot \dfrac{dh}{dt}$ 이다.

(i) $h = y_0$ 일 때, $\dfrac{dV}{dt} = 3\pi$를 대입하면

$$3\pi = \pi \cdot y_0 \cdot \frac{dh}{dt} \Rightarrow \frac{dh}{dt} = v_0 = \frac{3}{y_0} \text{ (cm/sec) 이다.}$$

(ii) $h = 2y_0$ 일 때, $\dfrac{dV}{dt} = 3\pi$를 대입하면

$$3\pi = \pi \cdot 2y_0 \cdot \frac{dh}{dt} \Rightarrow \frac{dh}{dt} = v_1 = \frac{3}{2y_0} \text{ (cm/sec) 이다.}$$

그러므로 $\dfrac{v_1}{v_0} = \dfrac{\frac{3}{2y_0}}{\frac{3}{y_0}} = \dfrac{1}{2}$ 이다.

413. 67

중심이 $(0, 10)$인 반원 $x^2 + (y-10)^2 = 10^2 (0 \le y \le 10)$을 y축에 대하여 회전한 반구를 생각하자. 시각 t 에서 그릇 안의 물의 부피를 V 라 하면 $V = \pi \int_0^h x^2\, dy = \pi \int_0^h 20y - y^2\, dy$이다.

양변을 t로 미분하면 $\dfrac{dV}{dt} = \pi \cdot (20h - h^2) \cdot \dfrac{dh}{dt}$ 이고,

높이 $h = 4$일 때 $\dfrac{dV}{dt} = 3$를 대입하면 $3 = \pi \cdot 64 \cdot \dfrac{dh}{dt} \Rightarrow$

$\dfrac{dh}{dt} = v = \dfrac{3}{64\pi}$ (cm/sec) 이다.

$v\pi = \dfrac{3}{64} = \dfrac{a}{b}$이므로 $a + b = 67$이다.

414. $\dfrac{4\pi}{3}ab^2$, $\dfrac{4\pi}{3}a^2b$

$\dfrac{x^2}{a^2} + \dfrac{y^2}{b^2} = 1 \Leftrightarrow y^2 = b^2\left(1 - \dfrac{1}{a^2}x^2\right)$ or $x^2 = a^2\left(1 - \dfrac{1}{b^2}y^2\right)$을 이용하여 식을 정리하자.

(1) x축으로 회전시킬 때 만들어진 회전체의 부피
 $-a \le x \le a$에서 타원은 y축에 대하여 대칭이므로 1사분면 위에 있는 영역을 x축에 대하여 회전해서 2배하여 계산한다.

$$V_{x축} = \pi \int_{-a}^a y^2\, dx = 2 \cdot \pi \int_0^a y^2\, dx = 2\pi b^2 \int_0^a 1 - \frac{1}{a^2}x^2\, dx$$

$$= 2\pi b^2 \left[x - \frac{1}{3a^2}x^3 \right]_0^a = \frac{4\pi}{3}ab^2$$

(2) y축으로 회전시킬 때 만들어진 회전체의 부피 $-b \le y \le b$에서 타원은 x축에 대하여 대칭이므로 1사분면 위에 있는 영역을 y축에 대하여 회전해서 2배하여 계산한다.

(i) 원판방법 :

$$V_{y축} = \pi \int_{-b}^b x^2\, dy = 2 \cdot \pi \int_0^b x^2\, dy$$

$$= 2\pi a^2 \int_0^b 1 - \frac{1}{b^2}y^2\, dx$$

$$= 2\pi a^2 \left[y - \frac{1}{3b^2}y^3 \right]_0^b = \frac{4\pi}{3}a^2b$$

(ii) 원주각법 : 1사분면에 있는 $y = b\sqrt{1 - \dfrac{1}{a^2}x^2}$ 이다.

$$V_y = 2 \cdot 2\pi \int_0^a xy\, dx = 2 \cdot 2\pi b \int_0^a x\sqrt{1 - \frac{1}{a^2}x^2}\, dx$$

$$= 2\pi b \frac{2}{3}\left(\frac{a^2}{-1}\right)\left[\left(1 - \frac{1}{a^2}x^2\right)^{\frac{3}{2}} \right]_0^a = \frac{4\pi}{3}a^2b$$

> **TIP** 타원체 $\dfrac{x^2}{a^2} + \dfrac{y^2}{b^2} + \dfrac{z^2}{c^2} = 1$의 부피는 $\dfrac{4\pi}{3}abc$이다.
>
> 구 $\dfrac{x^2}{a^2} + \dfrac{y^2}{a^2} + \dfrac{z^2}{a^2} = 1$의 부피는 $\dfrac{4\pi}{3}a^3$이다.

415. (1) 4π (2) $2\pi(2 + \ln 3)$ (3) $2\pi(5\ln 3 - 2)$

원주각법을 이용하여 회전체의 부피를 구하자.
즉, 직사각형의 면적의 합을 이용할 것이고,
밑변$=2\pi\cdot$회전축과 거리$= 2\pi|x - L|$이고,
높이는 $|y_1 - y_2| = \left|\dfrac{1}{x} - 0\right| = \dfrac{1}{x}$이다.

(1) $V_{y축} = 2\pi \int_1^3 |x - 0|\dfrac{1}{x}\, dx = 2\pi \int_1^3 1\, dx = 4\pi$

(2) $V_{x=-1} = 2\pi \int_1^3 |x - (-1)|\dfrac{1}{x}\, dx$

$$= 2\pi \int_1^3 \left(1 + \frac{1}{x}\right) dx = 2\pi(2 + \ln 3)$$

(3) $V_{x=5} = 2\pi \int_1^3 |x - 5|\dfrac{1}{x}\, dx = 2\pi \int_1^3 (5 - x)\dfrac{1}{x}\, dx$

$$= 2\pi \int_1^3 \left(\frac{5}{x} - 1\right) dx = 2\pi(5\ln 3 - 2)$$

416. $\dfrac{16\pi}{3}$

풀이 원통쉘법을 이용하면

부피 $V = 2\pi \displaystyle\int_1^3 (4-x)(-x^2+4x-3)\,dx$

$\qquad = 2\pi \displaystyle\int_1^3 (x^3 - 8x^2 + 19x - 12)\,dx$

$\qquad = 2\pi \left[\dfrac{1}{4}x^4 - \dfrac{8}{3}x^3 + \dfrac{19}{2}x^2 - 12x \right]_1^3$

$\qquad = 2\pi \left(-\dfrac{9}{4} + \dfrac{59}{12} \right) = \dfrac{16\pi}{3}$

417. ④

풀이 $V = 2\pi \displaystyle\int_0^2 x(10x^2 - 5x^3)\,dx$

$\qquad = 2\pi \displaystyle\int_0^2 (10x^3 - 5x^4)\,dx$

$\qquad = 2\pi \left[\dfrac{5}{2}x^4 - x^5 \right]_0^2 = 16\pi$

418. ③

풀이 원주각법을 이용하여 회전체의 부피를 구하자.

$V = 2\pi \displaystyle\int_1^4 x \cdot \left(\dfrac{x+3}{x^3} \right) dx = 2\pi \displaystyle\int_1^4 \dfrac{x+3}{x^2}\,dx$

$\quad = 2\pi \displaystyle\int_1^4 \left(\dfrac{1}{x} + \dfrac{3}{x^2} \right) dx = 2\pi \left[\ln x - \dfrac{3}{x} \right]_1^4$

$\quad = 2\pi \left(\ln 4 - \dfrac{3}{4} + 3 \right) = 2\pi \left(\ln 4 + \dfrac{9}{4} \right)$

419. ④

풀이 원통껍질 방법을 이용하면 부피는 다음과 같다.

$V = 2\pi \displaystyle\int_0^{\sqrt{\pi}} x\sin(x^2)\,dx = \left[-\pi\cos(x^2) \right]_0^{\sqrt{\pi}} = 2\pi$

420. ④

풀이 $V_y = 2\pi \displaystyle\int_1^5 x \cdot \dfrac{3x}{1+x^3}\,dx = 2\pi \left[\ln|1+x^3| \right]_1^5 = 2\pi\ln 63$

421. ③

풀이 $V = 2\pi \displaystyle\int_0^1 x \cdot \dfrac{1}{2\pi}x\sin(x^2)\,dx$

$\qquad = \displaystyle\int_0^1 x^2 \cdot \sin(x^2)\,dx$

$\qquad = \displaystyle\int_0^1 x^2 \left(x^2 - \dfrac{1}{3!}x^6 + \dfrac{1}{5!}x^{10} - \cdots \right) dx$

$\qquad = \displaystyle\int_0^1 \left(x^4 - \dfrac{1}{3!}x^8 + \dfrac{1}{5!}x^{12} - \cdots \right) dx$

$\qquad = \dfrac{1}{5}x^5 - \dfrac{1}{9 \cdot 3!}x^9 + \dfrac{1}{13 \cdot 5!}x^{13} - \cdots \Big]_0^1$

$\qquad = \dfrac{1}{5} - \dfrac{1}{9 \cdot 3!} + \dfrac{1}{13 \cdot 5!} - \cdots$

여기서 $\dfrac{1}{13 \cdot 5!} - \cdots$ 는 소수 아래 둘째자리에 영향을 주지

않는다. 따라서 부피를 소수 아래 둘째자리까지 정확히 근사하

면 $V = \dfrac{1}{5} - \dfrac{1}{9 \cdot 3!} = \dfrac{49}{270}$ 이다.

422. ③

풀이 $V = 2\pi \displaystyle\int_0^2 (x+2) \cdot 2\sqrt{x}\,dx$

$\qquad = 4\pi \displaystyle\int_0^2 (x\sqrt{x} + 2\sqrt{x})\,dx$

$\qquad = 4\pi \left[\dfrac{2}{5}x^2\sqrt{x} + \dfrac{4}{3}x\sqrt{x} \right]_0^2 = \dfrac{256}{15}\sqrt{2}\,\pi$

423. ②

풀이 주어진 영역은 $0 \le x \le 1$에서 $y = \pm\sqrt{1-x^2}$ 의 그래프와 y

축이 둘러싸인 영역이다.

원주각법에 의해서

$V_{x=-1} = 2\pi \displaystyle\int_0^1 (x+1) \cdot 2\sqrt{1-x^2}\,dx$

$\qquad = 4\pi \displaystyle\int_0^1 x\sqrt{1-x^2} + \sqrt{1-x^2}\,dx$

$\qquad = 4\pi \left\{ \dfrac{1}{2} \cdot \dfrac{2}{3}(1-x^2)^{\frac{3}{2}} \Big|_1^0 + \dfrac{\text{원의 면적}}{4} \right\}$

$\qquad = 4\pi \left(\dfrac{1}{3} + \dfrac{\pi}{4} \right) = \pi^2 + \dfrac{4}{3}\pi$

[다른 풀이] 원판법칙을 이용하여 풀이할 수도 있다.

$$V = \pi \int_{-1}^{1} ((1+\sqrt{1-y^2})^2 - 1)\, dy$$

$$= 2\pi \int_{0}^{1} (2\sqrt{1-y^2} + 1 - y^2)\, dy$$

$$= 2\pi \left[\int_{0}^{1} 2\sqrt{1-y^2}\, dy + \int_{0}^{1} (1-y^2)\, dy \right]$$

$$= \pi^2 + \frac{4}{3}\pi$$

424. ②

풀이 $2 = y^2 - 4y + 5$에서 두 곡선은 $y=1$, $y=3$일 때 만난다.

$$V = 2\pi \int_{1}^{3} y\left[2 - \{1 + (y-2)^2\} \right] dy$$

$$= 2\pi \int_{1}^{3} (-y^3 + 4y^2 - 3y)\, dy = \frac{16}{3}\pi$$

[다른 풀이]

주어진 영역의 x축에 대하여 회전한 입체의 부피
= 주어진 영역을 $y=x$에 대하여 대칭시켜서 y축에 대하여 회전한 입체의 부피
= 주어진 영역을 $y=x$에 대하여 대칭시켜서 x축의 방향으로 -2만큼 평행이동후 직선 $x=-2$에 대하여 회전한 입체의 부피

$$\Rightarrow \quad V_{x=-2} = 2\pi \int_{-1}^{1} (x+2)(1-x^2)\, dx$$

(우함수와 기함수의 성질)

$$= 2\pi \cdot 2 \cdot 2 \int_{0}^{1} 1 - x^2\, dx$$

$$= \frac{16}{3}\pi$$

425. $\pi(1-\cos 1)$

풀이
$$V_{y\tilde{\frac{}{}}} = 2\pi \int_{0}^{1} |x-0|\left(\cos(x^2) - x^2\cos(x^2)\right) dx$$

$$= 2\pi \int_{0}^{1} x\cos(x^2) - x^3\cos(x^2)\, dx$$

(i) $\int_{0}^{1} x\cos(x^2)\, dx = \frac{1}{2}\left[\sin(x^2)\right]_{0}^{1} = \frac{1}{2}\sin 1$

(ii) $\int_{0}^{1} x^3\cos(x^2)\, dx = \frac{1}{2}\int_{0}^{1} t\cos t\, dt = \frac{1}{2}\left[t\sin t + \cos t\right]_{0}^{1}$

$$\left(\because x^2 = t, \quad x\, dx = \frac{1}{2}dt \right)$$

$$= \frac{1}{2}(\sin 1 + \cos 1 - 1)$$

$$\therefore V_{y\tilde{\frac{}{}}} : 2\pi\left\{ \frac{1}{2}(\sin 1 - \sin 1 - \cos 1 + 1) \right\} = \pi(1-\cos 1)$$

426. $\dfrac{8}{3}\pi$

풀이 회전축과의 거리는 $x-1$, 높이는 $4x - x^2 - 3$이므로

$$V = 2\pi \int_{1}^{3} (x-1)(4x - x^2 - 3)\, dx$$

$$= 2\pi \int_{1}^{3} (-x^3 + 5x^2 - 7x + 3)\, dx$$

$$= 2\pi \left[-\frac{1}{4}x^4 + \frac{5}{3}x^3 - \frac{7}{2}x^2 + 3x \right]_{1}^{3} = \frac{8}{3}\pi$$

427. $4\pi + 2\pi^2$

풀이 원통쉘법에 의해서 높이는 $2\sin x - \sin x$이고 회전축과의 거리는 $x+1$이다.

부피 $V = \int_{0}^{\pi} 2\pi(1+x)(2\sin x - \sin x)\, dx$

$$= 2\pi \int_{0}^{\pi} (\sin x + x\sin x)\, dx$$

$$= 2\pi \left[-\cos x - x\cos x + \sin x \right]_{0}^{\pi}$$

$$= 2\pi\{1 + \pi - (-1)\} = 4\pi + 2\pi^2$$

428. $\dfrac{4}{15}\pi$

풀이 곡선 $y = x^2 - x^3$과 직선 $y=0$을 연립하면 교점은 $x=0$, $x=1$이므로 곡선 $y = x^2 - x^3$과 직선 $y=0$으로 둘러싸인 영역을 직선 $x=-1$을 축으로 회전하여 생기는 입체의 부피를 V이다.

$$V = 2\pi \int_{0}^{1} (x+1)(x^2 - x^3)\, dx$$

$$= 2\pi \int_{0}^{1} (x^3 - x^4 + x^2 - x^3)\, dx = 2\pi \int_{0}^{1} (-x^4 + x^2)\, dx$$

$$= 2\pi\left(-\frac{1}{5} + \frac{1}{3} \right) = \frac{4}{15}\pi$$

429. $\dfrac{3}{5}\pi$

풀이 $y = x^3$과 $y = 3x - 2x^2$의 교점은 $x=0$, $x=1$, $x=-3$이므로 1사분면에 있는 영역을 y축으로 회전시킨 입체의 부피를 V_y라고 할 때,

$$V_y = 2\pi \int_{0}^{1} x\{(3x - 2x^2) - x^3\}\, dx$$

$$= 2\pi \int_{0}^{1} 3x^2 - 2x^3 - x^4\, dx = 2\pi\left(1 - \frac{1}{2} - \frac{1}{5} \right)$$

$$= 2\pi\frac{10 - 5 - 2}{10} = \frac{3}{5}\pi$$

430. $2\pi\left(\sqrt{3}-\dfrac{\pi}{3}\right)$

풀이 구간 $a \leq x \leq b$ 에서 x축과 $y=f(x)$ 로 둘러싸인 영역을 회전시켜 만들어지는 회전체의 부피를 V_y 라고 할 때,

$V_y = 2\pi\displaystyle\int_a^b xy\,dx$ 이다.

$V_y = 2\pi\displaystyle\int_1^2 x\,\dfrac{\sqrt{4-x^2}}{x^3}\,dx = 2\pi\displaystyle\int_1^2 \dfrac{\sqrt{4-x^2}}{x^2}\,dx$

$(x = 2\sin t$ 라고 치환$)$

$= 2\pi\displaystyle\int_{\frac{\pi}{6}}^{\frac{\pi}{2}} \dfrac{2\cos t}{4\sin^2 t}\,2\cos t\,dt = 2\pi\displaystyle\int_{\frac{\pi}{6}}^{\frac{\pi}{2}}\cot^2 t\,dt$

$= 2\pi\displaystyle\int_{\frac{\pi}{6}}^{\frac{\pi}{2}}(\csc^2 t - 1)\,dt = 2\pi\Big[-\cot t - t\Big]_{\frac{\pi}{6}}^{\frac{\pi}{2}}$

$= 2\pi\left(\sqrt{3}-\dfrac{\pi}{3}\right)$

431. $\dfrac{104}{15}\pi$

풀이 $V = 2\pi\displaystyle\int_0^4 (x+1)\left(\sqrt{x}-\dfrac{1}{2}x\right)dx$

$= 2\pi\displaystyle\int_0^4 \left(x\sqrt{x}-\dfrac{1}{2}x^2+\sqrt{x}-\dfrac{1}{2}x\right)dx$

$= 2\pi\left[\dfrac{2}{5}x^2\sqrt{x}-\dfrac{1}{6}x^3+\dfrac{2}{3}x^{\frac{3}{2}}-\dfrac{1}{4}x^2\right]_0^4$

$= \dfrac{104}{15}\pi$

432. 288π

풀이 $x=(y-1)^2$ 과 $x=9$의 교점은 $y=-2$와 $y=4$이므로 $y=5$ 를 축으로 회전시켜 얻은 입체의 부피를 $V_{y=5}$ 라고 할 때,

$V_{y=5} = 2\pi\displaystyle\int_{-2}^4 (5-y)(9-(y-1)^2)dy$

$= 2\pi\displaystyle\int_{-2}^4 (5-y)(8-y^2+2y)dy$

$= 2\pi\displaystyle\int_{-2}^4 (40-5y^2+10y-8y+y^3-2y^2)dy$

$= 2\pi\displaystyle\int_{-2}^4 (40+2y-7y^2+y^3)dy$

$= 2\pi\left[40y+y^2-\dfrac{7}{3}y^3+\dfrac{1}{4}y^4\right]_{-2}^4$

$= 2\pi\left\{160+16-\dfrac{448}{3}+64-\left(-80+4+\dfrac{56}{3}+4\right)\right\}$

$= 288\pi$

433. $\dfrac{\pi^2}{60}$

풀이 $V(a) = 2\pi\displaystyle\int_0^a \dfrac{x^2}{(x^2+1)(x^2+4)(x^2+9)}\,dx$

$= 2\pi\displaystyle\int_0^a \dfrac{4}{15(x^2+4)}-\dfrac{9}{40(x^2+9)}-\dfrac{1}{24(x^2+1)}\,dx$

$(\because$ 부분분수변환$)$

$= 2\pi\left[\dfrac{2}{15}\tan^{-1}\left(\dfrac{x}{2}\right)-\dfrac{3}{40}\tan^{-1}\left(\dfrac{x}{3}\right)-\dfrac{1}{24}\tan^{-1}x\right]_0^a\bigg\}$

$= 2\pi\left(\dfrac{2}{15}\tan^{-1}\left(\dfrac{a}{2}\right)-\dfrac{3}{40}\tan^{-1}\left(\dfrac{a}{3}\right)-\dfrac{1}{24}\tan^{-1}(a)\right)$

$\displaystyle\lim_{a\to\infty}V(a) = 2\pi\left(\dfrac{2}{15}\cdot\dfrac{\pi}{2}-\dfrac{3}{40}\cdot\dfrac{\pi}{2}-\dfrac{1}{24}\cdot\dfrac{\pi}{2}\right)=\dfrac{\pi^2}{60}$

434. (1) $\dfrac{\pi^2}{12}+\dfrac{\pi}{4}$ (2) $\dfrac{\sqrt{2}}{4}\pi^2+(\sqrt{2}-2)\pi-\dfrac{\sqrt{2}}{48}\pi^3$

풀이 $y_1=\cos x,\ y_2=\dfrac{2\sqrt{2}}{\pi}x$라고 하자.

두 그래프의 교점은 $x=\dfrac{\pi}{4}$일 때이다.

$D=\left\{(x,y)\,|\,0\leq x\leq\dfrac{\pi}{4},\ \dfrac{2\sqrt{2}}{\pi}x\leq y\leq\cos x\right\}$이다.

(1) $V_{x축}=\pi\displaystyle\int_0^{\frac{\pi}{4}}(y_1)^2-(y_2)^2\,dx$

$= \pi\displaystyle\int_0^{\frac{\pi}{4}}\cos^2 x-\dfrac{8}{\pi^2}x^2\,dx$

$= \pi\displaystyle\int_0^{\frac{\pi}{4}}\dfrac{1+\cos 2x}{2}-\dfrac{8}{\pi^2}x^2\,dx$

$= \pi\left[\dfrac{1}{2}x+\dfrac{1}{4}\sin 2x-\dfrac{8}{3\pi^2}x^3\right]_0^{\frac{\pi}{4}}=\dfrac{\pi^2}{12}+\dfrac{\pi}{4}$

(2) $V_{y축}=2\pi\displaystyle\int_0^{\frac{\pi}{4}}x(y_1-y_2)\,dx$

$= 2\pi\displaystyle\int_0^{\frac{\pi}{4}}x\cos x-\dfrac{2\sqrt{2}}{\pi}x^2\,dx$

$= 2\pi\left[x\sin x+\cos x-\dfrac{2\sqrt{2}}{3\pi}x^3\right]_0^{\frac{\pi}{4}}$

$= 2\pi\left(\dfrac{\sqrt{2}}{8}\pi+\dfrac{\sqrt{2}}{2}-1-\dfrac{\sqrt{2}}{96}\pi^2\right)$

$= \dfrac{\sqrt{2}}{4}\pi^2+(\sqrt{2}-2)\pi-\dfrac{\sqrt{2}}{48}\pi^3$

435. (1) $\dfrac{\pi^2}{6}-\dfrac{\pi}{4}$　　(2) $\dfrac{\sqrt{2}}{48}\pi^3+\pi^2-\dfrac{\sqrt{2}}{4}\pi^2-\sqrt{2}\pi$

풀이 $y_1=\cos x,\ y_2=\dfrac{2\sqrt{2}}{\pi}x$라고 하자.

두 그래프의 교점은 $x=\dfrac{\pi}{4}$일 때이다.

즉, 영역 R은 $0\le x\le\dfrac{\pi}{4}$에서 $y=\dfrac{2\sqrt{2}}{\pi}x$,

$\dfrac{\pi}{4}\le x\le\dfrac{\pi}{2}$에서 $y=\cos x$, 그리고 x축으로 둘러싸인 부분이다.

(1) $V_{x\stackrel{\LARGE\cdot}{\bar{}}\bar\ }=\pi\displaystyle\int_0^{\frac{\pi}{4}}\left(\dfrac{2\sqrt{2}}{\pi}x\right)^2dx+\pi\int_{\frac{\pi}{4}}^{\frac{\pi}{2}}\cos^2x\,dx$

$=\pi\left\{\displaystyle\int_0^{\frac{\pi}{4}}\dfrac{8}{\pi^2}x^2\,dx+\int_{\frac{\pi}{4}}^{\frac{\pi}{2}}\dfrac{1+\cos 2x}{2}\,dx\right\}$

$=\pi\left\{\dfrac{8}{\pi^2}\dfrac{1}{3}\left(\dfrac{\pi}{4}\right)^3+\dfrac{1}{2}\left(\dfrac{\pi}{4}\right)+\dfrac{1}{4}(0-1)\right\}=\dfrac{\pi^2}{6}-\dfrac{\pi}{4}$

(2) $V_{y\stackrel{\LARGE\cdot}{\bar{}}\ }=2\pi\displaystyle\int_0^{\frac{\pi}{4}}xy_2\,dx+2\pi\int_{\frac{\pi}{4}}^{\frac{\pi}{2}}x\,y_1\,dx$

$=2\pi\left\{\displaystyle\int_0^{\frac{\pi}{4}}\dfrac{2\sqrt{2}}{\pi}x^2\,dx+\int_{\frac{\pi}{4}}^{\frac{\pi}{2}}x\cos x\,dx\right\}$

$=2\pi\left\{\left[\dfrac{2\sqrt{2}}{3\pi}x^3\right]_0^{\frac{\pi}{4}}+[x\sin x+\cos x]_{\frac{\pi}{4}}^{\frac{\pi}{2}}\right\}$

$=2\pi\left(\dfrac{\sqrt{2}}{96}\pi^2+\dfrac{1}{2}\pi-\dfrac{\sqrt{2}}{8}\pi-\dfrac{\sqrt{2}}{2}\right)$

$=\dfrac{\sqrt{2}}{48}\pi^3+\pi^2-\dfrac{\sqrt{2}}{4}\pi^2-\sqrt{2}\pi$

436. (1) $\pi\left\{\dfrac{\pi^2}{4}-2\right\}$　　(2) $\dfrac{\pi^2}{4}$

풀이 (1) $V_{x\stackrel{\LARGE\cdot}{\bar{}}\ }=\pi\displaystyle\int_0^1(\sin^{-1}x)^2\,dx$

$=\pi\left\{[x(\sin^{-1}x)^2]_0^1-\displaystyle\int_0^1\dfrac{2x}{\sqrt{1-x^2}}\sin^{-1}x\,dx\right\}$

$=\pi\left\{\dfrac{\pi^2}{4}-2\right\}$

(*) $\displaystyle\int_0^1\dfrac{2x}{\sqrt{1-x^2}}\sin^{-1}x\,dx$

$=\left[-2\sqrt{1-x^2}\sin^{-1}x\right]_0^1-\displaystyle\int_0^1-2dx=2$

(2) $V_{y\stackrel{\LARGE\cdot}{\bar{}}\ }=2\pi\displaystyle\int_0^1 x\sin^{-1}x\,dx$

$=2\pi\left\{\left[\dfrac{1}{2}x^2\sin^{-1}x\right]_0^1-\dfrac{1}{2}\displaystyle\int_0^1\dfrac{x^2}{\sqrt{1-x^2}}\,dx\right\}$

$=2\pi\left(\dfrac{\pi}{4}-\dfrac{1}{2}\left(\dfrac{\pi}{4}\right)\right)=\dfrac{\pi^2}{4}$

(*) $\displaystyle\int_0^1\dfrac{x^2}{\sqrt{1-x^2}}\,dx=\int_0^{\frac{\pi}{2}}\dfrac{\sin^2\theta}{\cos\theta}\cos\theta\,d\theta=\dfrac{\pi}{4}$

$\left(\begin{array}{l}x=\sin\theta\\dx=\cos\theta\,d\theta\end{array}\right)$

[다른 풀이]

(1) 주어진 영역을 $y=x$에 대하여 대칭시키고 회전축도 바꿔서 생각해보자. 즉, $y=\sin x\,(0\le y\le 1)$, $y=1$, y축으로 둘러싸인 영역 R이라고 할 때, 영역 R을 y축으로 회전한 입체의 부피는 원통쉘방법에 의해서

$V=2\pi\displaystyle\int_0^{\frac{\pi}{2}}x(1-\sin x)\,dx$

$=2\pi\displaystyle\int_0^{\frac{\pi}{2}}x-x\sin x\,dx$

$=2\pi\left(\dfrac{1}{2}x^2+x\cos x-\sin x\right)\Big|_0^{\frac{\pi}{2}}$

$=2\pi\left(\dfrac{\pi^2}{8}-1\right)=\pi\left(\dfrac{\pi^2}{4}-2\right)$

(2) 주어진 영역을 $y=x$에 대하여 대칭시키고 회전축도 바꿔서 생각해보자.

즉, $y=\sin x\,(0\le y\le 1)$, $y=1$, x축으로 둘러싸인 영역 R을 x축으로 회전한 입체의 부피는 원판법칙에 의해서

$V=\pi\displaystyle\int_0^{\frac{\pi}{2}}1-\sin^2x\,dx=\pi\left(\dfrac{\pi}{2}-\dfrac{1}{2}\cdot\dfrac{\pi}{2}\right)=\dfrac{\pi^2}{4}$

437. $\dfrac{21}{2}$

풀이 $V_1=\pi\displaystyle\int_0^1(x^2-x^3)^2\,dx=\pi\int_0^1(x^4-2x^5+x^6)\,dx$

$=\pi\left[\dfrac{1}{5}x^5-\dfrac{1}{3}x^6+\dfrac{1}{7}x^7\right]_0^1=\pi\left(\dfrac{1}{5}-\dfrac{1}{3}+\dfrac{1}{7}\right)=\dfrac{\pi}{105}$

$V_2=2\pi\displaystyle\int_0^1 x(x^2-x^3)\,dx\ (\because 원주각법)$

$=2\pi\displaystyle\int_0^1(x^3-x^4)\,dx=2\pi\left(\dfrac{1}{4}-\dfrac{1}{5}\right)=\dfrac{\pi}{10}$

$\therefore\ \dfrac{V_2}{V_1}=\dfrac{\dfrac{\pi}{10}}{\dfrac{\pi}{105}}=\dfrac{21}{2}$

438. $\dfrac{2\pi}{15}$

풀이 텐트 내피와 외피 사이 공간의 부피는

삼각뿔의 부피−내부 부피로 구할 수 있다.

내피의 함수는 $r=(1-h)^2$이고 $x=(1-y)^2$으로 생각해도 된다.

내부의 부피를 원판법칙을 이용하면 $\pi\displaystyle\int_0^1 r^2\,dh$이다.

$$\frac{\pi}{3}-\int_0^1 \pi(1-h)^4\,dh=\frac{\pi}{3}-\left[-\frac{\pi}{5}(1-h)^5\right]_0^1=\frac{2\pi}{15}$$

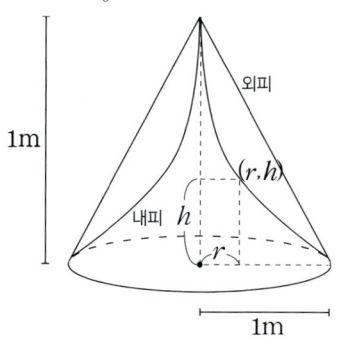

[다른 풀이]

$r=(1-h)^2 \Leftrightarrow h=1-\sqrt{r}$ 이므로 원주각법을 이용해서 내부

부피를 구하면 $2\pi\displaystyle\int_0^1 rh\,dr$이다.

$$\frac{\pi}{3}-2\pi\int_0^1 r(1-\sqrt{r})\,dr=\frac{\pi}{3}-\left[\pi\left(r^2-\frac{4}{5}r^{\frac{5}{2}}\right)\right]_0^1=\frac{2\pi}{15}$$

■ **6. 회전체의 표면적**

439. $\dfrac{98\pi}{3}$

풀이 x축으로 회전한 곡면의 면적은

$$S_x=2\pi\int_1^5 y\sqrt{1+(y')^2}\,dx$$

$$=2\pi\int_1^5 \sqrt{1+4x}\,\sqrt{\frac{5+4x}{1+4x}}\,dx$$

$$\left(\begin{array}{l} y'=\dfrac{4}{2\sqrt{1+4x}}=\dfrac{2}{\sqrt{1+4x}}\\[2mm] 1+(y')^2=1+\dfrac{4}{1+4x}=\dfrac{5+4x}{1+4x} \end{array}\right)$$

$$=2\pi\left[\frac{1}{4}\cdot\frac{2}{3}(5+4x)^{\frac{3}{2}}\right]_1^5=\frac{\pi}{3}(125-27)=\frac{98\pi}{3}$$

440. $\dfrac{5110}{279}\pi$

풀이 $y'=\sqrt{\sqrt{x}-1}\Rightarrow 1+(y')^2=1+\sqrt{x}-1=\sqrt{x}$

$$\Rightarrow \sqrt{1+(y')^2}=\sqrt{\sqrt{x}}=x^{\frac{1}{4}}$$

$$L=\int_1^{16}\sqrt{1+(y')^2}=\int_1^{16}x^{\frac{1}{4}}\,dx$$

$$=\left[\frac{4}{5}x^{\frac{5}{4}}\right]_1^{16}=\frac{4}{5}(2^5-1)=\frac{124}{5}$$

$$S_y=2\pi\int_1^{16}x\sqrt{1+(y')^2}\,dx=2\pi\int_1^{16}x\cdot x^{\frac{1}{4}}\,dx$$

$$=2\pi\left[\frac{4}{9}x^{\frac{9}{4}}\right]_1^{16}=2\pi\times\frac{4}{9}(2^9-1)=\frac{8}{9}\pi\times511$$

$$\therefore \frac{S_y}{L}=\frac{8\times511}{9}\pi\times\frac{5}{124}=\frac{5110}{279}\pi$$

441. $\dfrac{12\pi}{5}a^2$

풀이 $0\le t\le\pi$를 x축으로 회전시킨 입체의 표면적은

$0\le t\le\dfrac{\pi}{2}$를 x축으로 회전시킨 입체의 표면적의

2배이므로 회전체의 표면적은 다음과 같다.

$x'=3a\cos^2 t(-\sin t),\ y'=3a\sin^2 t\cos t$이므로

$$\sqrt{(x')^2+(y')^2}=\sqrt{9a^2\cos^4 t\sin^2 t+9a^2\sin^4 t\cos^2 t}$$

$$=3a\sqrt{\cos^2 t\sin^2 t(\cos^2 t+\sin^2 t)}$$

$$=3a\,|\sin t\cos t\,|$$

$$\therefore S_x = 2 \times 2\pi \int_0^{\frac{\pi}{2}} y \sqrt{(x')^2 + (y')^2}\, dt$$

$$= 2 \times 2\pi \int_0^{\frac{\pi}{2}} a\sin^3 t \cdot 3a |\cos t \sin t|\, dt$$

$$= 4\pi \cdot 3a^2 \int_0^{\frac{\pi}{2}} \sin^4 t \cos t\, dt$$

$$= 12\pi a^2 \cdot \frac{1}{5}\left[\sin^5 t\right]_0^{\frac{\pi}{2}} = \frac{12\pi}{5}a^2$$

442. 18π

풀이 곡선 $y = \sqrt{9-x^2}$, $-2 \leq x \leq 1$을 회전시킨 곡면이므로 내부영역이 비어있는 곡면이다. 따라서 뚜껑에 해당하는 원의 넓이는 제외된다.

[풀이1] 양함수 풀이

$y' = \dfrac{-x}{\sqrt{9-x^2}}$ 이므로 $\sqrt{1+(y')^2} = \sqrt{1+\dfrac{x^2}{9-x^2}}$ 이다.

$$S_x = 2\pi \int_{-2}^1 y\sqrt{1+(y')^2}\, dx$$

$$= 2\pi \int_{-2}^1 \sqrt{9-x^2}\sqrt{1+\frac{x^2}{9-x^2}}\, dx$$

$$= 2\pi \int_{-2}^1 \sqrt{9}\, dx$$

$$= 18\pi$$

[풀이2] 극좌표 풀이

$x^2 + y^2 = 9 \Leftrightarrow r = 3$, $x = r\cos\theta = 3\cos\theta$,
$y = r\sin\theta = 3\sin\theta$이므로

$$S_x = 2\pi \int_\alpha^\beta r\sin\theta \sqrt{r^2 + (r')^2}\, d\theta$$

$$\left(\alpha = \cos^{-1}\left(\frac{1}{3}\right),\ \beta = \cos^{-1}\left(-\frac{2}{3}\right)\right)$$

$$= 2\pi \int_\alpha^\beta 9\sin\theta\, d\theta$$

$$= 18\pi\left[-\cos\theta\right]_\alpha^\beta$$

$$= 18\pi(\cos\alpha - \cos\beta)$$

$$= 18\pi\left(\frac{1}{3} - \left(-\frac{2}{3}\right)\right)$$

$$= 18\pi$$

443. 14π

풀이 곡선 $y = \sqrt{4-x^2}$ 과 직선 $x=-1$, $x=1$과 x축으로 둘러싸인 영역을 회전시킨 입체이므로 내부영역이 꽉차있다. 따라서 곡면의 겉넓이에 뚜껑이 포함되어 있다.

$x=1$일 때, $y = \sqrt{3}$ 이고, $x=-1$일 때, $y = \sqrt{3}$ 이므로 뚜껑에 해당하는 영역의 넓이는 6π이다.

[풀이1] 양함수 풀이

$y' = \dfrac{-x}{\sqrt{4-x^2}}$ 이므로 $\sqrt{1+(y')^2} = \sqrt{1+\dfrac{x^2}{4-x^2}}$ 이고, S_x를 곡선을 회전시킨 곡면의 겉넓이인 옆면이라고 하자.

$$S_x = 2\pi \int_{-1}^1 y\sqrt{1+(y')^2}\, dx$$

$$= 2\pi \int_{-1}^1 \sqrt{4-x^2}\sqrt{1+\frac{x^2}{4-x^2}}\, dx$$

$$= 2\pi \int_{-1}^1 \sqrt{4-x^2+x^2}\, dx = 2\pi \int_{-1}^1 2\, dx = 8\pi$$

따라서 $S_x + 6\pi = 14\pi$이다.

[풀이2] 극좌표 풀이

$x^2 + y^2 = 4 \Leftrightarrow r = 2$, $x = r\cos\theta = 2\cos\theta$,
$y = r\sin\theta = 2\sin\theta$이고, S_x를 곡선을 회전시킨 곡면의 겉넓이인 옆면이라고 하자.

$$S_x = 2\pi \int_{\frac{\pi}{3}}^{\frac{2}{3}\pi} r\sin\theta \sqrt{r^2 + (r')^2}\, d\theta$$

$$= 2\pi \int_{\frac{\pi}{3}}^{\frac{2}{3}\pi} 4\sin\theta\, d\theta$$

$$= 8\pi \left[-\cos\theta\right]_{\frac{\pi}{3}}^{\frac{2}{3}\pi}$$

$$= 8\pi\left(\cos\frac{\pi}{3} - \cos\frac{2}{3}\pi\right)$$

$$= 8\pi\left(\frac{1}{2} - \left(-\frac{1}{2}\right)\right)$$

$$= 8\pi$$

따라서 $S_x + 6\pi = 14\pi$이다.

444. $4\pi\left(2 + \dfrac{\pi}{3}\right)$

풀이 곡선 $y = \sqrt{4-x^2}$ (단, $-1 \leq x \leq 1$)을 회전시킨 곡면이므로 내부영역이 비어있는 곡면이다. 따라서 뚜껑에 해당하는 원의 넓이는 제외된다.

[풀이1] 양함수 풀이

$y' = \dfrac{-x}{\sqrt{4-x^2}}$ 이므로 $\sqrt{1+(y')^2} = \sqrt{1 + \dfrac{x^2}{4-x^2}}$ 이다.

$$S_{y=-1} = 2\pi \int_{-1}^{1} (y+1)\sqrt{1+(y')^2}\,dx$$

$$= 2\pi \int_{-1}^{1} \left(\sqrt{4-x^2}+1\right)\sqrt{1+\dfrac{x^2}{4-x^2}}\,dx$$

$$= 4\pi \int_{-1}^{1} \left(1 + \dfrac{1}{\sqrt{4-x^2}}\right)dx$$

$$= 8\pi \int_{0}^{1} 1 + \dfrac{1}{\sqrt{4-x^2}}\,dx$$

$$= 8\pi \left[x + \sin^{-1}\left(\dfrac{x}{2}\right)\right]_0^1$$

$$= 4\pi\left(2 + \dfrac{\pi}{3}\right)$$

[풀이2] 극좌표 풀이

$x^2 + y^2 = 4 \Leftrightarrow r = 2$, $x = r\cos\theta = 2\cos\theta$,
$y = r\sin\theta = 2\sin\theta$ 이므로

$$S_{y=-1} = 2\pi \int_{\frac{\pi}{3}}^{\frac{2}{3}\pi} (r\sin\theta + 1)\sqrt{r^2 + (r')^2}\,d\theta$$

$$= 4\pi \int_{\frac{\pi}{3}}^{\frac{2}{3}\pi} (2\sin\theta + 1)\,d\theta$$

$$= 4\pi\left[-2\cos\theta + \theta\right]_{\frac{\pi}{3}}^{\frac{2}{3}\pi}$$

$$= 4\pi\left(2\cos\left(\dfrac{\pi}{3}\right) - 2\cos\left(\dfrac{2}{3}\pi\right) + \dfrac{\pi}{3}\right)$$

$$= 4\pi\left(2 + \dfrac{\pi}{3}\right)$$

445. $2e\pi$

풀이 곡선 $y = \sqrt{1+2e^x}$ $(0 \le x \le 1)$을 x축을 중심으로 회전시켜 얻어지는 회전면의 넓이를 S_x 라고 할 때,

$S_x = 2\pi \int_0^1 y\sqrt{1+(y')^2}\,dx$ 이다. 따라서

$$S_x = 2\pi \int_0^1 \sqrt{1+2e^x}\sqrt{1 + \left(\dfrac{2e^x}{2\sqrt{1+2e^x}}\right)^2}\,dx$$

$$= 2\pi \int_0^1 \sqrt{1+2e^x}\sqrt{1 + \dfrac{e^{2x}}{1+2e^x}}\,dx$$

$$= 2\pi \int_0^1 \sqrt{1+2e^x + e^{2x}}\,dx$$

$$= 2\pi \int_0^1 (e^x + 1)\,dx$$

$$= 2\pi\left[e^x + x\right]_0^1$$

$$= 2\pi(e + 1 - 1)$$

$$= 2e\pi$$

446. 30π

풀이 매개변수 곡선 $x = f(t)$, $y = g(t)$ 을 x 축에 대하여 회전시켜서 얻은 도형의 겉넓이를 S_x 라 하면

$$S_x = 2\pi \int_{t_1}^{t_2} g(t)\sqrt{\left(\dfrac{dx}{dt}\right)^2 + \left(\dfrac{dy}{dt}\right)^2}\,dt \text{ 가 된다.}$$

따라서 S_x 는 다음과 같다.

S_x

$$= 2\pi \int_0^{\frac{\pi}{2}} 5\sin^3 t \sqrt{(-15\cos^2 t \sin t)^2 + (15\sin^2 t \cos t)^2}\,dt$$

$$= 2\pi \int_0^{\frac{\pi}{2}} 5\sin^3 t \cdot 15\cos t \sin t\,dt$$

$$= 2\pi \cdot 5 \cdot 15 \int_0^{\frac{\pi}{2}} \sin^4 t \cdot \cos t\,dt$$

$$= 30\pi\left[\sin^5 t\right]_0^{\frac{\pi}{2}} = 30\pi$$

447. $8\sqrt{2}\,\pi$

풀이 직선 $y = -x + 4$의 $1 \le x \le 3$인 부분을 y축 둘레로 회전시켜 얻은 곡면의 넓이이므로

$$S_y = 2\pi \int_1^3 x\sqrt{1 + \{(4-y)\}^2}\,dy$$

$$= 2\pi \int_1^3 (4-y)\sqrt{2}\,dy$$

$$= 2\sqrt{2}\,\pi\left[4y - \dfrac{1}{2}y^2\right]_1^3$$

$$= 8\sqrt{2}\,\pi$$

448. $\pi(2a + \sinh 2a)$

풀이 구간 $a \le x \le b$ 에서 $y = f(x)$ 를 x 축으로 회전한 곡면의 넓이를 S_x 라 할 때, $S_x = 2\pi \int_a^b y\sqrt{1+(y')^2}\,dx$ 이다.

따라서 곡선 $y = \cosh x$ 의 $-a \le x \le a$ 부분을 x 축으로 회전한 곡면의 넓이는 다음과 같다.

$$S_x = 2\pi \int_{-a}^{a} \cosh x \sqrt{1 + (\sinh x)^2}\,dx$$

$$= 2\pi \int_{-a}^{a} \cosh x \sqrt{\cosh^2 x}\,dx$$

$$= 2\pi \int_{-a}^{a} \cosh^2 x \, dx$$

$$= 4\pi \int_{0}^{a} \cosh^2 x \, dx \quad (\because \cosh^2 x \text{는 우함수})$$

$$= 4\pi \int_{0}^{a} \frac{1}{4}(e^{2x} + 2 + e^{-2x}) \, dx$$

$$= \pi \left[\frac{1}{2}e^{2x} + 2x - \frac{1}{2}e^{-2x} \right]_{0}^{a} = \pi \left\{ \frac{1}{2}(e^{2a} - e^{-2a}) + 2a \right\}$$

$$= \pi(2a + \sinh 2a)$$

449. $\dfrac{\pi}{10}(3\sqrt{2} + 8)$

풀이 곡선 $x = \dfrac{1}{8}y^4 + \dfrac{1}{4y^2}$ $(1 \leq y \leq \sqrt{2})$ 에 대한 x축 회전체의

곡면적은

$$S = 2\pi \int_{1}^{\sqrt{2}} y \sqrt{\left(\frac{1}{2}y^3 - \frac{1}{2y^3} \right)^2 + 1} \, dy$$

$$= 2\pi \int_{1}^{\sqrt{2}} y \left(\frac{y^3}{2} + \frac{1}{2y^3} \right) dy = 2\pi \int_{1}^{\sqrt{2}} \left(\frac{1}{2}t^4 + \frac{1}{2t^2} \right) dt$$

$$= 2\pi \left[\frac{1}{10}y^5 - \frac{1}{2y} \right]_{1}^{\sqrt{2}} = \frac{\pi}{10}(3\sqrt{2} + 8)$$

450. $\dfrac{152}{3}\pi$

풀이
$$S = 2\pi \int_{3}^{8} 2\sqrt{x} \sqrt{1 + \frac{1}{x}} \, dx$$

$$= 2\pi \int_{3}^{8} 2\sqrt{x+1} \, dx = 4\pi \times \frac{2}{3}(x+1)^{\frac{3}{2}} \Big]_{3}^{8} = \frac{152}{3}\pi$$

■ 7. 파푸스(Pappus) 정리

451. (i) 부피 $V = 4\pi^2$ (ii) 표면적 $S = 8\pi^2$

풀이 $2 - x = \cos\theta,\ y = \sin\theta$ 이므로

$$(2-x)^2 + y^2 = 1 \ \Rightarrow\ (x-2)^2 + y^2 = 1$$

즉 주어진 매개곡선은 중심이 $(2, 0)$이고 반지름이 1인 원이다.
y축과 원의 중심과의 거리 $d = 2$이다.
원의 넓이는 π, 둘레는 2π이므로 파푸스 정리에 의해서
(i) 회전체의 부피 $V = \pi \times 2\pi \times d = 4\pi^2$
(ii) 회전체의 표면적 $S = 2\pi \times 2\pi \times d = 8\pi^2$

452. $6\sqrt{2}\,\pi^2$

풀이 매개곡선은 $\begin{cases} x = 2\cos\theta \\ y = \sin\theta \end{cases} \Leftrightarrow \left(\dfrac{x}{2} \right)^2 + y^2 = 1$ 이므로

중심이 원점인 타원이다. 타원의 면적은 2π이고,

회전축인 직선과 타원의 중심과의 거리 $d = \dfrac{3}{\sqrt{2}}$ 이다.

파푸스 정리에 의해서 폐곡선의 회전체의 부피

$$V = 2\pi \times 2\pi \times d = 6\sqrt{2}\,\pi^2$$

> **TIP** 타원 $\dfrac{(x-x_0)^2}{a^2} + \dfrac{(y-y_0)^2}{b^2} = 1$의
>
> 면적은 πab 이다.
> 직선 $ax + by + c = 0$과 한 점 (x_0, y_0)의 거리
>
> $$d = \frac{|ax_0 + by_0 + c|}{\sqrt{a^2 + b^2}}$$ 이다.

453. $9\sqrt{2}\,\pi$

풀이 (i) 삼각형의 무게중심

$$(\bar{x}, \bar{y}) = \left(\frac{3+5+4}{3}, \frac{1+1+4}{3} \right) = (4, 2)$$

(ii) 삼각형의 중심과 회전축인 직선 $x - y + 1 = 0$과의 거리

$$d = \frac{3}{\sqrt{2}} = \frac{3\sqrt{2}}{2}$$

(iii) 삼각형의 면적은 $2 \times 3 \times \dfrac{1}{2} = 3$

$\therefore$ 파푸스 정리에 의해서 폐곡선인 삼각형을 회전했을 때 부피는

$$V = 3 \times 2\pi \times \frac{3\sqrt{2}}{2} = 9\sqrt{2}\,\pi$$

삼각형의 세 꼭짓점이

$(x_1, y_1), (x_2, y_2), (x_3, y_3)$일 때, 삼각형의

무게중심 $(\overline{x}, \overline{y})$의 좌표는

$(\overline{x}, \overline{y}) = \left(\dfrac{x_1 + x_2 + x_3}{3}, \dfrac{y_1 + y_2 + y_3}{3} \right)$이다.

454. (i) 부피 $V = \dfrac{3\pi^2}{2}$, (ii) 겉넓이 $S = 24\pi$

풀이 주어진 곡선은 중심이 원점인 성망형 그래프이다.

(i) 성망형의 중심인 원점과 회전축과의 거리 $d = 2$

(ii) 성망형의 내부면적은 $\dfrac{3\pi}{8}$, 둘레 길이는 6

$\therefore$ 파푸스 정리에 의해서 폐곡선인 성망형을 회전했을 때 부피

$V = \dfrac{3\pi}{8} \times 2\pi \times 2 = \dfrac{3\pi^2}{2}$,

겉넓이 $S = 6 \times 2\pi \times 2 = 24\pi$

TIP 성망형 $\begin{cases} x = a\cos^3 t \\ y = a\sin^3 t \end{cases} (0 \le t \le 2\pi)$의

내부면적은 $\dfrac{3\pi a^2}{8}$, 곡선의 길이는 $6a$이다.

■ 2. 무한급수의 수렴·발산 판정법

455.　(1) 발산　(2) 발산　(3) 수렴
　　　　(4) 발산　(5) 수렴　(6) 수렴

풀이 (1) $\lim\limits_{k \to \infty} a_n = \lim\limits_{k \to \infty} \dfrac{n^2}{2n^2+1} = \dfrac{1}{2} \neq 0$ 이므로 발산판정법에
의해 발산한다.

(2) $\lim\limits_{n \to \infty} a_n = \lim\limits_{n \to \infty} \sqrt[n]{2} = \lim\limits_{n \to \infty} 2^{\left(\frac{1}{n}\right)} = 2^0 = 1 \neq 0$이므로
발산판정법에 의해 발산한다.

(3) 적분판정법 또는 p급수판정에 의하여

$\sum\limits_{n=2}^{\infty} \dfrac{1}{n(\ln n)^2}$ 수렴한다.

(4) 적분판정법 또는 p급수판정에 의하여

$\sum\limits_{n=2}^{\infty} \dfrac{1}{n(\ln n)^{\frac{1}{2}}}$ 발산한다.

(5) $\displaystyle\int_1^{\infty} xe^{-x^2} dx = \int_1^{\infty} \dfrac{1}{2} e^{-t} dt$　($\because x^2 = t$로 치환)

$= \lim\limits_{s \to \infty} \left[-\dfrac{1}{2} e^{-t} \right]_1^s$

$= \lim\limits_{s \to \infty} \left\{ -\dfrac{1}{2} e^{-s} + \dfrac{1}{2} e^{-1} \right\} = \dfrac{1}{2} e^{-1}$

로 수렴하므로 적분판정법에 의하여

$\sum\limits_{n=1}^{\infty} n \cdot e^{-n^2}$도 수렴한다.

(6) $p = \sqrt{2}$ 이므로 p급수판정법에 의하여 수렴한다.

456.　(1) 수렴　(2) 수렴　(3) 발산
　　　　(4) 수렴　(5) 발산　(6) 수렴

풀이 (1) $p = \dfrac{3}{2}$ 이므로 p급수판정법에 의하여 수렴한다.

(2) $p = 2$이므로 p급수판정법에 의하여 수렴한다.

(3) $p = 1$이므로 p급수판정법에 의하여 발산한다.

(4) $p = 2$이므로 p급수판정법에 의하여 수렴한다.

(5) $p = 1$이므로 p급수판정법에 의하여 발산한다.

(6) $p = 2$이므로 p급수판정법에 의하여 수렴한다.

457.　①

풀이 $\sum\limits_{n=1}^{\infty} n^{\tan\theta} = \sum\limits_{n=1}^{\infty} \dfrac{1}{n^{-\tan\theta}}$ 이고 급수 $\sum\limits_{n=1}^{\infty} \dfrac{1}{n^{-\tan\theta}}$ 이
수렴하기 위해서는 p급수판정법에 의하여 $-\tan\theta$의
값이 1보다 커야 한다.

따라서 보기 중에서 $\theta = \dfrac{2\pi}{3}$ 일 때, $-\tan\theta$의 값이

$\sqrt{3}$ 이므로 급수 $\sum\limits_{n=1}^{\infty} n^{\tan\theta}$ 가 수렴한다.

458.　②

풀이 로그의 성질을 이용하면 $b^{\ln n} = x$라고 할 때,
$\ln x = \ln n \ln b = n^{\ln b}$이므로 $x = n^{\ln b}$가 성립한다.

$\sum b^{\ln n} = \sum n^{\ln b} = \sum \dfrac{1}{n^{-\ln b}}$ 로 바꾸어 쓸 수 있으며,

p급수판정법을 사용하면 $-\ln b > 1$를 만족하여야 한다.
그러므로 정리하면 $0 < b < e^{-1}$이 된다.

459.　④

풀이 비교판정은 $a_n > 0, b_n > 0$일 때 할 수 있다.
따라서 보기 ①, ②은 양항의 조건이 없기 때문에 비교판정할 수
없다.

③ a_n과 b_n이 양항급수이면 $0 < b_n \leq a_n$ 을 만족할 때,

$\sum\limits_{n=1}^{\infty} b_n$ 이 발산하면 $\sum\limits_{n=1}^{\infty} a_n$은 발산한다.

④ $0 \leq a_n \leq b_n$ 이므로 $\sum\limits_{n=1}^{\infty} a_n$ 과 $\sum\limits_{n=1}^{\infty} b_n$은 양항급수이고

$\sum\limits_{n=1}^{\infty} b_n$ 이 수렴하면 $\sum\limits_{n=1}^{\infty} b_n$ 보다 작은 $\sum\limits_{n=1}^{\infty} a_n$은
비교판정법에 의하여 수렴한다.

460.　(1) 수렴　(2) 발산　(3) 발산
　　　　(4) 수렴　(5) 수렴　(6) 수렴

풀이 (1) $\dfrac{1}{n^2+n+1} < \dfrac{1}{n^2}$ 이고, $\sum\limits_{n=1}^{\infty} \dfrac{1}{n^2}$ 은 p급수판정법에
의하여 수렴하므로 비교판정법에 의해

$\displaystyle\sum_{n=1}^{\infty}\frac{1}{n^2+n+1}$ 은 수렴한다.

[다른 풀이]

$a_n=\dfrac{1}{n^2+n+1}$ 과 $b_n=\dfrac{1}{n^2}$ 에 대하여

$\displaystyle\lim_{n\to\infty}\frac{a_n}{b_n}=\lim_{n\to\infty}\frac{n^2}{n^2+n+1}=1$ 이므로

극한비교 판정에 의해서

$\displaystyle\sum_{n=2}^{\infty}\frac{1}{n^2}$ 이 수렴하므로 (p급수판정법)

$\displaystyle\sum_{n=1}^{\infty}\frac{1}{n^2+n+1}$ 은 수렴한다.

(2) $a_n=\dfrac{n}{2n^2+3n-1}$ 과 $b_n=\dfrac{1}{2n}$ 에 대하여

$\displaystyle\lim_{n\to\infty}\frac{a_n}{b_n}=\lim_{n\to\infty}\frac{n}{2n^2+3n-1}\cdot\frac{2n}{1}=1$ 이므로

극한비교 판정에 의해서

$\displaystyle\sum_{n=2}^{\infty}\frac{1}{2n}$ 발산하므로 $\displaystyle\sum_{n=2}^{\infty}\frac{n}{2n^2+3n-1}$ 은 발산한다.

(3) $a_n=\dfrac{1}{n\ln(1+n)}$, $b_n=\dfrac{1}{n\ln n}$ 이라고 할 때,

$\displaystyle\lim_{n\to\infty}\frac{a_n}{b_n}=\lim_{n\to\infty}\frac{n\ln n}{n\ln(1+n)}=\lim_{n\to\infty}\frac{\ln n}{\ln(1+n)}=1$

이므로 극한비교 판정에 의해서

$\displaystyle\sum_{n=1}^{\infty}\frac{1}{n\ln n}$ 이 발산하므로 ($\because p$급수 판정법)

$\displaystyle\sum_{n=1}^{\infty}\frac{1}{n\ln(1+n)}$ 도 발산한다.

(4) $\dfrac{\cos^2 n}{n^2+1}\le\dfrac{1}{n^2+1}<\dfrac{1}{n^2}$ 이고, $\displaystyle\sum_{n=1}^{\infty}\frac{1}{n^2}$ 은

p급수판정법에 의하여 수렴하므로 비교판정법에

의해 $\displaystyle\sum_{n=1}^{\infty}\frac{\cos^2 n}{n^2+1}$ 도 수렴한다.

(5) $0<\dfrac{\tan^{-1}n}{n^{\frac{3}{2}}}<\dfrac{\frac{\pi}{2}}{n^{\frac{3}{2}}}$ 이고, $\displaystyle\sum_{n=1}^{\infty}\frac{\frac{\pi}{2}}{n^{\frac{3}{2}}}=\frac{\pi}{2}\sum_{n=1}^{\infty}\frac{1}{n^{\frac{3}{2}}}$ 은

$p=\dfrac{3}{2}>1$ 인 p급수이므로 수렴한다.

따라서 $\displaystyle\sum_{n=1}^{\infty}\frac{\tan^{-1}n}{n\sqrt{n}}$ 은 비교판정법에 의해 수렴한다.

(6) $\dfrac{5}{2+3^n}<\dfrac{5}{3^n}$ 이고, $\displaystyle\sum_{n=1}^{\infty}\frac{5}{3^n}$ 는 공비 $\dfrac{1}{3}$ 인 등비급수

이므로 수렴한다.

따라서 비교판정법에 의하여 $\displaystyle\sum_{n=1}^{\infty}\frac{5}{2+3^n}$ 는 수렴한다.

461. $c=1$

풀이 $a_n=\dfrac{c}{n}-\dfrac{1}{n+1}=\dfrac{cn+c-n}{n^2+n}=\dfrac{(c-1)n+c}{n^2+n}$ 이고

$c=1$ 이면 $a_n=\dfrac{1}{n^2+n}$ 은 $b_n=\dfrac{1}{n^2}$ 과

극한 비교판정을 하면 $\displaystyle\lim_{n\to\infty}\frac{a_n}{b_n}=1$ 이므로

$\displaystyle\sum_{n=1}^{\infty}b_n$ 이 수렴하므로 $\displaystyle\sum_{n=1}^{\infty}a_n$ 도 수렴한다.

462.   풀이 참조

풀이   (1) $a_n=\dfrac{1}{n}\sin\left(\dfrac{1}{n}\right)$ 이고, $b_n=\dfrac{1}{n^2}$ 일 때,

$$\lim_{n\to\infty}\frac{a_n}{b_n}=\lim_{n\to\infty}\frac{\frac{1}{n}\sin\left(\frac{1}{n}\right)}{\frac{1}{n^2}}=\lim_{t\to 0}\frac{t\sin t}{t^2}=1$$ 이고

$\displaystyle\sum\frac{1}{n^2}$ 이 수렴하므로 극한비교판정법에 의해

$\displaystyle\sum\frac{1}{n}\sin\left(\frac{1}{n}\right)$ 은 수렴한다.

(2) $a_n=\sin^3\left(\dfrac{1}{n}\right)$ 이고, $b_n=\dfrac{1}{n^3}$ 일 때,

$$\lim_{n\to\infty}\frac{a_n}{b_n}=\lim_{t\to 0}\frac{\sin^3 t}{t^3}=\left(\lim_{t\to 0}\frac{\sin t}{t}\right)^3=1$$ 이므로

극한비교 판정법에 의해서

$\displaystyle\sum_{n=1}^{\infty}\frac{1}{n^3}$ 이 수렴하므로 $\displaystyle\sum_{n=1}^{\infty}\sin^3\frac{1}{n}$ 도 수렴한다.

(3) $a_n=\sqrt{n\tan^{-1}\left(\dfrac{1}{n^4}\right)}$, $b_n=\sqrt{\dfrac{n}{n^4}}=\dfrac{1}{n\sqrt{n}}$ 일 때,

$$\lim_{n\to\infty}\frac{a_n}{b_n}=\lim_{t\to 0}\sqrt{\frac{n\tan^{-1}\left(\frac{1}{n^4}\right)}{n\cdot\frac{1}{n^4}}}=\left(\lim_{t\to 0}\frac{\tan^{-1}(t)}{t}\right)^{\frac{1}{2}}=1$$

이므로 극한비교 판정법에 의해서

$\displaystyle\sum_{n=1}^{\infty}\sqrt{\dfrac{n}{n^4}}=\sum_{n=1}^{\infty}\dfrac{1}{n^{\frac{3}{2}}}$ 이 수렴하므로

$\displaystyle\sum_{n=1}^{\infty}\sqrt{n\arctan\left(\dfrac{1}{n^4}\right)}$ 도 수렴한다.

(4) $a_n=\dfrac{\arctan\dfrac{1}{n}}{\ln n}$, $b_n=\dfrac{1}{\ln n}\cdot\dfrac{1}{n}$ 이라 하자.

$\displaystyle\lim_{n\to\infty}\dfrac{a_n}{b_n}=\lim_{t\to0}\dfrac{\arctan t}{t}=1$ 이 극한비교 판정법에 의해

$\displaystyle\sum_{n=2}^{\infty}b_n=\sum_{n=2}^{\infty}\dfrac{1}{n\ln n}$ 이 발산하므로

$\displaystyle\sum_{n=2}^{\infty}a_n=\sum_{n=2}^{\infty}\dfrac{\arctan\dfrac{1}{n}}{\ln n}$ 도 발산한다.

(5) $a_n=\tan\left(\dfrac{1}{n^3}\right)$, $b_n=\dfrac{1}{n^3}$ 이라 하면

$\displaystyle\lim_{n\to\infty}\dfrac{a_n}{b_n}=\lim_{n\to\infty}\dfrac{\tan\left(\dfrac{1}{n^3}\right)}{\dfrac{1}{n^3}}=\lim_{t\to0}\dfrac{\tan t}{t}=1>0$ 이므로

극한비교판정법에 의해서 $\displaystyle\sum_{n=1}^{\infty}\tan\left(\dfrac{1}{n^3}\right)$ 는 수렴한다

(6) $a_n=\tan^2\left(\dfrac{4\pi}{n}\right)$ 이고, $b_n=\left(\dfrac{4\pi}{n}\right)^2$ 라고 하면

$\displaystyle\lim_{n\to\infty}\dfrac{a_n}{b_n}=\lim_{t\to0}\dfrac{\tan^2 t}{t^2}=1$ 이 극한 비교 판정법에 의해

$\displaystyle\sum_{n=1}^{\infty}b_n=\sum_{n=1}^{\infty}\dfrac{16\pi^2}{n^2}$ 이 수렴하므로

$\displaystyle\sum_{n=1}^{\infty}a_n=\sum_{n=1}^{\infty}\tan^2\left(\dfrac{4\pi}{n}\right)$ 도 수렴한다.

(7) $a_n=\dfrac{1}{n}-\sin\left(\dfrac{1}{n}\right)$ 이고, $b_n=\dfrac{1}{n^3}$ 라고 하면

$\displaystyle\lim_{n\to\infty}\dfrac{a_n}{b_n}=\lim_{t\to0}\dfrac{t-\sin t}{t^3}=\dfrac{1}{6}$ 이 극한비교판정법에 의해

$\displaystyle\sum_{n=1}^{\infty}\dfrac{1}{n^3}$ 이 수렴하므로 $\displaystyle\sum_{n=1}^{\infty}\dfrac{1}{n}-\sin\left(\dfrac{1}{n}\right)$ 도 수렴한다.

(8) $a_n=1-\cos\left(\dfrac{1}{n}\right)$ 이고, $b_n=\dfrac{1}{n^2}$ 라고 하면

$\displaystyle\lim_{n\to\infty}\dfrac{a_n}{b_n}=\lim_{t\to0}\dfrac{1-\cos t}{t^2}=\dfrac{1}{2}$ 이 극한비교판정법에 의해

$\displaystyle\sum_{n=1}^{\infty}\dfrac{1}{n^2}$ 이 수렴하므로 $\displaystyle\sum_{n=1}^{\infty}\left(1-\cos\left(\dfrac{1}{n}\right)\right)$ 도 수렴한다.

(9) $a_n=\dfrac{1}{n}\cos\left(\dfrac{1}{n}\right)$ 이고, $b_n=\dfrac{1}{n}$ 라고 하면

$\displaystyle\lim_{n\to\infty}\dfrac{a_n}{b_n}=\lim_{t\to0}\dfrac{t\cos t}{t}=1$ 이므로 극한 비교 판정법에 의해

$\displaystyle\sum_{n=1}^{\infty}\dfrac{1}{n}$ 이 발산하므로 $\displaystyle\sum_{n=1}^{\infty}\dfrac{1}{n}\cos\left(\dfrac{1}{n}\right)$ 도 발산한다.

(10) $a_n=\dfrac{1}{n^2}\cos\left(\dfrac{1}{n}\right)$ 이고, $b_n=\dfrac{1}{n^2}$ 라고 하면

$\displaystyle\lim_{n\to\infty}\dfrac{a_n}{b_n}=\lim_{t\to0}\dfrac{t^2\cos t}{t^2}=1$ 이므로 극한 비교 판정법에 의해 $\displaystyle\sum_{n=1}^{\infty}\dfrac{1}{n^2}$ 이 수렴하므로 $\displaystyle\sum_{n=1}^{\infty}\dfrac{1}{n^2}\cos\left(\dfrac{1}{n}\right)$ 도 수렴한다.

(11) $a_n=\dfrac{e^{\frac{1}{n}}}{n}$ 이고, $b_n=\dfrac{1}{n}$ 라고 하면

$\displaystyle\lim_{n\to\infty}\dfrac{a_n}{b_n}=\lim_{t\to0}\dfrac{t\,e^t}{t}=1$ 이므로 극한 비교 판정법에 의해

$\displaystyle\sum_{n=1}^{\infty}\dfrac{1}{n}$ 이 발산하므로 $\displaystyle\sum_{n=1}^{\infty}\dfrac{e^{\frac{1}{n}}}{n}$ 도 발산한다.

(12) $a_n=e^{\frac{1}{n}}-1$ 이고, $b_n=\dfrac{1}{n}$ 라고 하면

$\displaystyle\lim_{n\to\infty}\dfrac{a_n}{b_n}=\lim_{t\to0}\dfrac{e^t-1}{t}=1$ 이므로 극한비교 판정법에 의해

$\displaystyle\sum_{n=1}^{\infty}\dfrac{1}{n}$ 이 발산하므로 $\displaystyle\sum_{n=1}^{\infty}\left(e^{\frac{1}{n}}-1\right)$ 도 발산한다.

(13) $a_n=\dfrac{e^{\frac{1}{n}}-1}{n}$ 이고, $b_n=\dfrac{1}{n^2}$ 라고 하면

$\displaystyle\lim_{n\to\infty}\dfrac{a_n}{b_n}=\lim_{t\to0}\dfrac{t(e^t-1)}{t^2}=\lim_{t\to0}\dfrac{e^t-1}{t}=1$ 이므로 극한 비교 판정법에 의해 $\displaystyle\sum_{n=1}^{\infty}\dfrac{1}{n^2}$ 이 수렴하므로

$\displaystyle\sum_{n=1}^{\infty}\dfrac{\left(e^{\frac{1}{n}}-1\right)}{n}$ 도 수렴한다.

(14) $a_n=e^{\frac{1}{n^2}}-1$ 이고, $b_n=\dfrac{1}{n^2}$ 라고 하면

$\displaystyle\lim_{n\to\infty}\dfrac{a_n}{b_n}=\lim_{t\to0}\dfrac{e^t-1}{t}=1$ 이므로 극한 비교 판정법에 의해 $\displaystyle\sum_{n=1}^{\infty}\dfrac{1}{n^2}$ 이 수렴하므로 $\displaystyle\sum_{n=1}^{\infty}\left(e^{\frac{1}{n^2}}-1\right)$ 도 수렴한다.

463. $k > \dfrac{1}{2}$

풀이 $\sin\left(\dfrac{1}{n^k}\right)$ 의 비교대상은 $\dfrac{1}{n^k}$ 이고, $\dfrac{1}{\sqrt{n}}\sin\left(\dfrac{1}{n^k}\right)$ 의 비교대상은

$\dfrac{1}{\sqrt{n}}\dfrac{1}{n^k}$ 이다. 따라서 두 수열의 극한비교를 하면

$\displaystyle\lim_{n\to\infty}\dfrac{\dfrac{1}{\sqrt{n}}\sin\left(\dfrac{1}{n^k}\right)}{\dfrac{1}{\sqrt{n}}\dfrac{1}{n^k}}$ ($\dfrac{1}{n^k}=x$로 치환하면)

$=\displaystyle\lim_{x\to 0}\dfrac{\sin x}{x}=1$

이므로 $\displaystyle\sum_{n=1}^{\infty}\dfrac{1}{\sqrt{n}}\sin\left(\dfrac{1}{n^k}\right)$ 이 수렴하기 위한 조건은

$\displaystyle\sum_{n=1}^{\infty}\dfrac{1}{n^{k+\frac{1}{2}}}$ 이 수렴하기 위한 조건과 동일하므로

$k>\dfrac{1}{2}$ 이면 두 급수는 모두 수렴한다.

464. $p > 2$

풀이 $a_n=\sqrt{5n+n^2}\tan\left(\dfrac{1}{n^p}\right)$, $b_n=\dfrac{\sqrt{5n+n^2}}{n^p}$ 이라고 할 때.

$\displaystyle\lim_{n\to\infty}\dfrac{a_n}{b_n}=\lim_{n\to\infty}\dfrac{\sqrt{5n+n^2}\tan\left(\dfrac{1}{n^p}\right)}{\dfrac{\sqrt{5n+n^2}}{n^p}}$

$=\displaystyle\lim_{n\to\infty}\dfrac{\tan\left(\dfrac{1}{n^p}\right)}{\dfrac{1}{n^p}}=\lim_{t\to 0}\dfrac{\tan t}{t}=1$

이므로 극한비교 판정법에 의해

$\sum a_n$ 과 $\sum b_n$ 의 수렴성은 같다.

또한 $b_n=\dfrac{\sqrt{5n+n^2}}{n^p}$ $c_n=\dfrac{n}{n^p}=\dfrac{1}{n^{p-1}}$ 이라고 할 때,

$\displaystyle\lim_{n\to\infty}\dfrac{b_n}{c_n}=1$이므로 $\sum c_n$ 과 $\sum b_n$ 의 수렴성은 같다.

$p-$판정법에 의해 $\sum c_n$ 이 수렴하기 위해서

$p-1>1 \Leftrightarrow p>2$ 일 때.

$\sum b_n$ 도 수렴하고, $\sum a_n$ 도 수렴한다.

따라서 $p>2$ 일 때 $\displaystyle\sum_{n=1}^{\infty}\sqrt{5n+n^2}\tan\left(\dfrac{1}{n^p}\right)$ 도 수렴한다.

465. (1) 발산 (2) 발산 (3) 발산 (4) 수렴

풀이 (1) $a_n=\dfrac{1}{n^{1+\frac{1}{n}}}=\dfrac{1}{n\cdot n^{\frac{1}{n}}}=\dfrac{1}{n}\cdot\left(\dfrac{1}{n}\right)^{\frac{1}{n}}$, $b_n=\dfrac{1}{n}$ 일 때.

$\displaystyle\lim_{n\to\infty}\dfrac{a_n}{b_n}=\lim_{n\to\infty}\dfrac{\dfrac{1}{n}\cdot\left(\dfrac{1}{n}\right)^{\frac{1}{n}}}{\dfrac{1}{n}}=\lim_{n\to\infty}\left(\dfrac{1}{n}\right)^{\frac{1}{n}}=\lim_{x\to 0}x^x=1>0$

($\because\displaystyle\lim_{x\to 0}x^x=\lim_{x\to 0}e^{x\ln x}=e^0=1$)

$\displaystyle\sum_{n=1}^{\infty}\dfrac{1}{n}$ 은 p급수판정법에 발산하므로

극한비교판정법에 의하여 $\displaystyle\sum_{n=1}^{\infty}\dfrac{1}{n^{1+\frac{1}{n}}}$ 도 발산한다.

(2) $a_n=\dfrac{1}{\ln n}$, $b_n=\dfrac{1}{n}$ 라 하면

$\displaystyle\lim_{n\to\infty}\dfrac{a_n}{b_n}=\lim_{n\to\infty}\dfrac{\dfrac{1}{\ln n}}{\dfrac{1}{n}}=\lim_{n\to\infty}\dfrac{n}{\ln n}=\infty(\because 로피탈정리)$

극한값이 발산했으므로 $b_n<a_n$ 이다.

$\displaystyle\sum_{n=2}^{\infty}\dfrac{1}{n}$ 은 p급수판정법에 의하여 발산하므로

극한비교판정법에 의하여 $\displaystyle\sum_{n=2}^{\infty}\dfrac{1}{\ln n}$ 은 발산한다.

(3) $a_n=\dfrac{1}{(\ln n)^2}$, $b_n=\dfrac{1}{n}$ 라 하면

$\displaystyle\lim_{n\to\infty}\dfrac{a_n}{b_n}=\lim_{n\to\infty}\dfrac{\dfrac{1}{(\ln n)^2}}{\dfrac{1}{n}}=\lim_{n\to\infty}\dfrac{n}{(\ln n)^2}$

$=\displaystyle\lim_{n\to\infty}\dfrac{n}{2\ln n}=\lim_{n\to\infty}\dfrac{n}{2}=\infty$ ($\because$ 로피탈 정리)

극한값이 발산했으므로 $b_n<a_n$ 이다.

$\displaystyle\sum_{n=2}^{\infty}\dfrac{1}{n}$ 은 p급수판정법에 의하여 발산하므로

극한비교판정법에 의하여 $\displaystyle\sum_{n=2}^{\infty}\dfrac{1}{(\ln n)^2}$ 은 발산한다.

(4) $a_n=\dfrac{n^{\frac{1}{n}}}{(n+1)^2}$, $b_n=\dfrac{1}{(n+1)^2}$ 라 하면

$\displaystyle\lim_{n\to\infty}\dfrac{a_n}{b_n}=\lim_{n\to\infty}n^{\frac{1}{n}}=e^{\lim_{n\to\infty}\frac{\ln n}{n}}=1$이므로 극한비교판정법

에 의해서 $\displaystyle\sum_{n=1}^{\infty}\dfrac{1}{(n+1)^2}$ 이 수렴하므로 $\displaystyle\sum_{n=1}^{\infty}\dfrac{n^{\frac{1}{n}}}{(n+1)^2}$ 도

수렴한다.

466. (1) 발산 (2) 발산 (3) 수렴 (4) 수렴

풀이 (1) $a_n = \sinh\left(\dfrac{1}{n}\right)$ 이고 $b_n = \dfrac{1}{n}$ 일 때,

$$\lim_{n \to \infty} \frac{a_n}{b_n} = \lim_{t \to 0} \frac{\sinh t}{t} = 1 \text{이므로 극한비교 판정법에 의해서}$$

$\displaystyle\sum_{n=1}^{\infty} \frac{1}{n}$ 이 발산하므로 $\displaystyle\sum_{n=1}^{\infty} \sinh\left(\dfrac{1}{n}\right)$ 도 발산한다.

(2) $a_n = \ln\left(1 + \sinh\left(\dfrac{1}{n}\right)\right)$ 이고, $b_n = \sinh\left(\dfrac{1}{n}\right)$ 일 때,

$$\lim_{n \to \infty} \frac{a_n}{b_n} = \lim_{t \to 0} \frac{\ln(1+t)}{t} = 1 \text{이므로}$$

$\displaystyle\sum_{n=1}^{\infty} \sinh\left(\dfrac{1}{n}\right)$ 이 발산하므로 극한비교판정법에 의해

$\displaystyle\sum_{n=1}^{\infty} \ln\left(1 + \sinh\left(\dfrac{1}{n}\right)\right)$ 도 발산한다.

(3) $a_n = \dfrac{1}{2^n - 1}$ 이고 $b_n = \dfrac{1}{2^n}$ 일 때,

$$\lim_{n \to \infty} \frac{a_n}{b_n} = \lim_{n \to \infty} \frac{2^n}{2^n - 1} = \lim_{n \to \infty} \frac{1}{1 - \dfrac{1}{2^n}} = 1 \text{이므로}$$

극한비교 판정법에 의해서 $\displaystyle\sum_{n=1}^{\infty} \frac{1}{2^n}$ 이 수렴하므로

$\displaystyle\sum_{n=1}^{\infty} \frac{1}{2^n - 1}$ 도 수렴한다. ($\because$ 공비의 크기가 $\dfrac{1}{2}$ 이므로

무한등비급수의 합 $\displaystyle\sum_{n=1}^{\infty} \frac{1}{2^n}$ 는 수렴한다.)

(4) $a_n = \sin\left(\dfrac{1}{2^n - 1}\right)$ 이고 $b_n = \dfrac{1}{2^n - 1}$ 일 때,

$$\lim_{n \to \infty} \frac{a_n}{b_n} = \lim_{t \to 0} \frac{\sin t}{t} = 1 \text{이므로 극한비교 판정법에 의해서}$$

$\displaystyle\sum_{n=1}^{\infty} \frac{1}{2^n - 1}$ 이 수렴하므로 $\displaystyle\sum_{n=1}^{\infty} \sin\left(\dfrac{1}{2^n - 1}\right)$ 도 수렴한다.

467. (1) 수렴 (2) 발산 (3) 발산 (4) 수렴

풀이 (1) $b_n = \dfrac{1}{\sqrt{n}} > 0$, $\{b_n\}$ 이 감소수열이고, $\displaystyle\lim_{n \to \infty} b_n = 0$

이므로 교대급수판정법에 의해 $\displaystyle\sum_{n=1}^{\infty} \frac{(-1)^{n-1}}{\sqrt{n}}$ 은

수렴한다.

(2) $b_n = \dfrac{3n+1}{n-1} > 0$, $\{b_n\}$ 이 감소수열이나

$$\lim_{n \to \infty} b_n = 3 \neq 0 \text{이므로 발산판정법에 의해}$$

$\displaystyle\sum_{n=2}^{\infty} (-1)^n \frac{3n+1}{n-1}$ 은 발산한다.

(3) $b_n = \dfrac{n}{\ln n}$ 이라 하면,

$$\lim_{n \to \infty} b_n = \lim_{n \to \infty} \frac{n}{\ln n} = \lim_{n \to \infty} \frac{1}{\dfrac{1}{n}} = \infty \neq 0$$

($\because$ 로피탈 정리) 이므로 발산판정법에 의하여

$\displaystyle\sum_{n=2}^{\infty} (-1)^n \frac{n}{\ln n}$ 은 발산한다.

(4) $b_n = \dfrac{(-1)^n}{n!}$ 이라 하면,

$$\lim_{n \to \infty} b_n = \lim_{n \to \infty} \frac{1}{n!} = 0 \text{이므로 교대급수} \sum_{n=1}^{\infty} \frac{(-1)^n}{n!} \text{은 수렴}$$

한다.

468. 가.

풀이 가. $\displaystyle\lim_{n \to \infty} \frac{1}{(\ln(n+1))^{\frac{2}{3}}} = 0$ 이므로 교대급수판정법에 의해

$$\sum_{n=1}^{\infty} a_n \text{ 은 수렴한다.}$$

나. $\displaystyle\sum_{n=1}^{\infty} a_n^2 = \sum_{n=1}^{\infty} \frac{1}{\ln(n+1)^{\frac{2}{3}}} > \sum_{n=1}^{\infty} \frac{1}{(n+1)^{\frac{2}{3}}}$ 이므로 비

교판정법에 의하여 $\displaystyle\sum_{n=1}^{\infty} a_n^2$ 은 발산한다.

다. $\displaystyle\sum_{n=1}^{\infty} n a_n^3 = \sum_{n=1}^{\infty} (-1)^{3n} \frac{n}{(\ln(n+1))}$ 은

$$\lim_{n \to \infty} \frac{n}{\ln(n+1)} = \infty \neq 0 \text{ 이므로 교대급수 판정법에 의하여}$$

발산한다.

라. $\displaystyle\sum_{n=1}^{\infty}(-1)^n a_n^{2021} = \sum_{n=1}^{\infty}\dfrac{1}{(\ln(n+1))^{\frac{2021}{3}}}$ 이다.

$B_n = \dfrac{1}{(\ln n)^{\frac{2021}{3}}}$, $C_n = \dfrac{1}{n}$ 에 대하여

$\displaystyle\lim_{n\to\infty}\dfrac{B_n}{C_n} = \lim_{n\to\infty}\dfrac{n}{(\ln n)^{\frac{2021}{3}}} = \infty$ 이므로 극한비교판정법

에 의해서 $C_n < B_n$ 이고, $\displaystyle\sum_{n=2}^{\infty}\dfrac{1}{n}$ 이 발산하므로

$\displaystyle\sum_{n=2}^{\infty}\dfrac{1}{(\ln n)^{\frac{2021}{3}}}$ 도 발산한다.

$A_n = \dfrac{1}{(\ln(n+1))^{\frac{2021}{3}}}$, $B_n = \dfrac{1}{(\ln n)^{\frac{2021}{3}}}$ 에 대하여

$\displaystyle\lim_{n\to\infty}\dfrac{A_n}{B_n} = \left(\lim_{n\to\infty}\dfrac{\ln n}{\ln(n+1)}\right)^{\frac{2021}{3}} = 1$ 이므로 극한비교판

정법에 의해서 $\displaystyle\sum_{n=2}^{\infty}\dfrac{1}{(\ln n)^{\frac{2021}{3}}}$ 이 발산하므로

$\displaystyle\sum_{n=1}^{\infty}(-1)^n a_n^{2021} = \sum_{n=1}^{\infty}\dfrac{1}{(\ln(n+1))^{\frac{2021}{3}}}$ 도 발산한다.

469. 가, 라

풀이 가. $\displaystyle\lim_{n\to\infty}\dfrac{1}{\sqrt{n}\sqrt[3]{\ln n}} = 0$ 이므로 교대급수 판정법에 의하여

$\displaystyle\sum_{n=2}^{\infty}a_n$ 은 수렴한다.

나. $\displaystyle\sum_{n=2}^{\infty}|a_n| = \sum_{n=2}^{\infty}\dfrac{1}{\sqrt[3]{\ln n}\sqrt{n}} \geq \sum_{n=2}^{\infty}\dfrac{1}{n\ln n}$ 이고

$\displaystyle\sum_{n=2}^{\infty}\dfrac{1}{n\ln n}$ 은 적분판정법에 의하여 발산한다. 따라서 비교판

정법에 의하여 $\displaystyle\sum_{n=2}^{\infty}|a_n|$ 은 발산한다.

다. $\displaystyle\sum_{n=2}^{\infty}a_n^2 = \sum_{n=2}^{\infty}\dfrac{1}{\sqrt[3]{(\ln n)^2}\,n} \geq \sum_{n=2}^{\infty}\dfrac{1}{n\ln n}$ 이고

$\displaystyle\sum_{n=2}^{\infty}\dfrac{1}{n\ln n}$ 은 적분판정법에 의하여 발산한다. 따라서 비교 판

정법에 의하여 $\displaystyle\sum_{n=2}^{\infty}a_n^2$ 은 발산한다.

라. $\displaystyle\sum_{n=2}^{\infty}|a_n|^3 = \sum_{n=2}^{\infty}\dfrac{1}{n^{\frac{3}{2}}\ln n} < \sum_{n=2}^{\infty}\dfrac{1}{n^{3/2}}$ 이므로 비교판정법

에 의해 수렴한다.

470. 해설 참고

풀이 (1) $a_n = n^2 e^{-n} = \dfrac{n^2}{e^n}$ 이라 하면

$\displaystyle\lim_{n\to\infty}\left|\dfrac{a_{n+1}}{a_n}\right| = \lim_{n\to\infty}\dfrac{\dfrac{(n+1)^2}{e^{n+1}}}{\dfrac{n^2}{e^n}} = \lim_{n\to\infty}\dfrac{(n+1)^2}{en^2} = \dfrac{1}{e} < 1$

이므로 비율판정법에 의하여 수렴한다.

(2) $a_n = \dfrac{2^n}{n^5}$ 이라 하면

$\displaystyle\lim_{k\to\infty}\left|\dfrac{a_{k+1}}{a_k}\right| = \lim_{n\to\infty}\dfrac{\dfrac{2^{n+1}}{(n+1)^5}}{\dfrac{2^n}{n^5}}$

$= 2\lim_{n\to\infty}\dfrac{n^5}{(n+1)^5} = 2 > 1$

이므로 비율판정법에 의해 $\displaystyle\sum_{n=1}^{\infty}\dfrac{2^n}{n^5}$ 은 발산한다.

(3) $a_n = \dfrac{2^n}{n!}$ 이라 하면

$\displaystyle\lim_{n\to\infty}\left|\dfrac{a_{n+1}}{a_n}\right| = \lim_{n\to\infty}\dfrac{\dfrac{2^{n+1}}{(n+1)!}}{\dfrac{2^n}{n!}} = \lim_{n\to\infty}\dfrac{2}{n+1} = 0 < 1$

이므로 비율판정법에 의하여 수렴한다.

(4) $a_n = \dfrac{n!}{n^n}$ 이라 하면

$\displaystyle\lim_{n\to\infty}\left|\dfrac{a_{n+1}}{a_n}\right| = \lim_{n\to\infty}\left|\dfrac{(n+1)!}{(n+1)^{n+1}}\cdot\dfrac{n^n}{n!}\right|$

$= \lim_{n\to\infty}\dfrac{(n+1)\cdot n!}{(n+1)^n(n+1)}\cdot\dfrac{n^n}{n!}$

$= \lim_{n\to\infty}\dfrac{n^n}{(n+1)^n}$

$= \lim_{n\to\infty}\left(1-\dfrac{1}{n+1}\right)^n = \dfrac{1}{e} < 1$

이므로 비율판정법에 의하여 급수는 수렴한다.

(5) $a_n = \dfrac{n^n}{n!}$ 이라 하면

$\displaystyle\lim_{n\to\infty}\left|\dfrac{a_{n+1}}{a_n}\right| = \lim_{n\to\infty}\left|\dfrac{(n+1)^{n+1}}{(n+1)!}\cdot\dfrac{n!}{n^n}\right|$

$= \lim_{n\to\infty}\dfrac{(n+1)^n(n+1)}{(n+1)\cdot n!}\cdot\dfrac{n!}{n^n}$

$$= \lim_{n \to \infty} \left(1 + \frac{1}{n}\right)^n = e > 1$$

이므로 비율판정법에 의하여 급수는 발산한다.

(6) $\dfrac{n^n}{n!}$ 의 비율판정값은 e이고, $\dfrac{1}{3^n}$ 의 비율판정값은 $\dfrac{1}{3}$ 이므로

$a_n = \dfrac{n^n}{n! \, 3^n} = \dfrac{n^n}{n!} \cdot \dfrac{1}{3^n}$ 의 비율판정값은 $\dfrac{e}{3} < 1$이므로 비

율판정법에 의하여 $\displaystyle\sum_{n=1}^{\infty} \dfrac{n^n}{n! \, 3^n}$ 은 수렴한다.

(7) $a_n = \dfrac{(n!)^2}{(2n)!}$ 이라 하면

$$\lim_{n \to \infty} \left| \frac{a_{n+1}}{a_n} \right| = \lim_{n \to \infty} \frac{\{(n+1)!\}^2}{(2n+2)!} \cdot \frac{(2n)!}{(n!)^2}$$
$$= \lim_{n \to \infty} \frac{(n+1)^2}{(2n+1)(2n+2)} = \frac{1}{4} < 1$$

이므로 비율판정법에 의하여 급수는 수렴한다.

(8) $b_n = \dfrac{(2n)!}{(n!)^2}$ 은 (8)의 수열과 역수관계이므로

비율판정값은 4이다. 따라서 $\displaystyle\sum_{n=1}^{\infty} \dfrac{(2n)!}{(n!)^2}$ 는 발산한다.

(9) $\dfrac{(2n)!}{(n!)^2}$ 의 비율판정값은 4이고, $\dfrac{1}{n!}$ 의 비율판정값은 0이므로

$a_n = \dfrac{(2n)!}{(n!)^3} = \dfrac{(2n)!}{(n!)^2} \cdot \dfrac{1}{n!}$ 의 비율판정값은 0이다.

따라서 비율판정법에 의해서 $\displaystyle\sum_{n=1}^{\infty} \dfrac{(2n)!}{(n!)^3}$ 은 수렴한다.

(10) $a_n = \dfrac{(n!)^3}{(3n)!}$ 일 때,

$$\lim_{n \to \infty} \left| \frac{a_{n+1}}{a_n} \right| = \lim_{n \to \infty} \frac{\{(n+1)!\}^3}{(3n+3)!} \cdot \frac{(3n)!}{(n!)^3}$$
$$= \lim_{n \to \infty} \frac{(n+1)^3}{(3n+3)(3n+2)(3n+1)}$$
$$= \frac{1}{3^3} < 1$$이므로

비율판정법에 의해서 $\displaystyle\sum_{n=1}^{\infty} \dfrac{(n!)^3}{(3n)!}$ 는 수렴한다.

(11) $a_n = \dfrac{n^n}{e^{n^2}}$ 일 때,

$$\lim_{n \to \infty} \left| \frac{a_{n+1}}{a_n} \right| = \lim_{n \to \infty} \frac{(n+1)^{n+1}}{e^{n^2 + 2n + 1}} \cdot \frac{e^{n^2}}{n^n}$$

$$= \lim_{n \to \infty} \frac{n+1}{e^{2n+1}} \cdot \lim_{n \to \infty} \left(\frac{n+1}{n} \right)^n$$

$= 0 \cdot e = 0 < 1$이므로 비율판정법에 의해서 $\displaystyle\sum_{n=1}^{\infty} \dfrac{n^n}{e^{n^2}}$ 은

수렴한다.

(12) $a_n = \dfrac{(3n)!}{e^{n^2}}$ 이라 하면

$$\lim_{n \to \infty} \left| \frac{a_{n+1}}{a_n} \right| = \lim_{n \to \infty} \frac{(3n+3)!}{e^{n^2 + 2n + 1}} \cdot \frac{e^{n^2}}{(3n)!}$$
$$= \lim_{n \to \infty} \frac{(3n+3)(3n+2)(3n+1)}{e^{2n+1}} = 0$$이므로 $\displaystyle\sum_{n=1}^{\infty} \dfrac{(3n)!}{e^{n^2}}$

은 수렴한다.

(13) 적분판정법에 의해서

$$\int_1^\infty \frac{x}{e^{\sqrt{x}}} \, dx = \int_1^\infty \frac{t^2}{e^t} \cdot 2t \, dt = 2 \int_1^\infty \frac{t^3}{e^t} \, dt$$는

수렴하므로 $\displaystyle\sum_{n=1}^{\infty} \dfrac{n}{e^{\sqrt{n}}}$ 도 수렴한다.

(14) 적분 판정법에 의해서

$$\int_1^\infty \frac{1}{e^{\sqrt{x}}} \, dx = \int_1^\infty \frac{1}{e^t} \cdot 2t \, dt = 2 \int_1^\infty \frac{t}{e^t} \, dt$$는

수렴하므로 $\displaystyle\sum_{n=1}^{\infty} \dfrac{1}{e^{\sqrt{n}}}$ 도 수렴한다.

(15) 적분판정법에 의해서

$$\int_2^\infty \frac{x}{(\ln x)^2} \, dx = \int_{\ln 2}^\infty \frac{e^t}{t^2} \cdot e^t \, dt = \int_{\ln 2}^\infty \frac{e^{2t}}{t^2} \, dt$$의

수렴성은 $\displaystyle\sum_{n=2}^{\infty} \dfrac{e^{2n}}{n^2}$ 과 동일하다. 즉, 비율판정법에 의해서

$\displaystyle\sum_{n=2}^{\infty} \dfrac{e^{2n}}{n^2}$ 이 발산하므로 $\displaystyle\int_2^\infty \frac{x}{(\ln x)^2} \, dx = \int_{\ln 2}^\infty \frac{e^{2t}}{t^2} \, dt$

도 발산한다. 따라서 $\displaystyle\sum_{n=2}^{\infty} \dfrac{n}{(\ln n)^2}$ 도 발산한다.

(16) 적분판정법에 의해서

$$\int_2^\infty \frac{x}{(\ln x)^{\ln x}} \, dx = \int_{\ln 2}^\infty \frac{e^t}{t^t} \cdot e^t \, dt = \int_{\ln 2}^\infty \frac{e^{2t}}{t^t} \, dt$$의

수렴성은 $\displaystyle\sum_{n=2}^{\infty} \dfrac{e^{2n}}{n^n}$ 과 동일하다. 즉, 비율판정법에 의해서

$\displaystyle\sum_{n=2}^{\infty} \dfrac{e^{2n}}{n^n}$ 이 수렴하므로

$$\int_2^\infty \frac{x}{(\ln x)^{\ln x}} \, dx = \int_{\ln 2}^\infty \frac{e^{2t}}{t^t} \, dt$$도 수렴한다. 따라서

$\sum_{n=2}^{\infty} \dfrac{n}{(\ln n)^{\ln n}}$ 도 수렴한다.

(17) $a_n = \dfrac{n!}{2 \cdot 5 \cdot 8 \cdots (3n+2)}$ 이라 하면

$\displaystyle\lim_{n \to \infty} \left| \dfrac{a_{n+1}}{a_n} \right|$

$= \displaystyle\lim_{n \to \infty} \left| \dfrac{(n+1)!}{2 \cdot 5 \cdot 8 \cdots (3n+2)(3n+5)} \times \right.$

$\left. \dfrac{2 \cdot 5 \cdot 8 \cdots (3n+2)}{n!} \right|$

$= \displaystyle\lim_{n \to \infty} \dfrac{n+1}{3n+5} = \dfrac{1}{3} < 1$ 이므로 비율판정법에 의해

$\sum_{n=0}^{\infty} \dfrac{n!}{2 \cdot 5 \cdot 8 \cdots (3n+2)}$ 은 수렴한다.

(18) $a_n = \dfrac{4 \cdot 7 \cdot 10 \cdot \cdots \cdot (3n+1)}{n^n}$ 라고 할 때,

$\displaystyle\lim_{n \to \infty} \left| \dfrac{a_{n+1}}{a_n} \right|$

$= \displaystyle\lim_{n \to \infty} \dfrac{4 \cdot 7 \cdot 10 \cdot \cdots \cdot (3n+1)(3n+4)}{(n+1)^{n+1}}$

$\times \dfrac{n^n}{4 \cdot 7 \cdot 10 \cdot \cdots \cdot (3n+1)}$

$= \displaystyle\lim_{n \to \infty} \dfrac{(3n+4) \cdot n^n}{(n+1)(n+1)^n}$

$= \displaystyle\lim_{n \to \infty} \dfrac{3n+4}{n+1} \cdot \lim_{n \to \infty} \dfrac{n^n}{(n+1)^n}$

$= \displaystyle\lim_{n \to \infty} \dfrac{3n+4}{n+1} \cdot \lim_{n \to \infty} \left(1 - \dfrac{1}{n+1}\right)^n = \dfrac{3}{e} > 1$ 이므로

$\sum_{n=1}^{\infty} \dfrac{4 \cdot 7 \cdot 10 \cdot \cdots \cdot (3n+1)}{n^n}$ 은 발산한다.

471.   (1) 수렴   (2) 발산   (3) 수렴

         (4) 수렴   (5) 수렴   (6) 발산

풀이 (1) n승근판정법에 의하여

$\displaystyle\lim_{n \to \infty} \sqrt[n]{\left| \left(\dfrac{n^2+1}{2n^2+1} \right)^n \right|} = \lim_{n \to \infty} \left| \dfrac{n^2+1}{2n^2+1} \right| = \dfrac{1}{2} < 1$

이므로 수렴한다.

(2) n승근판정법에 의하여

$\displaystyle\lim_{n \to \infty} \sqrt[n]{\left| \left(\dfrac{-2n}{n+1} \right)^{5n} \right|} = \lim_{n \to \infty} \left| \left(\dfrac{-2n}{n+1} \right)^5 \right| = 32 > 1$ 이므로

발산한다.

(3) n승근판정법에 의하여

$\displaystyle\lim_{n \to \infty} \sqrt[n]{\left| \left(\dfrac{-2}{n} \right)^n \right|} = \lim_{n \to \infty} \left| \dfrac{-2}{n} \right| = 0 < 1$ 이므로

수렴한다.

(4) n승근판정법에 의하여

$\displaystyle\lim_{n \to \infty} \sqrt[n]{\left| \left(1 - \dfrac{4}{n} \right)^{n^2} \right|} = \lim_{n \to \infty} \left| \left(1 - \dfrac{4}{n} \right)^n \right| = e^{-4} < 1$ 이므로

수렴한다.

(5) n승근판정법에 의하여

$\displaystyle\lim_{n \to \infty} \sqrt[n]{\left| 2^{-n} \left(1 - \dfrac{1}{n} \right)^{n^2} \right|} = \lim_{n \to \infty} \left| \dfrac{1}{2} \left(1 - \dfrac{1}{n} \right)^n \right| = \dfrac{1}{2e} < 1$

이므로 수렴한다.

(6) n승근판정법에 의하여

$\displaystyle\lim_{n \to \infty} \sqrt[n]{\left| \left(1 + \dfrac{1}{n} \right)^n \right|} = \lim_{n \to \infty} \left| 1 + \dfrac{1}{n} \right| = 1$ 이므로 판정

불가능하다. 따라서 다른 판정법을 이용하여야 한다.

발산판정법에 의하여 $\displaystyle\lim_{n \to \infty} \left(1 + \dfrac{1}{n} \right)^n = e \neq 0$ 이므로

발산한다.

472.   (1) 조건부수렴   (2) 발산   (3) 절대수렴

         (4) 조건부수렴   (5) 절대수렴   (6) 절대수렴

         (7) 절대수렴   (8) 절대수렴

풀이 (1) (i) 교대급수판정법에 의하여 $\sum_{n=1}^{\infty} \dfrac{(-1)^{n+1}}{\sqrt[4]{n}}$ 은

수렴한다.

(ii) $\sum_{n=1}^{\infty} \dfrac{1}{\sqrt[4]{n}}$ 은 p급수판정법에 의하여 발산한다.

따라서 (i), (ii)에 의하여 $\sum_{n=1}^{\infty} \dfrac{(-1)^{n+1}}{\sqrt[4]{n}}$ 은

조건부수렴한다.

(2) $\displaystyle\lim_{n \to \infty} |a_n| = \lim_{n \to \infty} \left| \dfrac{n}{5+n} \right| = \lim_{n \to \infty} \left| \dfrac{1}{\dfrac{5}{n}+1} \right| = 1 \neq 0$

이므로 발산판정법에 의하여 발산한다.

(3) (i) 교대급수판정법에 의하여 $\sum_{n=1}^{\infty} \dfrac{(-1)^{n-1}}{n^2+1}$ 은

수렴한다.

(ii) $\sum_{n=1}^{\infty} \dfrac{1}{n^2+1} < \sum_{n=1}^{\infty} \dfrac{1}{n^2}$ 이고, $\sum_{n=1}^{\infty} \dfrac{1}{n^2}$ 은 p급수

판정법에 의하여 수렴하므로 비교판정법에 의하여 $\displaystyle\sum_{n=1}^{\infty}\frac{1}{n^2+1}$ 은 수렴한다.

따라서 (i), (ii)에 의하여 $\displaystyle\sum_{n=1}^{\infty}\frac{(-1)^{n-1}}{n^2+1}$ 은 절대수렴한다.

(4) (i) $\displaystyle\lim_{n\to\infty}\frac{1}{\ln n}=0$ 이고 $\left\{\dfrac{1}{\ln n}\right\}$ 은 양수인 감소수열이므로 교대급수판정법에 의해 $\displaystyle\sum_{n=2}^{\infty}\frac{(-1)^n}{\ln n}$ 은 수렴한다.

(ii) $\ln n < n$, 즉 $\dfrac{1}{\ln n} > \dfrac{1}{n}$ 이고 $\displaystyle\sum_{n=2}^{\infty}\frac{1}{n}$ 은 p급수 판정법에 의하여 발산하므로 비교판정법에 의하여 $\displaystyle\sum_{n=2}^{\infty}\frac{1}{\ln n}$ 은 발산한다.

(i), (ii)에 의하여 $\displaystyle\sum_{n=2}^{\infty}\frac{(-1)^n}{\ln n}$ 은 조건부수렴한다.

(5) $\displaystyle\lim_{n\to\infty}\left|\frac{a_{n+1}}{a_n}\right| = \lim_{n\to\infty}\frac{\frac{1}{(2n+2)!}}{\frac{1}{(2n)!}}$

$\displaystyle = \lim_{n\to\infty}\frac{(2n)!}{(2n+2)!}$

$\displaystyle = \lim_{n\to\infty}\frac{1}{(2n+2)(2n+1)}=0<1$

이므로 비율판정법에 의해 절대수렴한다.

(6) $\displaystyle\lim_{n\to\infty}\left|\frac{a_{n+1}}{a_n}\right| = \lim_{n\to\infty}\left|\frac{(n+1)(-3)^{n+1}}{4^n}\cdot\frac{4^{n-1}}{n(-3)^n}\right|$

$\displaystyle = \lim_{n\to\infty}\left|\frac{3}{4}\cdot\frac{n+1}{n}\right|=\frac{3}{4}<1$

이므로 비율판정법에 의해 $\displaystyle\sum_{n=1}^{\infty}\frac{n(-3)^n}{4^{n-1}}$ 은 절대수렴한다.

(7) $\displaystyle\sum_{n=7}^{\infty}\frac{\cos(n\pi)}{(n+1)!}2^{3n} = \sum_{n=7}^{\infty}(-1)^n\frac{2^{3n}}{(n+1)!}$ 이므로

$a_n = \dfrac{(-1)^n 2^{3n}}{(n+1)!}$ 이라 하면

$\displaystyle\lim_{n\to\infty}\left|\frac{a_{n+1}}{a_n}\right| = \lim_{n\to\infty}\frac{\frac{2^{3(n+1)}}{(n+2)!}}{\frac{2^{3n}}{(n+1)!}} = \lim_{n\to\infty}\frac{8}{n+2}=0<1$

이므로 비율판정법에 의하여 절대수렴한다.

(8) $\displaystyle\sum_{n=1}^{\infty}(-1)^n\tan^{-1}\left\{\frac{\cos(\pi n)}{\sqrt[3]{n^4}}\right\}$

$\displaystyle = \sum_{n=1}^{\infty}(-1)^n\tan^{-1}\left\{\frac{(-1)^n}{\sqrt[3]{n^4}}\right\} = \sum_{n=1}^{\infty}\tan^{-1}\left(\frac{1}{\sqrt[3]{n^4}}\right)$

이므로 급수 $\displaystyle\sum_{n=1}^{\infty}(-1)^n\tan^{-1}\left\{\frac{\cos(\pi n)}{\sqrt[3]{n^4}}\right\}$ 은 양항급수이다.

$\displaystyle\sum_{n=1}^{\infty}\left|(-1)^n\tan^{-1}\left\{\frac{\cos(\pi n)}{\sqrt[3]{n^4}}\right\}\right| = \sum_{n=1}^{\infty}\tan^{-1}\left(\frac{1}{\sqrt[3]{n^4}}\right)$ 은

$\displaystyle\sum_{n=1}^{\infty}\frac{1}{n^{\frac{4}{3}}}$ 와 극한비교판정과 p급수판정에 의해서

수렴한다. 따라서 $\displaystyle\sum_{n=1}^{\infty}(-1)^n\tan^{-1}\left\{\frac{\cos(\pi n)}{\sqrt[3]{n^4}}\right\}$ 은 절대수렴한다.

473. 풀이 참조

풀이

(1) $\dfrac{2015-\sin n}{n} > \dfrac{1}{n}$ $\Rightarrow$ $\displaystyle\sum_{n=1}^{\infty}\frac{2015-\sin n}{n} > \sum_{n=1}^{\infty}\frac{1}{n}$

에서 $\displaystyle\sum_{n=1}^{\infty}\frac{1}{n}$ 은 P급수판정법에 의해 발산하므로

$\displaystyle\sum_{n=1}^{\infty}\frac{2015-\sin n}{n}$ 도 비교판정법에 의해 발산이다.

(2) $\dfrac{2-\sin n}{n} > \dfrac{1}{n}$ $\Rightarrow$ $\displaystyle\sum_{n=1}^{\infty}\frac{2-\sin n}{n} > \sum_{n=1}^{\infty}\frac{1}{n}$

에서 $\displaystyle\sum_{n=1}^{\infty}\frac{1}{n}$ 은 P급수판정법에 의해 발산하므로

$\displaystyle\sum_{n=1}^{\infty}\frac{2-\sin n}{n}$ 도 비교판정법에 의해 발산이다.

(3) $\displaystyle\sum_{n=1}^{\infty}\frac{\sin n}{n}$ 는 디리클레판정법에 의해서 수렴한다.

(4) 교대급수이므로 $a_n = \dfrac{1}{\ln(\ln(\ln(n+2015)))}$ 이라 하면 $\displaystyle\lim_{n\to\infty}a_n = 0$ 인 감소수열이므로 수렴한다.

(5) $\cos n\pi = (-1)^n$ 이므로 $\displaystyle\sum_{n=1}^{\infty}\frac{(-1)^n(-1)^n}{\sqrt{n}} = \sum_{n=1}^{\infty}\frac{1}{\sqrt{n}}$

이므로 P급수판정법에 의해 발산이다.

(6) $a_n = \dfrac{1}{e^{\frac{1}{n}}}$ 이라 하면 $\displaystyle\lim_{n\to\infty}a_n = 1$ 이므로 발산정리에 의해 주어진 급수는 발산한다.

(7) $\dfrac{\sqrt{n}-1}{n^2+1} < \dfrac{\sqrt{n}}{n^2+1} < \dfrac{\sqrt{n}}{n^2}$ 이고 p급수판정에 의해서

$$\sum_{n=1}^{\infty} \dfrac{\sqrt{n}}{n^2} = \sum_{n=1}^{\infty} \dfrac{1}{n^{\frac{3}{2}}} \text{은 수렴한다.}$$

따라서 비교판정법에 의해 $\displaystyle\sum_{n=0}^{\infty} \dfrac{\sqrt{n}-1}{n^2+1}$ 도 수렴한다.

(8) $\displaystyle\lim_{n\to\infty} \sqrt[n]{|a_n|} = \lim_{n\to\infty} \dfrac{(2n-1)^4}{(3n+1)^2} = \infty$ 이므로

n승근판정법에 의해서 발산이다.

(9) p급수판정 또는 적분판정법에 의해

$$\sum_{n=2}^{\infty} \dfrac{1}{n(\ln n)^{\frac{3}{2}}} \text{ 수렴한다.}$$

(10) $\dfrac{(\ln n)^5}{\sqrt[3]{n}}$ 는 감소수열이고

$$\lim_{n\to\infty} \dfrac{(\ln n)^5}{\sqrt[3]{n}} = \lim_{n\to\infty} \dfrac{5(\ln n)^4}{\frac{1}{3}n^{\frac{1}{3}}}$$

$$= \cdots = \lim_{n\to\infty} \dfrac{5!}{\left(\frac{1}{3}\right)^5 n^{\frac{1}{3}}} = 0$$

이므로 교대급수판정법에 의해

$$\sum_{n=2}^{\infty} (-1)^n \dfrac{(\ln n)^5}{\sqrt[3]{n}} \text{ 는 수렴한다.}$$

(11) $\displaystyle\sum_{n=1}^{\infty} \dfrac{1}{n^2+1} < \sum_{n=1}^{\infty} \dfrac{1}{n^2}$ 이고, $\displaystyle\sum_{n=1}^{\infty} \dfrac{1}{n^2}$ 수렴하므로

비교판정법에 의해 $\displaystyle\sum_{n=0}^{\infty} \dfrac{1}{n^2+1}$ 도 수렴한다.

(12) $\displaystyle\lim_{n\to\infty} \dfrac{n-1}{2n+1} \neq 0$ 이므로 교대급수판정법에 의해

$$\sum_{n=1}^{\infty} (-1)^n \dfrac{n-1}{2n+1} \text{은 발산한다.}$$

(13) $\displaystyle\sum_{n=2}^{\infty} \left| \dfrac{\sin n}{(n+1)(\ln n)^2} \right| < \sum_{n=2}^{\infty} \dfrac{1}{(n+1)(\ln n)^2}$

$$< \sum_{n=2}^{\infty} \dfrac{1}{n(\ln n)^2} \text{ 이고}$$

$\displaystyle\sum_{n=2}^{\infty} \dfrac{1}{n(\ln n)^2}$ 은 p급수판정에 의해서 수렴하므로

$\displaystyle\sum_{n=2}^{\infty} \left| \dfrac{\sin n}{(n+1)(\ln n)^2} \right|$ 도 수렴하고 $\displaystyle\sum_{n=2}^{\infty} \dfrac{\sin n}{(n+1)(\ln n)^2}$ 은

절대수렴한다.

(14) $\displaystyle\lim_{n\to\infty} \sqrt[n]{|a_n|} = \lim_{n\to\infty} \dfrac{1}{2}\left(1+\dfrac{1}{n}\right)^n = \dfrac{e}{2} > 1$ 이므로

n승근판정법에 의해 $\displaystyle\sum_{n=1}^{\infty} 2^{-n}\left(1+\dfrac{1}{n}\right)^{n^2}$ 은 발산한다.

(15) $\displaystyle\int_{2016}^{\infty} \dfrac{n-1}{n^2+n}\, dn$

$$= \dfrac{1}{2}\int_{2016}^{\infty} \dfrac{2n+1}{n^2+n}\, dn - \dfrac{3}{2}\int_{2016}^{\infty} \dfrac{1}{n^2+n}\, dn$$

$\displaystyle\int_{2016}^{\infty} \dfrac{2n+1}{n^2+n}\, dn$은 발산하고, $\displaystyle\int_{2016}^{\infty} \dfrac{1}{n^2+n}\, dn$은

수렴하므로 $\displaystyle\int_{2016}^{\infty} \dfrac{n-1}{n^2+n}\, dn$은 발산한다.

따라서 적분판정법에 의해서 $\displaystyle\sum_{n=2016}^{\infty} \dfrac{n-1}{n^2+n}$ 은 발산한다.

(16) $\displaystyle\sum \left| \dfrac{\cos^3 n}{1+n^2} \right| < \sum \dfrac{1}{1+n^2} < \sum \dfrac{1}{n^2}$ 이고

$\displaystyle\sum_{n=1}^{\infty} \dfrac{1}{n^2}$ 은 p급수판정법에 의하여 수렴하므로

$\displaystyle\sum \left| \dfrac{\cos^3 n}{1+n^2} \right|$ 도 수렴하고 $\displaystyle\sum_{n=1}^{\infty} \dfrac{\cos^3 n}{1+n^2}$ 은 절대수렴한다.

(17) 극한비교판정법에 의하여 $\displaystyle\sum \dfrac{1}{n^2}$ 이 수렴하므로

$$\sum_{n=1}^{\infty} \tan\left(\dfrac{1}{n^2}\right) \text{도 수렴한다.}$$

(18) $\displaystyle\lim_{n\to\infty} \left\{ \left| \left(\dfrac{2-5n}{5+2n}\right)^n \right| \right\}^{\frac{1}{n}} = \lim_{n\to\infty} \left| \dfrac{2-5n}{5+2n} \right| = \dfrac{5}{2} > 1$

이므로 $\displaystyle\sum_{n=1}^{\infty} \left(\dfrac{2-5n}{5+2n}\right)^n$ 은 n승근판정법에 의하여

발산한다.

(19) $\displaystyle\int_1^{\infty} xe^{-\sqrt{x}}\, dx$가 수렴하므로 적분판정법에 의해

$$\sum_{n=1}^{\infty} ne^{-\sqrt{n}} \text{도 수렴한다.}$$

(20) p급수판정법에 의해 $\displaystyle\sum_{n=4}^{\infty} \dfrac{1}{n\ln n}$ 은 발산한다.

(21) p급수판정에 의해서 $\displaystyle\sum_{n=2}^{\infty} \dfrac{1}{n^2}$ 은 수렴하고,

극한비교판정법에 의해 $\sum\limits_{n=2}^{\infty} \dfrac{1}{n}\sin\left(\dfrac{1}{n}\right)$ 도 수렴한다.

(22) $\sum\limits_{n=1}^{\infty}\dfrac{1}{n}$ 이 발산하므로 극한비교판정에 의해서

$\sum\limits_{n=1}^{\infty}\sin\dfrac{1}{n}$ 도 발산한다.

(23) $\sum\limits_{n=4}^{\infty}\dfrac{2n}{n^2-3n} > \sum\limits_{n=4}^{\infty}\dfrac{2n}{n^2} = \sum\limits_{n=4}^{\infty}\dfrac{2}{n}$ 이고, $\sum\dfrac{2}{n}$ 이

발산하므로 비교판정과 p급수판정에 의해서

$\sum\limits_{n=4}^{\infty}\dfrac{2n}{n^2-3n}$ 도 발산한다.

(24) $\displaystyle\int_1^{\infty}\dfrac{1}{\sqrt{n}\,e^{\sqrt{n}}}\,dn = \lim_{t\to\infty}\int_1^t \dfrac{2x}{xe^x}\,dx$

$= \lim_{t\to\infty} 2\int_1^t e^{-x}\,dx$

$= \lim_{t\to\infty} -2\left[e^{-x}\right]_1^t$

$= \lim_{t\to\infty} -2\left[e^{-t}-e^{-1}\right] = \dfrac{2}{e}$

이상적분이 수렴하므로 적분판정법에 의해서

$\sum\limits_{n=1}^{\infty}\dfrac{1}{\sqrt{n}\,e^{\sqrt{n}}}$ 도 수렴한다.

(25) $\sum\limits_{n=1}^{\infty}\dfrac{1}{n}$ 이 발산하므로 극한비교판정에 의해서

$\sum\limits_{n=1}^{\infty}\dfrac{1}{n^{1+\frac{1}{n}}}$ 도 발산한다.

(26) $\sum\limits_{n=1}^{\infty}a_n = \sum\limits_{n=1}^{\infty}\dfrac{n!}{n^n}$ 일 때, $\lim\limits_{n\to\infty}\dfrac{a_{n+1}}{a_n} = \dfrac{1}{e} < 1$이므로

$\sum\limits_{n=1}^{\infty}\dfrac{n!}{n^n}$ 은 수렴한다.

$\sum\limits_{n=1}^{\infty}\dfrac{n!}{(n+1)^n} < \sum\limits_{n=1}^{\infty}\dfrac{n!}{n^n}$ 이므로 비율판정과 비교판정에

의해서 $\sum\limits_{n=1}^{\infty}\dfrac{n!}{(n+1)^n}$ 도 수렴한다.

(27) $\lim\limits_{n\to\infty}\sqrt[n]{|a_n|} = \lim\limits_{n\to\infty}\left(1-\dfrac{2}{n}\right)^n = e^{-2} < 1$ 이므로

n승근판정법에 의해 수렴한다.

(28) $\sum\limits_{n=1}^{\infty}\dfrac{1}{n^2}$ 이 수렴하므로 극한비율판정법에 의해

$\sum\limits_{n=1}^{\infty}\tan^{-1}\left(\dfrac{\pi}{n^2}\right)$ 도 수렴한다.

(29) $\sum\limits_{n=1}^{\infty}\dfrac{1}{1+\sqrt{n}} > \sum\limits_{n=1}^{\infty}\dfrac{1}{\sqrt{n}+\sqrt{n}} = \sum\limits_{n=1}^{\infty}\dfrac{1}{2\sqrt{n}}$ 이고

$\sum\limits_{n=1}^{\infty}\dfrac{1}{\sqrt{n}}$ 이 발산하므로 비교판정과 p급수판정에

의해 $\sum\limits_{n=1}^{\infty}\dfrac{1}{1+\sqrt{n}}$ 도 발산한다.

(30) $\sum\limits_{n=2}^{\infty}\dfrac{1}{(n+2)\ln n} > \sum\limits_{n=2}^{\infty}\dfrac{1}{2n\ln n}$ 이고, $\sum\limits_{n=1}^{\infty}\dfrac{1}{n\ln n}$ 이

발산하므로 비교판정과 p급수판정에 의해

$\sum\limits_{n=2}^{\infty}\dfrac{1}{(n+2)\ln n}$ 도 발산한다.

(31) $\lim\limits_{k\to\infty}\dfrac{a_{k+1}}{a_k} = \lim\limits_{k\to\infty}\dfrac{1}{k+1}\dfrac{(k+1)^{k+1}}{k^k}$

$= \lim\limits_{k\to\infty}\dfrac{(k+1)^k}{k^k}$

$= \lim\limits_{k\to\infty}\left(\dfrac{k+1}{k}\right)^k = e > 1$

이므로 비율판정법에 의하여 $\sum\limits_{k=1}^{\infty}\dfrac{k^k}{k!}$ 은 발산한다.

(32) $\lim\limits_{k\to\infty}\dfrac{a_{k+1}}{a_k} = \lim\limits_{k\to\infty}\dfrac{(2k+2)(2k+1)}{3(k+1)^2} = \dfrac{4}{3} > 1$

이므로 비율판정법에 의하여 $\sum\limits_{k=1}^{\infty}\dfrac{(2k)!}{3^k(k!)^2}$ 은 발산한다.

(33) $\lim\limits_{k\to\infty}\dfrac{a_{k+1}}{a_k} = \lim\limits_{k\to\infty}\dfrac{e(k+1)}{2(k+1)} = \dfrac{e}{2} > 1$이므로

비율판정법에 의하여 $\sum\limits_{k=1}^{\infty}\dfrac{k^k}{k!\,2^k}$ 은 발산한다.

(34) $\lim\limits_{k\to\infty}\dfrac{a_{k+1}}{a_k} = \lim\limits_{k\to\infty}\dfrac{e(k+1)}{3(k+1)} = \dfrac{e}{3} < 1$이므로

비율판정법에 의하여 $\sum\limits_{k=1}^{\infty}\dfrac{k^k}{k!\,3^k}$ 은 수렴한다.

(35) $\lim\limits_{n\to\infty}\dfrac{a_{n+1}}{a_n} = \lim\limits_{n\to\infty}\dfrac{n+1}{2n+1} = \dfrac{1}{2} < 1$이므로

비율판정법에 의하여

$\sum\limits_{n=1}^{\infty}\dfrac{n!}{1\cdot 3\cdot 5\cdot\,\cdots\,\cdot(2n-1)}$ 은 수렴한다.

(36) $\lim\limits_{n\to\infty}\left|\dfrac{a_{n+1}}{a_n}\right|=\lim\limits_{n\to\infty}\dfrac{4n+3}{3n+2}=\dfrac{4}{3}>1$이므로

비율판정법에 의하여 $\sum\limits_{n=1}^{\infty}\dfrac{3\cdot7\cdot\ \cdots\ \cdot(4n-1)}{2\cdot5\cdot\ \cdots\ \cdot(3n-1)}$ 은

발산한다.

474. 해설 참고

풀이 (1) $\sum\limits_{n=2}^{\infty}\dfrac{1}{n^2-n}$ 이 수렴하므로 $\displaystyle\int_{2}^{\infty}\dfrac{1}{x^2-x}\,dx$도 수렴한다.

(2) $\sum\limits_{n=0}^{\infty}\dfrac{1}{2+n^4}$ 이 수렴하므로 $\displaystyle\int_{0}^{\infty}\dfrac{1}{2+x^4}\,dx$도 수렴한다.

(3) $\sum\limits_{n=0}^{\infty}\dfrac{n}{n^3+1}$ 이 수렴하므로 $\displaystyle\int_{0}^{\infty}\dfrac{x}{x^3+1}\,dx$도 수렴한다.

(4) $\sum\limits_{n=0}^{\infty}\dfrac{n}{\sqrt{n^2+n+4}}$ 가 발산하므로

$\displaystyle\int_{0}^{\infty}\dfrac{x}{\sqrt{x^2+x+4}}\,dx$도 발산한다.

(5) $\sum\limits_{n=0}^{\infty}\dfrac{n\tan^{-1}n}{(1+n^2)^2}<\sum\limits_{n=0}^{\infty}\dfrac{n\pi}{2(1+n^2)^2}$ 이 수렴하므로

$\displaystyle\int_{0}^{\infty}\dfrac{x\tan^{-1}x}{(1+x^2)^2}\,dx$도 수렴한다.

(6) $\sum\limits_{n=1}^{\infty}\dfrac{2+e^{-n}}{n}>\sum\limits_{n=1}^{\infty}\dfrac{2}{n}$ 이 발산하므로

$\displaystyle\int_{1}^{\infty}\dfrac{2+e^{-x}}{x}\,dx$도 발산한다.

또는 $\displaystyle\int_{1}^{\infty}\dfrac{2}{x}+\dfrac{e^{-x}}{x}\,dx=\int_{1}^{\infty}\dfrac{2}{x}\,dx+\int_{1}^{\infty}\dfrac{e^{-x}}{x}\,dx$ 는

발산+수렴이므로 발산이다.

(7) $\sum\limits_{n=0}^{\infty}\dfrac{1}{e^{n^2}}$ 은 수렴하므로 $\displaystyle\int_{0}^{\infty}\dfrac{1}{e^{x^2}}dx=\int_{0}^{\infty}e^{-x^2}dx$도 수렴한다.

(8) $\sum\limits_{n=0}^{\infty}\dfrac{n^4}{e^{n^2}}$ 이 수렴하므로

$\displaystyle\int_{-\infty}^{\infty}x^4e^{-x^2}\,dx=2\int_{0}^{\infty}\dfrac{x^4}{e^{x^2}}\,dx$도 수렴한다.

(9) $\sum\limits_{n=0}^{\infty}\dfrac{n^2}{e^n}$ 이 수렴한다. $\ln x=t$ 라고 할 때, $x=e^t$, $dx=e^t\,dt$

이다. $\displaystyle\int_{1}^{\infty}\dfrac{(\ln x)^2}{x^2}\,dx=\int_{0}^{\infty}\dfrac{t^2}{e^t}\,dx$도 수렴한다.

(10) $\sum\limits_{n=1}^{\infty}\left|\dfrac{\cos(e^{n^2})}{n^2(2+\sin n)}\right|<\sum\limits_{n=1}^{\infty}\dfrac{1}{n^2(2+\sin n)}<\sum\limits_{n=1}^{\infty}\dfrac{1}{n^2}$

이므로 $\sum\limits_{n=1}^{\infty}\left|\dfrac{\cos(e^{n^2})}{n^2(2+\sin n)}\right|$ 이 수렴하므로

$\sum\limits_{n=1}^{\infty}\dfrac{\cos(e^{n^2})}{n^2(2+\sin n)}$ 도 수렴한다.

따라서 $\displaystyle\int_{1}^{\infty}\dfrac{\cos(e^{x^2})}{x^2(2+\sin x)}\,dx$도 수렴한다.

(11) $\sum\limits_{n=1}^{\infty}\sin\left(\dfrac{1}{n}\right)$ 이 발산하므로 $\displaystyle\int_{1}^{\infty}\sin\dfrac{1}{x}\,dx$도 발산한다.

(12) $\sum\limits_{n=1}^{\infty}\dfrac{1}{n}\sin\left(\dfrac{1}{n}\right)$ 이 수렴하므로 $\displaystyle\int_{1}^{\infty}\dfrac{\sin\left(\dfrac{1}{x}\right)}{x}\,dx$도 수렴한다.

(13) $\sum\limits_{n=1}^{\infty}\left|\dfrac{\sin n}{n^3}\right|<\sum\limits_{n=1}^{\infty}\dfrac{1}{n^3}$ 이 수렴하므로 $\sum\limits_{n=1}^{\infty}\dfrac{\sin n}{n^3}$ 도 수렴한다.

$\dfrac{1}{x}=t$ 로 치환하면 $\displaystyle\int_{0}^{1}x\sin\left(\dfrac{1}{x}\right)dx=\int_{1}^{\infty}\dfrac{\sin t}{t^3}\,dt$도 수렴한다.

(14) $\sum\limits_{n=1}^{\infty}\sin\left(\dfrac{1}{n}\right)$ 이 발산하므로 $\displaystyle\int_{1}^{\infty}\sin\dfrac{1}{x}\,dx$도 발산한다.

$\dfrac{1}{x}=t$ 로 치환하면 $\displaystyle\int_{0}^{1}\dfrac{\sin x}{x^2}\,dx=\int_{1}^{\infty}\sin\left(\dfrac{1}{t}\right)dt$도 발산한다.

(15) $\sum\limits_{n=1}^{\infty}\dfrac{1}{n}\sin\left(\dfrac{1}{n}\right)$ 이 수렴한다. $\dfrac{1}{x}=t$ 로 치환하면

$\displaystyle\int_{0}^{1}\dfrac{\sin x}{x}\,dx=\int_{1}^{\infty}\dfrac{1}{t}\sin\left(\dfrac{1}{t}\right)dt$도 수렴한다.

(16) $\sum\limits_{n=1}^{\infty}ne^n$ 은 발산한다. $\dfrac{1}{x}=t$ 로 치환하면

$\displaystyle\int_{0}^{1}\dfrac{e^{\frac{1}{x}}}{x^3}\,dx=\int_{1}^{\infty}te^t\,dt$도 발산한다.

475. 4개

$$\int_1^\infty \frac{\sin x}{x}\,dx = \lim_{b\to\infty}\int_1^b \frac{\sin x}{x}\,dx$$

$$= \lim_{b\to\infty}\left\{\left[-\frac{\cos x}{x}\right]_1^b - \int_1^b \frac{\cos x}{x^2}\,dx\right\}$$

$$(\because \text{부분적분})$$

$$= \lim_{b\to\infty}\left\{-\frac{\cos b}{b} + \cos 1 - \int_1^b \frac{\cos x}{x^2}\,dx\right\}$$

$$= \cos 1 - \int_1^\infty \frac{\cos x}{x^2}\,dx,$$

$$\int_1^\infty \frac{|\cos x|}{x^2}\,dx = \int_1^\infty \left|\frac{\cos x}{x^2}\right|\,dx \leq \int_1^\infty \frac{1}{x^2}\,dx,$$

乙에 의해 $\int_1^\infty \frac{1}{x^2}\,dx$ 가 수렴하므로 丙에 의해

$$\int_1^\infty \frac{|\cos x|}{x^2}\,dx = \int_1^\infty \left|\frac{\cos x}{x^2}\right|\,dx$$

도 수렴한다.

丁에 의해 $\int_1^\infty \frac{\cos x}{x^2}\,dx$ 가 수렴한다.

따라서 $\int_1^\infty \frac{\sin x}{x}\,dx = \cos 1 - \int_1^\infty \frac{\cos x}{x^2}\,dx$ 도 수렴한다.

따라서 가, 나, 다, 라 모두 옳다.

476. 4개

가. 부분적분법을 이용하면

$$\int_1^\infty \left|\frac{\sin x}{x^2}\right|\,dx \leq \int_1^\infty \frac{1}{x^2}\,dx$$ 에서 비교판정법에 의하여

$$\int_1^\infty \left|\frac{\sin x}{x^2}\right|\,dx$$ 가 수렴하므로 $\int_1^\infty \frac{\sin x}{x^2}\,dx$ 는 수렴한다.

따라서 $\int_1^\infty \frac{\cos x}{x}\,dx = -\sin 1 + \int_1^\infty \frac{\sin x}{x^2}\,dx$ 에서

$$\int_1^\infty \frac{\cos x}{x}\,dx$$ 는 수렴한다. (수렴)

나. $\int_1^\infty \frac{\cos x}{\sqrt{x}}\,dx = \left[\frac{\sin x}{\sqrt{x}}\right]_1^\infty + \frac{1}{2}\int_1^\infty \frac{\sin x}{x\sqrt{x}}\,dx$

$$= -\sin 1 + \frac{1}{2}\int_1^\infty \frac{\sin x}{x\sqrt{x}}\,dx$$

에서 $\int_1^\infty \frac{\sin x}{x\sqrt{x}}\,dx \leq \int_1^\infty \frac{1}{x\sqrt{x}}\,dx$ 이고,

$$\int_1^\infty \frac{1}{x\sqrt{x}}\,dx$$ 는 $p-$ 판정법에 의해 수렴하므로

$$\int_1^\infty \frac{\sin x}{\sqrt{x}}\,dx$$ 는 비교판정법에 의해 수렴한다.

따라서 $\int_1^\infty \frac{\cos x}{\sqrt{x}}\,dx$ 는 수렴한다. (수렴)

다. $\int_\pi^\infty \sin(x^2)\,dx = \frac{1}{2}\int_{\pi^2}^\infty \frac{\sin t}{\sqrt{t}}\,dt \ (\because x^2 = t \text{ 치환})$

$$= \frac{1}{2}\left\{\left[-\frac{\cos t}{\sqrt{t}}\right]_{\pi^2}^\infty - \int_{\pi^2}^\infty \frac{\cos t}{2t\sqrt{t}}\,dt\right\}$$

$$= \frac{1}{2}\left(\frac{\cos \pi^2}{\pi} - \int_{\pi^2}^\infty \frac{\cos t}{2t\sqrt{t}}\,dt\right)$$

에서 $\int_{\pi^2}^\infty \frac{|\cos t|}{t\sqrt{t}}\,dt \leq \int_{\pi^2}^\infty \frac{1}{t\sqrt{t}}\,dt$ 이고,

$$\int_{\pi^2}^\infty \frac{1}{t\sqrt{t}}\,dt$$ 는 $p-$ 판정법에 의해 수렴하므로

$$\int_{\pi^2}^\infty \frac{|\cos\sqrt{t}|}{t\sqrt{t}}\,dt$$ 가 수렴하고 $\int_{\pi^2}^\infty \frac{\cos\sqrt{t}}{t\sqrt{t}}\,dt$ 가 수렴한다.

따라서 $\int_\pi^\infty \sin(x^2)\,dx$ 도 수렴한다. (수렴)

라. $\int_0^\infty \frac{\sqrt{x}}{x+x^2}\,dx = 2\tan^{-1}(\sqrt{x})\big]_0^\infty = \pi$ (수렴)

3. 멱급수의 수렴반경 & 수렴구간

477.   20

풀이 $a_n = \dfrac{(x-3)^n}{n \cdot 4^n}$ 라 하면 비율판정법에 의하여

$$\lim_{n \to \infty} \left| \frac{a_{n+1}}{a_n} \right| = \lim_{n \to \infty} \frac{1}{4}|x-3| = \frac{1}{4}|x-3| < 1 \text{일 때},$$

수렴한다.

(i) $x = 7$일 때, 급수 $\sum \dfrac{4^n}{n4^n} = \sum \dfrac{1}{n}$ 은

p급수판정법에 의하여 발산한다.

(ii) $x = -1$일 때,

급수 $\sum \dfrac{(-4)^n}{n4^n} = \sum \dfrac{(-1)^n 4^n}{n4^n} = \sum \dfrac{(-1)^n}{n}$ 은

$b_n = \dfrac{1}{n}$ 이라 하면 $b_n > 0$이고, 감소수열이며 $\lim_{n \to \infty} \dfrac{1}{n} = 0$이

므로 교대급수판정법에 의하여 수렴한다.

따라서 $\displaystyle\sum_{n=1}^{\infty} \dfrac{(x-3)^n}{n4^n}$ 의 수렴 구간은 $[-1, 7)$이다.

따라서 수렴하는 모든 정수의 합은

$-1+0+1+2+\ldots+6 = 20$이다.

478. $-\dfrac{3}{4} < x \leq \dfrac{1}{4}$

풀이 수열 $A_n = \dfrac{(-1)^{n+1}}{2^n n}(4x+1)^n$ 의 비율판정값을 이용하면

$$\lim_{n \to \infty} \left| \frac{A_{n+1}}{A_n} \right| = \frac{1}{2}|4x+1| < 1 \text{일 때 절대수렴한다.}$$

구간 $-2 < 4x+1 < 2$에서

(i) $4x+1 = 2$일 때 ($x = \dfrac{1}{4}$일 때)

$\displaystyle\sum_{n=1}^{\infty} \dfrac{(-1)^{n+1}}{n}$ 은 $\lim_{n \to \infty} \dfrac{1}{n} = 0$이므로 교대급수판정법에 의하

여 수렴한다.

(ii) $4x+1 = -2$일 때 ($x = -\dfrac{3}{4}$일 때)

$\displaystyle\sum_{n=1}^{\infty} \dfrac{(-1)^{2n+1}}{n} = -\sum_{n=1}^{\infty} \dfrac{1}{n}$ 은 p급수판정법에 의하여

발산한다.

그러므로 수렴구간은 $-\dfrac{3}{4} < x \leq \dfrac{1}{4}$ 이다.

479. $-\sqrt{2} < x < \sqrt{2}$

풀이 $a_n = \dfrac{1}{(n+1)2^n}x^{2n}$ 이라 하면

$$\lim_{n \to \infty} \left| \frac{a_{n+1}}{a_n} \right| = \lim_{n \to \infty} \left| \frac{\frac{1}{(n+2)2^{n+1}}x^{2n+2}}{\frac{1}{(n+1)2^n}x^{2n}} \right|$$

$$= \lim_{n \to \infty} \left| \frac{n+1}{(n+2)2}x^2 \right| = \frac{1}{2}x^2 < 1$$

이므로 $x^2 < 2$, 즉 $-\sqrt{2} < x < \sqrt{2}$ 에서 수렴한다.

(i) $x = \sqrt{2}$일 때,

$\displaystyle\sum_{n=0}^{\infty} \dfrac{1}{(n+1)2^n}(\sqrt{2})^{2n} = \sum_{n=0}^{\infty} \dfrac{1}{n+1}$ 은 적분판정법에

의하여 발산한다.

(ii) $x = -\sqrt{2}$일 때, $\displaystyle\sum_{n=0}^{\infty} \dfrac{1}{(n+1)2^n}(-\sqrt{2})^{2n} = \sum_{n=0}^{\infty} \dfrac{1}{n+1}$

은 적분판정법에 의하여 발산한다.

따라서 수렴구간은 $-\sqrt{2} < x < \sqrt{2}$ 이다.

480.   1

풀이 $a_n = \dfrac{1}{\sqrt{n}}\left(\dfrac{x-1}{x}\right)^n$ 라고 할 때

$$\lim_{n \to \infty} \left| \frac{a_{n+1}}{a_n} \right| = \lim_{n \to \infty} \left| \frac{x-1}{x} \cdot \frac{\sqrt{n}}{\sqrt{n+1}} \right| = \left| \frac{x-1}{x} \right| < 1 \text{를}$$

만족할 때 $\sum a_n$ 은 수렴한다.

$\Leftrightarrow -1 < \dfrac{x-1}{x} = 1 - \dfrac{1}{x} < 1$

$\Leftrightarrow 0 < \dfrac{1}{x} < 2 \quad \Leftrightarrow \quad 0 < \dfrac{1}{x} < 2 \quad \Leftrightarrow \quad \dfrac{1}{2} < x$

$x = \dfrac{1}{2}$일 때, 급수 $\displaystyle\sum_{n=1}^{\infty} \dfrac{(-1)^n}{\sqrt{n}}$ 이므로 교대급수판정법에 의하여

수렴한다.

그러므로 급수 $\displaystyle\sum_{n=1}^{\infty} \dfrac{1}{\sqrt{n}}\left(\dfrac{x-1}{x}\right)^n$ 의 수렴구간은 $x \geq \dfrac{1}{2}$ 이고,

수렴구간에 속하는 가장 작은 정수는 1이다.

481.   해설 참고

풀이 (1) $A_n = \dfrac{x^n}{\sqrt{n}}$ 이라 하면, $\lim_{n \to \infty} \left| \dfrac{A_{n+1}}{A_n} \right| = |x|$ 이고,

$\displaystyle\sum_{n=1}^{\infty} \dfrac{x^n}{\sqrt{n}}$ 은 비율판정법에 의해 $|x| < 1$일 때

수렴한다. $\therefore$ 수렴반경 $R = 1$

$x=1$이면 $\sum_{n=1}^{\infty} \dfrac{1}{\sqrt{n}}$ 은 발산하고

$x=-1$이면 $\sum_{n=1}^{\infty} \dfrac{(-1)^n}{\sqrt{n}}$ 은 수렴한다.

따라서 수렴구간은 $-1 \leq x < 1$이다.

(2) $A_n = \dfrac{(-1)^n x^n}{n^3}$ 이라 하면, $\lim\limits_{n \to \infty} \left| \dfrac{A_{n+1}}{A_n} \right| = |x|$ 이고,

비율판정법에 의해 $\sum_{n=1}^{\infty} \dfrac{(-1)^n x^n}{n^3}$ 는 $|x| < 1$일 때

수렴한다. $\therefore$ 수렴반경 $R=1$

$x=1$이면 $\sum_{n=1}^{\infty} \dfrac{(-1)^n}{n^3}$ 은 수렴하

$x=-1$이면 $\sum_{n=1}^{\infty} \dfrac{1}{n^3}$ 도 수렴한다.

따라서 수렴구간은 $-1 \leq x \leq 1$이다.

(3) $A_n = \dfrac{(x-1)^n}{4^n \ln n}$ 이라 하면, $\lim\limits_{n \to \infty} \left| \dfrac{A_{n+1}}{A_n} \right| = \dfrac{|x-1|}{4}$,

비율판정법에 의해 $\sum_{n=2}^{\infty} \dfrac{(x-1)^n}{4^n \ln n}$ 는 $|x-1| < 4$일 때,

수렴한다. $\therefore$ 수렴반경 $R=4$

$x-1=4$이면 $\sum_{n=2}^{\infty} \dfrac{1}{\ln n}$ 은 발산하고

$x-1=-4$이면 $\sum_{n=2}^{\infty} \dfrac{(-1)^n}{\ln n}$ 은 수렴한다.

따라서 수렴구간 $-4 \leq x-1 < 4 \Leftrightarrow -3 \leq x < 5$이다.

(4) $A_n = \dfrac{(2x-3)^n}{4^n \cdot n}$ 이라 하면

$\lim\limits_{n \to \infty} \left| \dfrac{A_{n+1}}{A_n} \right| = \dfrac{1}{4} |2x-3|$,

비율판정법에 의하여 $\sum_{n=1}^{\infty} \dfrac{(2x-3)^n}{4^n \cdot n}$ 는

$\Rightarrow |2x-3| < 4 \Rightarrow \left| x - \dfrac{3}{2} \right| < 2$

$\therefore \left| x - \dfrac{3}{2} \right| < 2$이므로 수렴반경 $R=2$이다.

$2x-3=4$이면 $\sum_{n=1}^{\infty} \dfrac{1}{n}$ 는 발산하고

$2x-3=-4$이면 $\sum_{n=1}^{\infty} \dfrac{(-1)^n}{n}$ 는 수렴한다.

따라서 수렴구간은 $-4 \leq 2x-3 < 4$이므로

$-1 \leq 2x < 7 \Rightarrow -\dfrac{1}{2} \leq x < \dfrac{7}{2}$이다.

(5) $A_n = \dfrac{(2x-3)^{2n}}{4^n \cdot n}$ 이라 하면

$\lim\limits_{n \to \infty} \left| \dfrac{A_{n+1}}{A_n} \right| = \dfrac{1}{4} |2x-3|^2$ 이고,

비율판정법에 의하여 $\sum_{n=1}^{\infty} \dfrac{(2x-3)^{2n}}{4^n \cdot n}$ 는

$\Rightarrow |2x-3|^2 < 4 \Rightarrow |2x-3| < 2 \Rightarrow \left| x - \dfrac{3}{2} \right| < 1$

$\therefore \left| x - \dfrac{3}{2} \right| < 1$이므로 수렴반경 $R=1$이다.

$2x-3=2$이면 $\sum_{n=1}^{\infty} \dfrac{1}{n}$ 는 발산하고

$2x-3=-2$이면 $\sum_{n=1}^{\infty} \dfrac{1}{n}$ 도 발산한다.

따라서 수렴구간은 $-2 < 2x-3 < 2$이므로

$1 < 2x < 5 \Rightarrow \dfrac{1}{2} < x < \dfrac{5}{2}$이다.

(6) $A_n = \dfrac{x^n}{n!}$ 이라 하면,

$\lim\limits_{n \to \infty} \left| \dfrac{A_{n+1}}{A_n} \right| = 0 \cdot |x| = 0$이므로 비율판정법에 의해서

$\sum_{n=0}^{\infty} \dfrac{x^n}{n!}$ 는 모든 x에 대하여 수렴한다. 따라서

수렴반경은 무한대이고, 수렴구간은 모든 실수이다.

(7) $A_n = \dfrac{(2x)^n}{n!}$ 이라 하면,

$\lim\limits_{n \to \infty} \left| \dfrac{A_{n+1}}{A_n} \right| = 0 \cdot |2x| = 0$이므로

$\sum_{n=0}^{\infty} \dfrac{2^n x^n}{n!}$ 는 모든 x에 대하여 수렴한다. 따라서

수렴반경은 무한대이고, 수렴구간은 모든 실수이다.

(8) $A_n = n!(2x-1)^n$ 이라 하면,

$x \neq \dfrac{1}{2}$인 모든 x에 대해

$\lim\limits_{n \to \infty} \left| \dfrac{A_{n+1}}{A_n} \right| = \infty |2x-1| = \infty$이다.

$\sum_{n=1}^{\infty} n!(2x-1)^n$ 는 $x \neq \dfrac{1}{2}$인 모든 x에서 발산하므로

수렴반경은 0이고, 수렴구간은 $x = \dfrac{1}{2}$이다.

(9) $A_n = \dfrac{n!}{n^n} x^n$ 라 할 때, $\lim\limits_{n \to \infty} \left| \dfrac{A_{n+1}}{A_n} \right| = \dfrac{1}{e} |x|$ 이다.

비율판정법에 의해서 $\sum_{n=1}^{\infty} \dfrac{n!}{n^n} x^n$ 는 $|x| < e$ 일 때

수렴하므로 수렴반경은 $R = e$ 이다.

$x = e$ 일 때 $\sum_{n=1}^{\infty} \dfrac{e^n n!}{n^n}$ 는 발산하고,

$x = -e$ 일 때 $\sum_{n=1}^{\infty} \dfrac{(-e)^n n!}{n^n}$ 도 발산한다.

따라서 수렴구간은 $-e < x < e$ 이다.

(10) $A_n = \dfrac{n^n}{n!} x^n$ 라 할 때, $\lim_{n \to \infty} \left| \dfrac{A_{n+1}}{A_n} \right| = e|x|$ 이다.

비율판정법에 의해서 $\sum_{n=1}^{\infty} \dfrac{n^n}{n!} x^n$ 는 $|x| < \dfrac{1}{e}$ 일 때

수렴하므로 수렴반경은 $R = \dfrac{1}{e}$ 이다.

$x = \dfrac{1}{e}$ 일 때 $\sum_{n=1}^{\infty} \dfrac{n^n}{e^n n!}$ 는 발산하고,

$x = -\dfrac{1}{e}$ 일 때 $\sum_{n=1}^{\infty} \dfrac{(-1)^n n^n}{e^n n!}$ 는 수렴한다.

따라서 수렴구간은 $-\dfrac{1}{e} \le x < \dfrac{1}{e}$ 이다.

482. 풀이 참조

[풀이]

(1) 거짓

[반례] $a_n = \dfrac{1}{n}$ 이라 하면 $\lim_{n \to \infty} \dfrac{1}{n} = 0$ 이지만 $\sum_{n=1}^{\infty} \dfrac{1}{n}$ 은

p급수판정법에 의하여 발산한다.

(2) 거짓

[반례] $a_n = \dfrac{(-1)^n}{n}$ 이라 하면 $\sum_{n=1}^{\infty} \dfrac{(-1)^n}{n}$ 은 교대급수

판정법에 의하여 수렴한다.

하지만 $\sum_{n=1}^{\infty} (-1)^n a_n = \sum_{n=1}^{\infty} \dfrac{1}{n}$ 은 p급수판정법에

의하여 발산한다.

즉, a_n 이 양항급수인지 교대급수인지 조건을

제시하지 않았기 때문에 a_n 의 다양성을 고려해야한다.

(3) 거짓

[반례] $a_n = n$, $b_n = -n$ 일 경우 두 급수 $\sum_{n=1}^{\infty} a_n$ 과

$\sum_{n=1}^{\infty} b_n$ 이 모두 발산하지만, $\sum_{n=1}^{\infty} (a_n + b_n) = \sum_{n=1}^{\infty} 0$ 은

수렴한다.

(4) 거짓

[반례] $a_n = b_n = \dfrac{(-1)^n}{\sqrt{n}}$ 의 경우 급수 $\sum a_n$ 과

$\sum b_n$ 이 모두 수렴하지만,

$\sum a_n b_n = \sum \dfrac{1}{n}$ 으로 발산한다.

(5) 참

양항급수 $\sum a_n$ 과 $\sum b_n$ 이 모두 수렴하면

$\lim_{n \to \infty} a_n = \lim_{n \to \infty} b_n = 0$ 이고, 감소수열이므로

$a_n b_n < a_n$, $a_n b_n < b_n$ 이 성립한다. 따라서

$\sum a_n b_n < \sum a_n$, $\sum a_n b_n < \sum b_n$ 이므로 $\sum a_n b_n$ 은

수렴한다.

(6) 참

$\lim_{n \to \infty} \left| \dfrac{a_{n+1}}{a_n} \right| < 1$ 이면 비율 판정법에 의하여 $\sum_{n=1}^{\infty} a_n$ 이

수렴한다.

(7) 거짓

[반례] $a_n = \dfrac{1}{n^2}$ 이면 $\sum_{n=1}^{\infty} \dfrac{1}{n^2}$ 은 p급수판정법에 의하여

수렴하나 $p = \lim_{n \to \infty} \left| \dfrac{a_{n+1}}{a_n} \right| = 1$ 이다.

(8) 거짓

[반례] $a_n = (-1)^n \dfrac{1}{n}$ 이라 하면 $\sum_{n=1}^{\infty} (-1)^n \dfrac{1}{n}$ 은

교대급수 판정법에 의하여 수렴하지만

$\sum_{n=1}^{\infty} \left| (-1)^n \dfrac{1}{n} \right| = \sum_{n=1}^{\infty} \dfrac{1}{n}$ 은

p급수판정법에 의하여 발산한다.

(9) 거짓

[반례] $a_n = (-1)^n \dfrac{1}{n}$ 일 때, $|a_n| = \dfrac{1}{n}$ 이므로 $\sum_{n=1}^{\infty} |a_n|$

은 발산한다.

그러나 $\sum_{n=1}^{\infty} a_n$ 은 교대급수판정법에 의해서 수렴한다.

(10) 거짓

[반례] $a_n = (-1)^n \dfrac{1}{\sqrt{n}}$ 이라 하면 $\sum_{n=1}^{\infty} (-1)^n \dfrac{1}{\sqrt{n}}$ 은

교대급수판정법에 의하여 수렴하지만

$\displaystyle\sum_{n=1}^{\infty}(-1)^n\frac{1}{\sqrt{n}}\cdot(-1)^n\frac{1}{\sqrt{n}}=\sum_{n=1}^{\infty}\frac{1}{n}$ 은 p급수판정법에 의하여 발산한다.

(11) 참

$\displaystyle\sum_{n=1}^{\infty}|a_n|$ 이 수렴하면 $\displaystyle\sum_{n=1}^{\infty}a_n$ 은 절대수렴한다.

즉, $\displaystyle\sum_{n=1}^{\infty}a_n$, $\displaystyle\sum_{n=1}^{\infty}(-a_n)$ 모두 수렴하고 $\displaystyle\lim_{n\to\infty}a_n=0$인 $\{a_n\}$은 감소수열이다.

따라서 $\displaystyle\sum_{n=1}^{\infty}a_n^{\,2}<\sum_{n=1}^{\infty}a_n$ 이므로 $\displaystyle\sum_{n=1}^{\infty}a_n^{\,2}$ 도 수렴한다.

또는 $\displaystyle\lim_{n\to\infty}\frac{a_n^{\,2}}{|a_n|}=\lim_{n\to\infty}|a_n|=0$이므로 극한비교판정법에 의하여 $\displaystyle\sum_{n=1}^{\infty}a_n^{\,2}$ 도 수렴한다.

(12) 거짓

[반례] $a_n=\dfrac{1}{n}$ 이라 하면 p급수판정법에 의하여

$\displaystyle\sum_{n=1}^{\infty}\frac{1}{n^2}$ 은 수렴하지만 $\displaystyle\sum\frac{1}{n}$ 은 발산한다.

(13) 참

급수 $\sum a_n$ 이 절대수렴하고

$0\le\sum|a_n\sin n|\le\sum|a_n|$ 이므로

비교판정법에 의해 $\sum|a_n\sin n|$ 도 수렴한다.

급수 $\sum a_n\sin n$ 은 절대수렴하므로 급수 $\sum a_n\sin n$ 도 수렴한다.

(14) 참

멱급수 $\displaystyle\sum_{n=1}^{\infty}a_nx^n$ 이 $x=2$에서 수렴하면 멱급수의 수렴 범위는 최소한 $(-2,2]$ 이므로 $x=-1$은 수렴범위에 속하게 된다. 따라서 $x=-1$에서도 수렴한다.

(15) 거짓

멱급수 $\displaystyle\sum_{n=1}^{\infty}c_nx^n$ 이 $x=3$에서 수렴하면 멱급수의 수렴범위는 최소한 $(-3,3]$ 이므로 $x=-3$의 수렴성은 c_n 이 제시되지 않는 한 알 수 없다.

■ 4. 무한급수의 합

483. $\dfrac{1}{6}$

풀이 $a_n=\displaystyle\sum_{k=1}^{n}\frac{k+2}{(k+3)!}=\sum_{k=1}^{n}\frac{k+3-1}{(k+3)!}$

$\qquad=\displaystyle\sum_{k=1}^{n}\left\{\frac{1}{(k+2)!}-\frac{1}{(k+3)!}\right\}$

$\qquad=\dfrac{1}{3!}-\dfrac{1}{4!}+\dfrac{1}{4!}-\dfrac{1}{5!}+\cdots+\dfrac{1}{(n+2)!}-\dfrac{1}{(n+3)!}$

$\qquad=\dfrac{1}{3!}-\dfrac{1}{(n+3)!}$

$\therefore\ \displaystyle\lim_{n\to\infty}a_n=\lim_{n\to\infty}\left\{\frac{1}{3!}-\frac{1}{(n+3)!}\right\}=\frac{1}{3!}=\frac{1}{6}$

484. $\dfrac{3}{4}\pi-\tan^{-1}2$

풀이 급수의 부분합을 S_n 이라 하면

$\displaystyle\sum_{n=1}^{\infty}[\tan^{-1}(n+2)-\tan^{-1}n]$

$=\displaystyle\lim_{n\to\infty}\sum_{k=1}^{n}[\tan^{-1}(k+2)-\tan^{-1}k]$

$=\displaystyle\lim_{n\to\infty}[(\tan^{-1}3-\tan^{-1}1)+(\tan^{-1}4-\tan^{-1}2)+$
$\qquad\qquad\cdots+(\tan^{-1}(n+2)-\tan^{-1}n)]$

$=\displaystyle\lim_{n\to\infty}[-\tan^{-1}1-\tan^{-1}2+\tan^{-1}(n+1)+\tan^{-1}(n+2)]$

$=-\tan^{-1}1-\tan^{-1}2+\dfrac{\pi}{2}+\dfrac{\pi}{2}$

$=\dfrac{3}{4}\pi-\tan^{-1}2$

485. (1) 2 (2) $\dfrac{1}{4}$ (3) $\dfrac{1}{2}\ln\dfrac{4}{3}$

(4) $\dfrac{3}{16}$ (5) $\dfrac{\sqrt{3}\pi}{6}$ (6) 24

풀이 (1) $\cos x=1-\dfrac{1}{2!}x^2+\dfrac{1}{4!}x^4-\dfrac{1}{6!}x^6+\cdots$

$\qquad=\displaystyle\sum_{n=0}^{\infty}\frac{(-1)^n x^{2n}}{(2n)!}$

이고, $x=\pi$를 대입하면

$\cos\pi=1-\dfrac{1}{2!}\pi^2+\dfrac{1}{4!}\pi^4-\dfrac{1}{6!}\pi^6+\cdots$ 이므로

$\dfrac{\pi^2}{2!}-\dfrac{\pi^4}{4!}+\dfrac{\pi^6}{6!}-\dfrac{\pi^8}{8!}+\cdots=1-\cos\pi=2$이다.

(2) $\sum_{n=1}^{\infty} \dfrac{(\ln 2)^{2n}}{(2n)!} = \dfrac{(\ln 2)^2}{2!} + \dfrac{(\ln 2)^4}{4!} + \dfrac{(\ln 2)^6}{6!} + \cdots$

$\cosh x = 1 + \dfrac{1}{2!}x^2 + \dfrac{1}{4!}x^4 + \dfrac{1}{6!}x^6 + \cdots$ 의 양변에서

1을 빼면 $\cosh x - 1 = \dfrac{1}{2!}x^2 + \dfrac{1}{4!}x^4 + \dfrac{1}{6!}x^6 + \cdots$ 이다.

$x = \ln 2$를 대입하면

$\dfrac{1}{2!}(\ln 2)^2 + \dfrac{1}{4!}(\ln 2)^4 + \dfrac{1}{6!}(\ln 2)^6 + \cdots$

$= \cosh(\ln 2) - 1$

$= \dfrac{1}{2}\left(e^{\ln 2} + e^{-\ln 2}\right) - 1 = \dfrac{1}{2}\left(2 + \dfrac{1}{2}\right) - 1 = \dfrac{1}{4}$

(3) $\sum_{n=1}^{\infty} \dfrac{1}{n}x^n = -\ln(1-x)$ 이므로 $x = \dfrac{1}{4}$를 대입하면

$\sum_{n=1}^{\infty} \dfrac{1}{n 2^{2n+1}} = \dfrac{1}{2}\sum_{n=1}^{\infty} \dfrac{\left(\dfrac{1}{4}\right)^n}{n}$

$= \dfrac{1}{2}\sum_{n=1}^{\infty} \dfrac{x^n}{n} = -\dfrac{1}{2}\ln(1-x)$

$= -\dfrac{1}{2}\ln\left(1 - \dfrac{1}{4}\right)$

$= \dfrac{1}{2}\ln\dfrac{4}{3}$ 이다.

(4) $x = \dfrac{1}{3}$으로 치환하면

$\sum_{n=1}^{\infty} (-1)^{n+1} n\, x^n = x - 2x^2 + 3x^3 - \cdots$ 이다.

$\dfrac{1}{1+x} = 1 - x + x^2 - x^3 + \cdots$ 이고

양변을 x에 대하여 미분하면

$\dfrac{-1}{(1+x)^2} = -1 + 2x - 3x^2 + \cdots$ 이고

양변에 $-x$를 곱하면

$\dfrac{x}{(1+x)^2} = x - 2x^2 + 3x^3 - \cdots$ 이므로

$\sum_{n=1}^{\infty} (-1)^{n+1} n\left(\dfrac{1}{3}\right)^n = \dfrac{x}{(1+x)^2}\bigg|_{x=\frac{1}{3}} = \dfrac{3}{16}$

(5) $\tan^{-1}x = x - \dfrac{1}{3}x^3 + \dfrac{1}{5}x^5 - \cdots$

$= \sum_{n=0}^{\infty} \dfrac{(-1)^n x^{2n+1}}{2n+1}$ 이므로

$\sum_{k=0}^{\infty} \dfrac{(-1)^k}{(2k+1)} x^{2k} = \dfrac{\tan^{-1}x}{x}$ 이고 $x = \dfrac{1}{\sqrt{3}}$ 을 대입하면

$\sum_{k=0}^{\infty} \dfrac{(-1)^k}{(2k+1)}\left(\dfrac{1}{\sqrt{3}}\right)^{2k} = \dfrac{\tan^{-1}\dfrac{1}{\sqrt{3}}}{\dfrac{1}{\sqrt{3}}} = \dfrac{\sqrt{3}\,\pi}{6}$

(6) $x = \dfrac{2}{3}$ 라고 하면 $\sum_{n=2}^{\infty} \dfrac{n(n-1)2^n}{3^n} = \sum_{n=2}^{\infty} n(n-1)x^n$

이다. $|x| < 1$일 때, 식을 유도하기 위해서

$\dfrac{1}{1-x} = 1 + x + x^2 + x^3 + x^4 + \cdots = \sum_{n=0}^{\infty} x^n$ 의

양변을 x에 대하여 두 번 미분하고 양변에 x^2을 곱하면

$\dfrac{2x^2}{(1-x)^3} = 2! x^2 + 3\cdot 2 x^3 + 4\cdot 3 x^4 + 5\cdot 4 x^5 + \cdots$

$= \sum_{n=2}^{\infty} n(n-1)x^n$ 이다. $x = \dfrac{2}{3}$를 대입하면

$\sum_{n=2}^{\infty} n(n-1)x^n = \sum_{n=2}^{\infty} n(n-1)\left(\dfrac{2}{3}\right)^n = \dfrac{2x^2}{(1-x)^3}$

$= \dfrac{2\left(\dfrac{2}{3}\right)^2}{\left(1 - \dfrac{2}{3}\right)^3} = 24$

486. $\dfrac{1}{2}$

[풀이] $\sum_{n=0}^{\infty} \dfrac{(-1)^n \pi^{2n}}{3^{2n}(2n)!} = \sum_{n=0}^{\infty} \dfrac{(-1)^n \left(\dfrac{\pi}{3}\right)^{2n}}{(2n)!} = \cos\left(\dfrac{\pi}{3}\right) = \dfrac{1}{2}$

487. $c = \dfrac{\sqrt{3}-1}{2}$

[풀이] $\sum_{n=2}^{\infty} (1+c)^{-n}$ 은 첫째항 $a = (1+c)^{-2}$, 공비

$r = (1+c)^{-1}$인 등비급수이므로

$|(1+c)^{-1}| < 1 \iff |(1+c)| > 1$

$\iff 1+c > 1$ 또는 $1+c < -1$

$\iff c > 0$ 또는 $c < -2$

일 때 수렴한다.

또한 급수합 $\dfrac{(1+c)^{-2}}{1-(1+c)^{-1}} = 2 \iff 2c^2 + 2c - 1 = 0$

$\iff c = \dfrac{\pm\sqrt{3}-1}{2}$

그러나 $c = \dfrac{-\sqrt{3}-1}{2}$는 $-2 < \dfrac{-\sqrt{3}-1}{2} < 0$이므로

조건을 만족시키지 못한다. $\therefore c = \dfrac{\sqrt{3}-1}{2}$

488. $\ln\dfrac{3}{2}$

풀이 $\dfrac{1}{2}=x$로 치환을 하면 다음과 같이 매클로린 급수의

식으로 바꿀 수 있다.

$$\sum_{n=1}^{\infty}(-1)^{n-1}\frac{x^n}{n}=x-\frac{1}{2}x^2+\frac{1}{3}x^3-\cdots=\ln(1+x)$$

$x=\dfrac{1}{2}$을 대입하면 $\displaystyle\sum_{n=1}^{\infty}(-1)^{n-1}\frac{1}{n2^n}=\ln\left(\frac{3}{2}\right)$

489. $\ln\dfrac{3}{2}$

풀이 $\displaystyle\sum_{n=1}^{\infty}\frac{1}{n}\left(\frac{1}{3}\right)^n=-\ln\left(1-\frac{1}{3}\right)=-\ln\frac{2}{3}=\ln\frac{3}{2}$

490. $\ln 3$

풀이 $\tanh^{-1}x=\dfrac{1}{2}\ln\left(\dfrac{1+x}{1-x}\right)=x+\dfrac{1}{3}x^3+\dfrac{1}{5}x^5+\cdots$

$$=\sum_{n=0}^{\infty}\frac{x^{2n+1}}{2n+1}$$

$$\sum_{n=0}^{\infty}\frac{1}{2n+1}\left(\frac{1}{2}\right)^{2n}=2\sum_{n=0}^{\infty}\frac{1}{2n+1}\left(\frac{1}{2}\right)^{2n+1}$$

$$=\ln\left(\frac{1+\frac{1}{2}}{1-\frac{1}{2}}\right)=\ln 3$$

491. $\dfrac{\pi}{2\sqrt{3}}$

풀이 $\tan^{-1}x=x-\dfrac{1}{3}x^3+\dfrac{1}{5}x^5+\cdots$

양변을 x로 나누면

$\Rightarrow \dfrac{\tan^{-1}x}{x}=1-\dfrac{1}{3}x^2+\dfrac{1}{5}x^4+\cdots$

$x=\dfrac{1}{\sqrt{3}}$을 대입하면

$\Rightarrow \dfrac{\tan^{-1}\left(\dfrac{1}{\sqrt{3}}\right)}{\dfrac{1}{\sqrt{3}}}=1-\dfrac{1}{3}\left(\dfrac{1}{3}\right)+\dfrac{1}{5}\left(\dfrac{1}{3}\right)^2+\cdots$

$\therefore \displaystyle\sum_{n=0}^{\infty}\frac{(-1)^n}{2n+1}\frac{1}{3^n}=\frac{\sqrt{3}}{6}\pi=\frac{\pi}{2\sqrt{3}}$

492. 1

풀이 규칙성이 존재하는 급수의 소거법으로 급수의 합을 구할 수 있다.

$$\sum_{n=1}^{\infty}\frac{n}{(n+1)!}=\sum_{n=1}^{\infty}\left\{\frac{n+1}{(n+1)!}-\frac{1}{(n+1)!}\right\}$$

$$=\sum_{n=1}^{\infty}\left\{\frac{1}{n!}-\frac{1}{(n+1)!}\right\}$$

$$=\lim_{n\to\infty}\left[\left(\frac{1}{1!}-\frac{1}{2!}\right)+\left(\frac{1}{2!}-\frac{1}{3!}\right)+\cdots\right.$$

$$\left.+\left\{\frac{1}{n!}-\frac{1}{(n+1)!}\right\}\right]$$

$$=\lim_{n\to\infty}\left\{1-\frac{1}{(n+1)!}\right\}=1$$

풀이 매클로린 급수를 활용할 수 있도록 식을 조작해보자.

$$\sum_{n=1}^{\infty}\frac{n}{(n+1)!}=\sum_{n=1}^{\infty}\left\{\frac{n+1}{(n+1)!}-\frac{1}{(n+1)!}\right\}$$

$$=\sum_{n=1}^{\infty}\frac{1}{n!}-\sum_{n=1}^{\infty}\frac{1}{(n+1)!}$$

$$=(e^x-1)-(e^x-1-x)\big|_{x=1}$$

$$=1$$

493. $4e$

풀이 $\displaystyle\sum_{n=0}^{\infty}\frac{n+3}{n!}=\sum_{n=0}^{\infty}\frac{n}{n!}+3\sum_{n=0}^{\infty}\frac{1}{n!}$ 이다.

$$\sum_{n=0}^{\infty}\frac{n}{n!}=0+\frac{1}{1!}+\frac{2}{2!}+\frac{3}{3!}+\frac{4}{4!}+\cdots$$

$$=\frac{1}{0!}+\frac{1}{1!}+\frac{1}{2!}+\frac{1}{3!}+\cdots=e$$

$3\displaystyle\sum_{n=0}^{\infty}\frac{1}{n!}=3e$ 이므로

$$\sum_{n=0}^{\infty}\frac{n+3}{n!}=\sum_{n=0}^{\infty}\frac{n}{n!}+3\sum_{n=0}^{\infty}\frac{1}{n!}=4e$$ 이다.

[다른 풀이]

$\displaystyle\sum_{n=0}^{\infty}\frac{x^n}{n!}=e^x$ 에서 양변에 x^3을 곱하면

$\Rightarrow \displaystyle\sum_{n=0}^{\infty}\frac{x^{n+3}}{n!}=x^3e^x$ 이고 여기서 양변을 미분하면

$\Rightarrow \displaystyle\sum_{n=0}^{\infty}\frac{(n+3)x^{n+2}}{n!}=3x^2e^x+x^3e^x$

양변에 $x=1$을 대입하면

$\Rightarrow \displaystyle\sum_{n=0}^{\infty}\frac{n+3}{n!}=3e+e=4e$

494. $\dfrac{27}{4}$

풀이 $|x|<1$일 때, $\displaystyle\sum_{n=0}^{\infty} x^n = 1+x+x^2+x^3+\cdots = \dfrac{1}{1-x}$

양변을 미분하면

$\Rightarrow \displaystyle\sum_{n=1}^{\infty} nx^{n-1} = 1+2x+3x^2+4x^3+\cdots = \dfrac{1}{(1-x)^2}$

다시 양변을 미분하면

$\Rightarrow \displaystyle\sum_{n=2}^{\infty} n(n-1)x^{n-2} = 2+6x+12x^2+\cdots = \dfrac{2}{(1-x)^3}$

$x=\dfrac{1}{3}$을 대입하면 $\Rightarrow \displaystyle\sum_{n=2}^{\infty} n(n-1)\left(\dfrac{1}{3}\right)^{n-2} = \dfrac{27}{4}$

495. 8

풀이 기하급수 전개에 의해 $|x|<1$일 때,

$\displaystyle\sum_{n=0}^{\infty} x^n = \dfrac{1}{1-x} = 1+x+x^2+x^3+\cdots$

양변에 x를 곱하면

$\Rightarrow \displaystyle\sum_{n=0}^{\infty} x^{n+1} = \dfrac{x}{1-x} = x+x^2+x^3+x^4+\cdots$

양변을 x에 대해 미분하면

$\Rightarrow \displaystyle\sum_{n=0}^{\infty} (n+1)x^n = \dfrac{1}{(1-x)^2} = 1+2x+3x^2+4x^3+\cdots$

다시 양변을 x에 대해 미분하면

$\Rightarrow \displaystyle\sum_{n=1}^{\infty} n(n+1)x^{n-1} = \dfrac{2}{(1-x)^3} = 2+6x+12x^2+\cdots$

다시 양변에 x를 곱하면

$\Rightarrow \displaystyle\sum_{n=1}^{\infty} n(n+1)x^n = \dfrac{2x}{(1-x)^3} = 2x+6x^2+12x^3+\cdots$

$x=\dfrac{1}{2}$을 대입하면 $\Rightarrow \displaystyle\sum_{n=1}^{\infty} \dfrac{n(n+1)}{2^n} = \dfrac{2\cdot\frac{1}{2}}{\left(1-\frac{1}{2}\right)^3} = 8$

496. 6

풀이 $|x<1|$일 때, $\dfrac{1}{1-x} = \displaystyle\sum_{n=0}^{\infty} x^n$를 미분하고 x곱하면

$\dfrac{x}{(1-x)^2} = \displaystyle\sum_{n=0}^{\infty} nx^n$이고, 다시 미분하고 x곱하면

$\dfrac{x+x^2}{(1-x)^3} = \displaystyle\sum_{n=0}^{\infty} n^2 x^n$ 이다.

$x=\dfrac{1}{2}$를 대입하면 $\displaystyle\sum_{n=0}^{\infty} n^2\left(\dfrac{1}{2}\right)^n = \dfrac{\frac{1}{2}+\frac{1}{4}}{\frac{1}{8}} = 6$이다.

497. $\dfrac{x(1+x)}{(1-x)^3}$

풀이 $\displaystyle\sum_{n=0}^{\infty} x^n = \dfrac{1}{1-x}$ 양변을 x에 대하여 미분하면

$\Rightarrow \displaystyle\sum_{n=1}^{\infty} nx^{n-1} = \dfrac{1}{(1-x)^2}$ 양변에 x를 곱하면

$\Rightarrow \displaystyle\sum_{n=1}^{\infty} nx^n = \dfrac{x}{(1-x)^2}$ 양변을 x에 대하여 미분

$\Rightarrow \displaystyle\sum_{n=1}^{\infty} n^2 x^{n-1} = \dfrac{x+1}{(1-x)^3}$ 양변에 x를 곱함

$\Rightarrow \displaystyle\sum_{n=1}^{\infty} n^2 x^n = \dfrac{x(x+1)}{(1-x)^3}$ 이다.

498. $\dfrac{11}{2}$

풀이 (i) $\displaystyle\sum_{n=1}^{\infty} \dfrac{5}{n(n+1)} = \lim_{n\to\infty}\sum_{k=1}^{n} \dfrac{5}{k(k+1)}$

$= 5\lim_{n\to\infty}\sum_{k=1}^{n}\left(\dfrac{1}{k} - \dfrac{1}{k+1}\right)$

$= 5\lim_{n\to\infty}\left\{\left(\dfrac{1}{1}-\dfrac{1}{2}\right)+\left(\dfrac{1}{2}-\dfrac{1}{3}\right)+\cdots\right.$

$\left. +\left(\dfrac{1}{n-1}-\dfrac{1}{n}\right)+\left(\dfrac{1}{n}-\dfrac{1}{n+1}\right)\right\}$

$= 5\lim_{n\to\infty}\left(1-\dfrac{1}{n+1}\right) = 5$

(ii) $\displaystyle\sum_{n=1}^{\infty} \dfrac{1}{3^n} = \dfrac{\frac{1}{3}}{1-\frac{1}{3}} = \dfrac{1}{2}$

$\therefore \displaystyle\sum_{n=1}^{\infty}\left\{\dfrac{5}{n(n+1)}+\dfrac{1}{3^n}\right\} = \sum_{n=1}^{\infty}\dfrac{5}{n(n+1)} + \sum_{n=1}^{\infty}\dfrac{1}{3^n}$

$= 5+\dfrac{1}{2} = \dfrac{11}{2}$

499. $\dfrac{1}{6}+\dfrac{2}{3}\ln\dfrac{3}{2}$

풀이 $\displaystyle\sum_{n=2}^{\infty} \dfrac{n+1}{3^n(n-1)} = \sum_{n=1}^{\infty} \dfrac{n+2}{3^{n+1}n}$

$= \dfrac{1}{3}\left(\displaystyle\sum_{n=1}^{\infty}\left(\dfrac{1}{3}\right)^n + 2\sum_{n=1}^{\infty}\dfrac{1}{n}\left(\dfrac{1}{3}\right)^n\right)$

$= \dfrac{1}{3}\left(\dfrac{1/3}{1-(1/3)} + 2(-\ln(1-1/3))\right)$

$= \dfrac{1}{3}\left(\dfrac{1}{2}+2\ln\dfrac{3}{2}\right) = \dfrac{1}{6}+\dfrac{2}{3}\ln\dfrac{3}{2}$

500. $2 + \dfrac{9}{4}\ln 2$

$$\sum_{n=3}^{\infty}\frac{(n+1)^2}{2^n(n-2)} = \sum_{n=1}^{\infty}\frac{(n+3)^2}{2^{n+2}n}$$

$$= \frac{1}{4}\sum_{n=1}^{\infty}\frac{n^2+6n+9}{2^n n}$$

$$= \frac{1}{4}\left\{\sum_{n=1}^{\infty}\frac{n}{2^n} + 6\sum_{n=1}^{\infty}\frac{1}{2^n} + 9\sum_{n=1}^{\infty}\frac{1}{2^n n}\right\}$$

(i) $\displaystyle\sum_{n=1}^{\infty}\frac{n}{2^n}$ 의 값을 구하자.

$\dfrac{1}{1-x} = \displaystyle\sum_{n=0}^{\infty}x^n$ 에서 양변을 미분하면

$\Rightarrow \dfrac{1}{(1-x)^2} = \displaystyle\sum_{n=1}^{\infty}nx^{n-1}$; 양변에 x를 곱하면

$\Rightarrow \dfrac{x}{(1-x)^2} = \displaystyle\sum_{n=1}^{\infty}nx^n$; $x=\dfrac{1}{2}$ 을 대입하면

$\Rightarrow \dfrac{\frac{1}{2}}{\frac{1}{4}} = \displaystyle\sum_{n=1}^{\infty}n\left(\frac{1}{2}\right)^n = 2$

(ii) $\displaystyle\sum_{n=1}^{\infty}\frac{1}{2^n}$ 의 값을 구하면

$$\sum_{n=1}^{\infty}\frac{1}{2^n} = \frac{1}{2} + \frac{1}{4} + \frac{1}{8} + \cdots = \frac{\frac{1}{2}}{1-\frac{1}{2}} = 1$$

(iii) $\displaystyle\sum_{n=1}^{\infty}\frac{1}{2^n n}$ 의 값을 구하면

$-\ln(1-x) = \displaystyle\sum_{n=1}^{\infty}\frac{x^n}{n}$; $x=\dfrac{1}{2}$ 을 대입하면

$\Rightarrow -\ln\left(1-\dfrac{1}{2}\right) = \displaystyle\sum_{n=1}^{\infty}\frac{1}{2^n n} = \ln 2$

$\therefore \displaystyle\sum_{n=3}^{\infty}\frac{(n+1)^2}{2^n(n-2)}$

$= \dfrac{1}{4}\left\{\displaystyle\sum_{n=1}^{\infty}\frac{n}{2^n} + 6\sum_{n=1}^{\infty}\frac{1}{2^n} + 9\sum_{n=1}^{\infty}\frac{1}{2^n n}\right\}$

$= \dfrac{1}{4}(2 + 6\times 1 + 9\ln 2) = 2 + \dfrac{9}{4}\ln 2$